就业技能实训标准教程系列

Dreamweaver CS4+Flash CS4+Photoshop CS4 网页设计三合一标准教程

超值版
超值DVD视频教学

王成志 李春辉 赵凯 李少勇 编著

中国铁道出版社
CHINA RAILWAY PUBLISHING HOUSE

内 容 简 介

本书结合大量实例，全面、翔实地介绍了使用 Dreamweaver CS4 创建和编辑网页、使用 Flash CS4 制作矢量动画，以及使用 Photoshop CS4 处理图像的方法和技巧。全书共分 21 章，第 1～17 章包括网页设计快速入门，初识 Dreamweaver CS4，制作简单的网页，页面布局，使用 CSS 美化网页，使用模板与库项目，使用表单，行为与第三方插件，创建动态网页，站点的维护，初识 Flash CS4，绘图工具的使用，元件、实例和素材文件的使用，制作网页动画，认识 Photoshop CS4，选区的创建及通道的使用，使用文字、路径和切片；第 18～20 章介绍了 3 个大型项目练习案例，包括使用 Photoshop 制作网站主页、制作 Flash 广告动画、制作某公司网站页面；第 21 章为课程设计。

本书配套光盘中提供书中实例的素材文件和源文件，同时提供制作实例的全程视频教学文件。

本书可作为网页设计爱好者的自学用书，也可作为大中专院校及各类培训班平面设计、网页设计及其相关专业的教材，还是相关设计从业人员不可多得的参考用书。

图书在版编目（CIP）数据

Dreamweaver CS4+Flash CS4+Photoshop CS4 网页设计三合一标准教程/王成志等编著. —北京：中国铁道出版社，2010.2
（就业技能实训标准教程系列）
ISBN 978-7-113-11052-9

Ⅰ. ①D… Ⅱ. ①王… Ⅲ. ①主页制作—图形软件，Dreamweaver CS4、Flash CS4、Photoshop CS4—教材
Ⅳ. ①TP393.092

中国版本图书馆 CIP 数据核字（2010）第 026010 号

书　　名：Dreamweaver CS4+Flash CS4+Photoshop CS4 网页设计三合一标准教程
作　　者：王成志　李春辉　赵凯　李少勇　编著

策划编辑：严晓舟　于先军
责任编辑：于先军　　**编辑部电话**：（010）63560056
特邀编辑：李新承
编辑助理：李红英　　**封面制作**：李　路
封面设计：付　巍　　**责任印制**：李　佳

出版发行：中国铁道出版社（北京市宣武区右安门西街 8 号　邮政编码：100054）
印　　刷：三河市华业印装厂
版　　次：2010 年 7 月第 1 版　2010 年 7 月第 1 次印刷
开　　本：787mm×1092mm　1/16　印张：26.5　字数：621 千
印　　数：3 500 册
书　　号：ISBN 978-7-113-11052-9
定　　价：49.00 元（附赠 1DVD）

前言

Dreamweaver、Flash、Photoshop 是当前大家在进行网页设计时经常使用的软件，这 3 套软件的共同点是简单易懂、容易上手，而且可以让你的设计展现出不同的风采。

Dreamweaver、Flash、Photoshop 是目前网页制作的主流工具。本书结合大量实例，全面、翔实地介绍了使用 Dreamweaver CS4 创建和编辑网页、使用 Flash CS4 制作矢量动画，以及使用 Photoshop CS4 处理图像的方法和技巧。

本书内容

全书共分 21 章，第 1～17 章包括网页设计快速入门，初识 Dreamweaver CS4，制作简单的网页，页面布局，使用 CSS 美化网页，使用模板与库项目，使用表单，行为与第三方插件，创建动态网页，站点的维护，初识 Flash CS4，绘图工具的使用，元件、实例和素材文件的使用，制作网页动画，认识 Photoshop CS4，选区的创建及通道的使用，使用文字，路径和切片；第 18～20 章介绍了 3 个大型项目练习案例，包括使用 Photoshop 制作网站主页、制作 Flash 广告动画、制作某公司网站页面；第 21 章为课程设计。

本书特色

（1）内容编排科学，实例丰富，讲解细致。

书中首先介绍各种常用的命令和工具的功能，然后以实例教学的形式，介绍命令或工具的使用方法和操作技巧，方便自学和教学。

（2）图解教学，学习更加高效。

书中不仅有详细的操作步骤，同时在相应图示中标注出操作的顺序和设置的参数。读者通过看图学软件，可极大地提高学习兴趣和效率。

（3）全视频教学，专业教师如在旁侧。

在配套光盘中提供 Dreamweaver、Flash、Photoshop 基础操作和实例制作的全程视频教学文件，犹如专业教师亲自在身边授课。

配书光盘

（1）提供书中所有实例的素材和源文件。

（2）提供书中实例的视频教学文件。

读者对象

（1）网页设计和制作的初学者。

（2）大中专院校和社会培训班网页设计及其相关专业的教材。

（3）网页设计从业人员。

本书由王成志、李春辉、赵凯、李少勇编写。同时，贾玉印、刘峥、王玉、张花、张云、张春燕、刘杰和李娜也参与部分章节场景文件的整理，其他参与制作的还有陈月霞、刘希林、黄健、黄永生、田冰、徐昊及北方电脑学校的温振宁、黄荣芹、刘德生、宋明、刘景君等。在此，编者对参与书稿前期工作的人员表示衷心的感谢。

由于时间仓促，书中难免有不足之处，敬请广大读者，专家批评指正。

编　者

2010年4月

目录

第 4 章 页面布局

第 5 章 使用 CSS 美化网页

第 6 章 使用模板与库项目

第 1 章　网页设计快速入门

在信息时代，网络已经成为我们生活中必不可少的重要组成部分。通过丰富多彩的网络，我们可以及时发布及获得各种信息，也可以进行各种娱乐活动以丰富我们的生活。

本书主要介绍如何通过 Dreamweaver、Flash、Photoshop 软件来设计和制作简单的网页。在开始讲解之前，先对网页、网站的概念进行介绍，使大家对网站有初步的认识，为后面的学习打下基础。

本章重点

- 网页的基本概念
- 网页构成分析
- 网页创建流程
- 网页设计常用软件

1.1　初识网站与网页

网站是一个或者众多网页的集合，通常我们使用浏览器登录某个网站，首先打开网站的主页，即网站中所有网页的索引页，对网站进行浏览。具体地说，网页是一个 HTML 文件，浏览器是用来解读这份文件的。也可以这样说，网页是由许多 HTML 文件集合而成的。

1.1.1　网站的基本概念

网站是发布在网络服务器上，由一系列网页文件构成的，为访问者提供信息和服务的网页文件的集合。网页是网站的基本组成要素，一个大型网站可能含有数以百万计的网页，而一个小的企业网站或个人网站可能只有几个网页。上网用户可以通过网页浏览器或者其他浏览工具访问网页以获取网站的信息和服务。

网站与网页的区别就在于，网站是一个总体，而网页是一个个体。说访问某个网站，实际上是访问该网站的某些网页，包括网站首页也是一个网页。相应地，在一个统计周期内（通常 24 小时），所有用户访问某个网站的网页数量就是该网站在该统计日的访问量。

中国互联网络信息中心（CNNIC）在进行中国互联网络发展状况统计时，对网站的定义为：网站是指有独立域名的 Web 站点，其中包括 CN 和通用顶级域名下的 Web 站点。独立域名指的是每个域名最多只对应一个网站“www+域名”。例如对域名 cnnic.cn 来说，它只有一个网站 www.cnnic.cn，而并非有 whois.cnnic.cn、mail.cnnic.cn 等多个网站，它们只被视为网站 www.cnnic.cn 的不同频道。

1.1.2 网页中的文字和图像

网页中的文字和图像是必不可少的。制作网页的过程中，应合理地安排文字和图像的位置，使网页简单明了、美观大方。图 1-1 所示为包含文字与图像的网页。

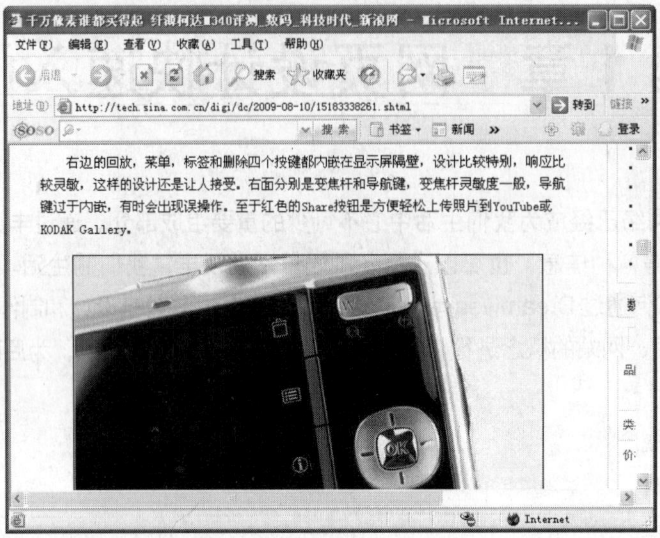

图 1-1　包含文字与图像的网页

1.1.3 网页中使用的动画与视频影像

在网页中加入动画或视频影像，可以使网页更生动，并增加网页的表达能力。但是过度使用动画会给人一种眼花缭乱的感觉，还会增加网页读取时间。利用 Flash 技术可以在网页中做出交互性很强的动画，甚至可以做网上游戏。但浏览者想要看到 Flash 制作的动画，就需要在浏览器中加装 PLUG-IN 程序。图 1-2 所示为包含 Flash 动画的网页。

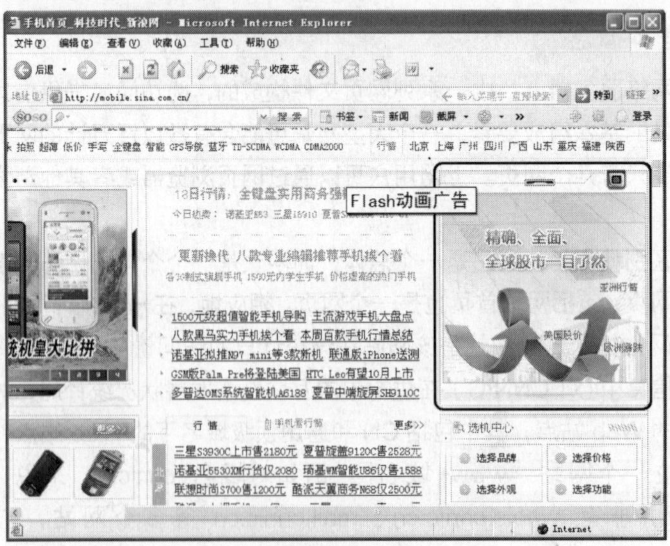

图 1-2　包含 Flash 动画的网页

1.1.4　网页中使用的声音

在网页中加入背景音乐，可以增加网页的吸引力。网上流行的声音格式有 MIDI、WAV、MP3 及 Real Audio。在个人主页、博客中经常会添加背景音乐，使浏览者在观看网页的同时听到优美的音乐，使网页内容更加丰富多彩。

1.2　网页制作基础

想要创建属于自己的网站，首先要了解什么是网页，以及制作网页时所涉及的常用术语的意义，这是制作网页的基础。

1.2.1　万维网

万维网（World Wide Web，WWW）是一个资料空间。在这个空间中，有一种有用的事物，称为"资源"，并且由一个全域"统一资源定位符"（URL）标识。这些资源通过超文本传输协议（Hypertext Transfer Protocol，HTTP）传送给用户，而后者通过点击链接来获得资源。从另一个观点来看，万维网是一个通过网络存取的互连超文本文件（interlinked hypertext document）系统。

1.2.2　超文本置标语言

超文本置标语言（Hypertext Marked Language，HTML）是一种用来制作超文本文档的简单标记语言。超文本传输协议规定了浏览器在运行 HTML 文档时所遵循的规则和进行的操作。HTTP 的制定使浏览器在运行超文本时有了统一的规则和标准。用 HTML 编写的超文本文档称为 HTML 文档，它能独立于各种操作系统平台。自 1990 年以来，HTML 就一直被用做万维网的信息表示语言。使用 HTML 语言描述的文件，需要通过 Web 浏览器显示出效果。

之所以称之为超文本，是因为它可以加入图片、声音、动画和影视等内容。事实上每一个 HTML 文档都是一种静态的网页文件，这个文件里面包含了 HTML 指令代码，这些指令代码并不是一种程序语言，它只是一种确定网页中资料显示位置的标记结构语言，易学易懂，非常简单。HTML 的普遍应用带来了超文本的技术——通过单击从一个主题跳转到另一个主题，从一个页面跳转到另一个页面，与世界各地主机的文件链接，直接获取相关的主题。

通过 HTML 可以表现出丰富多彩的设计风格。

图片调用：`<IMG SRC="文件名">`

文字格式：`<FONT SIZE="+5"COLOR="#00FFFF">文字</FONT>`

通过 HTML 可以实现页面之间的跳转。

页面跳转：`<A HREF="文件路径/文件名"></A>`

通过 HTML 可以展现多媒体的效果。

音频：`<EMBED SRC="音乐地址" AUTOSTART=true>`

视频：`<EMBED SRC="视频地址" AUTOSTART=true>`

从上面代码可以看到，创建 HTML 超文本文件时需要用到一些标签。在 HTML 中，每个用来作标签的符号都是一条命令，它告诉浏览器如何显示文本。这些标签均由"<"和">"符号及一个字符串组成。而浏览器的功能是对这些标记进行解释，显示出文字、图像、动画，播放声音。这些标签符号用“<标签名字 属性>”来表示。

HTML 只是一个纯文本文件。创建一个 HTML 文档，只需要两个工具，HTML 编辑器和 Wbe 浏览器。HTML 编辑器是用于生成和保存 HTML 文档的应用程序。Wbe 浏览器是用来打开 Wbe 网页文件，供我们查看 Wbe 资源的客户端程序。

1.2.3 网站、网页与主页

网站是一个组织（公司、学校、部门等）或个人建立在 Internet 上的站点。网站通常都是为了特定的目的而创建的，专门为用户提供某个方面的服务。例如，有的网站专门提供新闻信息，有的网站专门提供流行音乐，还有的网站专门提供软件下载等。

一个网站通常由许多网页组成。网页内容可以包含多种字体和样式的文本、各种图片、电影片段和声音等。

主页则是进入网站后的第一个网页，也称为首页。该页面是进入网站中其他网页的“入口”。通过主页上的介绍或说明，用户可以在短时间内了解网站所提供的信息和服务项目。

1.2.4 超链接

万维网之所以成为 Internet 中最引人瞩目、最受欢迎的应用，不仅是因为它提供了多媒体的浏览方式，更在于它使人们只需通过简单的鼠标操作就能够获得更多的信息。在这种交互过程中，超链接起着十分重要的作用，它是用户在万维网中畅游的航标。在网页中，超链接表现为一些标有颜色或下画线的文字或图标，将鼠标指针移到超链接上时，鼠标指针就会变成小手形（还有一些特定的鼠标指针形状），单击该文字或图标，就可以轻而易举地跳转到链接的网站。

1.2.5 URL

当用户要在网络上浏览网站时，必须给出要浏览网站的地址。这里所说的“地址”，即 URL（Uniform Resource Locator），它的中文名是“统一资源定位符”。Internet 上有许多资源（如万维网、新闻组、FTP 等），每种资源都有自己的地址，这样才能从 Internet 中找到它们。

> **提示：** 用户可以通过查看网页中某个文件的属性，来获取它的 URL。例如，在网页中的某个图片上右击，在弹出的快捷菜单中选择“属性”命令，打开“属性”对话框，其中就有该图片的地址（URL），如图 1-3 所示。

下面是一个 URL 的格式：

协议://IP 地址或域名/路径/文件名

例如：

http://www.khp.com.cn/ml/index-ml.html

URL 的第 1 部分（如 http://或 ftp://）说明要访问的是哪一类资源，使用什么协议。http 代表超文本传输协议，即要访问的是万维网站点；ftp 代表文件传输协议，即要访问的是 FTP 服务器，可以从中下载许多实用的软件。

图 1-3　查看 URL

URL 的第 2 部分（如 www.khp.com.cn 或 dir.sohu.com）是指存放资源的主机的 IP 地址或域名。

URL 的第 3 部分（如/ml/index-ml.html）是可选项，用来指明所要访问的资源在计算机中的路径和文件名。通常情况下，站点的服务器都会指定一个默认的文件名（如 index.html 或 default.htm 等）。因此，如果省略了文件名，则访问该路径下的默认文件。

1.2.6　网页编辑器

随着 HTML 技术的不断发展和完善，出现了许多网页编辑器。从网页编辑器的基本性质划分，可以分为“所见即所得”网页编辑器和“非所见即所得”网页编辑器（即源代码编辑器）。

“所见即所得”网页编辑器的优点就是直观，使用方便并且容易上手。在“所见即所得”网页编辑器中进行网页制作与在 Word 中进行排版很相似，但它也有一些缺点：难以精确达到与浏览器完全一致的显示效果，源代码难以控制。

相比之下，“非所见即所得”网页编辑器就不存在这个问题，但是需要手工编写 HTML 代码，要求网页制作者必须具备专业的知识和丰富的经验，而且用这种方式工作效率低下。

目前常见的网页编辑器有 FrontPage 和 Dreamweaver，本书将针对 Dreamweaver 进行介绍。

1.3　网页构成分析

一般来说，一个网页给人的直观感觉就是由文字、图像、动画和音频等元素构成。本节将介绍构成网页的各个元素。

1.3.1　网站标志

网站作为对外交流的重要窗口和渠道，创建者都会用来对自身形象进行宣传。成功的网站就像成功的商品一样，商品最注重的就是商标和商品质量。那么对于成功的网站来说，注重的应该是网站的标志和内容。成功的网站标志有着独特的形象标识，在网站的推广和宣传中将起到事半功倍的效果。设计制作网站的标志应体现该网站的特色、内容及其内在的文化内涵和理念。图 1-4 所示为某网站的标志。

图 1-4 LOGO

1．什么是 LOGO

在计算机领域中，LOGO 是标志、徽标的意思，是互联网上各个网站用来与其他网站链接的图形标志。

2．LOGO 的作用

（1）LOGO 是与其他网站链接及让其他网站链接的标志和门户。

Internet 之所以叫做“互联网”，在于各个网站之间可以链接。要让其他人进入你的网站，首先必须提供一个让其进入的门户。而 LOGO 图形化的形式，特别是动态的 LOGO，比文字形式的链接更能吸引人的注意。在这个争夺眼球的时代，这一点尤为重要。

（2）LOGO 是网站形象的重要体现。

就一个网站而言，LOGO 即是网站的名片，而对于一个追求精美的网站而言，LOGO 更是它的灵魂所在，即所谓的“点睛”之处。

（3）LOGO 能使浏览者便于选择。

一个好的 LOGO 往往会反映网站及制作者的某些信息，特别是对一个商业网站来说，网站的浏览者可以从中基本了解到这个网站的类型或者内容。在一个布满各种 LOGO 的链接页面中，这一点会突出地表现出来。想一想，当浏览者要在大堆的网站中寻找自己想要的特定内容的网站时，一个能让人轻易看出它所代表的网站的类型和内容的 LOGO 有多重要。

3．LOGO 的国际标准规范

为了便于 Internet 上信息的传播，一个统一的国际标准是必需的。其中关于网站的 LOGO，目前有以下 3 种规格。

（1）88×31：这是互联网上最普遍的 LOGO 规格。

（2）120×60：这种规格用于一般大小的 LOGO。

（3）120×90：这种规格用于大型 LOGO。

4．LOGO 的制作工具和方法

目前并没有专门制作 LOGO 的软件，并且用户也不需要这样的软件。平时所使用的图像处理软件或动画制作软件都可以很好地胜任这份工作，如 Photoshop、Fireworks 等。LOGO 的制作方法也和制作普通的图片及动画没什么区别，不同的只是规定了它的大小而已。

5．一个好的 LOGO 应具备的条件

一个好的 LOGO 应具备以下几个条件，或者具备其中的几个条件。

（1）符合国际标准。

（2）精美、独特。

（3）与网站的整体风格相融。

（4）能够体现网站的类型、内容和风格。

1.3.2　导航栏

导航栏既是网页设计中的重要部分，又是整个网站设计中的一个较独立的部分。一般来说，网站中的导航栏在各个页面中出现的位置是比较固定的，而且风格也较为一致。导航栏的位置对网站的结构与各个页面的整体布局起到举足轻重的作用。

导航栏一般有 4 种常见的显示位置：在页面的左侧、右侧、顶部和底部。有的在同一个页面中运用了多种导航栏，如有的在顶部设置了主菜单，而在页面的左侧又设置了折叠式的折叠菜单，同时又在页面的底部设置了多种链接，这样便增强了网站的可访问性。当然，并不是导航栏在页面中出现的次数越多越好，而是要合理地运用，使页面达到总体的协调一致。图 1-5 所示为一个网页的顶部导航栏。

图 1-5　导航栏

1.3.3　广告条

广告条与整个网页要协调，不能让广告条抢去了整个网页的风光，否则就是喧宾夺主。因为浏览者浏览网页首要的目的是看网页上的主要内容。想要在不影响网页格局的同时达到广告的效果，就必须使广告条的设计与整个页面相协调，同时又要突出、醒目。要使整个页面协调，只要做到以下几个方面就可以了：用色要与页面的主色相搭配，比如主色是浅黄，广告条的用色就可以用一些浅的其他颜色；切忌用一些对比色，例如主体色是红色的页面上就不要用绿色，以免太刺眼，同时也显得比较俗气。用色区别开来是应该的，这个区别是建立在一个程度上的，超过了这个程度就会适得其反。

广告条作为网页的一个局部，它本身即是一个整体，我们可以分析一下广告条这个整体的组成。一般来说，它是由文本、图片和动画这几个组件组成的。文本在某种程度上说必不可少，因为要在这么狭小的空间里告知用户信息，如果只用图片来表现，则很难做到这一点，用文字可以简洁明了地告知信息。为了避免单调，一般采用图片作为背景，加上文字进行说明，通过搭配，可以使页面丰富，同时又能清楚地表达要说明的信息。

既然这样，就要突出文字的地位，设计时可以在广告条的区域里设法通过颜色和大小来突出。这样文字就不必考虑与整个页面的协调问题，因为它是作为广告条的一个整体的一部分，假如前者已与整体协调，就同样是协调的，所以可以将文字做得醒目一些。可以采用动画的形式，也可以用闪动的方式，或者是一些渐变或消影的方式，这样既使页面显得丰富多彩，同时也让人在浏览时不得不注意到广告条的内容。有时候能造成这样的效果：在用户关注网页中的内容时不经意间看到一些吸引他的东西，这样就去点击了。达到这样的程度，设计者的目的就达到了。图 1-6 所示为一个网页的广告条。

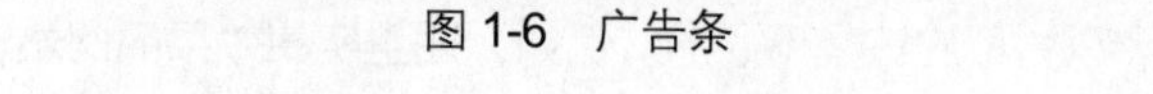

图 1-6　广告条

1.3.4 标题栏

网站中的每一个页面都有标题，用来提示该页面的主要内容。标题出现在浏览器的标题栏中，而不是出现在页面布局中。它还有一个比较重要的作用，那就是引导访问者清楚地知道所要浏览网站的内容。

页面标题的实现很容易，一般的网页编辑软件都提供这项设置，在 HTML 文档中的<title>和</title>之间输入网页的标题即可。有些网页编辑软件有一个默认的页面标题，如在 Dreamweaver 中默认为 Untitled-1，而在 FrontPage 中则默认为 new_page_1.htm。

例如，在<title>和</title>之间输入“前沿工作室”，即<title>前沿工作室</title>，那么在浏览该页面时，浏览器标题栏显示如图 1-7 所示。

图 1-7　浏览器标题栏

1.3.5 多媒体

在多媒体网页中除了文本、图像和 Flash 动画外，还有声音、视频等其他媒体。

声音是多媒体网页中的一个重要组成部分，用户可以将某些声音添加到网页中。在添加声音前，需要考虑的因素包括其用途、格式、文件大小、声音品质及浏览器差别等。不同浏览器对声音文件的处理方法有所不同，彼此之间可能不兼容。

用于网络的声音文件格式非常多，常见的有 MIDI、WAV、MP3 和 AIF 等，在使用不同格式的文件时需要加以区别。很多浏览器不用插件也可以支持 MIDI、WAV 和 AIF 格式的文件，而 MP3 和 RM 格式的声音文件则需要用专门的浏览器插件播放。

视频文件的采用使网页变得精彩而富有动感。视频文件的格式也非常多，常见的有 RM、MPEG、AVI 和 DivX 等。

1.4 网站创建流程

在开始网页制作之前，首先要根据设计的要求确定网站的整体结构和所有网页的整体风格；然后根据网站的整体结构和网页的整体风格确定每个网页的页面布局和配色方法，并通过 Dreamweaver 来实现页面的布局和配色。确定了以上内容之后，就可以进行网页基本元素的准备和设计了。首先使用 Fireworks 完成相关图像资源的处理和制作；然后使用 Flash 进行网页动画的设计；最后使用 Dreamweaver 将已经制作好的图像和动画集成到网页中，并添加文字和超链接，完成网页的制作。制作好的网页如果没有发布到网上，就不能被其他人看到，因此还要利用 Dreamweaver 的站点管理工具将制作好的网页及其图像和动画资源发布到网上；如果需要利用服务器端动态网页技术，那么还需要在网页中添加服务器端动态脚本，用来进行动态内容的生成。

1.4.1 确立网站结构和风格

在开始网页制作之前，首先要根据网站制作的需求确定网站的整体结构和风格。对于不同的设计需求，网站的整体结构和风格都应该是不同的。例如，注重实用效果的网站，往往会使浏览者能够通过网站快捷地获取尽量多的信息；注重视觉效果的网站，则会使浏览者在登录该网站时，感受到网站具有强烈的视觉冲击效果和整体感。确定网站的整体结构和风格需要抓住网站的开发要求和面对的浏览者群体，利用现有的知识，具有针对性地将网站的功能进行分类，完成对网站结构和风格的设计。

1.4.2　网页布局和配色

制作网页时，首先是对页面进行布局，以便合理安排网页的内容。通过设置文本颜色、背景颜色、链接颜色和图像颜色等，可以构造出很多网页布局效果。一般来说，如果选择了一种颜色作为网站的主色调，那么在页面中就要保持这种风格。

1.4.3　确定网页尺寸与版面布局

由于页面尺寸与显示器大小及分辨率有关，网页的局限性在于无法突破显示器的范围，而且因为浏览器也占去不少空间，留给页面的范围变得更小。一般分辨率在 640×480 的情况下，页面的显示尺寸为 620×311 像素；分辨率在 800×600 的情况下，页面的显示尺寸为 780×428 像素；分辨率在 1024×768 的情况下，页面的显示尺寸为 1007×600 像素。从以上数据可以看出，分辨率越高，页面尺寸越大。

浏览器的工具栏也是影响页面尺寸的原因。一般浏览器的工具栏都可以取消或者增加，当显示全部工具栏和关闭全部工具栏时，页面的尺寸是不一样的。在网页设计过程中，向下拖动页面是给网页增加更多内容的方法。除非能肯定站点的内容能吸引大家拖动，否则不要让访问者拖动页面超过 3 屏。如果需要在同一页面显示超过 3 屏的内容，那么最好能在网页顶部加上页面内部链接，以方便访问者浏览。

1.4.4　设计并制作网站页面

网页设计是一个复杂而细致的过程，一定要按照先大后小、先简单后复杂的次序进行制作。所谓先大后小，就是在制作网页时，先把大的结构设计好，然后再逐步完善小的结构设计。所谓先简单后复杂，就是先设计出简单的内容，然后再设计复杂的内容，以便出现问题时好修改。

根据站点目标和用户对象设计网页的版式及网页内容的布局。一般来说，至少应该对一些主要的页面设计好布局，确定网页的风格。

在网页中保持排版和设计的一致性是很重要的。一般来说，让用户在网页间跳转时，不会因不同的外观或导航栏在每页不同的地方而感到困惑。

在制作网页时，要灵活运用模板和库，这样可以大大提高制作效率。如果很多网页都使用相同的版面设计，就应该为这个版面设计一个模板，然后以此模板为基础创建网页。以后如果想要改变所有网页的版面设计，只需改变模板即可。

如果知道某个图片或别的内容会在站点的许多网页上出现，那么不妨先设计这个内容，再把它做成库项目。以后改变这个库项目，在所有使用它的页面上都会相应地进行修改。

1.4.5　收集素材

明确了网站的主题后，就要围绕主题开始收集素材了。要想让自己的网站有声有色，能够吸引住客户，就要尽量收集素材，包括图片、音频、文字、视频和动画等。这些素材的准备很重要，收集的素材越充分，以后制作网站就越容易。素材的准备既可以从图书、报刊、光盘和多媒体上得来，也可以自己制作，还可以从网上收集。素材收集后，把收集的素材去粗取精，作为自己制作网页的素材。

1.4.6 域名和空间的申请

下面介绍域名和空间的申请方法。

1．域名申请

要想拥有属于自己的网站，首先要拥有域名。域名在互联网上代表名字。网站只有靠这个名字才可以在互联网上接触和沟通。域名是 Internet 上的服务器或网络系统的名字，全世界没有重复的域名。域名由若干个英文字母和数字组成，由“.”分隔成几部分，如 qianyan.com 就是域名。

（1）申请域名。

域名是 Internet 上的名字，是具有商标性质的无形资产的象征，它对于商业企业来说显得格外重要。域名分为国内域名和国际域名两种。

国内大部分域名是由中国互联网中心管理和注册的，网址是 http://www.cnnic.net.cn，申请域名首先要在线填写申请表，收到确认信后，提交申请表，加盖公章，交纳费用。由于许多人不熟悉办理手续，于是出现了委托办理域名注册申请的代理，用户只要将自己的材料交给代理，就可由代理商全权代理。

国际域名与国内大部分域名的管理办法不一样。国际域名的主要申请网址是 http://www.networksolutions.com，国际域名量很大，分布在全球，所以给每位域名拥有者发证书是不可能的，它们通过电子信箱，即域名管理联系人的信箱来控制。

因为申请国际域名的网站是英文网站，交费需要在线用信用卡支付美元，所以很多国际域名都由国内的代理代办，用户只需到代理机构缴纳相应的费用即可。

（2）选择域名。

按照习惯，一般使用单位的名称或商标作为域名。域名的字母组成要便于记忆，能够给人留下较深的印象。如果有多个很有价值的商标，最好都进行注册保护。也可以选择产品或行业类型作为域名，如果是网络公司，net.com 将是很好的选择，但这类域名基本上已经被申请完了，因此很难注册到。

2．空间的申请

注册域名之后，下一步就是为网站申请空间，就是经常说的主机。这个主机必须是一台功能较完善的服务器级的计算机，并且要用专线或其他形式 24 小时与互联网相连。

这台网络服务器除存放公司的网页，为浏览者提供浏览服务之外，同时充当“电子邮局”的角色，负责收发公司的电子邮件。用户还可以在服务器上添加各种各样的网络服务功能，前提是有足够的技术支持。

有以下两种常见的主机类型。

（1）主机托管：将购置的网络服务器托管于网络服务机构，每年支付一定数额的费用。要架设一台最基本的服务器，在购置成本上，可能已需要数万元，而在配套软件的购置上更要花费一笔相当高的费用。另外，还需要聘请技术人员负责网站建设及维护。如果是中小企业网站，则不必采用这种方式。

（2）虚拟主机：使用虚拟主机不仅节省了购买相关软硬件设施的费用，公司也无须招聘或培训更多的专业人员，因而其成本也较主机托管低得多。不过，虚拟主机只适合于小型、结构较简单的网站，对于大型网站来说，应该采用主机托管的形式，否则在网站管理上会十分麻烦。

目前，服务器操作系统有两大类，一类是 UNIX，另一类是微软的 Windows NT 和 Windows 2000。

通常提供的虚拟主机的规格为 100～600MB，对于普通客户来说，100～150MB 的空间已经足够了。如果每个网页为 20～50KB，则 1MB 空间可以存放 20～50 页，如果网页中的图像比较多，则所用的空间将会增加，因为通常一个图像的大小在 10KB 以上，如果网站要使用数据库，则随着数据库内容的丰富，网站所占的空间也就随之增加。由于目前空间的租用费用并不高，所以建议租用的空间不要太小。

在租用虚拟主机之前，通常需要考虑 3 个方面的问题。

- 采用什么系统，UNIX 还是 Windows NT/Windows 2000?

UNIX 系统的可靠性和稳定性是其他系统无法比拟的，是世界公认的最好的 Internet 服务器操作系统。采用 Windows NT 或 Windows 2000 的最大好处是其中的数据库可以和本地的局域网（Windows NT）中的数据库相兼容，可以很容易地保持本地数据库和远端数据库的一致性。

- 需要多大的空间?

一般一个中等网站使用 150MB 已经够了，而且可以随时为客户增加空间，所以建议在网站建设初期采用 150MB 或 200MB 的空间配置，一旦发现空间紧张，可以申请增加空间。

- 需要哪些权限?

通常最重要的权限有两个：一个是 CGI 权限，是网站可以运行 CGI 程序的保证，许多现成的程序如 BBS、留言板等均是用 Perl 编写的 CGI 程序，只有具备这个权限才能运行这些程序；另一个是支持数据库，也许网站当前并不使用数据库，但随着网站的发展，使用数据库是必然的，因此虽然现在不使用数据库，但最好租用的空间能够支持数据库，以免今后要使用数据库时产生不必要的麻烦。通常要求 UNIX 系统的主机支持 MySQL 数据库，Windows NT 和 Windows 2000 系统的主机支持 SQL Server 数据库。

1.5 网页设计常用软件

设计网页时首先要选择网页设计软件。早期制作网页必须在文本编辑器中编写 HTML 代码，这需要对编程语言相当了解，因此对于大多数人来说是很困难的。自从可视化编辑软件问世以来，制作网页就简单多了。Flash、Dreamweaver、Photoshop 和 Fireworks 这 4 个软件相辅相成，是设计网页的首选工具。

首先使用 Photoshop 或 Fireworks 处理制作网页的图像；然后使用 Flash 制作动画；最后使用 Dreamweaver 整合已经有的图像和文字素材，排版和布局网页。

1.5.1 网页图像设计软件

用户可以使用 Photoshop 设计网页的整体效果图、制作精美图像、处理网页中的图像、处理背景图及网页的图标、设计按钮等。

Photoshop 是 Adobe 公司推出的图像处理软件，目前已被广泛应用于平面设计、网页设计和照片处理等领域。

Fireworks 也能快速地创建网页图像，尤其是一些图标文件，随着版本的不断升级，功能的不断加强，Fireworks 受到越来越多网页图像设计者的欢迎。Fireworks CS4 中文版更是以它方便快捷的操作模式，在位图编辑、矢量图形处理与 GIF 动画制作功能上的优秀整合，赢得诸多好评。

1.5.2 网页动画设计软件

随着网络技术的发展，网页上出现了越来越多的 Flash 动画。一个优秀的网站离不开动画，无论是 Banner、按钮、网站宣传动画还是整个网站的首页等，都需要使用动画制作软件 Flash 来完成。Flash 动画已经成为当今网站必不可少的部分，美观的动画能够为网页增色不少，从而吸引更多的浏览者。

1.5.3 网页编辑软件

处理完成的图像和制作精美的 Flash 动画需要通过 Dreamweaver 进行网页排版布局，添加各种网页特效，才能构成真正的网页。此外，使用 Dreamweaver 还可以轻松地开发出新闻发布系统、网上购物系统及论坛系统等动态网页。

Dreamweaver 是一款优秀的网页制作工具，用于对站点、页面和应用程序进行设计、编码和开发。Dreamweaver CS4 不仅继承了前几个版本的出色功能，在界面整合和易用性方面也更加贴近用户。它不仅是专业人员制作网站的首选工具，而且已普及到广大网页制作爱好者中。

1.6 本章小结

本章主要讲述了网站和网页的基本概念，并分析了网页的构成，接着介绍了网站的创建流程，最后讲述了网页设计的常用软件。读者通过对本章的学习，可以对网页制作与网站建设有一个初步的认识。

1.7 习题

1．填空题

（1）网站是一个或者众多________的集合，通常我们使用浏览器登录某个网站时，首先打开网站的________，即网站中所有网页的索引页，对网站进行浏览。

（2）一般来说，一个网页给人的直观感觉就是由________、________、________和________等元素构成。

（3）________、________、________和________这 4 个软件相辅相成，是设计网页的首选工具。

2．选择题

（1）________是区分动态网页与静态网页的重要标志。

A. 是否使用插件

B. 程序是否在服务器端运行

C. 是否包含动画

（2）动态网页是与静态网页相对应的，也就是说，网页 URL 的后缀不是.htm、.html、.shtml 和 xml 等静态网页的常见形式，而是以.asp、.jsp、.php、.perl 和.cgi 等形式为后缀，并且在动态网页网址中有一个标志性的符号________。

A. /　　　　B. ?　　　　C. ,

（3）视频文件的采用使网页变得精彩而富有动感。视频文件的格式也非常多，常见的有________。

A. RM、MPEG、AVI、SWF

B. RM、MPEG、RAR、DivX

C. RM、MPEG、AVI、DivX

3．简答题

（1）网站的基本概念是什么?

（2）动态网页与静态网页的区别在哪里?

（3）简述网站的创建流程。

第 2 章　初识 Dreamweaver CS4

Dreamweaver CS4 是针对网页设计者特别开发的可视化网页设计工具，作为一个所见即所得的网页编辑器，Dreamweaver CS4 为用户提供了方便快捷的插入栏、菜单栏、【属性】面板和站点管理窗口等工具，不仅使得制作过程更加直观，同时也大大简化了网页制作的步骤。

本章重点

- 了解 Dreamweaver 作用
- 了解 Dreamweaver 工作界面
- 学会新增功能的使用
- 学会创建本地站点

2.1　Dreamweaver CS4 简介

Dreamweaver 是一款集网页制作和管理网站于一身的可视化的网页制作工具，非常容易上手。"可视化"的意思就是说在 Dreamweaver 中制作什么效果，在浏览器中就能看到什么效果。使用 Dreamweaver 可以轻而易举地制作出跨越平台限制和跨越浏览器限制的充满动感的网页。

2.2　Dreamweaver CS4 工作界面

在 Dreamweaver 工作界面中可以查看文档和对象属性。工作区还将许多常用操作按钮放置于工具栏中，可以快速更改文档。

Dreamweaver 提供了一个将全部元素置于一个窗口的集成布局。在集成的工作区中，全部窗口和面板都被集成到一个更大的应用程序窗口中，如图 2-1 所示。

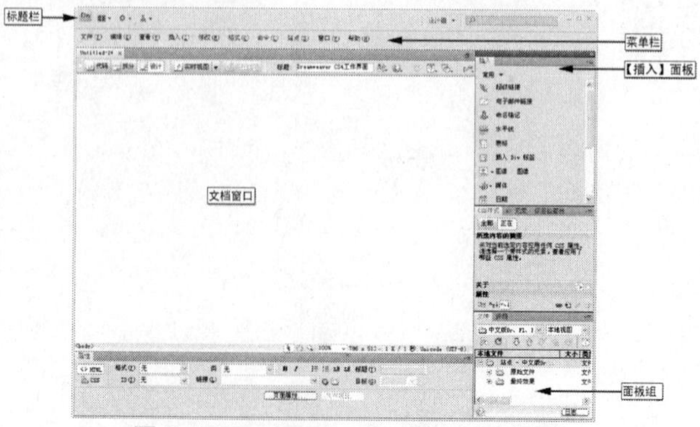

图 2-1　Dreamweaver CS4 工作界面

1．菜单栏

菜单栏显示的菜单包括文件、编辑、查看、插入、修改、格式、命令、站点、窗口和帮助 10 个菜单项，如图 2-2 所示。

图 2-2　菜单栏

2．【插入】面板

【插入】面板包括常用、布局和表单等 8 个选项，包含用于创建和插入对象的按钮。当鼠标移到某个按钮上时，会出现工具提示，其中含有该按钮的名称。可以在【插入】面板中的选项间进行切换，选择需要使用的按钮。当前文档包含服务器代码时，还会显示其他选项。当启动 Dreamweaver 时，系统会打开上次使用的选项，【常用】选项面板如图 2-3 所示。

3．【属性】面板

【属性】面板用于查看和编辑所选对象的各种属性。【属性】面板可以检查和编辑当前选定页面元素的最常用属性。【属性】面板中的内容根据选定元素的不同会有所不同。【属性】面板如图 2-4 所示。

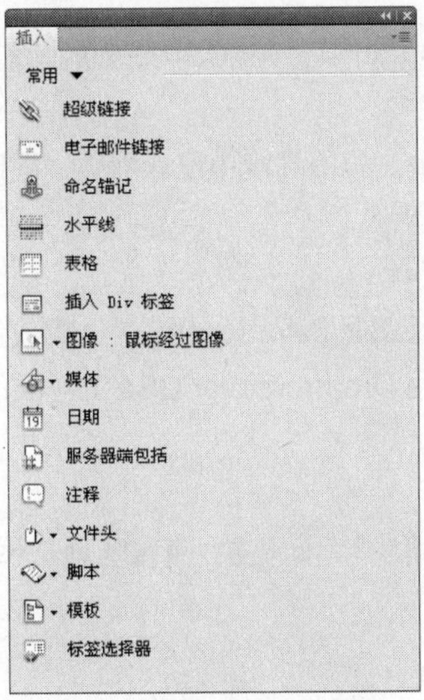

图 2-3　【常用】选项面板

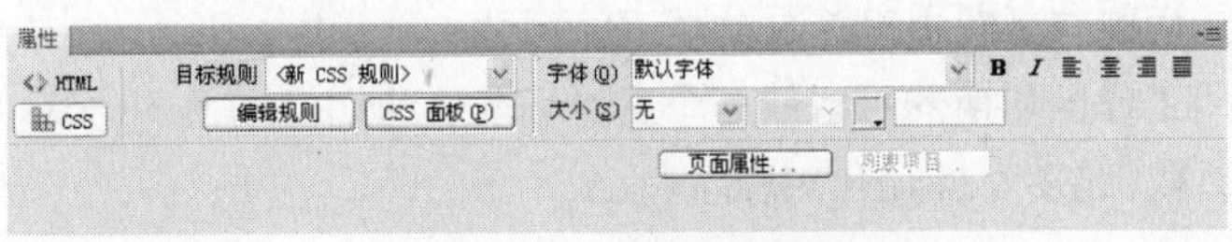

图 2-4　【属性】面板

4．浮动面板

【属性】面板以外的其他面板可以统称为浮动面板，各浮动面板主要以面板的特征命名，这些面板都浮动于编辑窗口之外。初次使用 Dreamweaver 时，这些面板根据功能被分成了若干组，如图 2-5 所示。

5．文档窗口

文档窗口显示当前创建和编辑的网页文档。用户可以在设计视图、代码视图和拆分视图中查看文档，如图 2-6 所示。

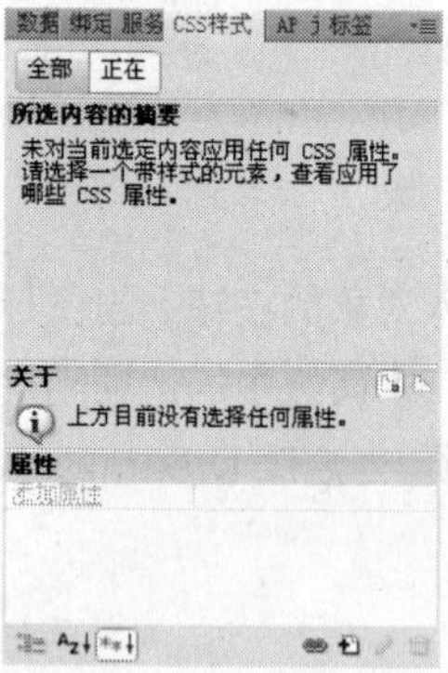

图 2-5　浮动面板

图 2-6　文档窗口

2.3　Dreamweaver CS4 的新增功能

Dreamweaver CS4 的界面和功能都有很大的改变。下面介绍 Dreamweaver CS4 新增的功能。

1．实时视图新增功能

借助 Dreamweaver CS4 中新增的实时视图功能，可以在真实的浏览器环境中设计网页，同时还可以直接访问代码，屏幕的呈现内容会立即反映出对代码所做的更改。

2．针对 Ajax 和 JavaScript 框架的代码提示

借助改进的 JavaScript 核心对象和基本数据类型支持，更有效地编写 JavaScript。通过集成包括 jQuery、Prototype 和 Spry 在内的流行 JavaScript 框架，充分利用 Dreamweaver CS4 的扩展编码功能。

3．全新用户界面

借助共享型用户界面设计，在 Adobe Creative Suitereg 4 的不同组件之间更快、更智能地工作。使用工作区切换器可以从一个工作环境快速切换到另一个环境。

4．相关文件和代码导航器

单击“相关文件”栏中显示的任何文件，即可在代码视图中查看其源代码，在设计视图中查看父页面。新增的代码导航器功能显示影响当前选定内容的 CSS 源代码，并允许用户快速访问它。

5．HTML 数据集

无需掌握数据库或 XML 编码即可将动态数据的强大功能融入网页中。Spry 数据集可以将简单的 HTML 表中的内容识别为交互式数据源。

6．Adobe InContext Editing（预发布版）

在 Dreamweaver 中设计页面，使最终用户能使用 Adobe InContext Editing 在线服务编辑它们的网页，无需帮助或使用其他软件。Dreamweaver 设计人员可以限制对特定页面、特殊区域的更改权，甚至可以自定格式选项。

7．Adobe Photoshop 智能对象

将任何 PSD 文档插入 Dreamweaver 即可创建出图像。智能对象与源文件紧密链接。无需打开 Photoshop 即可在 Dreamweaver 中更改源图像和更新图像。

8．CSS 最佳做法

无需编写代码即可实施 CSS 最佳做法。在“属性”面板中新建 CSS 规则，并在样式级联中清晰、简单地说明每个属性的相应位置。

9．Subversion 集成

在 Dreamweaver 中直接更新站点和登记修改内容。Dreamweaver CS4 与 Subversion 软件紧密集成，后者是一款开放源代码的版本控制系统，可以提供更强大的登记/注销体验。

10．Adobe AIR 创作支持新增功能

在 Dreamweaver 中直接创建基于 HTML 和 JavaScript 的 Adobe AIR 应用程序。在 Dreamweaver 中即可预览 AIR 应用程序。使 Adobe AIR 应用程序随时可以与 AIR 打包及代码签名功能一起部署。

2.4 创建本地站点

用户可以使用“站点定义向导”快速创建本地站点。具体操作步骤如下：

01 在菜单栏中选择【站点】|【管理站点】命令，如图 2-7 所示，打开【管理站点】对话框。

02 在对话框中单击【新建】按钮，在下拉菜单中选择【站点】命令，如图 2-8 所示。

03 在打开的对话框中，选择【基本】选项卡，为站点命名，如图 2-9 所示，单击【下一步】按钮。

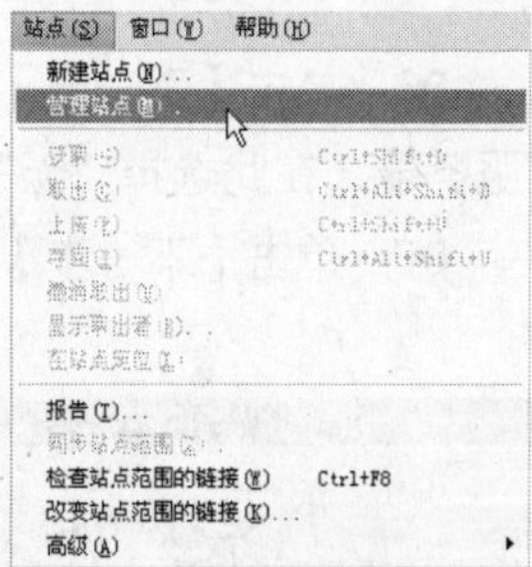

图 2-7 【管理站点】命令

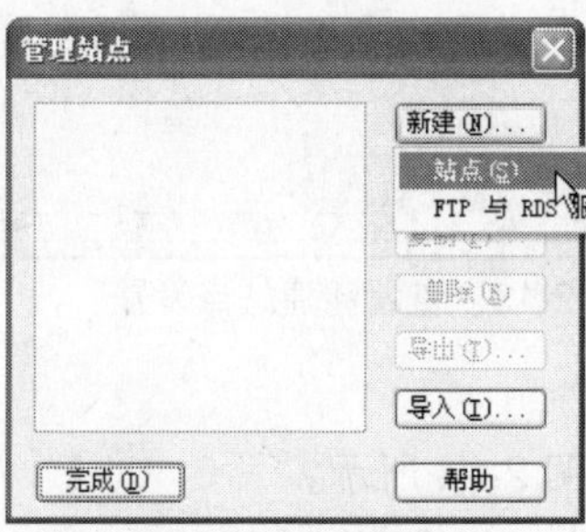

图 2-8 新建站点

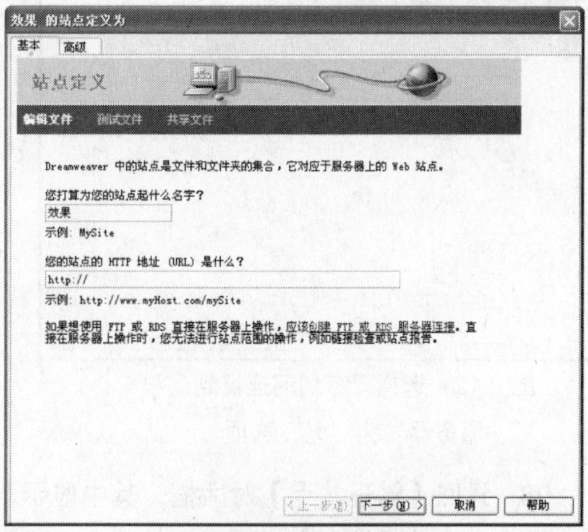

图 2-9 【基本】选项卡

04 在向导的下一界面中，选择“否，我不想使用服务器技术”单选按钮，如图 2-10 所示，单击【下一步】按钮。

05 在如图 2-11 所示的对话框中，选择“编辑我的计算机上的本地副本，完成后再上传到服务器（推荐）”单选按钮，选择站点的存储位置。

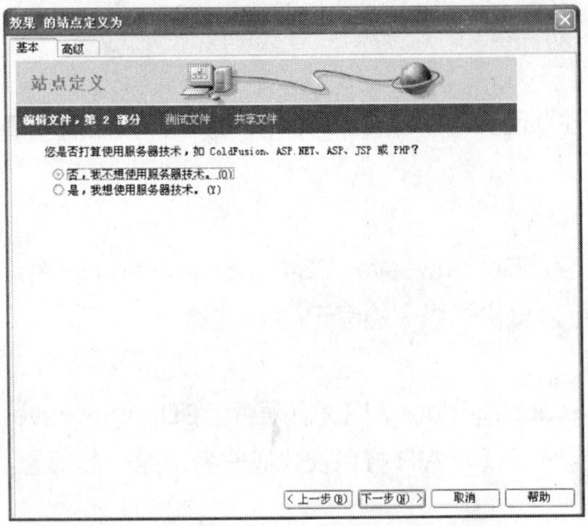

图 2-10 选择“否，我不想使用服务器技术”单选按钮

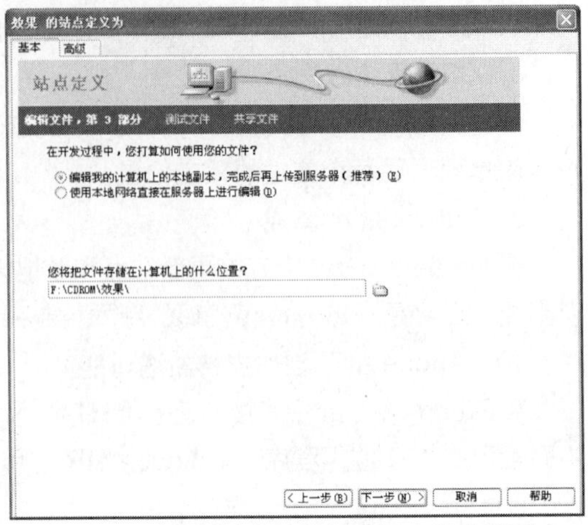

图 2-11 选择“编辑我的计算机上的本地副本，完成后再上传到服务器（推荐）”单选按钮

06 单击【下一步】按钮，在“您如何连接到远程服务器”下拉列表框中，由于没有使用远程服务器，在此选择“无”选项，如图 2-12 所示。

07 单击【下一步】按钮，查看新建站点设置，如图 2-13 所示，确认无误后单击【完成】按钮。

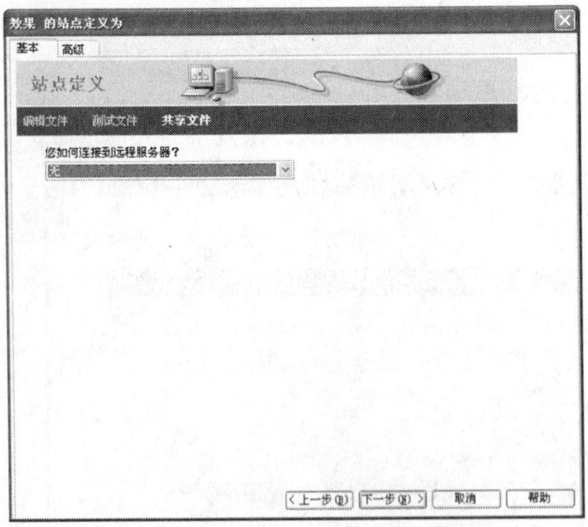

图 2-12 选择“您如何连接到远程服务器”为“无”选项

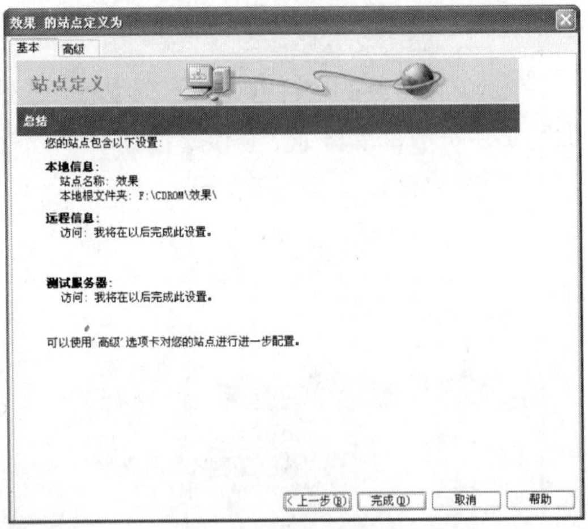

图 2-13 查看新建站点设置

08 返回【管理站点】对话框，其中显示了新建的站点，如图 2-14 所示。

09 在【管理站点】对话框中单击【完成】按钮，在【文件】面板中可以查看创建完成的站点，如图 2-15 所示。

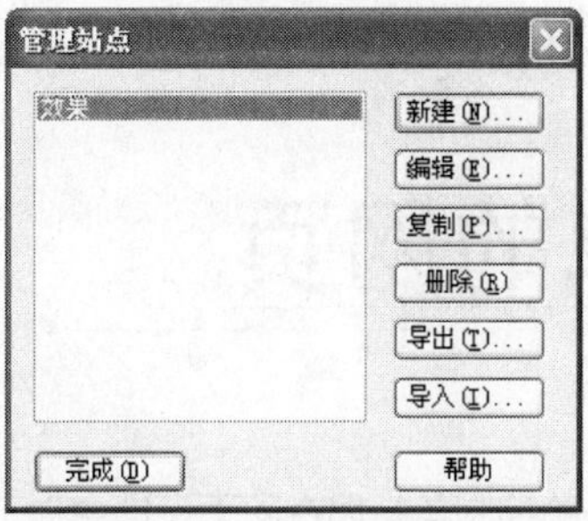

图 2-14　返回【管理站点】对话框

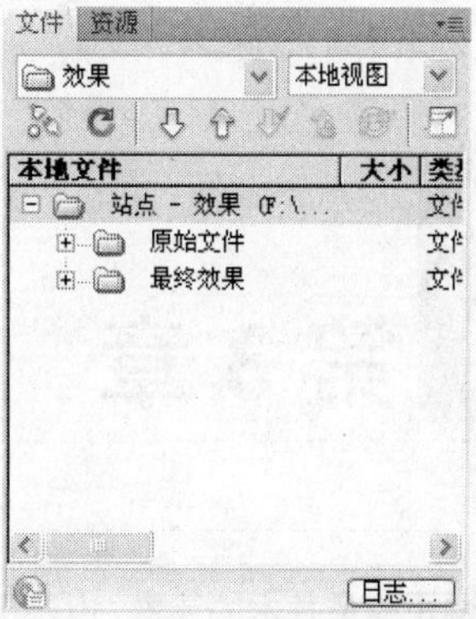

图 2-15　查看创建完成的站点

2.5　本章小结

本章对 Dreamweaver 进行了初步的讲解，并介绍了 Dreamweaver CS4 的工作界面和新增功能。读者通过对本章的学习，应该对 Dreamweaver CS4 有一个大致的了解，并掌握本地站点的制作方法。

2.6　习题

1．填空题

（1）菜单栏显示的菜单包括________、________、________、________、________、________、________、________、________和________10 个菜单项。

（2）在菜单栏中选择________ | ________命令，弹出【管理站点】对话框。在该对话框中可以对站点进行创建和编辑。

2．简答题

简述 Dreamweaver CS4 新增功能。

第 3 章　制作简单的网页

文本是网页中最基本的元素，也是最基本的信息载体，文本的控制与布局在网页设计中占了很大比例。

图像不但能美化网页，而且与文字相比能更直观地说明问题，使表达的意思一目了然。合理地在网页中添加图像会使网页增色不少。Flash 动画和音乐有时也能达到这样的效果。

大多数的网站都是由很多页面组成，而页面与页面之间则由超链接联系在一起。

本章重点

- 创建网页文件
- 为网页添加图像
- 设置超级链接
- 制作图文并茂的页面

3.1　创建网页文件

在 Dreamweaver 中，可以创建空白网页，还可以基于示例文件创建网页。下面来介绍网页的创建方法。

3.1.1　创建空白网页

在 Dreamweaver 中，可以通过新建文档的方法来创建空白网页。

（1）打开 Dreamweaver 后，在菜单栏中选择【文件】|【新建】命令，打开【新建文档】对话框，如图 3-1 所示。

图 3-1　打开【新建文档】对话框

（2）要创建一个空白网页，在【新建文档】对话框的最左侧选择【空白页】选项，然后在【页面类型】列表框中选择 HTML 选项，在【布局】列表框中选择【无】选项。

（3）最后单击【创建】按钮，即可创建一个新的空白网页文件。

提示：在 Dreamweaver CS4 欢迎界面中，单击【新建】列表中的 HTML 选项可以直接创建空白网页，如图 3-2 所示。

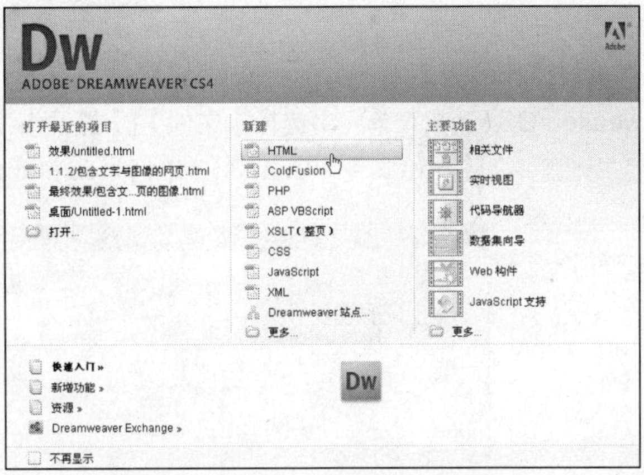

图 3-2　Dreamweaver CS4 欢迎界面

3.1.2　基于示例文件创建网页

为了帮助用户创建设计完善且具有专业化外观的网页，Dreamweaver 提供了示例文件供用户使用。用户可以直接根据示例文件创建网页，减少了从头设计的时间，从而提高工作效率。具体操作步骤如下：

01　在菜单栏中选择【文件】|【新建】命令，打开【新建文档】对话框。

02　在【新建文档】对话框的最左侧选择【示例中的页】选项，然后在【示例文件夹】列表框中根据需要选择不同的示例类型，在【示例页】列表框中选择一种示例文档，并可以在【新建文档】对话框右侧预览该示例，如图 3-3 所示。

03　单击【创建】按钮，即可在文档窗口中创建一个示例文档，如图 3-4 所示。在该网页中已经插入了框架，用户只需要在相应位置加入文字和图像，即可快速创建需要的网页。

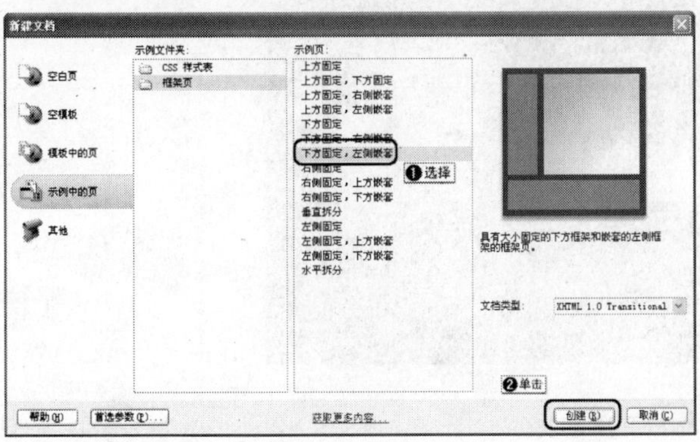

图 3-3　选择示例图

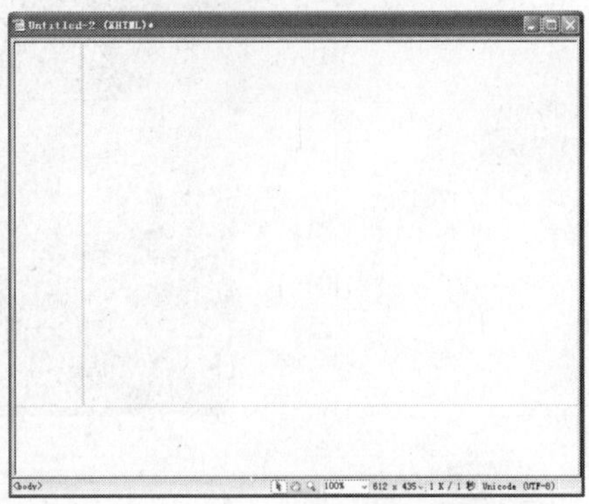

图 3-4　使用示例文件创建的网页

3.2 设置网页文本

编辑网页文本是网页制作最基本的操作，灵活应用各种文本属性可以排版出更加美观的网页。

Dreamweaver 提供了多种向网页中添加文本和设置文本格式的方法。用户可以插入文本，设置字体类型、大小、颜色和对齐属性，以及使用层叠样式表（CSS）样式创建和应用自定义样式。

3.2.1 输入文本

在网页中插入文本的具体操作步骤如下：

01 启动 Dreamweaver CS4，在菜单栏中选择【文件】|【打开】命令，打开【打开】对话框。在该对话框中选择随书光盘中的【原始文件 | Cha03 | 3.2.1 | index.html】文件，如图 3-5 所示。

图 3-5 选择文件

02 单击【打开】按钮，将网页文件打开，如图 3-6 所示。

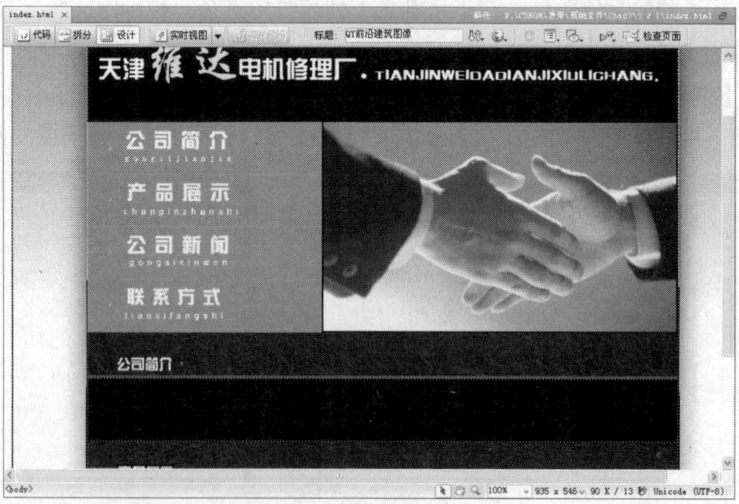

图 3-6 打开原始文件

03　在页面中要输入文本的位置单击，插入光标，然后输入文本，如图 3-7 所示。

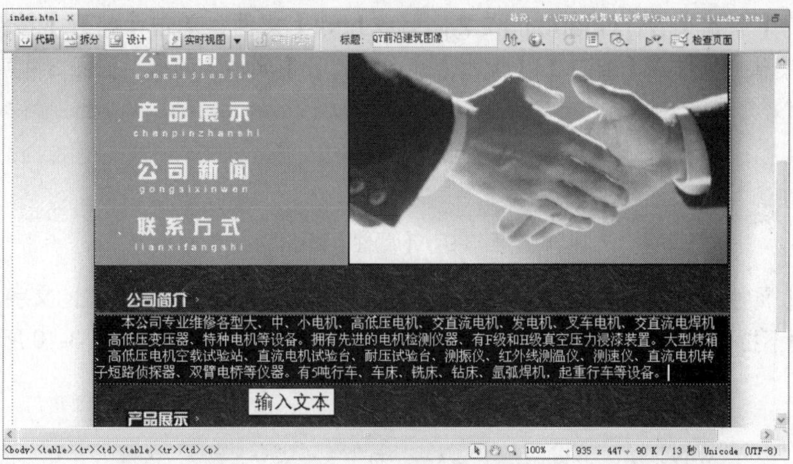

图 3-7　输入文字

04　输入完成后，在菜单栏中选择【文件】|【保存】命令，将文档保存。按 F12 键可以在浏览器中预览，如图 3-8 所示。

图 3-8　预览效果

3.2.2　文本属性

网页文本的外观会直接影响到网页的整体效果，因此不能忽视网页文本的格式设置。在菜单栏中选择【窗口】|【属性】命令，打开【属性】面板。在【属性】面板中可以对文本的属性进行设置。具体操作步骤如下：

01 在菜单栏中选择【文件】|【打开】命令，打开【打开】对话框。在该对话框中选择随书光盘中的【原始文件 | Cha03 | 3.2.2 | index.html】文件，单击【打开】按钮将其打开。

02 在菜单栏中选择【窗口】|【属性】命令，打开【属性】面板，如图 3-9 所示。

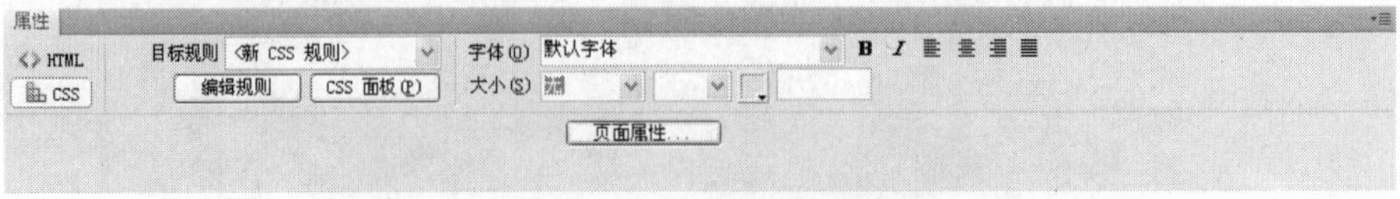

图 3-9　【属性】面板

03 在【属性】面板中选择 CSS 选项。在文档窗口中选择需要修改属性的文字，单击【字体】文本框右侧的下拉列表按钮，在弹出的下拉列表中选择“宋体”选项，如图 3-10 所示。

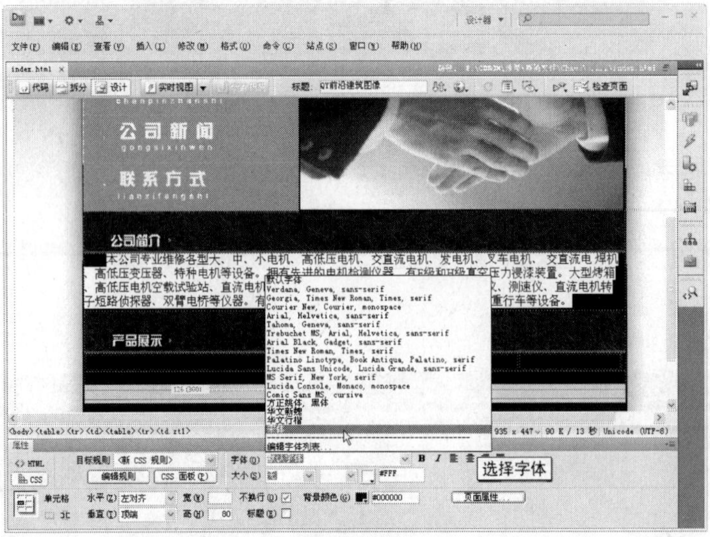

图 3-10　选择字体

04 单击“编辑规则”按钮，打开【新建 CSS 规则】对话框，将选择器命名为 wbsx1，在【规则定义】下拉列表框中选择“仅限该文档”选项，如图 3-11 所示，单击【确定】按钮。

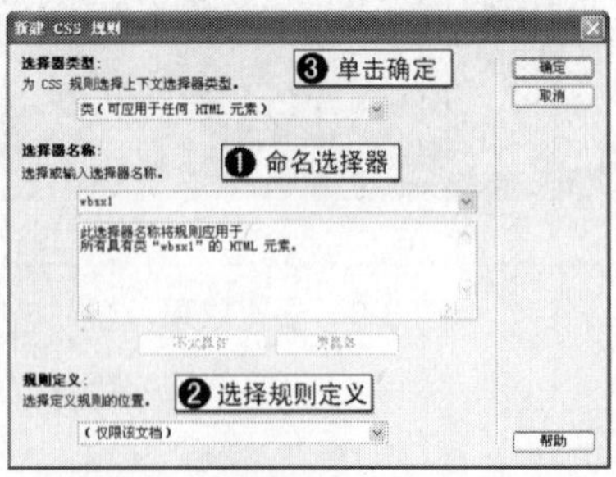

图 3-11　【新建 CSS 规则】对话框

05 在【属性】面板中单击 B（加粗）按钮，为文字设置加粗，如图 3-12 所示。

图 3-12　设置加粗

06　在【属性】面板中单击【大小】文本框右侧的下拉列表按钮，在弹出的下拉列表中选择 14 选项，将文字大小设置为 14 像素，如图 3-13 所示。

图 3-13　设置文字大小

07　在【属性】面板中单击【大小】下拉列表右边的【文本颜色】框，弹出调色板，此时鼠标光标变为吸管状态，将吸管移动至要选择的颜色上，单击即可选中颜色，如图 3-14 所示。

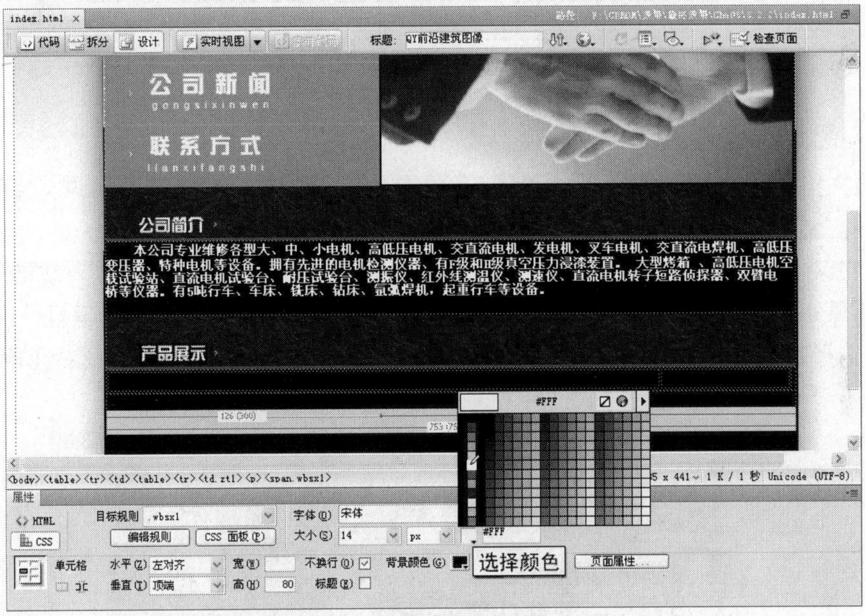

图 3-14　选择颜色

08　使用同样的方法也可以为其他文本设置属性。设置完成后，在菜单栏中选择【文件】|【保存】命令，将文档保存，按【F12】键在浏览器中预览效果，如图 3-15 所示。

> **提示：** Dreamweaver CS4 直接使用 CSS 样式对文字属性进行设置，更方便文本的管理及更新。

图 3-15　预览效果

3.2.3　段落格式

在网页文档中可以对段落进行缩进和对齐等设置，这些文本段落的设置对网页文档布局起到很重要的作用。文本段落的设置的具体操作步骤如下：

01　在菜单栏中选择【文件】|【打开】命令，打开【打开】对话框。在该对话框中选择随书光盘中的【原始文件 | Cha03 | 3.2.3 | index.html】文件，单击【打开】按钮将其打开。

02　选择要设置段落格式的文本，在【属性】面板的【格式】下拉列表中选择【段落】选项，如图 3-16 所示。

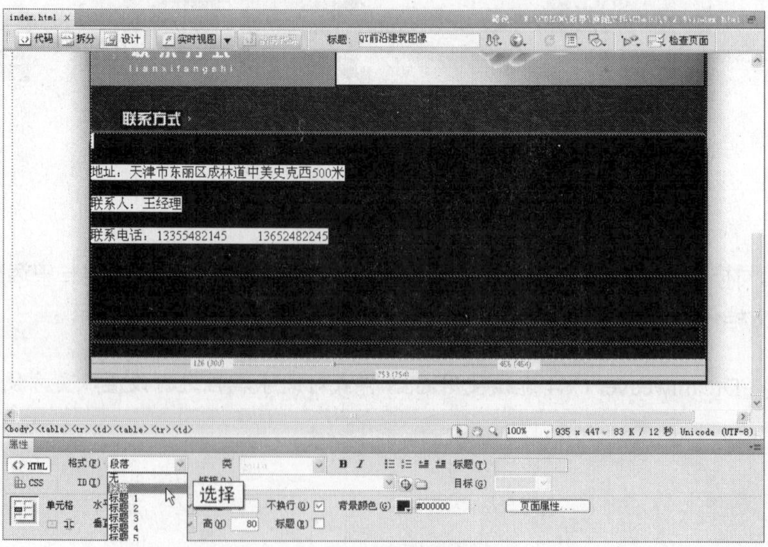

图 3-16　设置格式

03 在菜单栏中选择【格式】|【缩进】命令，将文本缩进，如图 3-17 所示。

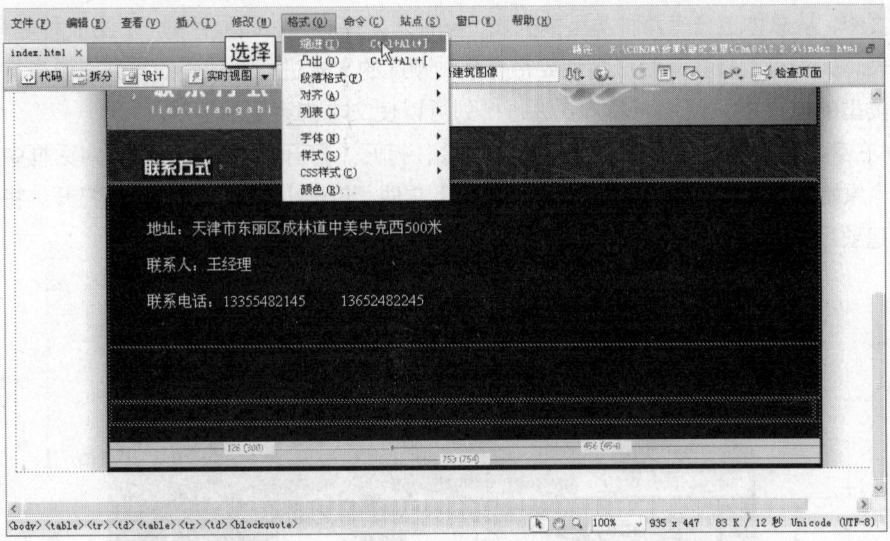

图 3-17　缩进文本

提示：在【属性】面板中单击【文本缩进】按钮，也可以将文本缩进。

04 在菜单栏中选择【文件】|【保存】命令，将文档保存，按【F12】键在浏览器中预览效果，如图 3-18 所示。

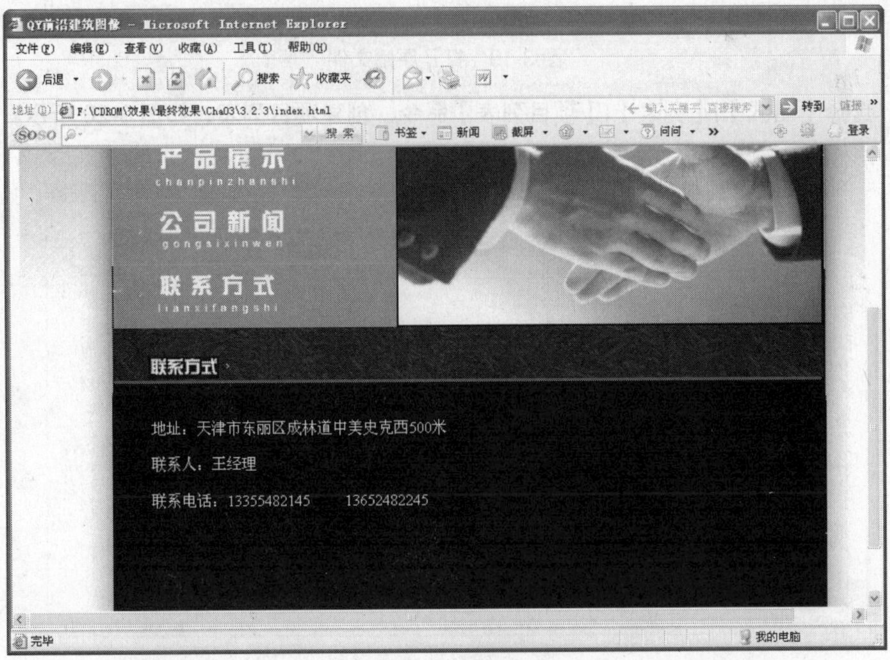

图 3-18　预览效果

3.2.4 列表

在网页中，从总体上分有两种类型的列表，一种是无序列表，即项目列表；另一种是有序列表，即编号列表。列表可以将具有相似特性或带有某种顺序的文本进行有规则的排列，列表常用在条款或列举等类型的文本中，使用列表方式进行排列可以使文本内容更加直观。

01 在菜单栏中选择【文件】|【打开】命令，打开【打开】对话框。在该对话框中选择随书光盘中的【原始文件 | Cha03 | 3.2.4 | index.html】文件，单击【打开】按钮将其打开。将光标放置在需要创建项目列表的位置，如图 3-19 所示。

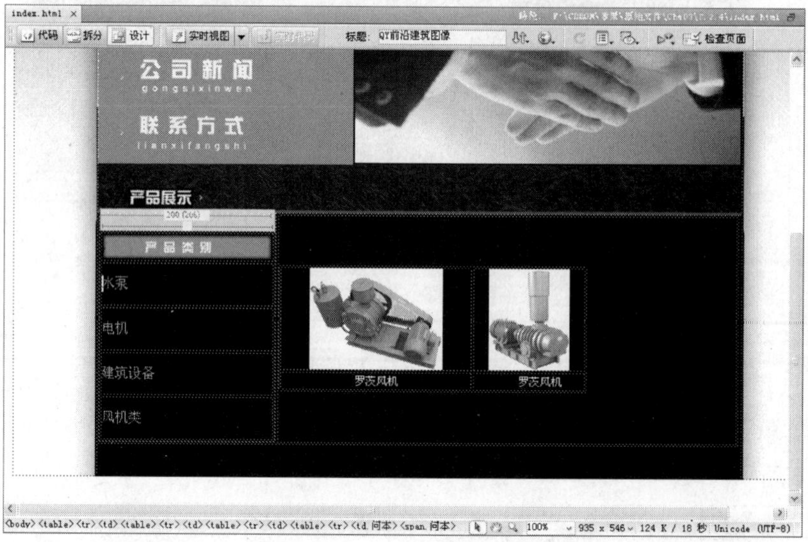

图 3-19 打开原始文件

02 选择【格式】|【列表】|【项目列表】命令，创建项目列表，如图 3-20 所示。

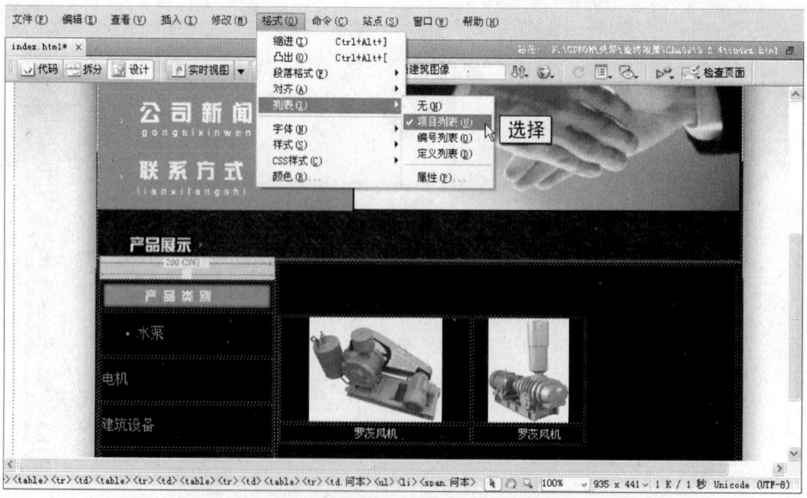

图 3-20 创建项目列表

03 使用同样的方法为其他文本添加项目列表，如图 3-21 所示。

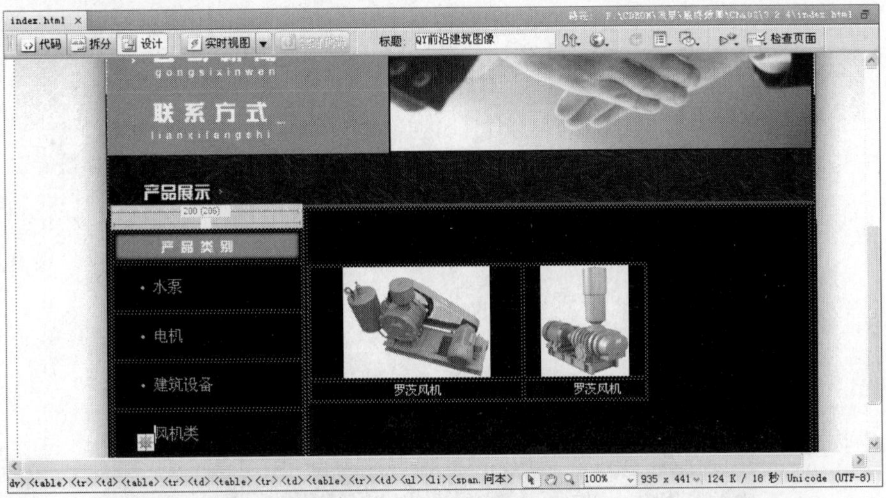

图 3-21 创建其他项目列表

04 在菜单栏中选择【文件】|【保存】命令，将文档保存，按 F12 键在浏览器中预览效果，如图 3-22 所示。

图 3-22 预览效果

3.2.5 特殊字符

在 Dreamweaver 中可以插入的特殊字符包括版权、注册商标和商标等。插入特殊字符的具体操作步骤如下：

01 在菜单栏中选择【文件】|【打开】命令，打开【打开】对话框。在该对话框中选择随书光盘中的【原始文件 | Cha03 | 3.2.5 | index.html】文件，单击【打开】按钮将其打开。将光标放置在需要插入特殊字符的位置，如图 3-23 所示。

图 3-23 打开原始文件

02 选择【插入】| HTML |【特殊字符】|【版权】命令，插入版权符号，如图 3-24 所示。

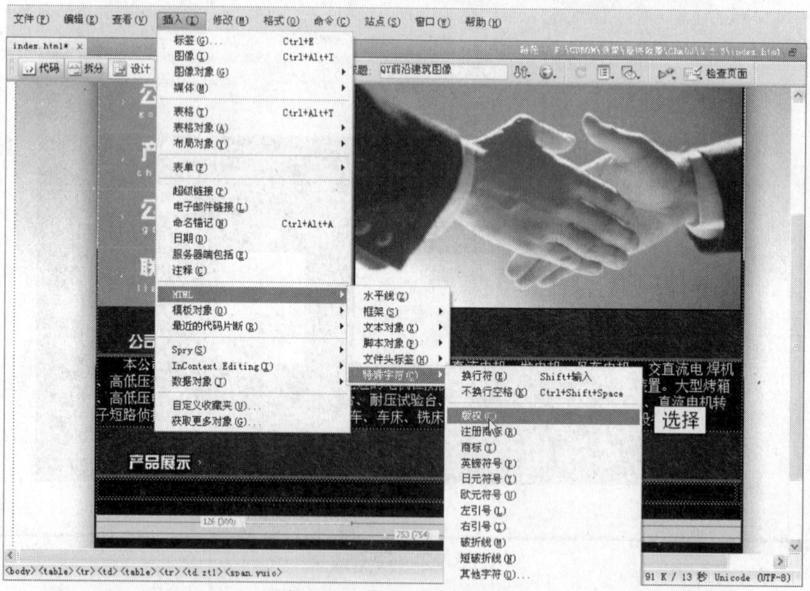

图 3-24 插入版权符号

03 插入版权符号后，可以在符号前输入“版权所有”或其他相关信息，如图 3-25 所示。

04 在菜单栏中选择【文件】|【保存】命令，将文档保存，按 F12 键在浏览器中预览效果，如图 3-26 所示。

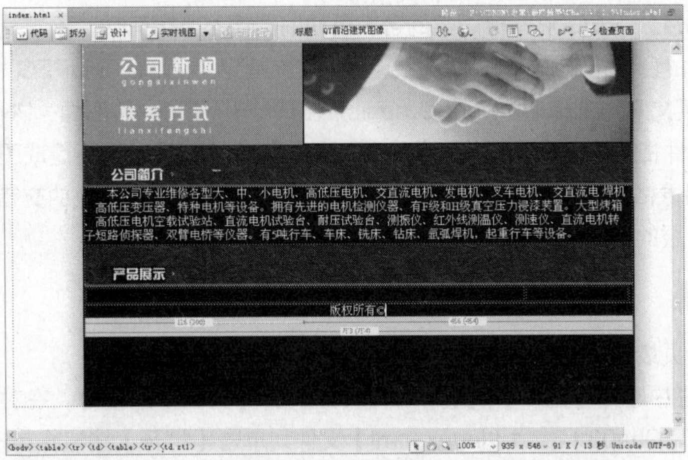

图 3-25　输入文字

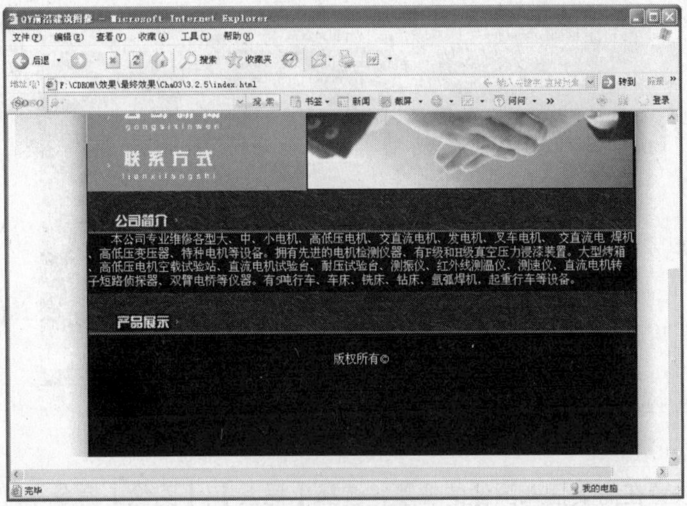

图 3-26　预览效果

3.3　为网页添加图像

一个漂亮的网页通常都是图文并茂的，精美的图像和精巧的按钮不但能使网页更加美观、形象和生动，而且能使网页中的内容更加丰富多彩。

网页中图像的格式通常有 3 种，即 GIF、JPEG 和 PNG。目前大多数浏览器都支持 GIF 和 JPEG 格式。

（1）GIF 是英文 Graphic Interchange Format 的缩写，即图像交换格式，文件最多使用 256 种颜色，最适合显示色调不连续或具有大面积单一颜色的图像，例如导航条、按钮、图标、徽标或其他具有统一色彩和色调的图像。

（2）JPEG 格式是一种压缩得非常紧凑的格式，专门用于不含大色块的图像。JPEG 格式的图像有一定的失真度，但在正常情况下肉眼分辨不出 JPEG 和 GIF 图像的区别，而 JPEG 文件的大小只有 GIF 文件的 1/4。JPEG 对图标之类的含大色块的图像不是很有效，不支持透明度、动态度，但它能够保留全真的色调格式。如果图像需要全彩模式才能表现效果，则 JPEG 格式是最佳的选择。

（3）PNG 是英文 Portable Network Graphic 的缩写，即便携网络图像，PNG 格式是一种非破坏性的网页图像文件格式，它提供了将图像文件以最小的方式压缩却又不造成图像失真的技术。它不仅具备了 GIF 图像格式的大部分优点，而且还支持 48-bit 的色彩、更快的交错显示、跨平台的图像亮度控制、更多层的透明度设置。

3.3.1 插入图像

图像是构成网页最重要的元素之一，插入图像的具体操作步骤如下：

01 在菜单栏中选择【文件】|【打开】命令，打开【打开】对话框。在对话框中选择随书光盘中的【原始文件 | Cha03 | 3.3.1 | index.html】文件，单击【打开】按钮将其打开，如图 3-27 所示。

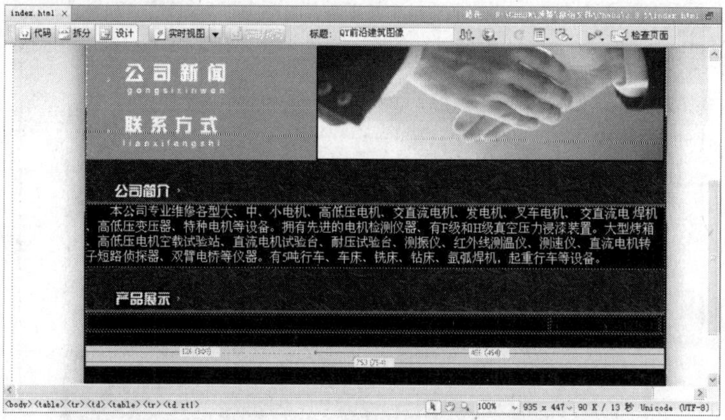

图 3-27 打开原始文件

02 将光标放置在需要插入图像的位置，选择【插入】|【图像】命令，打开【选择图像源文件】对话框，在对话框中选择 pic09.jpg 文件，如图 3-28 所示，单击【确定】按钮。

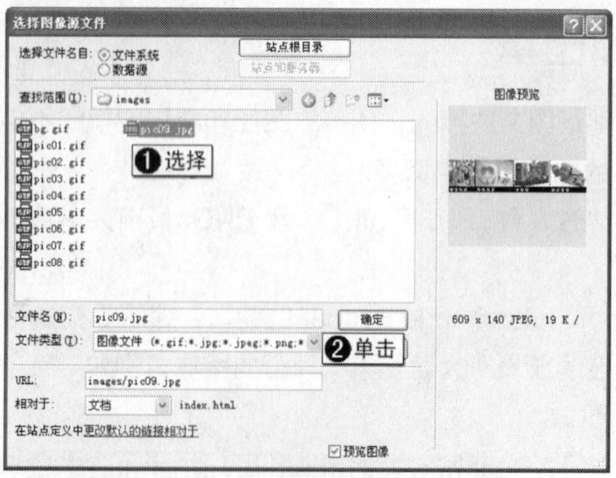

图 3-28 【选择图像源文件】对话框

> **提示：** 也可以在【插入】面板中选择【常用】选项，单击（图像）按钮，如图 3-29 所示，打开【选择图像源文件】对话框。

03 开【图像标签辅助功能属性】对话框，如图 3-30 所示，单击【确定】按钮。

图 3-29　【插入】面板

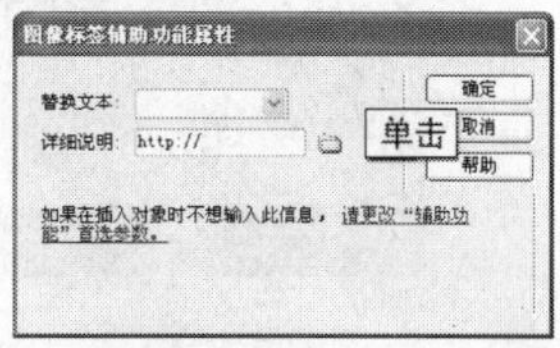

图 3-30　【图像标签辅助功能属性】对话框

04 插入图像后，在菜单栏中选择【文件】|【保存】命令，将文档保存，按 F12 键在浏览器中预览效果，如图 3-31 所示。

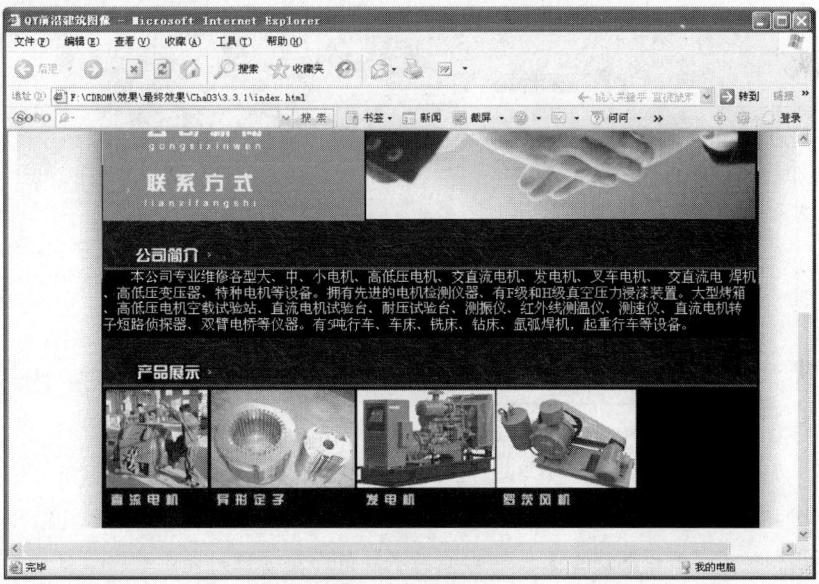

图 3-31　预览效果

3.3.2　鼠标经过图像

鼠标经过图像就是当鼠标经过图像时，原图像会变成另外一张图像。鼠标经过图像效果其实是由两张图像组成的，即原始图像和鼠标经过图像。组成鼠标经过图像的两张图像大小必须一致，如果不一致，Dreamweaver 将自动调整鼠标经过图像的大小与原始图像相同。插入鼠标经过图像的具体操作步骤如下：

01 在菜单栏中选择【文件】|【打开】命令，打开【打开】对话框。在该对话框中选择随书光盘中的【原始文件 | Cha03 | 3.3.2 | index.html】文件，如图 3-32 所示，单击【打开】按钮将其打开。

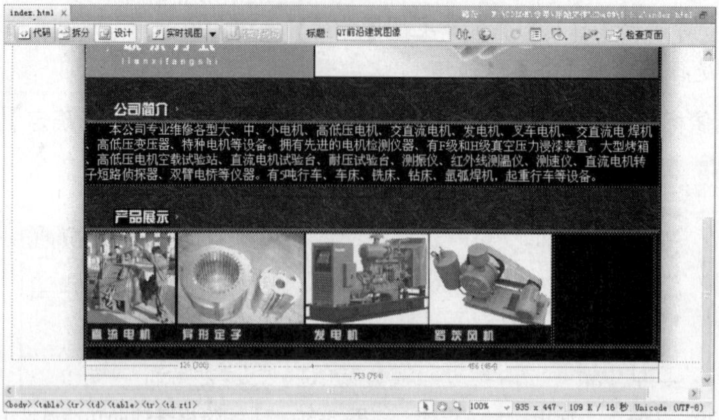

图 3-32　打开原始文件

02　将光标放置在需要插入图像的位置，选择【插入】|【图像对象】|【鼠标经过图像】命令，如图 3-33 所示。

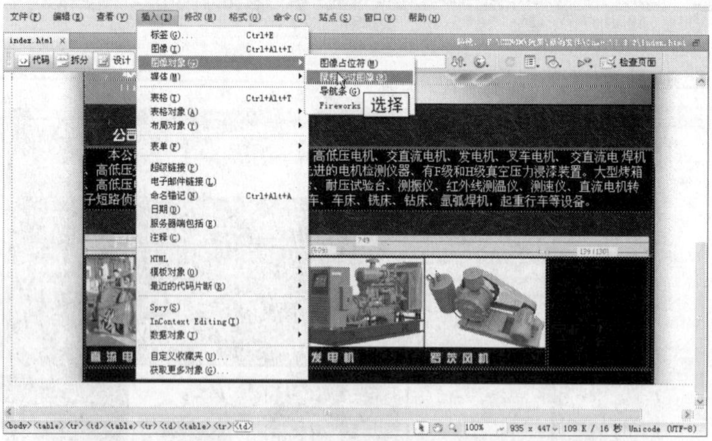

图 3-33　选择【鼠标经过图像】命令

> **提示：** 也可以单击【图像】按钮右侧的小三角，在下拉列表中单击鼠标经过图像）按钮，如图 3-34 所示。

03　打开【插入鼠标经过图像】对话框，单击【原始图像】文本框右侧的【浏览】按钮，如图 3-35 所示。

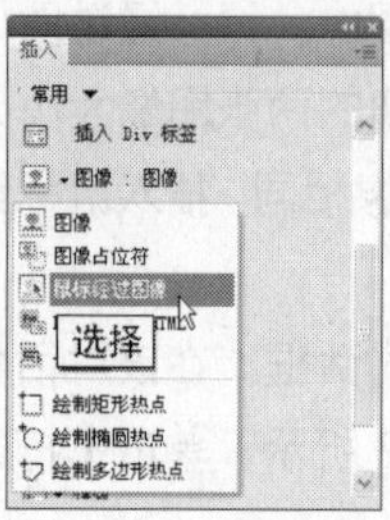

图 3-34　【鼠标经过图像】按钮

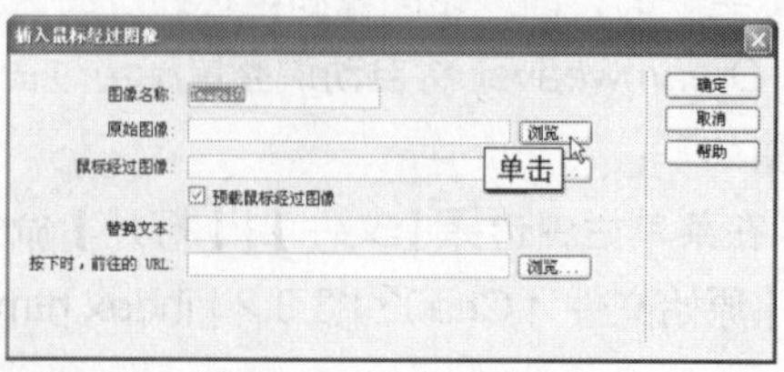

图 3-35　【插入鼠标经过图像】对话框

04　在打开的【原始图像】对话框中选择原始图像，如图 3-36 所示，单击【确定】按钮。

05　返回【插入鼠标经过图像】对话框，单击【鼠标经过图像】文本框右侧的【浏览】按钮，如图 3-37 所示。

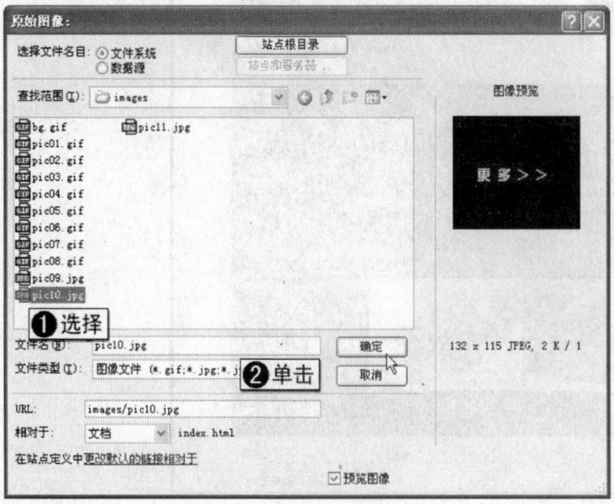

图 3-36　选择原始图像

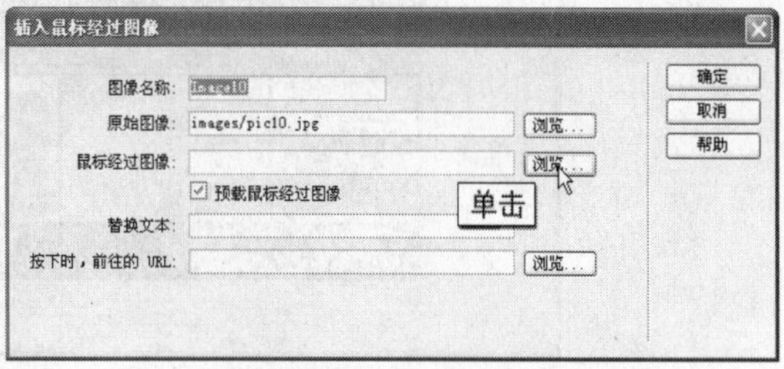

图 3-37　单击【浏览】按钮

06　在打开的【鼠标经过图像】对话框中选择鼠标经过图像，如图 3-38 所示，单击【确定】按钮。

07　返回【插入鼠标经过图像】对话框，选择【预载鼠标经过图像】复选框，如图 3-39 所示，单击【确定】按钮。

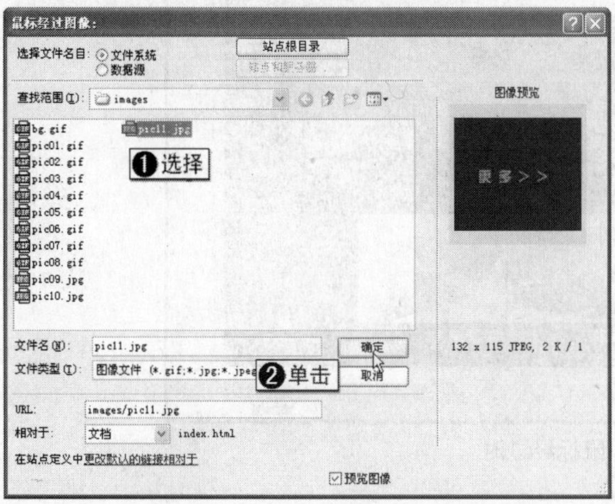

图 3-38　选择鼠标经过图像

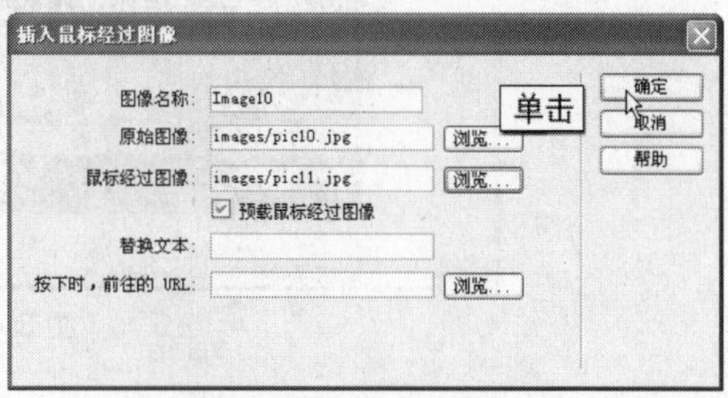

图 3-39　单击【确定】按钮

08　插入图像后，在菜单栏中选择【文件】|【保存】命令，将文档保存，按 F12 键在浏览器中预览效果，鼠标经过前如图 3-40 所示，鼠标经过时如图 3-41 所示。

图 3-40　鼠标经过前

图 3-41　鼠标经过时

3.3.3　添加背景图像

可以使用背景为网页添加颜色、站点标识或其他可视的效果，可以使用图像文件作为背景。添加背景图像有很多种方法。下面介绍利用【页面属性】对话框添加背景图像，具体操作步骤如下：

01　在菜单栏中选择【文件】|【打开】命令，打开【打开】对话框。在该对话框中选择随书光盘中的【原始文件 | Cha03 | 3.3.3 | index.html】文件，单击【打开】按钮将其打开，如图 3-42 所示。

02 在菜单栏中选择【修改】|【页面属性】命令，如图 3-43 所示，打开【页面属性】对话框。

图 3-42　打开原始文件

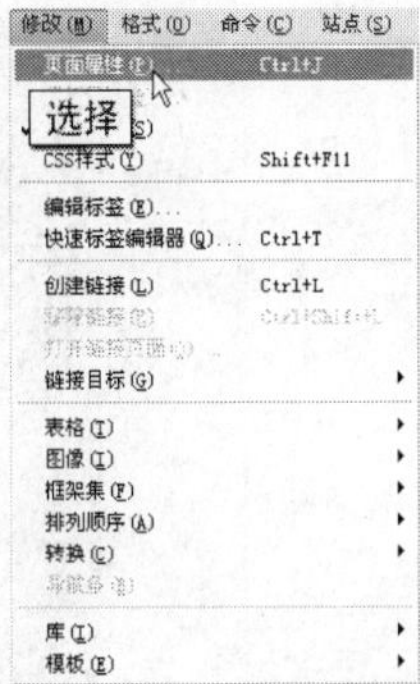

图 3-43　选择【页面属性】命令

> **提示：** 也可以在【属性】面板中单击【页面属性】按钮，打开【页面属性】对话框，如图 3-44 所示。

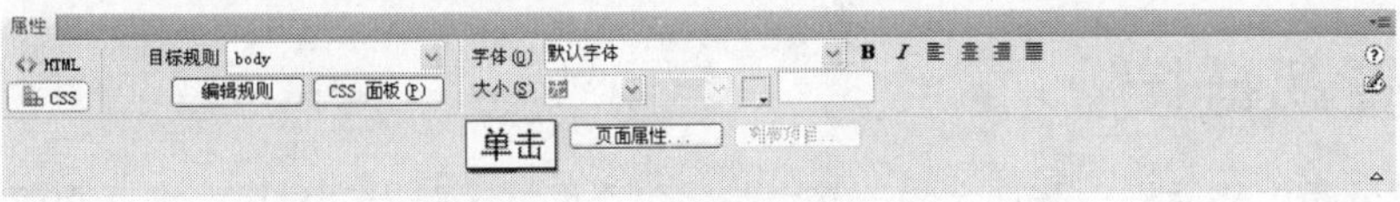

图 3-44　单击【页面属性】按钮

03 在【页面属性】对话框中，单击【背景图像】文本框右侧的【浏览】按钮，如图 3-45 所示。

04 打开【选择图像源文件】对话框，在该对话框中选择图像文件，如图 3-46 所示，单击【确定】按钮。

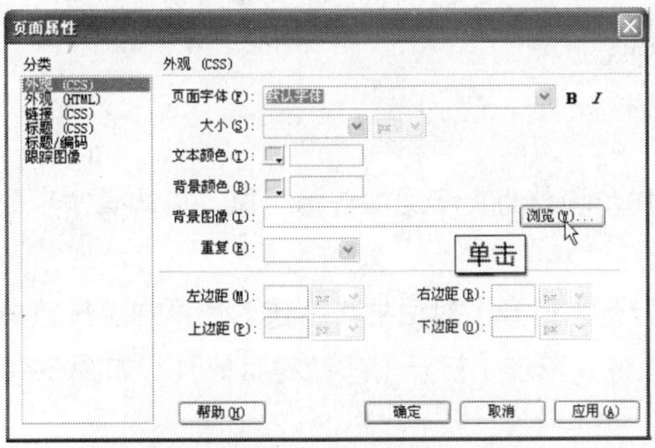

图 3-45　【页面属性】对话框

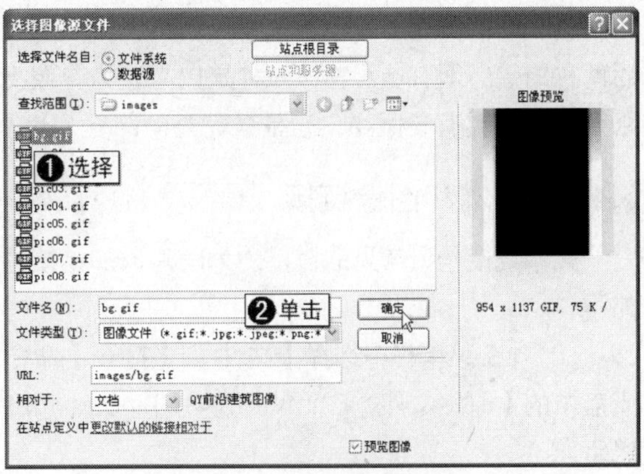

图 3-46　选择图像文件

05 返回【页面属性】对话框，单击【确定】按钮。在菜单栏中选择【文件】|【保存】命令，将文档保存，按 F12 键在浏览器中预览效果，如图 3-47 所示。

图 3-47　预览效果

3.4　设置超链接

超链接是网页中最重要、最基本的元素之一。每个网站实际上都是由很多网页组成的，这些网页都是通过超级链接的形式关联在一起的。超级链接的作用是在因特网上建立从一个位置到另一个位置的链接。超级链接由源地址文件和目标地址文件构成，当访问者单击超链接时，浏览器会从相应的目标地址检索网页并显示在浏览器中。如果目标地址不是网页而是其他类型的文件，浏览器会自动调用本机上的相关程序打开所要访问的文件。

在网页中的链接按照链接路径的不同可以分为 3 种形式：绝对路径、相对路径、根目录路径。

这些路径都是网页中的统一资源定位，只不过后两种路径将 URL 的通信协议和主机名省略了。后两种路径必须有参照物，一种是以文档为参照物，另一种是以站点的根目录为参照物，而第一种路径就不需要有参照物，它是最完整的路径，也是标准的 URL。

3.4.1　文本和图像链接

文本链接是最常见的链接，为图片添加链接的操作步骤与为文字添加链接相似，具体操作步骤如下：

01　在菜单栏中选择【文件】|【打开】命令，打开【打开】对话框。在该对话框中选择随书光盘中的【原始文件 | Cha03 | 3.4.1 | index.html】文件，单击【打开】按钮将其打开，如图 3-48 所示。

02　选中要设置链接的文本，在【属性】面板中，可以直接在【链接】文本框中输入链接的地址或名称，也可以单击【链接】文本框后面的【浏览文件】按钮，打开【选择文件】对话框，在该对话框中选择链接的对象，如图 3-49 所示。

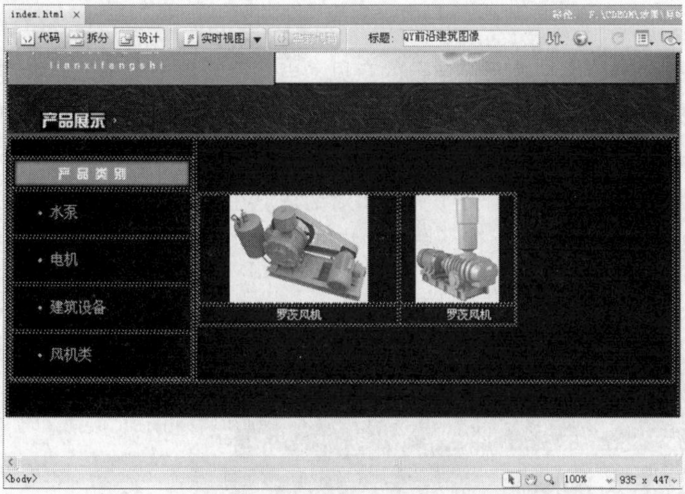

图 3-48　打开原始文件

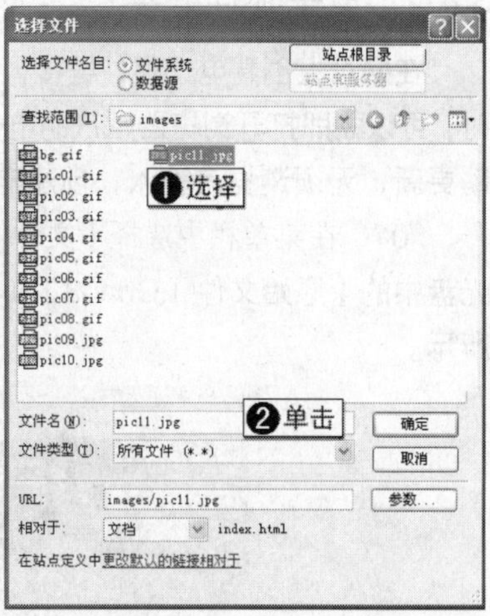

图 3-49　选择链接对象

03　单击【确定】按钮，将对象添加到【链接】文本框中，并将【属性】面板中的【目标】设置为_blank，如图 3-50 所示。

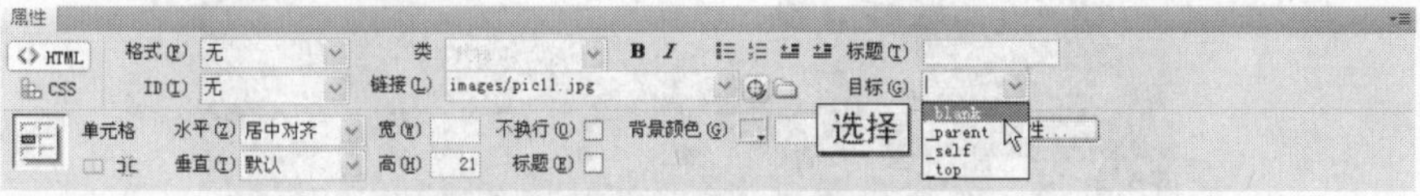

图 3-50　设置【目标】

04　选中要设置链接的图像，使用同样的方法为图像创建链接。

05　链接创建完成后，在菜单栏中选择【文件】|【保存】命令，将文档保存，按 F12 键在浏览器中预览效果，如图 3-51 所示。

图 3-51　预览效果

3.4.2 电子邮件链接

在网页上创建电子邮件链接，可以使浏览者快速反馈自己的意见。当浏览者单击电子邮件链接时，可以立即打开浏览器默认的电子邮件处理程序，收件人邮件地址被E-mail链接中指定的地址自动更新，无须浏览者输入。创建电子邮件链接的具体操作步骤如下：

01 在菜单栏中选择【文件】|【打开】命令，打开【打开】对话框。在该对话框中选择随书光盘中的【原始文件 | Cha03 | 3.4.2 | index.html】文件，单击【打开】按钮将其打开，如图3-52所示。

图3-52 打开原始文件

02 将光标放置在要创建电子邮件链接的位置，选择【插入】|【电子邮件链接】命令，如图3-53所示。

> 提示：选择【插入】面板中的【常用】选项，单击【电子邮件链接】按钮，如图3-53所示，同样可以打开【电子邮件链接】对话框。

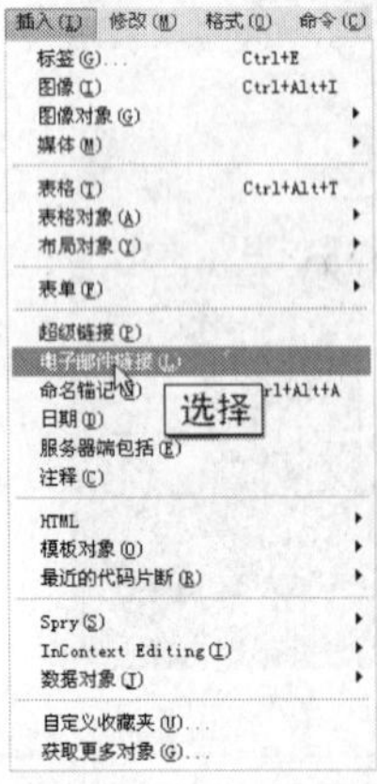

图3-53 选择【电子邮件链接】命令

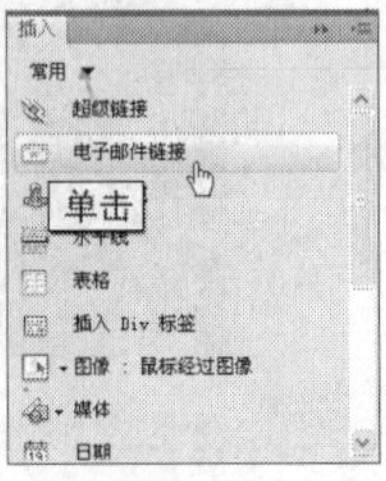

图3-54 单击【电子邮件链接】按钮

03　打开【电子邮件链接】对话框，在文本框中输入 weida@163.com，在 E-mail 文本框中输入 mailto：weida@163.com，如图 3-55 所示。

图 3-55　【电子邮件链接】对话框

04　单击【确定】按钮，即可在页面中插入电子邮件链接，如图 3-56 所示。

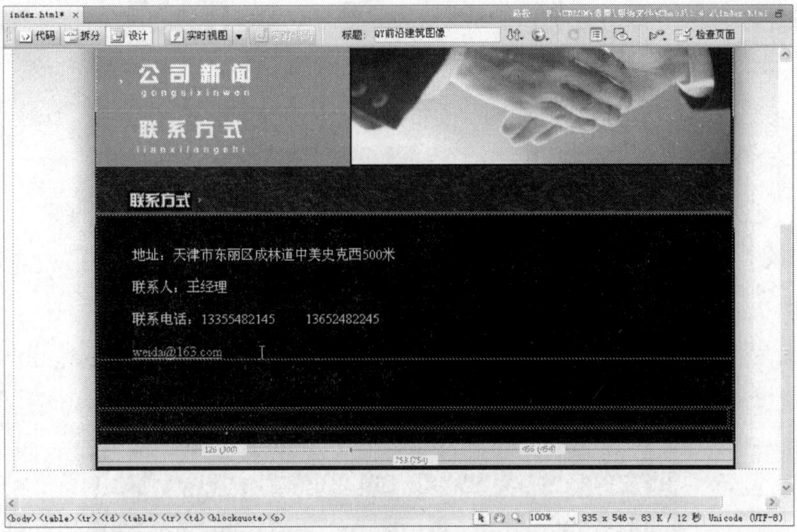

图 3-56　插入电子邮件链接

05　在菜单栏中选择【文件】|【保存】命令，将文档保存，按 F12 键在浏览器中预览效果。单击创建的电子邮件链接，即可打开【新邮件】窗口，如图 3-57 所示。

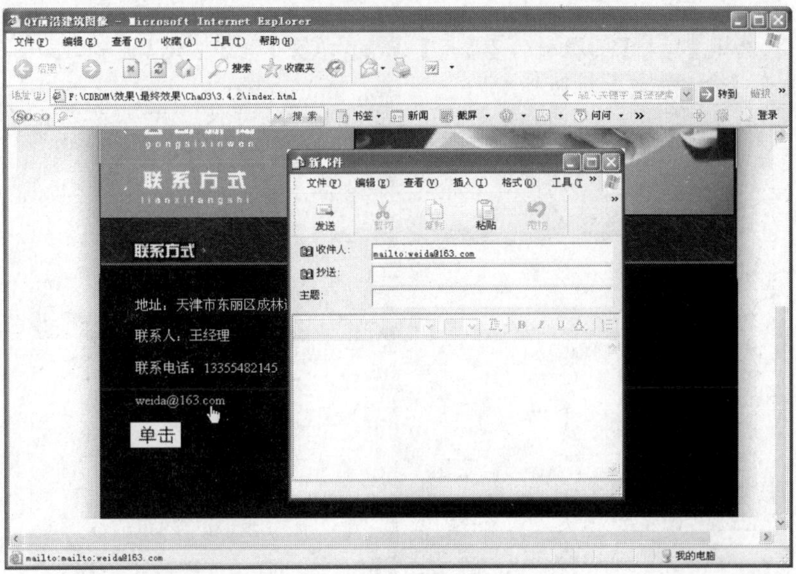

图 3-57　预览效果

3.4.3 锚记链接

锚记常用于长篇文章、技术文件等内容的网页，在网页中使用锚记来链接文章的每一个段落，以方便文章的阅读。这样当用户单击某一个超链接时，可以转到相同网页的特定段落。创建锚记链接的具体操作步骤如下：

01 在菜单栏中选择【文件】|【打开】命令，打开【打开】对话框。在该对话框中选择随书光盘中的【原始文件 | Cha03 | 3.4.3 | index.html】文件，单击【打开】按钮将其打开，如图 3-58 所示。

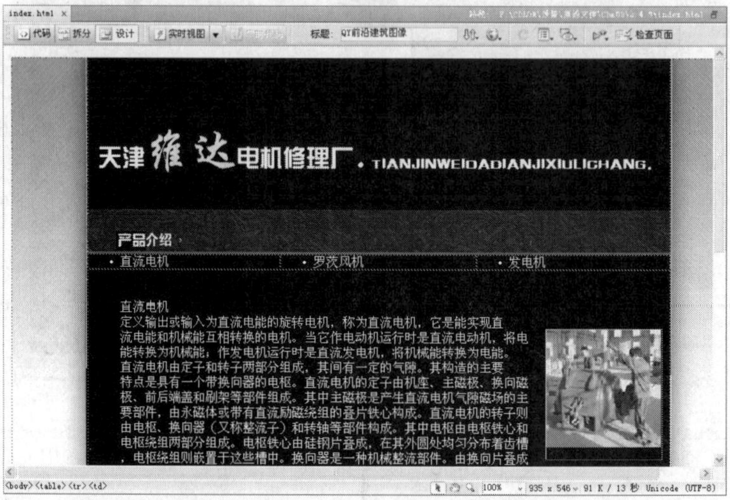

图 3-58 打开原始文件

02 将光标放置在文字“直流电机”的前面，选择【插入】|【命名锚记】命令，如图 3-59 所示。

> **提示：** 选择【插入】面板中的【常用】选项，单击【命名锚记】按钮，如图 3-60 所示，同样可以打开【命名锚记】对话框。

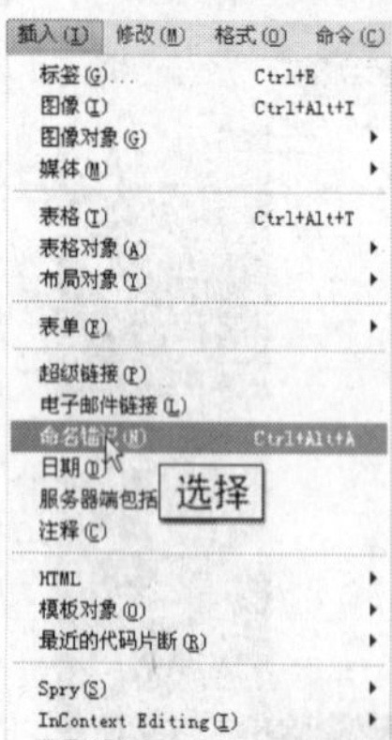

图 3-59 选择【命名锚记】命令

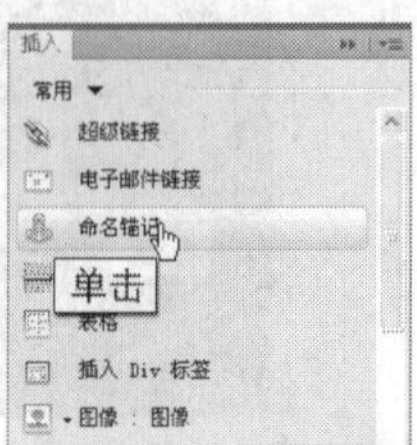

图 3-60 选择【命名锚记】按钮

03　打开【命名锚记】对话框，在【锚记名称】文本框中输入 1，如图 3-61 所示。

04　单击【确定】按钮，插入锚记，如图 3-62 所示。

图 3-61　【命名锚记】对话框

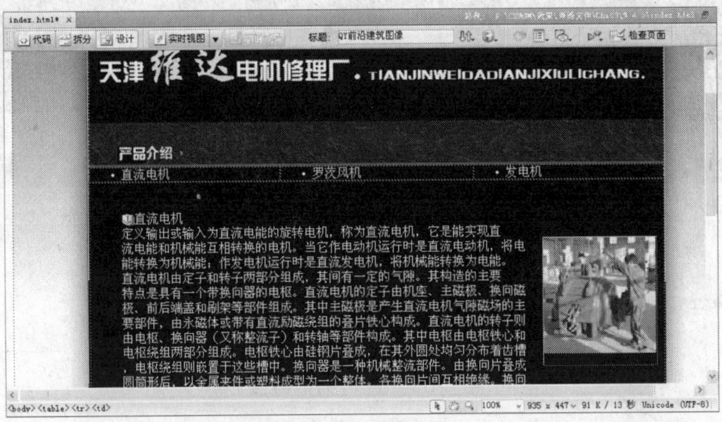

图 3-62　插入锚记

> ? **提示：**如果看不到锚记标记，可以选择【查看】|【可视化助理】|【不可见元素】命令。

05　选择文字“直流电机”，在【属性】面板中的【链接】文本框中输入#1，进行锚记链接，如图 3-63 所示。

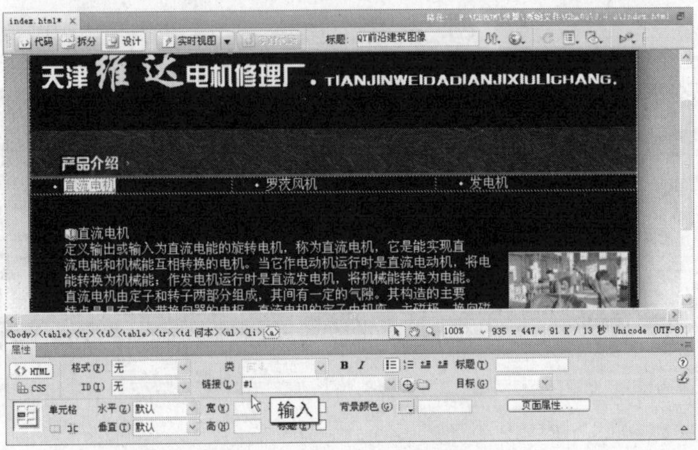

图 3-63　进行锚记链接

06　将光标放置在文字“罗茨风机”的前面，选择【插入】|【命名锚记】命令，在打开的【命名锚记】对话框中输入 2，如图 3-64 所示。

图 3-64　【命名锚记】对话框

07　单击【确定】按钮，插入锚记。然后选择文字“罗茨风机”，在【属性】面板中的【链接】文本框中输入#2，进行锚记链接，如图 3-65 所示。

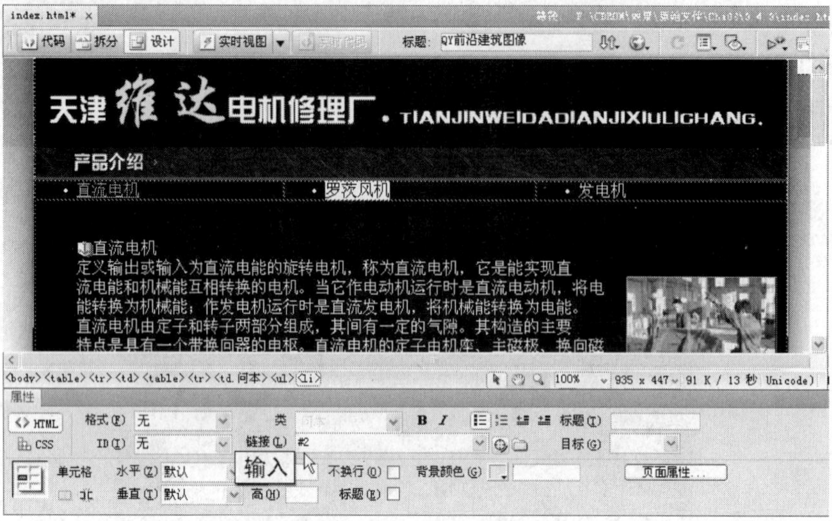

图 3-65　进行锚记链接

08 将光标放置在文字“发电机”的前面，选择【插入】|【命名锚记】命令，在打开的【命名锚记】对话框中输入 3，如图 3-66 所示。

图 3-66　【命名锚记】对话框

09 单击【确定】按钮，插入锚记。然后选择文字“发电机”，在【属性】面板中的【链接】文本框中输入#3，进行锚记链接，如图 3-67 所示。

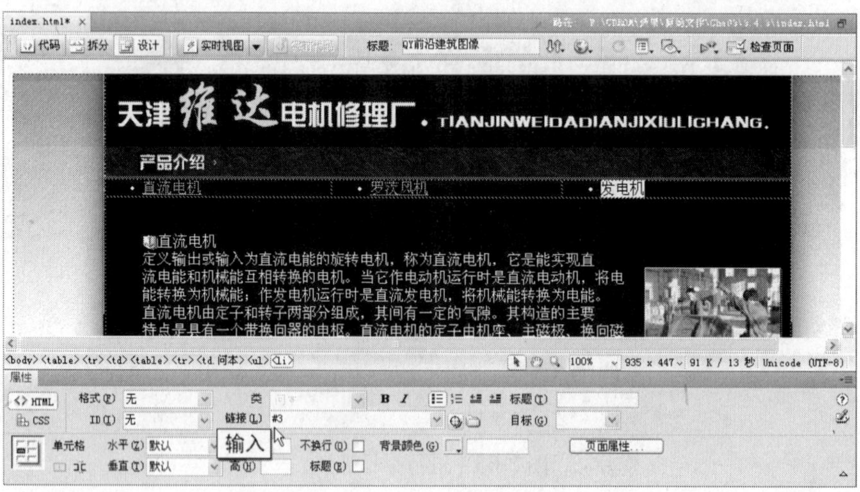

图 3-67　进行锚记链接

10 在菜单栏中选择【文件】|【保存】命令，将文档保存，按 F12 键在浏览器中预览效果。单击页面上方的链接，即可查看相应的内容，如图 3-68 所示。

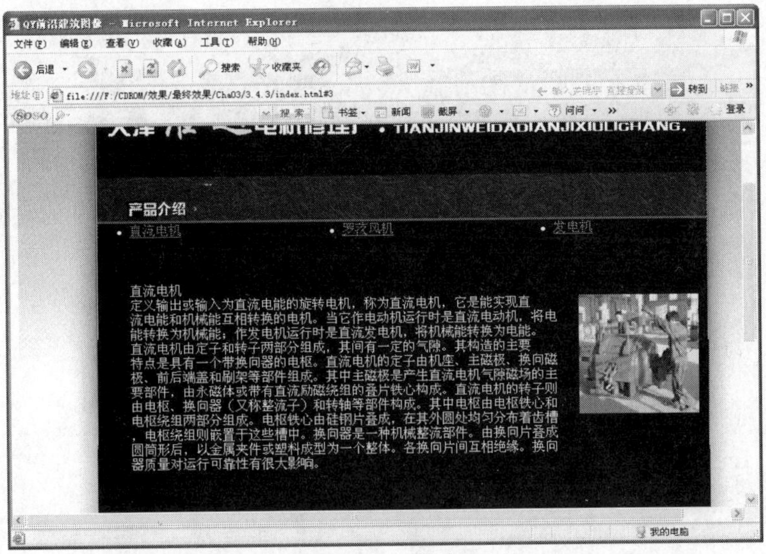

图 3-68　预览效果

3.4.4　空链接

空链接是未指派的链接，它用于向页面上的对象或文本附加行为。下面来介绍创建空链接的具体操作步骤如下：

01　在菜单栏中选择【文件】|【打开】命令，打开【打开】对话框。在该对话框中选择随书光盘中的【原始文件 | Cha03 | 3.4.4 | index.html】文件，单击【打开】按钮将其打开，如图 3-69 所示。

图 3-69　打开原始文件

02　选中要设置链接的文本，在【属性】面板中的【链接】文本框中输入【#】，设置空链接，如图 3-70 所示。

03　在菜单栏中选择【文件】|【保存】命令，将文档保存，按 F12 键在浏览器中预览效果，如图 3-71 所示。

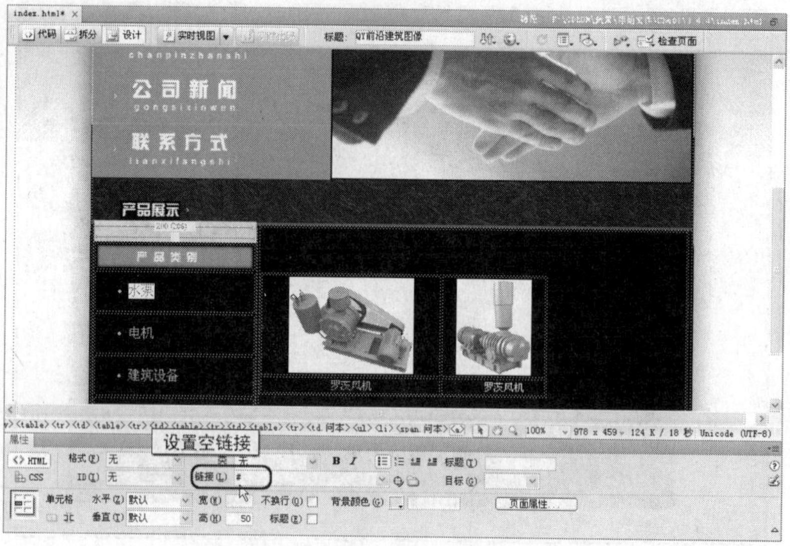

图 3-70　设置空链接

图 3-71　预览效果

3.4.5　下载链接

如果要在网站中提供下载资料，就需要为文件提供下载链接，如果超级链接指向的不是一个网页文件，而是其他格式文件，例如 RAR、MP3、EXE 格式文件等，单击链接时就会下载文件。创建下载链接的具体操作步骤如下：

01　在菜单栏中选择【文件】|【打开】命令，打开【打开】对话框。在该对话框中选择随书光盘中的【原始文件 | Cha03 | 3.4.5 | index.html】文件，单击【打开】按钮将其打开，如图 3-72 所示。

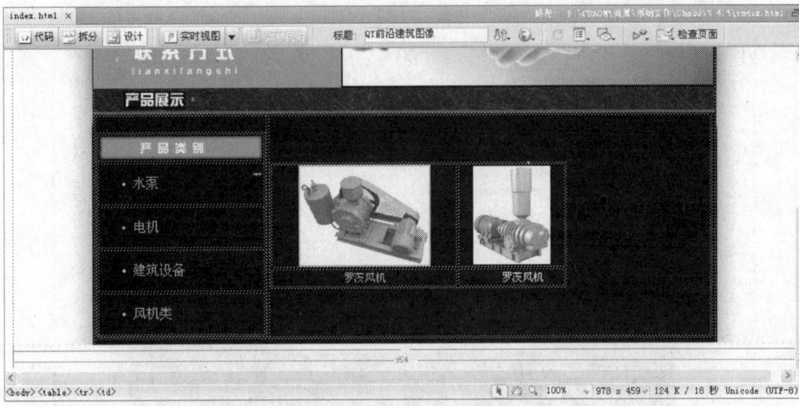

图 3-72　打开原始文件

02　选择文字“罗茨风机”，在【属性】面板中的【链接】文本框右侧单击【浏览文件】按钮，打开【选择文件】对话框，选择要链接的文件，如图 3-73 所示。

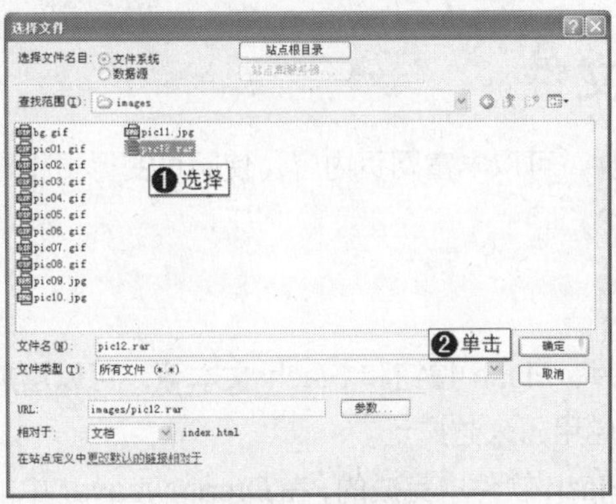

图 3-73　选择链接文件

03　单击【确定】按钮，即可创建链接，如图 3-74 所示。

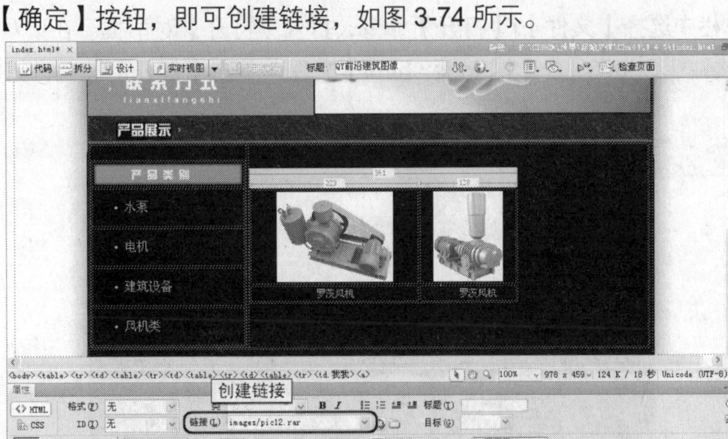

图 3-74　创建下载链接

04　在菜单栏中选择【文件】|【保存】命令，将文档保存，按 F12 键在浏览器中预览效果，在页面中单击【罗茨风机】链接，即可打开【文件下载】对话框，如图 3-75 所示。

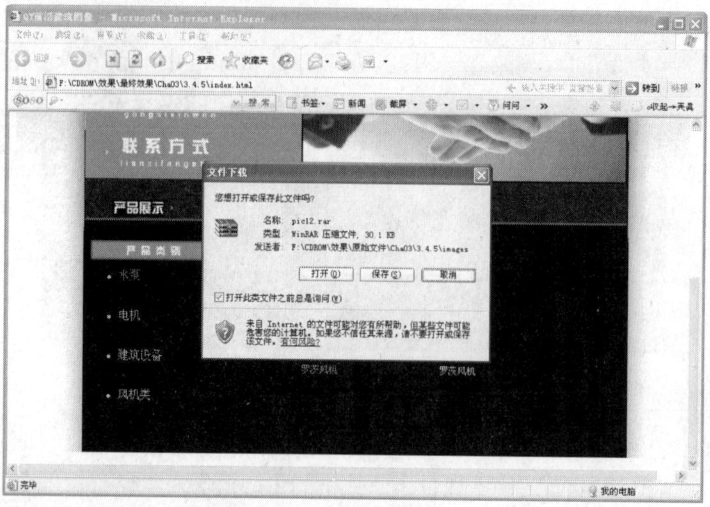

图 3-75　预览效果

3.5　添加多媒体文件

在网页中插入多媒体文件，可以丰富网页内容，使网页变得更精彩。网页中常插入的多媒体文件有 Flash、MP3 等。

3.5.1　插入 Flash 对象

在网页中插入 Flash 影片、Flash 按钮和 Flash 文本等，可以增加网页的动感，使网页更具吸引力，因此多媒体在网页中应用越来越广泛。

Flash 动画是在专门的 Flash 软件中完成的，在 Dreamweaver 中能将现有的 Flash 动画插入到文档中。插入 Flash 的具体操作步骤如下：

01　在菜单栏中选择【文件】|【打开】命令，打开【打开】对话框。在该对话框中选择随书光盘中的【原始文件 | Cha03 | 3.5.1 | index.html】文件，单击【打开】按钮将其打开，如图 3-76 所示。

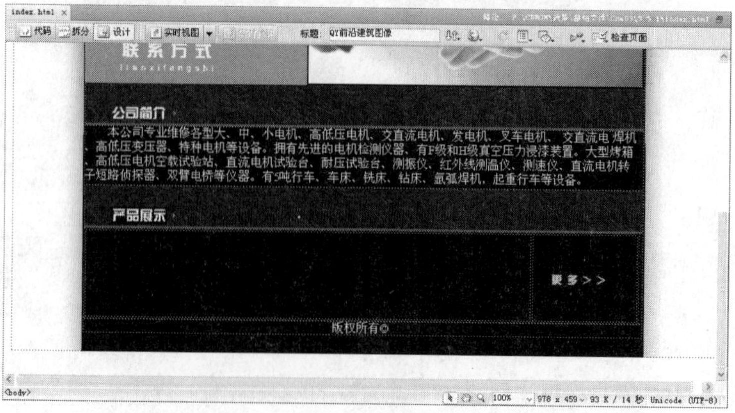

图 3-76　打开原始文件

02 将光标放置在要插入 Flash 的位置，选择【插入】|【媒体】| SWF 命令，打开【选择文件】对话框，如图 3-77 所示。

> **提示：** 选择【插入】面板中的【常用】选项，单击【媒体】按钮右侧小三角，在下拉列表中单击【SWF】按钮，如图 3-78 所示，同样可以打开【选择文件】对话框。

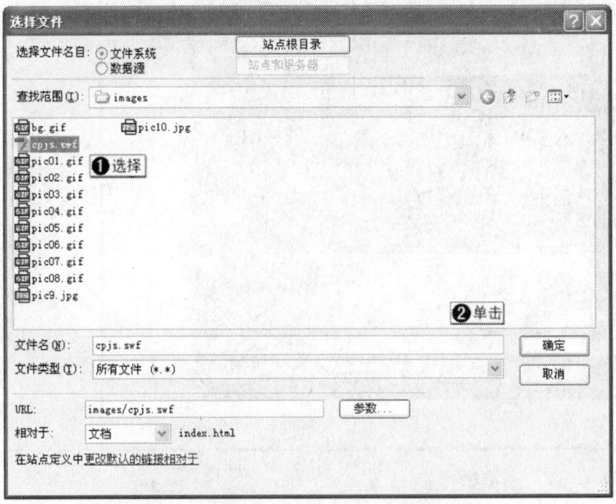

图 3-77　【选择文件】对话框

图 3-78　【SWF】按钮

03 单击【确定】按钮，插入 Flash 对象，如图 3-79 所示。

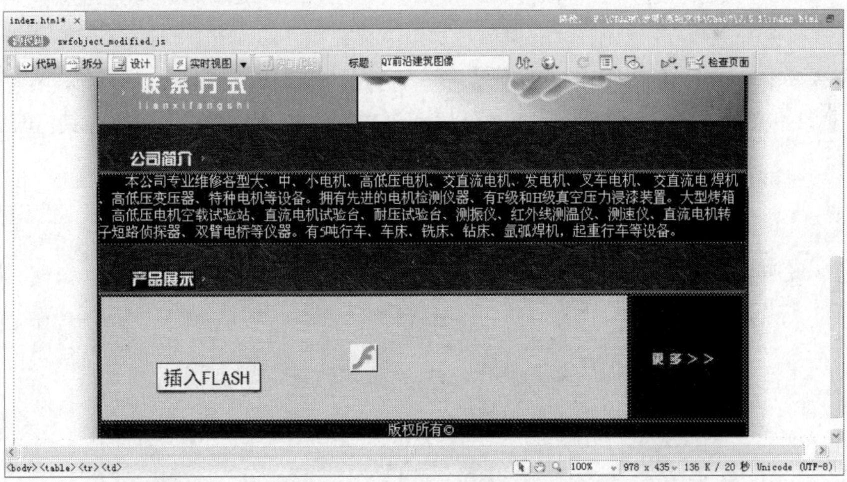

图 3-79　插入 Flash 对象

04 在菜单栏中选择【文件】|【保存】命令，将文档保存，按【F12】键在浏览器中预览效果，如图 3-80 所示。

图 3-80　预览效果

3.5.2　插入声音

在网页中添加背景音乐的方法有很多种，下面介绍利用代码提示添加背景音乐，具体操作步骤如下：

01　在菜单栏中选择【文件】|【打开】命令，打开【打开】对话框。在该对话中选择打开随书光盘中的【原始文件 | Cha03 | 3.5.2 | index.html】文件，单击【打开】按钮将其打开，如图 3-81 所示。

图 3-81　打开原始文件

02　在使用代码之前，选择【编辑】|【首选参数】命令，打开【首选参数】对话框，在【分类】列表框中选择【代码提示】选项。选择【菜单】列表框中的所有复选框，将【延迟】的值设置为【0 秒】，如图 3-82 所示，单击【确定】按钮。

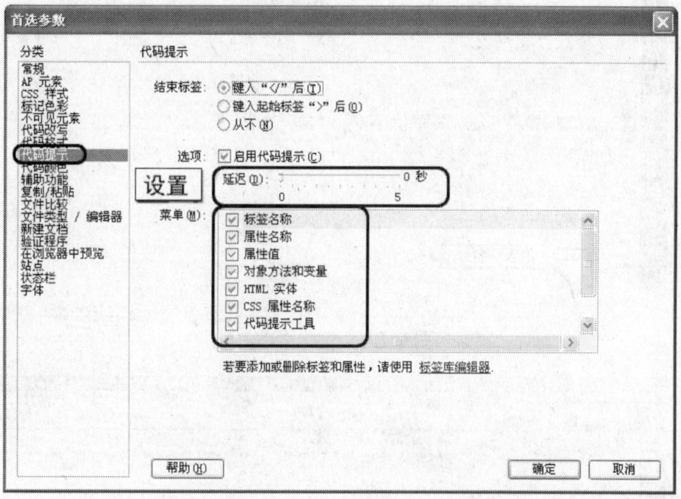

图 3-82　【首选参数】对话框

03　切换到代码视图，在<body>后面输入【<】以显示标签列表，如图 3-83 所示。

图 3-83　标签列表

04　输入【<】后会弹出一个列表框，向下滚动该列表并双击标签 bgsound 以插入该标签，如图 3-84 所示。

05　如果该标签支持属性，则按空格键以显示该标签允许的属性列表，从中选择 src 选项，如图 3-85 所示。这个属性用来设置背景音乐文件的路径。

06　选择属性后，出现【浏览】按钮，单击浏览按钮即可打开【选择文件】对话框，在对话框中选择音乐文件 huijia.wma，如图 3-86 所示，单击【确定】按钮。

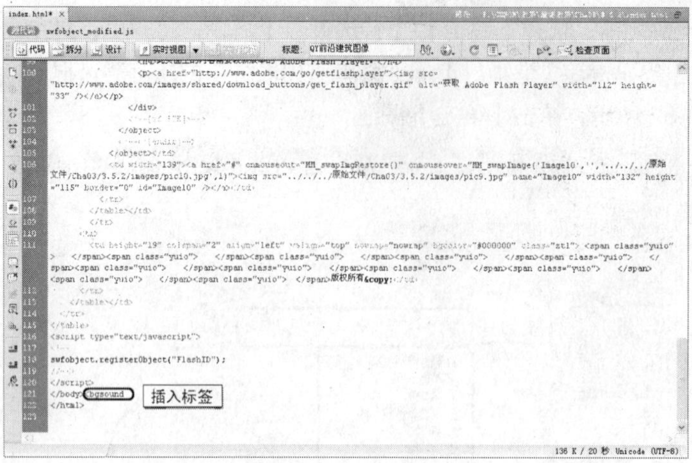

图 3-84　插入标签

图 3-85　选择属性

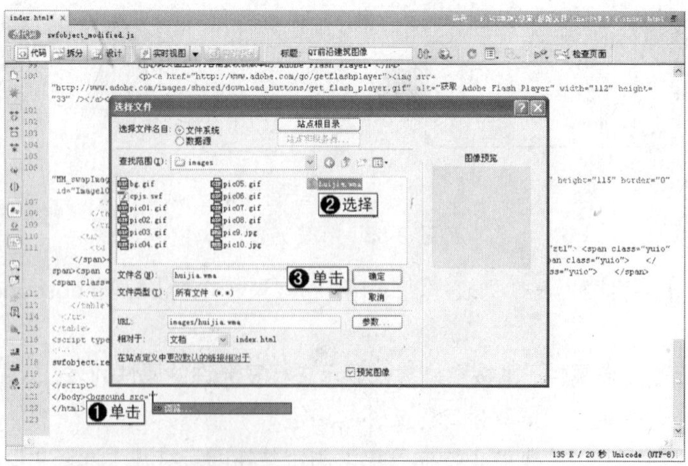

图 3-86　【选择文件】对话框

07　在新插入的代码后面按空格键，在属性列表中选择 loop 选项，如图 3-87 所示。

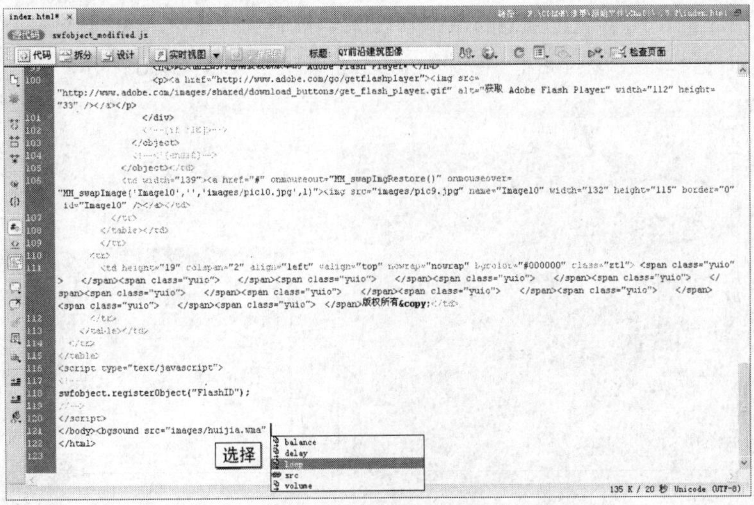

图 3-87　选择属性

08　双击 loop 并插入，出现【 -1 】后双击【 -1 】，插入标签，最后在属性值后面为该标签输入【 > 】，如图 3-88 所示。

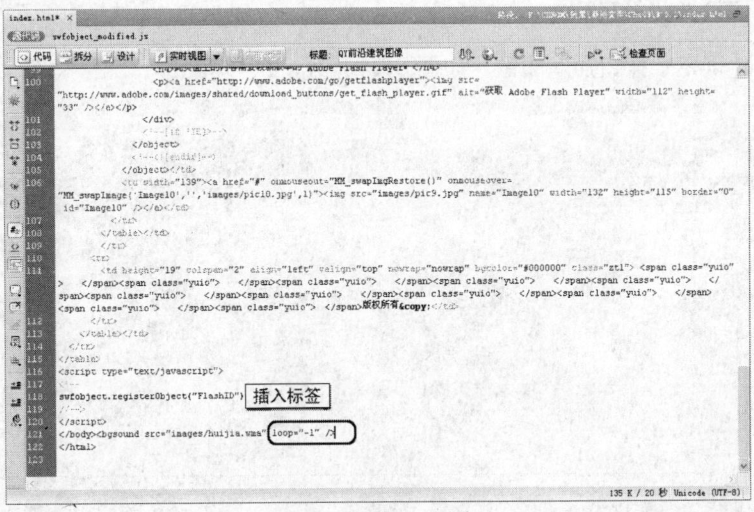

图 3-88　插入标签

09　在菜单栏中选择【文件】|【保存】命令，将文档保存，按 F12 键在浏览器中预览效果，即可听到背景音乐的声音。

3.6　上机练习——制作图文并茂的页面

下面练习在一个网页的简单框架的基础上，创建丰富多彩的图文混排网页。具体操作步骤如下：

01　启动 Dreamweaver CS4，在菜单栏中选择【文件】|【打开】命令，打开【打开】对话框。在该对话框中选择随书光盘中的【原始文件 | Cha03 | 3.6 | index.html】文件，单击【打开】

按钮将其打开，如图 3-89 所示。

02 将光标放置在文字“业务范围”前，在菜单栏中选择【插入】|【图像】命令，打开【选择图像源文件】对话框。在该对话框中选择 pic03.gif 文件，如图 3-90 所示。

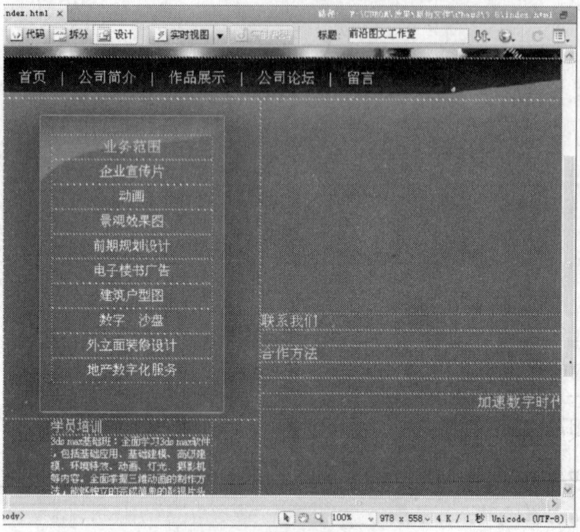

图 3-89 打开原始文件

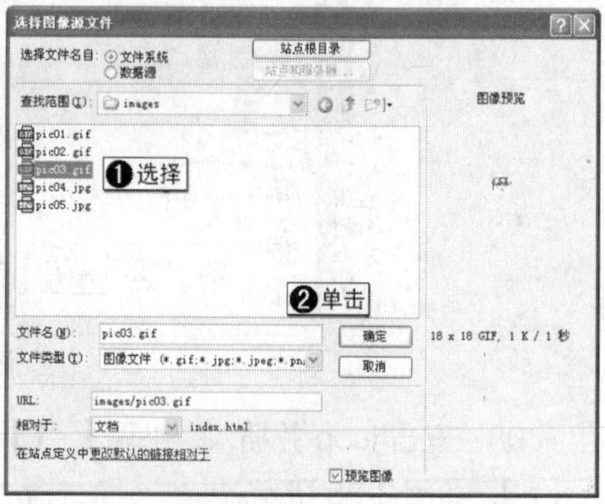

图 3-90 【选择图像源文件】对话框

03 单击【确定】按钮插入图像，如图 3-91 所示。

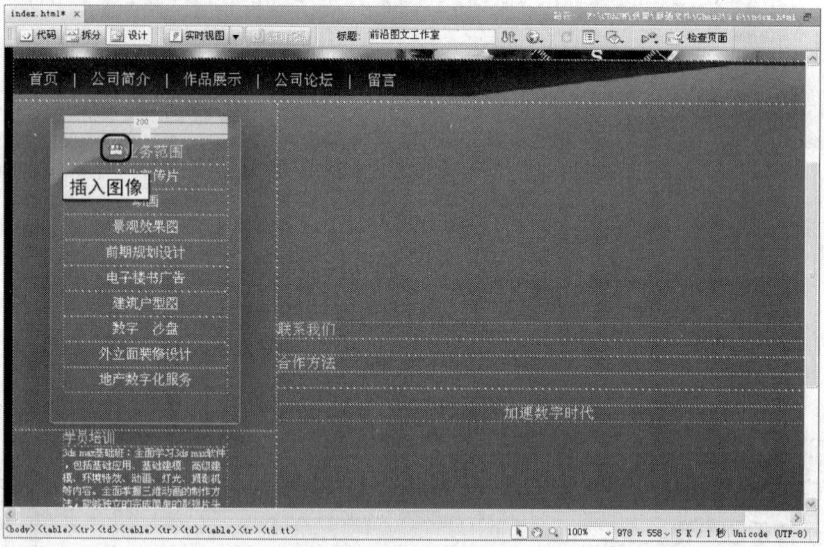

图 3-91 插入图像

04 使用同样的方法在“联系我们”、“合作方法”文字前插入图像，如图 3-92 所示。

05 将光标放置在“联系我们”下方的单元格中，在单元格中右击，在弹出的快捷菜单中选择【表格】|【拆分单元格】命令，如图 3-93 所示。

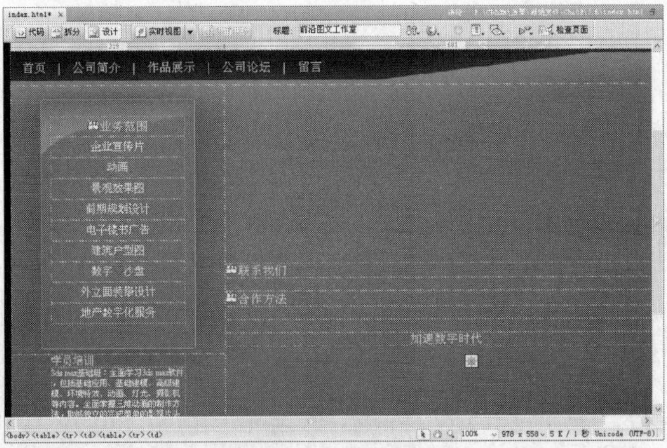

图 3-92　插入图像

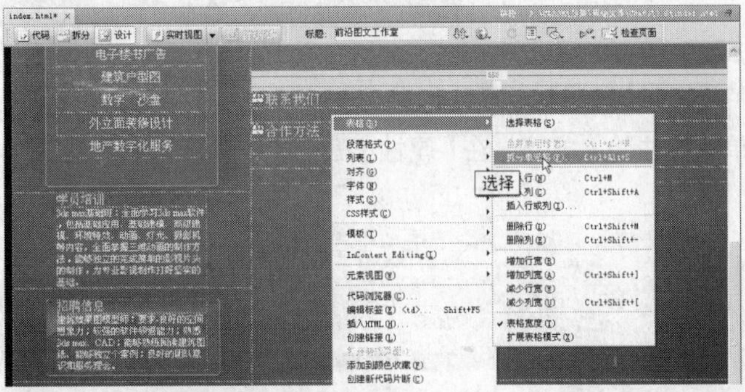

图 3-93　选择【拆分单元格】命令

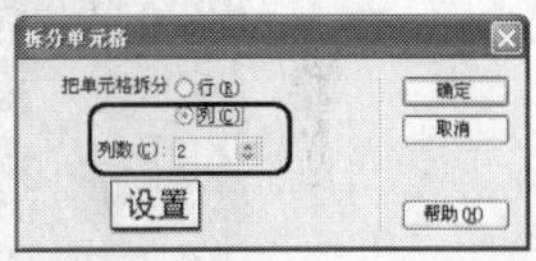

图 3-94　【拆分单元格】对话框

06　打开【拆分单元格】对话框，在【把单元格拆分】选项组中选择为【列】单选按钮，设置【列数】为 2，如图 3-94 所示。

07　单击【确定】按钮，拆分单元格，如图 3-95 所示。

08　将光标放置在左侧的单元格中，在菜单栏中选择【插入】|【图像】命令，在打开的【选择图像源文件】对话框中选择图像，如图 3-96 所示。

09　单击【确定】按钮，插入图像，如图 3-97 所示。

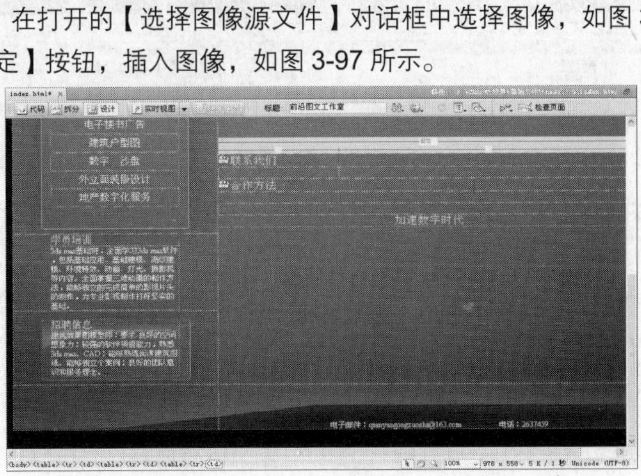

图 3-95　拆分单元格

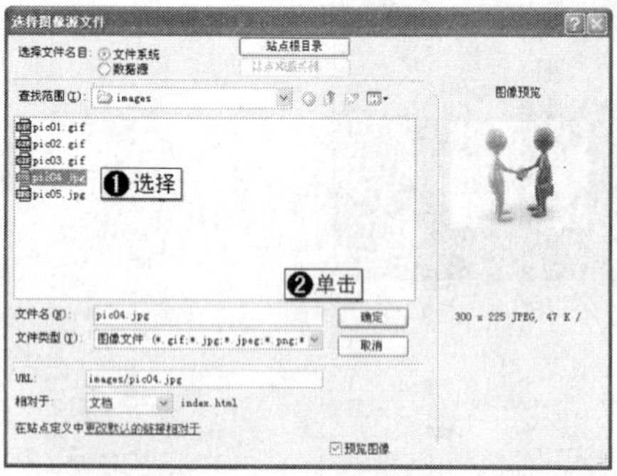

图 3-96 【选择图像源文件】对话框

图 3-97 插入图像

10 在右侧的单元格中输入文字，在【属性】面板中，设置【水平】为【居中对齐】，如图 3-98 所示。

图 3-98 输入文字

11 使用同样的方法，对“合作方法”下方的单元格进行拆分，插入图像并输入文字，如图 3-99 所示。

12 选中“电子邮件”右侧的邮箱地址，打开【属性】面板，在【链接】文本框中输入 mailto:qianyangongzuoshi@163.com，如图 3-100 所示。

13 在菜单栏中选择【文件】|【保存】命令，将文档保存，按 F12 键在浏览器中预览效果，如图 3-101 所示。

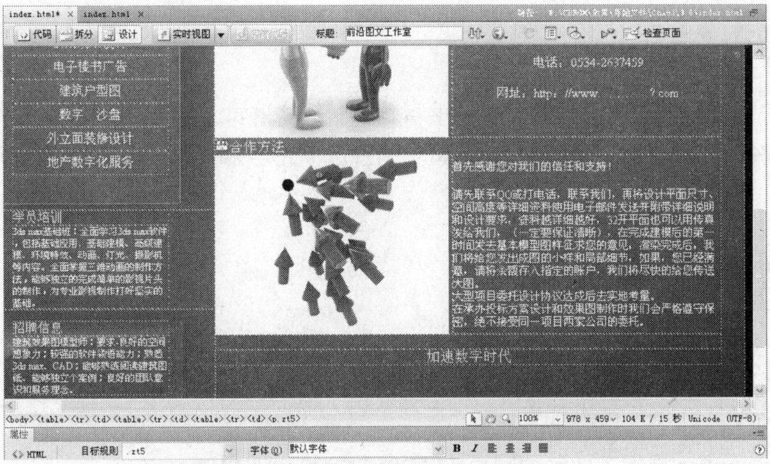

图 3-99　插入图像并输入文字

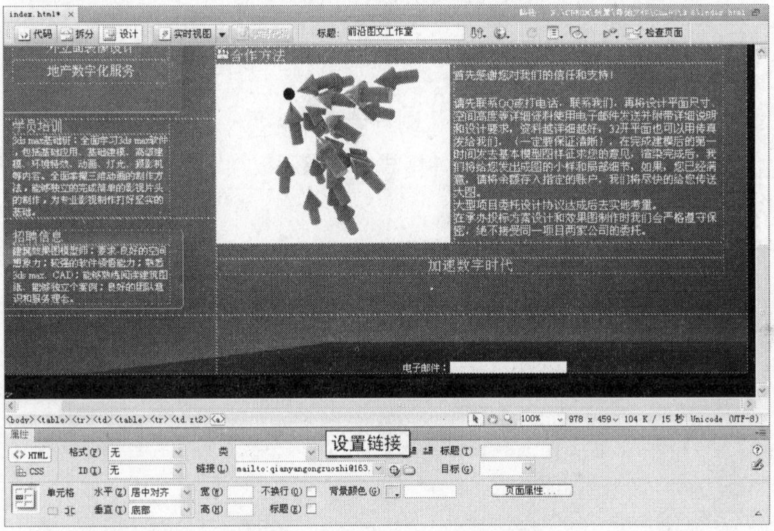

图 3-100　创建电子邮件链接

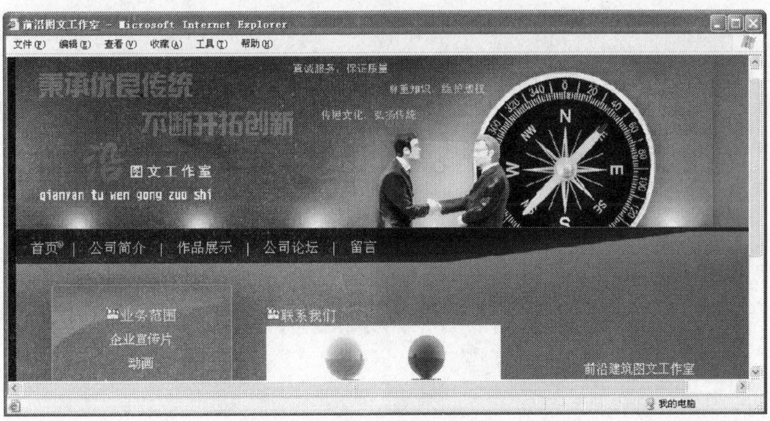

图 3-101　预览效果

3.7 本章小结

本章主要讲述了编辑文本、编辑图像、编辑超级链接和编辑多媒体等的方法。读者通过对本章的学习，可以掌握在网页中输入文本和编辑文本的方法，并学会在页面中插入图像和编辑图像，以及创建超链接和插入多媒体文件。

3.8 习题

1．填空题

（1）如果当前打开了多个网页文件，且都要对它们进行保存，可以选择【文件】|【________】命令。

（2）Dreamweaver 提供了多种向网页中添加文本和设置文本格式的方法。用户可以插入文本、设置字体________、________、________和对齐属性。

2．选择题

（1）锚记链接的用途是________。

A. 下载文件　　B. 让浏览者反馈意见　　C. 方便文章阅读

（2）________是一种图像压缩格式，这种格式用于摄影或连续色调图像的高级格式，它可以包含数百万种色彩。

A. JPEG　　B. GIF　　C. PNG

3．简答题

（1）网页的组成元素有哪些?

（2）什么是超级链接?

第4章 页面布局

本章主要讲解页面的布局，Dreamweaver 提供了表格、框架及 AP Div 等网页定位技术，这些都是网页制作技术的精髓。表格是在 HTML 页面中排列数据与图像的强有力的工具。使用表格可以对列表数据进行布局。框架将显示窗口分成许多子窗口，每个窗口内显示独立的文档。AP Div 是一种页面元素，可以包含文本、图像或其他 HTML 文档，可以将页面上的元素进行重叠和复杂的布局。

本章重点

- 利用表格布局页面
- 掌握表格的基本操作
- 使用 AP Div
- 使用 Spry

4.1 利用表格布局页面

在网页中，表格更多地用于网页内容排版，如要将文字放在页面的某个位置，就可以插入表格，然后设置表格属性，将文字放在表格的单元格里就行了。无论是在日常生活和工作中，还是在网页设计中，使用表格都可以清晰地显示列表数据。Dreamweaver 可以将各种数据排成行和列，从而更便于阅读信息。

4.1.1 插入表格

在网页设计中，表格不但可以用于罗列数据，它也是目前进行页面元素定位的主要工具之一。表格在网页定位上，除了可以精确定位外，还具有规范、灵活的特点。插入表格的具体操作步骤如下：

01 在菜单栏中选择【文件】|【打开】命令，打开【打开】对话框。在该对话框中选择随书光盘中的【原始文件 | Cha04 | 4.1.1 | index.html】文件，单击【打开】按钮将其打开，如图 4-1 所示。

02 将光标放置在要插入表格的位置，在菜单栏中选择【插入】|【表格】命令，如图 4-2 所示。

图 4-1　打开原始文件

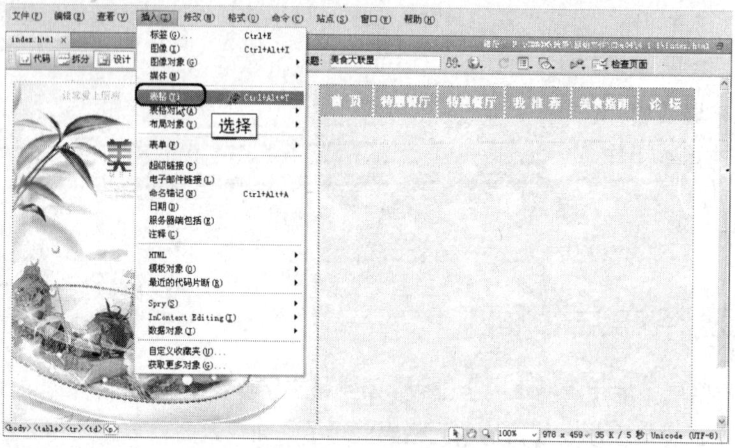

图 4-2　选择【表格】命令

> 提示：选择【插入】面板中的【常用】选项，单击（表格）按钮，如图 4-3 所示，同样可以打开【表格】对话框。

03　在打开的【表格】对话框中，将【行数】设置为 8，【列】设置为 4，【表格宽度】设置为 400 像素，【边框粗细】设置为 0 像素，【单元格边距】设置为 0，【单元格间距】设置为 0，如图 4-4 所示。

图 4-3　单击【表格】按钮

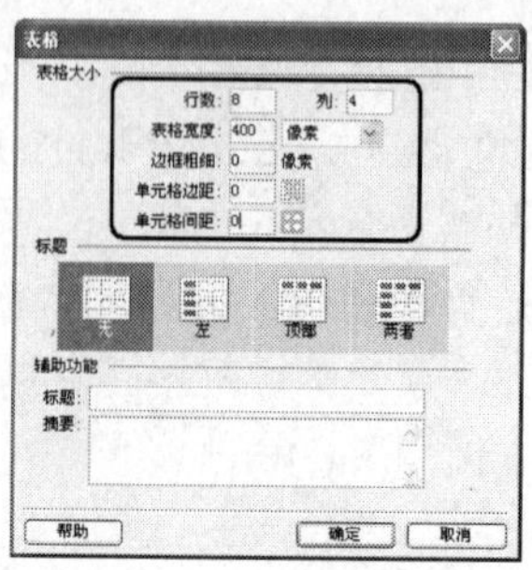

图 4-4　【表格】对话框

【表格】对话框中的各项参数说明如下：

- 行数：该参数用于设置表格的行数。
- 列：该参数用于设置表格的列数。
- 表格宽度：用于设置表格的宽度，在右侧的下划列表框中可选择单位【像素】或【百分比】。
- 边框粗细：用于设置表格边框的宽度，如果设置为 0，在浏览时看不到表格的边框。
- 单元格边距：设置单元格内容和单元格边界之间的像素数。
- 单元格间距：设置单元格之间的像素数。
- 标题：可以定义表头样式，4 种样式可以任选一种。
- 辅助功能：用来对表格进行注释。

04　单击【确定】按钮，插入表格，如图 4-5 所示。

图 4-5　插入表格

4.1.2　设置表格属性

如果创建的表格不能满足需要，我们可以重新设置表格的属性。表格的属性一般在【属性】面板中进行修改，具体操作步骤如下：

01　在菜单栏中选择【文件】|【打开】命令，打开【打开】对话框。在该对话框中选择随书光盘中的【原始文件 | Cha04 | 4.1.2 | index.html】文件，单击【打开】按钮将其打开，如图 4-6 所示。

02　选中要修改属性的表格，打开【属性】面板，如图 4-7 所示。

03　在【属性】面板中将【填充】设置为 1，【间距】设置为 1，【对齐】设置为【居中对齐】，【边框】设置为 2，如图 4-8 所示。

图 4-6　打开原始文件

图 4-7　【属性】面板

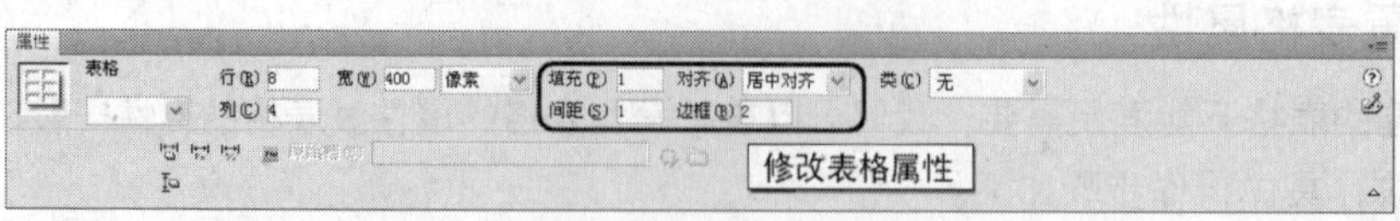

图 4-8　修改表格属性

【属性】面板中的部分表格参数说明如下：

- 表格：在【表格】组合框中可以为表格命名。
- 行：设置表格行数。
- 列：设置表格列数。
- 宽：设置表格宽度。

- 填充：单元格内容和单元格边界之间的像素数。
- 间距：相邻的表格单元格间的像素数。
- 对齐：设置表格的对齐方式，在下拉列表框中包含【默认】、【左对齐】、【居中对齐】和【右对齐】4 个选项。
- 边框：用来设置表格边框的宽度。
- ：用于清除列宽。
- ：用于清除行高。
- ：将表格宽度转换为像素。
- ：将表格宽度转换为百分比。

04 设置完成后，在菜单栏中选择【文件】|【保存】命令，将文档保存，按【F12】键在浏览器中预览效果，如图 4-9 所示。

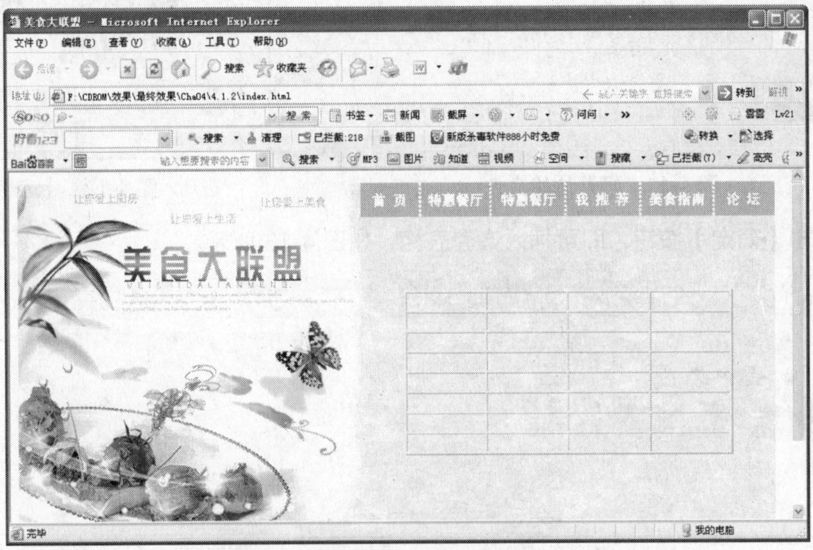

图 4-9 预览效果

> **提示：**将光标插入单元格中，在【属性】面板可以对单元格属性进行设置，如图 4-10 所示。
>
> 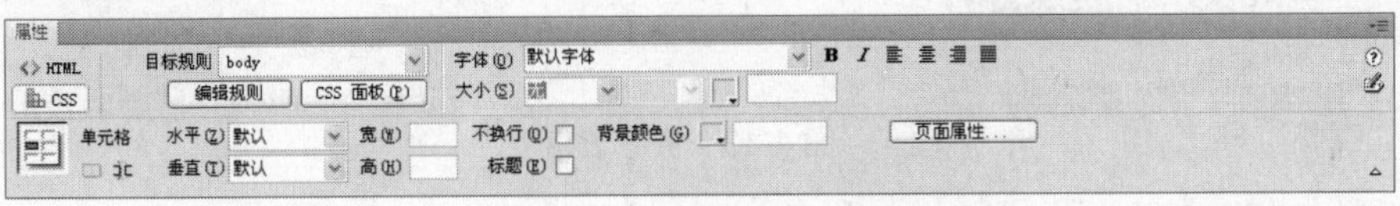
>
>
> 图 4-10 设置单元格属性

4.1.3 插入嵌套表格

嵌套表格是指在表格的某个单元格中再插入一个表格，其宽度受所在单元格的宽度限制。当单个表格不能满足布局的需求时，可以创建嵌套表格。具体操作步骤如下：

01 在菜单栏中选择【文件】|【打开】命令，打开【打开】对话框。在该对话框中选择随书

光盘中的【原始文件 | Cha04 | 4.1.3 | index.html】文件，单击【打开】按钮将其打开，如图 4-11 所示。

02 将光标放置在需要插入嵌套表格的位置，在菜单栏中选择【插入】|【表格】命令，打开【表格】对话框，将【行数】设置为 2，【列】设置为 2，【表格宽度】设置为 100 像素，如图 4-12 所示。

图 4-11 打开原始文件

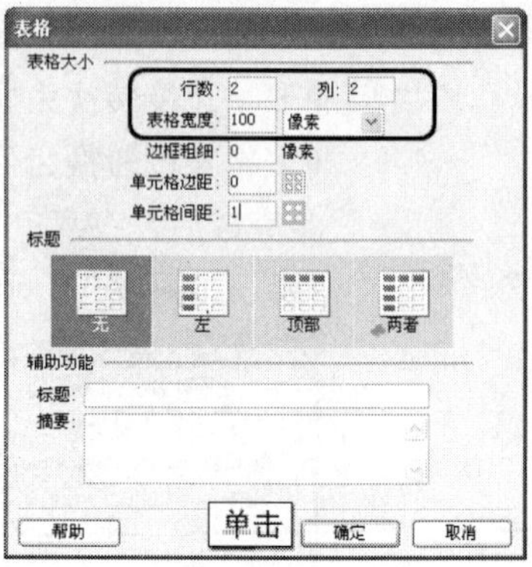

图 4-12 【表格】对话框

03 单击【确定】按钮，即可插入嵌套表格，如图 4-13 所示。

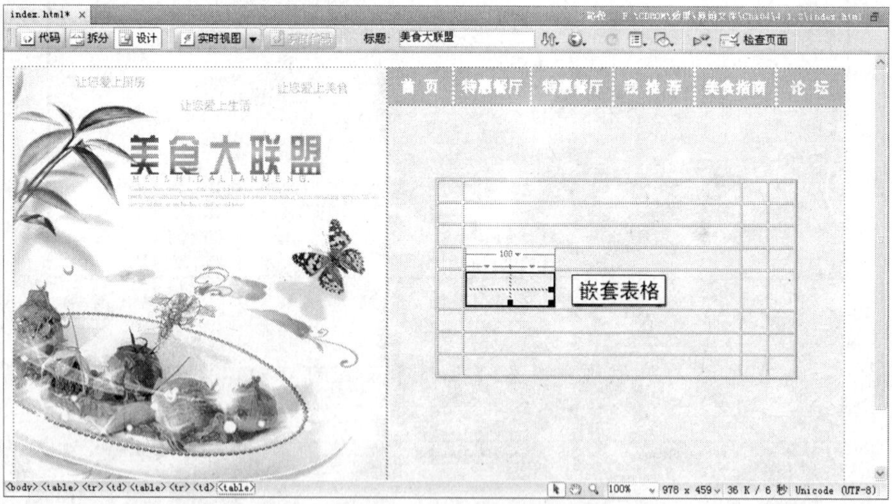

图 4-13 嵌套表格

04 在【属性】面板中可以对嵌套表格属性进行设置，如图 4-14 所示。设置完成后，在菜单栏中选择【文件】|【保存】命令，将文档保存，按【F12】键在浏览器中预览效果，如图 4-15 所示。

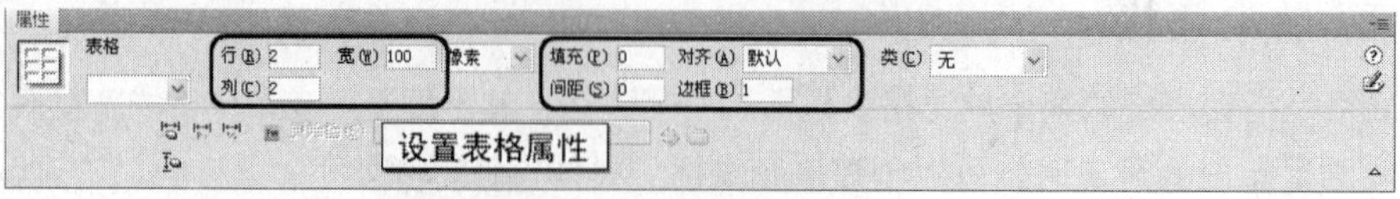

图 4-14 设置表格属性

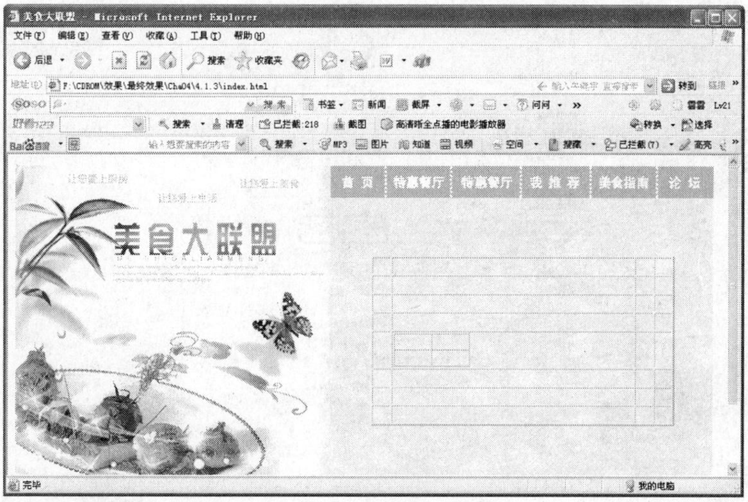

图 4-15　预览效果

4.2　表格基本操作

在网页中，表格用于网页内容的排版。在使用表格具体布局网页前，先要学习表格的基本操作。

4.2.1　选择表格对象

在选取表格对象时，可以选择整个表格、表格的行或列，也可以选择一个或多个单独的单元格。

1．选择整个表格

将表格选中，是编辑表格的前提，选择整个表格的方法有如下几种：

- 单击表格上的任意一个边框线，如图 4-16 所示。

图 4-16　单击边框线

- 将光标置于表格内的任意位置，在菜单栏中选择【修改】|【表格】|【选择表格】命令，如图 4-17 所示。

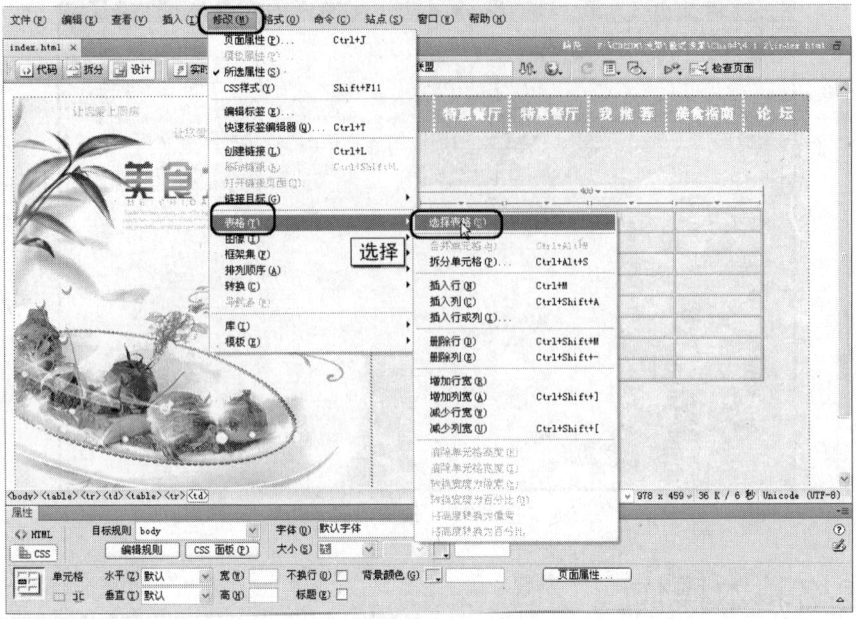

图 4-17　选择【选择表格】命令

- 将光标放置在表格的任意位置，单击文档窗口左下角的 <ble> 标签，如图 4-18 所示。

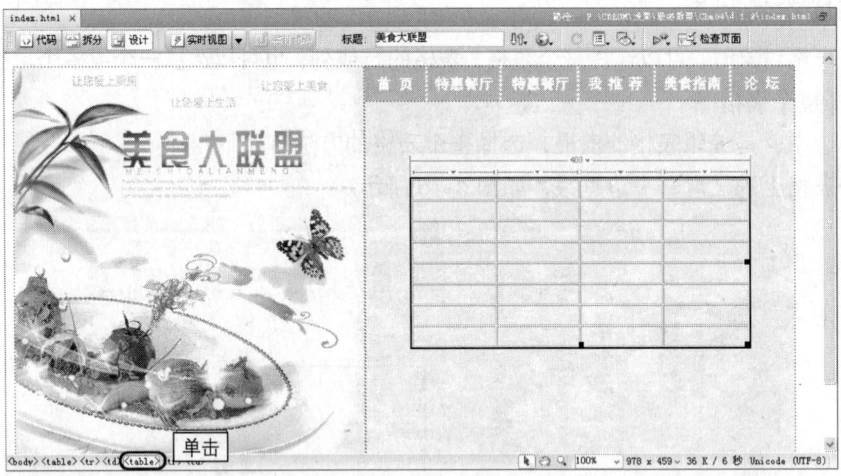

图 4-18　单击<table>标签

2．选择表格的行或列

当用户想要选择表格中的某一行或列时，可以使用以下几种方法：

- 当鼠标位于行首或列顶时，鼠标指针变成箭头形状时，单击即可选中行或列，如图 4-19 所示。
- 按住鼠标左键不放，从左至右或者从上至下拖动，即可选中行或列。
- 选择某一行或列的第一个单元格，按住【Shift】键然后单击该行或列的最后一个单元格，即可选中该行或列。

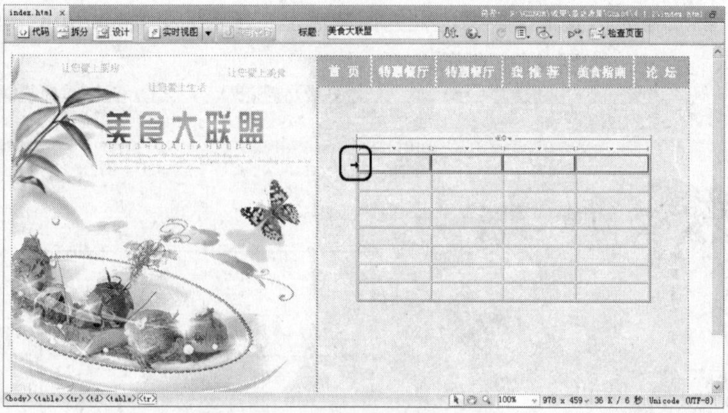

图 4-19 选择行或列

3．选择单元格

- 按住鼠标左键并拖动，可选择单元格。
- 将光标放置在单元格中，连续单击 3 次即可选择该单元格。
- 将光标插入要选择的单元格中，按住【Shift】键在该单元格以外的附近单击，即可选中该单元格。
- 在要选择的单元格中插入光标，然后单击文档窗口下方的 <td> 标签，即可选中该单元格，如图 4-20 所示。

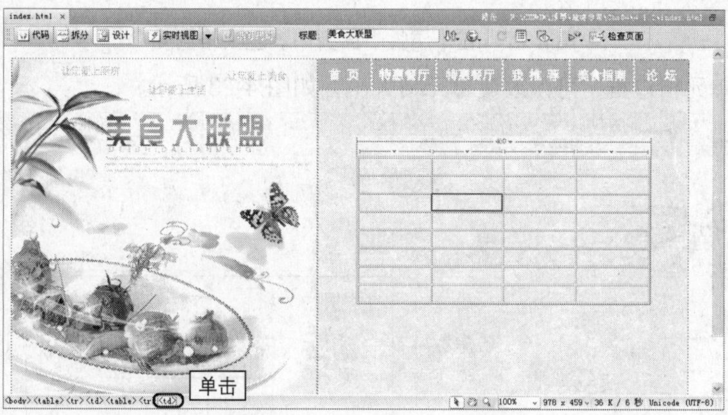

图 4-20 单击 <td> 标签

> **提示：** 按住【Ctrl】键可以选择不相邻的单元格、行或列。如果想取消对已选中的单元格的选择，按住【Ctrl】键再次单击该单元格，即可取消选择。

4.2.2 调整表格和单元格的大小

当调整整个表格的大小时，表格中的所有单元格都会按比例改变大小。如果表格的单元格指定了明确的宽度或高度，则调整表格大小将更改文档窗口中的单元格的可视大小，但不改变这些单元格的指定宽度和高度。

- 选择表格，然后将光标放置在表格边框的控制点上，当光标变为↘状态时，单击并拖动鼠标，即可改变表格大小，如图 4-21 所示。

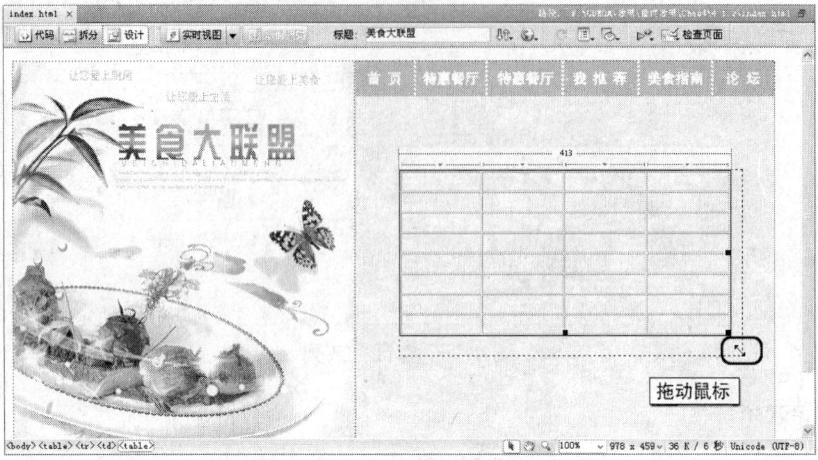

图 4-21　使用鼠标改变表格大小

- 选择表格，在【属性】面板中的【宽】文本框中输入数值，在文本框右侧的下拉列表框中选择单位，可以调整表格宽度，如图 4-22 所示。

图 4-22　在【属性】面板中调整表格宽度

- 通过拖动单元格边框，可以改变单元格大小，如图 4-23 所示。

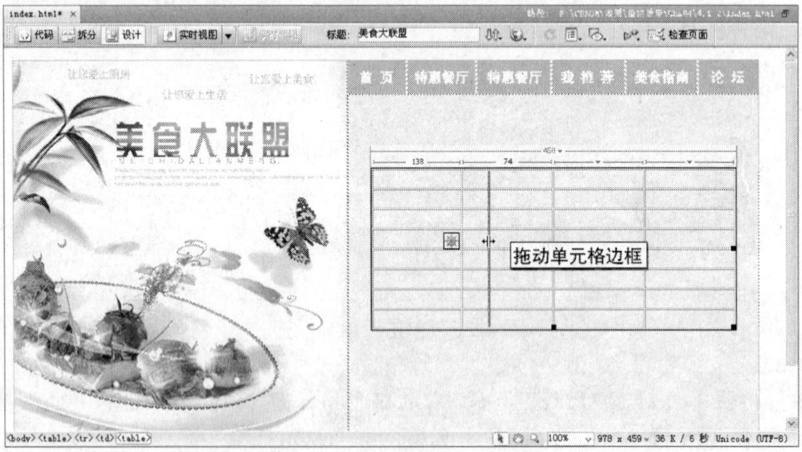

图 4-23　拖动单元格边框

提示：只可对当前单元格左、右、下边框进行拖动调整单元格大小。

- 将光标放置在单元格中，在【属性】面板中的【宽】、【高】文本框中输入数值，调整单元格大小，如图 4-24 所示。

图 4-24　在【属性】面板中调整单元格大小

4.2.3　添加或删除行或列

下面介绍如何添加或删除表格的行或列。

1．添加行或列

（1）在菜单栏中选择【文件】|【打开】命令，打开【打开】对话框。在该对话框中选择随书光盘中的【原始文件 | Cha04 | 4.2.3 | index.html】文件，单击【打开】按钮将其打开，如图 4-25 所示。

图 4-25　打开原始文件

（2）将光标插入表格的单元格中，在菜单栏中选择【修改】|【表格】|【插入行】命令，如图 4-26 所示，即可在单元格上方插入一行单元格。

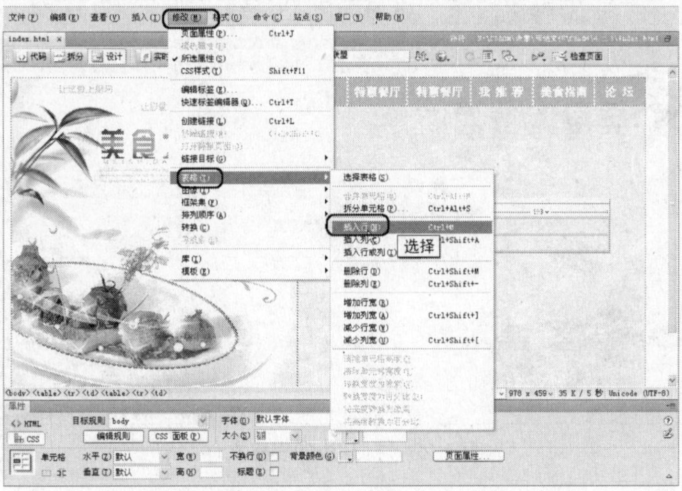

图 4-26　选择【插入行】命令

（3）在菜单栏中选择【修改】|【表格】|【插入列】命令，如图 4-27 所示，即可在单元格左侧插入一列单元格。

图 4-27　选择【插入列】命令

（4）在菜单栏中选择【修改】|【表格】|【插入行或列】命令，打开【插入行或列】对话框，如图 4-28 所示。在该对话框中可设置要插入的行数或列数及插入行或列的位置，单击【确定】按钮，即可插入行或列。

图 4-28　【插入行或列】对话框

2．删除行或列

（1）打开添加行或列后的表格网页，如图 4-29 所示。

图 4-29　打开添加表格文件

（2）将光标放置在要删除行的任意一个单元格，在菜单栏中选择【修改】|【表格】|【删除行】

命令，即可删除当前行，如图 4-30 所示。

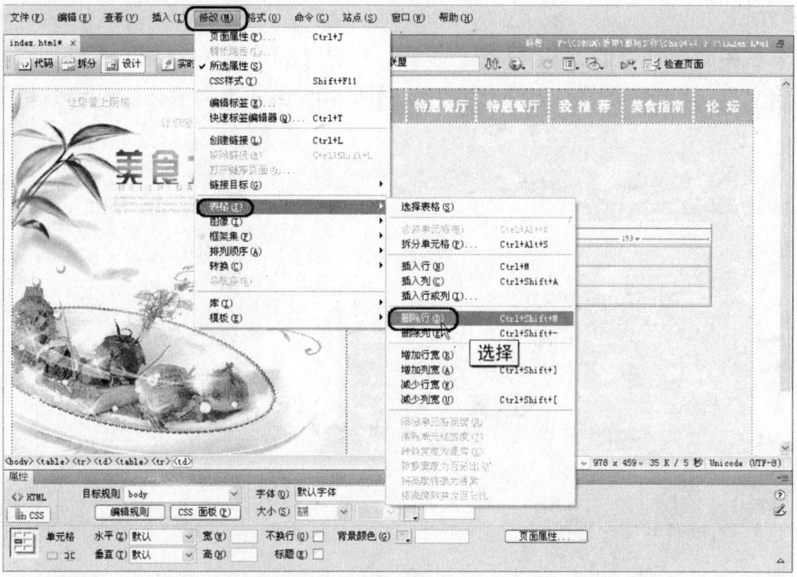

图 4-30　选择【删除行】命令

（3）将光标放置在要删除列的任意一个单元格，在菜单栏中选择【修改】|【表格】|【删除列】命令，就可以删除当前列，如图 4-31 所示。

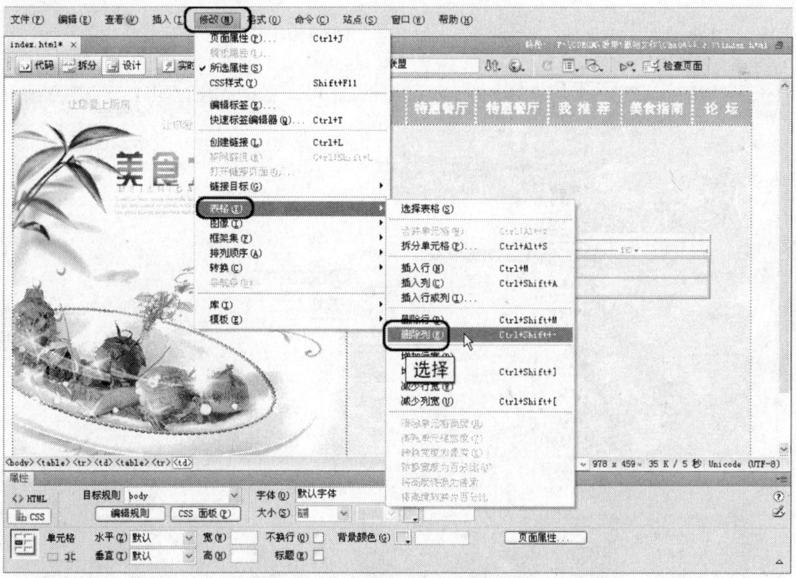

图 4-31　选择【删除列】命令

4.2.4　合并、拆分单元格

在表格的使用过程中，有时需要通过合并、拆分单元格，以达到所需要的效果。下面介绍如何合并、拆分单元格。

1．合并单元格

（1）在菜单栏中选择【文件】|【打开】命令，打开【打开】对话框。在该对话框中选择随书光盘中的【原始文件 | Cha04 | 4.2.4 | index.html】文件，单击【打开】按钮将其打开，如图 4-32 所示。

图 4-32　打开原始文件

（2）选中要合并的单元格，在菜单栏中选择【修改】|【表格】|【合并单元格】命令，如图 4-33 所示。

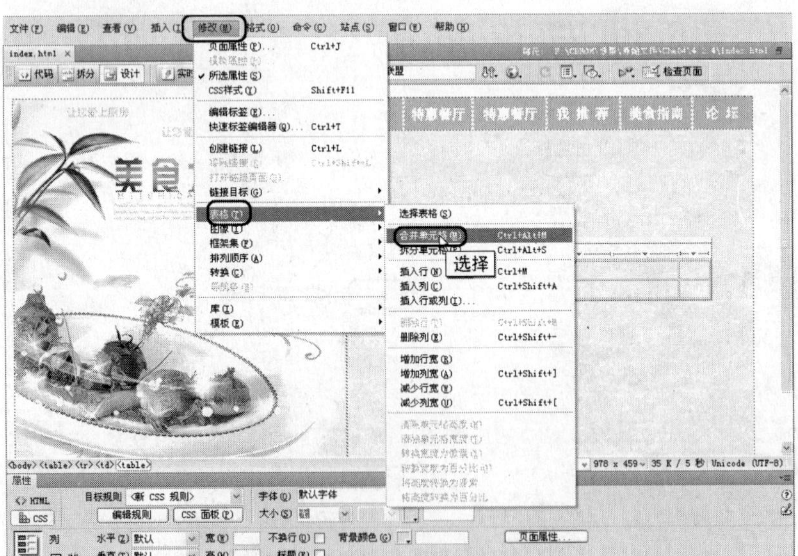

图 4-33　选择【合并单元格】命令

（3）选择命令后即可将单元格合并，效果如图 4-34 所示。

图 4-34　合并单元格

2．拆分单元格

（1）在菜单栏中选择【文件】|【打开】命令，打开【打开】对话框。在该对话框中选择随书光盘中的【原始文件 | Cha04 | 4.2.4 | index2.html】文件，单击【打开】按钮将其打开，如图 4-35 所示。

图 4-35　打开原始文件

（2）将光标放置在要拆分的单元格中，在菜单栏中选择【修改】|【表格】|【拆分单元格】命令，打开【拆分单元格】对话框，如图 4-36 所示。

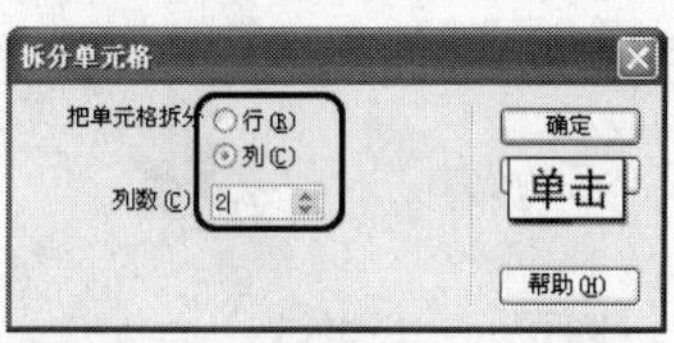

图 4-36　【拆分单元格】对话框

（3）在该对话框中选择将单元格拆分为行或列，并设置拆分数，设置完成后单击【确定】按钮，即可拆分单元格，如图 4-37 所示。

提示： 在单元格中右击，在弹出的快捷菜单中选择【表格】命令的子命令可以完成行或列的添加或删除，以及单元格的合并及拆分，如图 4-38 所示。

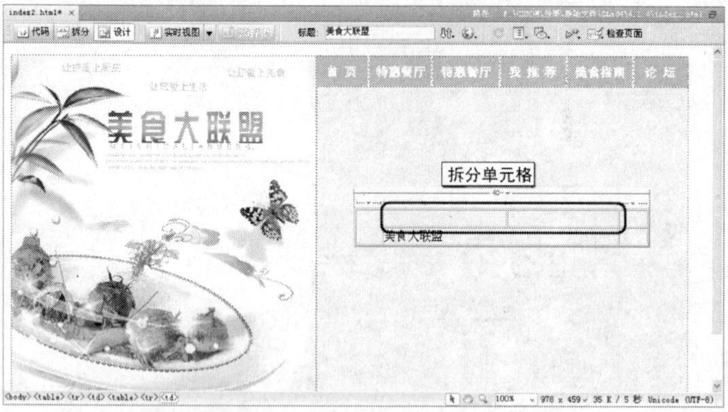

图 4-37　拆分单元格

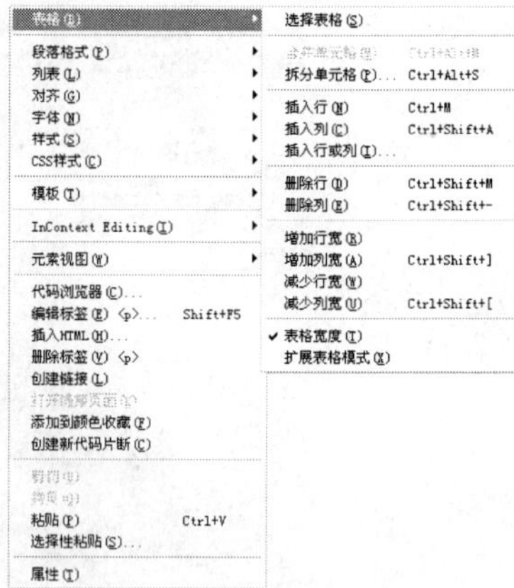

图 4-38　【表格】命令

4.3　使用 AP Div 布局对象

AP Div 是 CSS 中的定位技术，在 Dreamweaver 中将其进行了可视化操作。文本、图像及表格等元素只能固定其位置，不能互相叠加在一起，使用 AP Div 功能则可以将其放置在网页中的任何一个位置，还可以按顺序排放网页文档中的其他构成元素。

4.3.1　创建 AP Div

Dreamweaver 可以很方便地在网页上创建 AP Div，并精确地定位 AP Div 的位置。创建 AP Div 的具体操作步骤如下：

01　在菜单栏中选择【文件】|【打开】命令，打开【打开】对话框。在该对话框中选择随书光盘中的【原始文件 | Cha04 | 4.3.1 | 美食大联盟.html】文件，单击【打开】按钮将其打开，如图 4-39 所示。

02　将光标放置在要插入 AP Div 的位置，选择【插入】|【布局对象】| AP Div 命令，如图 4-40 所示。

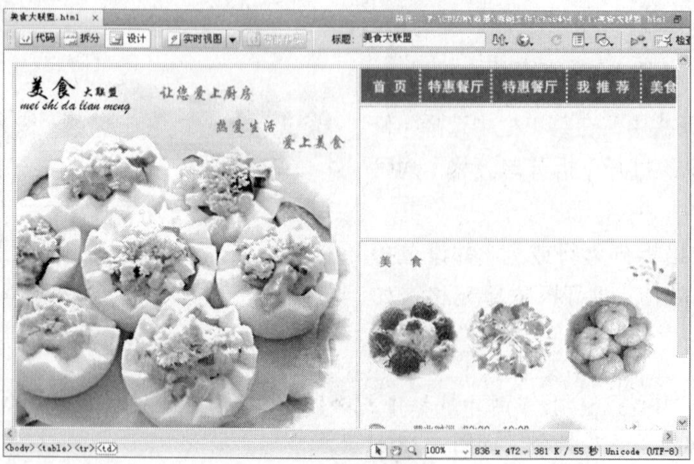

图 4-39　打开原始文件

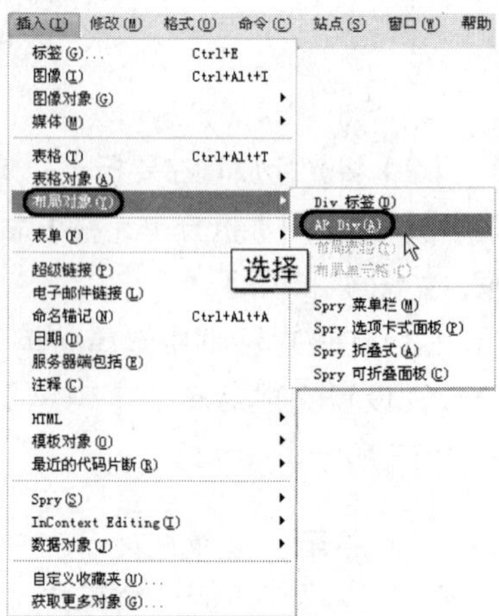

图 4-40　选择 AP Div 命令

03 选择命令后，即可插入一个 AP Div，如图 4-41 所示。

图 4-41 插入 AP Div

❓ **提示：**选择【插入】面板中的【布局】选项，单击▤（绘制 AP Div）按钮并按住鼠标左键不放，将其向文档窗口中拖动，然后松开鼠标，即可绘制一个 AP Div。

4.3.2 设置 AP Div 的属性

选中 AP Div 后，可以在【属性】面板中设置 AP Div 的属性，如图 4-42 所示。

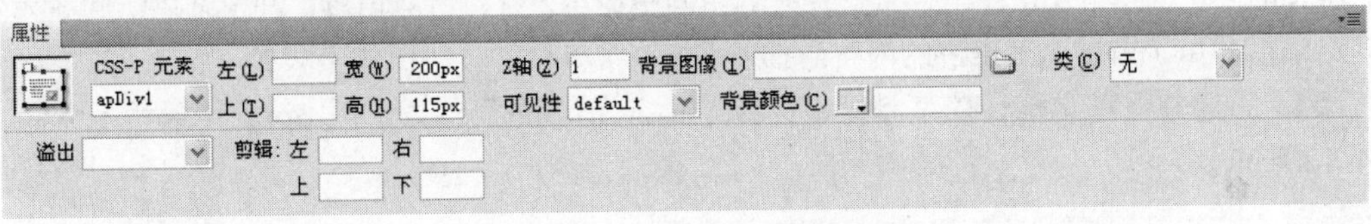

图 4-42 AP Div【属性】面板

AP Div【属性】面板中的部分参数说明如下：

- CSS-P 元素：用于设置 AP Div 的名称，以便在【AP 元素】面板和 JavaScript 代码中标识该 AP Div。
- 左：用于设置 AP Div 的左边界距离浏览器窗口左边界的距离。
- 上：用于设置 AP Div 的上边界距离浏览器窗口上边界的距离。
- 宽：用于设置 AP Div 的宽。
- 高：用于设置 AP Div 的高。
- Z 轴：设置 AP Div 在【AP 元素】面板中 Z 轴的顺序，即设置 AP Div 的叠放顺序。
- 可见性：用于设置 AP Div 的显示状态，包括 default、inherit、visible 和 hidden 四个选项。
  - default（默认）：表示不指定可见性属性，当未指定可见性时，多数浏览器都会默认为继承。
  - inherit（继承）：表示使用该 AP Div 父级的可见性属性。
  - visible（可见）：表示显示该 AP Div 的内容，而不管父级 AP Div 的可见性属性。
  - hidden（隐藏）：表示隐藏 AP Div 的内容，而不管父级 AP Div 的可见性属性。
- 背景图像：用于设置 AP Div 的背景图像。

- 背景颜色：用于设置 AP Div 的背景颜色。
- 溢出：用于控制当 AP Div 的内容超过 AP Div 大小时如何在浏览器中显示 AP Div，包括 visible、hidden、scroll 和 auto 四个选项。
  - visible（可见）：AP Div 将自动适应 AP Div 中内容的宽度与高度。
  - hidden（隐藏）：超出 AP Div 范围的内容不会显示。
  - scroll（滚动条）：在 AP Div 中将出现滚动条，而不管 AP Div 中是否需要滚动条。
  - auto（自动）：当 AP Div 中的内容超出 AP Div 范围时将显示滚动条。
- 剪辑：用于设置 AP Div 的可见区域的大小，在其【左】、【上】、【右】和【下】文本框中直接输入数值即可。

4.4 使用 Spry 布局对象

Spry 布局有视觉增强功能，可以将它们应用于使用 JavaScript 的 HTML 页面上的几乎所有的元素。效果通常用于在一段时间内高亮显示信息、创建动画过渡或者以可视方式修改页面元素。可以将效果直接应用于 HTML 元素，而无须其他自定义标签。

4.4.1 使用 Spry 菜单栏导航菜单

Spary 菜单栏构件是一组可导航的菜单按钮，当站点访问者将鼠标悬停在其中的某个按钮上时，将显示相应的子菜单。使用菜单栏可在紧凑的空间中显示大量可导航信息，并使站点访问者无须深入浏览站点即可了解站点上提供的内容。插入 Spry 菜单栏的具体操作步骤如下：

01 新建并保存文档，在菜单栏中选择【插入】|【布局对象】|【Spry 菜单栏】命令，如图 4-43 所示。

> **注意：**如果创建的文件没有保存过，在选择【Spry 菜单栏】命令时会打开提示对话框，提示用户先保存文件，如图 4-44 所示。

02 选择命令后，打开【Spry 菜单栏】对话框，如图 4-45 所示。

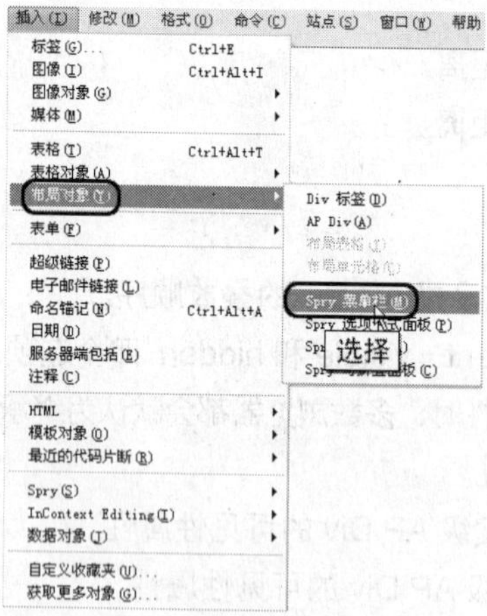

图 4-43 选择【Spry 菜单栏】命令

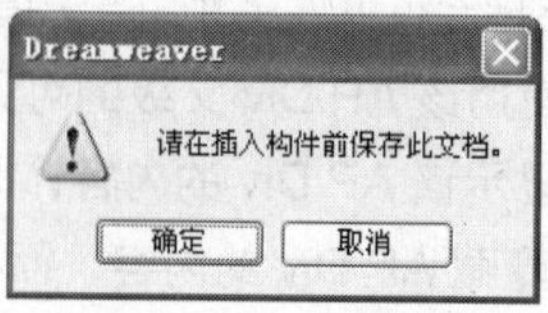

图 4-44 提示对话框

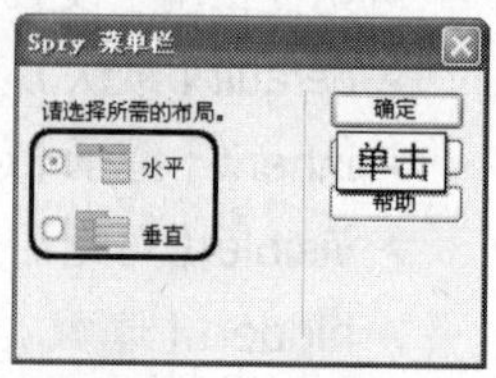

图 4-45 【Spry 菜单栏】对话框

03 在【Spry 菜单栏】对话框中选择【水平】单选按钮，单击【确定】按钮，插入 Spry 菜单栏，如图 4-46 所示。

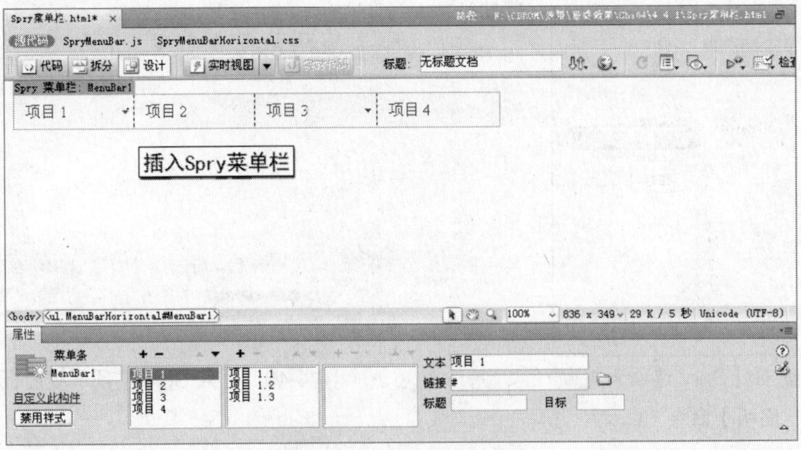

图 4-46 插入 Spry 菜单栏

04 在菜单栏中选择【文件】|【保存】命令，将文档保存，按 F12 键在浏览器中预览，如图 4-47 所示。

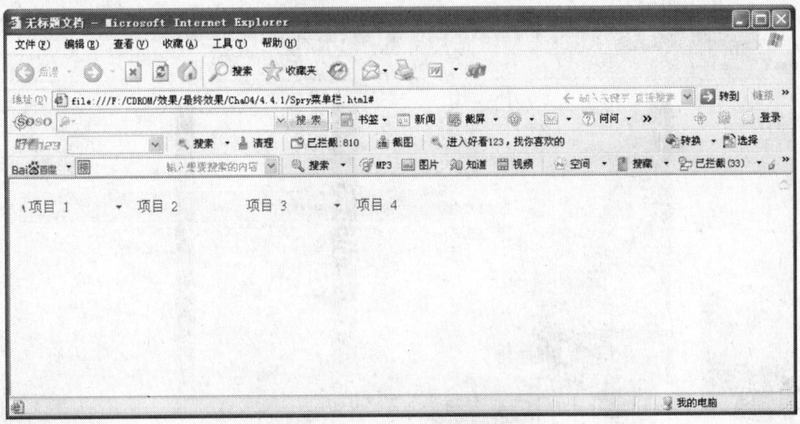

图 4-47 Spry 菜单栏效果

4.4.2 创建 Spry 选项卡式面板

当访问者选择不同的选项卡时，构件的面板会相应地打开。在给定时间内，选项卡式面板构件中只有一个内容面板处于打开状态。插入 Spry 选项卡式面板的具体操作步骤如下：

01 新建并保存文档，在菜单栏中选择【插入】|【布局对象】|【Spry 选项卡式面板】命令，如图 4-48 所示。

02 选择命令后，插入 Spry 选项卡式面板，如图 4-49 所示。

> **提示：** 如果创建的文件没有保存过，在选择【Spry 选项卡式面板】命令时会打开提示对话框，提示用户先保存文件。

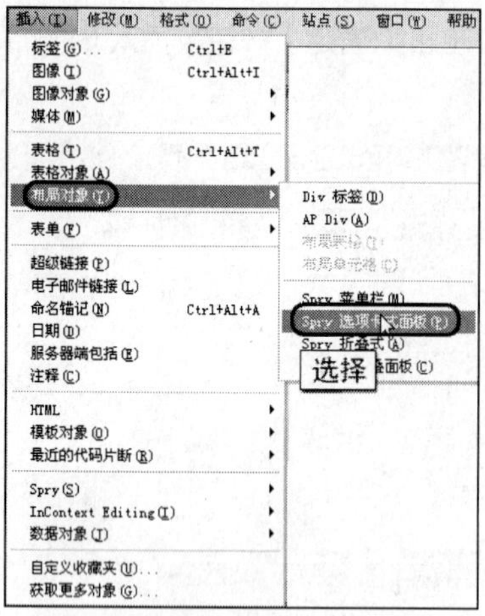

图 4-48 选择【Spry 选项卡式面板】命令

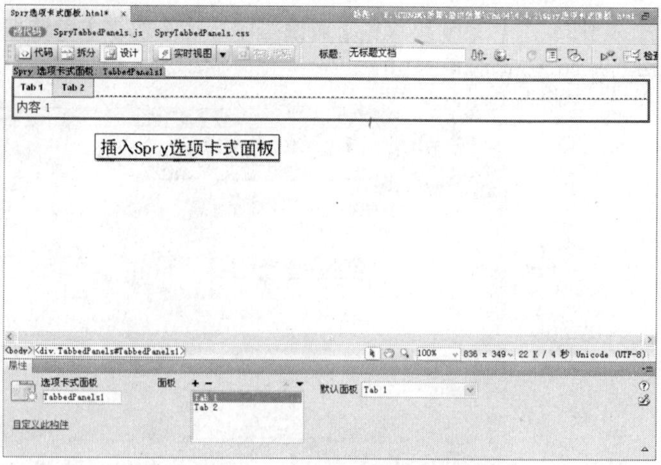

图 4-49 插入 Spry 选项卡式面板

03 将文字“Tab 1”删除，输入“Auto 1”；将“内容 1”删除，并在其位置上插入图像 Auto1.jpg，如图 4-50 所示。

图 4-50 输入文字并插入图像

提示：在随书光盘中的【原始文件 | Cha04 | 4.4.2】文件夹下，提供了插入的图像文件。

04 将文字“Tab 2”删除，输入“Auto 2”；将“内容 2”删除，并在其位置上插入图像 Auto2.jpg，如图 4-51 所示。

05 在菜单栏中选择【文件】|【保存】命令，将文档保存，按 F12 键在浏览器中预览，如图 4-52 所示。

图 4-51　输入文字并插入图像

图 4-52　Spry 选项卡式面板

4.4.3　创建 Spry 折叠式

当访问者选择不同的标签时，折叠构件的面板会相应地展开或收缩。在折叠构件中，每次只能有一个内容面板处于打开且可见的状态。使用 Spry 折叠式的具体操作步骤如下：

01　新建并保存文档，在菜单栏中选择【插入】|【布局对象】|【Spry 折叠式】命令，如图 4-53 所示。

02　选择命令后，插入 Spry 折叠式，如图 4-54 所示。

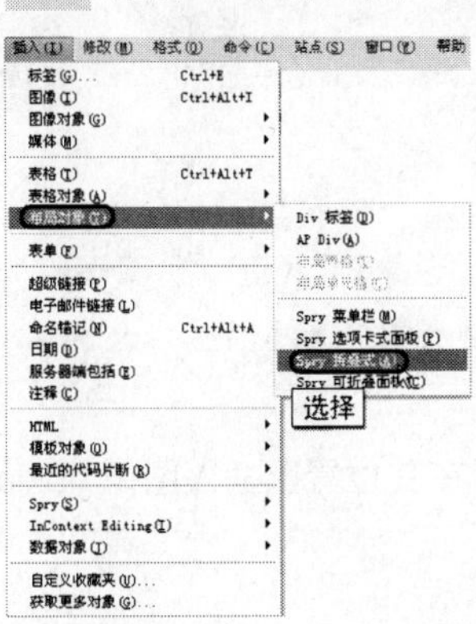

图 4-53　选择【Spry 折叠式】命令

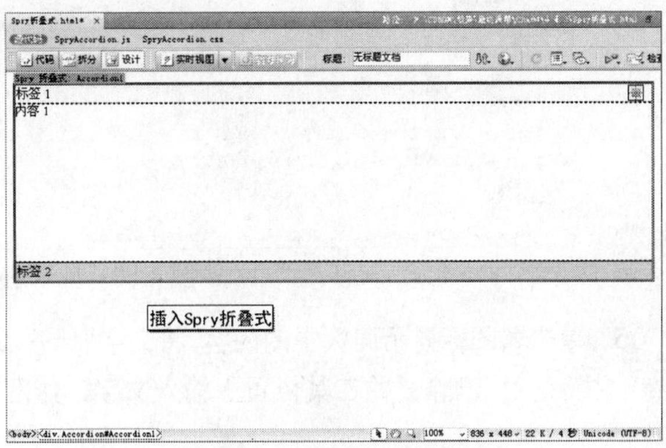

图 4-54　插入 Spry 折叠式

03 将文字“标签 1”删除，然后在其位置上插入图像 kd1；将文字“内容 1”删除，并在其位置上输入文字，如图 4-55 所示。

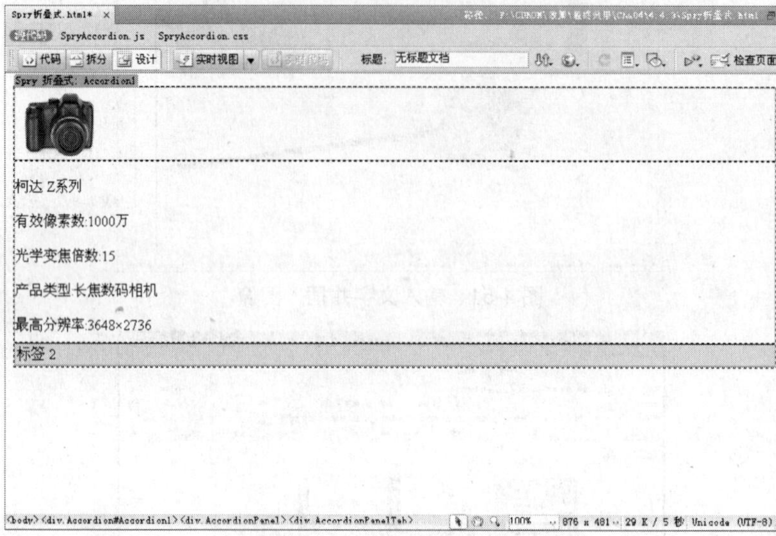

图 4-55　插入图像并输入文字 1

> **提示：** 在随书光盘中的【原始文件 | Cha04 | 4.4.3】文件夹下，提供了插入的图像文件。

04 将光标放置在“标签 2”中，此时会显示出图标，如图 4-56 所示。

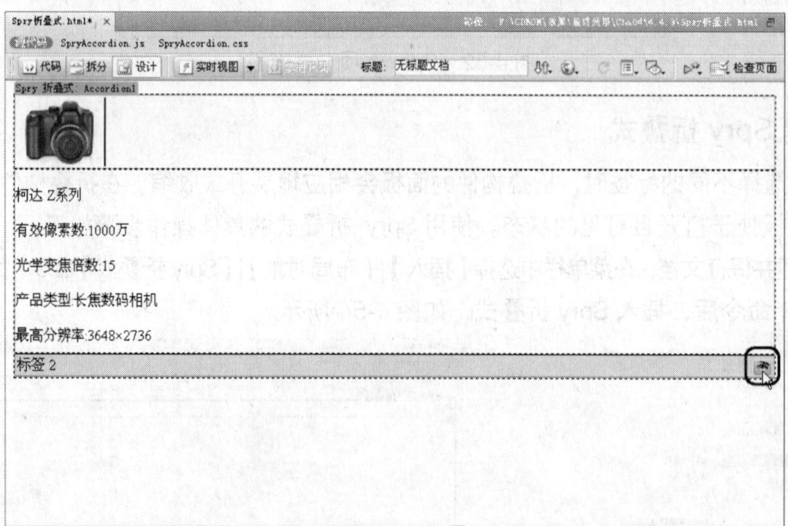

图 4-56　显示图标

05 单击图标显示面板中的内容，将文字“标签 2”删除，然后在其位置上插入图像 nokia02；将文字“内容 2”删除，并在其位置上输入文字，如图 4-57 所示。

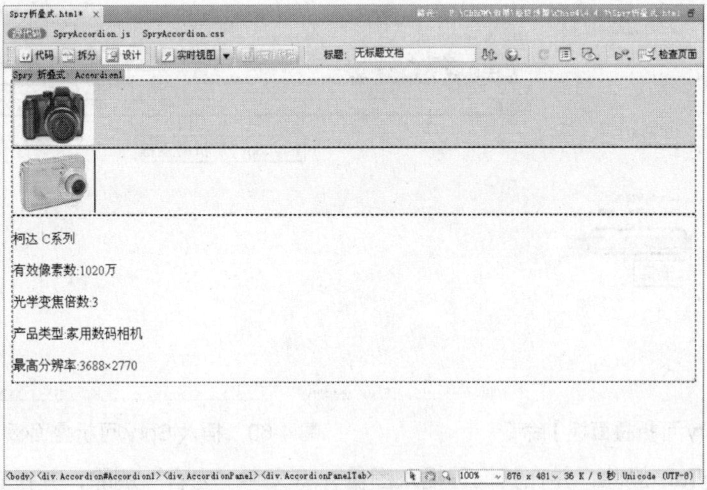

图 4-57　插入图像并输入文字 2

06　在菜单栏中选择【文件】|【保存】命令，将文档保存，按 F12 键在浏览器中预览，如图 4-58 所示。

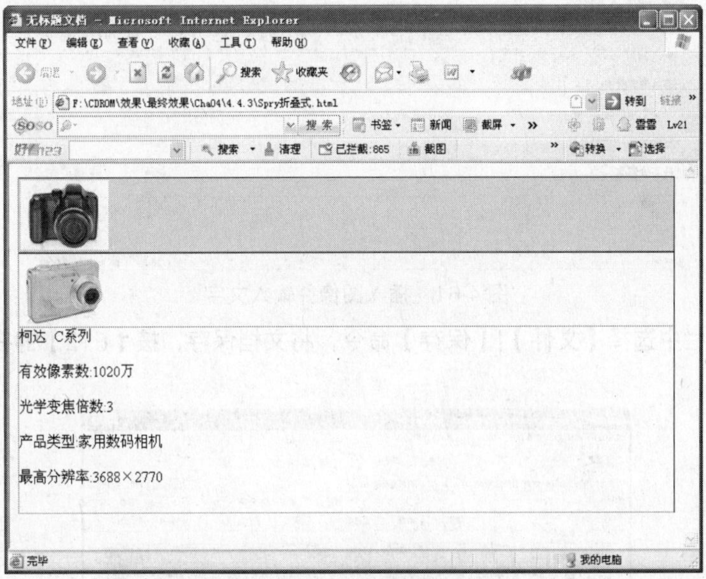

图 4-58　预览效果

4.4.4　使用 Spry 可折叠面板管理内容

可折叠面板构件是一个面板，可将内容存储到紧凑的空间中。用户选择构件的标签即可隐藏或显示存储在可折叠面板中的内容。使用 Spry 可折叠面板的具体操作步骤如下：

01　新建并保存文档，在菜单栏中选择【插入】|【布局对象】|【Spry 可折叠面板】命令，如图 4-59 所示。

02　选择命令后，在文档中插入 Spry 可折叠面板，如图 4-60 所示。

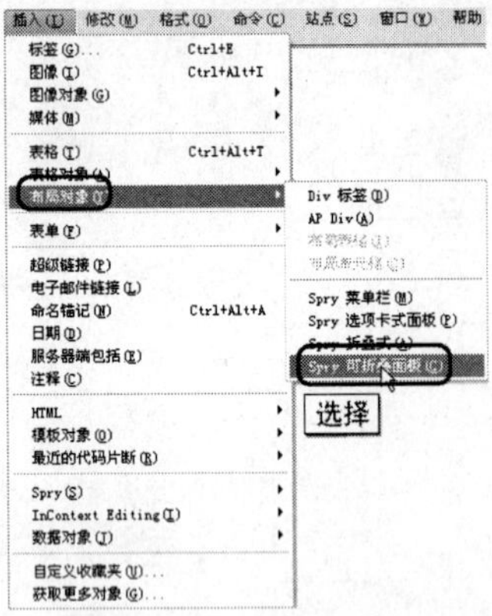

图 4-59　选择【Spry 可折叠面板】命令

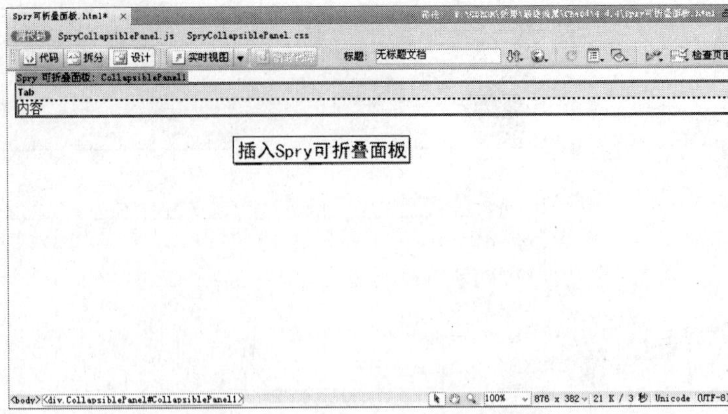

图 4-60　插入 Spry 可折叠面板

03　将文字 Tab 删除，并在其位置插入图像；将文字“内容”删除，并在其位置输入文字，如图 4-61 所示。

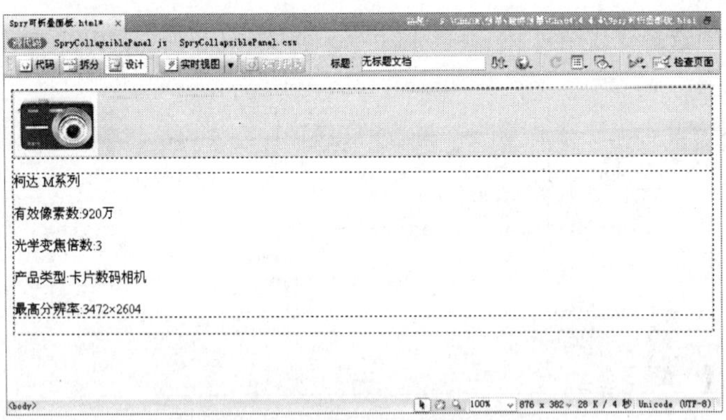

图 4-61　插入图像并输入文字

04　在菜单栏中选择【文件】|【保存】命令，将文档保存，按【F12】键在浏览器中预览，如图 4-62 所示。

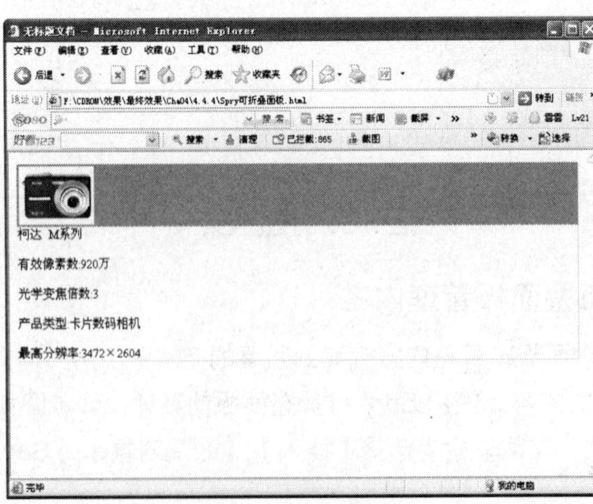

图 4-62　预览效果

4.5 创建框架网页

框架的作用就是把浏览器窗口划分为若干个区域，每个区域可以分别显示不同的网页。当在文件中建立框架时，Dreamweaver 可以创建一个无标题的框架集文件，在每个框架中创建无标题文件，如果某个页面被划分成两个框架，它实际上包含的是 3 个独立的文件：一个框架集文件和两个框架内容文件。框架内容文件包含了将出现在页面框架中的内容。

框架可以将文档窗口水平或垂直地分成若干部分，以使用户能够一次浏览更多的内容。一般情况下，用户需要不停地在文章内容和导航内容之间进行切换，但如果利用框架结构把导航内容永远固定在页面的顶部或左边，那么在任何时候，用户都可以直接选择上边或左边的导航内容，切换到想要浏览的内容。

4.5.1 创建框架和框架集

框架是浏览器窗口中的一个区域，它可以显示与浏览器窗口的其余部分所显示的内容无关的 HTML 文档。

框架集是 HTML 文件，它定义一组框架的布局和属性，包括框架的数目、框架的大小和位置，以及在每个框架中初始显示的页面 URL。

1．使用预定义方式创建框架网页

选择预定义的框架集将自动设置创建布局所需的所有框架集和框架，它是迅速创建基于框架布局的最简单方法。创建预定义的框架集的具体操作步骤如下：

01 在菜单栏中选择【文件】|【新建】命令，打开【新建文档】对话框。在【新建文档】对话框中选择【示例中的页】|【框架页】|【上方固定，左侧嵌套】选项，如图 4-63 所示。

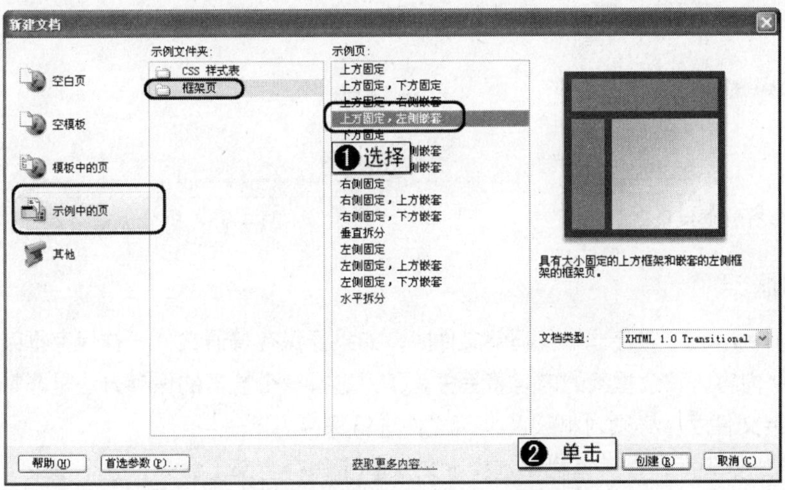

图 4-63 【新建文档】对话框

02 单击【创建】按钮，创建【上方固定，左侧嵌套】的框架集，如图 4-64 所示。

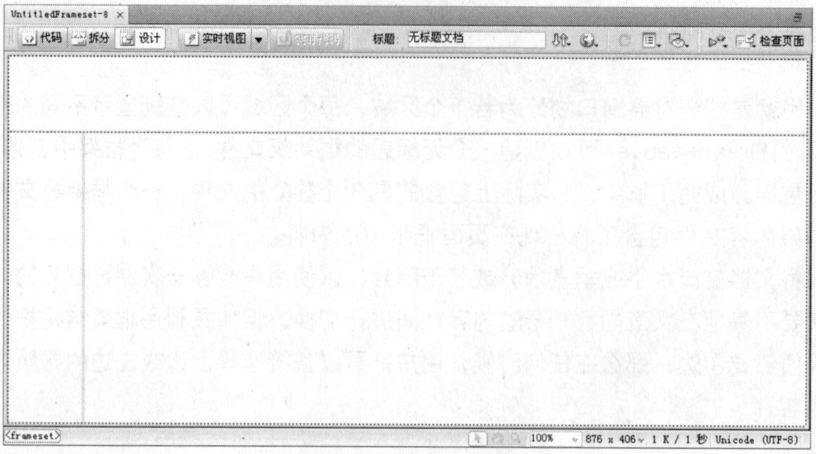

图 4-64　创建框架集

2. 自定义创建框架网页

在已经创建的页面中可以自定义创建框架网页，具体操作步骤如下：

01　在菜单栏中选择【修改】|【框架集】命令，在其子菜单中可以选择拆分框架命令，包括拆分左框架、拆分右框架、拆分上框架和拆分下框架，如图 4-65 所示。

02　选择【拆分上框架】命令，效果如图 4-66 所示。

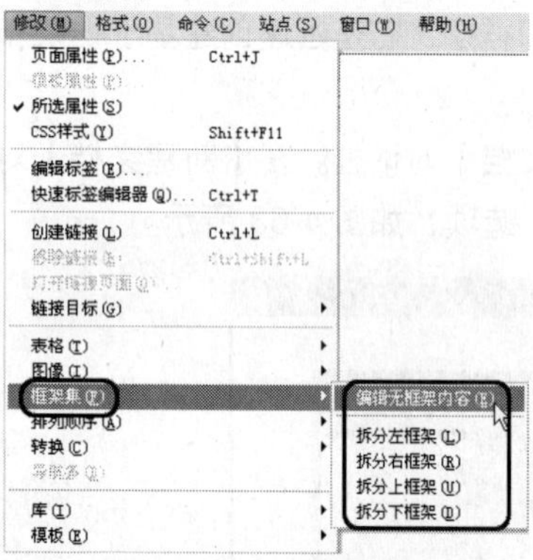

图 4-65　选择拆分框架集命令

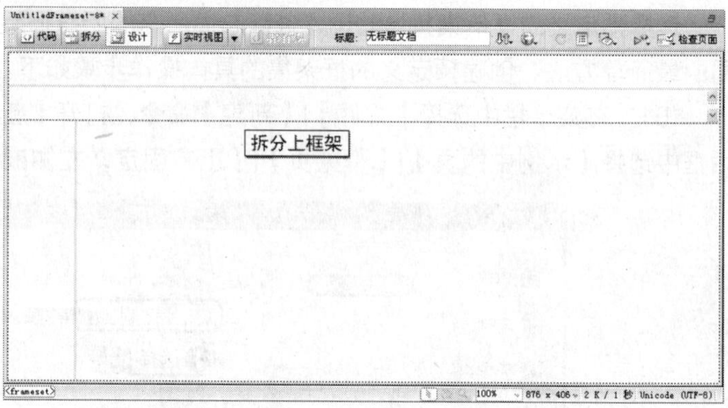

图 4-66　拆分上框架

4.5.2　保存框架

在 Dreamweaver 中保存框架及框架文件时，如果像保存普通文件一样保存框架，只会保存鼠标所定位的框架内容，其余框架的内容将丢失，所以选择一个恰当的保存方法是非常重要的。当编辑完框架及框架文件后，必须对框架及框架文件进行保存。

01　创建好框架后，在菜单栏中选择【文件】|【保存全部】命令，整个框架边框会出现一个阴影框，同时会打开【另存为】对话框。因为阴影出现在整个框架集的内侧，所以询问的是框架集的名称。在【文件名】文本框中输入 index.html，如图 4-67 所示。

02　单击【保存】按钮，又打开【另存为】对话框。此时顶端第一个框架内侧出现阴影，说明要对该框架进行保存，在【文件名】文本框中输入 top1.html，如图 4-68 所示。

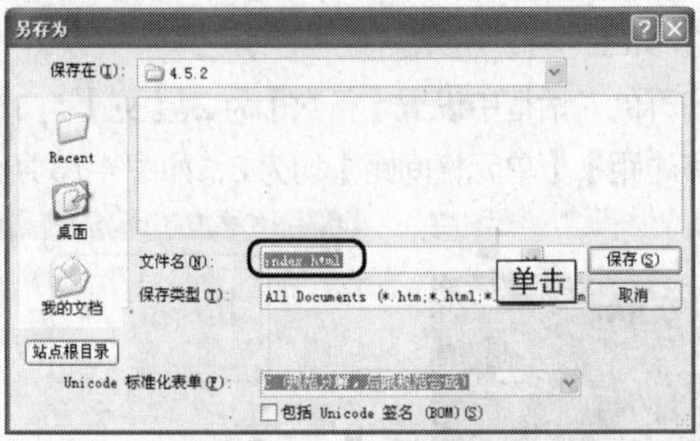

图 4-67　保存框架集

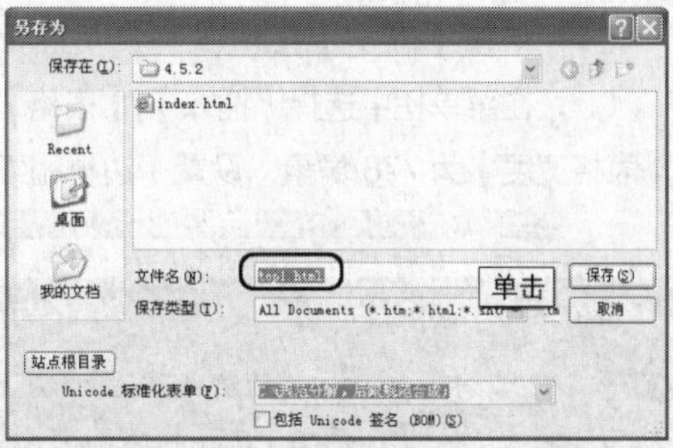

图 4-68　保存顶部第一个框架

03　单击【保存】按钮，将其他框架保存后完成框架的保存。

4.6　上机练习——利用表格布局网页

本例将使用表格来布局网页，具体操作步骤如下：

01　启动 Dreamweaver CS4 软件，在菜单栏中选择【文件】|【新建】命令，打开【新建文档】对话框，选择【空白页】| HTML |【无】选项，如图 4-69 所示。

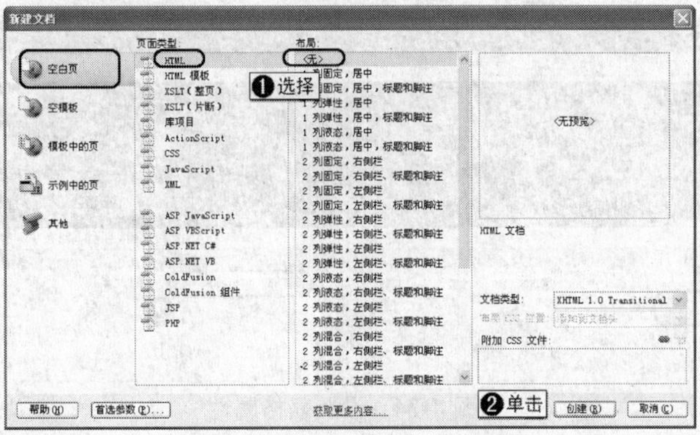

图 4-69　【新建文档】对话框

02　单击【创建】按钮，新建一个空白文档，如图 4-70 所示。

03　在菜单栏中选择【修改】|【页面属性】命令，打开【页面属性】对话框，在【分类】列表框中选择【外观（CSS）】选项，设置【背景颜色】为黑色，并将【左边距】、【右边距】、【上边距】、【下边距】都设置为 0px，如图 4-71 所示。

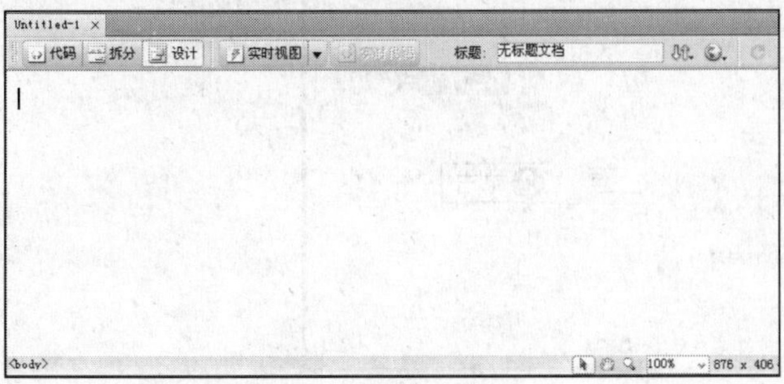

图 4-70　新建空白文档

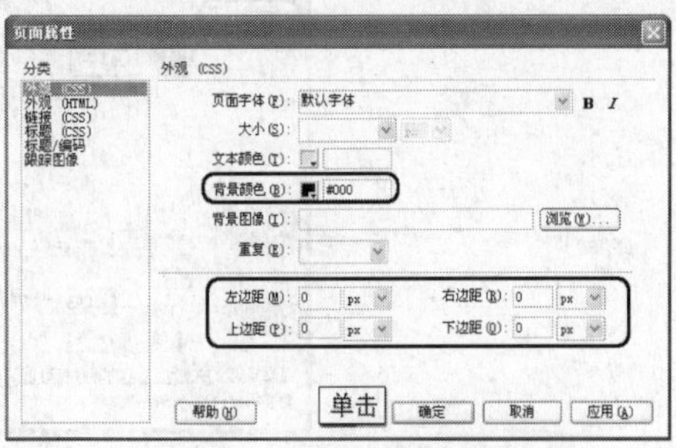

图 4-71　【页面属性】对话框

04 单击【确定】按钮，确认页面属性的设置，如图 4-72 所示。

05 在菜单栏中选择【插入】|【表格】命令，在打开的对话框中设置【行数】为 2、【列】为 1，设置【表格宽度】为 778 像素，设置【边框粗细】、【单元格边距】、【单元格间距】均为 0，如图 4-73 所示。

图 4-72　当前页面效果

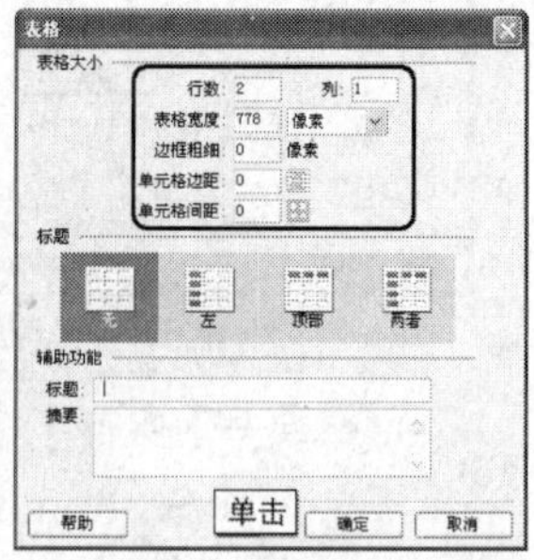

图 4-73　【表格】对话框

06 单击【确定】按钮，插入表格，将表格第 2 行的单元格拆分为 2 列，在【属性】面板中将表格命名为【表格 1】，设置【对齐】为【居中对齐】，如图 4-74 所示。

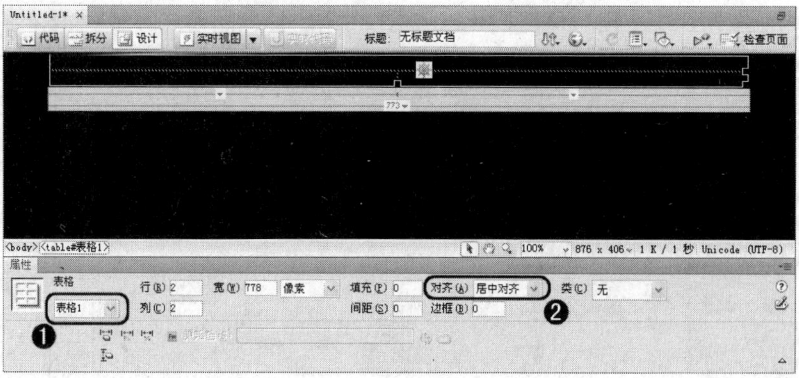

图 4-74　设置表格属性

07 将光标放置在【表格 1】第 1 行的单元格中，在菜单栏中选择【插入】|【图像】命令，打开【选择图像源文件】对话框，选择 1.jpg 文件，如图 4-75 所示。

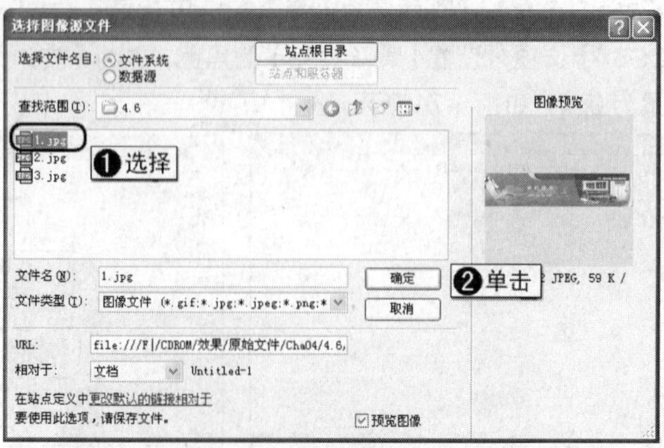

图 4-75　【选择图像源文件】对话框

08 单击【确定】按钮，插入图像，如图 4-76 所示。

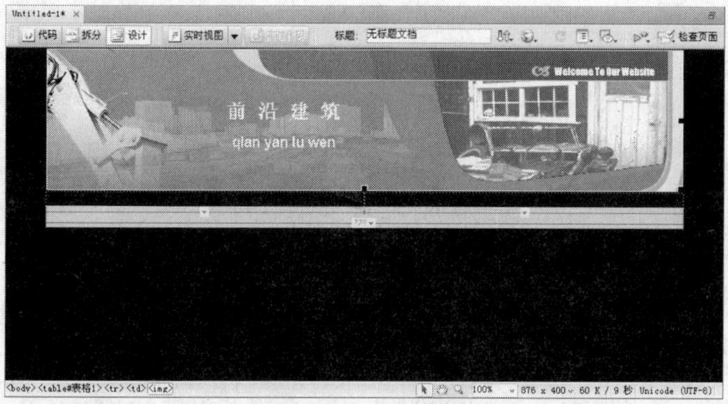

图 4-76 插入图像

09 将光标放置在【表格 1】第 2 行左侧的单元格中，在单元格中插入图像 2.jpg，并对表格进行调整，如图 4-77 所示。

图 4-77 插入图像

10 将光标放置在【表格 1】第 2 行右侧的单元格中，切换到【拆分】视图，单击指定位置，在弹出的下拉列表框中选择 background 选项，如图 4-78 所示。继续单击【浏览】按钮，如图 4-79 所示。打开【选择文件】对话框，选择 3.jpg 文件，如图 4-80 所示。单击【确定】按钮，为单元格插入背景图像。

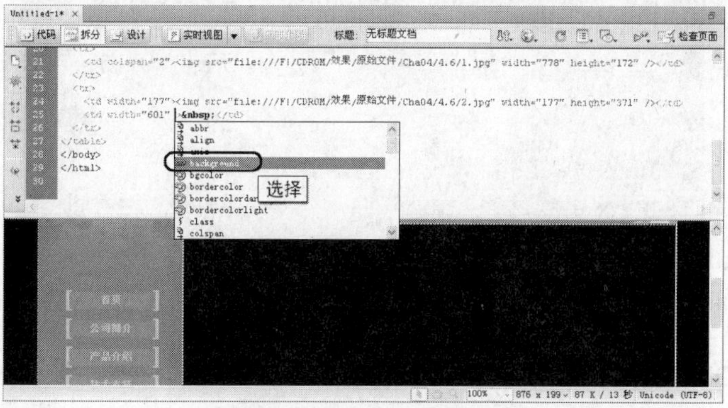

图 4-78 选择 background 选项

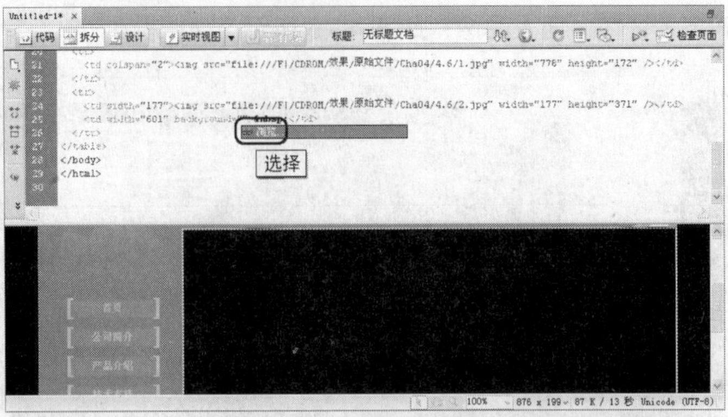

图 4-79　单击【浏览】按钮

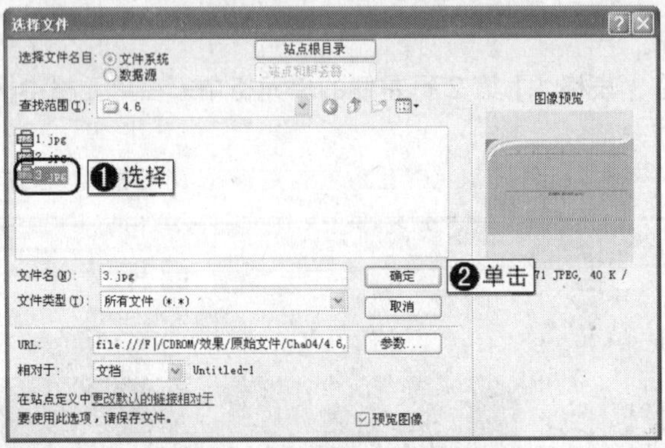

图 4-80　【选择文件】对话框

11　返回设计窗口，在菜单栏中选择【插入】|【布局对象】|【AP Div】命令，在单元格中插入 AP Div，调整 AP Div 的大小和位置，如图 4-81 所示。

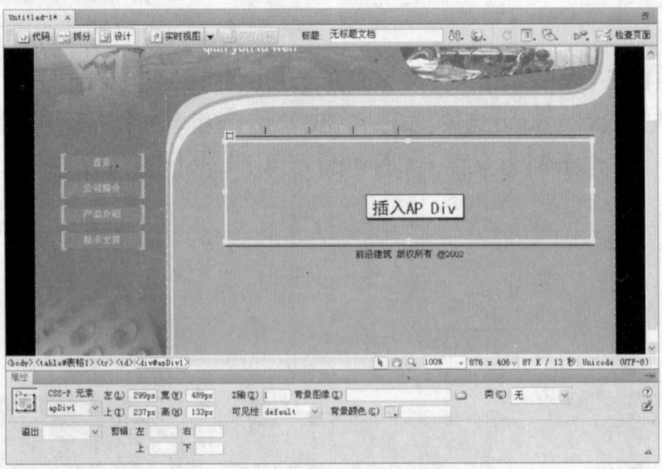

图 4-81　插入 AP Div

12　在 AP Div 中输入文字，如图 4-82 所示。

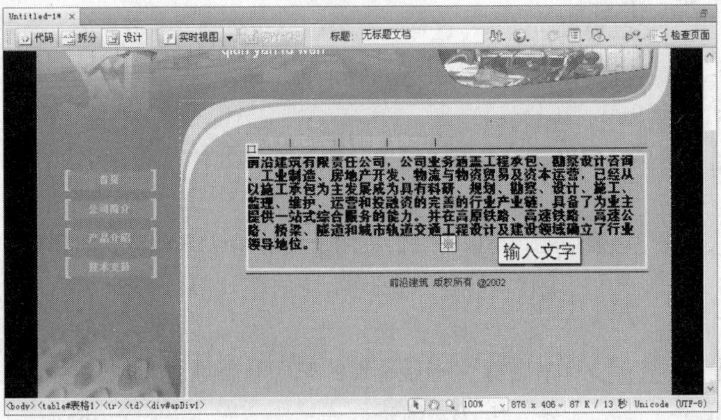

图 4-82　输入文字

13　在菜单栏中选择【文件】|【保存】命令，将文档保存，按【F12】键在浏览器中预览，如图 4-83 所示。

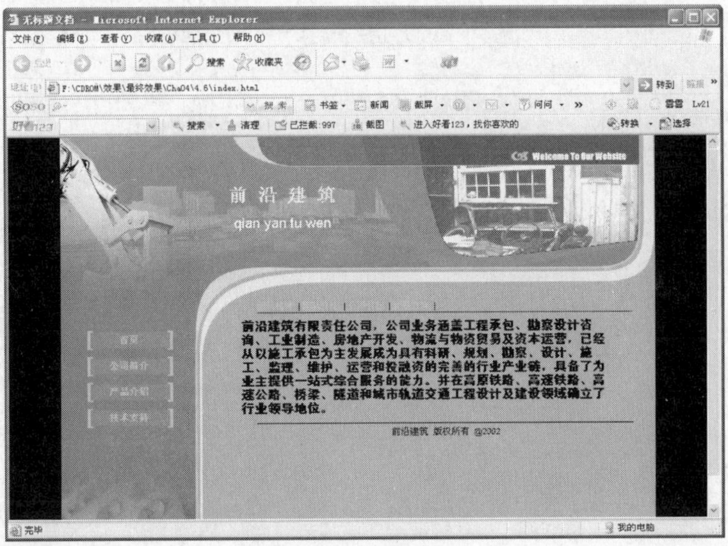

图 4-83　预览效果

4.7　本章小结

在制作网页之前首先要设计网页的布局，在 Dreamweaver 中有很多设计网页布局的方法，如使用表格、AP Div 和框架等。本章介绍了表格的基本操作，以及 AP Div、Spry 和框架的使用。

4.8　习题

1．填空题

（1）在网页设计中，表格不但可以用于________，它也是目前进行________的主要工具之一。

（2）在 Dreamweaver 中，设置布局表格的属性包括________、________等。

（3）________是浏览器窗口中的一个区域，它可以显示与浏览器窗口的其余部分所显示的内容无关的 HTML 文档。

2．选择题

（1）________在网页定位上，除了可以精确定位外，还具有规范、灵活的特点。

A．标尺　　B．表格　　C．网格

（2）________有视觉增强功能，可以将它们应用于使用 JavaScript 的 HTML 页面上的几乎所有的元素。

A．AP Div　　B．表格　　C．Spry

（3）框架集是________文件，它定义一组框架的布局和属性。

A．HTML　　B．CSS　　C．JS

3．简答题

（1）简述选择整个表格的几种方法。

（2）如何设置 AP Div 的属性?

第 5 章 使用 CSS 美化网页

CSS 在当前的网页设计中已经成为不可缺少的技术。设计者通过使用 CSS，能够更轻松、有效地对页面的整体布局、颜色、字体、链接、背景，以及同一页面的不同部分、不同页面的外观和格式等效果实现更加精确的控制。CSS 样式可以一次对若干个文档的所有样式进行控制。CSS 样式表的主要优点是提供方便的更新功能，在更新 CSS 样式时，使用该样式的所有文档格式都自动更新为新样式。

本章重点

- 了解 CSS 的概念及特点
- 熟悉 CSS 的基本语法
- 掌握 CSS 的 8 项属性
- 掌握 CSS 布局模板
- 使用 CSS 美化页面

5.1 CSS 简介

CSS 提供了强大而全面的格式控制功能，是如今网页制作中必不可少的格式工具。

5.1.1 CSS 的概念

CSS 是 Cascading Style Sheets 的简称，Dreamweaver 允许用户在 HTML 文档中加入样式。对于设计者来说，CSS 是一个非常灵活的工具，用户不必再把繁杂的样式定义编写在文档结构中，而可以将所有有关文档的样式与指定内容全部分离，在行内定义、在标题中定义，甚至作为外部样式文件供 HTML 调用。

5.1.2 CSS 的特点

CSS 具有以下的特点：

（1）将格式和结构分离。

HTML 语言定义了网页的结构和各要素的功能，而 CSS 通过将定义结构的部分和定义格式的部分分离，使我们能够对页面的布局施加更多的控制。CSS 代码独立出来可以从另一角度控制页面外观。

（2）有效地控制页面布局。

HTML 语言对页面总体上的控制很有限，如精确定位、行间距或字间距等，这些都可以通过 CSS

来完成。

（3）可以制作体积更小、下载速度更快的网页。

样式表只是简单的文本，就像 HTML 那样，它不需要图像，不需要执行程序，不需要插件。使用层叠样式表可以减少表格标签及其他加大 HTML 体积的代码，减少图像用量，从而控制文件尺寸。

（4）可同时更新许多网页。

没有样式表时，如果要更新整个站点中所有主体文本的字体，必须一页一页地修改网页。样式表的主旨就是将格式和结构分离。利用样式表，可以将站点上所有的网页都指向单一的一个 CSS 文件，只要修改 CSS 文件中的某一行，那么整个站点都会随之发生变动。

（5）浏览界面更加友好。

样式表的代码有很好的兼容性，也就是说，如果用户丢失了某个插件时不会发生中断，或者使用旧版本的浏览器时不会出现乱码。只要是可以识别串接样式表的浏览器就可以应用它。

5.2 CSS 基本语法

CSS 语言由标志和属性构成，样式表基本语法为：

```
CSS 标志{标志属性:属性值:标志属性:属性值:标志属性: 属性值;...}
```

现在首先讨论在 HTML 页面内直接引用样式表的方法，这个方法必须把样式表信息包括在<style>和</style>标记中。为了使样式表在整个页面中产生作用，应把该组标记及其内容放到<head>和</head>中去。

例如，要设置 HTML 页面中所有 H1 标题字显示为红色，其代码如下：

```
<html>
<head>
<title>This is a CSS samples</title>
<style type="text/css">
<!--
H1 {color: red}
-->
</style>
</head>
<body>
   …页面内容…
</body>
</html>
```

> **提示**：<style>标记中包括了 type = "text/css"，其作用是让浏览器知道使用了 CSS 样式规则。加入<!--和-->这一对注释标记是防止有些老式的浏览器不能识别样式表规则，可以把该段代码忽略不计。

在使用样式表的过程中，经常会有几个标志用到同一个属性，例如规定 HTML 页面中凡是粗体字、斜体字、1 号标题字显示为红色，按照上面介绍的方法应书写为：

```
B{ color: red}
```

```
I{ color: red}
H1{ color: red}
```

如上所述的写法很麻烦，引进分组的概念会使其变得简洁明了，上述代码可写成：

```
B,I,H1{color: red}
```

上述的代码中用逗号分隔各个 HTML 标志，把 3 行代码合并成了一行。

此外，同一个 HTML 标志可能定义到多种属性，例如规定把从 H1~H6 各级标题定义为红色黑体字，带下划线，则应写为：

```
H1,H2,H3,H4,H5,H6 {
color: red;
text-decoration: underline;
font-family: "黑体"
}
```

5.3 设置 CSS 属性

CSS 样式用来定义字体、颜色、边距和字间距等属性，可以使用 Dreamweaver CS4 来对所有的 CSS 属性进行设置。CSS 属性被分为 8 类，分别是类型、背景、区块、方框、边框、列表、定位和扩展，下面分别进行介绍。

5.3.1 设置 CSS 类型属性

选择定义好的要编辑的样式，在【CSS 样式】面板中单击✎按钮，打开【……的 CSS 规则定义】对话框。在【分类】列表框中选择【类型】选项，用于设置文本的属性，如图 5-1 所示。

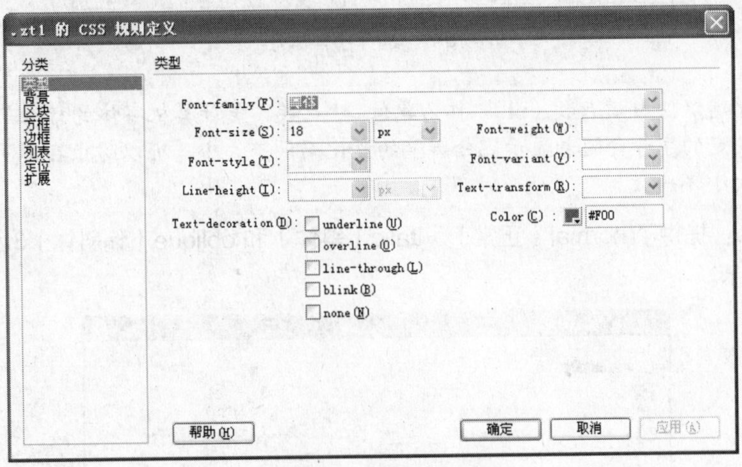

图 5-1 【类型】选项

在【类型】选项中，具体参数说明如下：

- Font-family：用户可以在下拉列表中选择需要的字体。如果系统安装了某种字体，但在下拉列表中没有显示，可以选择列表中的【编辑字体列表】选项，在打开的【编辑字体列表】对话框中添加需要的字体，如图 5-2 所示。

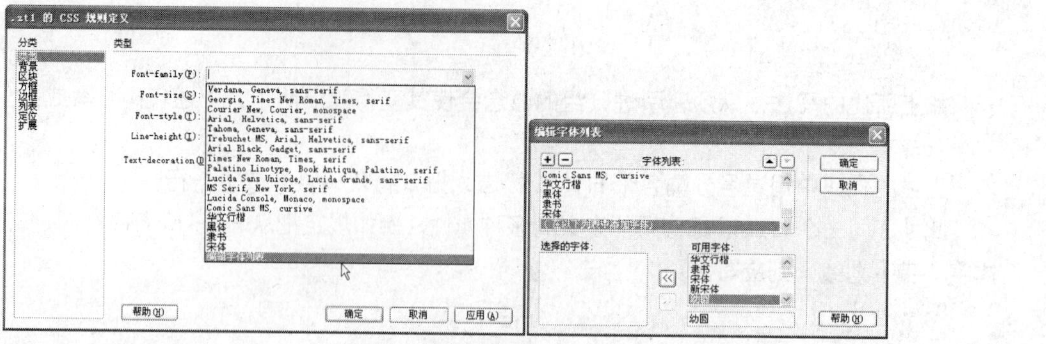

图 5-2　选择字体

- Font-size：用于调整文本的大小。用户可以在下拉列表中选择字号，也可以直接输入数字，然后在后面的下拉列表中选择单位，如图 5-3 所示。

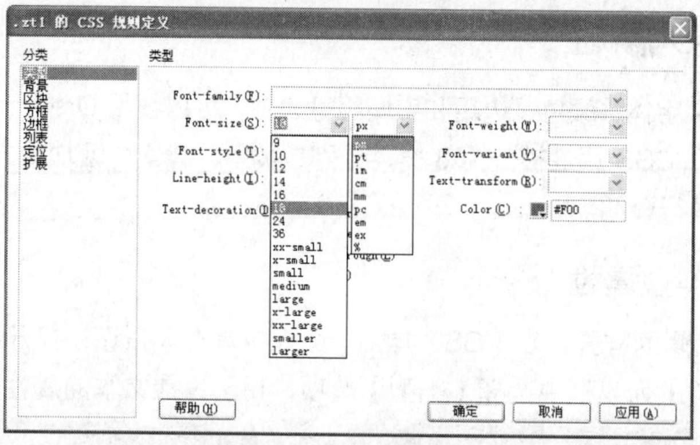

图 5-3　选择字体大小

> **提示：** 建议使用“点数（pt）”作为单位。“点数”是计算机字体的标准单位，这一单位的好处是设定的字号会随着显示器分辨率的变化而调整大小，可以防止在不同分辨率的显示器中字体大小不一致。

- Font-style：提供了 normal（正常）、italic（斜体）和 oblique（偏斜体）3 种字体样式，如图 5-4 所示。

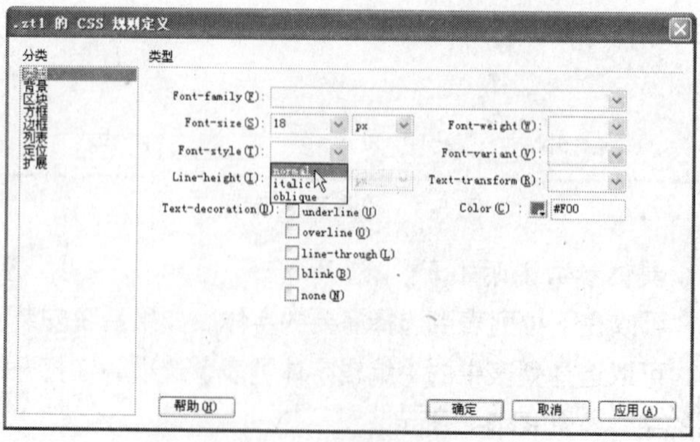

图 5-4　选择字体样式

- Line-height：设置文本所在行的高度。该设置传统上称为“前导”。选择 normal（正常）选项将自动计算字体大小的行高，也可以输入一个确切的值并选择一种度量单位。
- Text-decoration：向文本中添加下划线、上划线、删除线，或使文本闪烁。正常文本的默认设置是 none（无）。链接的默认设置是 underline（下划线）。将链接设置为 none（无）时，可以通过定义一个特殊的类，删除链接中的下划线。
- Font-weight：对字体应用特定或相对的粗细量。nomal（正常）等于 400；bold（粗体）等于 700。
- Font-variant：设置文本的小型大写字母变体。Dreamweaver 不在文档窗口中显示该属性。
- Text-transform：将选定内容中的每个单词的首字母大写或将文本设置为全部大写或小写。
- Color：设置文本颜色。

5.3.2 设置 CSS 背景属性

在【分类】列表框中选择【背景】选项，如图 5-5 所示，背景属性的功能主要是在网页元素后面加入固定的背景色或图像。

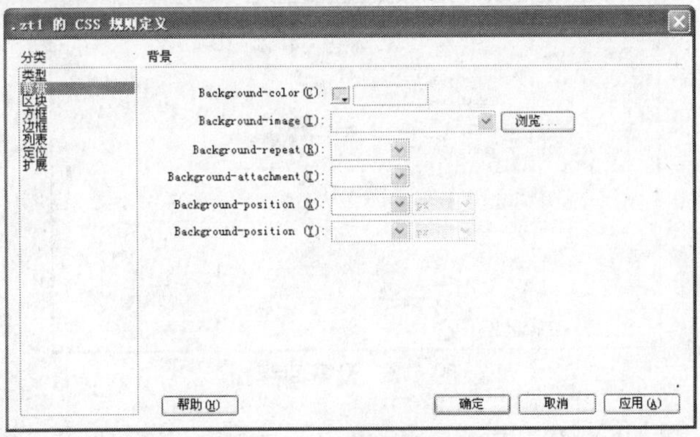

图 5-5 【背景】选项

在【背景】选项中，具体参数说明如下：

- Background-color：设置元素的背景颜色。
- Background-image：设置元素的背景图像。
- Background-repeat：确定是否及如何重复背景图像，包括如下 4 个选项。
  - no-repeat：用于在元素开始处显示一次图像。
  - repeat：用于在元素的后面水平和垂直平铺图像。
  - repeat-x：用于在元素前将图像在水平方向重复排列。
  - repeat-y：用于在元素前将图像在垂直方向重复排列。
- Background-attachment：确定背景图像是固定在它的原始位置还是随内容一起滚动。
- Background-position（X/Y）：指定背景图像相对于元素的初始位置。

5.3.3 设置 CSS 区块属性

在【分类】列表框中选择【区块】选项，如图 5-6 所示，CSS 中的区块属性指的是网页中的文本、图像和层等替代元素，它主要用于控制块中内容的间距、对齐方式和文字缩进等。

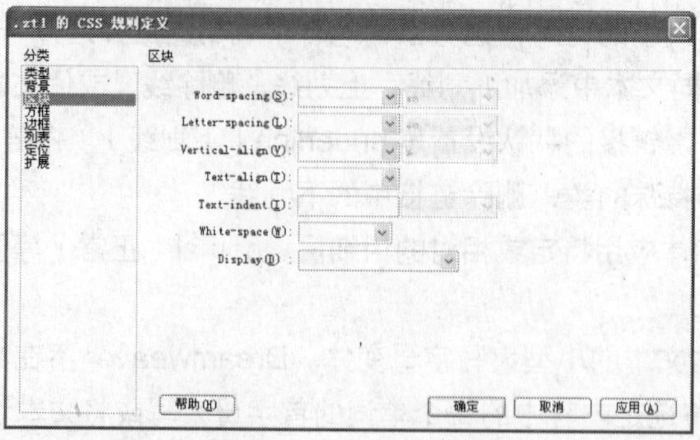

图 5-6　【区块】选项

在【区块】选项中，具体参数说明如下：

- Word-spacing：调整单词之间的距离。若要设置特定的值，在其下拉列表中选择【（值）】选项，然后输入一个数值，并在右侧的下拉列表中选择度量单位，如图 5-7 所示。

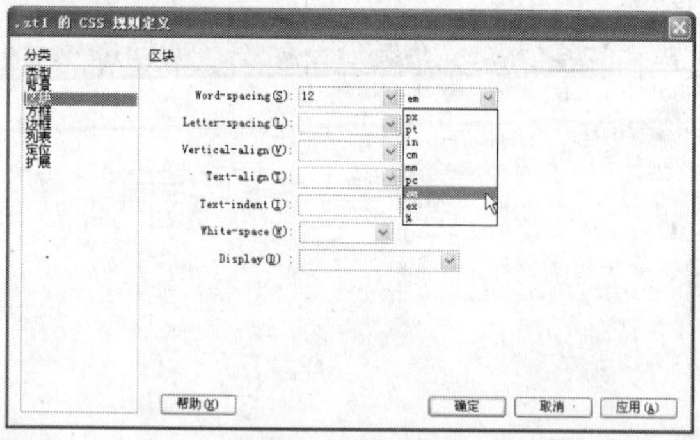

图 5-7　设置间距

- Letter-spacing：增加或减小字母或字符的间距。若要减少字符间距，可指定一个负值。字母间距用于设置覆盖对齐的文本设置。
- Vertical-align：指定应用它的元素的垂直对齐方式。仅当应用于<img>标签时，Dreamweaver 才在文档窗口中显示该属性。
- Text-align：设置元素中的文本对齐方式，如图 5-8 所示。

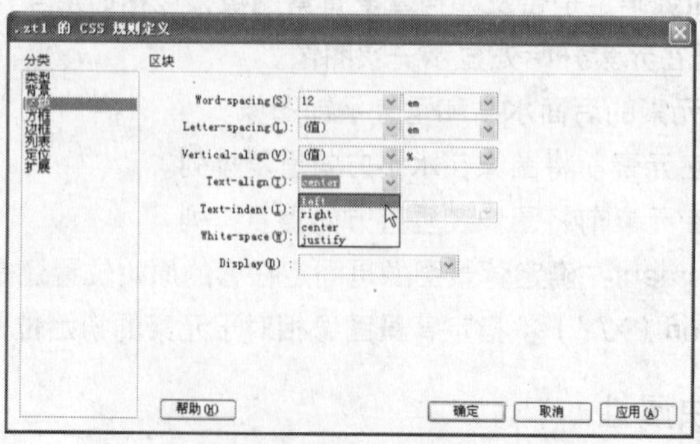

图 5-8　设置对齐方式

- Text-indent：指定第一行文本缩进的程度。可以使用负值创建凸出，但显示取决于浏览器。仅当标签应用于块级元素时，Dreamweaver 才在文档窗口中显示该属性。
- White-space：确定如何处理元素中的空白，包括 3 个选项，nomal（正常）：正常收缩空白；pre（保留）：保留的处理方式与文本被括在 pre 标签中一样（即保留所有空白，包括空格、制表符和回车）；nowrap(不换行)不换行指定仅当遇到 br 标签时文本才换行。Dreamweaver 不在文档窗口中显示该属性。
- Display：指定是否显示及如何显示元素，如图 5-9 所示。选择 none（无）选项将会关闭该样式被指定的元素的显示。

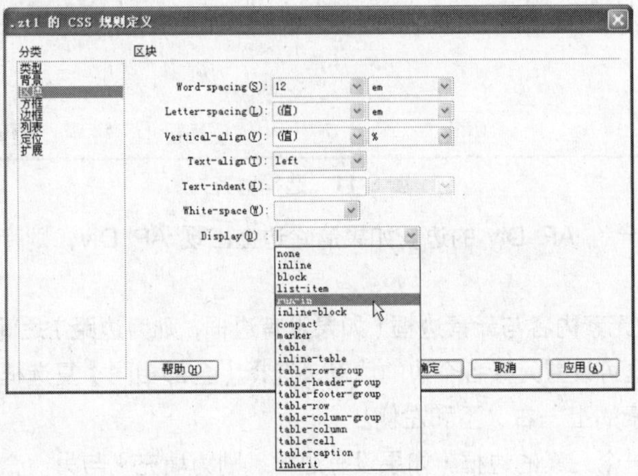

图 5-9　选择是否以及如何显示

5.3.4　设置 CSS 方框属性

在【分类】列表框中选择【方框】选项，如图 5-10 所示，可以设置控制元素在页面上的放置方式的标签和属性。

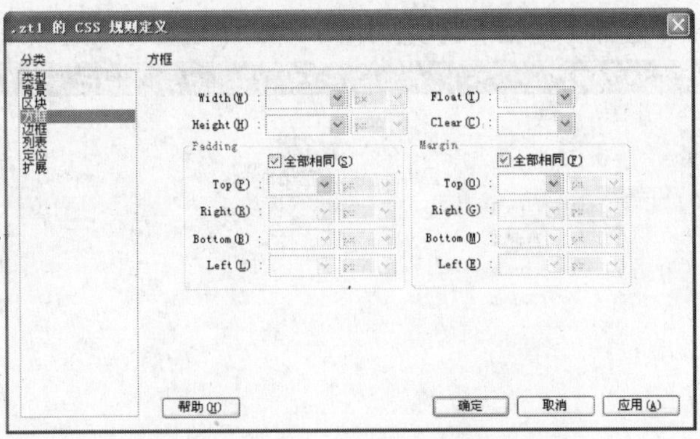

图 5-10　【方框】选项

在【方框】选项中，具体参数说明如下：

- Width/Height：设置元素的宽度和高度。
- Float：用于设置文字等对象的环绕效果。选择 right（右对齐）选项，对象居右，文字等内容从另一侧环绕对象；选择 left（左对齐）选项，对象居左，文字等内容从另一侧环绕；选择 none（无）选项，则取消环绕效果，如图 5-11 所示。

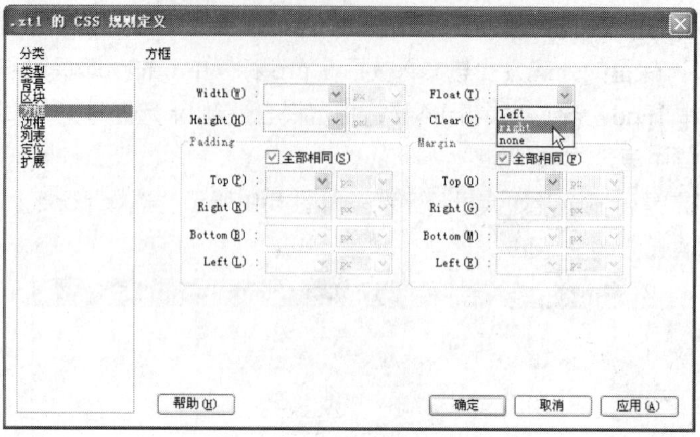

图 5-11　选择对齐

- Clear：定义不允许 AP Div 的边。如果清除边上出现 AP Div，则带清除设置的元素移到该 AP Div 的下方。
- Padding：指定元素内容与元素边框（如果没有边框，则为边距）之间的间距。取消选择“全部相同”复选框可设置元素各个边的填充；选择【全部相同】复选框可将相同的填充属性设置为应用于元素的上、右、下和左侧。
- Margin：指定一个元素的边框（如果没有边框，则为填充）与另一个元素之间的间距。仅当应用于块级元素（段落、标题、列表等）时，Dreamweaver 才在文档窗口中显示该属性。取消选择“全部相同”复选框可设置元素各个边的边距；选择【全部相同】复选框可将相同的边距属性设置为应用于元素的上、右、下和左侧。

5.3.5　设置 CSS 边框属性

在【分类】列表框中选择【边框】选项，如图 5-12 所示，可以定义元素周围边框的设置。

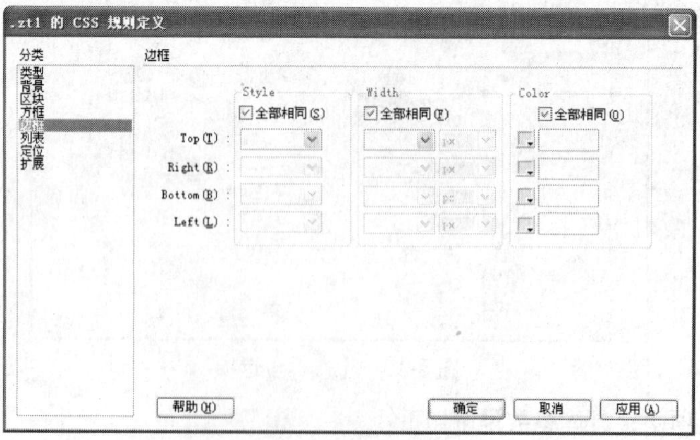

图 5-12　【边框】选项

在【边框】选项中，具体参数说明如下：

- Style：用于设置边框的样式外观，样式的显示方式取决于浏览器。Dreamweaver 在文档窗口中将所有样式呈现为实线。其中的【全部相同】复选框表示将相同的边框样式属性设置为应用于元素的上、右、下和左侧。
- Width：用于设置元素边框的粗细。其中的【全部相同】复选框表示将相同的边框宽度设置为应用于元素的上、右、下和左侧。
- Color：用于设置边框对应位置的颜色。可以分别设置每条边框的颜色，但其显示效果取决于浏览器。其中的【全部相同】复选框表示将相同的边框颜色设置为应用于元素的上、右、下和左侧。

5.3.6 设置 CSS 列表属性

在【分类】列表框中选择【列表】选项，如图 5-13 所示，可以为列表标签定义列表设置。

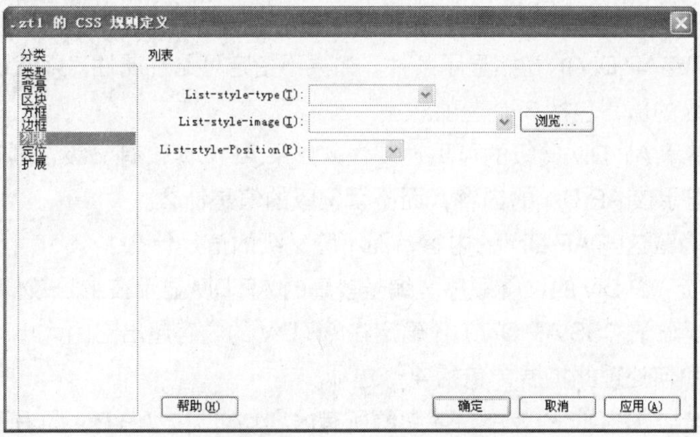

图 5-13 【列表】选项

在【列表】选项中，具体参数说明如下：

- List-style-type：设置项目符号或编号的外观。
- List-style-image：可以为项目符号指定自定义图像。单击【浏览】按钮，在打开的对话框中选择图像或在文本框中输入图像的路径。
- List-style-Position：设置列表项文本是否换行和缩进（外部），及文本是否换行到左边距（内部）。

5.3.7 设置 CSS 定位属性

在【分类】列表框中选择【定位】选项，如图 5-14 所示。

在【定位】选项中，具体参数说明如下：

- Position：确定浏览器应如何来定位 AP Div，包括 4 个选项。
  - absolute：使用“定位”框中输入的坐标（相对于页面左上角）来放置 AP Div。
  - fixed：将 AP Div 放置在固定的位置。

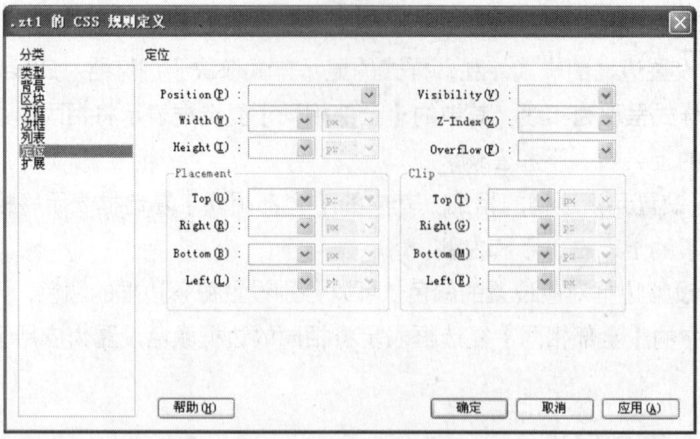

图 5-14 【定位】选项

- ➢ relative：使用“定位”框中输入的坐标来放置 AP Div。
- ➢ static：将 AP Div 放在它在文本中的位置。
- Visibility：确定 AP Div 的初始显示条件。如果不指定可见性属性，则默认情况下大多数浏览器都继承父级的值，包括 3 个选项。
  - ➢ inherit：继承 AP Div 父级的可见性属性。如果 AP Div 没有父级，则它将是可见的。
  - ➢ visible：显示该 AP Div 的内容，而不管父级的值是什么。
  - ➢ hidden：隐藏这些 AP Div 的内容，而不管父级的值是什么。
- Z-Index：确定 AP Div 的堆叠顺序。编号较高的 AP Div 显示在编号较低的 AP Div 的上面。
- Overflow（仅限于 CSS AP Div）：确定在 AP Div 的内容超出它的大小时将发生的情况。这些属性控制如何处理此扩展，包括 4 个选项。
  - ➢ visible：增加 AP Div 的大小，使它的所有内容均可见。AP Div 向右下方扩展。
  - ➢ hidden：保持 AP Div 的大小并剪辑任何超出的内容。不提供任何滚动条。
  - ➢ scroll：在 AP Div 中添加滚动条，不论内容是否超出 AP Div 的大小。专门提供滚动条，可避免滚动条在动态环境中出现和消失所引起的混乱。
  - ➢ auto：使滚动条仅在 AP Div 的内容超出它的边界时才出现。
- Placement：指定 AP Div 的位置和大小。如果 AP Div 的内容超出指定的大小，则大小值被覆盖。
- Clip：定义 AP Div 的可见部分。如果指定了剪辑区域，则可以通过脚本语言访问它，并操作属性以创建像擦除这样的特殊效果。通过使用“改变属性”行为可以设置这些擦除效果。

5.3.8 设置 CSS 扩展属性

在【分类】列表框中选择【扩展】选项，如图 5-15 所示。

在【扩展】选项中，具体参数说明如下：

- 分页：为打印的页面设置分页符。
  - ➢ page-break-before：属性名为之前。
  - ➢ page-break-after：属性名为之后。

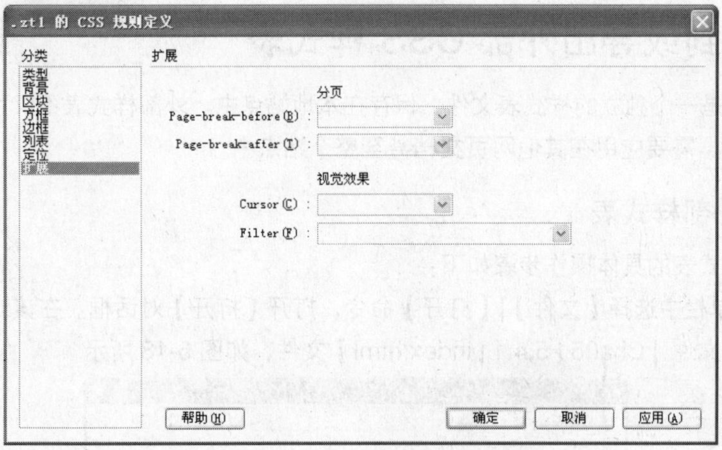

图 5-15　【扩展】选项

- 视觉效果：设置样式的视觉效果。
  - Cursor：指针位于样式所控制的对象上时改变指针图像，如图 5-16 所示。

图 5-16　设置指针

  - Filter：对样式所控制的对象应用特殊效果，如图 5-17 所示。

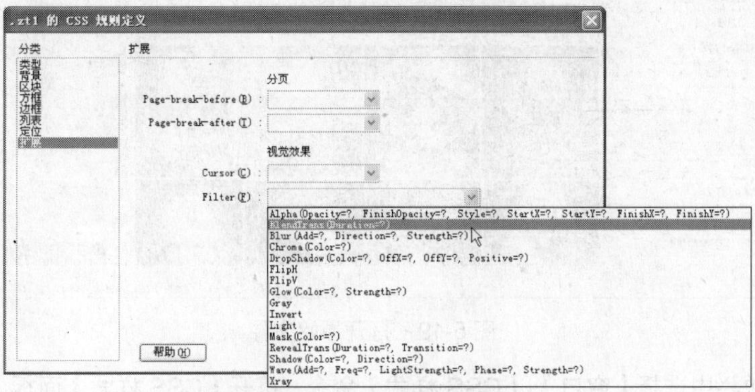

图 5-17　设置对象特殊效果

5.4 链接到或导出外部 CSS 样式表

外部样式表是一个独立的样式表文件，保存在本地站点中。外部样式表不仅可以应用在当前文档中，还可以根据需要应用在其他网页文档甚至整个站点中。

5.4.1 创建外部样式表

创建外部样式表的具体操作步骤如下：

01 在菜单栏中选择【文件】|【打开】命令，打开【打开】对话框。在该对话框中选择随书光盘中的【原始文件 | Cha05 | 5.4.1 | index.html】文件，如图 5-18 所示。

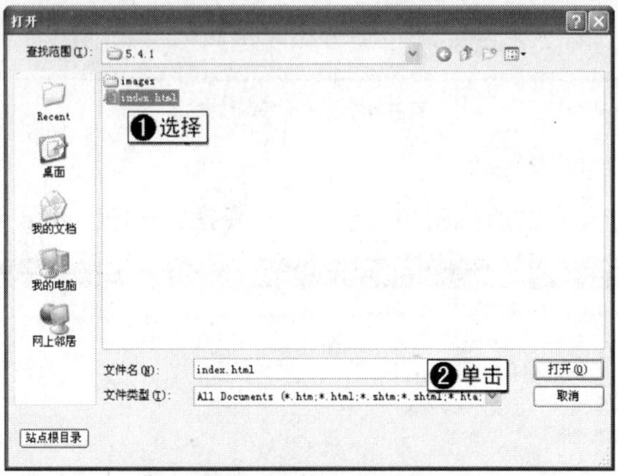

图 5-18 选择【index.html】

02 单击【打开】按钮，打开原始文件，如图 5-19 所示。

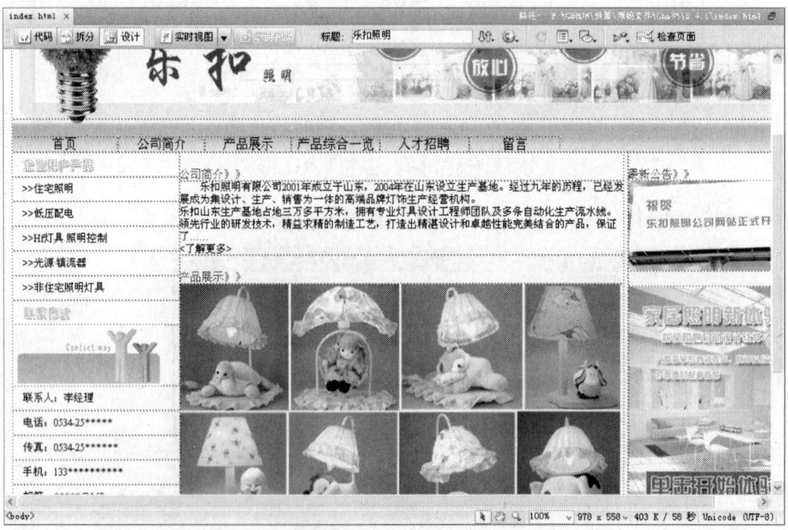

图 5-19 打开原始文件

03 在菜单栏中选择【窗口】|【CSS 样式】命令，打开【CSS 样式】面板，如图 5-20 所示。

在【CSS 样式】面板的底部有几个按钮，其功能分别如下：

- （附加样式表）：可以在 HTML 文档中链接一个外部的 CSS 文件。
- （新建 CSS 规则）：可以编辑新的 CSS 样式文件。
- （编辑样式表）：可以编辑原有的 CSS 规则。
- （删除 CSS 规则）：可以删除已有的 CSS 规则。

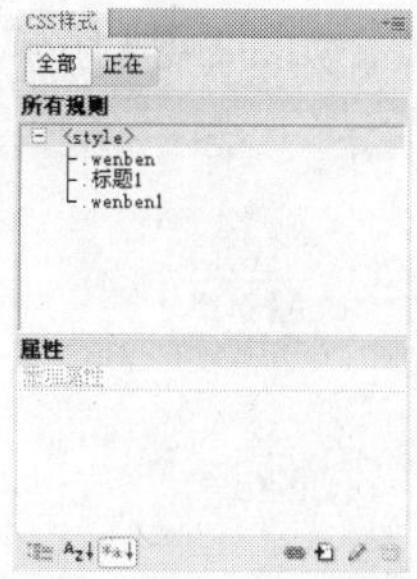

图 5-20　【CSS 样式】面板

04　在【CSS 样式】面板中右击，在弹出的快捷菜单中选择【新建】命令，如图 5-21 所示。

05　在打开的【新建 CSS 规则】对话框中，选择【选择器类型】下拉列表框中的【标签】选项，在【选择器名称】下拉列表框中选择 body 选项，在【规则定义】下拉列表框中选择【新建样式表文件】选项，如图 5-22 所示。

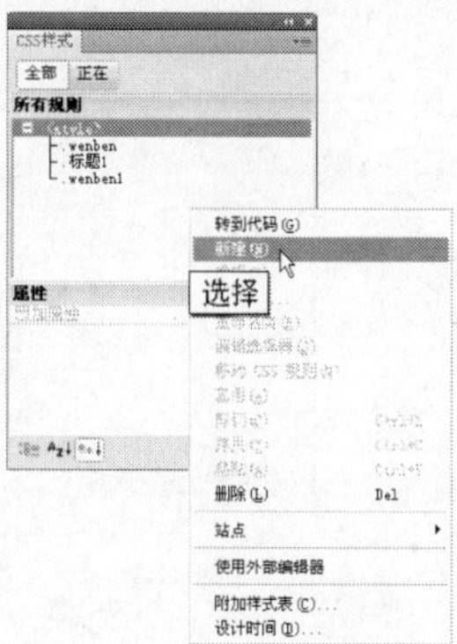

图 5-21　选择【新建】

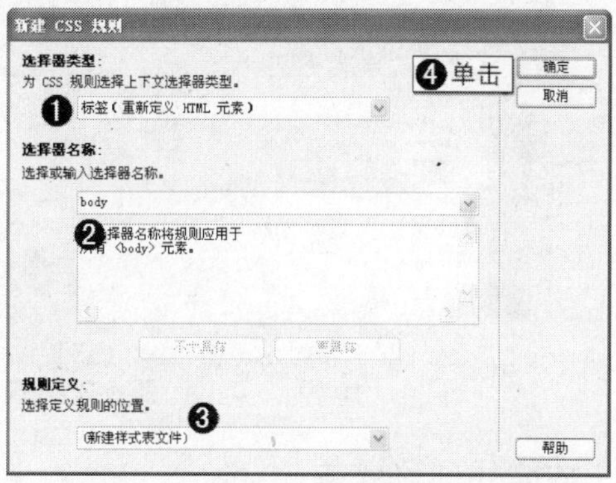

图 5-22　【新建 CSS 规则】对话框

【新建 CSS 规则】对话框中的各项说明如下：

- 选择器类型：用来定义样式类型，并将其运用到特定的部分。在“选择器类型”下拉列表框中选择不同的选项，【选择器名称】下拉列表中的选项会随之变化。
  - 选择【类】选项，要在【选择器名称】下拉列表框中输入自定义样式的名称，其名称可以是字母和数字的组合，如果没有输入符号“.”，Dreamweaver 会自动输入。
  - 选择【标签】选项，需要在【选择器名称】下拉列表框中选择一个 HTML 标签，也可以直接输入这个标签。
  - 选择【高级】选项，需要在【选择器名称】下拉列表框中选择一个选择器的类型，也可以直接输入一个选择器类型。
- 选择器名称：用来设置新建样式表的名称。
- 定义在：用来设置新建的 CSS 语句的位置。CSS 样式按照使用方法可以分为内部样式和外部样式。如果想把 CSS 语句新建在网页内部，可以选择【仅限该文档】选项。

06　单击【确定】按钮，打开【将样式表文件另存为】对话框，选择保存位置，在【文件名】文本框中输入 body.css，如图 5-23 所示。

07　单击【保存】按钮，打开【body 的 CSS 规则定义】对话框，在该对话框中进行相应的设置，如图 5-24 所示。

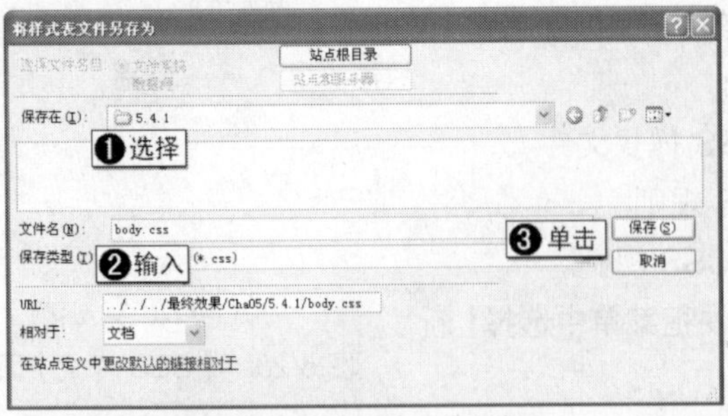

图 5-23　保存 CSS 规则

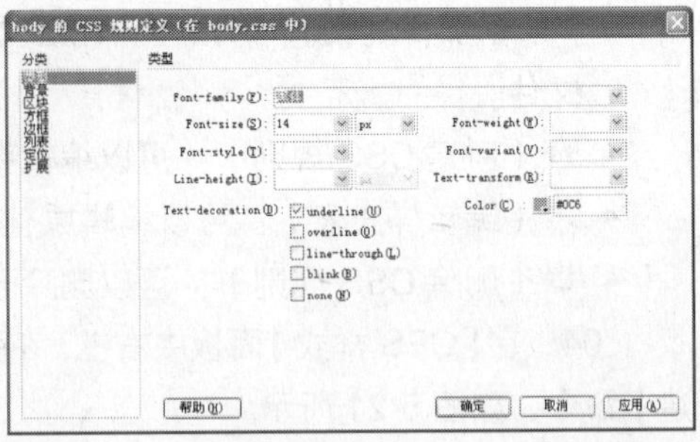

图 5-24　【body 的 CSS 规则定义】对话框

08　单击【确定】按钮，即可完成外部样式表文件的创建，在文档窗口中可以看到刚创建出的外部样式表文件，如图 5-25 所示。

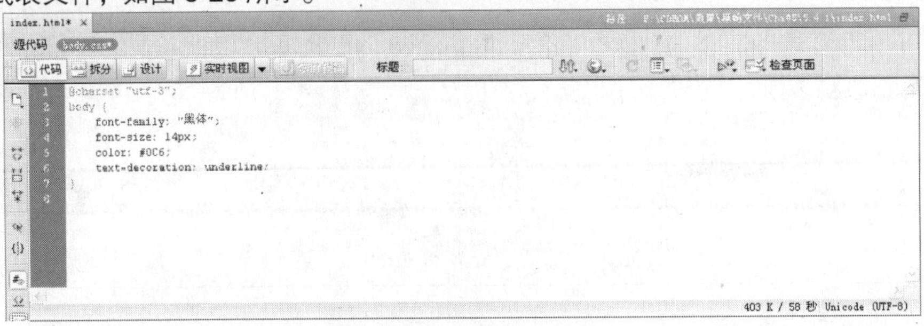

图 5-25　查看外部样式

5.4.2　链接外部样式表

外部样式表是包含了样式格式信息的一个单独的文件，编辑外部 CSS 样式表时，链接到该 CSS 样式表的所有文档会全部更新以反映所做的更改。创建链接外部样式表的具体操作步骤如下：

01　在菜单栏中选择【文件】|【打开】命令，打开【打开】对话框。在该对话框中选择随书光盘中的【原始文件 | Cha05 | 5.4.2 | index.html】文件，单击【打开】按钮将其打开，如图 5-26 所示。

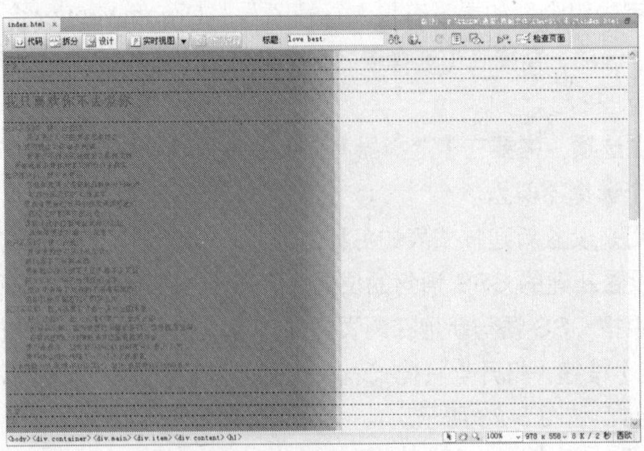

图 5-26　打开原始文件

02　打开【CSS 样式】面板，在面板中右击，在弹出的快捷菜单中选择【附加样式表】命令，如图 5-27 所示。

03　打开【链接外部样式表】对话框，单击【文件/URL】文本框右侧的【浏览】按钮，在打开的【选择样式表文件】对话框中选择 default.css 文件，单击【确定】按钮；在【添加为】选项组中选择【链接】单选按钮，如图 5-28 所示。

04　单击【确定】按钮，链接外部样式，如图 5-29 所示。

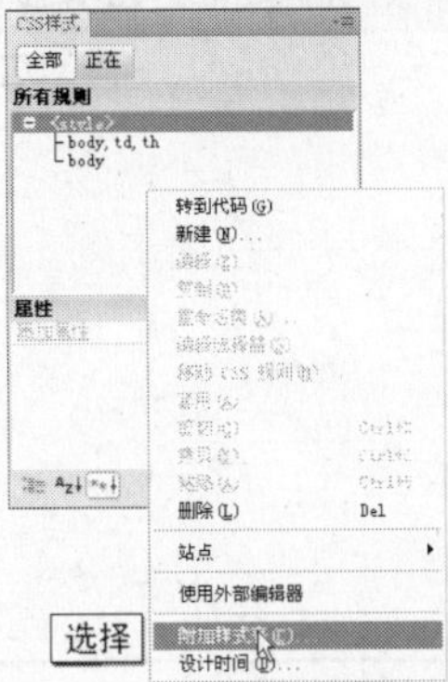

图 5-27　选择【附加样式表】

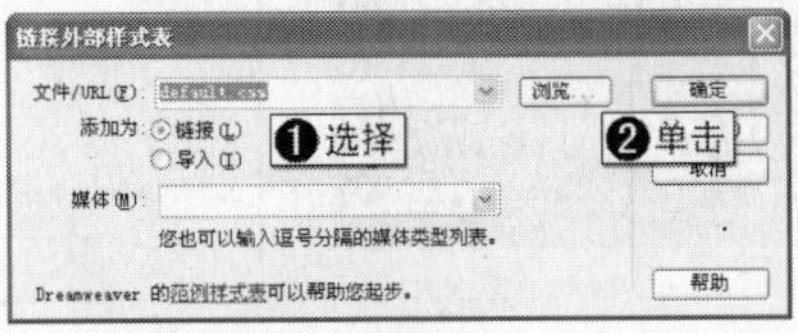

图 5-28　选择样式表文件

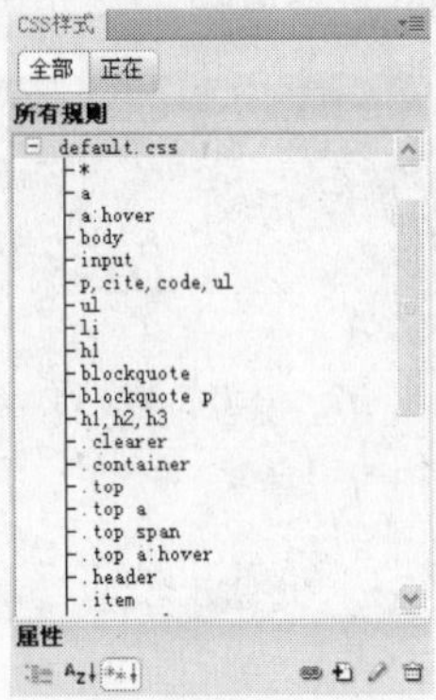

图 5-29　链接外部样式

05　保存文档，然后按 F12 键在浏览器中预览，效果如图 5-30 所示。

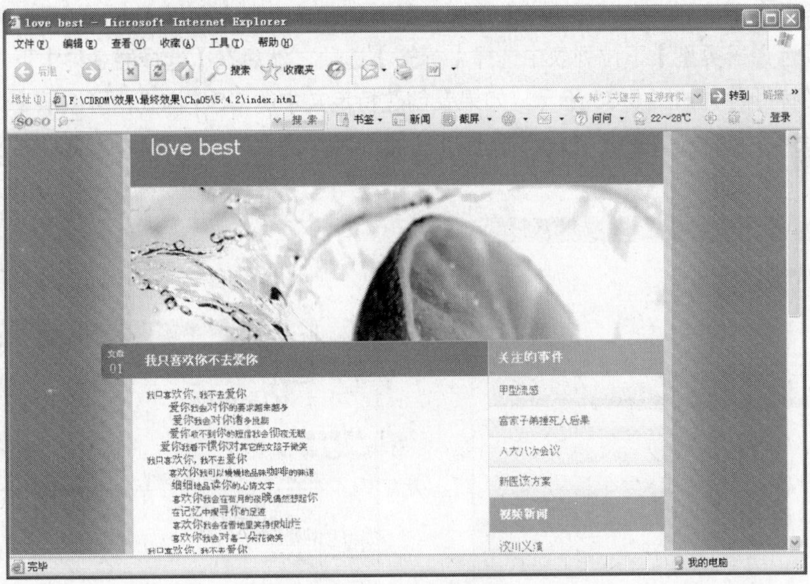

图 5-30　预览效果

5.4.3　创建 CSS 样式表

创建 CSS 样式表的具体操作步骤如下：

01　在菜单栏中选择【文件】|【打开】命令，打开【打开】对话框。在该对话框中选择随书

光盘中的【原始文件 | Cha05 | 5.4.3 | index.html】文件，单击【打开】按钮将其打开，如图 5-31 所示。

02 打开【CSS 样式】面板，在面板中右击，在弹出的快捷菜单中选择【新建】命令，打开【新建 CSS 规则】对话框，如图 5-32 所示。

图 5-31 打开原始文件

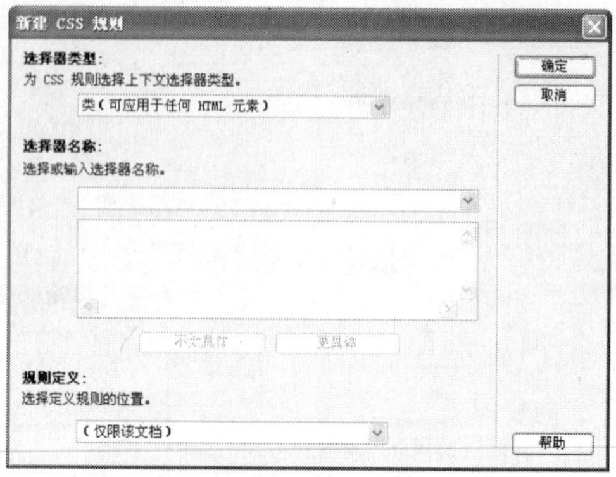

图 5-32 【新建 CSS 规则】对话框

在该对话框中定义要创建的CSS样式的类型,如果要使该CSS样式在全部HTML标记中应用,在【选择器类型】下拉列表中选择【类】选项，即可创建一个自定义样式表。如果在特定标记中应用，可以从【选择器类型】下拉列表中选择【标签】选项，然后在【选择器名称】下拉列表中选择需要的标记名称即可，如图 5-33 所示。如果要创建特定文本的 CSS 样式，可以从【选择器类型】下拉列表中选择【复合内容】选项，如图 5-34 所示。选择复合内容选项后，【选择器名称】下拉列表中包括如下 4 个选项：

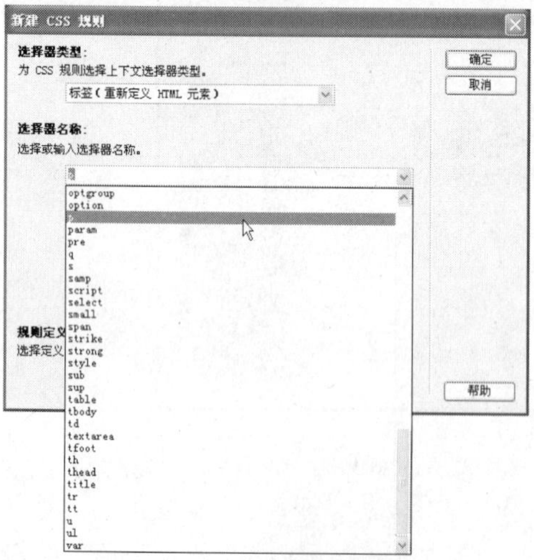

图 5-33 【标签】选择器

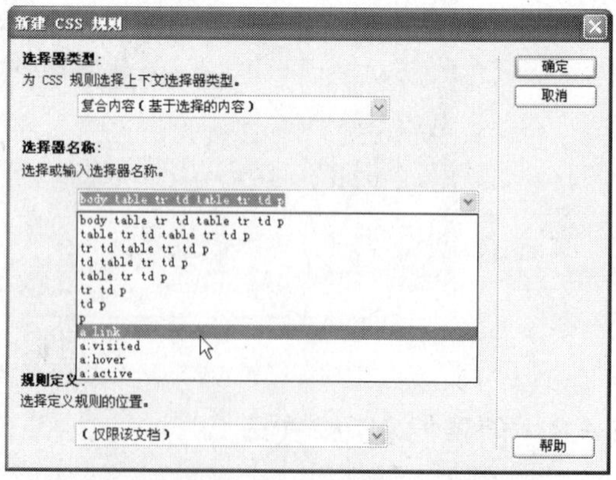

图 5-34 【复合内容】选择器

- a:active：定义了链接被激活时的样式，即鼠标已经单击了链接，但页面还没有跳转时。

- a:hover：定义了鼠标停留在链接的文字上时的样式。常见设置有文字颜色改变、下划线出现等。
- a:link：定义了设置有链接的文字的样式。常见的有带下划线（或没有下划线）。
- a:visited：浏览者已经访问过的链接的样式，一般设置其颜色不同于 a:link 的颜色，以便给浏览者明显的提示。

03　这里在【选择器类型】下拉列表中选择【类】选项，然后在【选择器名称】文本框中输入.zt，在【规则定义】下拉列表中选择【仅限该文档】选项，如图 5-35 所示。

04　单击【确定】按钮，打开【.zt 的 CSS 规则定义】对话框，在对话框中进行相应的设置，如图 5-36 所示。

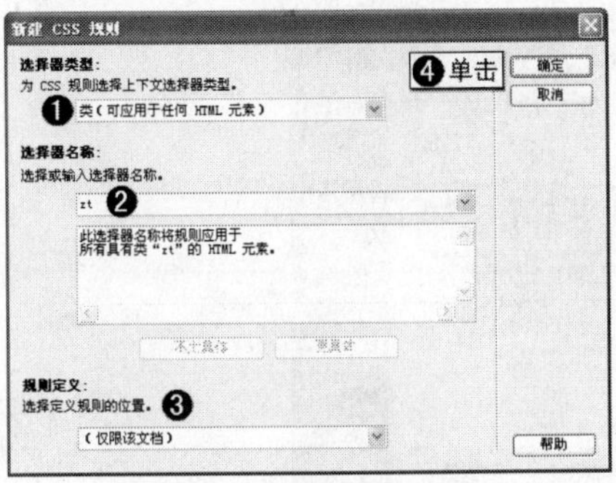

图 5-35　新建 CSS 规则

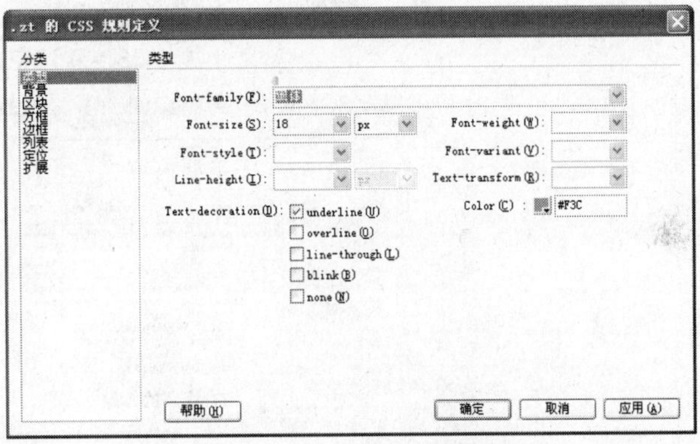

图 5-36　设置 CSS 规则

05　单击【确定】按钮，在【CSS 样式】面板中可以看到新建的样式，如图 5-37 所示。

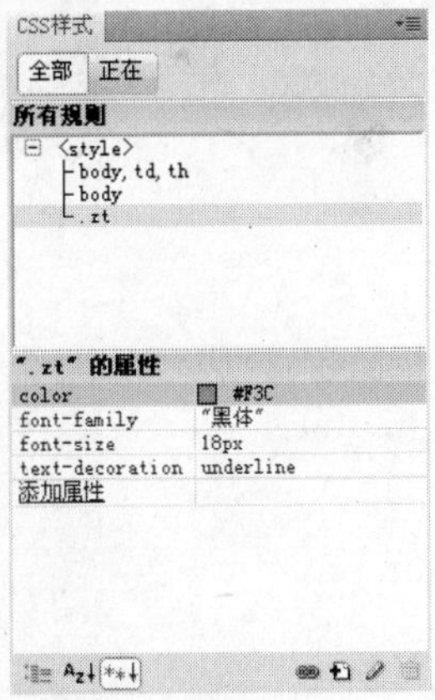

图 5-37　查看 CSS 样式

5.5　使用 CSS 布局模板

CSS 布局的基本构造块是 div 标签，它是一个 HTML 标签，在大多数情况下作为文本、图像或其他页面元素的容器。当创建 CSS 布局时，会将 div 标签放在页面上，向这些标签中添加内容，然后将它们放在不同的位置上。与表格单元格（被限制在表格行和列中的某个现有位置）不同，div 标签可以出现在 Web 页上的任何位置。可以用绝对方式（指定 x 和 y 坐标）或相对方式（指定与其他页面元素的距离）来定位 div 标签。

使用 CSS 布局模板的具体操作步骤如下：

01　在菜单栏中选择【文件】|【新建】命令，在打开的【新建文档】对话框中选择【空白页】|【HTML 模板】|【2 列液态，左侧栏】选项，如图 5-38 所示。

02　单击【创建】按钮，创建 CSS 布局模板，如图 5-39 所示。

03　将文档中的文字删除，然后输入适当的文字，如图 5-40 所示。

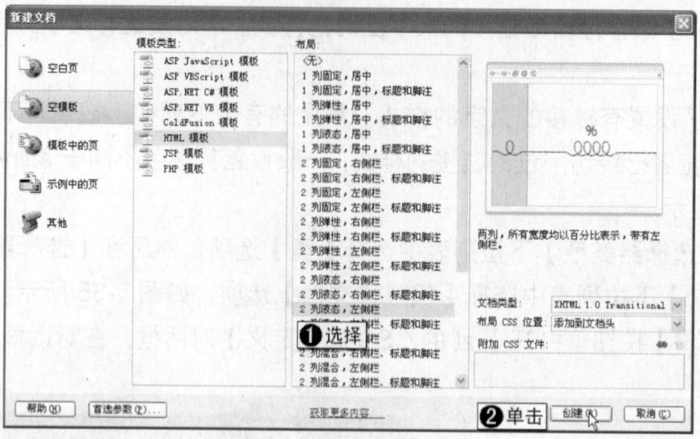

图 5-38　新建空白页

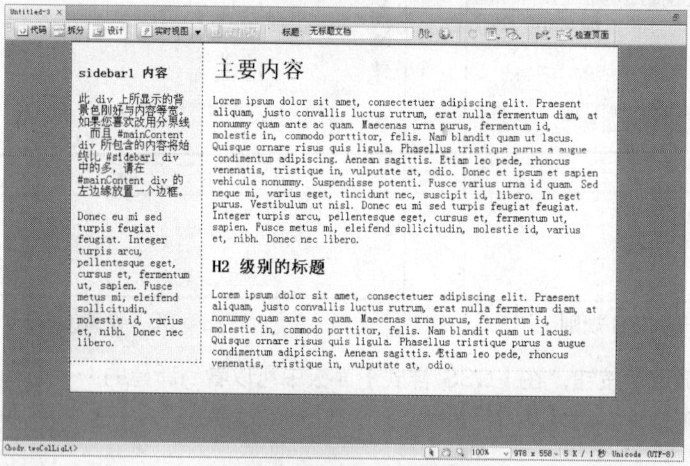

图 5-39　创建 CSS 布局模板

图 5-40　输入文字

04　保存文档，按 F12 键在浏览器中预览，效果如图 5-41 所示。

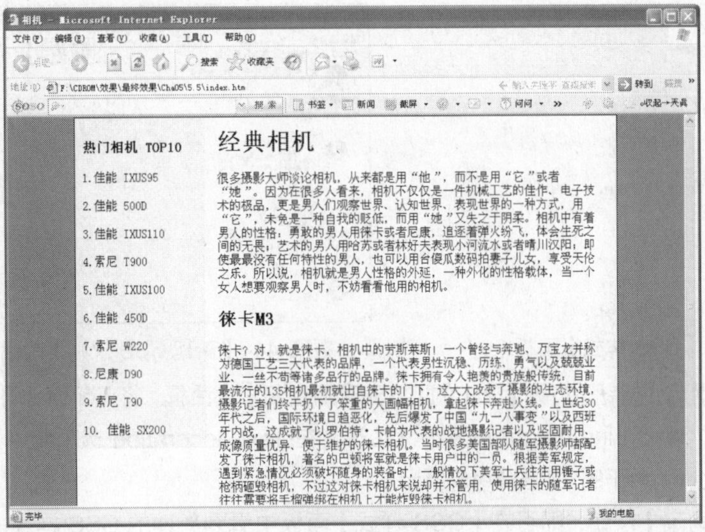

图 5-41　预览效果

5.6　上机练习——使用 CSS 美化页面

本例主要通过使用 CSS 样式定义字体大小，并使用 CSS 滤镜制作阴影文字，最终达到美化页面的效果。

01　启动 Dreamweaver CS4，在菜单栏中选择【文件】|【打开】命令，打开【打开】对话框。在该对话框中选择随书光盘中的【原始文件 | Cha05 | 5.6 | index.html】文件，单击【打开】按钮将其打开，如图 5-42 所示。

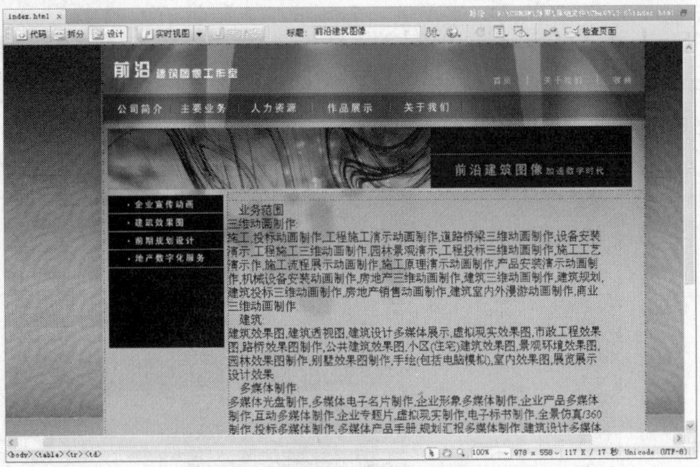

图 5-42　打开原始文件

02　在【CSS 样式】面板中单击（新建 CSS 规则）按钮，如图 5-43 所示。

03　在打开的【新建 CSS 规则】对话框中，将【选择器类型】设置为【类】，输入选择器名称，设置【规则定义】为【仅限该文档】，如图 5-44 所示。

图 5-43 【CSS 样式】面板

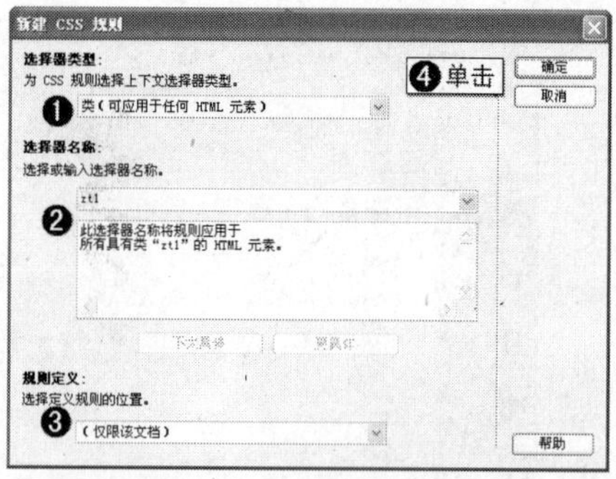

图 5-44 【新建 CSS 规则】对话框

04 单击【确定】按钮，打开【.zt1 的 CSS 规则定义】对话框，将 Font-family 设置为【宋体】，Font-size 设置为 16px，Line-height 设置为 120%，在 Text-decoration 选项组中选择 underline 复选框，将 Color 设置为#FF9，如图 5-45 所示。

05 单击【确定】按钮，即可在【CSS 样式】面板中看到新建的 CSS 样式，如图 5-46 所示。

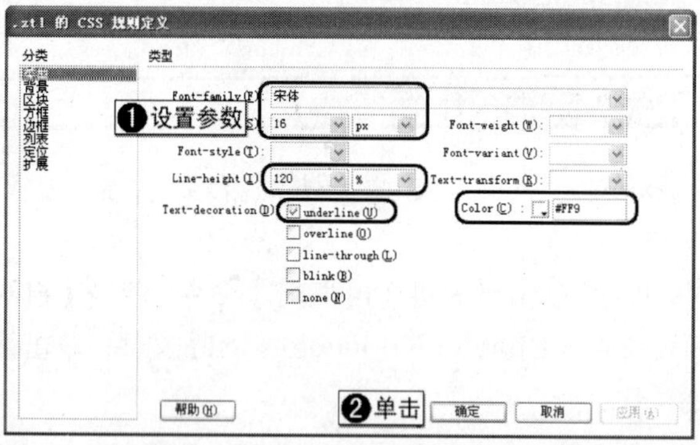

图 5-45 【.zt1 的 CSS 规则定义】对话框

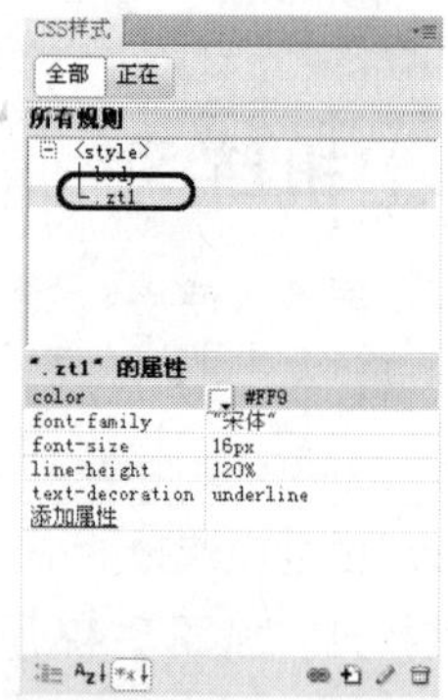

图 5-46 查看 CSS 样式

06 在文档中选择要套用样式的文字，在【CSS 样式】面板中右击新建的样式，在弹出的快捷菜单中选择【套用】命令，如图 5-47 所示。

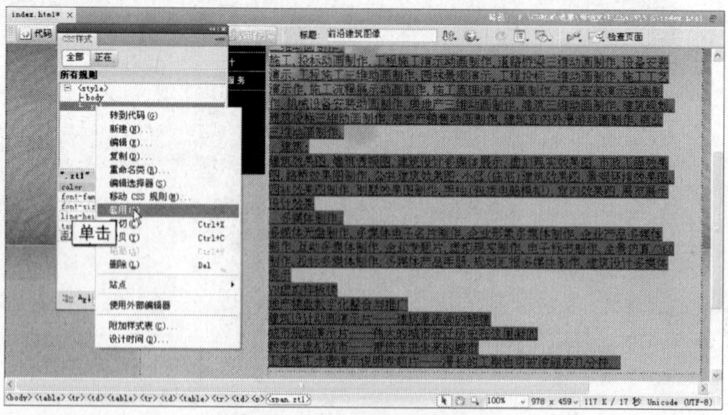

图 5-47 选择【套用】命令

07 选择【套用】命令后，选择的文档就会应用新建的样式，如图 5-48 所示。

08 保存文档，按【F12】键在浏览器中预览效果，如图 5-49 所示。

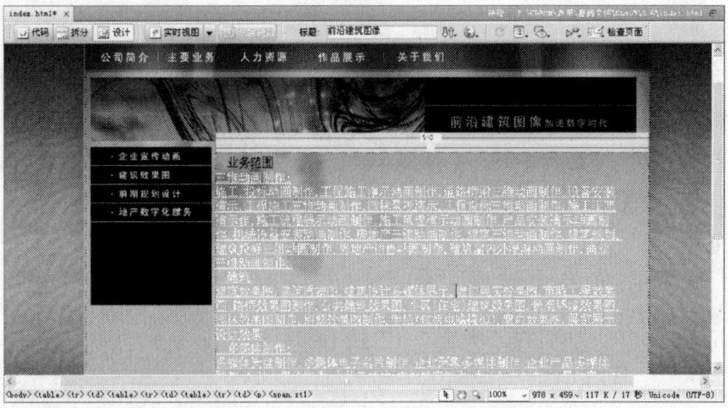

图 5-48　选择【套用】命令

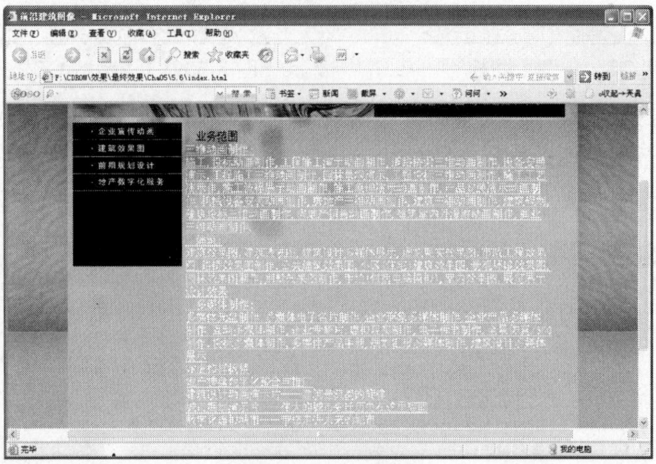

图 5-49　预览效果

09　在文档中将文字“业务范围”删除，然后在菜单栏中选择【插入】|【表格】命令，打开【表格】对话框，将【行数】和【列】都设置为 1，如图 5-50 所示。

10　单击【确定】按钮，即可在原来“业务范围”文字的位置插入表格，并在表格中输入文字“业务范围”，如图 5-51 所示。

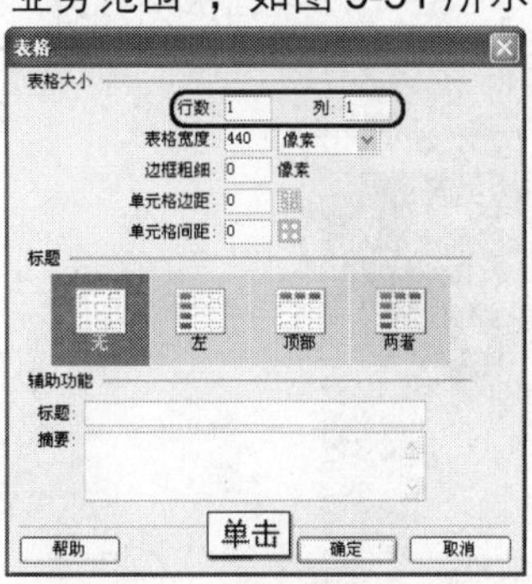

图 5-50　【表格】对话框

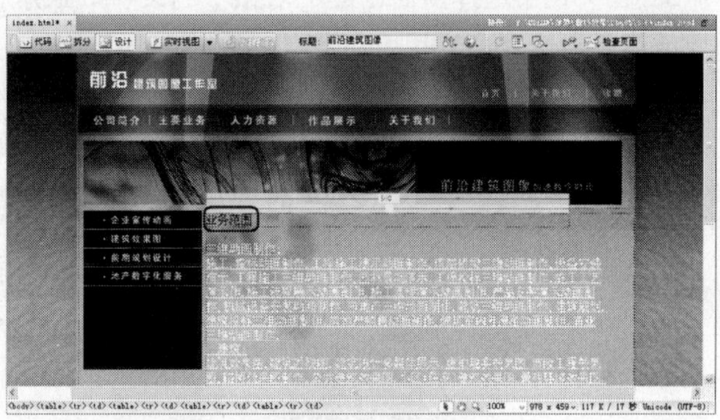

图 5-51　输入文字

11　在【CSS 样式】面板中，单击【新建 CSS 规则】按钮，打开【新建 CSS 规则】对话框，将【选择器类型】设置为【类】，在【选择器名称】文本框中输入.zt2，在【规则定义】下拉列表中选择【仅限该文档】选项，如图 5-52 所示。

12　单击【确定】按钮，打开【.zt2 的 CSS 规则定义】对话框，将 Font-family 设置为【华文新魏】, Font-size 设置为 24px，Font-variant 设置为 small-caps，Color 设置#0FC，如图 5-53 所示。

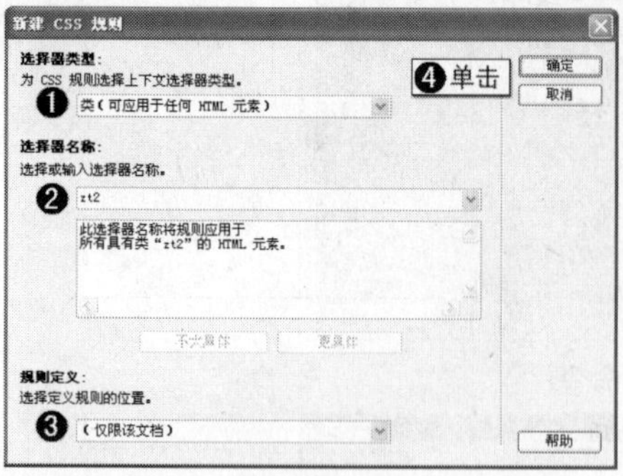

图 5-52　【新建 CSS 规则】面板

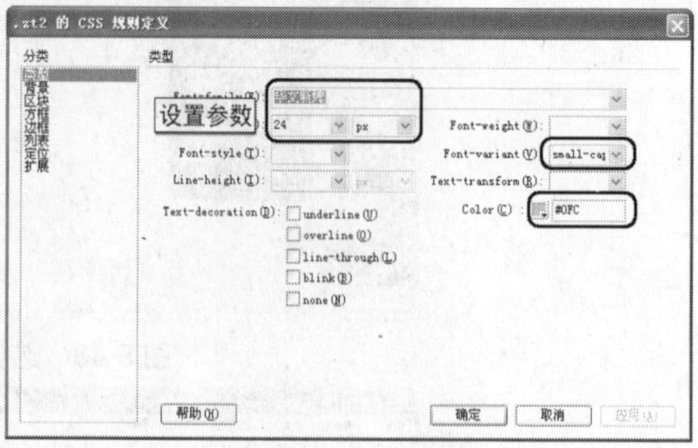

图 5-53　【.zt2 的 CSS 规则定义】面板

13　在【分类】列表框中选择【扩展】选项，将 Filter 设置为 Shadow(Color=#9FF，Direction=150)，如图 5-54 所示。

14　单击【确定】按钮，可以在【CSS 样式】面板中看到新建的样式，如图 5-55 所示。

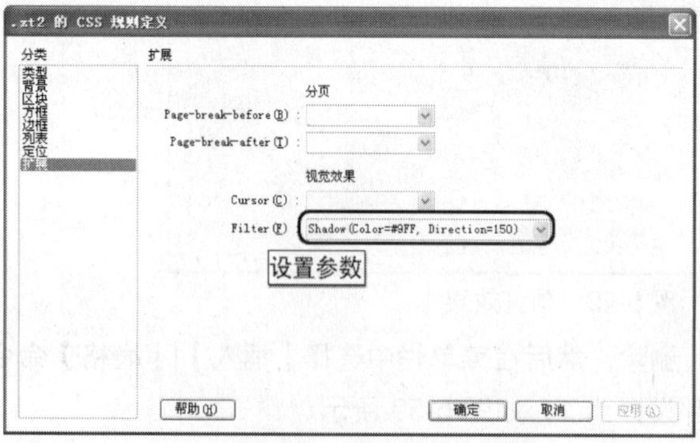

图 5-54　设置 Filter

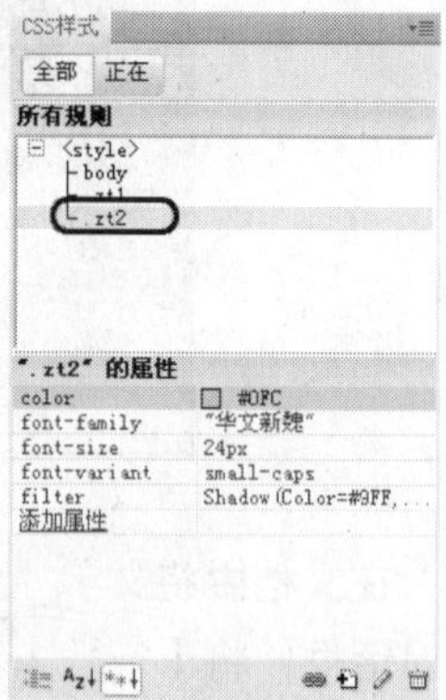

图 5-55　查看 CSS 样式

15　在文档中选择前面创建的表格中的文字“业务范围”，在【CSS 样式】面板中右击，在弹出的快捷菜单中选择【套用】命令，如图 5-56 所示。

图 5-56　选择【套用】命令

16 选择【套用】命令后，即可应用该样式，并适当调整表格的大小，如图 5-57 所示。

17 保存文档，按【F12】键在浏览器中预览，效果如图 5-58 所示。

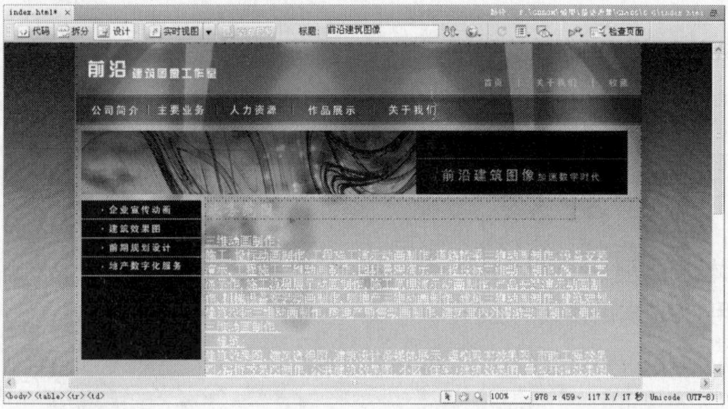

图 5-57　应用样式

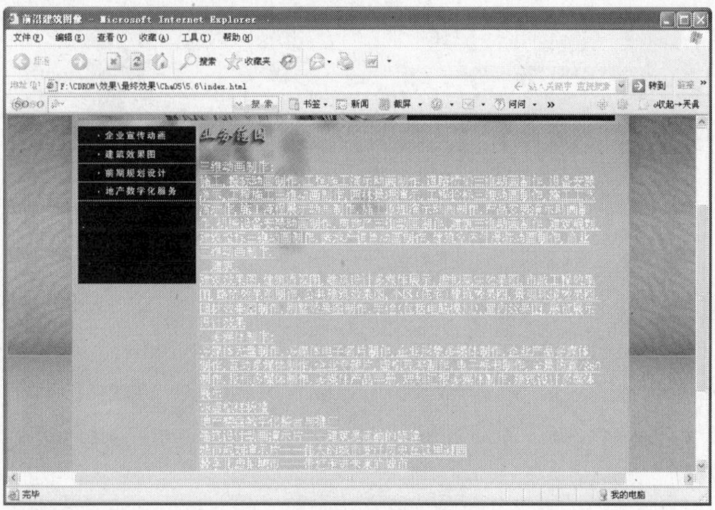

图 5-58　预览效果

5.7　本章小结

本章主要围绕 CSS 进行讲解，包括 CSS 样式表的概念、CSS 基本语法、设置 CSS 属性、链接到或导出外部 CSS 样式表，以及使用 CSS 布局模板等。读者通过学习本章内容，应掌握有关 CSS 的基本使用，并能够使用 CSS 样式表对整个页面，以及整个网站进行控制和标准化。

5.8　习题

1．填空题

（1）用户通过使用 CSS，可以将所有有关文档的样式与指定内容分离，在________、________，甚至作为________供 HTML 调用。

（2）CSS 属性被分为 8 类，分别是________、________、________、________、________、________、________和________。

2．选择题

（1）为了使样式表能在整个页面中产生作用，应把该组标记及其内容放到________中去。

A．<head>和</head>　　B．<title>和</title>　　C．<body>和</body>

（2）________属性的功能主要是在网页元素后面加入固定的背景色或图像。

A．类型　　B．扩展　　C．背景

3．简答题

（1）CSS 基本语法是什么?

（2）简述使用 CSS 布局模板的流程。

第 6 章　使用模板与库项目

在 Dreamweaver CS4 中利用模板和库项目能够创建具有统一风格的网页，同时也使网站的维护更方便。本章介绍模板与库项目的基础知识和应用，包括：如何创建模板、在网页设计中应用模板，如何创建和设置库项目、向网页添加库项目。

本章重点

- 模板与库项目的创建
- 创建基于模板的页面
- 使用库项目创建网页

6.1　使用模板

Dreamweaver 模板是一种特殊类型的文档，用于设计“固定的”页面布局。用户可以基于模板创建文档，从而使创建的文档继承模板的页面布局。设计模板时，可以指定在基于模板的文档中用户可以编辑文档的哪些区域。

6.1.1　创建文档模板

利用 Dreamweaver 模板和库能够创建具有一致样式的网页。使用模板和库可以更容易地维护网站，可以在短时间内重新设计自己的网站，并对数以百计的网页做出修改。

创建文档模板的具体操作步骤如下：

01　在菜单栏中选择【文件】|【打开】命令，打开【打开】对话框。在该对话框中选择随书光盘中的【原始文件 | Cha06 | 6.1.1 | index.html】文件，单击【打开】按钮将其打开，如图 6-1 所示。

02　在菜单栏中选择【文件】|【另存为模板】命令，如图 6-2 所示。

03　在打开的【另存模板】对话框中的【站点】下拉列表中选择站点的位置，在【另存为】文本框中输入模板的名称，如图 6-3 所示。

04　单击【保存】按钮，打开更新链接提示框，如图 6-4 所示。

05　单击【是】按钮更新链接，并保存为模板，如图 6-5 所示。

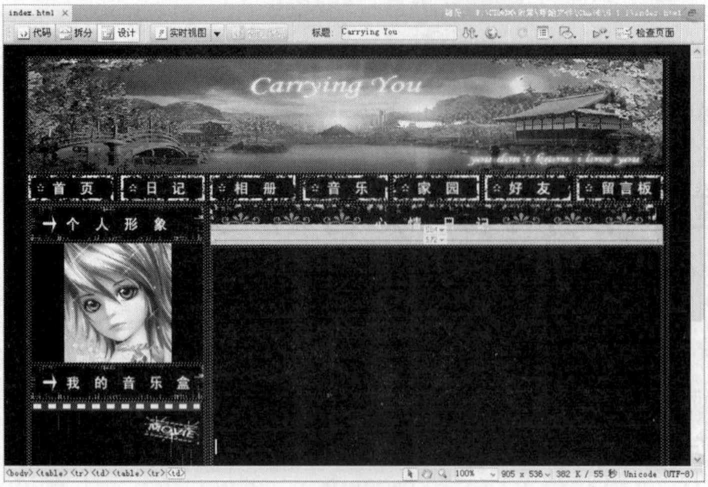

图 6-1　打开原始文件

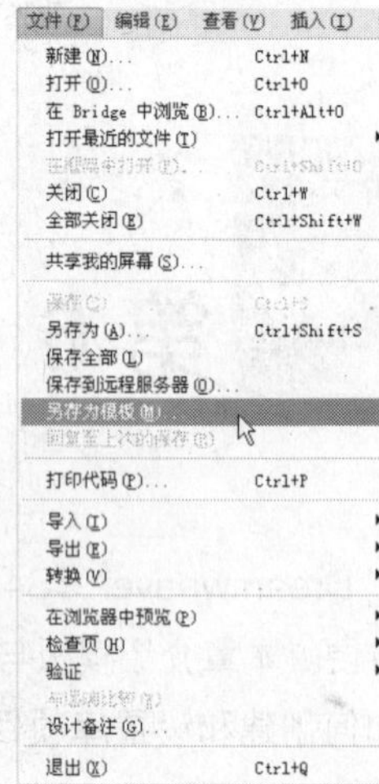

图 6-2　选择【另存为模板】命令

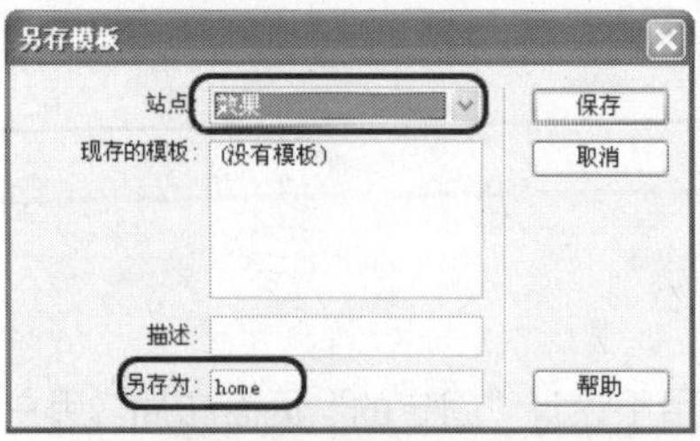

图 6-3　【另存模板】对话框

图 6-4　更新链接提示框

图 6-5　保存模板

06　在页面中选择表格内容，选择【插入】|【模板对象】|【可编辑区域】命令，如图 6-6 所示。

07　在打开的【新建可编辑区域】对话框中的【名称】文本框中输入名称，如图 6-7 所示。

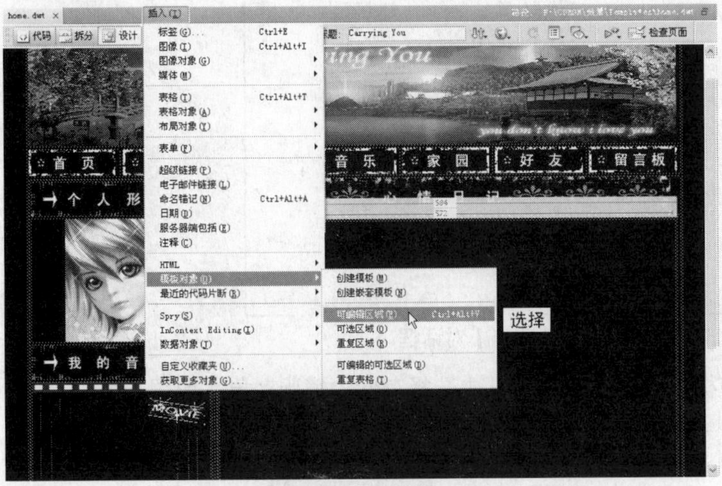

图 6-6　选择【可编辑区域】命令

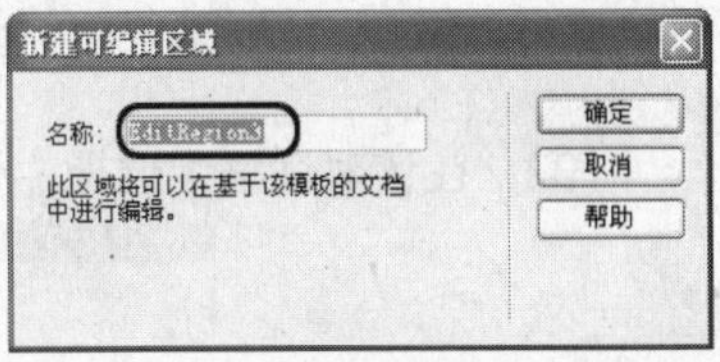

图 6-7　【新建可编辑区域】对话框

08　单击【确定】按钮，创建可编辑区域，如图 6-8 所示。

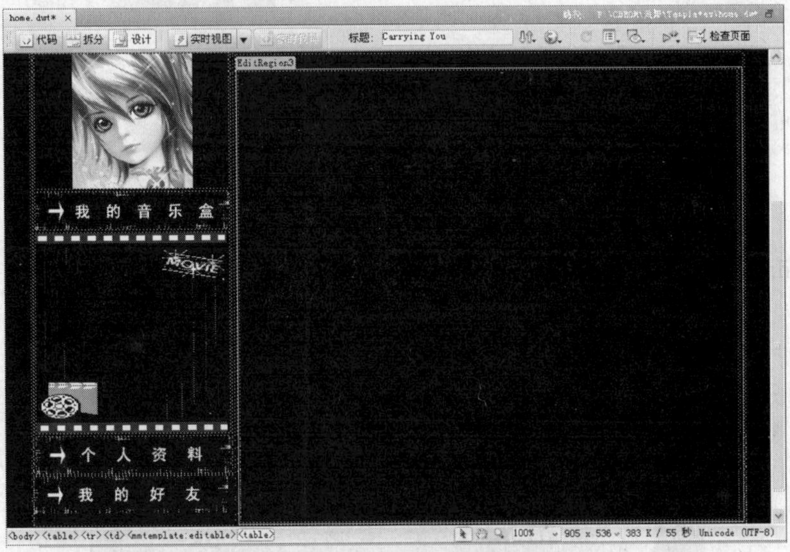

图 6-8　创建可编辑区域

6.1.2　基于模板创建文档

有了模板以后，用户就可以应用模板快速、高效地设计出风格一致的网页了。需要时，也可以通过修改模板来快速、自动更新使用模板设计的网页，使网页的维护变得轻松快捷。利用模板创建网页的具体操作步骤如下：

01　在菜单栏中选择【文件】|【新建】命令，打开【新建文档】对话框，如图 6-9 所示。

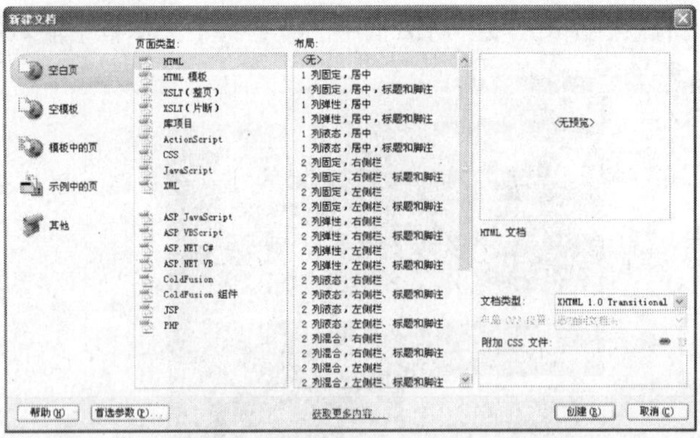

图 6-9 【新建文档】对话框

02 在该对话框中选择【模板中的页】选项，从中选择存储的模版对象，如图 6-10 所示。

图 6-10 选择模板

03 单击【创建】按钮，即可用模板创建网页文档，如图 6-11 所示。

图 6-11 用模板创建网页

04 将光标放置在可编辑区域的表格中，选择【插入】|【表格】命令，插入 2 行 1 列的表格，在【属性】面板中将表格的【对齐】设置为【左对齐】，如图 6-12 所示。

图 6-12　插入表格

05 将光标放置在表格的右侧，在【属性】面板中设置【垂直】为顶端，如图 6-13 所示。

图 6-13　设置单元格属性

06 将光标放置在嵌套后表格第一个行，选择【插入】|【图像】命令，打开【选择图像源文件】对话框在该对话框中选择随书光盘中的【原始文件 | Cha06 | 6.1.1 | images | ct05.jpg】文件，单击【确定】按钮插入图像，如图 6-14 所示。

图 6-14　插入图像

07 将光标放置在嵌套后表格第 2 行，输入文字，如图 6-15 所示。

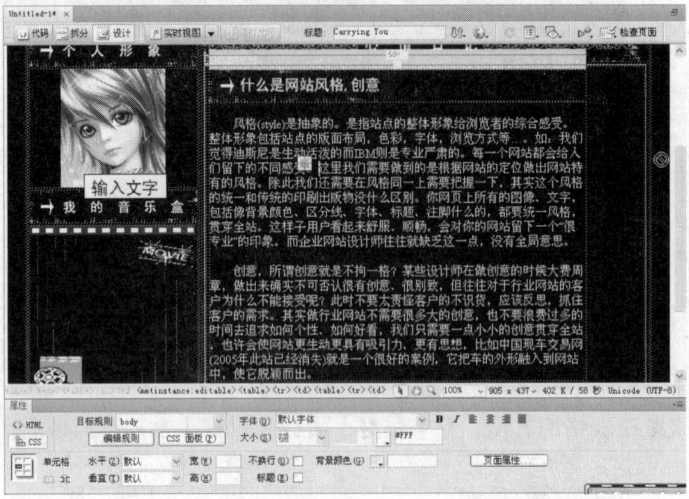

图 6-15 输入文字

08 在菜单栏中选择【文件】|【保存】命令，将文档保存，按 F12 键在浏览器中预览效果，如图 6-16 所示。

图 6-16 预览效果

6.1.3 从模板分离

若要更改基于模板的文档的锁定区域，必须将该文档从模板中分离出来。将文档分离出来之后，整个文档都将变为可编辑的。将文档从模板中分离的具体操作步骤如下：

01 在菜单栏中选择【文件】|【打开】命令，打开【打开】对话框。在该对话框中选择随书光盘中的【原始文件 | Cha06 | 6.1.3 | index.html】文件，如图 6-17 所示。

图 6-17　打开原始文件

02　在菜单栏中选择【修改】|【模板】|【从模板中分离】命令，如图 6-18 所示。

03　选择命令后，该文档将从模板中分离出来，如图 6-19 所示。

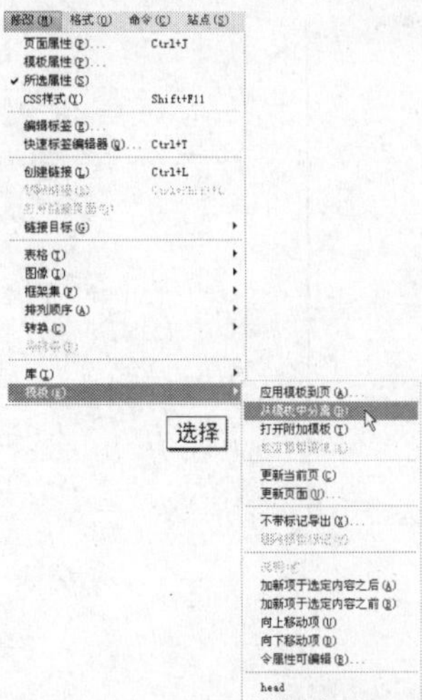

图 6-18　选择【从模板中分离】命令

图 6-19　将文档从模板中分离

6.2　使用库项目

在 Dreamweaver 中，另一种维护文档风格的方法就是使用库项目。如果说模板从整体上控制了文档的风格，库项目则从局部维护了文档的风格。所谓的库项目就是在网页文档中可重复使用的元素的集合，它可以是各种形式的网页元素的组合，如图像、表格、声音和 Flash 影片等。

6.2.1　什么是库项目

库是一种特殊的 Dreamweaver 文件，其中包含已经创建以便放在网页上的、单独的“资源”或资源复本的集合。如果只是想让页面具有相同的标题和脚注，但具有不同的页面布局，可以使用库项目存储标题和脚注。库项目是可以在多个页面中重复使用的存储页面元素；每当更改某个库项目的内容时，都可以更新所有使用该项目的页面。

库与模板的相同之处在于均可被应用于多个网页之中，而不同之处是在同一网页中可以反复应用同一个库文件和同时使用多个不同的库。使用模板一般是对整个网页而言的，库文件只是网页中的局部内容。可以把库看成一个元素而执行复制、剪切和粘贴等操作，而且还可以将其保存为一个单独的文件后在其他网页文件中加以应用。

6.2.2 创建库项目

利用库项目同样可以实现对文件风格的维护。很多网页带有相同的内容，用户可以将这些文档中的共有内容定义为库项目，然后放置到文档中。一旦在站点中对库项目进行了修改，通过站点管理特性，就可以实现对站点中所有放入该库项目的文档进行更新。创建库项目的具体操作步骤如下：

01 在菜单栏中选择【文件】|【新建】命令，打开【新建文档】对话框。在该对话框中选择【空白页】|【库项目】选项，如图 6-20 所示。

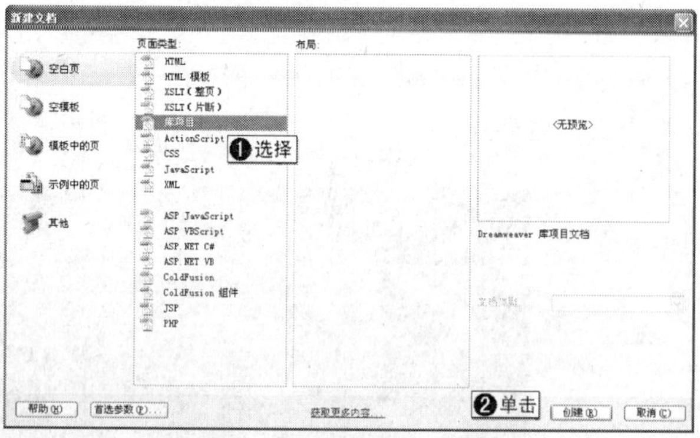

图 6-20 【新建文档】对话框

02 单击【创建】按钮，新建一个库文档，如图 6-21 所示。

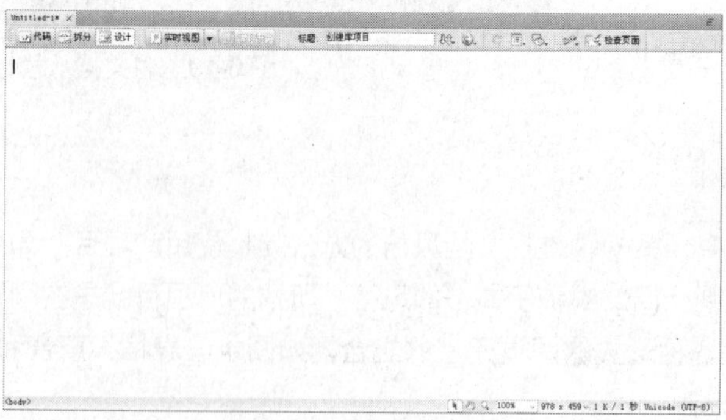

图 6-21 新建库文档

03 将光标放置在页面中，选择【插入】|【表格】命令，插入一个 2 行 1 列的表格，将【对齐】设置为【居中对齐】，如图 6-22 所示。

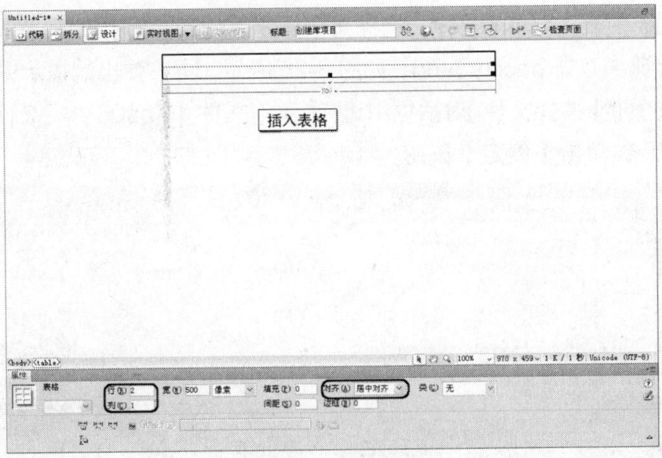

图 6-22　插入表格

04 将光标放置在第 1 行单元格中，选择【插入】|【图像】命令，打开【选择图像源文件】对话框，如图 6-23 所示。

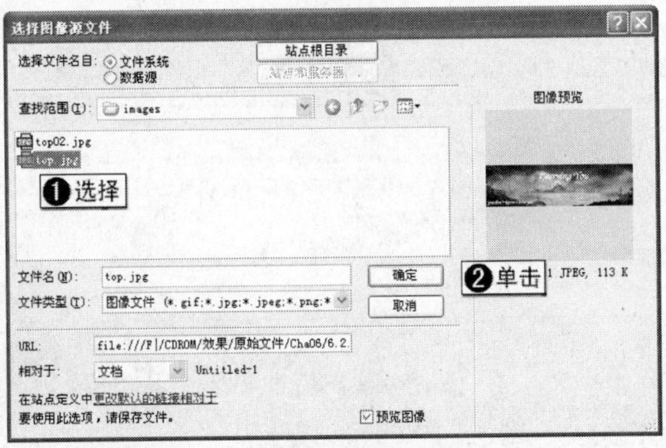

图 6-23　【选择图像源文件】对话框

05 在该对话框中选择随书光盘中的【原始文件 | Cha06 |6.2.2 | images | top.jpg】文件，单击【确定】按钮插入图像，如图 6-24 所示。

图 6-24　插入图像

06 将光标放置在第 2 行单元格中，选择文档标题下的【拆分】按钮，在表格的<td 后按空格键，在弹出的提示代码中双击 background，如图 6-25 所示，再在弹出的提示中单击【浏览】按钮，如图 6-26 所示。在打开的【选择文件】对话框中选择【原始文件 | Cha06 | 6.2.2 | images | top02.jpg】文件，如图 6-27 所示，单击【确定】按钮。

图 6-25 插入代码

图 6-26 单击【浏览】按钮

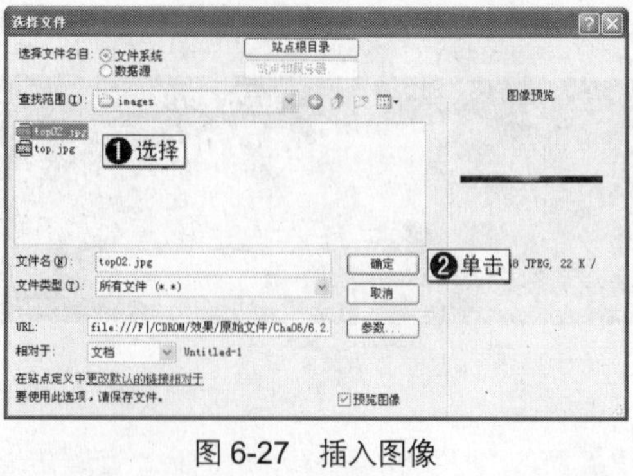

图 6-27 插入图像

07 将光标放置到第 2 个单元格中，在【属性】面板中设置表格的【高】为 50，如图 6-28 所示。

图 6-28　设置表格属性

08　将光标放置到第 2 个单元格中，在单元格中插入 1 行 7 列的表格，如图 6-29 所示。

图 6-29　插入表格

09　将光标放置到嵌套表格的右侧，在【属性】面板中设置【水平】为【左对齐】;【垂直】为【居中】，如图 6-30 所示。

10　调整表格并输入相应的文字，如图 6-31 所示。

图 6-30　设置单元格属性

图 6-31　输入文字

11　在菜单栏中选择【文件】|【保存】命令，打开【另存为】对话框，如图 6-32 所示。

12　在【名称】文本框中输入文件名 top，设置保存格式为.lbi，如图 6-33 所示，单击【保存】按钮保存文档。

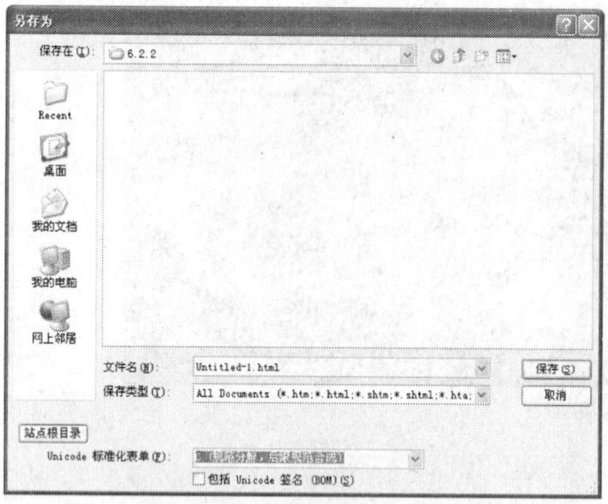

图 6-32　【另存为】对话框

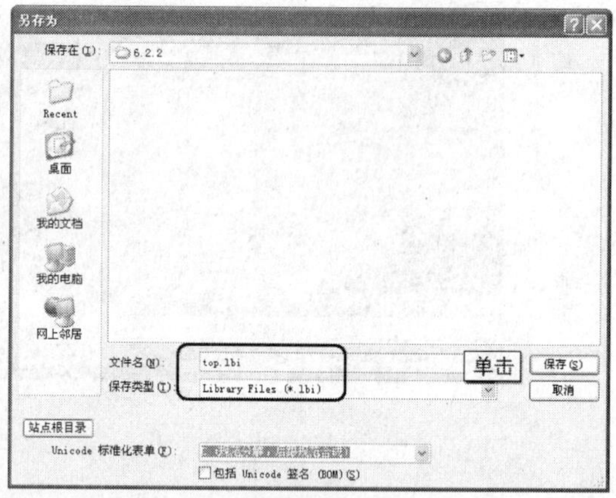

图 6-33　保存文档

6.2.3　插入库项目

创建完库项目后，就可以将库文件插入到网页文档中，具体操作步骤如下：

01　选择【文件】|【打开】命令，打开【打开】对话框。在该对话框中选择随书光盘中的【原始文件 | Cha06 | 6.2.3 | index.html】文件，单击【打开】按钮将其打开，如图 6-34 所示。

02　选择【窗口】|【资源】命令，打开【资源】面板，如图 6-35 所示。

03　在【资源】面板中单击（库）按钮，显示站点中的库项目，如图 6-36 所示。

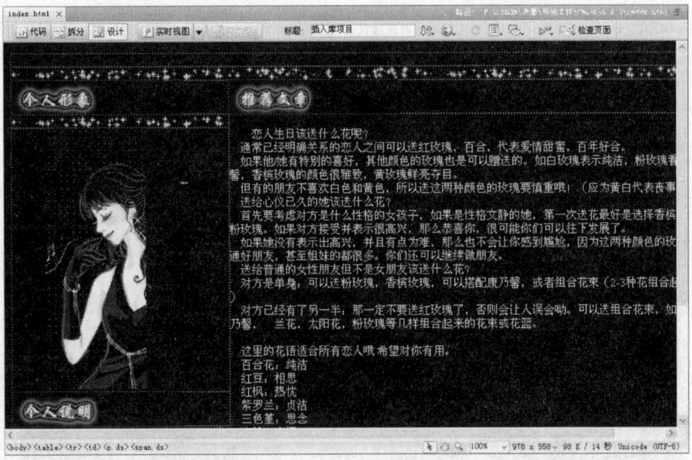

图 6-34　打开原始文件

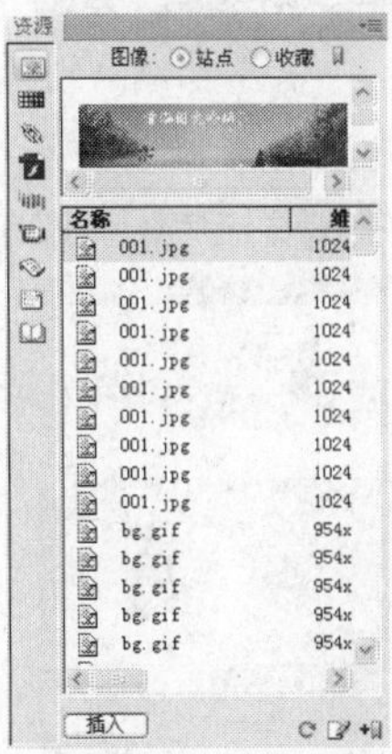

图 6-35　【资源】面板

图 6-36　查看库项目

04　将光标放置在要插入库的位置，在【资源】面板中选择要插入的库项目，如图 6-37 所示，在面板的左下角单击【插入】按钮。

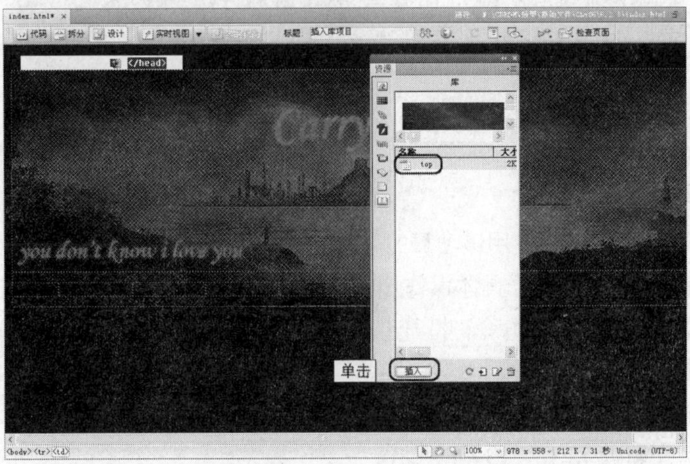

图 6-37　插入库项目

05 插入库项目后，单击【实时视图】按钮，查看库文件插入到网页文档中的效果，如图 6-38 所示。

图 6-38 查看文档效果

06 选择【文件】|【保存】命令，将文档保存，按 F12 键在浏览器中预览效果，如图 6-39 所示。

图 6-39 预览效果

6.2.4 编辑库项目

当编辑库项目时，可以更新使用该项目的所有文档。如果选择不更新，那么文档将保持与库项目的关联，可以在以后更新它们，具体操作步骤如下：

01 选择【文件】|【打开】命令，打开【打开】对话框。在该对话框中选择随书光盘中的【最终效果 | Cha06 | 6.2.4 | index.html】文件，单击【打开】按钮将其打开，如图 6-40 所示。

02 选中文档中的导航文字，在【属性】面板中将【颜色】设置为#FF0，【大小】设置为 20px，【字体】设置为【华文新魏】，如图 6-41 所示。

图 6-40　打开原始文件

图 6-41　更改字体属性

03　选择【文件】|【保存】命令，保存编辑后的库项目。

04　选择【修改】|【库】|【更新页面】命令，如图 6-42 所示。

图 6-42　选择【更新页面】命令

05 打开【更新页面】对话框，在【查看】下拉列表中选择【整个站点】选项，在后面的下拉列表框中选择相应的站点，在【更新】选项组中选择【库项目】复选框，并选择【显示记录】复选框，将在下面的文本框中显示更新的记录，如图 6-43 所示。

06 单击【开始】按钮，Dreamweaver 将自动更新，如图 6-44 所示，更新完毕后，单击【关闭】按钮。

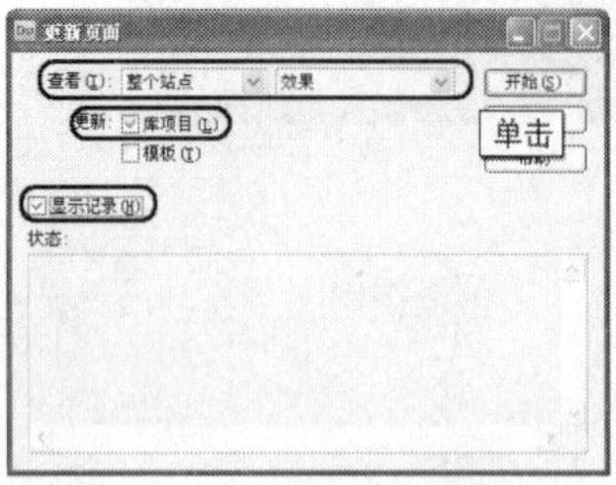

图 6-43 【更新页面】对话框

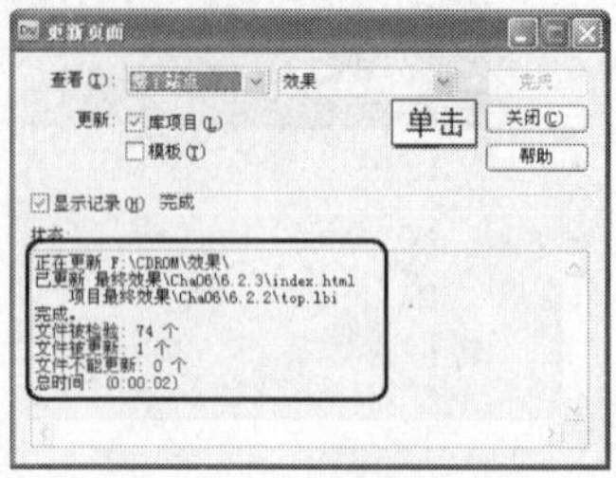

图 6-44 更新库项目

07 打开插入库文件的网页文档，可以看到文件已经被更新，如图 6-45 所示。

图 6-45 查看更新文档

6.3 上机练习——使用库与模板制作网页

使用库与模板制作网页的具体操作步骤如下：

01 启动 Dreamweaver CS4，在菜单栏中选择【文件】|【新建】命令，打开【新建文档】对话框。在该对话框中选择【空白页】|【库项目】选项，如图 6-46 所示。

02 单击【创建】按钮，新建一个库文档。

03 将光标放置在页面中，选择【插入】|【表格】命令，插入一个 2 行 1 列的表格，如图 6-47 所示。

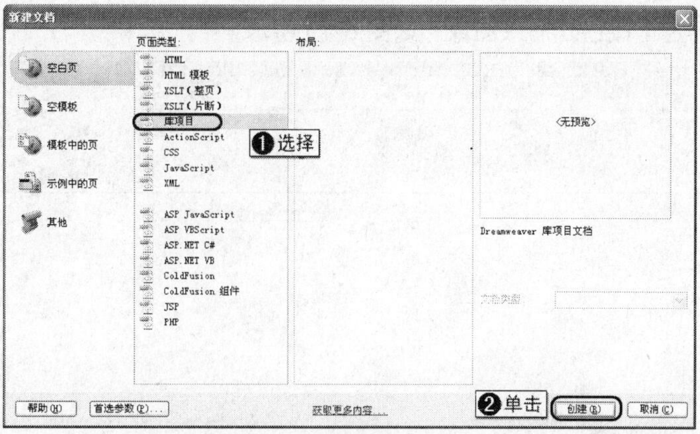

图 6-46 新建库项目

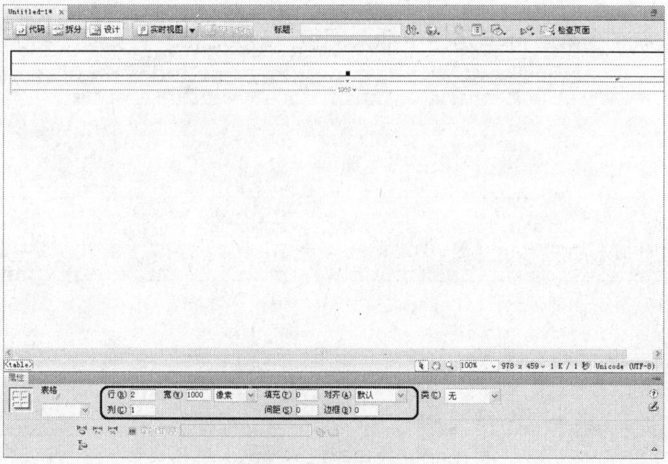

图 6-47 插入表格

04 将光标放置在第 1 行单元格中，选择【插入】|【图像】命令，在打开的【选择图像源文件】对话框中选择 top01.jpg 文件，如图 6-48 所示。

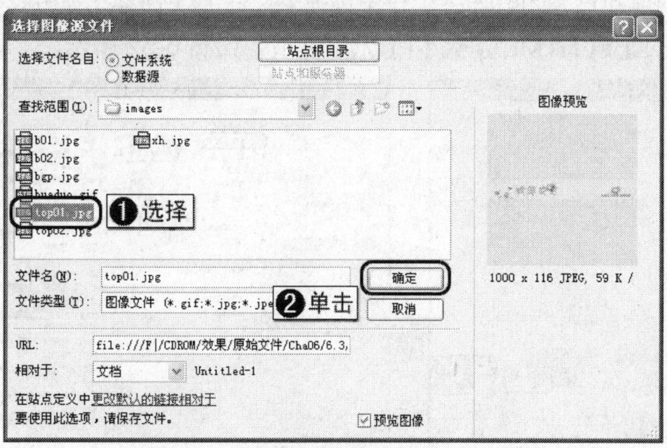

图 6-48 【选择图像源文件】对话框

05 单击【确定】按钮，插入图像，如图 6-49 所示。

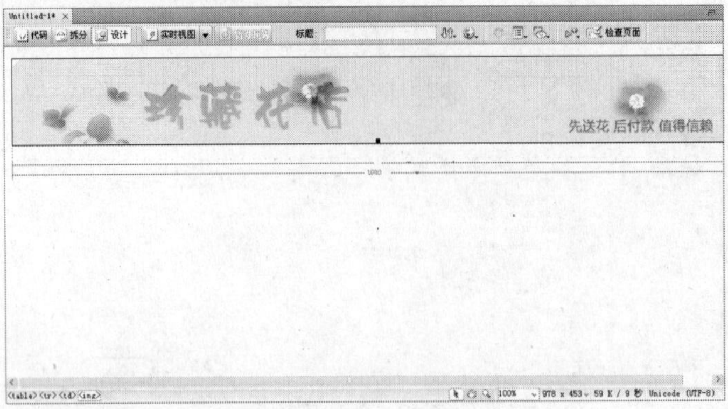

图 6-49　插入图像

06 使用同样方法在第二行单元格中插入图像“top02.jpg”，如图 6-50 所示。

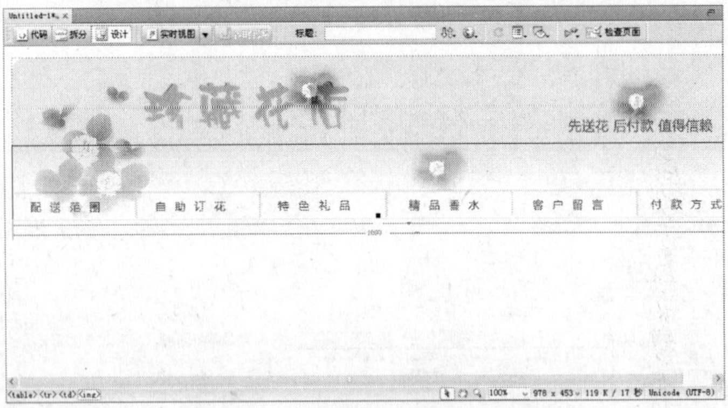

图 6-50　使用同样方法插入图像

07 在菜单栏中选择【文件】|【保存】命令，打开【另存为】对话框。在该对话框中选择存储路径并为文件命名，如图 6-51 所示，单击【保存】按钮保存库项目。

08 将保存后的库项目关闭，在菜单栏中选择【文件】|【新建】命令，在打开的【新建文档】对话框中选择【空白页】|【HTML 模板】|【无】选项，如图 6-52 所示。

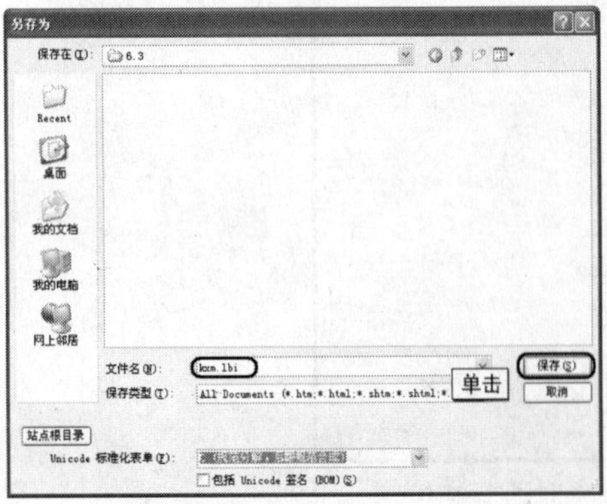

图 6-51　保存库项目

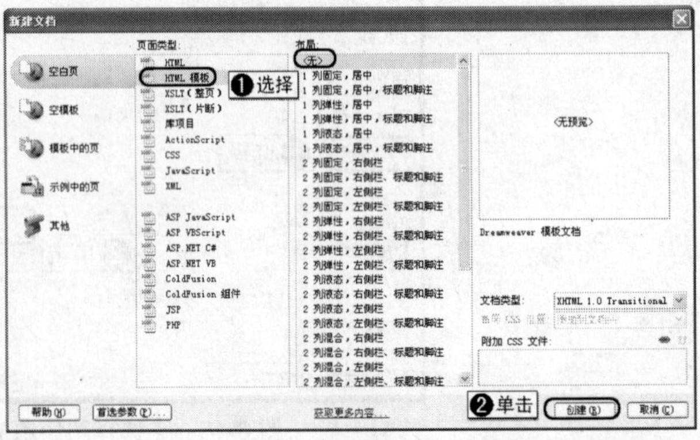

图 6-52　【新建文档】对话框

09　单击【创建】按钮，创建空白模板网页，如图 6-53 所示。

图 6-53　创建空白模板网页

10　将光标放置在页面中，在菜单栏中选择【修改】|【页面属性】命令，打开【页面属性】对话框，设置【背景颜色】为#e7f5d1，如图 6-54 所示。

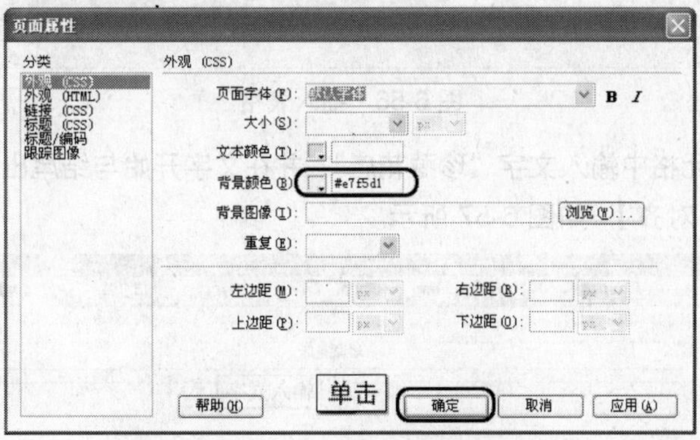

图 6-54　【页面属性】对话框

11　单击【确定】按钮，修改页面属性，如图 6-55 所示。

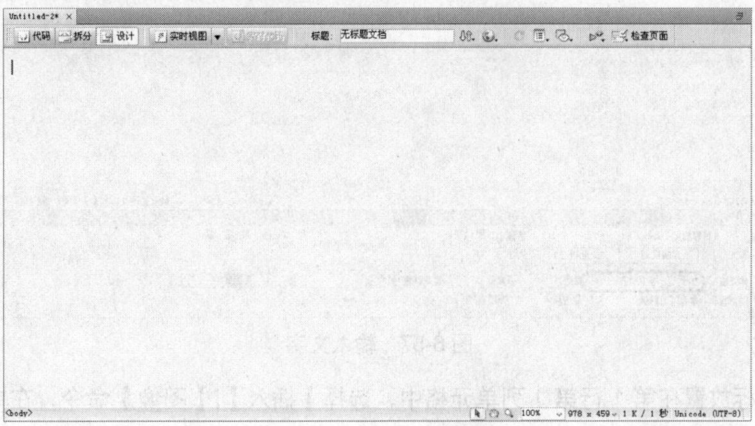

图 6-55　修改页面属性

12 将光标放置在页面中，选择【插入】|【表格】命令，插入一个 2 行 3 列的表格，插入完成后将第 2 行单元格合并，如图 6-56 所示。

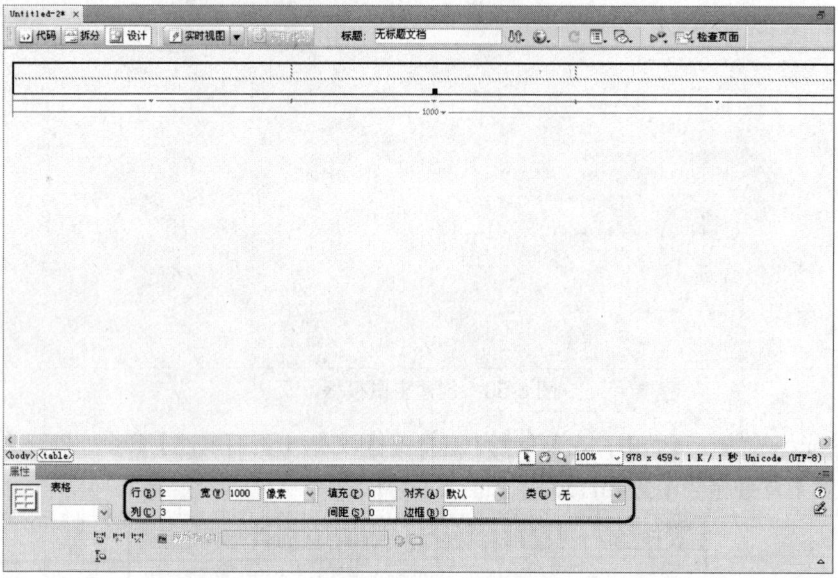

图 6-56 插入表格

13 在第 2 行单元格中输入文字“珍藏花店”，并在文字开始与结尾出插入特殊字符，设置单元格【水平】为【居中对齐】，如图 6-57 所示。

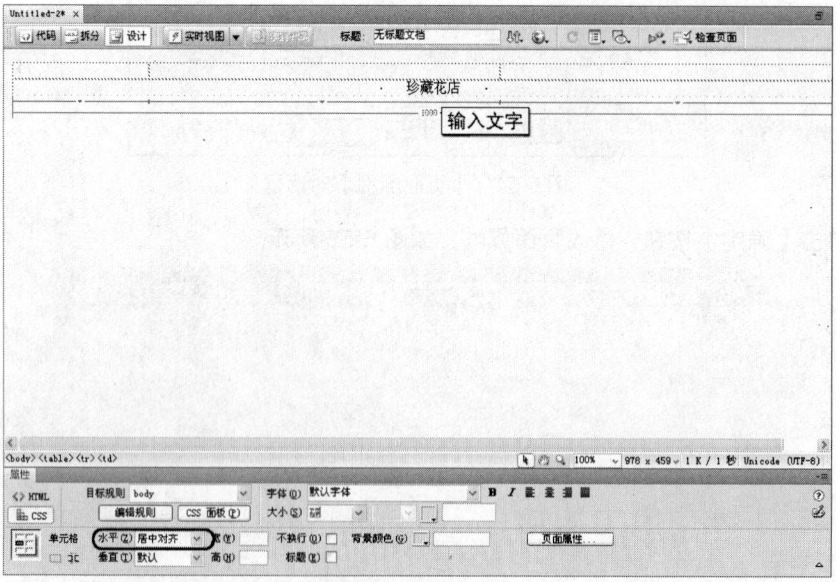

图 6-57 输入文字

14 将光标放置在第 1 行第 1 列单元格中，选择【插入】|【图像】命令，在单元格中插入图像 b01.jpg，如图 6-58 所示。

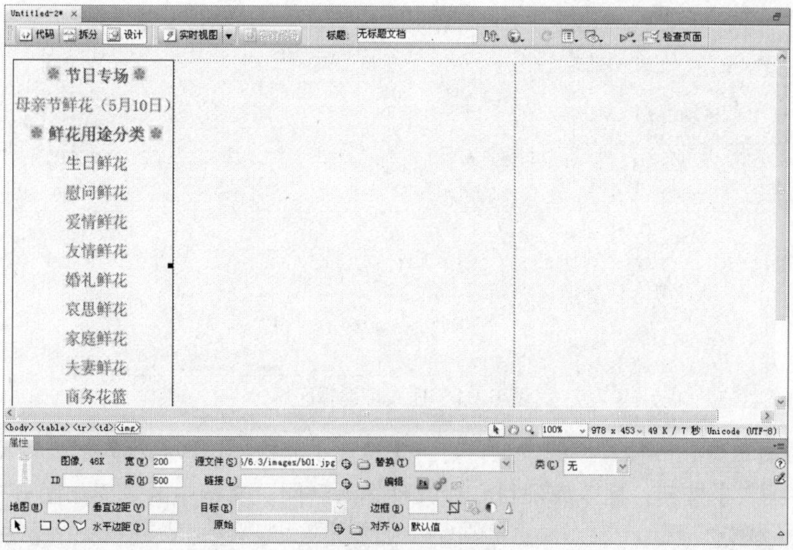

图 6-58 插入图像

15 将光标放置在第 1 行第 2 列单元格中，在【属性】面板中将【垂直】设置为【顶端】，选择【插入】|【模板对象】|【可编辑区域】命令，如图 6-59 所示。

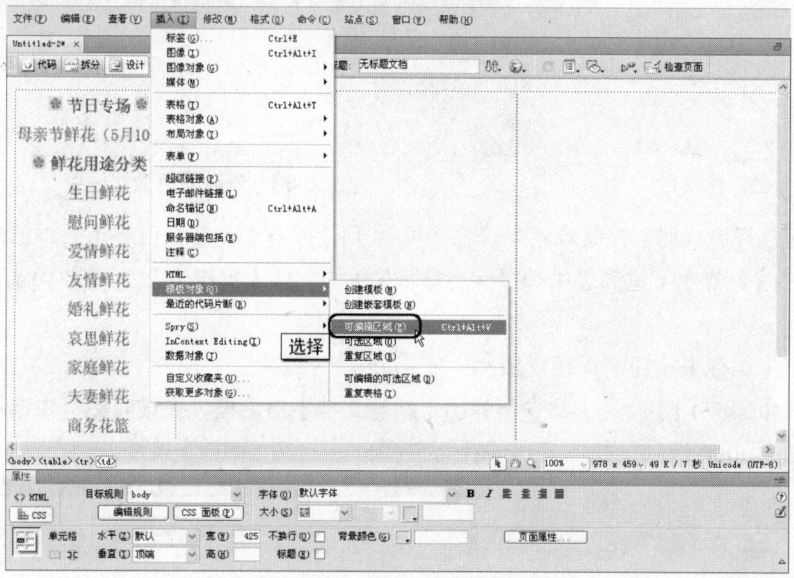

图 6-59 选择【可编辑区域】命令

16 打开【新建可编辑区域】对话框。在该对话框中输入【名称】为 wenzi，如图 6-60 所示，单击【确定】按钮，插入可编辑区域。

图 6-60 【新建可编辑区域】对话框

17 使用同样的方法在第 1 行第 3 列单元格中插入可编辑区域，如图 6-61 所示。

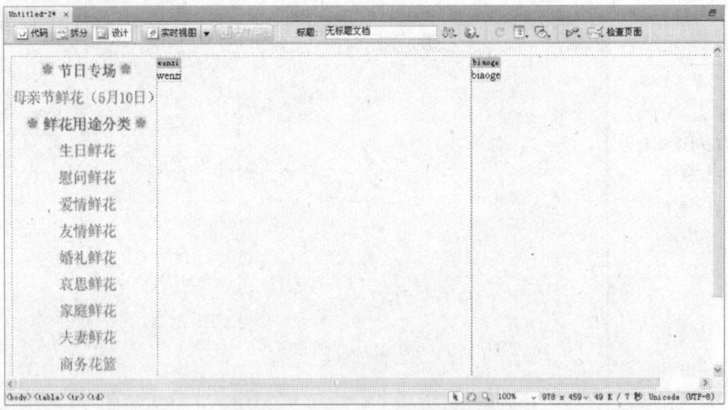

图 6-61　插入可编辑区域

18 将光标放置在要插入库的位置，打开【资源】面板，选择要插入的库项目，如图 6-62 所示，单击【插入】按钮，插入库项目。库文件插入到网页文档中的效果如图 6-63 所示。

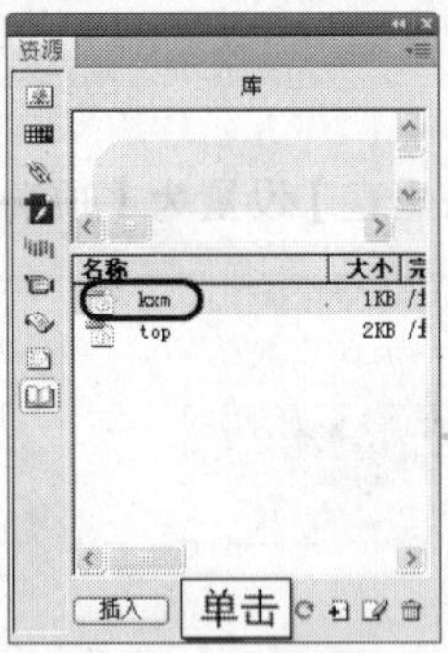

图 6-62　插入库项目

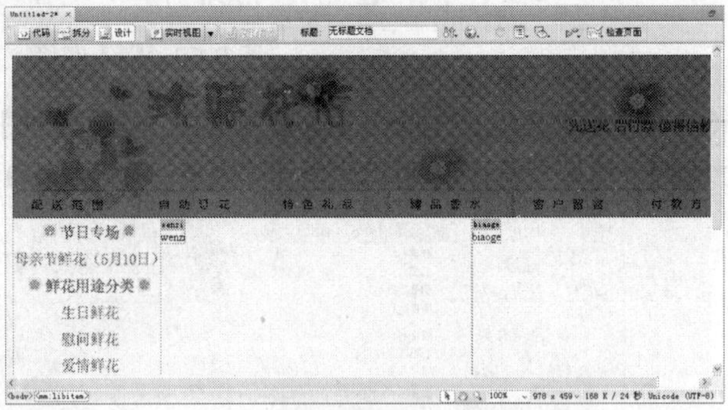

图 6-63　查看网页文档效果

19 模板创建完成后，在菜单栏中选择【文件】|【保存】命令，打开【另存模板】对话框。在该对话框中的【站点】下拉列表中选择保存模板的站点，在【另存为】文本框中输入 muban，如图 6-64 所示。

20 单击【保存】按钮，保存模板。

21 选择【文件】|【新建】命令，弹出【新建文档】对话框。在该对话框中选择【模板中的页】|【效果】| muban 选项，如图 6-65 所示。

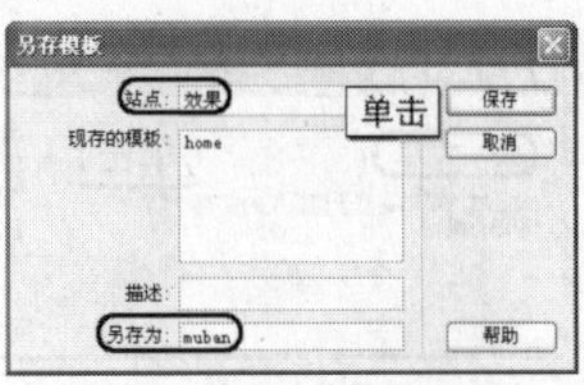

图 6-64　保存模板

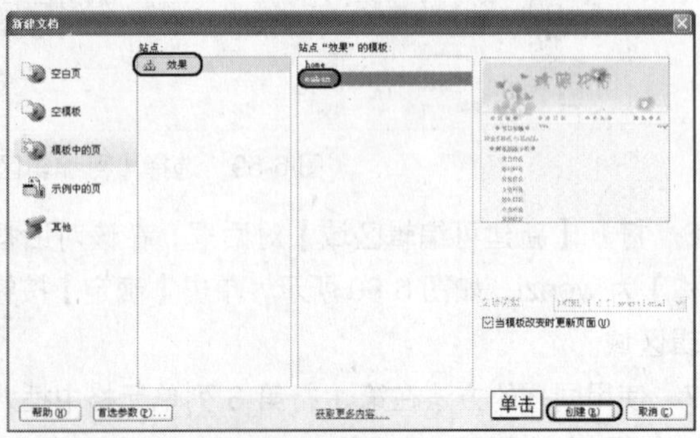

图 6-65　【新建文档】对话框

22 单击【创建】按钮，创建模板网页，如图 6-66 所示。

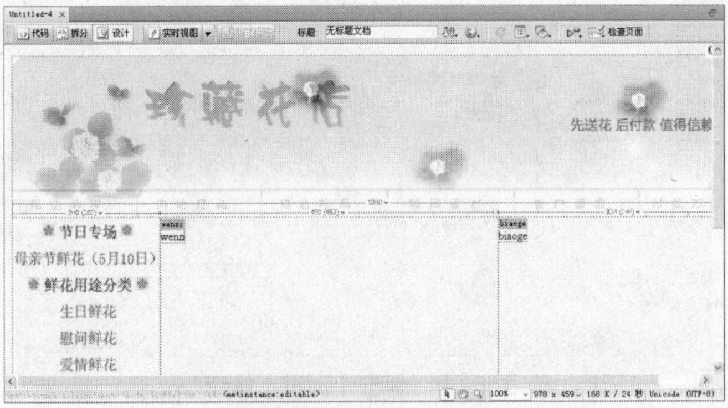

图 6-66　创建模板网页

23 将光标放置在第 1 行第 3 列单元格可编辑区域中，在菜单栏中选择【插入】|【表格】命令，插入一个 11 行 1 列的表格，如图 6-67 所示。

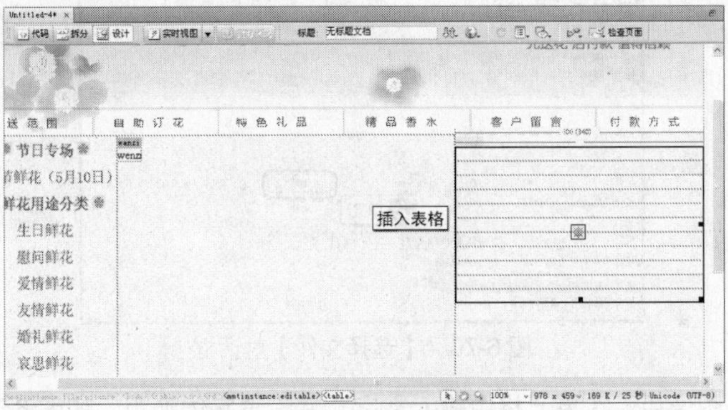

图 6-67　插入表格

24 将光标放置在第 2 行单元格中，单击文档标题下的【拆分】按钮，在表格的<td 后按空格键，在弹出的提示代码中双击 background，如图 6-68 所示，再在弹出的提示中单击【浏览】按钮，如图 6-69 所示。在打开的【选择文件】中选择背景图像【images】|【b02.jpg】文件，单击【确定】按钮，如图 6-70 所示。

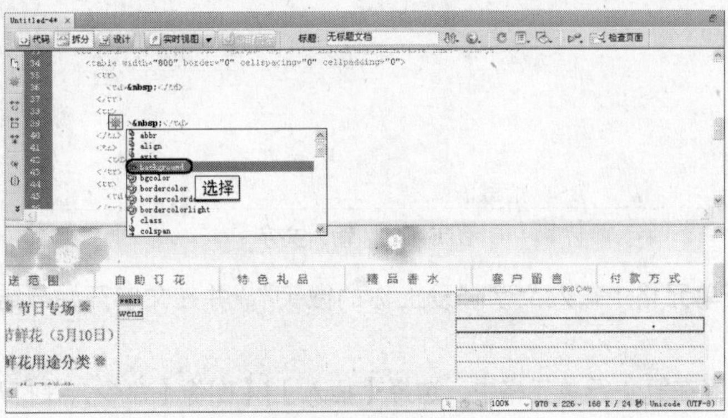

图 6-68　选择代码

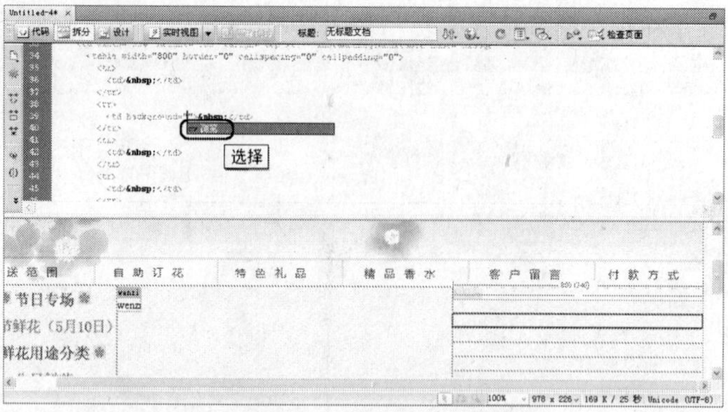

图 6-69　单击【浏览】按钮

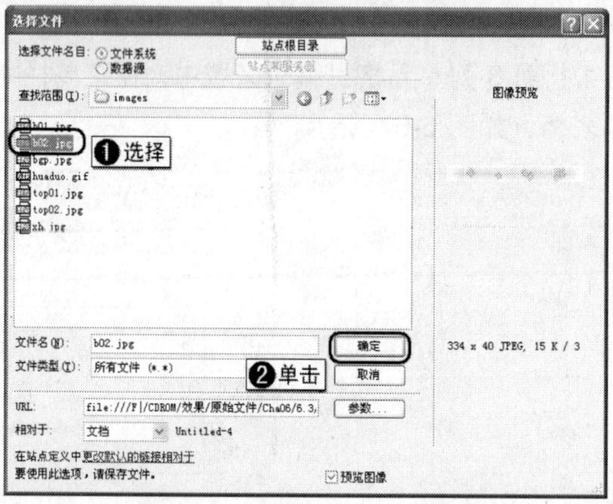

图 6-70　【选择文件】对话框

25　设置背景图像后，在单元格中输入文字，并设置字体加粗，如图 6-71 所示。

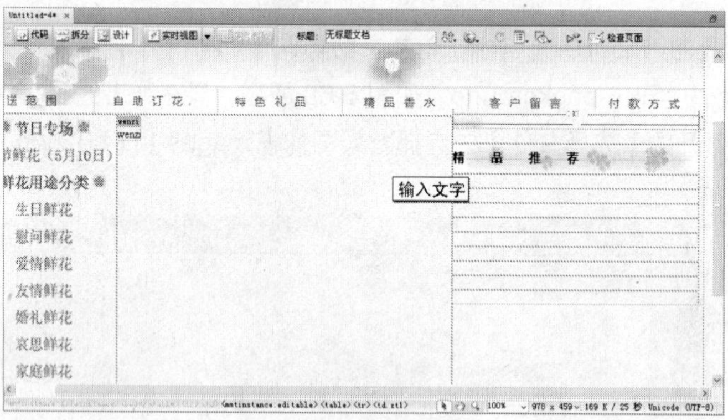

图 6–71　输入文字

26　在第 3 行单元格中输入文字“爱上你的微笑”，并在文字开始与结尾出插入图像，如图 6-72 所示。

27　将光标放置在第 4 行单元格中，选择【插入】|【图像】命令，在打开的【选择图像源文件】对话框中选择文件 xh.jpg，如图 6-73 所示，单击【确定】按钮。

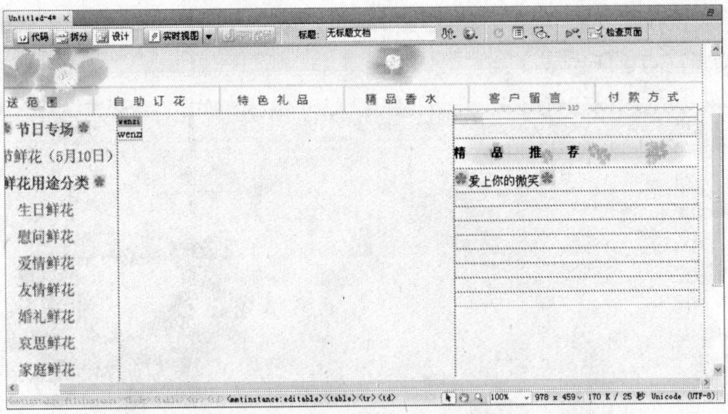

图 6-72　输入文字并插入图像

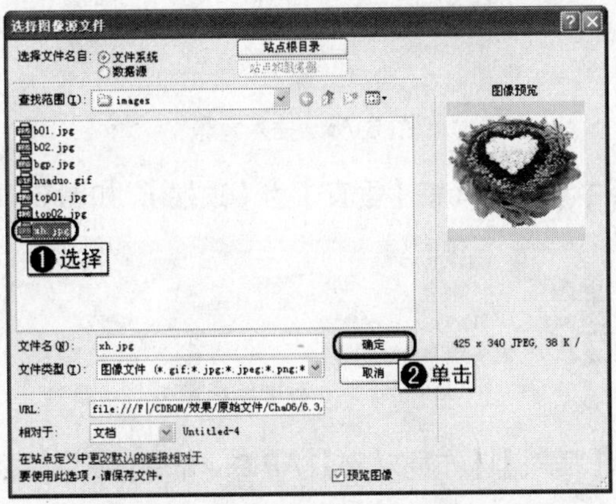

图 6-73　【选择图像源文件】对话框

28　调整插入图像的大小。使用同样的方法，在其余单元格中输入文字并插入图像，选中所有单元格，在【属性】面板中设置【水平】为【居中对齐】，设置【垂直】为【居中】，如图 6-74 所示。

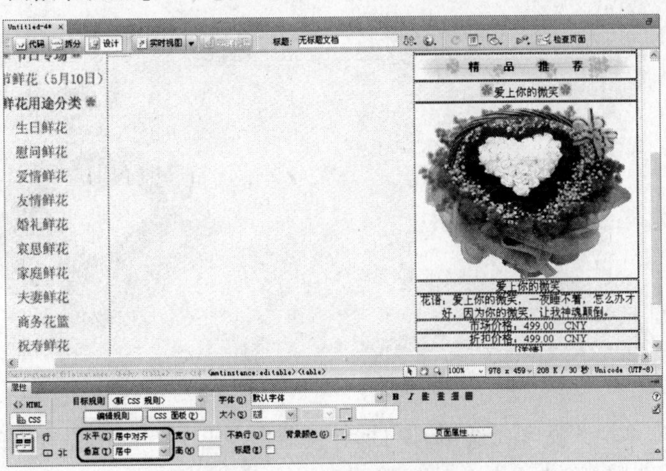

图 6-74　设置单元格属性

29 将光标放置在第 1 行第 2 列单元格可编辑区域中，插入一个 1 行 1 列的表格，在表格中插入背景图像，如图 6-75 所示。

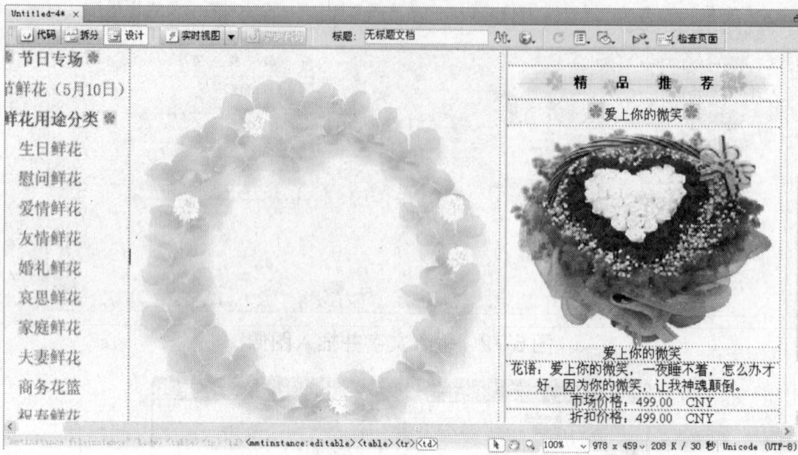

图 6-75 插入背景

30 在【属性】面板中设置单元格【垂直】为【顶端】，如图 6-76 所示。

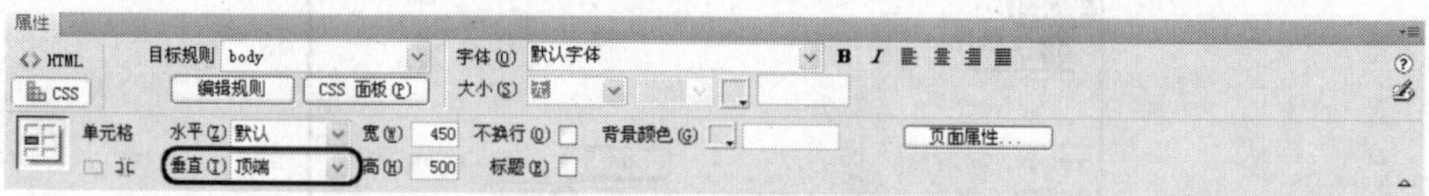

图 6-76 设置单元格属性

31 在菜单栏中选择【插入】|【布局对象】| AP Div 命令，在单元格中插入 AP Div，如图 6-77 所示。

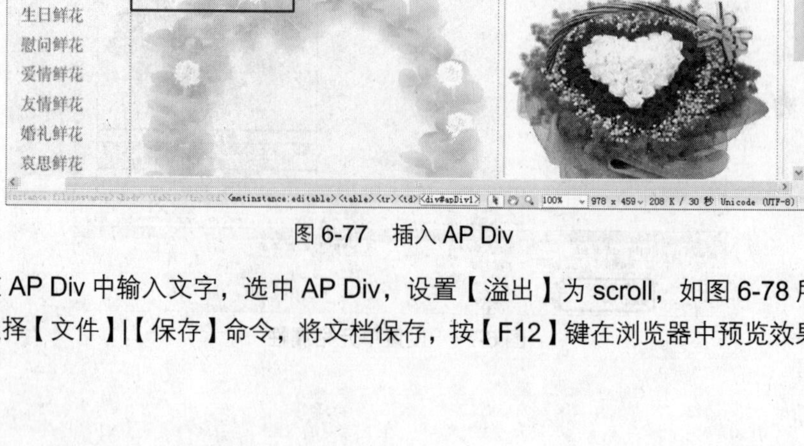

图 6-77 插入 AP Div

32 在 AP Div 中输入文字，选中 AP Div，设置【溢出】为 scroll，如图 6-78 所示。

33 选择【文件】|【保存】命令，将文档保存，按【F12】键在浏览器中预览效果，如图 6-79 所示。

图 6-78　输入文字

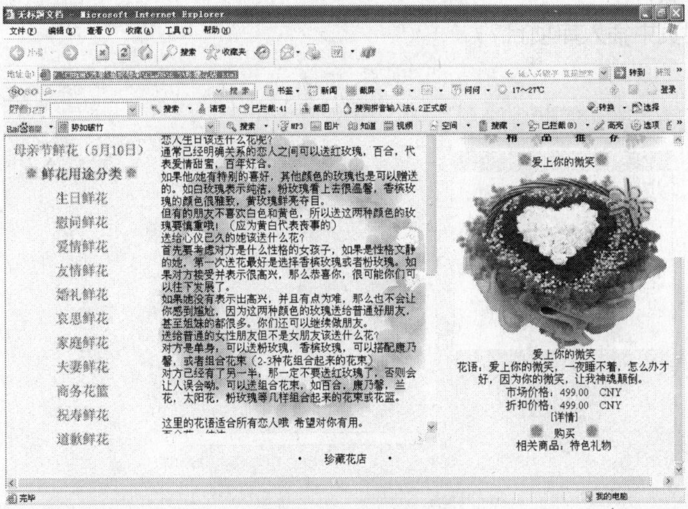

图 6-79　预览效果

6.4　本章小结

本章主要讲述了创建模板、从模板脱离文档、创建库项目和编辑库项目等内容，使用模板和库的组合可以使维护网站变得很轻松，尤其是在对一个规模较大的网站进行维护时，就能体会使用模板的优点。另外，通过修改库项目，可以很方便地对远程网站进行更新，而不用将每个网页文件上传到远程网站中。

6.5　习题

1．填空题

（1）________是一种特殊类型的文档，用于设计“固定的”页面布局。用户可以基于模板创建文档，从而使创建的文档继承模板的页面布局。

（2）________是一种特殊的 Dreamweaver 文件，其中包含已经创建以便放在网页上的、单独的“资源”或资源复本的集合。

（3）若要更改基于模板的文档的锁定区域，必须将该文档从模板中分离出来，选择【修改】|【模板】|【________】命令，从模板中分离。

2．选择题

（1）若要更改基于模板的文档的________，必须将该文档从模板中分离出来。将文档分离之后，整个文档都将变为可编辑的。

A．锁定区域　　B．可编辑区域　　C．重复区域

（2）库项目的保存格式为________。

A．.dwt　　B．.doc　　C．.lbi

3．简答题

（1）什么是库项目?

（2）如何在网页中插入库项目?

第 7 章　使用表单

网站管理员通常会使用表单与用户进行沟通。目前大多数网站，尤其是大中型网站，都需要与用户进行动态的交流。要实现与用户的交流，表单是必不可少的，如注册网站会员、在线购物和在线调查问卷等。这些过程都需要填写一系列表单，用户填写好这些表单，将其发送到网站的后台服务器，交由服务器端的脚本或应用程序来处理。

本章重点

- 了解表单域
- 认识表单对象
- 创建表单对象
- 掌握会员注册表单的制作

7.1　表单域

使用表单必须具备的条件有两个：一个是建立含有表单元素的原始文件，另一个是具备服务器端的表单处理应用程序或客户端的脚本程序，它能处理用户输入到表单中的信息。创建一个基本表单的具体操作步骤如下：

01　在菜单栏中选择【文件】|【打开】命令，打开【打开】对话框。在该对话框中选择随书光盘中的【原始文件 | Cha07 | 7.1 | index.html】文件，单击【打开】按钮将其打开，如图 7-1 所示。

图 7-1　打开原始文件

02 将光标放置在文档中的适当位置，在菜单栏中选择【插入】|【表单】|【表单】命令，如图 7-2 所示。

图 7-2 选择【表单】命令

03 选择命令后，文档窗口中出现红色虚线，即可插入表单，在【属性】面板中可观察其属性，如图 7-3 所示。

图 7-3 插入表单

表单的【属性】面板中的各项参数说明如下：

- 表单 ID：输入标识该表单的唯一名称。
- 动作：指定处理该表单的动态页或脚本的路径。可以直接在文本框中输入完整的路径，也可以单击按钮定位应用程序。
- 方法：选择将表单数据传输到服务器的传送方式，包括 3 个选项。
  - 默认：用浏览器默认的方式，一般默认为 GET。
  - GET：将表单内的数据附加到 URL 后面传送给服务器，服务器用读取环境变量的方式读取表单内的数据。

➢ POST：用标准输入方式将表单内的数据传送给服务器，服务器用读取标准输入的方式读取表单内的数据。

- 目标：指定一个窗口，这个窗口中显示应用程序或者脚本程序，将表单处理完成后所显示的结果。

7.2　表单对象

创建表单后，需要在其中添加表单对象才能实现表单的作用。可以插入到表单中的对象有文本域、单选按钮、复选框、列表/菜单、按钮和图像域等，它们被放置在 Dreamweaver 中的【插入】面板中的【表单】选项中，如图 7-4 所示。

图 7-4　【表单】选项

【表单】选项中的各个按钮功能如下：

- （表单）：单击该按钮可以在文档窗口中插入一个表单，一个表单中的其他所有的表单对象都必须放在表单标签之间。
- （文本字段）：单击该按钮可以在表单中插入文本域，文本域可以接受各种数字和字母，也可以输入“*”用于密码保护，它可以接受单行或多行文字。
- （隐藏域）：单击该按钮可以在表单中插入一个可以存储相关信息的区域。隐藏域的内容不显示在表单上，但是要传送给服务器。
- （文本区域）：单击该按钮可以在表单中插入一个文本区域，它可以接受多行文字。
- （复选框）：允许在一组选项内选择一个或多个选项。
- （复选框组）：可以一次性插入多个复选框。
- （单选按钮）：单选按钮具有唯一性，在一组单选按钮中选择一个单选按钮，就意味着不能再选其他单选按钮。
- （单选按钮组）：可以一次性插入多个单选按钮。
- （列表/菜单）：单击该按钮可以在表单中插入一个列表/菜单，用户可以在列表中添加浏览者可以选择的选项，以方便浏览者的操作。
- （跳转菜单）：跳转菜单中的每个选项都指向一个原始文件，当选项被选择时，浏览器将自动跳转到链接指向的原始文件。
- （图像域）：可以使用图像来代替提交按钮使用。
- （文件域）：让用户浏览本地计算机中的文件或者文件夹，并选择其中一个文件的路径名添加到文件域内。
- （按钮）：单击该按钮可以在表单中插入按钮，单击按钮后可以执行相应的任务，例如提交表单、重置表单或执行自行编写的函数。
- （标签）：提供了一种在结构上将域的文本标签和该域关联起来的方法。
- （字段集）：表单元素逻辑组的容器标签。

7.3 表单对象的创建

为了更合理地安排表单中的表单对象，可以在表单中插入表格和单元格。将光标放置在表单中，在菜单栏中选择【插入】|【表格】命令，在打开的【表格】对话框中设置要创建的表格，如图7-5所示。单击【确定】按钮，插入表格，在【属性】面板中将【对齐】设置为【居中对齐】，如图7-6所示。

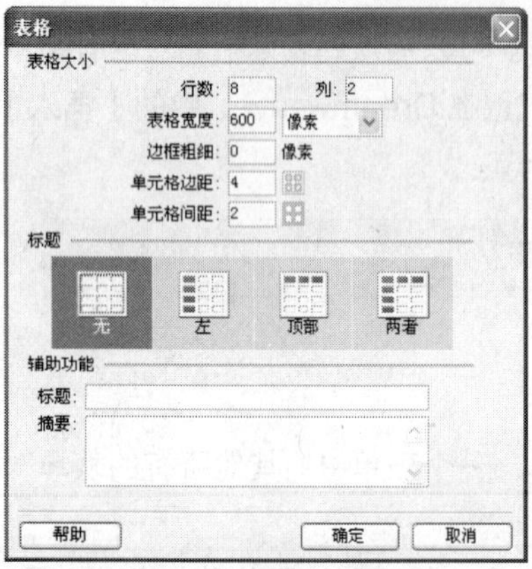

图7-5 【表格】对话框

图7-6 设置【居中对齐】

7.3.1 文本域

文本域是最常见的表单对象之一，用户可以在文本域中输入字母、数字和文本等类型的内容，具体操作步骤如下：

01 在菜单栏中选择【文件】|【打开】命令，打开【打开】对话框。在该对话框中选择随书光盘中的【原始文件 | Cha07 | 7.3.1 | index.html】文件，单击【打开】按钮将其打开，如图7-7所示。

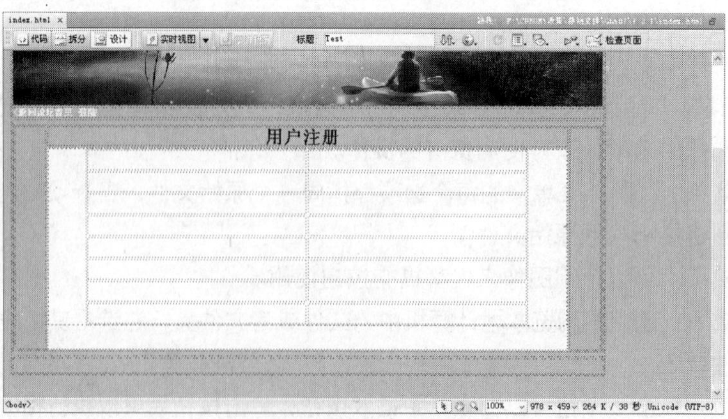

图7-7 打开原始文件

02 将光标放置在第1行第1列单元格中，然后在其中输入文字“用户名:”，并调整表格，如图7-8所示。

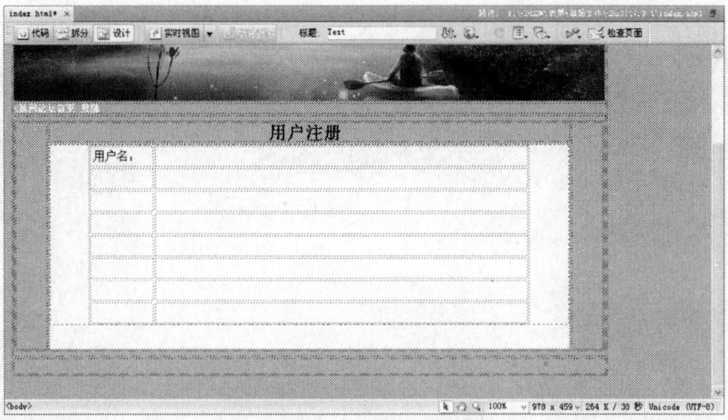

图 7-8　输入文字

03　将光标放置在第 1 行第 2 列单元格中，在菜单栏中选择【插入】|【表单】|【文本域】命令，如图 7-9 所示。

图 7-9　选择【文本域】命令

04　选择【文本域】命令后，会打开【输入标签辅助功能属性】对话框，如图 7-10 所示，直接单击【确定】按钮即可。

05　选中插入的文本域，在【属性】面板中将【字符宽度】设置为 20，如图 7-11 所示。

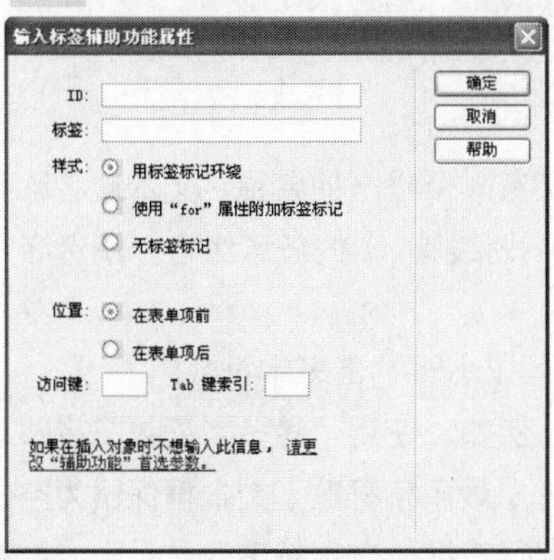

图 7-10　【输入标签辅助功能属性】对话框

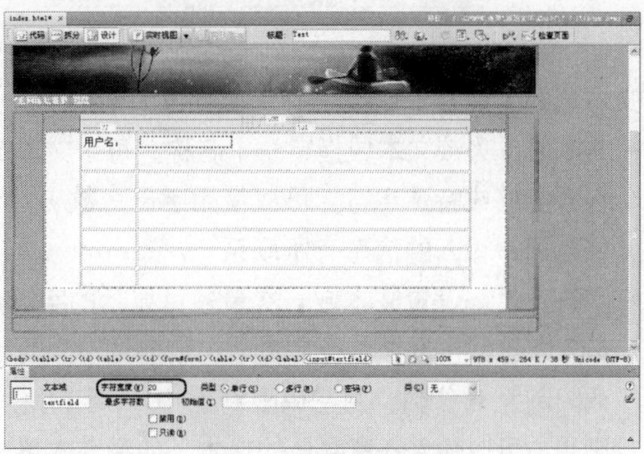

图 7-11　设置字符宽度

06　使用同样的方法，再在其他的单元格中输入文字并插入文本域，如图 7-12 所示。

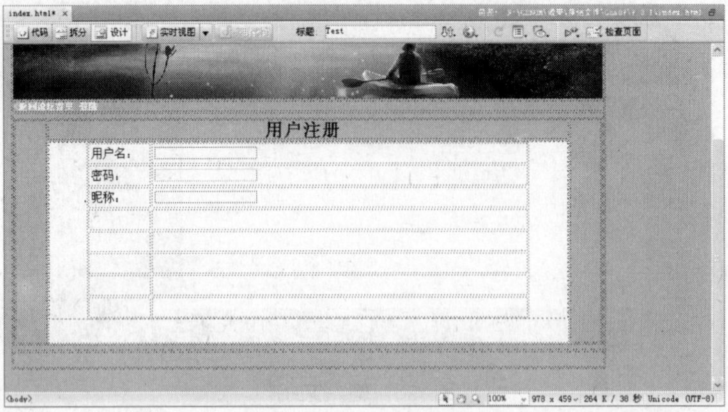

图 7-12　插入其他文本域

> **提示**：如果选择一个文本域，在【属性】面板中将它的【类型】设置为【密码】，则在该文本域中输入的内容会被替换为圆点或星号，如图 7-13 所示。

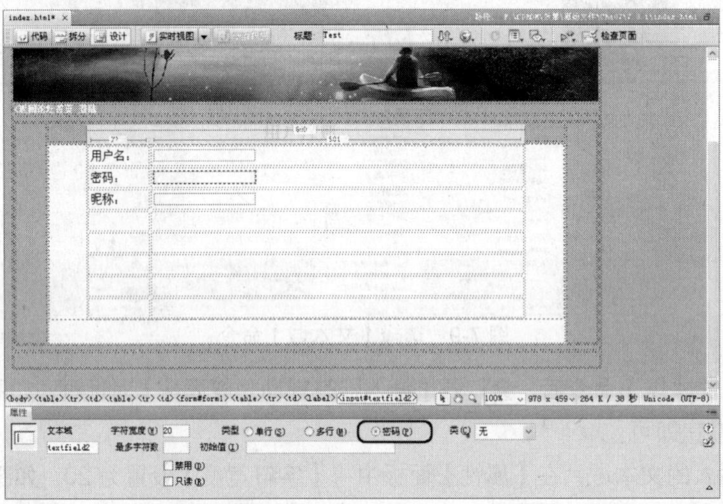

图 7-13　设置【类型】

文本域的【属性】面板中的各项参数说明如下：

- 文本域：为该文本域指定一个名称。每个文本域都必须有一个唯一的名称。文本域名称不能包含空格或特殊字符，可以使用字母、数字、字符和下划线（_）的任意组合。所选名称最好与用户输入的信息有所联系。
- 字符宽度：设置文本域一次最多可显示的字符数，它可以小于"最多字符数"。
- 最多字符数：设置单行文本域中最多可输入的字符数。例如，使用"最多字符数"将邮政编码限制为 6 位数，将密码限制为 10 个字符等。如果将【最多字符数】文本框保留为空白，则用户可以输入任意数量的文本。如果文本超过域的字符宽度，文本将滚动显示。如果用户输入的文本数量超过最大字符数，则表单发出警告声。
- 类型：显示了当前文本字段的类型，包括【单行】、【密码】和【多行】3 个单选按钮。

● 初始值：指定在首次载入表单时文本域中显示的值。

7.3.2 插入多行文本域

插入多行文本域同插入文本域类似，只不过多行文本域允许输入更多的文本。插入多行文本域的具体操作步骤如下：

01 在菜单栏中选择【文件】|【打开】命令，打开【打开】对话框。在该对话框中选择随书光盘中的【原始文件 | Cha07 | 7.3.2 | index.html】文件，单击【打开】按钮将其打开，如图 7-14 所示。

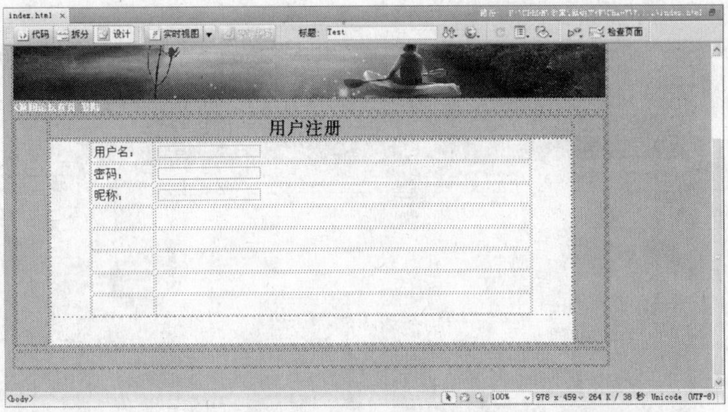

图 7-14 打开原始文件

02 将光标放置在第 7 行第 1 列单元格中，在单元格中输入文字“个人简介：”，如图 7-15 所示。

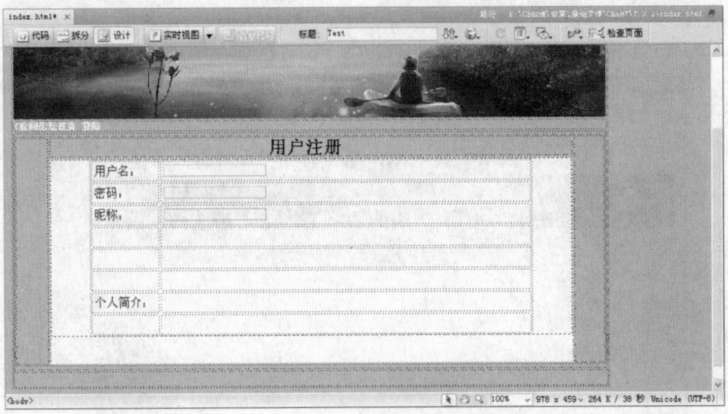

图 7-15 输入文字

03 将光标放置在第 7 行第 2 列单元格中，在菜单栏中选择【插入】|【表单】|【文本区域】命令，在弹出的【输入标签辅助功能属性】对话框中，直接单击【确定】按钮，即可插入如图 7-16 所示的文本区域。

04 选中文本区域，在【属性】面板中将【字符宽度】设置为 40，【行数】设置为 5，如图 7-17 所示。

05 保存文档，按 F12 键在浏览器中预览效果，如图 7-18 所示。

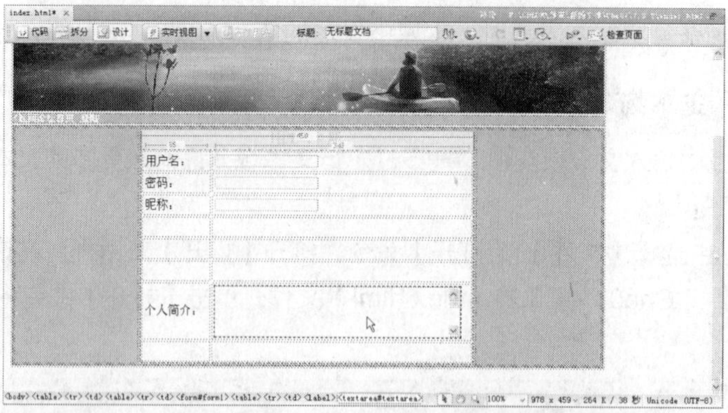

图 7-16　插入文本区域

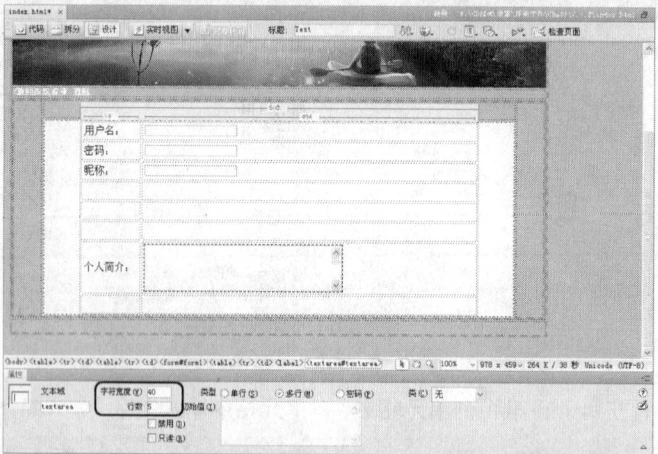

图 7-17　设置属性

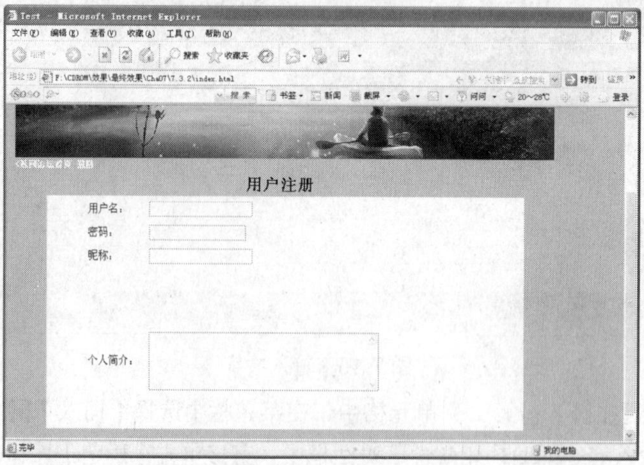

图 7-18　预览效果

7.3.3　复选框

使用表单时经常会有多项选择，这就需要在表单中插入复选框，具体操作步骤如下：

01　在菜单栏中选择【文件】|【打开】命令，打开【打开】对话框。在该对话框中选择随书

光盘中的【原始文件 | Cha07 | 7.3.3 | index.html】文件，单击【打开】按钮将其打开，如图 7-19 所示。

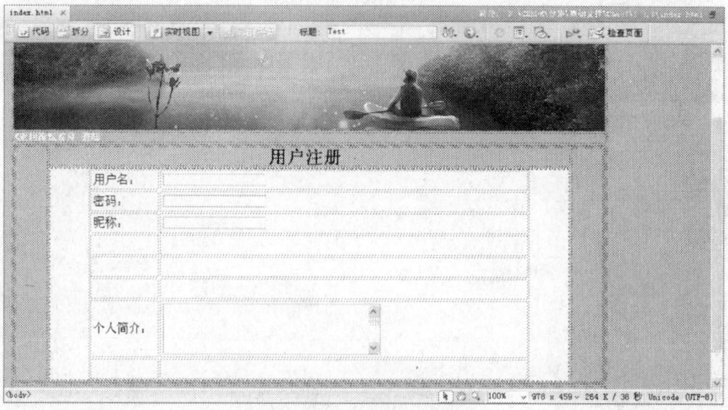

图 7-19　打开原始文件

02　将光标放置在第 6 行第 1 列单元格中，在其中输入文字“爱好:”，如图 7-20 所示。

图 7-20　输入文字

03　将光标放置在第 6 行第 2 列单元格中，在菜单栏中选择【插入】|【表单】|【复选框】命令，在打开的【输入标签辅助功能属性】对话框中，直接单击【确定】按钮，即可插入复选框。将光标放置在复选框的右侧，在【属性】面板中将【水平】设置为【左对齐】，如图 7-21 所示。

图 7-21　设置左对齐

04 在复选框的右侧输入文字“旅游”，并在【属性】面板中调整文字的属性，如图 7-22 所示。

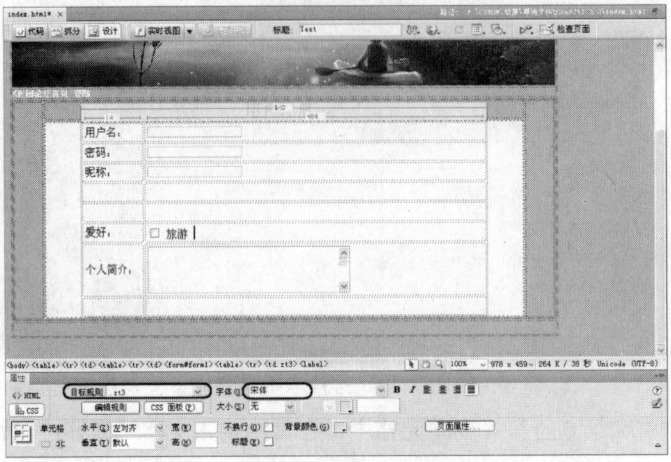

图 7-22　输入文字

05 使用上述的方法，再次插入复选框并输入文字，如图 7-23 所示。

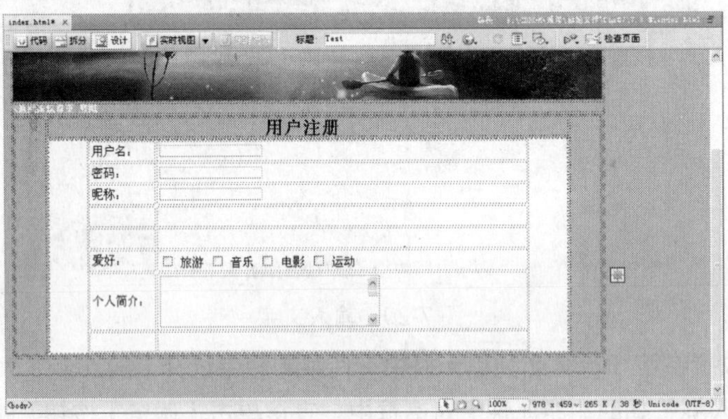

图 7-23　插入复选框并输入文字

复选框的【属性】面板中的各项参数说明如下：

- 复选框名称：设置复选框的名称。
- 选定值：输入在提交表单时复选框传送给服务端表单处理程序的值。
- 初始状态：用来设置复选框的初始状态是【已勾选】，还是【未选中】。

7.3.4　单选按钮

单选按钮的作用在于只能选中一个列出的选项，单选按钮通常被成组地使用。一个组中的所有单选按钮必须具有相同的名称，而且必须包含不同的选定值。插入单选按钮的具体操作步骤如下：

01 在菜单栏中选择【文件】|【打开】命令，打开【打开】对话框。在该对话框中选择随书光盘中的【原始文件 | Cha07 | 7.3.4 | index.html】文件，单击【打开】按钮将其打开，如图 7-24 所示。

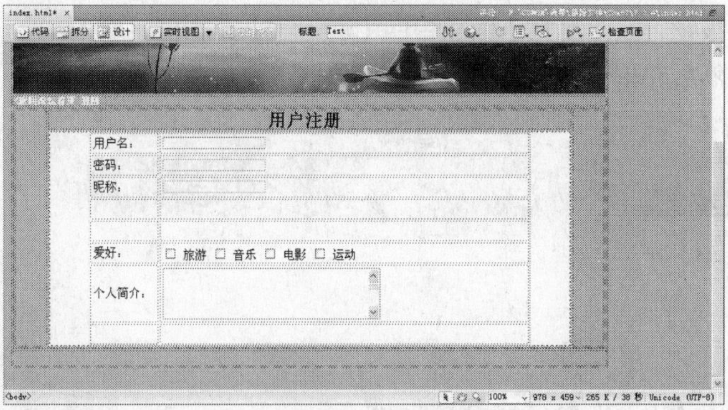

图 7-24　打开原始文件

02　将光标放置在第 4 行第 1 列单元格中，在其中输入文字“性别:”，如图 7-25 所示。

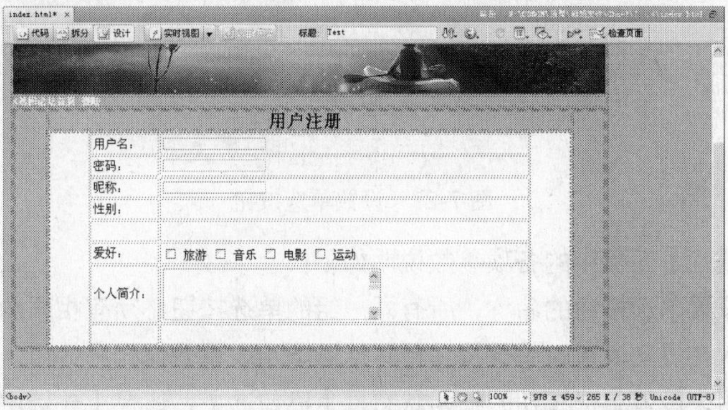

图 7-25　输入文字

03　将光标放置在第 3 行第 2 列单元格中，在菜单栏中选择【插入】|【表单】|【单选按钮】命令，在打开的【输入标签辅助功能属性】对话框中，直接单击【确定】按钮，即可插入单选按钮。将光标放置在单选按钮的右侧，在【属性】面板中将【水平】设置为【左对齐】，如图 7-26 所示。

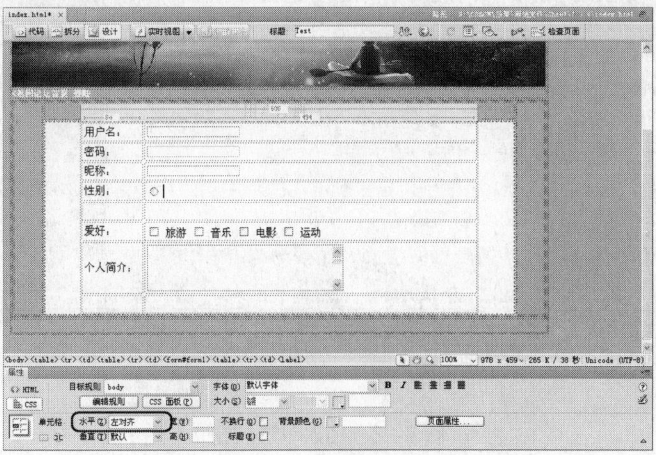

图 7-26　设置左对齐

04　选中单选按钮，在【属性】面板中的【选定值】文本框中输入文字“男”，【初识状态】设置为【已勾选】，然后在单选按钮的右侧输入“男”字，如图 7-27 所示。

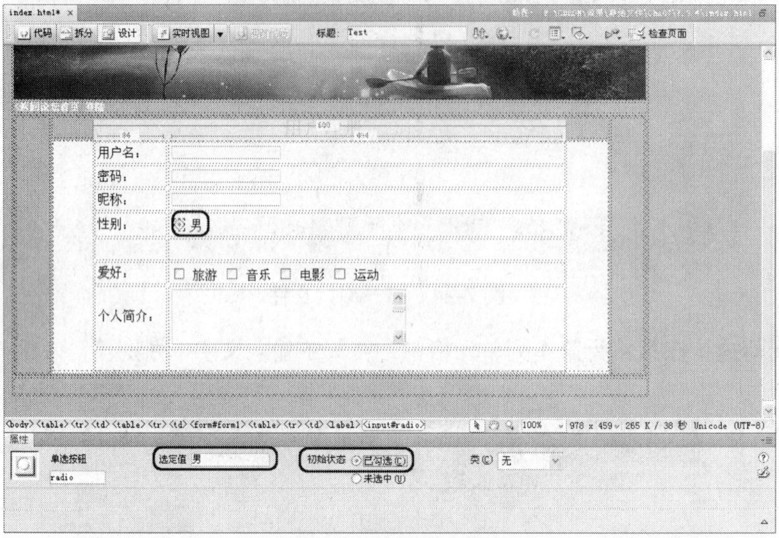

图 7-27　设置单选按钮

单选按钮的【属性】面板中的各项参数说明如下：

- 单选按钮：设置单选按钮的名称，所有同一组的单选按钮必须有相同的名字。
- 选定值：输入在提交表单时单选按钮传送给服务端表单处理程序的值。
- 初始状态：用来设置单选按钮的初始状态是【已勾选】，还是【未选中】。

05　使用同样的方法，再次插入单选按钮并输入“女”字，如图 7-28 所示。

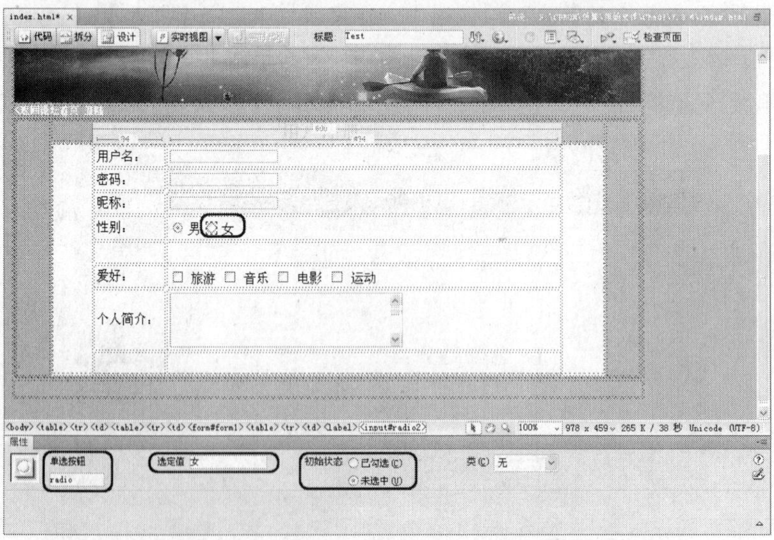

图 7-28　插入单选按钮

06　保存文档，按【F12】键在浏览器中预览效果，如图 7-29 所示。

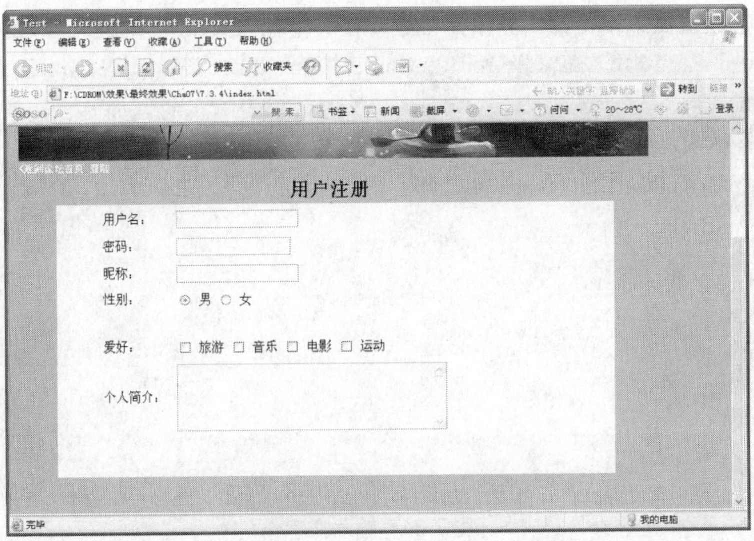

图 7-29　预览效果

> **提示：** 在插入第 2 个单选按钮时，一定要使它的名称与第 1 个单选按钮的名称相同，这样两个单选按钮才能够作为同一组单选按钮。

7.3.5　列表和菜单

表单中有两种类型的菜单：一种是单击时下拉的菜单，称为下拉菜单；另一种则显示为一个列有项目的可滚动列表，可从该列表中选择项目，称为列表。一个列表可以包括一个或多个项目。插入列表/菜单的具体操作步骤如下：

01　在菜单栏中选择【文件】|【打开】命令，打开【打开】对话框。在该对话框中选择随书光盘中的【原始文件 | Cha07 | 7.3.5 | index.html】文件，单击【打开】按钮将其打开，如图 7-30 所示。

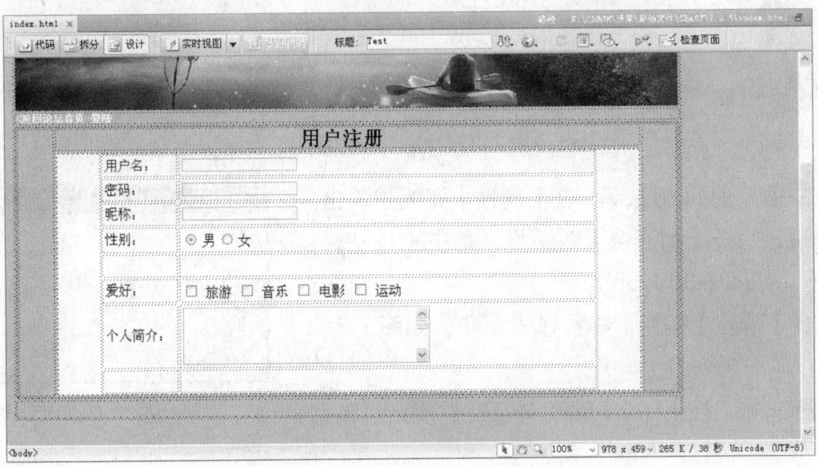

图 7-30　打开原始文件

02 将光标放置在第 5 行第 1 列单元格中，在其中输入文字“地区：”，如图 7-31 所示。

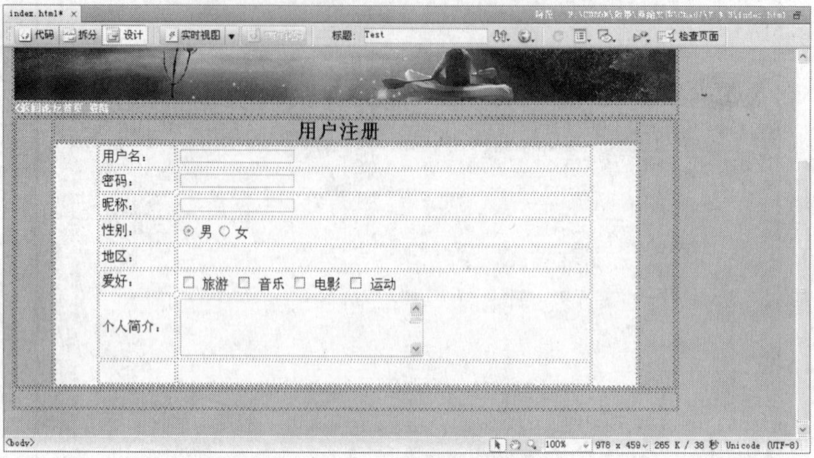

图 7-31　输入文字

03 将光标放置在第 5 行第 2 列单元格中，在菜单栏中选择【插入】|【表单】|【列表/菜单】命令，在打开的【输入标签辅助功能属性】对话框中，直接单击【确定】按钮，即可插入列表/菜单，如图 7-32 所示。

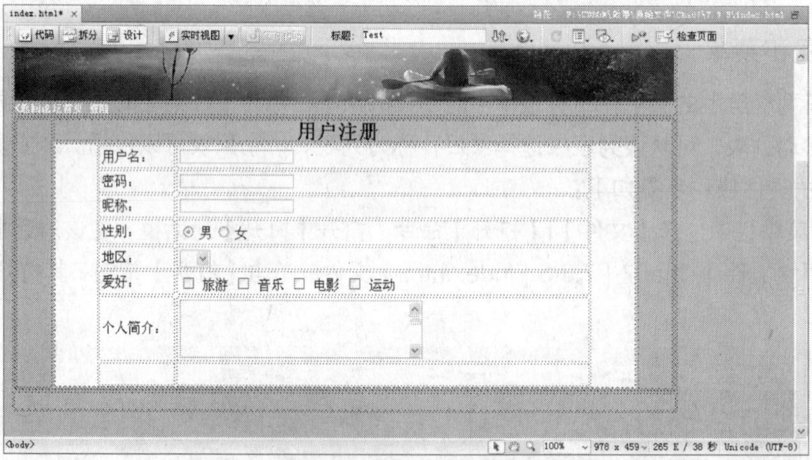

图 7-32　插入列表/菜单

04 选中插入的列表/菜单，在【属性】面板中单击【列表值】按钮，打开【列表值】对话框，单击⊞按钮，添加项目标签，如图 7-33 所示。

05 单击【确定】按钮，查看列表/菜单，如图 7-34 所示。

06 保存文档，按【F12】键在浏览器中预览效果，如图 7-35 所示。

图 7-33　【列表值】对话框

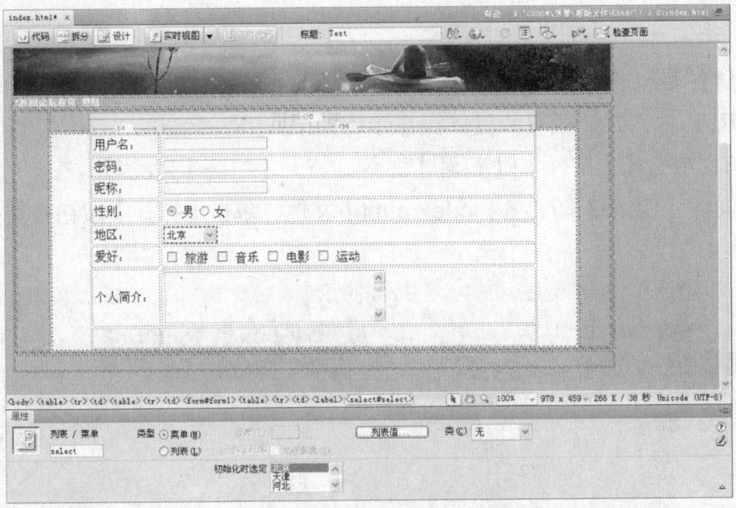

图 7-34　查看列表/菜单

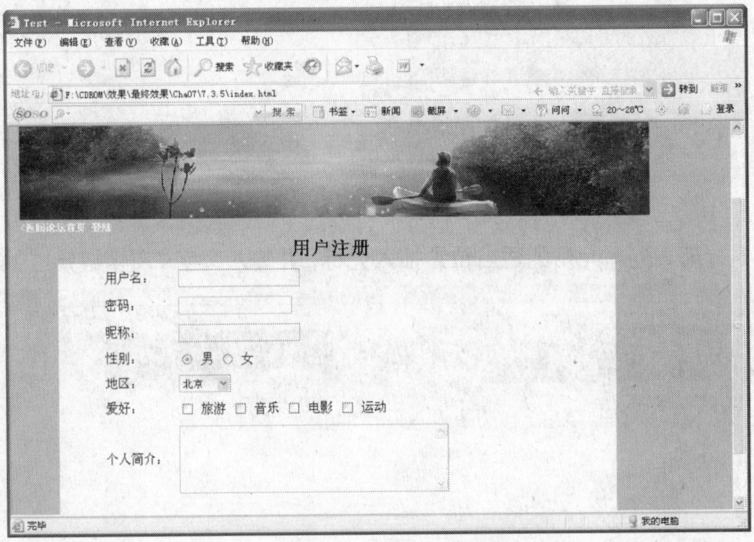

图 7-35　预览效果

列表/菜单的【属性】面板中的各项参数说明如下：

- 列表/菜单：设置列表/菜单的名称，这个名称是必需的，而且必须是唯一的。
- 类型：指的是将当前对象设置为下拉菜单还是滚动列表。
- 单击 列表值... 按钮，打开【列表值】对话框。在该对话框中可以增减和修改列表/菜单。当列表或者菜单中的某项内容被选中，提交表单时它对应的值就会被传送到服务器端的表单处理程序；若没有对应的值，则传送标签本身。
- 初始化时选定：此文本框首先显示【列表值】对话框内的列表菜单内容，然后可在其中设置列表/菜单的初始选择，方法是选中要作为初始选择的选项，若【类型】设置为【列表】，则可初始选择多个选项，若【类型】设置为【菜单】，则只能选择一个选项。

7.3.6 跳转菜单

跳转菜单可建立 URL 与弹出菜单/列表中选项之间的关联。通过在列表中选择一项，浏览器将跳转到指定的 URL。插入跳转菜单的具体操作步骤如下：

01 在菜单栏中选择【文件】|【打开】命令，打开【打开】对话框。在该对话框中选择随书光盘中的【原始文件 | Cha07 | 7.3.6 | index.html】文件，单击【打开】按钮将其打开，如图 7-36 所示。

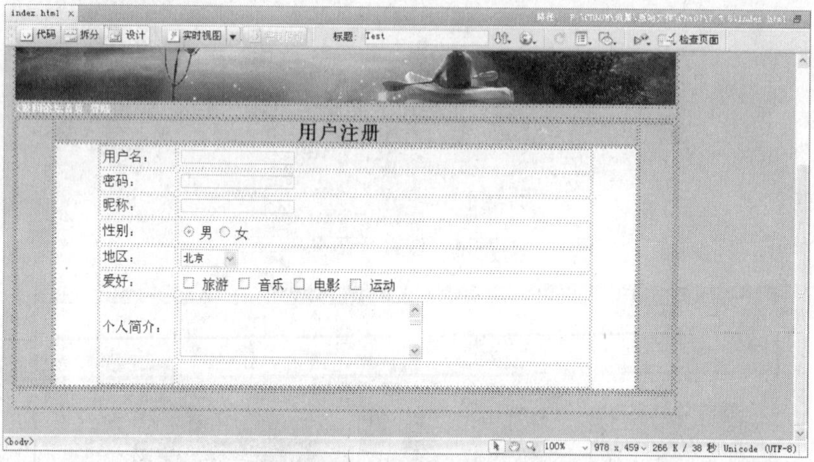

图 7-36 打开原始文件

02 在第 5 行第 2 列单元格的适当位置插入光标，并输入文字"友情链接："，如图 7-37 所示。

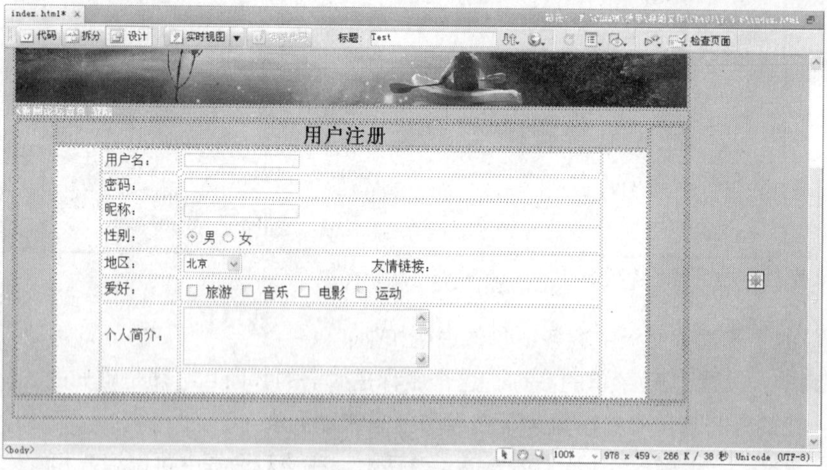

图 7-37 输入文字

03 将光标放置在文字"友情链接："的右侧，在菜单栏中选择【插入】|【表单】|【跳转菜单】命令，如图 7-38 所示。

04 选择【跳转菜单】命令后，打开【插入跳转菜单】对话框，在【文本】右侧的文本框中输入"家教吗"，在【选择时，转到 URL】文本框中输入 http://www.jiajiaoma.com，选择【菜单之后插入前往按钮】复选框，如图 7-39 所示。

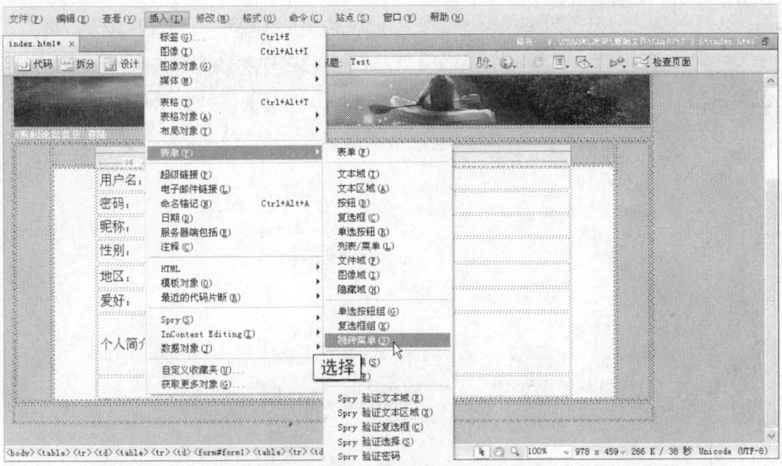

图 7-38 选择【跳转菜单】命令

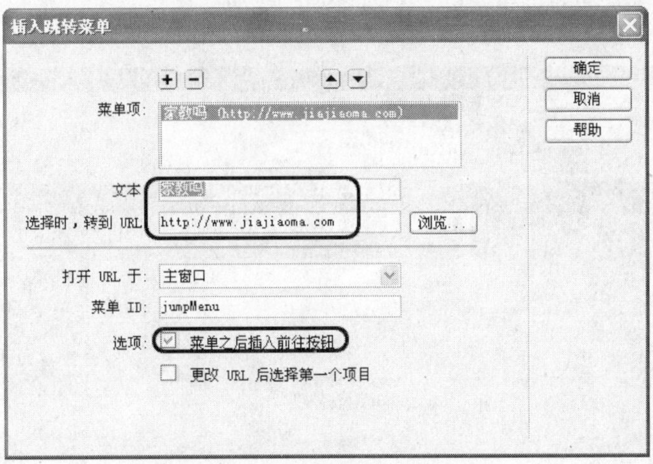

图 7-39 【插入跳转菜单】对话框

【插入跳转菜单】对话框中的各项参数说明如下：

- 菜单项：列出所设置的跳转菜单的各项，单击+按钮增加一个项目，单击-按钮删除列表中的一个项目。使用▲和▼按钮可以重新排列列表中的选项。
- 文本：设置跳转菜单所显示的文本。
- 选择时，转到 URL：设置跳转菜单各项链接的 URL。
- 打开 URL 于：选择文件的打开位置。
- 菜单 ID：设置跳转菜单的名称。
- 选择【选项】选项组中的【菜单之后插入前往按钮】复选框，可以添加一个【前往】按钮，单击【前往】按钮可以跳转菜单中当前项的 URL。
- 如果选择了跳转菜单中的某个选项后，仍选中跳转菜单中的第一项，则选择【选项】选项组中的【更改 URL 后选择第一个项目】复选框。

05 单击【确定】按钮，即可插入跳转菜单，如图 7-40 所示。

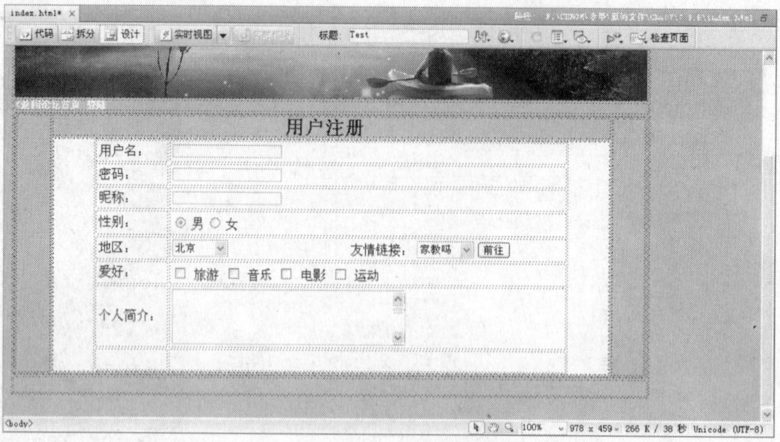

图 7-40　插入跳转菜单

06　保存文档，按【F12】键在浏览器中预览效果，如图 7-41 所示。

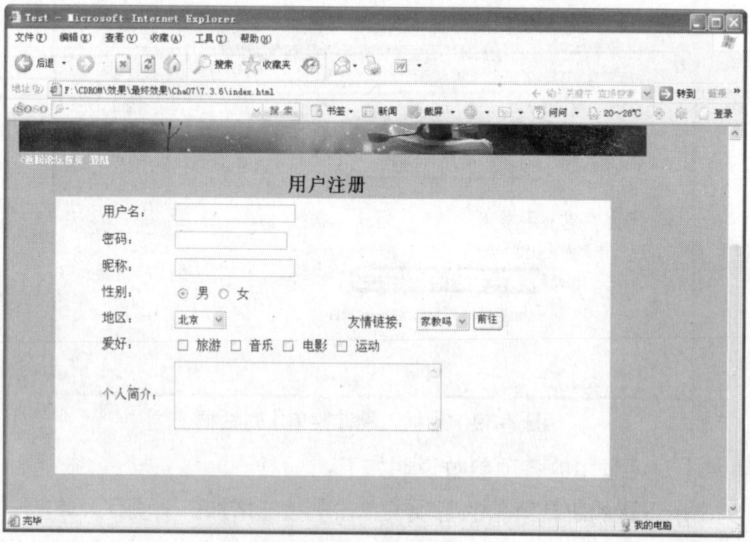

图 7-41　预览效果

7.3.7　按钮

按钮是网页中最常见的表单对象，使用按钮可以将表单数据提交到服务器。插入按钮的具体操作步骤如下：

01　在菜单栏中选择【文件】|【打开】命令，打开【打开】对话框。在该对话框中选择随书光盘中的【原始文件 | Cha07 | 7.3.7 | index.html】文件，单击【打开】按钮将其打开，如图 7-42 所示。

02　将光标放置在第 8 行第 2 列单元格中，在菜单栏中选择【插入】|【表单】|【按钮】命令，在打开的【输入标签辅助功能属性】对话框中，单击【确定】按钮，即可插入按钮，如图 7-43 所示。

03　将光标放置在按钮的右侧，在【属性】面板中将【水平】设置为【左对齐】，如图 7-44 所示。

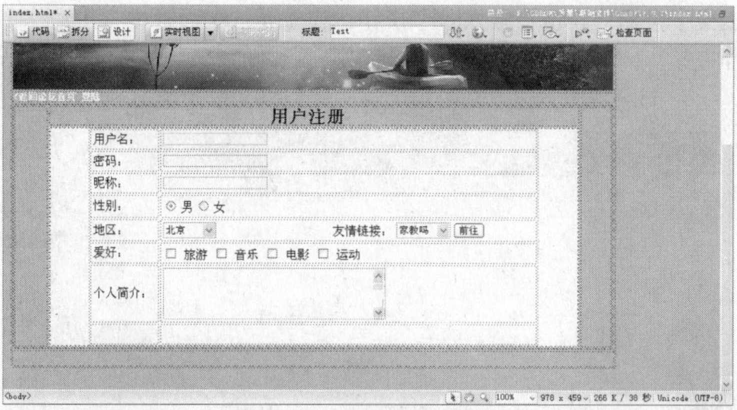

图 7-42　打开原始文件

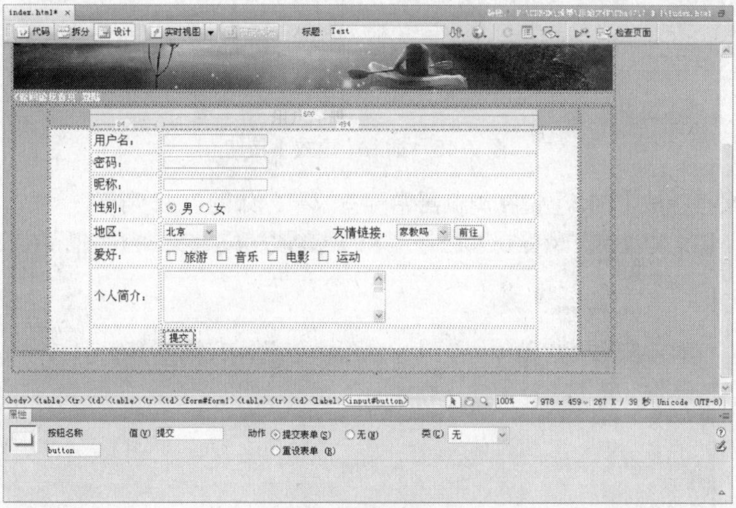

图 7-43　插入按钮

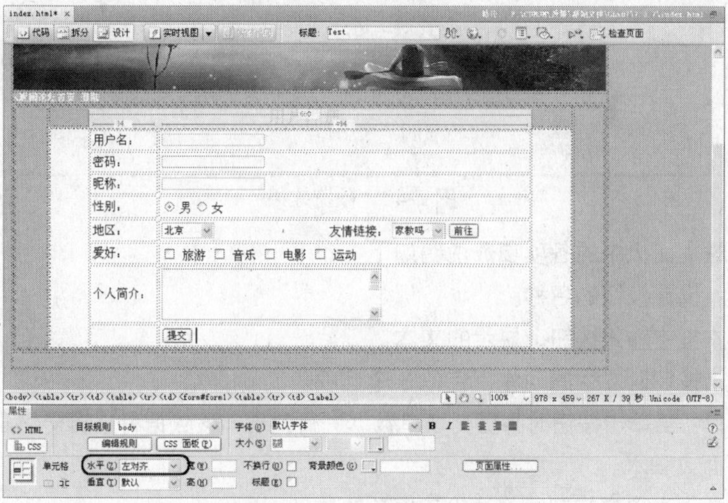

图 7-44　设置左对齐

04 在【提交】按钮的右侧再插入一个按钮，在【属性】面板中将【动作】设置为【重设表单】，如图 7-45 所示。

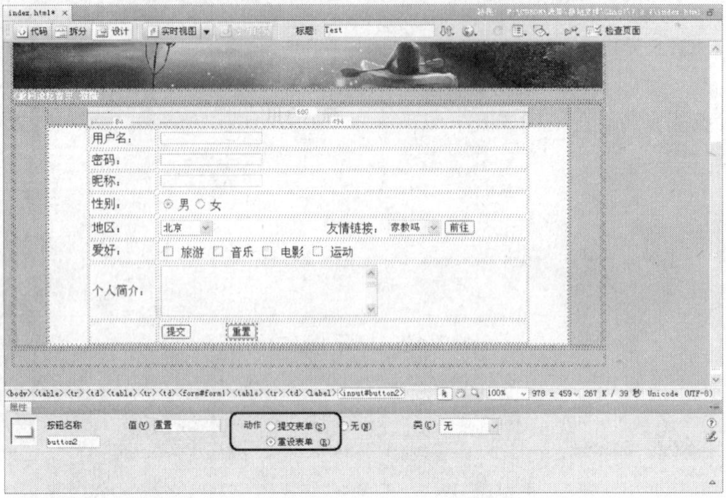

图 7-45 插入【重置】按钮

05 保存文档，按【F12】键在浏览器中预览效果，如图 7-46 所示。

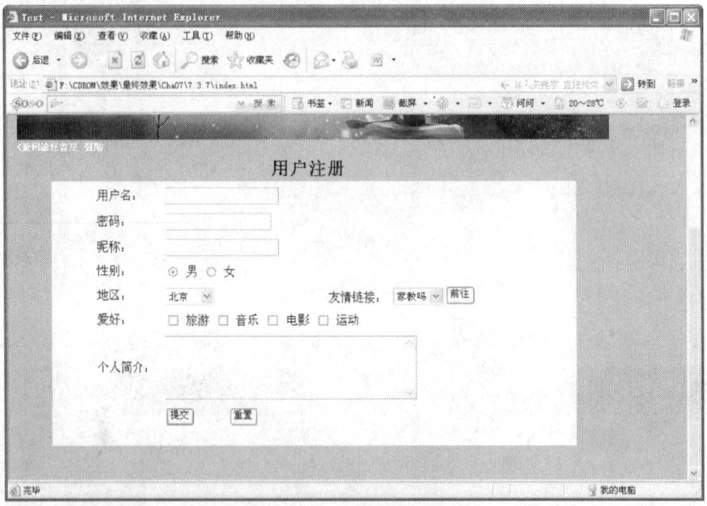

图 7-46 预览效果

按钮的【属性】面板中的各项参数说明如下：

- 按钮名称：设置按钮的名称。
- 值：在文本框中输入按钮上显示的文本。
- 动作：单击按钮时发生的动作，包括 3 个选项。
  - 提交表单：当单击按钮时将提交表单数据进行处理，该数据将被提交到表单操作属性中指定的页面或脚本。
  - 重设表单：当单击按钮时将清除该表单的内容。

➢ 无：指定单击按钮时要执行的操作，当选择该单选按钮时，表单的数据既不提交也不重置。

7.3.8　创建图像域

有时我们可以使用图像域来代替按钮，插入图像域的具体操作步骤如下：

01　在菜单栏中选择【文件】|【打开】命令，打开【打开】对话框。在该对话框中选择随书光盘中的【原始文件 | Cha07 | 7.3.8 | index.html】文件，单击【打开】按钮将其打开，如图 7-47 所示。

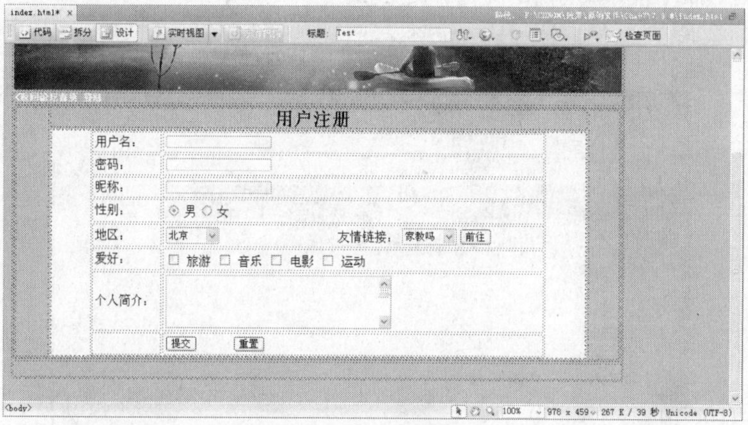

图 7-47　打开原始文件

02　将光标放置在【重置】按钮的右侧，在菜单栏中选择【插入】|【表单】|【图像域】命令，在打开的【选择图像源文件】对话框中，选择 dz.png 文件，如图 7-48 所示。

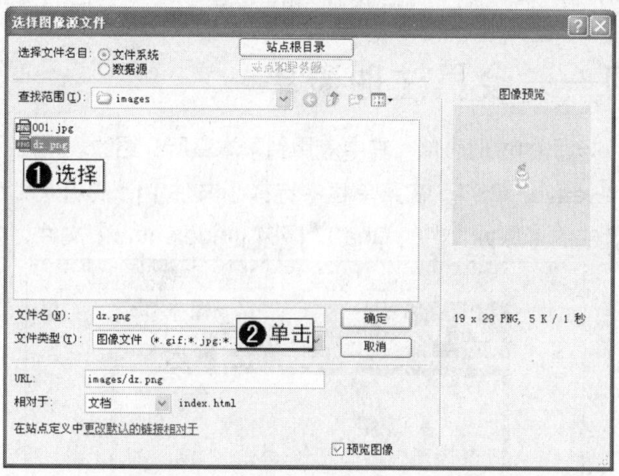

图 7-48　【选择图像源文件】对话框

03　单击【确定】按钮，在打开的【输入标签辅助功能属性】对话框中，单击【确定】按钮，即可插入图像域，如图 7-49 所示。

04　保存文档，按 F12 键在浏览器中预览效果，如图 7-50 所示。

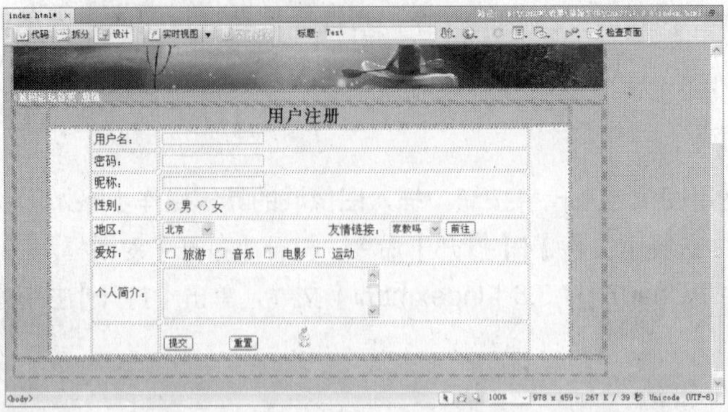

图 7-49　插入图像域

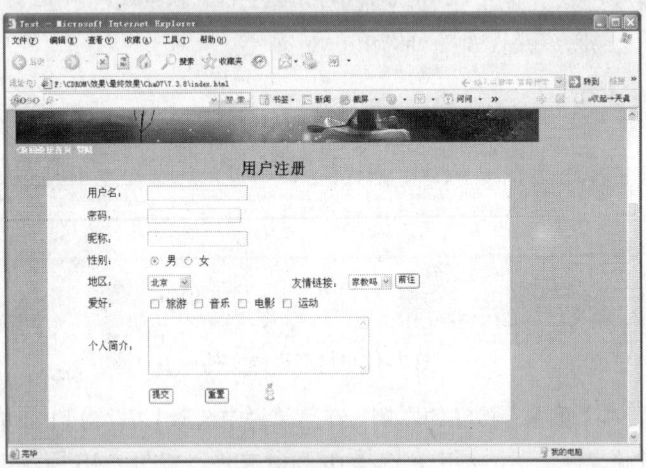

图 7-50　预览效果

7.4　上机练习——会员注册表单

本例将制作一个网站会员的注册表单，其中应用到了本章所介绍的表单知识，具体操作步骤如下：

01　启动 Dreamweaver CS4，在菜单栏中选择【文件】|【打开】命令，在打开的【打开】对话框中选择随书光盘中的【原始文件 | Cha07 | 7.4 | index.html】文件，如图 7-51 所示。

图 7-51　打开原始文件

02 将光标放置在文档最下方单元格中，在菜单栏中选择【插入】|【表单】|【表单】命令，插入表单，如图 7-52 所示。

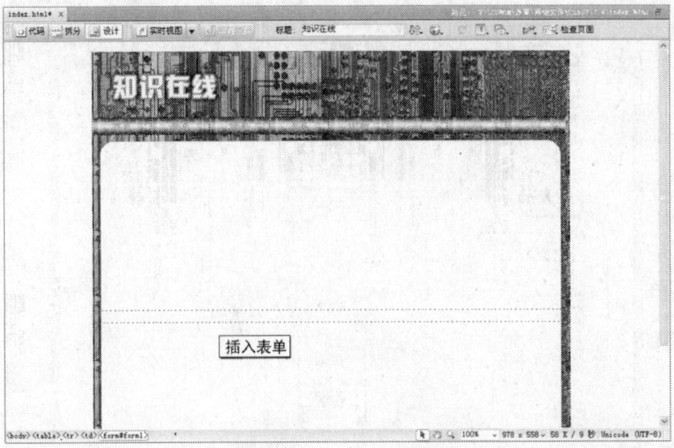

图 7-52 插入表单

03 选中表单，在【属性】面板中的【动作】文本框中输入 mailto:qianyangongzuoshi@163.com，如图 7-53 所示。

图 7-53 插入电子邮件链接

04 将光标放置在表单中，在菜单栏中选择【插入】|【表格】命令，在打开的【表格】对话框中，将【行数】设置为 9，【列】设置为 2，【表格宽度】设置为 600 像素，【单元格间距】设置为 4，如图 7-54 所示。

05 单击【确定】按钮插入表格，在【属性】面板中将【对齐】设置为【居中对齐】，如图 7-55 所示。

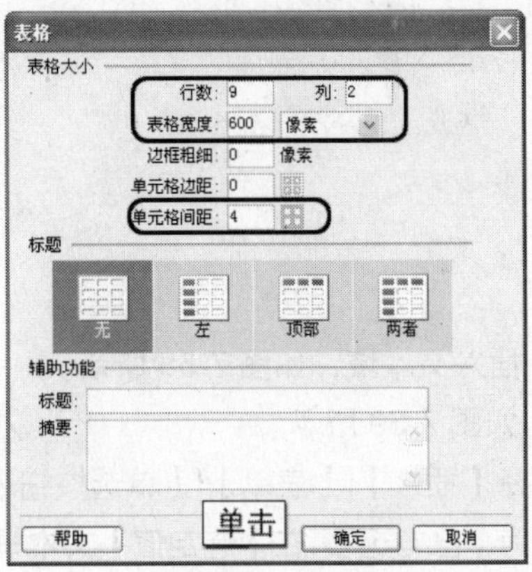

图 7-54 插入表格

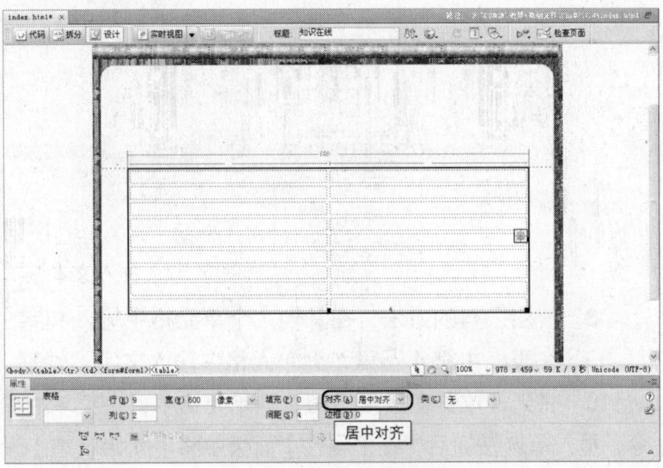

图 7-55 设置对齐

06 将光标放置在表格的第 1 行第 1 列单元格中，输入文字“用户名:”，在【属性】面板中将【水平】设置为【右对齐】，并适当调整表格，如图 7-56 所示。

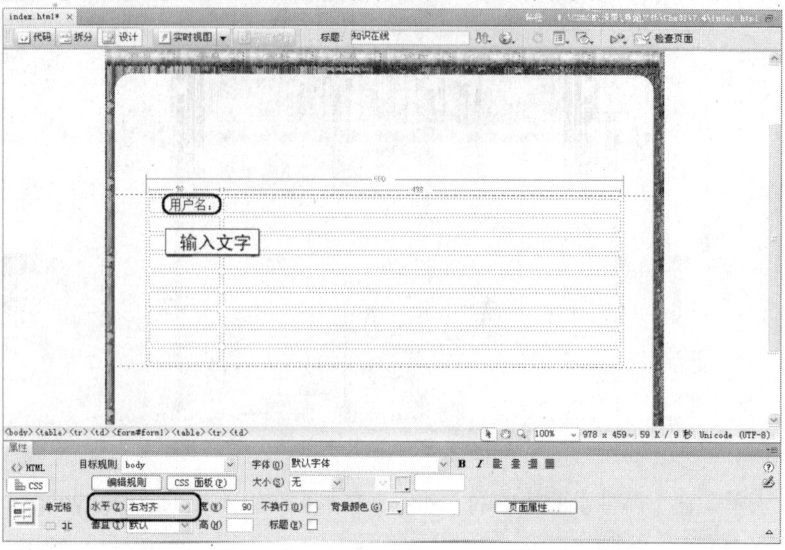

图 7-56 输入文字

07 将光标放置在表格的第 1 行第 2 列单元格中，在菜单栏中选择【插入】|【表单】|【文本域】命令，插入文本域，在【属性】面板中设置【字符宽度】为 20，如图 7-57 所示。

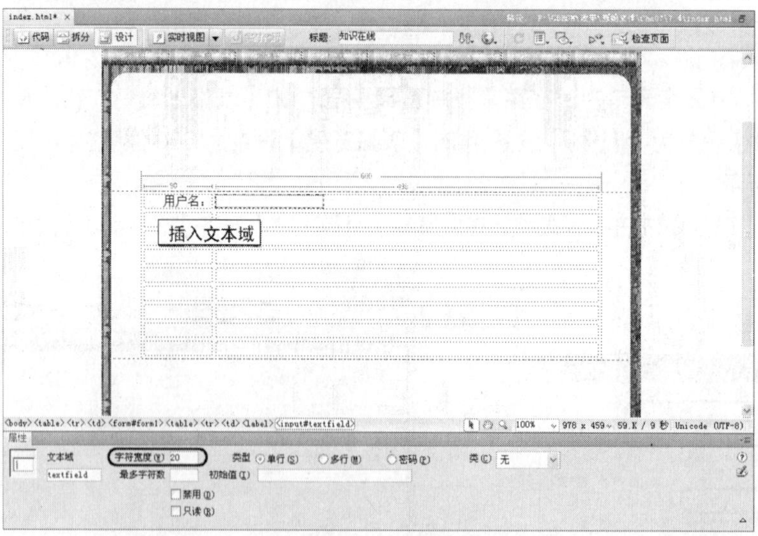

图 7-57 插入文本域

08 使用同样的方法，在其他几个单元格中输入文字，并插入文本域，如图 7-58 所示。

09 在表格中第 4 行第 1 列单元格中输入文字“性别:”，如图 7-59 所示。

10 将光标放置在第 4 行第 2 列单元格中，在菜单栏中选择【插入】|【表单】|【单选按钮】命令，插入单选按钮后，在【属性】面板中将【初始状态】设置为【已勾选】，在【选定值】文本框中输入文字“男”，如图 7-60 所示。

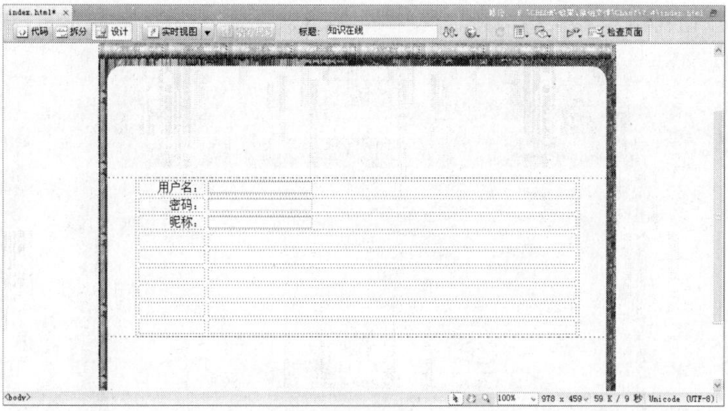

图 7-58　输入文字并插入文本域

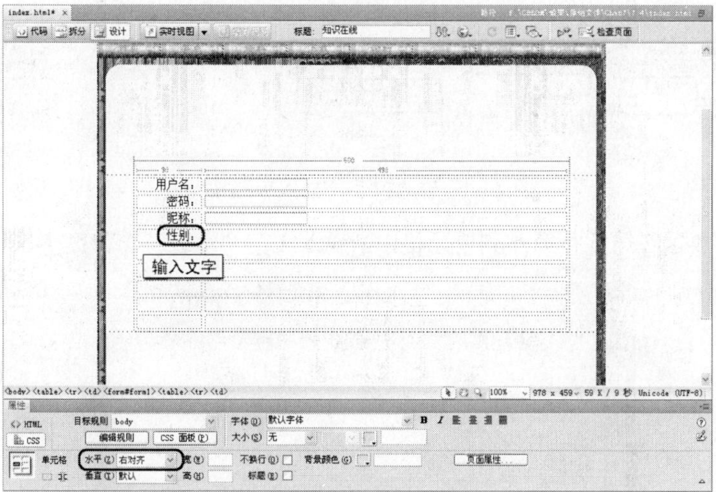

图 7-59　输入文字

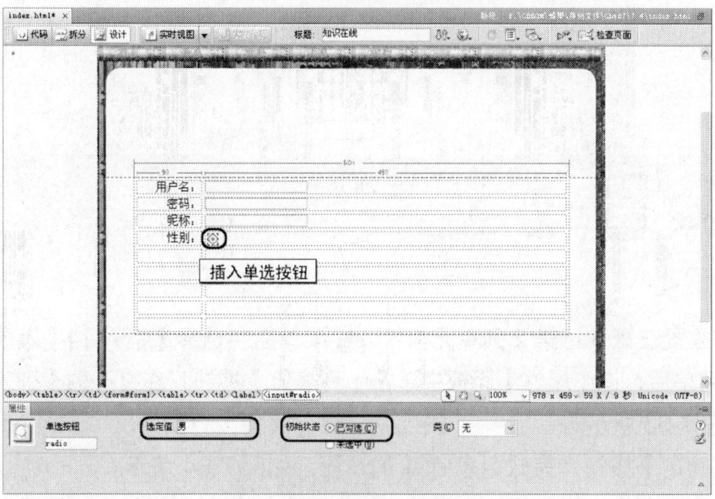

图 7-60　插入单选按钮

11 在单选按钮右侧输入文字“男”，使用同样方法再插入一个单选按钮，并输入文字“女”，如图 7-61 所示。

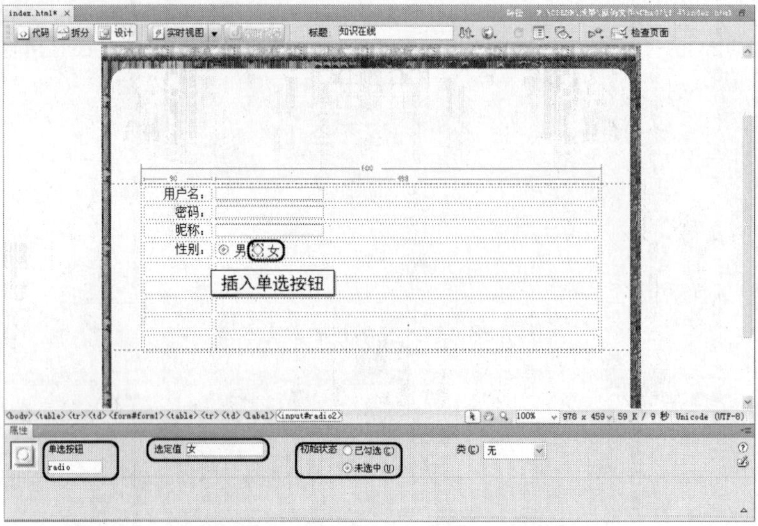

图 7-61 输入文字并插入单选按钮

12 将光标放置在第 5 行第 1 列单元格中，输入文字“地区：”，如图 7-62 所示。

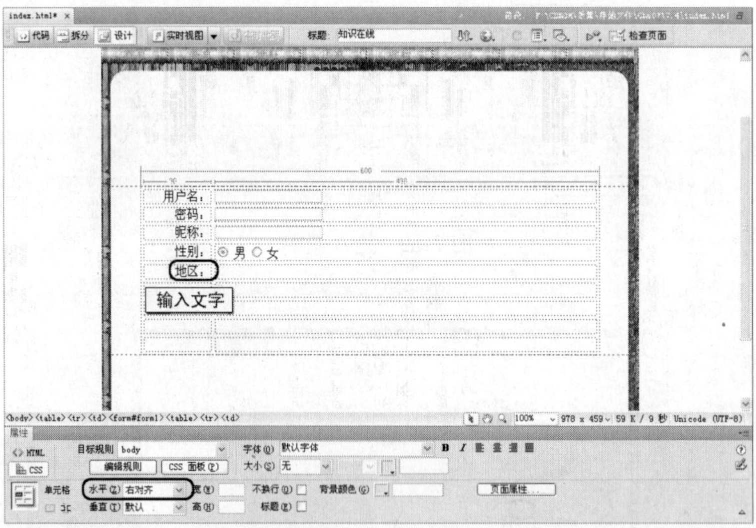

图 7-62 输入文字

13 将光标放置在第 5 行第 2 列单元格中，在菜单栏中选择【插入】|【表单】|【列表/菜单】命令，插入列表/菜单后，在【属性】面板中单击【列表值】按钮，在打开的【列表值】对话框中输入项目标签，如图 7-63 所示。

14 单击【确定】按钮，完成列表/菜单的设置，如图 7-64 所示。

15 将光标放置在表格第 6 行第 1 列单元格中，在其中输入文字“专业：”，如图 7-65 所示。

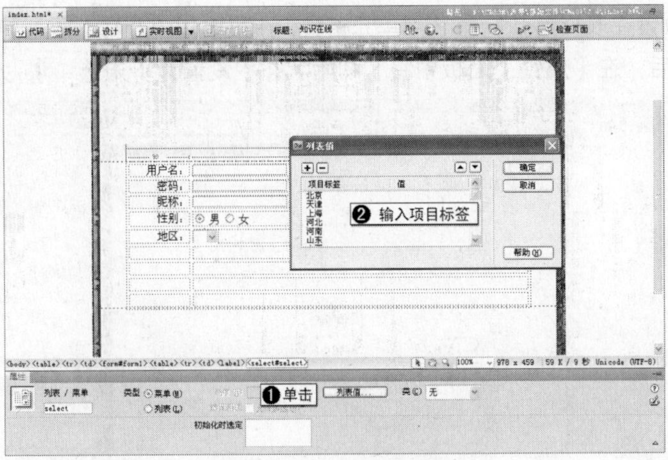

图 7-63　设置项目标签

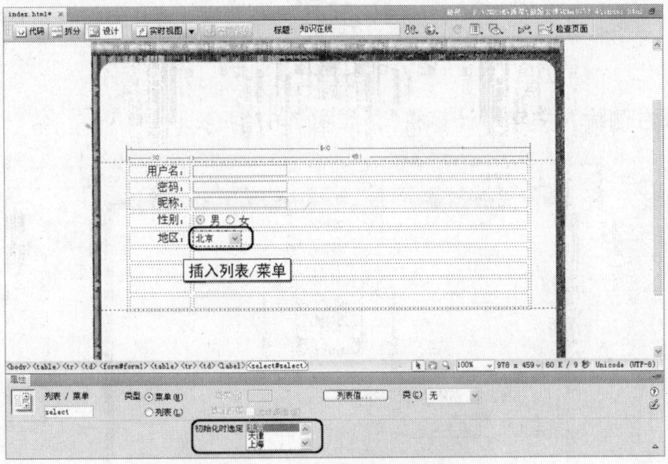

图 7-64　设置列表/菜单

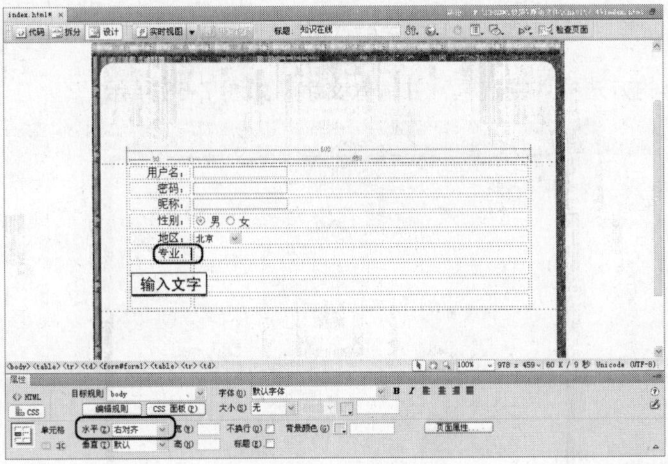

图 7-65　输入文字

16 将光标放置在表格第 6 行第 2 列单元格中，在菜单栏中选择【插入】|【表单】|【复选框】命令，插入复选框后，在【属性】面板中将【初始状态】设置为【未选中】，如图 7-66 所示。

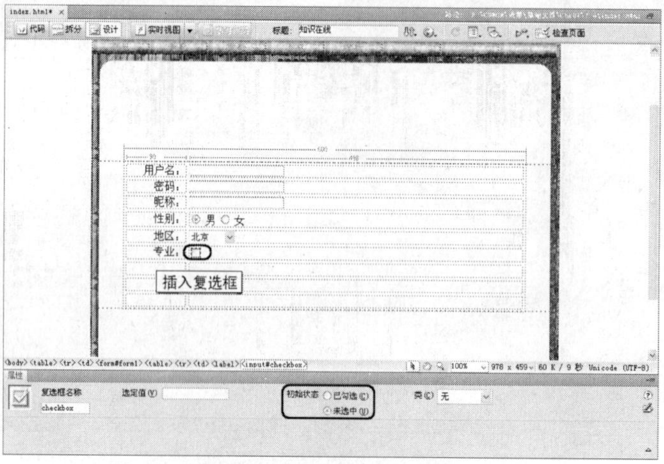

图 7-66 插入复选框

17 在复选框右侧输入文字“计算机”，如图 7-67 所示。

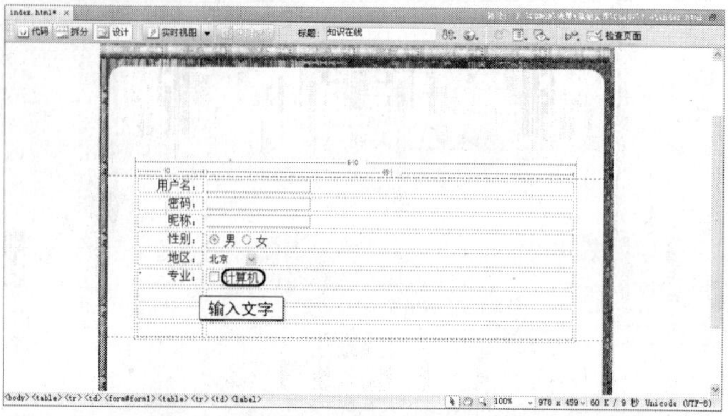

图 7-67 输入文字

18 使用同样的方法插入复选框，并输入文字，如图 7-68 所示。

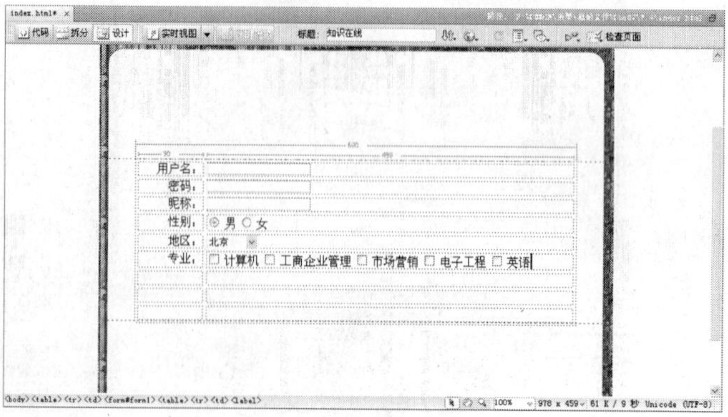

图 7-68 插入复选框并输入文字

19 将光标放置在表格的第 7 行第 1 列单元格中，在其中输入文字“个人简介:”，如图 7-69 所示。

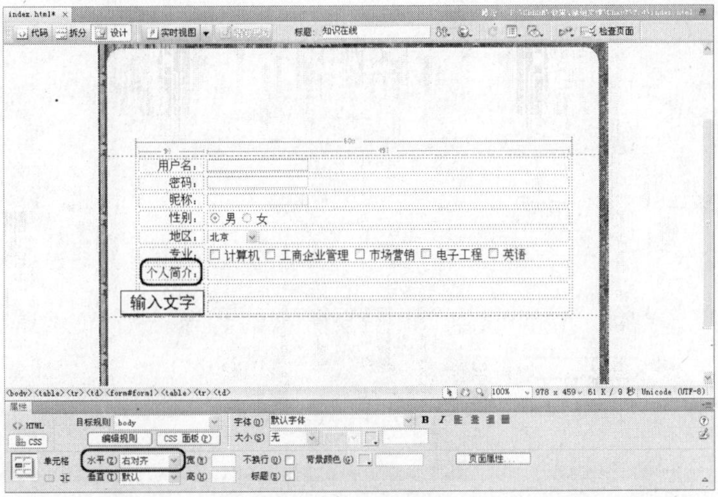

图 7-69 输入文字

20 将光标放置在表格的第 7 行第 2 列单元格中，在菜单栏中选择【插入】|【表单】|【文本区域】命令，插入文本区域后，在【属性】面板中将【字符宽度】设置为 50，【行数】设置为 5，如图 7-70 所示。

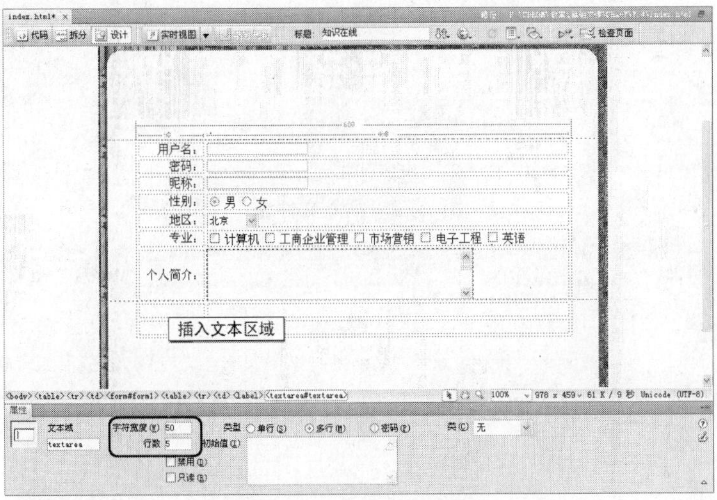

图 7-70 插入文本区域

21 将光标放置在表格的第 8 行第 1 列单元格中，在其中输入文字“上传照片:”。

22 将光标放置在表格的第 8 行第 2 列单元格中，在菜单栏中选择【插入】|【表单】|【文件域】命令，在单元格中插入文件域，如图 7-72 所示。

23 将光标放置在表格最后一行的第 2 列单元格中，在菜单栏中选择【插入】|【表单】|【按钮】命令，在单元格中插入按钮，如图 7-73 所示。

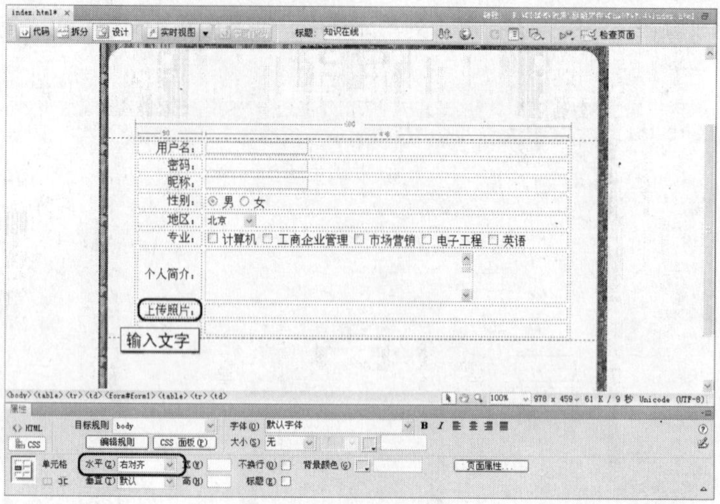

图 7-71　输入文字

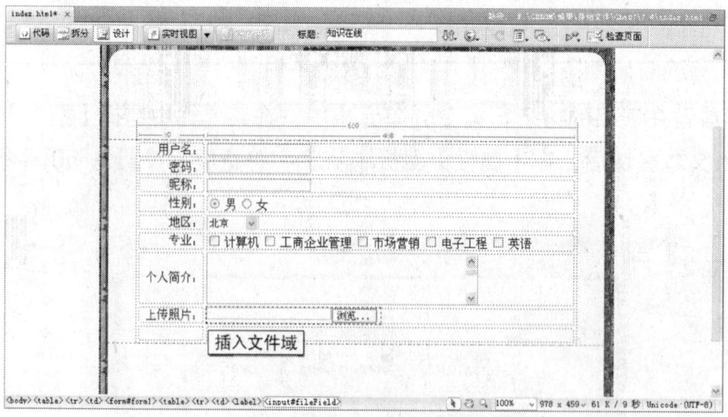

图 7-72　插入文件域

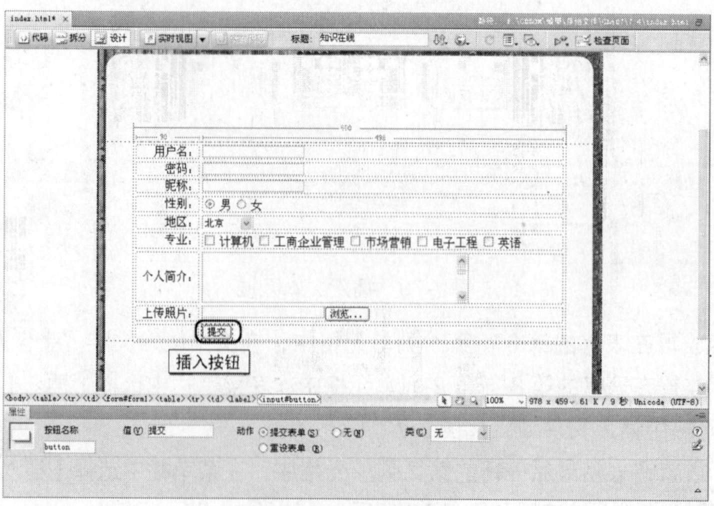

图 7-73　插入按钮

24 再次插入按钮，在【属性】面板中将【动作】设置为【重置表单】，如图 7-74 所示。

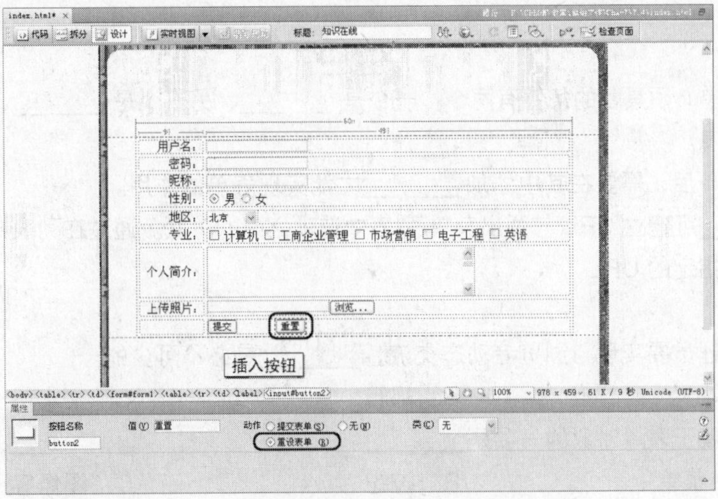

图 7-74　再次插入按钮

25 至此，会员注册表单制作完成，保存文档后，按 F12 键在浏览器中预览，效果如图 7-75 所示。

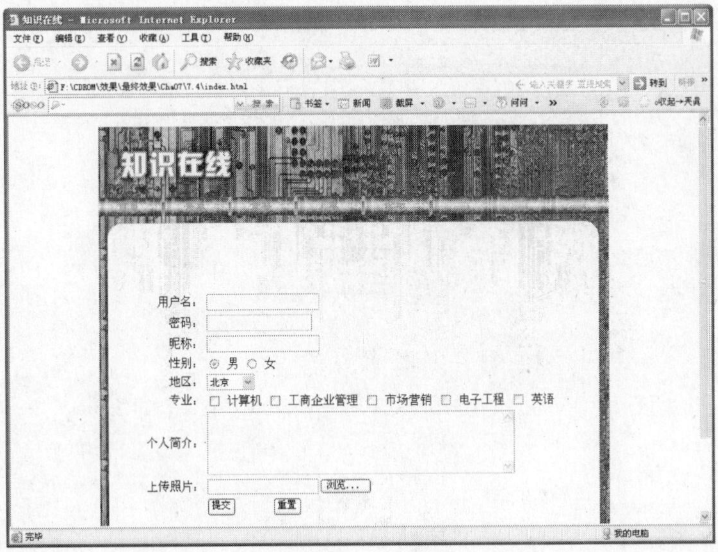

图 7-75　预览效果

7.5　本章小结

表单是网页与浏览者交互的一种界面，在网页中有着广泛的应用，是网络真正的价值所在。表单网页是设计与功能的结合，一方面要与后台的程序很好地结合起来，另一方面要制作得相对美观，所以应该掌握好表单元素插入与设置的正确方法。

7.6 习题

1．填空题

（1）使用表单必须具备的条件有两个：一个是________，另一个是________，它能处理用户输入到表单中的信息。

（2）创建表单后，需要在其中添加________才能实现表单的作用。

（3）________可建立 URL 与弹出菜单/列表中选项之间的关联。通过在列表中选择一个选项，浏览器将跳转到指定的 URL。

2．选择题

（1）网站管理员要实现与浏览者动态交流，________是必不可少的。

A．表单　　B．邮箱　　C．文本域

（2）下面不属于表单对象的一项是________。

A．跳转菜单　　B．按钮　　C．图像集

3．简答题

表单对象包括哪些？分别有什么作用？

第 8 章　行为与第三方插件

行为可以说是 Dreamweaver 中最有特色的功能，使用行为可以使网页具有一些动感效果，这些动感效果是在客户端实现的。行为的关键在于 Dreamweaver 中提供了很多动作，其实就是标准的 JavaScript 程序，每个动作可以完成特定的任务。同时还可以通过【时间轴】面板来制作动画。本章主要介绍行为的基本概念，利用 Dreamweaver 中各种内置行为制作特效网页。

Dreamweaver 的真正特殊之处在于它的强大的无限扩展性，插件可用于拓展 Dreamweaver 的功能。Dreamweaver 可以添加第三方开发的插件，利用这些插件可以快速地制作各种复杂的网页特效。

本章重点

- 掌握行为的基本操作
- 【时间轴】的操作
- 认识并安装第三方插件
- 第三方插件扩展功能的使用

8.1　行为的基本操作

行为是预置的 JavaScript 程序库。使用行为可以使网页制作人员不用编程就可实现一些程序动作，如验证表单、打开浏览器窗口等。

行为是事件与动作的组合。动作是预先编写好的 Java 脚本，选择指定任务，例如打开浏览器、播放声音或停止动画播放等。

Dreamweaver 提供的行为可使用户迅速给页面中的内容进行添加行为、为行为设置事件、修改事件和删除事件等操作，通过简单的管理操作，即可完成各类网页的动态设计。

8.1.1　认识行为面板

在 Dreamweaver 中，使用行为的主要途径是通过【行为】面板。使用【行为】面板的具体操作步骤如下：

01　选择菜单栏中的【窗口】|【行为】命令（或按【Shift+F4】组合键），打开【行为】面板，如图 8-1 所示。

02　单击【行为】面板中的 +.（添加行为）按钮，在弹出的菜单中选择所需的行为，如图 8-2 所示。

03　在【行为】面板中选择某一事件，单击 - 按钮，可从事件列表中删除所选择的事件，如图 8-3 所示。

图 8-1 【行为】面板

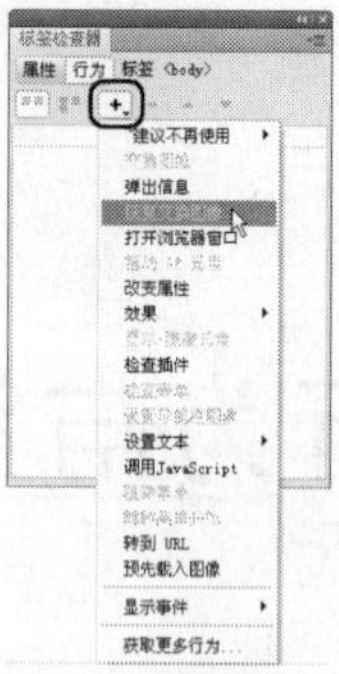

图 8-2 选择行为

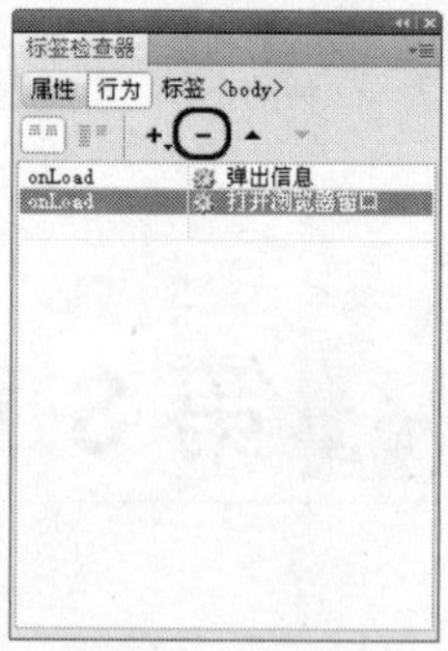

图 8-3 删除事件

04 在动作列表上方，单击▲或▼按钮可向上或向下移动所选定的动作。

8.1.2 添加行为

01 在菜单栏中选择【文件】|【打开】命令，打开【打开】对话框。在该对话框中选择随书光盘中的【原始文件 | Cha08 | 8.1.2 | 前沿建筑图像.html】文件，单击【打开】按钮将其打开，如图 8-4 所示。在网页中选择要添加行为的图像，单击【行为】面板中的+按钮，添加行为，如图 8-5 所示，这里选择【交换图像】命令。

图 8-4 打开原始文件

图 8-5 选择【交换图像】命令

02　打开如图 8-6 所示的【交换图像】对话框。在该对话框中根据需要设置相应的选项，单击【确定】按钮。

03　在【行为】面板中显示添加行为的事件及对应的动作，如图 8-7 所示。

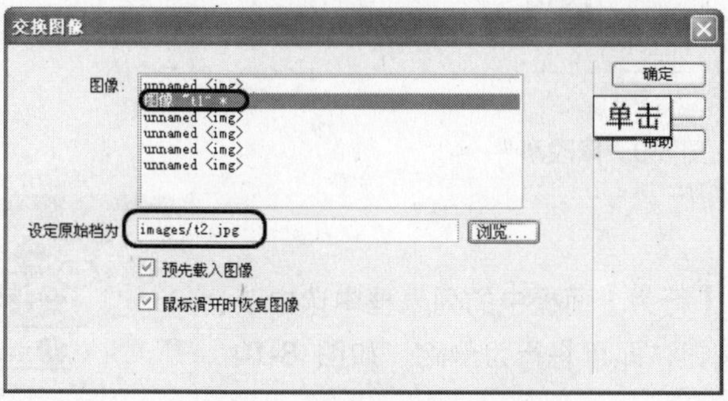

图 8-6　【交换图像】对话框

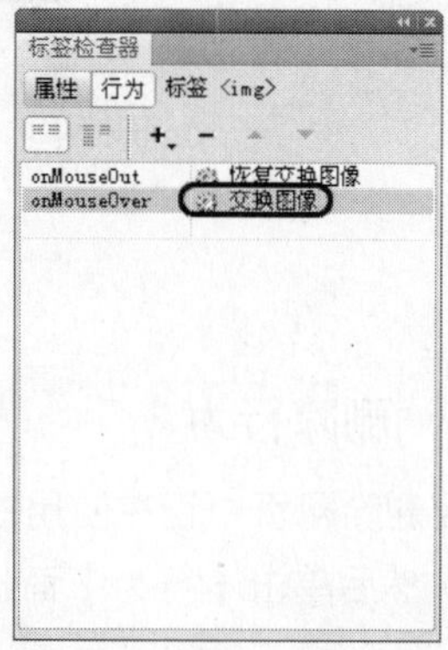

图 8-7　【行为】面板

04　选择【文件】|【另存为】命令将文档另存到一个文件夹中，按 F12 键在浏览器中预览，效果如图 8-8 所示。

图 8-8　预览效果

> **提示：** 为了不将原始的文件覆盖，所以需要将制作完成后的文档进行另存为。

8.1.3　修改行为

行为可以通过【行为】面板进行修改，双击要更改的动作，打开带有预先设置的对话框，在对话框中对已有的设置进行修改，如图 8-9 所示，设置完毕后，单击【确定】按钮即可。

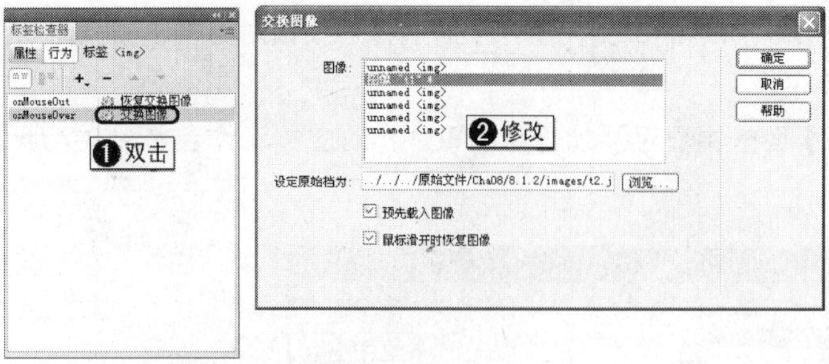

图 8-9　修改事件

8.1.4　删除行为

要删除网页中正在使用的行为，在【行为】面板中的列表框中选中该行为，然后单击【行为】面板中的 - 按钮，即可将行为删除，如图 8-10 所示。

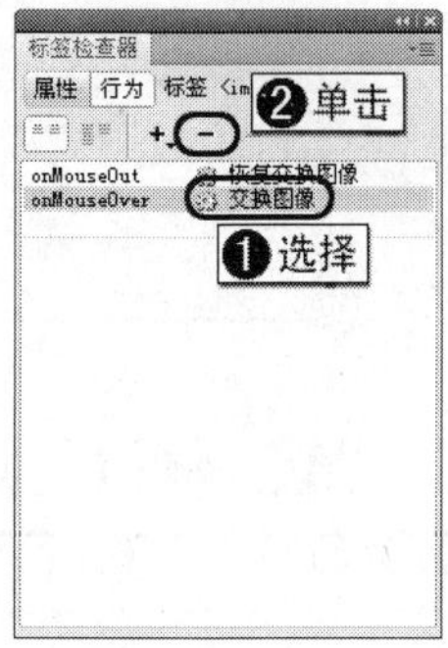

图 8-10　删除行为

8.2　Dreamweaver 的内置行为

在 8.1 中讲解了【交换图像】行为的应用，下面来对 Dreamweaver 中其他的内置行为进行简单介绍。

打开【行为】面板，单击面板中的 +（添加行为）按钮，在出现的菜单中可以查看所有 Dreamweaver 的内置行为，如图 8-11 所示。

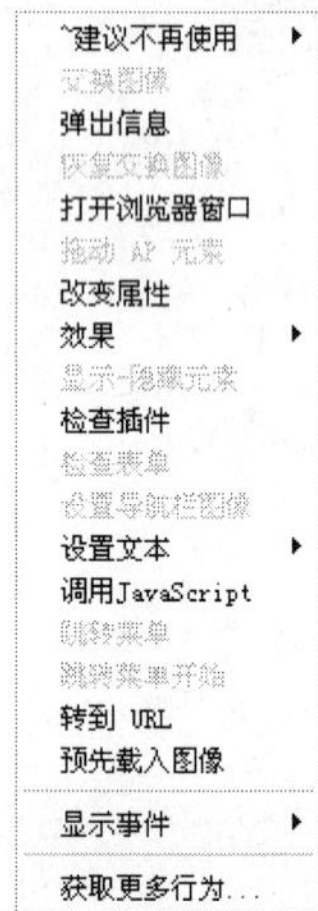

图 8-11　查看所有内置行为

Dreamweaver 包括以下内置行为：

- 弹出信息：【弹出信息】动作显示一个带有读者指定消息的 JaveScript 警告。由于 JaveScript 警告对话框只有一个【确定】按钮，所以使用这个动作只是提供信息，而不能为浏览者提供选择。
- 打开浏览器窗口：【打开浏览器窗口】动作可以在打开当前网页的同时再打开一个新的窗口，同时还可以编辑浏览窗口的大小、名称、状态栏及菜单栏等属性。
- 拖动 AP 元素：【拖动 AP 元素】动作允许访问者拖动 AP Div，使用此行为可以创建拼板游戏和其他可移动的页面元素。
- 设置状态栏文本：【设置状态栏文本】用于设置状态栏显示的信息，在适当的触发事件触发后在状态栏中显示信息。
- 设置导航栏图像：【设置导航栏图像】动作可以将现有的图像变为导航栏中的图像或更改导航栏中的图像。
- 转到 URL：自动跳转页面就是打开一个页面一段时间后自动跳转到另一个页面。
- 调用 JavaScript：【调用 JavaScript】动作允许使用【行为】面板指定一个自定义功能，或当发生某个事件时应该执行的一段 JavaScript 代码。用户可以自己编写或者使用各种免费获取的 JavaScript 代码。
- 效果：为网页中的对象添加动画效果，包括【增大/收缩】、【挤压】、【显示/渐隐】、【晃动】、【滑动】、【遮帘】和【高亮颜色】。

8.3　认识并安装第三方插件

随着网页制作热潮的兴起，Dreamweaver 也越来越受到关注。Dreamweaver 的功能使众多网页制作者为之倾倒，然而，Dreamweaver 的真正特殊之处在于它的强大的无限扩展性。Dreamweaver 中有着类似 Photoshop 滤镜概念的插件，插件可用于拓展 Dreamweaver 的功能。

8.3.1　认识第三方插件

利用为 Dreamweaver 附加功能的第三方插件，可以把网页制作得更加美观，而且还可以制作动态的页面。第三方插件可以根据功能和保存的位置进行分类，在 Dreamweaver 中使用的第三方插件大体上可以分为行为、命令和对象 3 种类型。安装 Dreamweaver CS4 之后，选择【命令】|【扩展管理】命令，运行扩展管理器就可以在 Type 列中确认插件类型。插件有可能为 HTML 格式的文件或图片文件，用复制形式添加的插件需要注意添加插件的目录。

行为插件：在扩展管理器中安装行为插件，并在 Dreamweaver 的【行为】面板中与基本行为并列显示。

命令插件：命令是由 HTML 文档和图片文件组成的，用扩展管理器安装之后就会添加到菜单栏的命令菜单中。

对象插件：对象插件安装之后，将以图标形式添加到 Dreamweaver 的【插入】面板中。

8.3.2　安装第三方插件

使用 Adobe Extension Manager 功能扩展管理器，可以方便地安装和删除插件，下载并安装了 Extension Manager 以后，可以启动扩展管理器，在扩展管理器中安装插件。在 Dreamweaver 中插件的扩展名为.mxp。安装第三方插件的具体操作步骤如下：

01　选择菜单栏中的【命令】|【扩展管理】命令，打开 Adobe Extension Manager CS4 软件，如图 8-12 所示。

02　在 Adobe Extension Manager CS4 软件的上方单击【安装】按钮，打开【选取要安装的扩展】对话框，在该对话框中选择要安装的扩展，如图 8-13 所示。

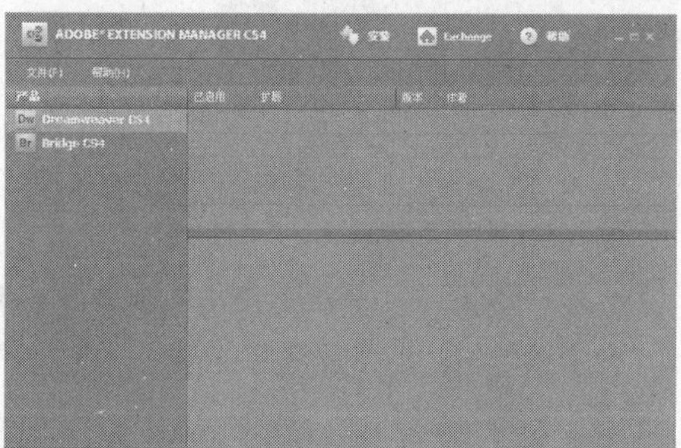

图 8-12　Adobe Extension Manager 软件

图 8-13　【选取要安装的扩展】对话框

03 单击【打开】按钮，打开【扩展功能免责声明】对话框，如图 8-14 所示。

04 单击【接受】按钮开始安装，安装完成后弹出如图 8-15 所示的提示框。

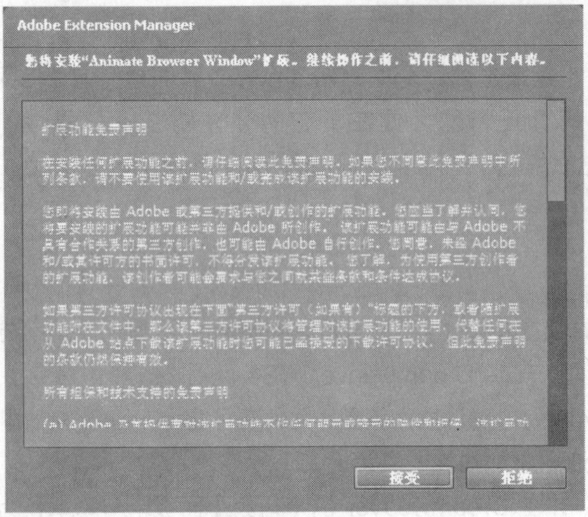

图 8-14 【扩展功能免责声明】对话框

图 8-15 Adobe Extension Manager 提示框

05 单击【确定】按钮，完成插件的安装，如图 8-16 所示。

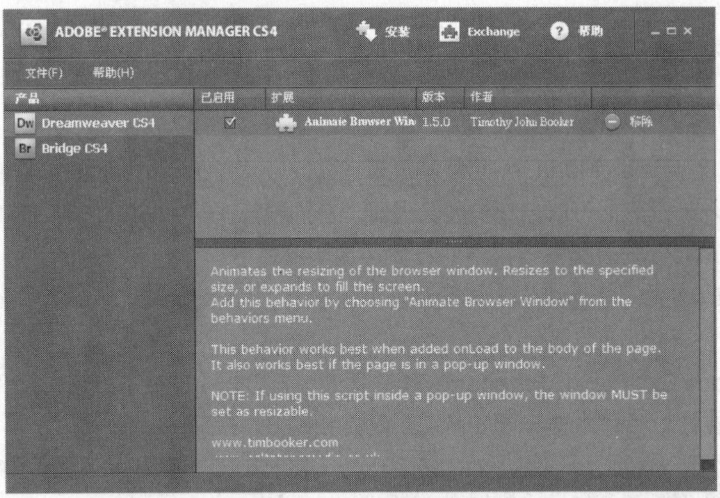

图 8-16 插件安装成功

8.4 使用第三方插件扩展功能

前面几节简单介绍了第三方插件，并介绍了第三方插件的安装，下面再来对第三方插件的扩展功能进行介绍。

8.4.1 扩展命令

下面讲述利用 Floating Image 命令插件制作漂浮广告效果。漂浮广告是较为流行的广告形式之一，当拖动浏览器的滚动条时，这种在页面上漂浮的广告可以跟随屏幕一起移动，这种效果对于广告展示有相当的实用价值。如果能很好地利用，能得到事半功倍的效果。制作漂浮广告的具体操作步骤如下：

01　在菜单栏中选择【文件】|【打开】命令，打开【打开】对话框。在该对话框中选择随书光盘中的【原始文件 | Cha08 | 8.4.1 | index.html】文件，单击【打开】按钮将其打开如图 8-17 所示。

图 8-17　打开原始文件

02　选择菜单栏中的【命令】|【扩展管理】命令，打开 Adobe Extension Manager 软件，如图 8-18 所示。

03　在 Adobe Extension Manager CS4 软件的上方单击【安装】按钮，打开【选取要安装的扩展】对话框。在该对话框中选择随书光盘中【效果 | 插件 | Float Image.mxp】文件，如图 8-19 所示。

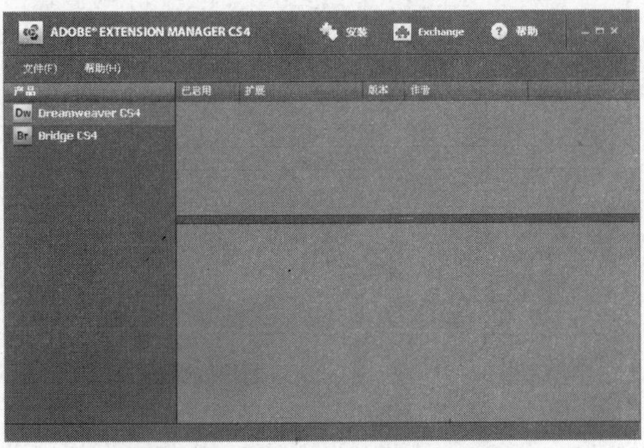

图 8-18　Adobe Extension Manager 软件

图 8-19　【选取要安装的扩展】对话框

04　单击【打开】按钮，打开【扩展功能免责声明】对话框，如图 8-20 所示。

05　单击【接受】按钮，完成插件的安装，如图 8-21 所示。

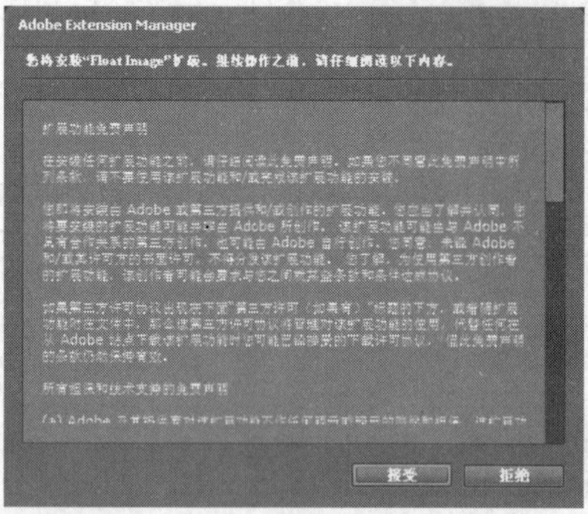

图 8-20　“扩展功能免责声明”对话框

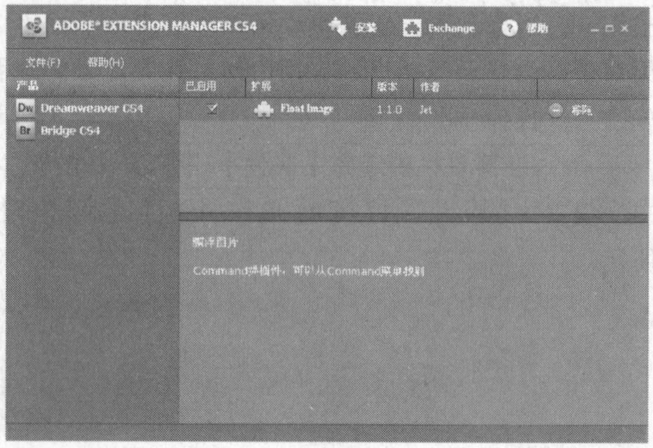

图 8-21　插件安装完成

06　在菜单栏中选择【命令】| Floa ting image 命令，如图 8-22 所示。

07　打开 Untitled Document 对话框，如图 8-23 所示。在该对话框中单击 images 文本框右侧的【浏览】按钮，打开【选择文件】对话框，选择 images 文件夹中的 pic-qy.jpg 文件，如图 8-24 所示单击【确定】按钮，添加到文本框中。

08　再在 Untitled Document 对话框中单击 href 文本框右边的【浏览】按钮，在打开的【选择文件】对话框中选择 index-01.html 文件，如图 8-25 所示，单击【确定】按钮，添加到文本框中。

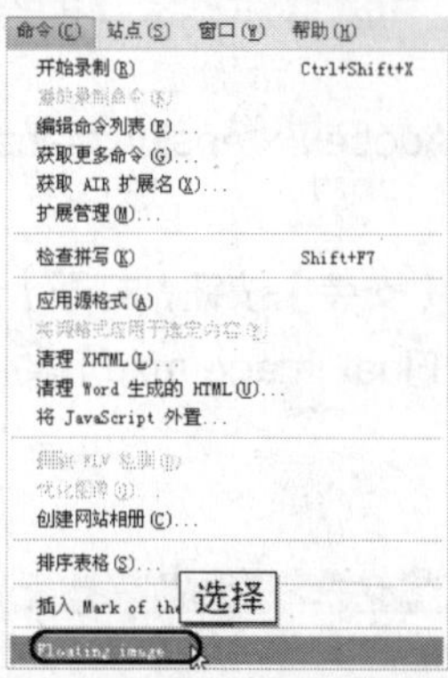

图 8-22　选择 Floating image 命令

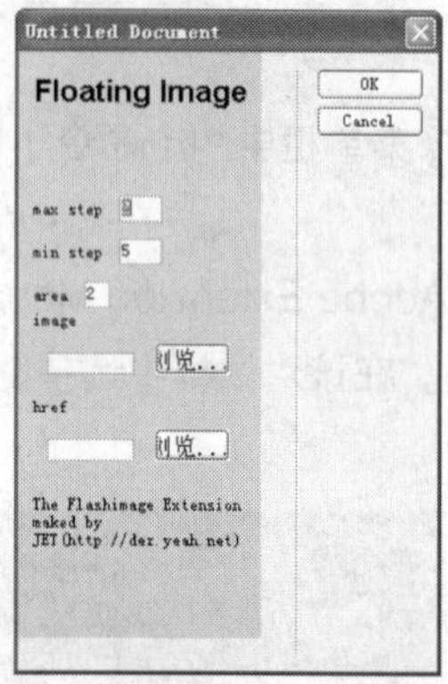

图 8-23　Untitled Document 对话框

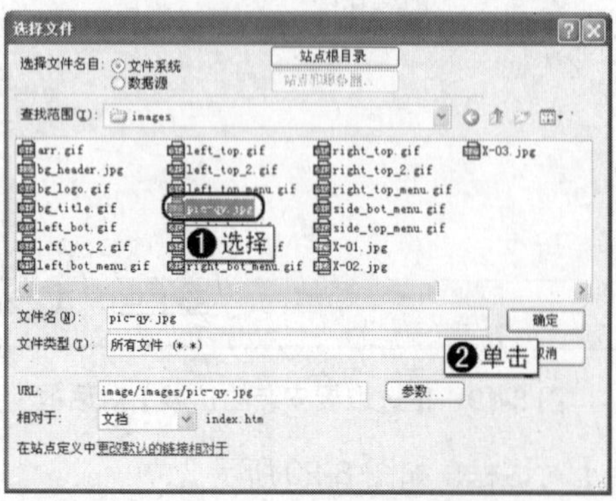

图 8-24　【选择文件】对话框

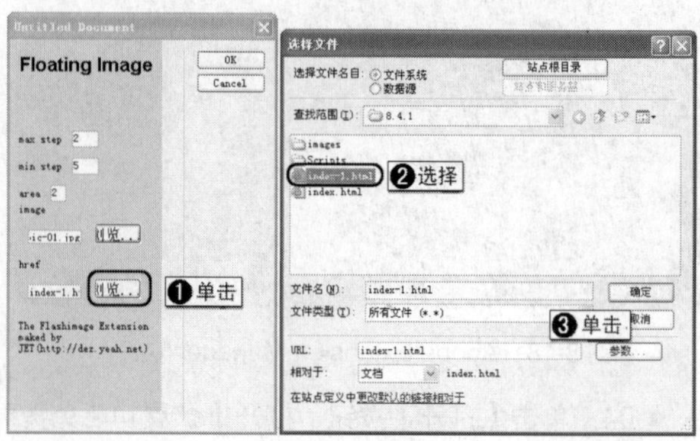

图 8-25　添加按钮

09 单击 OK 按钮，即可将按钮添加到网页中，如图 8-26 所示。

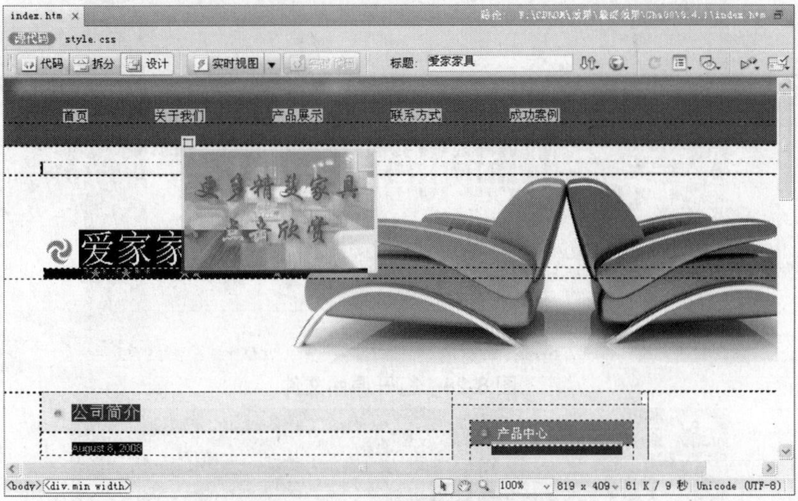

图 8-26　添加按钮后的网页

10 保存网页文档，按【F12】键在浏览器中预览，效果如图 8-27 所示。

图 8-27　预览效果

8.4.2　扩展对象

Scrolling_Title 插件的功能在于生成网页标题栏不停滚动的效果，具体操作步骤如下：

01 启动 Dreamweaver CS4 软件，打开随书光盘中的【原始文件 | Cha08 | 8.4.2 | index.html】文件，如图 8-28 所示。

02 选择【命令】|【扩展管理】命令，打开 Adobe Extension Manager 软件，如图 8-29 所示。

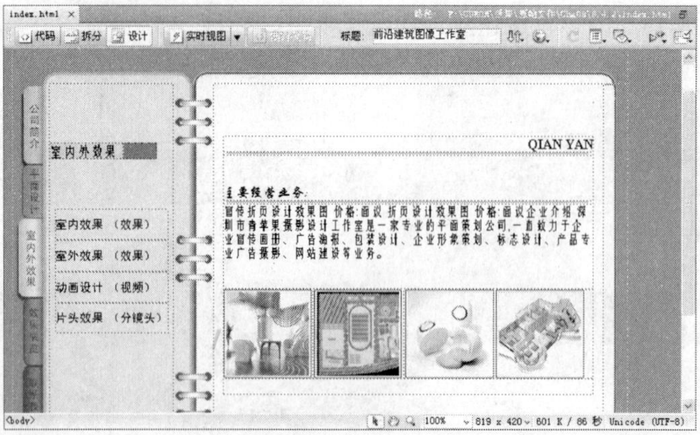

图 8-28　打开原始文件

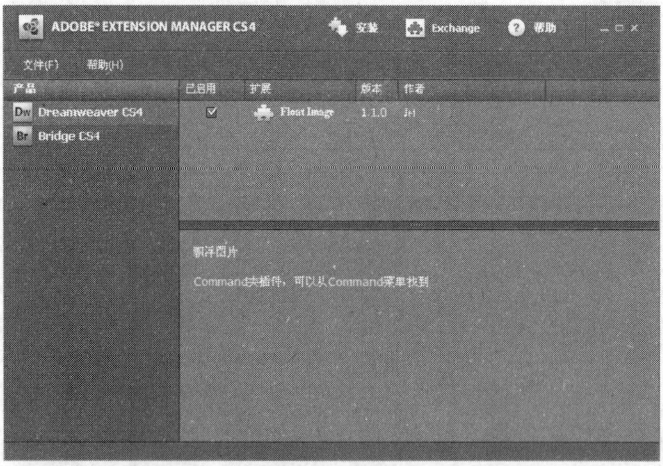

图 8-29　Adobe Extension Manager 软件

03　在 Adobe Entension Manager 软件的上方单击【安装】按钮，打开【选取要安装的扩展】对话框。在该对话框中选择【插件】文件夹中的 wss.mxp 文件，如图 8-30 所示。

04　单击【打开】按钮，打开【扩展功能免责声明】对话框，如图 8-31 所示。

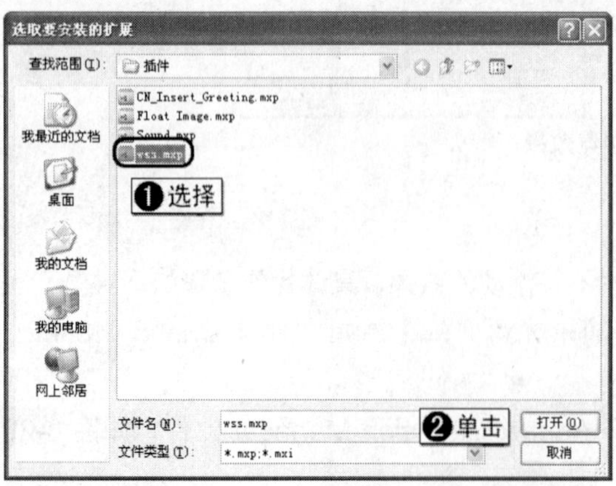

图 8-30　【选取要安装的扩展】对话框

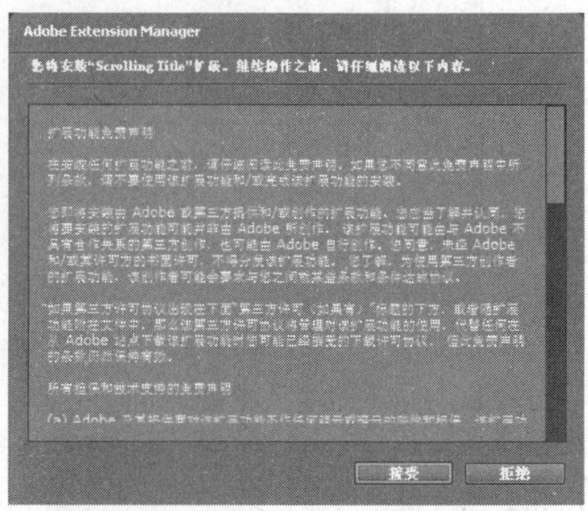

图 8-31　【扩展功能免责生命】对话框

05 单击【接受】按钮，完成插件的安装，如图 8-32 所示。

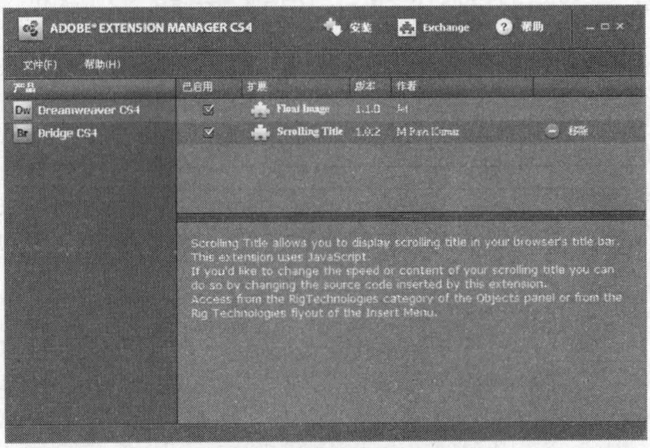

图 8-32　插件安装完成

06 将【插入】面板切换到 Scrolling_Title 选项面板，单击 Scrolling_Title 按钮，如图 8-33 所示。

07 打开 Scrolling_Title 对话框，使用默认参数，如图 8-34 所示，单击【确定】按钮。

图 8-33　【插入】面板

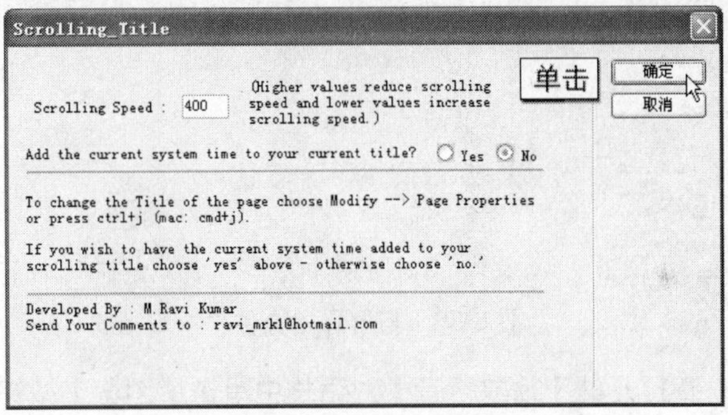

图 8-34　Scrolling_Title 对话框

08 保存场景文件，按【F12】键在浏览器中预览，效果如图 8-35 所示。

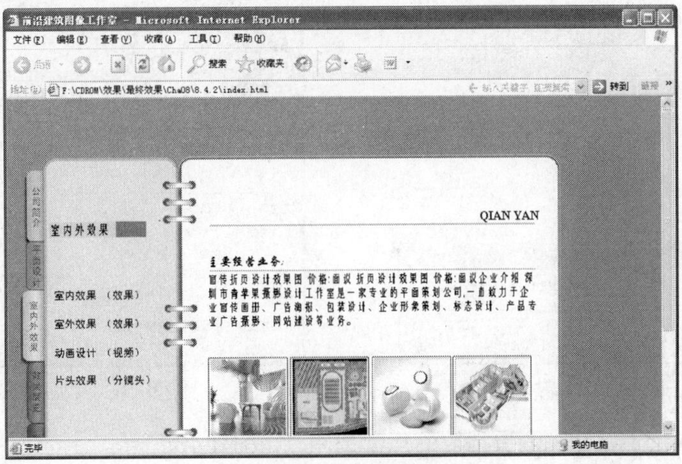

图 8-35　预览效果

8.5 上机练习——使用行为、插件丰富页面

行为和第三方插件都可以为网页添加丰富的效果，本例将在网页中同时添加行为与第三方插件，使网页得到较好的效果。使用行为、插件丰富页面的具体操作步骤如下：

01 启动 Dreamweaver CS4 软件，打开随书光盘中的【效果 | 原始文件 | Cha08 | 8.5 | index.htm】文件，如图 8-36 所示。

02 在菜单栏中选择【窗口】|【行为】命令，打开【行为】面板。选择整个网页页面，在【行为】面板中单击添加行为按钮 +，在弹出的菜单中选择【建议不再使用】|【播放声音】命令，如图 8-37 所示。

图 8-36　打开原始文件

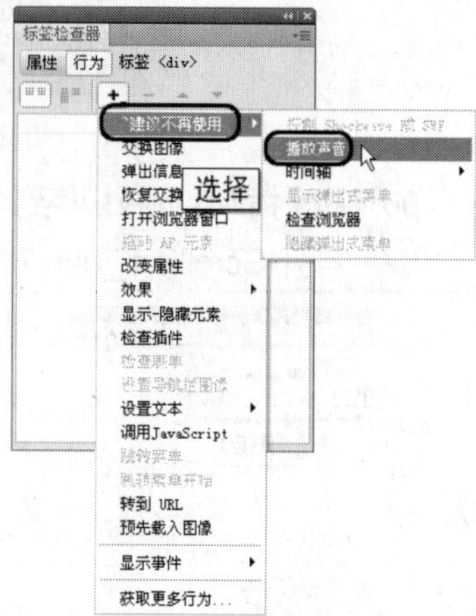

图 8-37　【行为】面板

03 在打开的【播放声音】对话框中单击【浏览】按钮，如图 8-38 所示。

04 在【选择文件】对话框中选择 image 文件夹中的 01.mp3 文件，如图 8-39 所示。

图 8-38　【播放声音】对话框

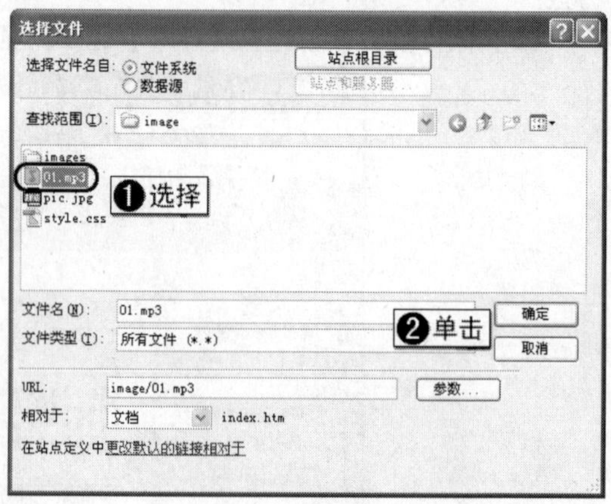

图 8-39　【选择文件】对话框

05 单击【确定】按钮加入要播放的声音文件，如图 8-40 所示。

06 在【播放声音】对话框中单击【确定】按钮，然后在【行为】面板中将事件设置为 onClick，

如图 8-41 所示。

图 8-40　加入声音文件

图 8-41　【行为】面板

07 在菜单栏中选择【命令】|【扩展管理】命令，打开 Adobe Extension Manager CS4 软件，单击【安装】按钮，打开【选择要安装的扩展】对话框，选择随书光盘中的【插件 | CN_Insert_Greeting.mxp】文件，如图 8-42 所示。

08 单击【打开】按钮，开始安装，在【扩展功能免责声明】对话框中单击【接受】按钮，如图 8-43 所示。

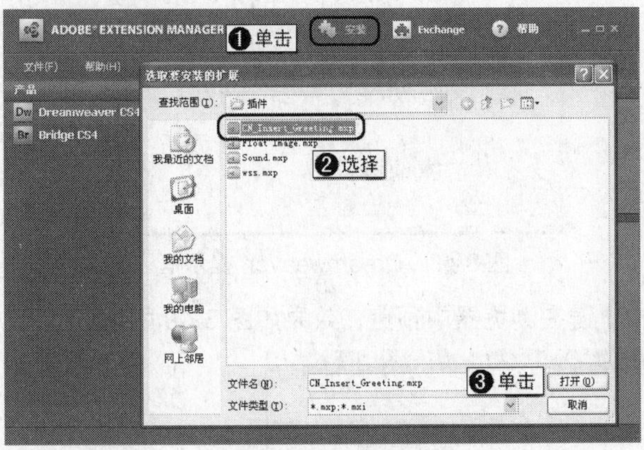

图 8-42　选择插件

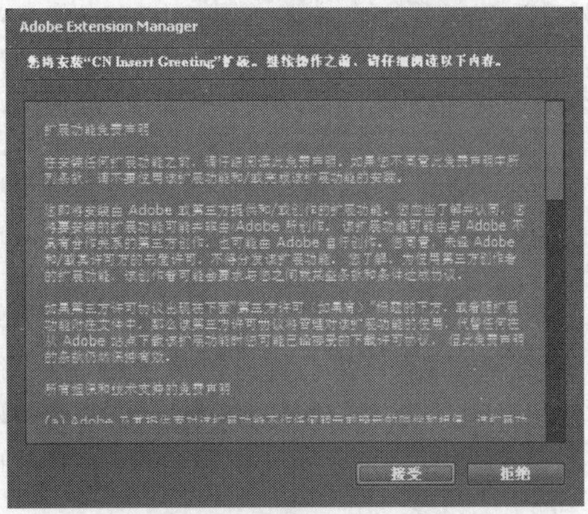

图 8-43　【扩展功能免责声明】对话框

09 在弹出的重启 Dreamweaver 软件的提示框中单击【确定】按钮，如图 8-44 所示。然后保存网页文档，并重启 Dreamweaver 软件。

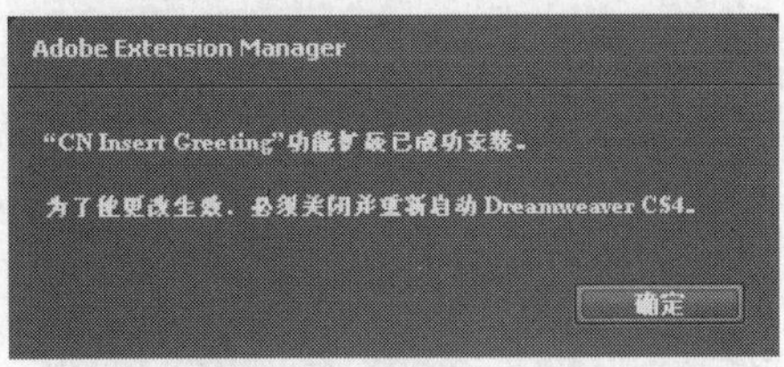

图 8-44　重启 Dreamweaver 软件提示框

10 将光标插入到页面中如图 8-45 所示的位置，在【插入】面板中将类型设置为 CN Insert Greeting，如图 8-46 所示，然后单击 CN Insert Greeting 按钮。

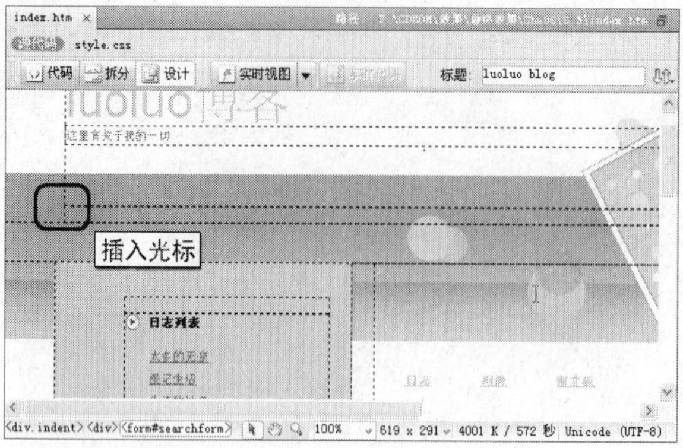

图 8-45　插入光标

图 8-46　【插入】面板

11　在打开的 CN Insert Greeting 对话框中，分别设置 Greeting1、Greeting2 和 Greeting3 的内容，如图 8-47 所示，然后单击【确定】按钮。

> **提示：** 在 CN Insert Greeting 对话框中单击【确定】按钮后，会弹出如图 8-48 所示的提示框。用户可以选择【不要再显示该消息】复选框，然后单击【确定】按钮，这样在以后的设置中将不再出现该提示框。

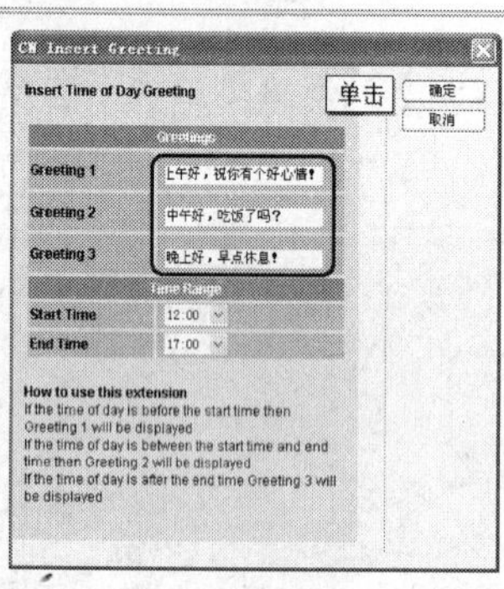

图 8-47　CN Insert Greeting 对话框

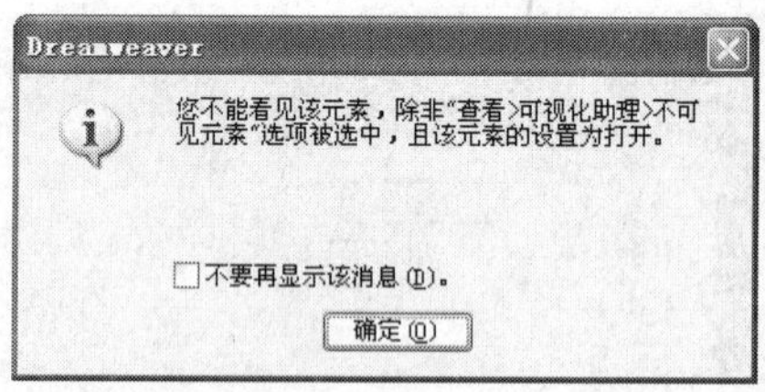

图 8-48　Dreamweaver 提示框

12　设置完成，保存网页文档，按【F12】键在浏览器中预览，效果如图 8-49 所示。

图 8-49　预览效果

8.6 本章小结

在 Dreamweaver CS4 中，使用软件中的行为可以轻松地制作动态网页效果。Dreamweaver 可以添加第三方开发的插件，这些插件扩展了 Dreamweaver 中的行为、命令和可插入的对象。用户可以通过复制的方法安装插件，也可以使用 Adobe Extension Manager 软件对插件实施方便有效的管理。本章对 Dreamweaver 中的行为进行了简单的介绍，并讲述了如何安装第三方插件，以及使用扩展管理器。

8.7 习题

1．填空题

（1）在 Dreamweaver 中使用行为主要通过________面板来控制。

（2）Dreamweaver 可以添加________，利用这些插件可以快速制作各种复杂的网页特效。

2．选择题

（1）________就是当鼠标指针经过图片时，原图像会变成另外一张图像。

A. 打开浏览器窗口　　B. 恢复交换图像　　C. 交换图像

（2）在 Dreamweaver 中插件的扩展名为________。

A. .mxp　　B. .css　　C. .htm

3．简答题

（1）怎样安装第三方插件?

（2）怎样安装扩展命令插件?

第 9 章　创建动态网页

网络已经深入到人们日常生活的方方面面，借助网络我们可以进行游戏、网上购物和网上交友等，这些都需要通过网络服务器强大的后台数据库功能来实现。Dreamweaver 不但可以实现动态网页的制作，也能够开发数据库网站。

本章重点

- 认识动态网页
- 了解动态网页与静态网页的区别
- 掌握 IIS 的安装与设置
- 熟悉数据库的使用

9.1　动态网页的概念与特点

所谓动态网页，就是网页文件中不但含有 HTML 标记，而且是建立在 B/S（浏览器与服务器）架构上的服务器端脚本程序。在浏览器端显示的网页是服务器端程序运行的结果。动态网页文件的后缀根据不同的程序语言来定，如 ASP 文件的后缀是.asp。

动态网页与网页中的无动画效果（如网页含有各种动画、动态图片、一些行为引发的动态事件等）无关，动态页面最主要的特点就是结合后台数据库，自动更新页面。建立数据库的连接是页面通向数据的桥梁，任何形式的添加、删除、修改和检索都是建立在连接的基础上的。

动态网页发布技术的出现使得网站从展示平台变成了网络交互平台。Dreamweaver 在集成了动态网页的开发功能后，就由网页设计工具变成了网站开发工具。Dreamweaver 提供众多的可视化设计工具、应用开发环境及代码编辑支持，开发人员和设计师能够快捷地创建代码应用程序，集成程度非常高，开发环境精简而高效。

动态网页的特点可以归纳为以下几点。

交互性：动态网页会根据用户的需求和选择而发生改变和响应，将浏览器作为客户端界面。

自动更新：动态网页以数据库为基础，无须手动更新 HTML 文档，便会自动生成新的页面，可以大大降低维护网站的工作量。

因时因人而变：动态网页能够根据不同的时间、不同的访问者而显示不同的网页内容，根据用户的即时操作和即时请求，动态网页的内容会发生相应的变化，如常见的留言板、BBS 和聊天室等就是用动态网页来实现的。

采用动态网站技术而生成的网页都称为动态网页。动态网站建设就是网站中的网页使用 ASP、

PHP、ASP.NET 和 JSP 等程序语言进行编写，并且网页中某一部分或所有内容通过数据库连接，然后将数据库中的数据显示在网页相应的位置上。

9.2 静态网页与动态网页的区别

静态网页与动态网页主要根据网页制作的语言来区分：静态网页使用 HTML(超文本标记语言)，动态网页使用 HTML+ASP 或 HTML+PHP 或 HTML+JSP 等。

程序是否在服务器端运行，是区分动态网页与静态网页的重要标志。在服务器端运行的程序、网页和组件，属于动态网页，它们会随不同客户、不同时间，返回不同的网页，例如，ASP、PHP、JSP、ASP.NET、CGI 等。运行于客户端的程序、网页、插件和组件，属于静态网页，例如 html 页、Flash、JavaScript、VBScript 等，它们是永远不变的。

静态网页是网站建设的基础，静态网页和动态网页之间并不矛盾，为了网站适应搜索引擎检索的需要，即使采用动态网站技术，也可以将网页内容转化为静态网页发布。动态网站也可以采用静动结合的原则，适合采用动态网页的地方用动态网页，如果有必要使用静态网页，则可以考虑用静态网页的方法来实现，在同一个网站上，动态网页内容和静态网页内容同时存在也是很常见的。

动态网页一般有如下几个特点：

(1) 动态网页以数据库技术为基础，可以大大降低网站维护的工作量。

(2) 采用动态网页技术的网站可以实现更多的功能，如用户注册、用户登录、在线调查、用户管理和订单管理等。

(3) 动态网页实际上并不是独立存在于服务器上的网页文件，只有当用户请求时服务器才返回一个完整的网页。

(4) 动态网页中的“? ”对搜索引擎检索存在一定的问题，搜索引擎一般不可能从一个网站的数据库中访问全部网页，或者出于技术方面的考虑，搜索蜘蛛不去抓取网址中“? ”后面的内容，因此采用动态网页的网站在进行搜索引擎推广时需要进行一定的技术处理才能适应搜索引擎的要求。

静态网页一般有如下几个特点：

(1) 静态网页的每个网页都有一个固定的 URL，且网页 URL 以.htm、.html、.shtml 等常见形式为后缀，而不含有“? ”。

(2) 网页内容一经发布到网站服务器上，无论是否有用户访问，每个静态网页的内容都是保存在网站服务器上的，也就是说，静态网页是实实在在保存在服务器上的文件，每个网页都是一个独立的文件。

(3) 静态网页的内容相对稳定，因此容易被搜索引擎检索。

(4) 静态网页没有数据库的支持，在网站制作和维护方面工作量较大，因此当网站信息量很大时完全依靠静态网页的制作方式比较困难。

(5) 静态网页的交互性较差，在功能方面有较大的限制。

9.3 搭建动态网页平台

网站要在服务器平台下运行，离开一定的平台，动态交互式的网站就不能正常运行。要将本地计算机设置为服务器，必须在计算机上安装能够提供 Web 服务的应用程序，对于开发 ASP 页面来说，安装 Internet Information Server（IIS）是最好的选择。IIS 便于操作和使用，是目前动态网页开发使用最广泛的平台，下面介绍 IIS 的安装和设置。

9.3.1 安装 IIS

用户可以在 Windows 98 以上的系统中安装 IIS，但建议使用 Windows XP 平台，因为除了安全性、稳定性及软件接口的综合问题以外，最重要的是网络上所有进入网络主机的用户都是"匿名用户"。要在 Windows XP 下安装 IIS，应该确保 Windows XP 中已经用 SP1 或更高版本进行了更新，同时必须安装了 IE 6.0 或更高版本的浏览器。本书将以 Windows XP＋IIS 的环境为主介绍安装 IIS 的过程，具体操作步骤如下：

01 选择【开始】|【设置】|【控制面板】|【添加或删除程序】命令，弹出【添加或删除程序】对话框，如图 9-1 所示。在该对话框中选择左侧的【添加/删除 Windows 组件】选项。

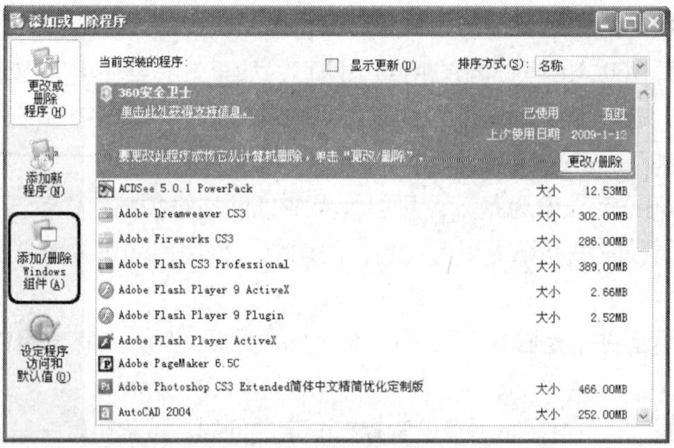

图 9-1 【添加或删除程序】对话框

02 弹出【Windows 组件向导】对话框，在组件列表框选择 Internet 信息服务（IIS）复选框，如图 9-2 所示。

03 然后双击【Internet 信息服务（IIS）】选项，弹出【Internet 信息服务（IIS）】对话框，如图 9-3 所示。

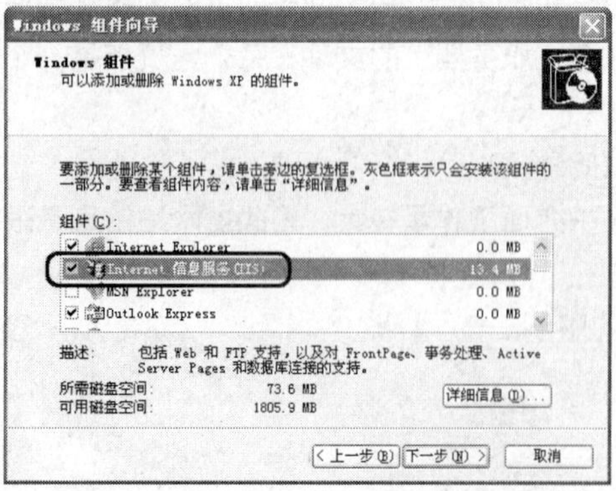

图 9-2 【Windows 组件向导】对话框

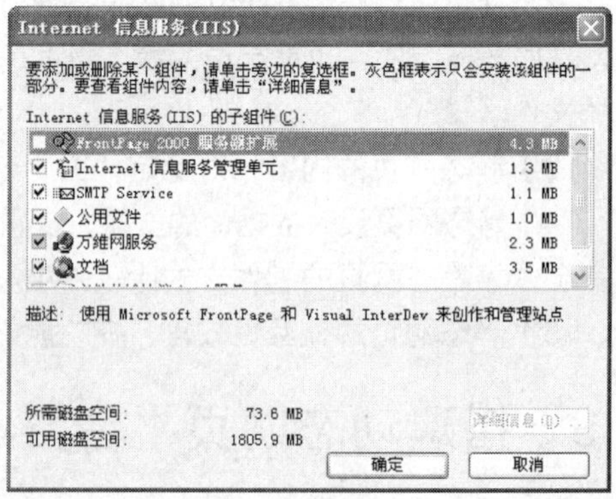

图 9-3 【Internet 信息服务（ISS）】对话框

04　当选择完所有想要使用的组件及子组件后，单击【确定】按钮，返回到【Windows 组件向导】对话框，单击【下一步】按钮，弹出如图 9-4 所示的【正在配置组件】对话框。

05　配置完成之后，弹出【完成“Windows 组件向导”】对话框，如图 9-5 所示。

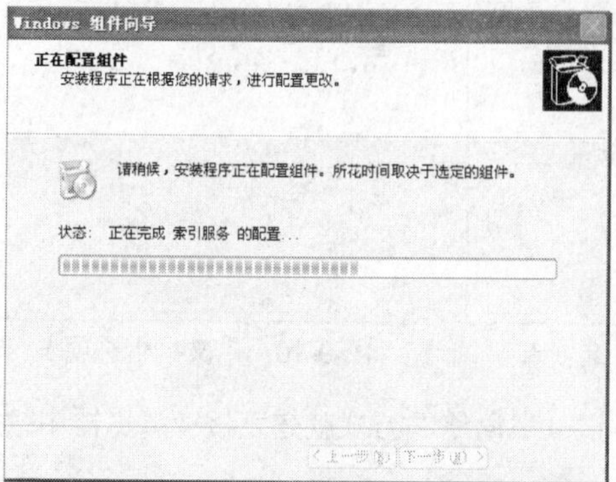

图 9-4　【正在配置组件】对话框

图 9-5　【完成“Windows 组件向导”】对话框

06　单击【完成】按钮，完成 IIS 的安装。

9.3.2　设置 IIS

在 IIS 安装完成之后，IIS 的服务功能开始运作，也就是说现在立即使用浏览器就可以连接 IIS 上的 Web 服务器。设置默认站点的具体操作步骤如下：

01　选择【开始】|【设置】|【控制面板】|【管理工具】|【Internet 信息服务】命令，弹出【Internet 信息服务】对话框，如图 9-6 所示。

02　在对话框中展开【QIANYAN-3（本地计算机）】模型树，在【默认网站】选项上右击，在弹出的快捷菜单中选择【属性】命令，如图 9-7 所示。

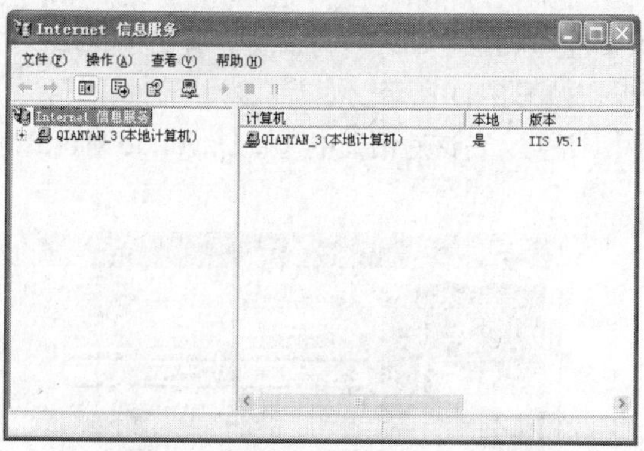

图 9-6　【Internet 信息服务】对话框

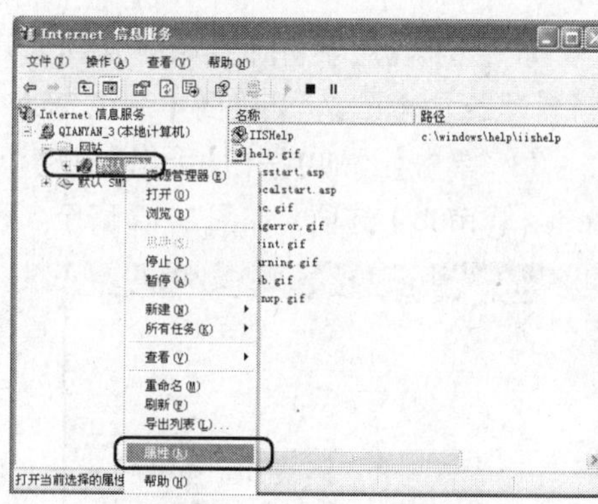

图 9-7　选择【属性】命令

03　弹出【默认网站 属性】对话框，切换到【网站】选项卡，在【IP 地址】文本框中输入 192.168.0.103，如图 9-8 所示。

04　切换到【主目录】选项卡，在【本地路径】右侧的文本框中输入目录的路径或通过单击【浏览】按钮进行选择，其他选项可以根据需要进行设置，如图 9-9 所示。

05 切换到【文档】选项卡，可修改浏览器默认主页及调用顺序，如图 9-10 所示。

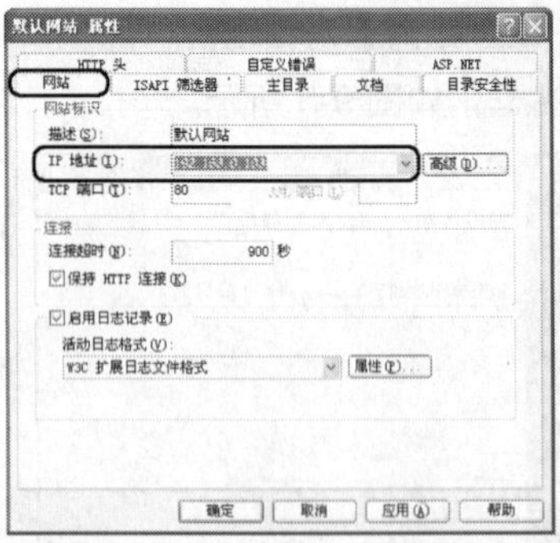

图 9-8 【网站】选项卡

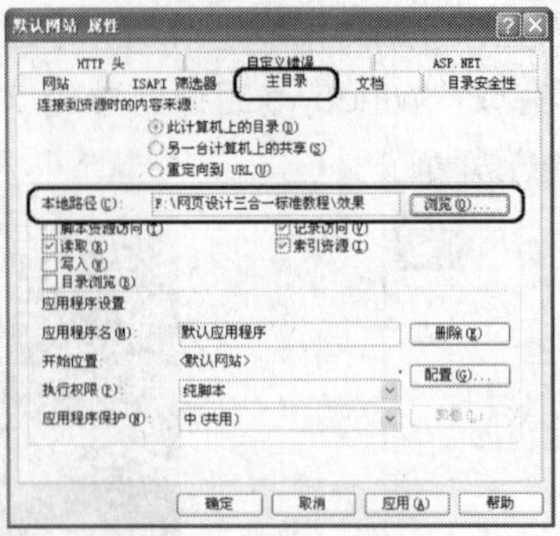

图 9-9 【主目录】选项卡

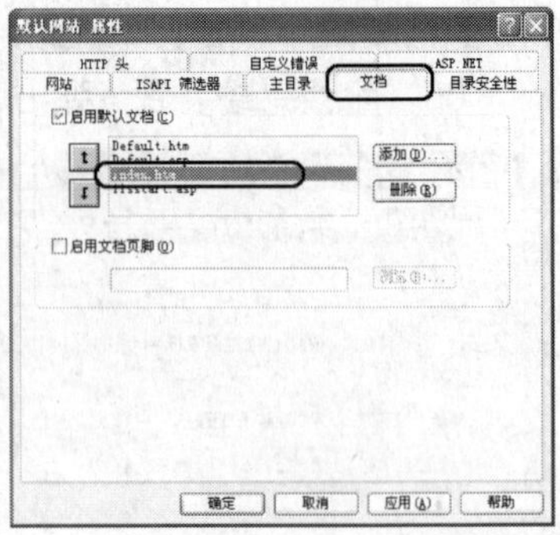

图 9-10 【文档】选项卡

06 至此，IIS 的设置已经完成，还要对其进行测试，最简单的方式就是直接在浏览器中输入 “http://计算机的 IP 地址” 或 http://localhost。

9.4 创建数据库连接

任何内容的添加、删除、修改和检索都是建立在连接基础上进行的，可以想象连接的重要性了。下面介绍利用 Dreamweaver CS4 设置数据库连接。

9.4.1 定义系统 DSN

DSN（Data Source Name，数据源名称）表示用于将应用程序和数据库相连接的信息集合。在使用数据库绑定将动态内容添加到网页之前，必须建立一个数据库连接，否则 Dreamweaver CS4 将无法使用数据库作为动态页面的数据源，而在建立数据库连接之前必须定义系统 DSN，具体操作步骤如下：

01 选择【开始】|【控制面板】|【管理工具】|【数据源（ODBC）】命令，弹出【ODBC 数据源管理器】对话框，切换到【系统 DSN】选项卡，如图 9-11 所示。

02 单击【添加】按钮，弹出【创建新数据源】对话框。在该对话框中选择 Driver do Microsoft Access（*mdb）选项，如图 9-12 所示。

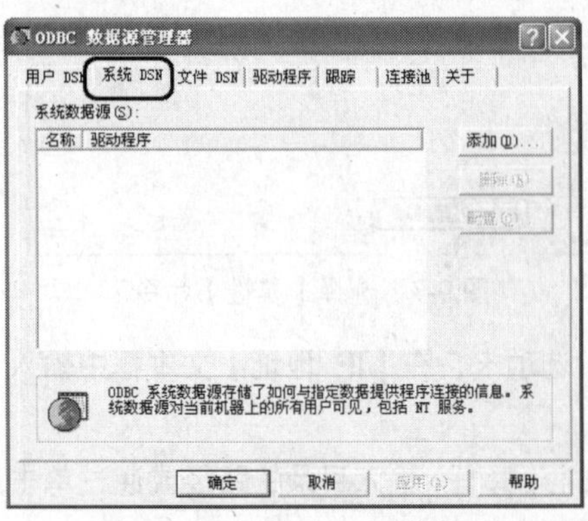

图 9-11 【系统 DSN】选项卡

图 9-12 【创建新数据源】对话框

03　单击【下一步】按钮，在弹出的【ODBC Microsoft Access 安装】对话框中单击【选择】按钮选择数据库的安装路径，如图 9-13 所示。

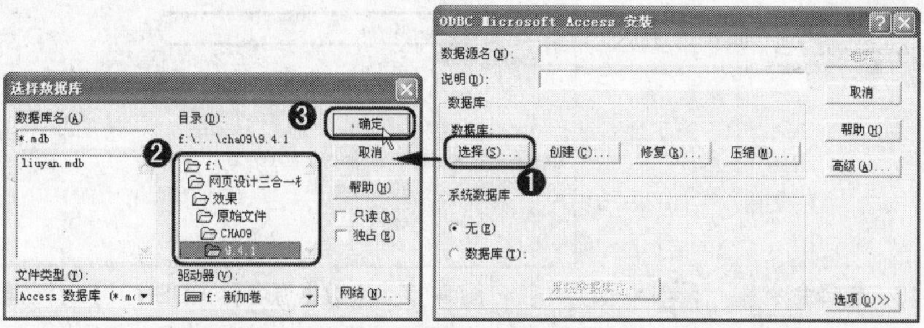

图 9-13　选择安装路径并

04　在【选择数据库文件】对话框中选择左侧的文件，单击【确定】按钮，返回【ODBC Microsoft Access 安装】对话框，在【数据源名】文本框中输入 liuyan，如图 9-14 所示。

05　单击【确定】按钮，在【ODBC 数据源管理器】对话框中就可以看到创建的系统数据源，如图 9-15 所示。

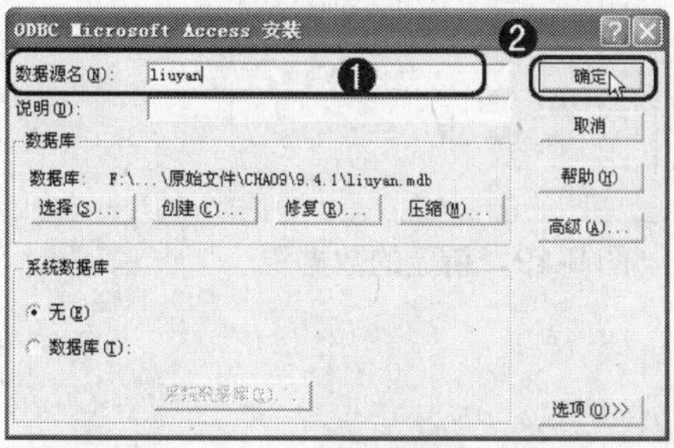

图 9-14　输入【数据源名】名称

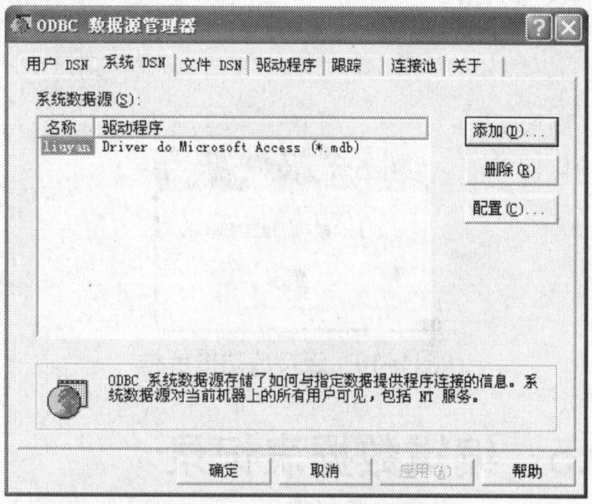

图 9-15　创建的系统数据源

06　单击【确定】按钮，即可完成系统 DSN 的定义。

9.4.2　建立系统 DSN 连接

数据源建立好以后，接下来就要定义这个网站使用的数据库连接，只有这样这个网站才能通过数据库连接来存取数据库中的信息。建立系统 DSN 连接的具体操作步骤如下：

01　启动 Dreamweaver CS4，新建一个文档类型为 ASP VBScript 的文档，选择【窗口】|【数据库】命令，弹出【数据库】面板，在该面板中单击 + 按钮，在弹出的菜单中选择【数据源名称（DSN）】命令，如图 9-16 所示。

02　弹出【数据源名称（DSN）】对话框，在【连接名称】文本框中输入连接名称 liuyan，如图 9-17 所示。

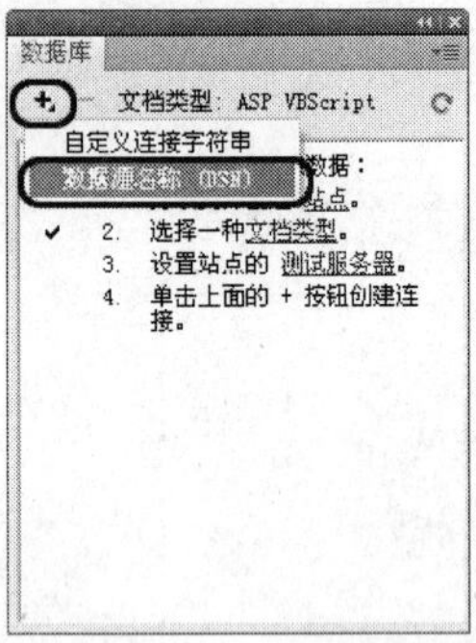

图 9-16　选择命令

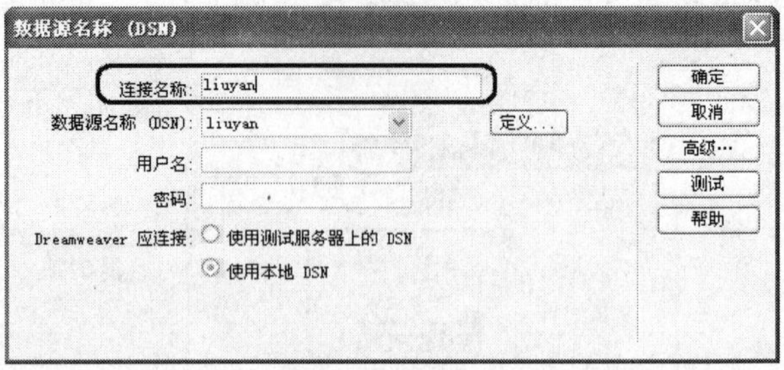

图 9-17　【数据源名称（DSN）】对话框

03　单击【测试】按钮，如果连接成功，则弹出连接成功提示框，如图 9-18 所示。

04　单击【确定】按钮，返回到【数据库】面板，就可以看到新建的数据源，如图 9-19 所示，接下来就可以通过它在数据库中读取数据了。

图 9-18　连接成功提示框

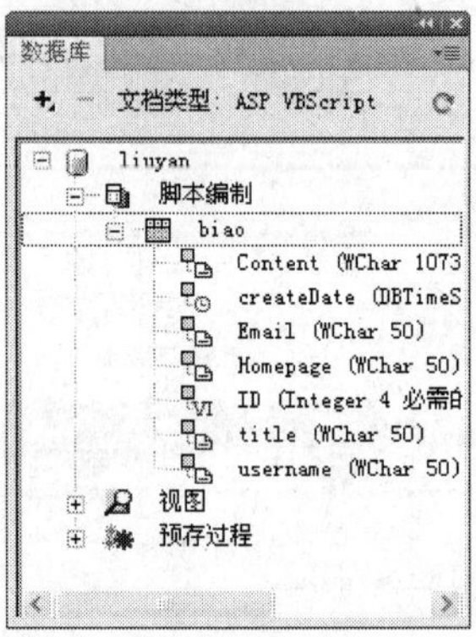

图 9-19　新建的数据源

9.5　编辑数据表记录

动态页面最主要的就是结合后台数据库自动更新网页，所以离开数据库的网页也就谈不上动态页面。数据是通过创建记录集来实现它在网页上的绑定的，而不是直接使用数据库。

9.5.1　创建记录集

对于创建基于数据库的 Web 应用程序，最关键而又最重要的一环就是定义记录集，对数据库的操作几乎都是从创建记录集开始的。记录集是通过数据库查询从数据库中提取的信息集。创建记录集的具体操作步骤如下：

01　选择【窗口】|【绑定】命令，弹出【绑定】面板，在该面板中单击+按钮，在弹出的菜单中选择【记录集（查询）】命令，如图 9-20 所示。

02　选择命令后，弹出【记录集】对话框，如图 9-21 所示。

03　在该对话框中进行相应的设置，单击【确定】按钮即可创建记录集。

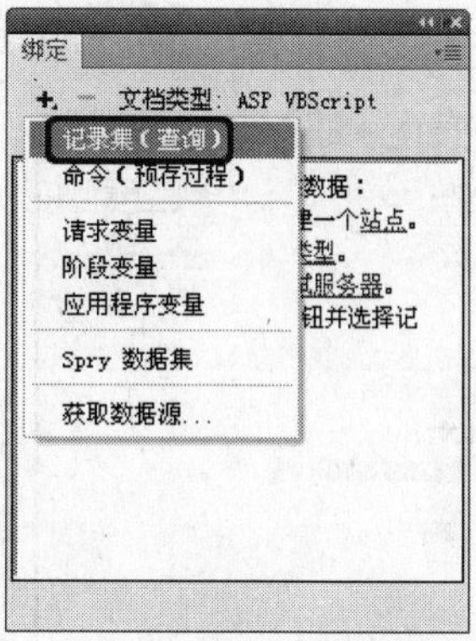

图 9-20　选择【记录集（查询）】命令

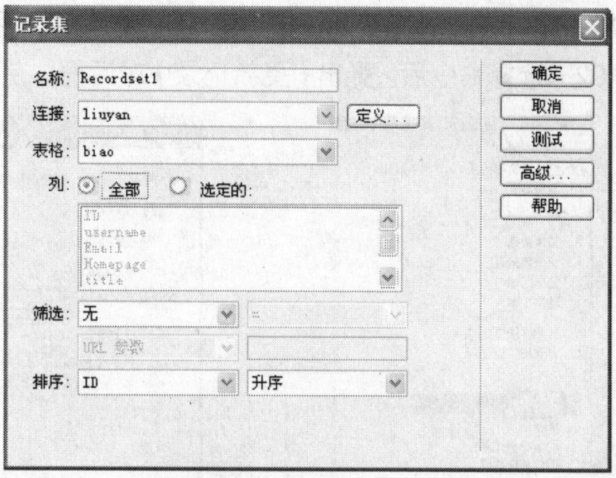

图 9-21　【记录集】对话框

9.5.2　插入记录

利用 Dreamweaver CS4 中的插入记录服务器行为，可以向数据库中添加记录。插入记录的具体操作步骤如下：

01　选择【窗口】|【服务器行为】命令，弹出【服务器行为】面板，在该面板中单击+按钮，在弹出的菜单中选择【插入记录】命令，如图 9-22 所示。

02　选择命令后，弹出【插入记录】对话框，如图 9-23 所示。

03　在该对话框中进行相应的设置，单击【确定】按钮即可创建插入记录的服务器行为。

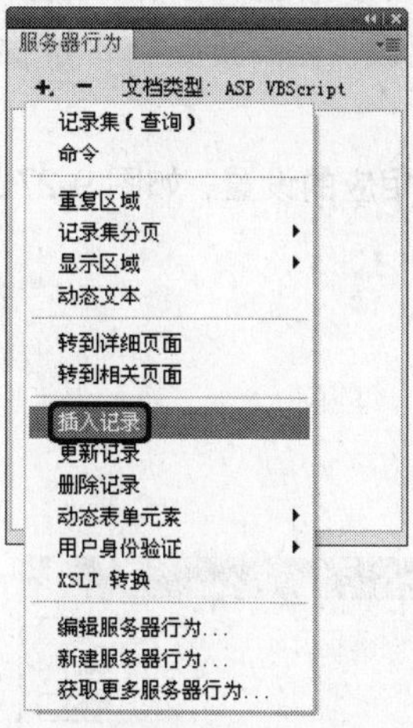

图 9-22　选择【插入记录】命令

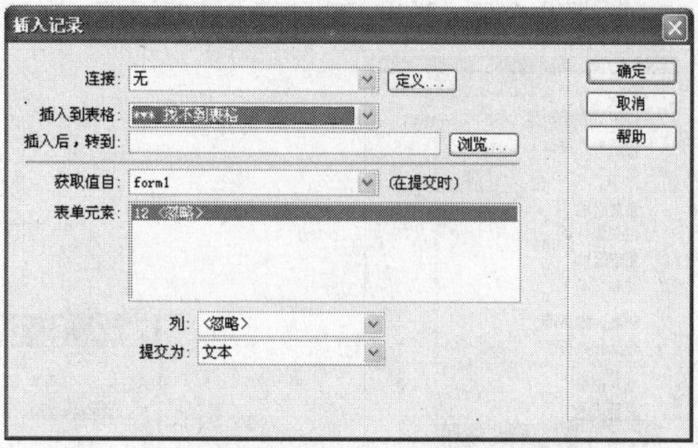

图 9-23　【插入记录】对话框

9.5.3　更新记录

应用程序可以包含允许用户更新数据库表中现有记录的一组页。这组页通常由一个搜索页、一个结果页和一个更新页组成。用户可以使用搜索页和结果页检索记录，使用更新页修改记录。更新记录的具体操作步骤如下：

01　选择【窗口】|【服务器行为】命令，弹出【服务器行为】面板，在该面板中单击+按钮，

在弹出的菜单中选择【更新记录】命令，如图 9-24 所示。

02 选择命令后，弹出【更新记录】对话框，在该对话框中进行相应的设置，如图 9-25 所示。

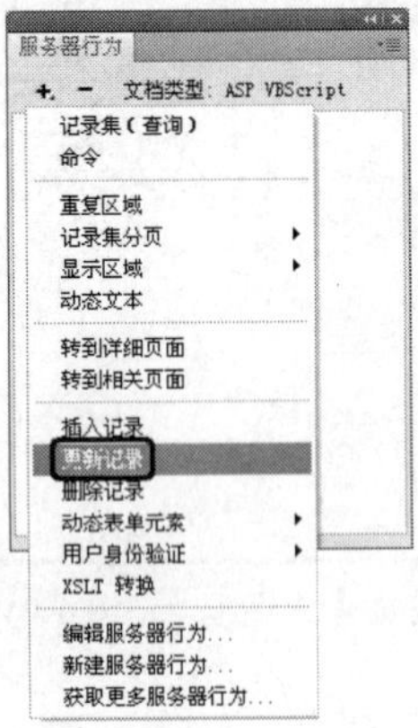

图 9-24 选择【更新记录】

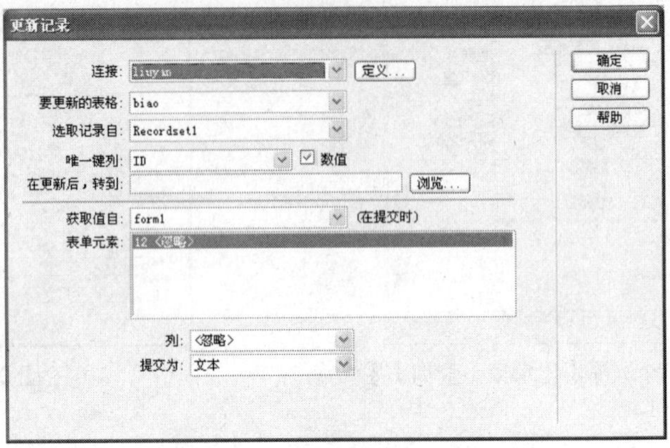

图 9-25 【更新记录】对话框

03 单击【确定】按钮即可创建更新记录的服务器行为。

9.5.4 删除记录

利用 Dreamweaver CS4 中的删除记录服务器行为，可以在页面中实现删除记录的操作。删除记录的页面执行两种不同的操作，首先显示已存在的数据，用户可以选择将要被删除的数据；其次从数据库中删除此记录，以反映用户选择记录删除的结果。删除记录的具体操作步骤如下：

01 选择【窗口】|【服务器行为】命令，弹出【服务器行为】面板，在该面板中单击+按钮，在弹出的菜单中选择【删除记录】命令，如图 9-26 所示。

02 选择命令后，弹出【删除记录】对话框，在该对话框中进行相应的设置，如图 9-27 所示。

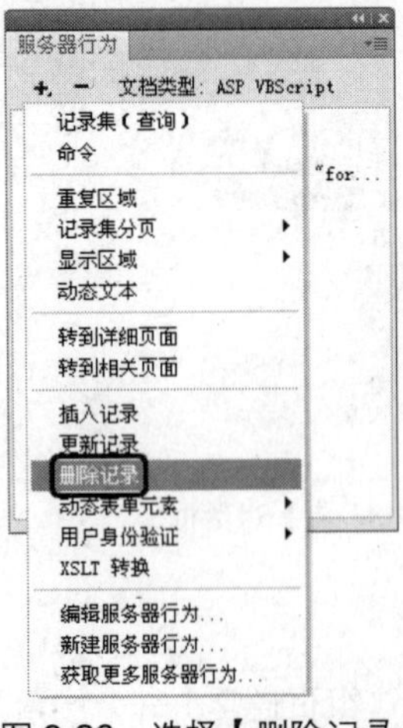

图 9-26 选择【删除记录】

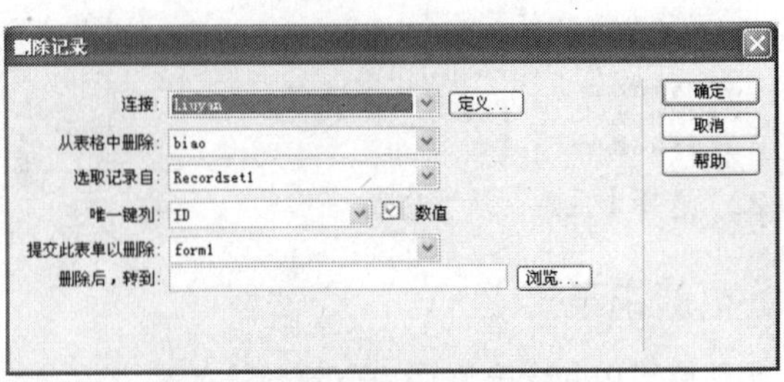

图 9-27 【删除记录】对话框

03 单击【确定】按钮即可创建删除记录的服务器行为。

9.6　添加服务器行为

服务器行为是一些典型的、常用的、可定制的 Web 应用代码模块。在 Dreamweaver CS4 中提供了一组内置的服务器行为，能够方便地向站点添加动态功能。

9.6.1　插入重复区域

如果一个页面绑定了记录集中的动态数据，并且显示多条或者所有记录，那么就需要添加重复区域服务器行为，具体操作步骤如下：

01　选择【窗口】|【服务器行为】命令，弹出【服务器行为】面板，在该面板中单击⊞按钮，在弹出的菜单中选择【重复区域】命令，如图 9-28 所示。

02　选择命令后，弹出【重复区域】对话框，在该对话框中的【记录集】下拉列表中选择相应的记录集，在【显示】文本框中输入要预览的记录数，默认值为 10，如图 9-29 所示。

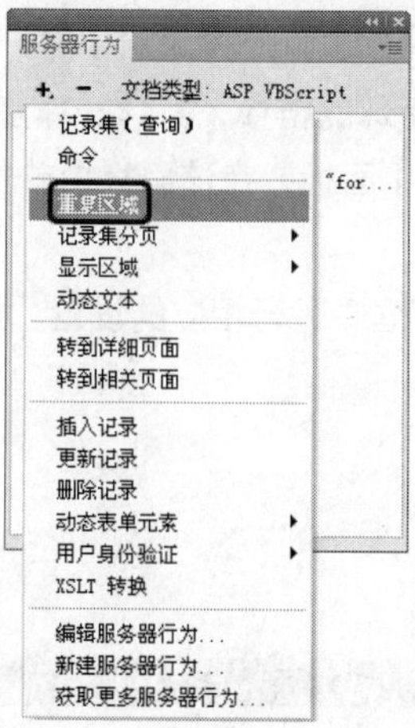

图 9-28　【重复区域】命令

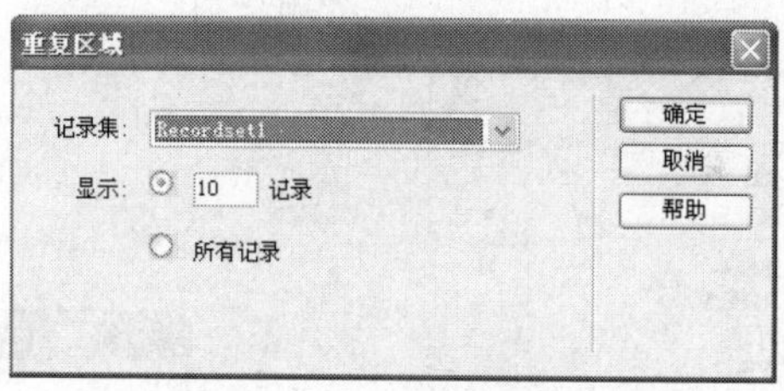

图 9-29　【重复区域】对话框

03　单击【确定】按钮，即可创建重复区域的服务器行为。

9.6.2　插入显示区域

用户需要显示某个区域时，Dreamweaver CS4 可以根据条件动态显示，如记录导航链接，当把【前一个】和【下一个】链接增加到结果页面之后，指定【前一个】链接应该在第一个页面被隐藏(记录集指针已经指向头部)，【下一个】链接应该在最后一个页面被隐藏（记录集指针已经指向尾部）。

选择【窗口】|【服务器行为】命令，弹出【服务器行为】面板，在该面板中单击⊞按钮，在弹出的菜单中选择【显示区域】命令，在弹出的子菜单中可以根据需要进行选择，如图 9-30 所示。

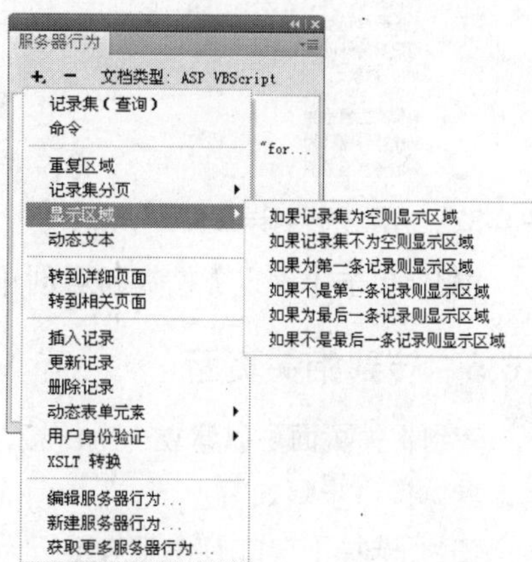

图 9-30　选择【显示区域】命令

9.6.3 记录集分页

Dreamweaver CS4 中的记录集分页服务器行为实际上就是一组将当前页面和目标页面的记录集信息整理成 URL 地址参数的程序段。

选择【窗口】|【服务器行为】命令，弹出【服务器行为】面板，在该面板中单击⊞按钮，在弹出的菜单中选择【记录集分页】命令，在弹出的子菜单中可以根据需要选择，如图 9-31 所示。

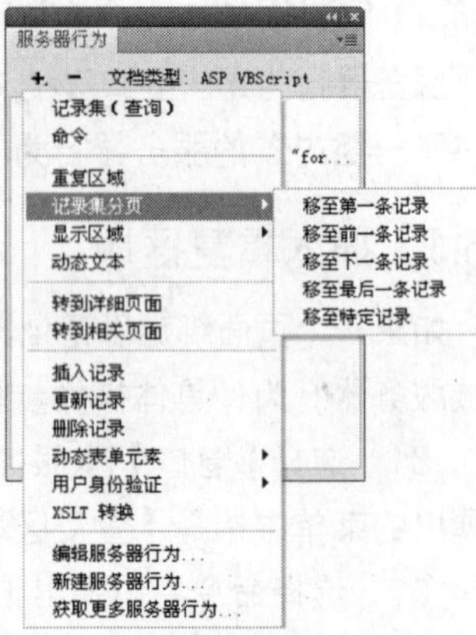

图 9-31 选择【记录集分页】命令

9.6.4 转到详细页面

在网页应用中，一般在主页能显示记录列表，当单击一条记录时，会打开子页面显示更多关于该记录的信息。在主页面上添加一个链接是不行的，因为子页面不知道用户选择哪一条记录，也就不知道显示哪一条记录的信息，这时就可以利用转到详细页面服务器行为来建立这样一个特殊的链接，具体操作步骤如下：

01 选择【窗口】|【服务器行为】命令，弹出【服务器行为】面板，在该面板中单击⊞按钮，在弹出的菜单中选择【转到详细页面】命令，如图 9-32 所示。

02 选择命令后，弹出【转到详细页面】对话框，在该对话框中进行相应的设置，如图 9-33 所示。

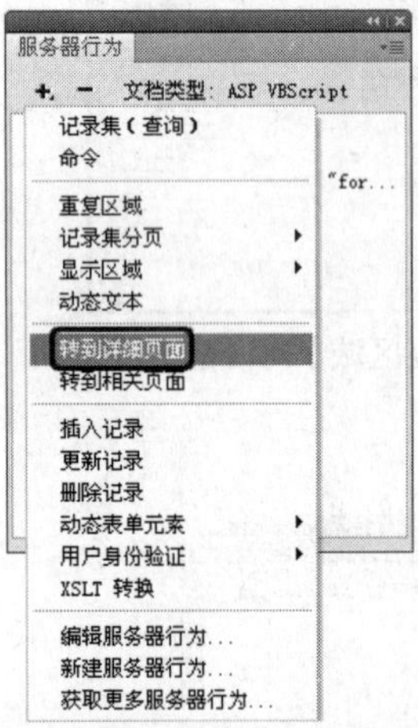

图 9-32 选择【转到详细页面】命令

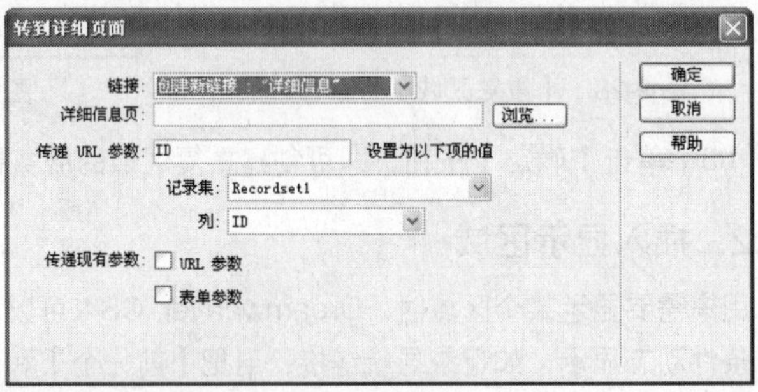

图 9-33 【转到详细页面】对话框

03 单击【确定】按钮即可创建转到详细页面的服务器行为。

9.6.5 转到相关页面

转到相关页面可以建立一个链接，以打开另一个页面而不是它的子页面，并且传递信息到该页面，具体操作步骤如下：

01 选择【窗口】|【服务器行为】命令，弹出【服务器行为】面板，在该面板中单击⊞按钮，在弹出的菜单中选择【转到相关页面】命令，如图 9-34 所示。

02 选择命令后，弹出【转到相关页面】对话框，在该对话框中进行相应的设置，如图 9-35 所示。

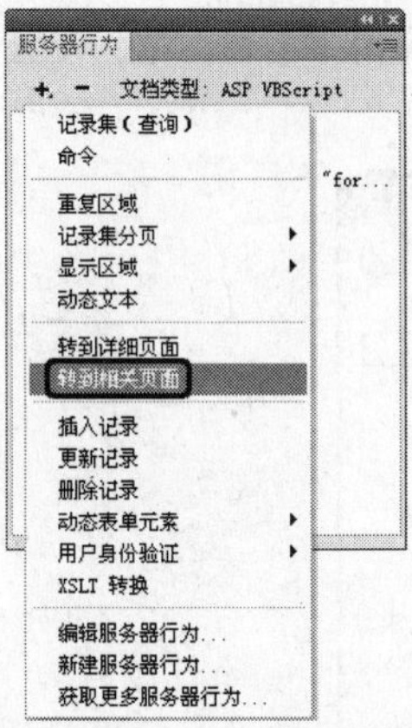

图 9-34　选择【转到相关页面】命令

图 9-35　【转到相关页面】对话框

03 单击【确定】按钮即可创建转到相关页面的服务器行为。

9.6.6　用户身份验证

为了能更有效地管理共享资源的用户，需要规范化访问共享资源的行为。通常采用注册（新用户取得访问权）|登录（验证用户是否合法并分配资源）|访问授权的资源|退出（释放资源）这一行为模式来实施管理，具体操作步骤如下：

01 在定义【检查新用户名】之前需要先定义一个【插入记录】服务器行为。其实【检查新用户名】行为是限制【插入记录】行为的行为，它用来验证插入记录的指定字段的值在记录集中是否唯一。

02 选择【窗口】|【服务器行为】命令，弹出【服务器行为】面板，在该面板中单击+按钮，在弹出的菜单中选择【用户身份验证】|【检查新用户名】命令，如图 9-36 所示。

03 选择命令后，弹出【检查新用户名】对话框，在该对话框中的【用户名字段】下拉列表中选择需要验证的记录字段（验证该字段在记录集中是否唯一），如果字段的值已经存在，那么可以在【如果存在，则转到】文本框中指定引导用户所去的页面，如图 9-37 所示。

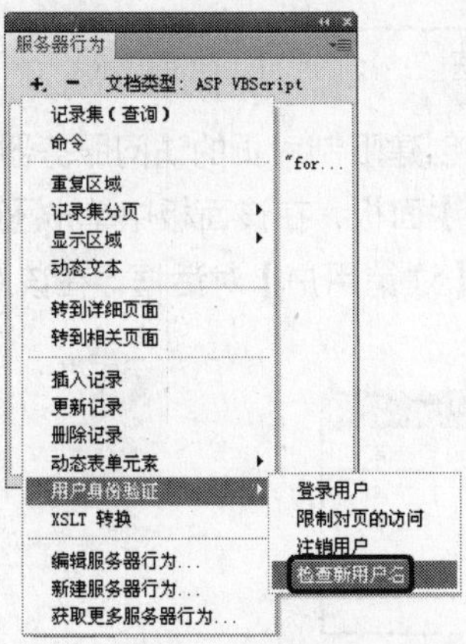

图 9-36　【检查新用户名】命令

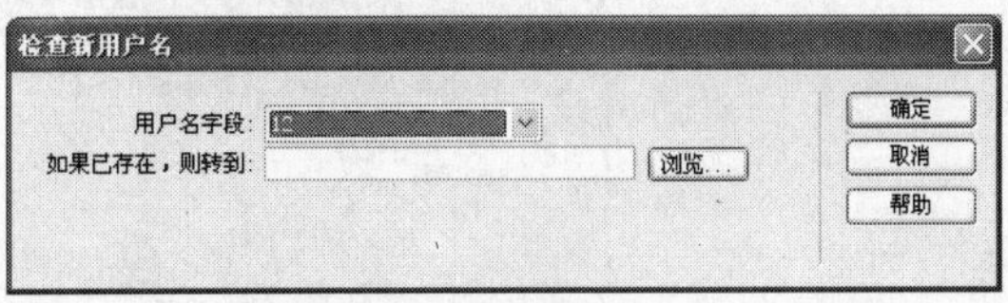

图 9-37　【检查新用户名】对话框

04 单击【确定】按钮即可创建检查新用户名的服务器行为。

05 选择【窗口】|【服务器行为】命令，弹出【服务器行为】面板，在该面板中单击⊞按钮，在弹出的菜单中选择【用户身份验证】|【登录用户】命令，弹出【登录用户】对话框，在该对话框中进行相应的设置，如图 9-38 所示。

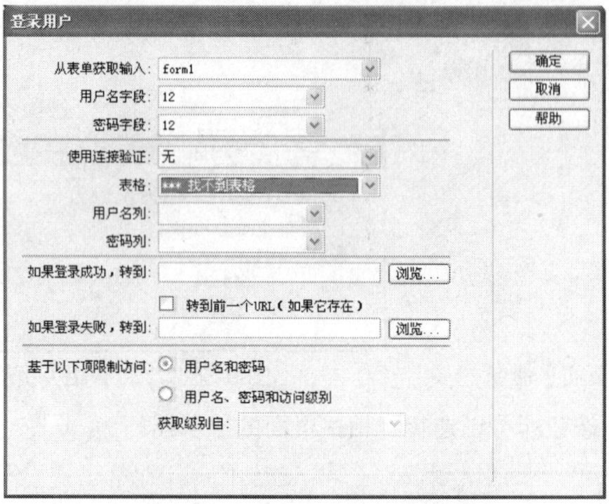

图 9-38 【登录用户】对话框

06 单击【确定】按钮即可创建登录用户的服务器行为。

07 选择【窗口】|【服务器行为】命令，弹出【服务器行为】面板，在该面板中单击⊞按钮，在弹出的菜单中选择【用户身份验证】|【限制对页的访问】命令，弹出【限制对页的访问】对话框，如图 9-39 所示。

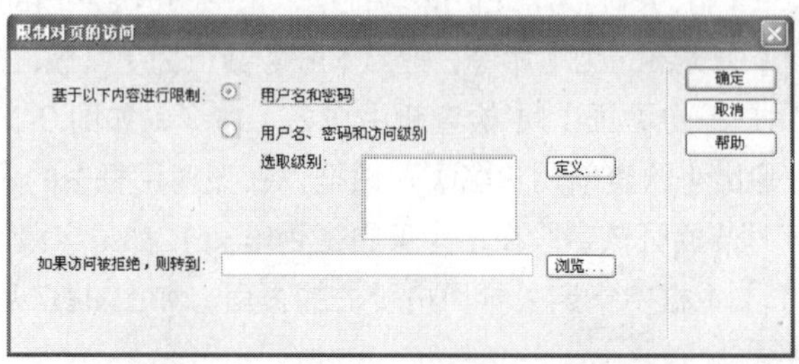

图 9-39 【限制对页的访问】对话框

08 在该对话框中进行相应的设置，单击【确定】按钮即可创建限制对页的访问服务器行为。

09 选择【窗口】|【服务器行为】命令，弹出【服务器行为】面板，在该面板中单击⊞按钮，在弹出的菜单中选择【用户身份验证】|【注销用户】命令，弹出【注销用户】对话框，在该对话框中进行相应的设置，如图 9-40 所示。

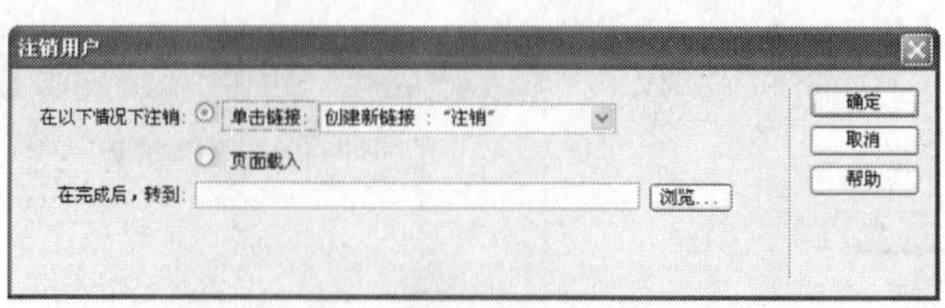

图 9-40 【注销用户】对话框

10 单击【确定】按钮即可创建注销用户的服务器行为。

9.7 本章小结

动态网站的页面不是一成不变的，页面上的内容是动态生成的，它可以根据数据库中相应部分内容的调整而变化，使网站内容更灵活，维护更方便。本章主要讲述了在 Dreamweaver CS4 中编写代码、搭建动态网页平台、创建数据库连接、编辑数据表记录和添加服务器行为等内容。

9.8 习题

1．填空题

（1）所谓动态网页，就是网页文件中不但含有________，而且是建立在 B/S（浏览器与服务器）架构上的服务器端脚本程序。

（2）静态网页与动态网页主要根据网页制作的语言来区分：静态网页使用________，动态网页使用________等。

2．简答题

简单描述动态网页与静态网页的区别。

第 10 章　站点的维护

用户通过本章的学习，能对 Dreamweaver CS4 的站点的建立和维护功能有所了解，并且能够学会申请空间主页及宣传自己的站点。

本章重点

- 检查站点内的链接
- 申请空间主页
- 上传站点
- 宣传站点

10.1　定义远程服务器

在进行站点上传之前，必须先定义远程服务器，本节将具体介绍如何定义远程服务器。当远端服务器采用的是 FTP 技术时，就需要在 Dreamweaver 中设置 FTP 的相关参数。这也是互联网中最常采用的远端站点维护技术。如果要使用 FTP 远程上传和管理站点，则必须有一个远端的 FTP 服务器提供服务，用户必须拥有自己的用户名和密码。然后需要在 Dreamweaver 中设置远程服务器的信息。

在 Dreamweaver 中设置 FTP 服务器的步骤如下：

01　在站点窗口中选择【站点】|【管理站点】命令，在弹出的对话框中单击【新建】按钮，在弹出的菜单中选择【站点】命令，如图 10-1 所示。

02　在弹出的【未命名站点 2 的站点定义为】对话框中选择【高级】选项，在左边的【分类】列表框中选择【远程信息】选项，在【访问】下拉列表中选择 FTP 选项，此时的各项设置如图 10-2 所示。

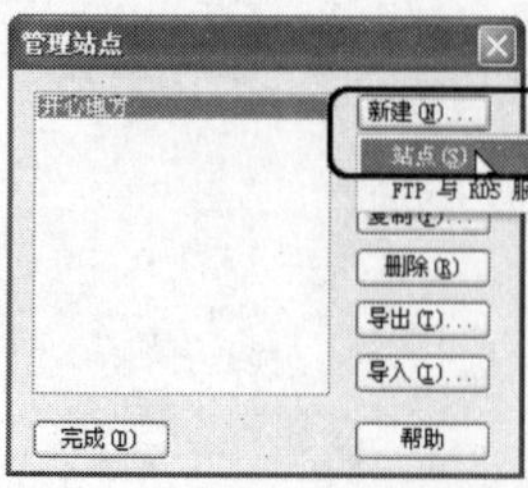

图 10-1　【管理站点】对话框

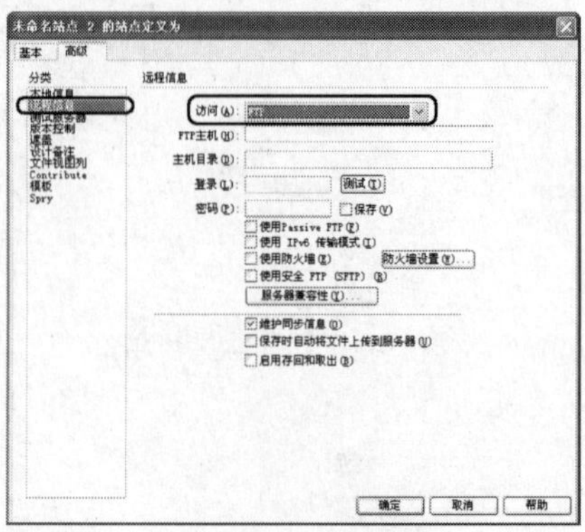

图 10-2　设置【远程信息】选项

03　填入各项基本参数。

- 在【FTP 主机】文本框中输入远程主机的域名或 IP 地址，例如本例中输入 IP 地址 198.162.0.103。
- 在【主机目录】文本框中输入远程主机为你的站点定义的目录，如果为根目录则可以不填。
- 【登陆】和【密码】文本框中输入服务器提供的用户名和密码，此时可单击【测试】按钮测试与服务器的连接；选择【保存】复选框可以保存密码，下次用户连接服务器时可不必输入密码。

04　设置其他参数。

- 如果该连接需通过防火墙，并需要使用被动 FTP 的时候，选择【使用 Passive FTP】复选框。
- 如果该连接是通过防火墙与远端服务器链接的，则选择【使用防火墙】复选框。
- 保存时自动将文件上传到服务器：选择该复选框表示当修改了本地站点文件并保存时，自动将保存的文件上传至 Internet 服务器。
- 如果除你之外还有别人同时在维护网站，就要选择【启用存回和取出】复选框，这样就使用了解锁和锁定功能，简单说这一功能就是使用户在维护网站的文件时可以设定这些文件的维护权限和维护者，以免出现多个人同时修改同一文件的情况。在后面将对这一功能进行详细介绍。

如图 10-3 所示为选择了【启用存回和取出】复选框后的参数设置。

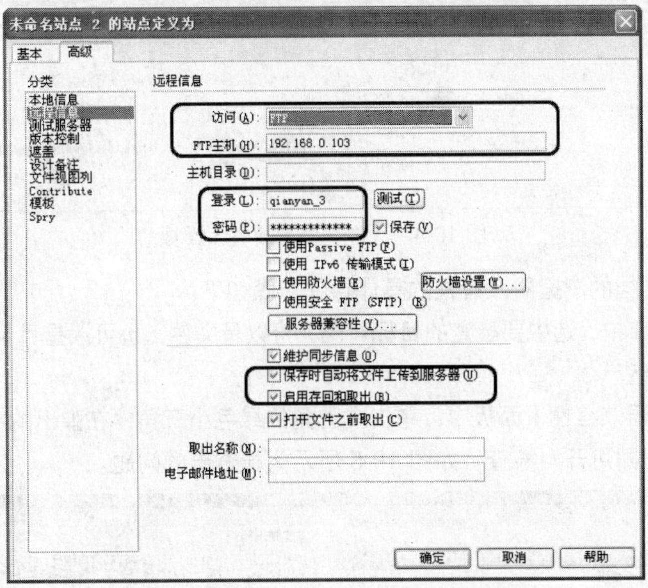

图 10-3　选择【启用存回和取出】复选框

- 【打开文件之前取出】：选择该复选框，可以自动选中用户通过双击站点窗口打开的文件。
- 在【取出名称】文本框中输入锁定文件者的姓名，在【电子邮件地址】文本框中输入 E-mail 地址，这个名字会和站点中其他选中修改的文件联系在一起，如果你有他们想要的文件，其他合作者可以通过电子邮件联系到你。如果你是通过几部不同的机器工作的，对不同的机器使用不同的名字，在你忘记了将文件解锁的情况下，你可以知道文件的最新版本在哪里。

05 设置完毕后，单击【确定】关闭对话框，返回【管理站点】对话框，可继续选择其他站点进行管理。管理完所有的文件后，单击【完成】按钮关闭对话框，回到站点管理窗口。

10.2 测试本地站点

在真正构建远端站点之前，应该在本地先对站点进行完整的测试，包括检测站点在各种浏览中的兼容性；检测站点中是否存在错误和断裂的链接等，还应该利用浏览器预览站点中的网页，以找出其他可能存在的问题。

10.2.1 站点兼容性测试

浏览器的种类多种多样，要让网页在所有的浏览器中都能被正确浏览是一件很不容易的事情。因此，网站的兼容性是一个很重要的方面，设计者需要使设计的网页可以在当前主流的浏览器中正常浏览。

在 Dreamweaver CS4 中，检测浏览器的兼容性变得非常简便易行。在其工具栏上整合了一个检查浏览器兼容性的按钮 检查页面 ，单击该按钮可以在弹出的菜单中选择【检查浏览器兼容性】命令，弹出【浏览器兼容性】面板，如图 10-4 所示。

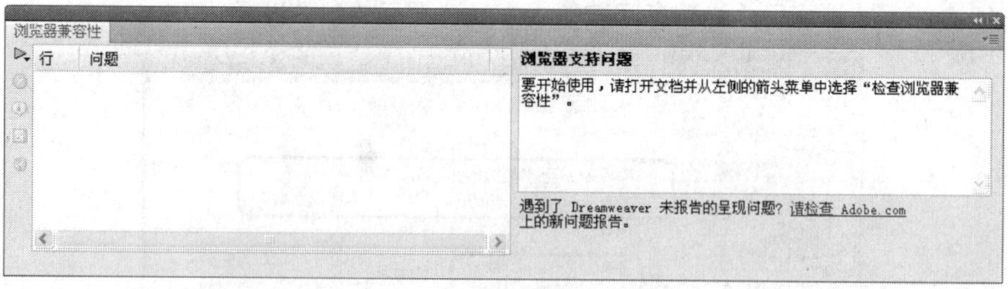

图 10-4 【浏览器兼容性】面板

检查整个站点文档的浏览器兼容性的具体操作步骤如下：

01 在站点窗口中，选中要检查的目标对象，可以是文件，也可以是目录，如果选中根目录，则对整个站点进行检查。

02 在【浏览器兼容性】面板中，单击左上角的绿色小三角，在弹出的菜单中选择【检查浏览器兼容性】命令，即可开始检查。如图 10-5 所示为检查出的问题。

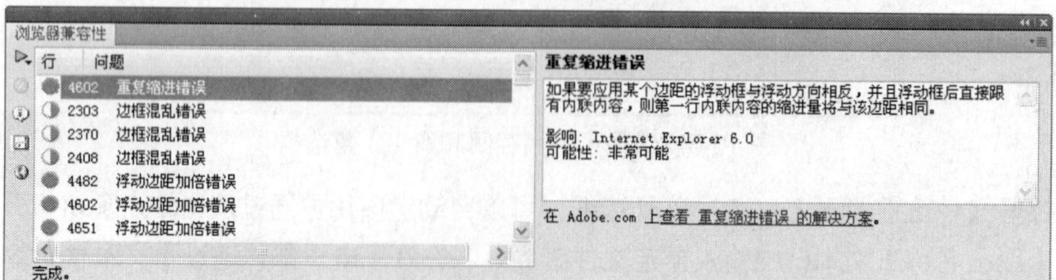

图 10-5 检查浏览器兼容性

10.2.2　检查链接错误

如果网页中存在错误链接，这种问题是很难察觉的，只有打开网页，单击链接时，才可能发现错误。而 Dreamweaver 可以帮助用户快速检查站点中网页的链接，避免出现链接错误。

1．检查链接错误

01　在站点窗口中，从本地站点列表中选中要检查的文件或文件夹。

02　在菜单栏中选择【窗口】|【结果】|【链接检查器】命令，弹出【链接检查器】面板，如图 10-6 所示。

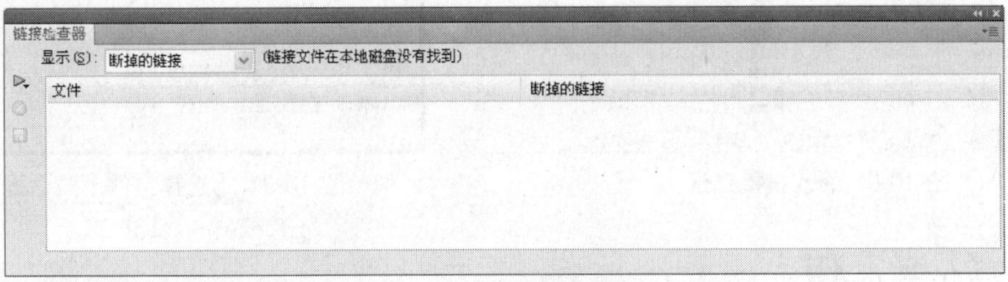

图 10-6　检查链接错误

在【显示】下拉列表中，可以选择要检查的链接方式。

- 【断掉的链接】：检查文档中是否存在断开的链接，这是默认选项。
- 【外部链接】：检查文档中的外部链接是否有效。
- 【孤立文件】：检查站点中是否存在孤立文件。所谓孤立文件，就是没有任何链接引用的文件。该选项只在检查整个站点链接的操作中才有效。

当从【显示】下拉列表中选择某个选项后，单击左上角的绿色小三角，在弹出的菜单中选择相应命令。如选择【断掉的链接】选项，再选择【检查当前文档中的链接】命令，此时会在下面的列表框中显示检查结果，如图 10-7 所示。

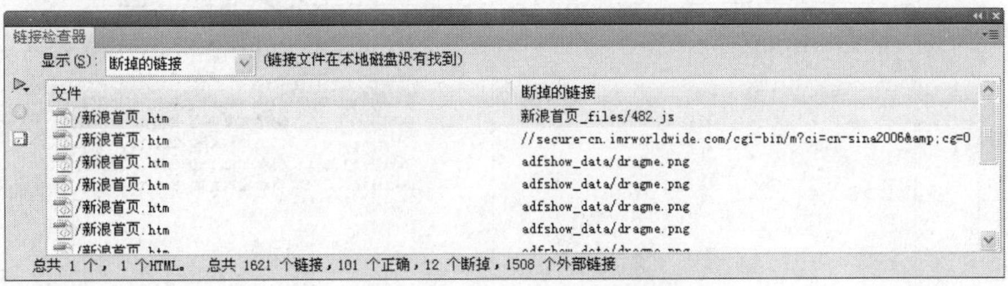

图 10-7　检查当前文档中的链接

2．修复断开的链接错误

在要修复的链接项右边的【断掉的链接】栏上单击，即可激活其文本编辑状态，修改链接，如图 10-8 所示。

也可以单击链接右侧的📁按钮，弹出【选择文件】对话框，在其中选择要链接的文件，如图 10-9 所示。

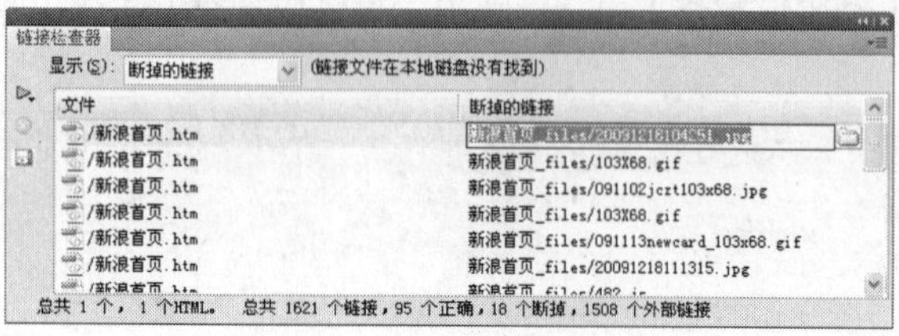

图 10-8　修改链接错误

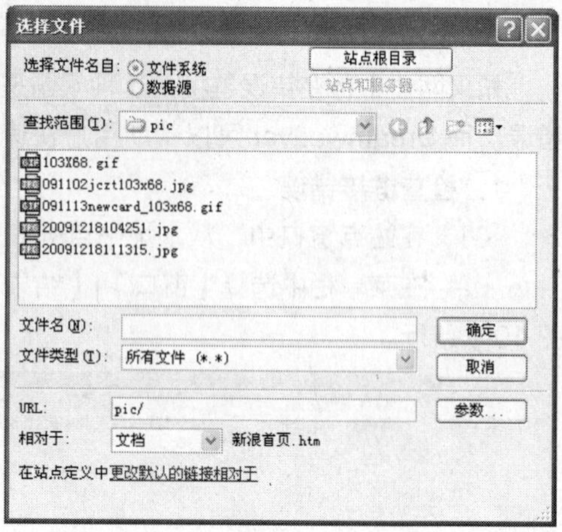

图 10-9　【选择文件】对话框

10.3　站点上传

在 10.2 节中讲解了如何为对象附加行为，但是介绍的操作步骤只是一个基本的流程。在本节中将结合具体的实例，对行为菜单中所有内置的行为进行详细的讲解。

10.3.1　链接到远程服务器

在定义完毕远程服务器后，如果已经完成本地站点的制作，便可以连接到远程服务器以便进行后面的上传及维护工作。

连接到远程服务器，单击【文件】面板上的按钮，展开【文件】面板，如图 10-10 所示。

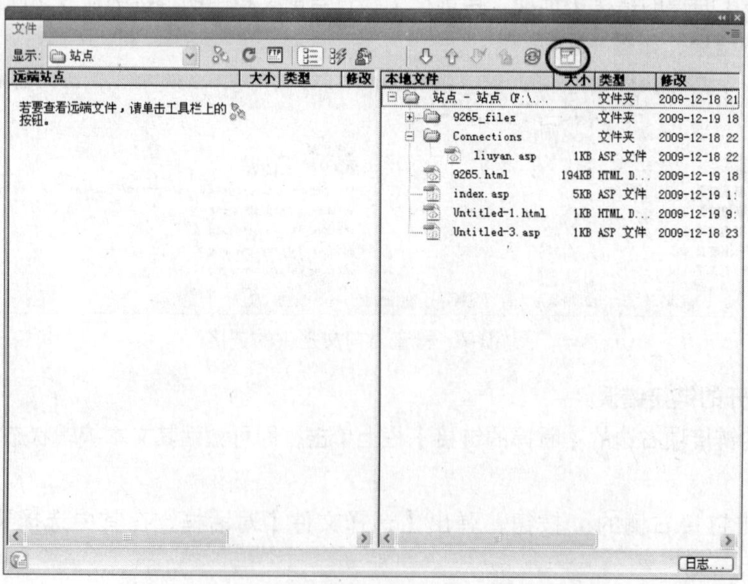

图 10-10　展开【文件】面板

单击按钮，链接到远端站点，如图 10-11 所示。

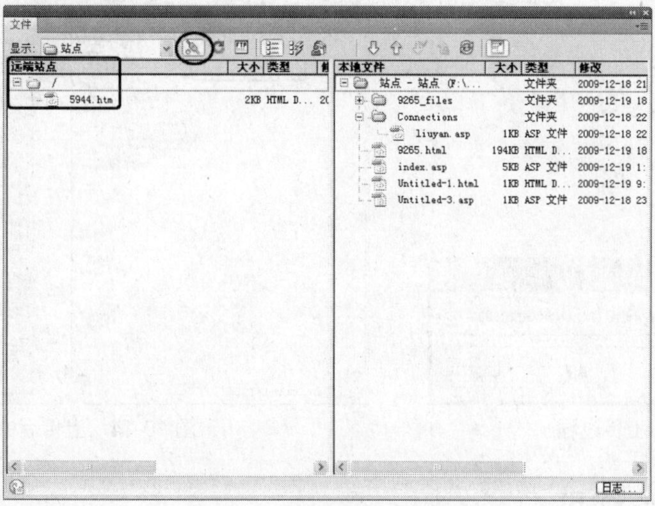

图 10-11　链接到远端站点

13.3.2　上传文件

用户可以选择将整个站点上传到服务器上或是只将部分内容上传到服务器上。一般来说，第一次上传需要将整个站点上传，然后在更新站点时，只需要上传被更新的文件就可以了。

上传站点文件的具体操作步骤如下：

01　在【文件】面板的【本地文件】列表中选择要上传的文件，然后单击上传按钮，如图 10-12 所示。

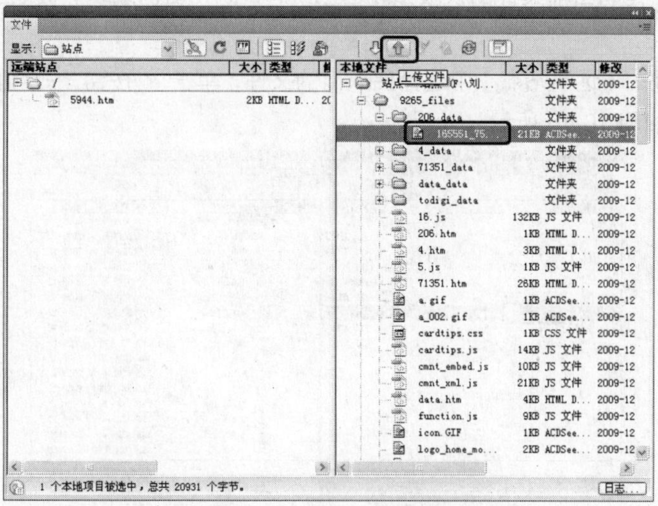

图 10-12　选择上传的文件

02　上传过程中会弹出【后台文件活动_站点】对话框，显示上传的状态，如图 10-13 所示。

03　上传完成后，在【远端站点】中即可看到上传的文件，如图 10-14 所示。

图 10-13　上传过程

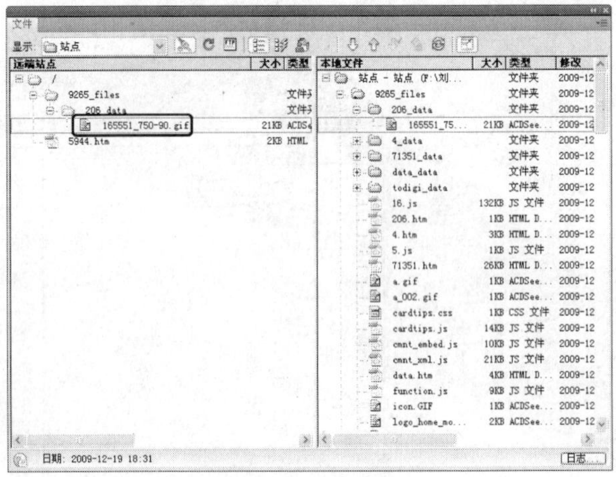

图 10-14　上传后的文件

10.4　文件的获取

随着站点规模的扩大，对站点的维护也变得比较困难。很多专业网站拥有成千上万的文件，要想一个人维护站点几乎是不可能的，这时就需要将站点分派给多人共同维护，这就存在维护人员之间的协同合作问题。假想多个人都同时修改一份文件，怎样才能分辨文件中哪些内容是新的，哪些内容是旧的。

对于多人共同维护站点的情况，必须设置流水化的操作过程，确保同一时刻，只能由一个维护人员对网页进行修改，这就可以利用 Dreamweaver 中所谓的取出和存回特性。

所谓的取出，就是将当前文件的权限归属自己所有，只供自己编辑。被取出的文件对别人来说是只读的。

在【文件】面板的【远端站点】中选择要取出的文件，单击⇩按钮，即可将所选文件取出，以供自己独立编辑，如图 10-15 所示。

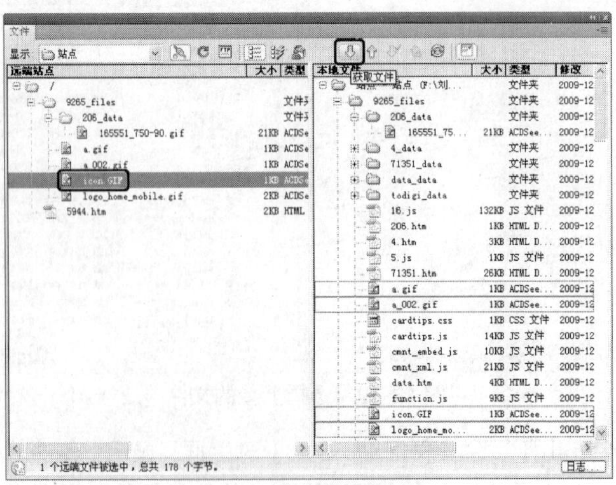

图 10-15　取出文件

10.5　测试文件下载时间

在编辑窗口中，当前编辑的网页大小和预计下载所用时间会显示在文档窗口底部。Dreamweaver 是基于网页所有内容来计算其大小的，包括所有的链接对象。

Dreamweaver 预计文件下载时间是根据用户在【首选参数】对话框的【状态栏】面板中设置的链接速度计算出的，而实际的下载时间由于当时网络状况的不同会有很大异的。下面介绍如何设置文件下载时间和大小参数。

在菜单栏中选择【编辑】|【首选参数】命令，弹出【首选参数】对话框，在【分类】列表框中选择【状态栏】选项，在该面板中可选择【连接速度】，如图 10-16 所示。

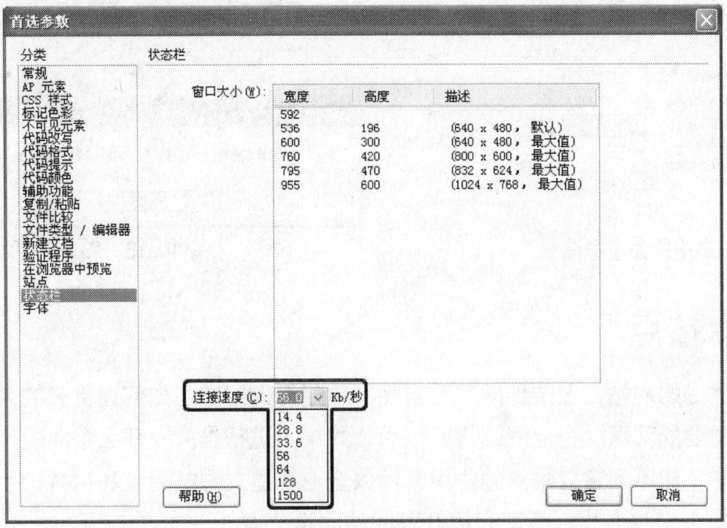

图 10-16　下载时间的【连接速度】设置

10.6　使用遮盖

对网站中某一类型的文件或者某些文件夹使用遮盖功能，可以在上传或下载时排除这一类型的文件和这些文件夹。对于一些较大的压缩文件，如果不希望每次都上传，也可以遮盖这些文件。

除了上传和下载之外，Dreamweaver 还会从报告、检查更改链接、搜索替换、同步、资源面板内容、更新库和模板等操作中排除被遮盖的文件。

默认情况下，网站的遮盖都处于激活状态，在【文件】面板中，选择一个文件并右击，在弹出的快捷菜单中选择【遮盖】命令，在弹出的子菜单中可看到【启用掩盖】命令默认为选择状态，如图 10-17 所示。

如果选择【全部取消遮盖】命令，弹出警告对话框，如图 10-18 所示。单击【是】按钮则全部取消遮盖，单击【否】则反之。

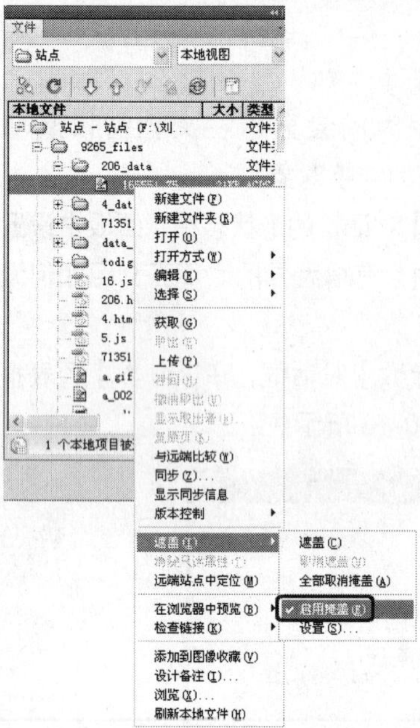

图 10-17 【启用掩盖】命令

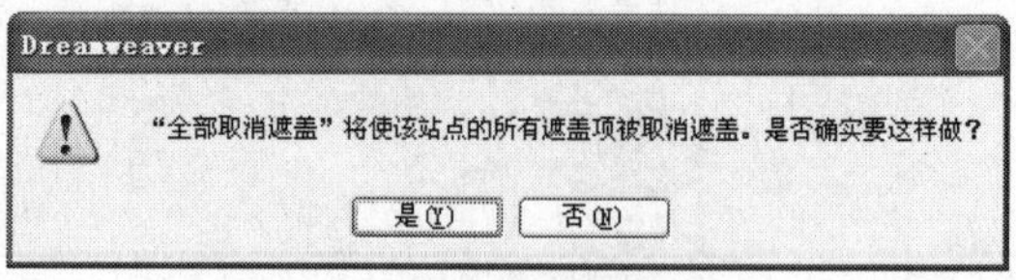

图 10-18 警告对话框

10.7 宣传站点

辛辛苦苦制作出的网站，上传到网上后当然不希望无人问津，如何让更多的人能迅速地访问到网站是一个十分重要的问题。企业网站建好以后，如果不进行推广，那么企业的产品与服务在网上就仍然不为人所知，起不到建立站点的作用，所以企业在建立网站后应利用各种手段推广自己的网站。网站的宣传有很多种方式。下面介绍几种网站的推广方法。

经权威机构调查，全世界 85%以上的互联网用户采用搜索引擎来查找信息，而通过其他推广形式访问网站的只占不到 15%，这就意味着当今互联网上最为经济、实用和高效的网站推广形式就是搜索引擎登录，所以，将自己的网站注册到搜索引擎是一种推广的好方法。

在网站排行榜上登记。如果站点的日访问人数很高，有幸进入某个排行榜的前 100 位，那么知名度会大大提高，访问的人数也会更多。

广告交换是宣传网站的一种较为有效的方法。登录到广告交换网，填写一些主要的信息，如广告图像、网站网址等，之后它会要求将一段 HTML 代码加入到网站中。这样广告条就可以在其他网站上出现。当然，网站上也要出现其他网站的广告条。

友情链接。虽然友情链接的有效链接率并不高，但是要记住，网络是人与人交流的新渠道。在网络上结识大量的网友，是一件令人兴奋和自豪的事。

到各种 BBS 论坛中宣传自己的网站，引起网友的兴趣和注意。

站点的宣传虽然重要，但用户还必须定期和及时更新自己的网页，让它始终有新的内容和新的面貌，这样才能吸引更多的网友前来观看。

10.8　本章小结

站点的建立和维护是 Dreamweaver CS4 的重要功能之一，用户可使用 Dreamweaver CS4 在本地计算机的磁盘上创建一个本地站点，并控制站点结构，管理站点中的每一个文件。当用户完成对站点中文件的编辑后，可使用 Dreamweaver CS4 将本地站点上传到 Internet 上，使其他人可浏览到该站点。

10.9　习题

1．填空题

（1）“检查链接”功能可用来在打开的文件、本地站点的某一部分或者整个本地站点中搜索________和________。

（2）在________面板的【显示】下拉列表框中包括：【断掉的链接】、【外部链接】和【孤立文件】，从而可查看某个特定的链接报告。

2．选择题

（1）在网页中，链接是必不可少的，而往往在链接的更改和维护过程中难免会出现错误，因此 Dreamweaver 提供了一个“________”的功能

A．检查链接　　B．外部链接　　C．孤立文件

（2）如果要查找并修复断开的链接，可以打开站点的文件窗口，然后从菜单栏中选择【站点】|【________】命令，检查的结果出现在【链接检查器】面板中。

A．站点的建立　　B．改变站点范围的链接　　C．检查站点范围的链接

3．简答题

可以通过哪几种方法来宣传站点?

第 11 章　初识 Flash CS4

希望用户通过对本章的学习，能对 Flash CS4 的概念及特色有一定的了解，并确立学习的重点，也希望对这些特性的介绍，能激发起读者对 Flash 的兴趣。只要拥有对动画的热情，相信读者都会成为出色的动]画制作者。

本章重点

- Flash 工作界面
- 常用面板
- 场景
- 时间轴
- 优化与输出影片

11.1　Flash CS4 工作界面

启动 Flash CS4 后的工作界面如图 11-1 所示。

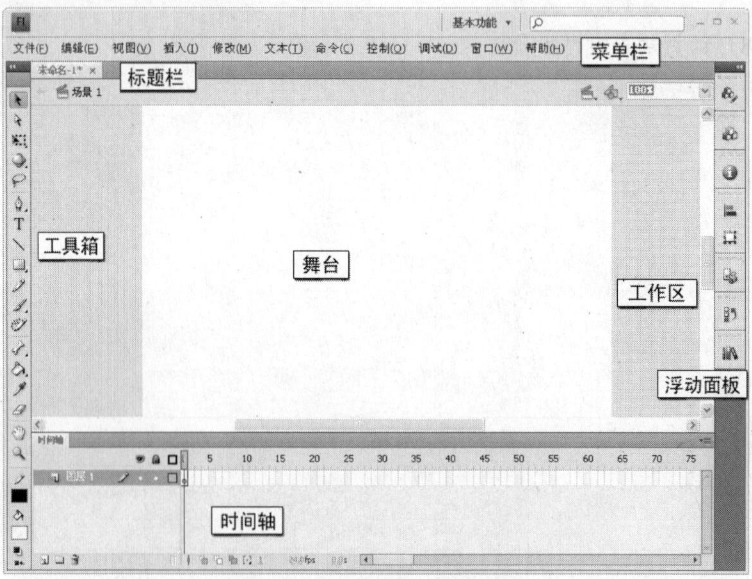

图 11-1　Flash CS4 工作界面

通常情况下，使用 Flash 创建或编辑电影时，将涉及如下几个关键的区域。

- 标题栏：显示应用程序名和当前的文件名。
- 菜单栏：包含 Flash 所有的功能命令，单击某个菜单项后，即可从弹出的下拉菜单中选择要使用的命令。
- 工具箱：包含用于创建、放置和修改文本与图形的工具。
- 时间轴：显示动画场景、图层和帧等重要信息，控制动画的长度，以及当前编辑中的动画或元件的图层和帧的位置。
- 舞台：创作影片中各个帧内容的区域，既可以在其中直接绘制插图，也可以在舞台中安排导入的插图。
- 工作区：舞台以外的灰色区域。
- 浮动面板：与动画编辑相关的控制面板及窗口，如【属性】面板、【混色器】面板和【组件】面板等。要显示或隐藏某个面板，只需从【窗口】菜单中选择相应的命令。

11.1.1　菜单栏

菜单是使用软件的基础，Falsh CS4 提供了 11 组菜单，这些菜单包含了 Flash 的大部分操作命令，如图 11-2 所示。下面先概括介绍它们的基本功能，在后面的学习过程中，通过使用将逐步加深对各种命令的理解。

文件(F)　编辑(E)　视图(V)　插入(I)　修改(M)　文本(T)　命令(C)　控制(O)　调试(D)　窗口(W)　帮助(H)

图 11-2　菜单栏

- 【文件】菜单：主要用于一些基本的文件管理操作，如新建、保存和打印等，也是最常用和最基本的功能。
- 【编辑】菜单：主要用于进行一些基本的编辑操作，如复制、粘贴、选择及相关设置等，它们都是动画制作过程中很常用的命令。
- 【视图】菜单：其中的命令主要用于屏幕显示的控制，如缩放、网格及各区域的显示与隐藏等。
- 【插入】菜单：其中提供的多为插入命令，例如向库中添加元件、在动画中添加场景、在场景中添加层，以及在层中添加帧等操作，都是制作动画时所需的命令。
- 【修改】菜单：其中的命令主要用于修改动画中各种对象的属性，如帧、层、场景，甚至动画本身等，这些命令都是进行动画编辑时必不可少的重要工具。
- 【文本】菜单：提供处理文本对象的命令，如字体、字号和段落等文本编辑命令。
- 【命令】菜单：提供了命令的功能集成，用户可以扩充这个菜单，以添加不同的命令。
- 【控制】菜单：相当于 Flash CS4 电影动画的播放控制器，通过其中的命令可以直接控制动画的播放进程和状态。
- 【调试】菜单：提供影片脚本的调试命令，包括跳入、跳出和设置断点等。
- 【窗口】菜单：提供 Flash CS4 所有的工具栏、编辑窗口和面板，是当前界面形式和状态的总控制器。
- 【帮助】菜单：包括丰富的帮助信息、教程和动画示例，是 Flash CS4 提供的帮助资源的集合。

11.1.2 工具箱

Flash 是一款非常优秀的交互式矢量动画制作软件，为用户提供了非常丰富的用于图形绘制的工具，这些工具非常有特色，使用得当的话完全可以满足用户日常工作的需求，如图 11-3 所示。

图 11-3 工具箱

工具箱中部分工具介绍如下：

- （选择工具）：选择图形、拖动改变图形形状。
- （部分选取工具）：选择图形、拖动和分段选取。
- （任意变形工具）：变换图形形状。
- （渐变变形工具）：用于变换一些特殊图形的外观，如渐变图形的变化。
- （套索工具）：选择部分图像。
- （钢笔工具）：绘制直线和曲线。
- （文本工具）：制作和修改字体。
- （线条工具）：绘制直线。
- （椭圆工具）：绘制椭圆。
- （矩形工具）：制作矩形和圆角矩形。
- （铅笔工具）：绘制线条和曲线。
- （刷子工具）：绘制闭合区域图形或线条。
- （墨水瓶工具）：改变线条的颜色、大小和类型。
- （颜料桶工具）：填充和改变封闭图形的颜色。
- （滴管工具）：选取颜色。
- （橡皮擦工具）：擦除选定区域的图形。

11.1.3 【时间轴】面板

【时间轴】面板用于组织和控制影片内容在一定时间内播放的层数和帧数。与胶片一样，Flash 影片也将时长分为帧。图层就像层叠在一起的幻灯胶片一样，每个图层都包含一个显示在舞台中的不同图像。时间轴的主要组件是图层、帧和播放头，如图 11-4 所示。

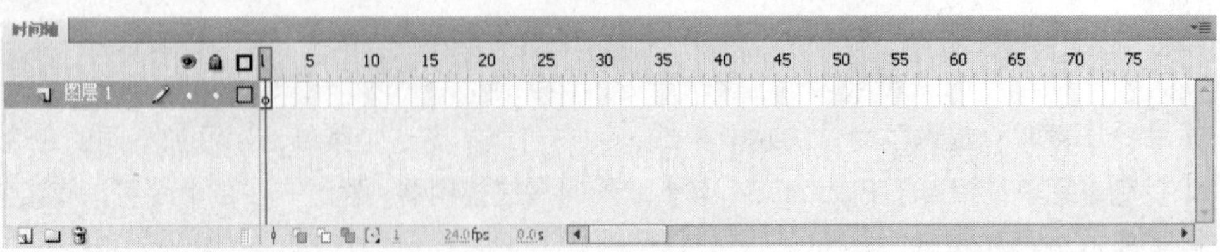

图 11-4 【时间轴】面板

图层列位于【时间轴】面板的左侧。当创建一个新的 Flash 文档后，会自动添加一个图层。用户还可以添加更多的图层，每个图层中包含的帧显示在该图层名右侧的一行中。如果有许多图层，无法在时间轴中全部显示出来时，则可以使用时间轴右侧的滚动条查看其他的图层。

播放头在时间轴上移动时，可以指示当前显示在舞台中的帧。时间轴标尺显示动画的帧编号。

要在舞台上显示帧，可以将播放头移动到时间轴中该帧的位置。

时间轴状态显示在时间轴的底部，它指示所选的帧编号、当前帧频，以及到当前帧为止的运行时间。

11.1.4　【属性】面板

【属性】面板中的内容不是固定的，它会随着选择对象的不同而显示不同的设置项，如图 11-5 所示。例如，选择绘图工具时的【属性】面板和选择工作区中的对象或选择某一帧时的【属性】面板都提供与其相应的选项。因此用户可以方便地设置或修改各属性值。

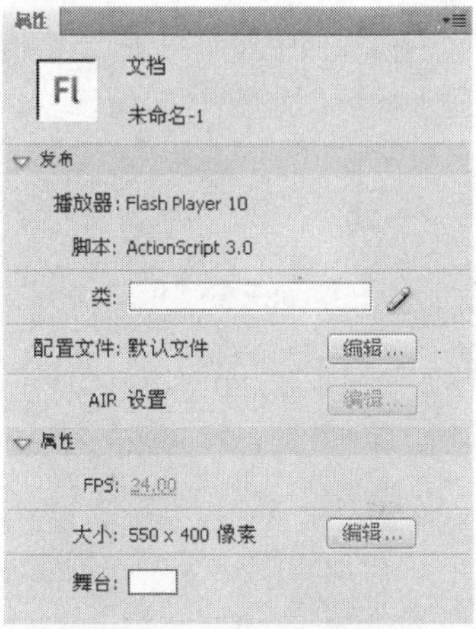

图 11-5　【属性】面板

11.1.5　舞台和工作区

舞台是用户在创作时观看自己作品的场所，也是用户对动画中的对象进行编辑、修改的场所。对于没有特殊效果的动画，在舞台上也可以直接播放，而且最后生成的. swf 播放文件中播放的内容也只限于在舞台上出现的对象，其他区域的对象不会在播放时出现。

工作区是舞台周围的所有灰色区域，通常用做动画的开始和结束点的设置，即动画过程中对象进入舞台和退出舞台时的位置设置。工作区中的对象除非在某时刻进入舞台，否则不会在影片的播放中看到。

舞台和工作区的分布如图 11-6 所示。

图 11-6　舞台和工作区

舞台是 Flash CS4 中最主要的可编辑区域，在舞台中可以直接绘图，或者导入外部图形文件进行编辑，再把各个独立的帧合成在一起，以生成最终的电影作品。与电影胶片一样，Flash 影片也将时长分为帧。舞台就是创作影片中各个帧内容的区域，可以在其中直接绘制插图，也可以在舞台中安排导入的插图。

11.1.6 对象编辑的辅助工具

1．标尺

标尺是丈量物体尺寸的工具，在 Flash 中调用标尺可以获知光标所在的坐标位置和动画角色放置的坐标位置，可以预测动画角色的大致尺寸，同时使动画设计人员更加清楚 Flash 创作环境的坐标系规定。

在文档中显示网格，只需选择菜单栏中的【视图】|【标尺】命令，这时在文档的左沿和上沿会显示标尺，如图 11-7 所示。

图 11-7　标尺

2．网格

曾经使用过坐标纸进行绘图的用户，一看网格就会基本明白其用处。在 Flash 创作环境中，网格同样具有控制对象定位的功能，同时也为用户在绘制矢量图形时提供了方便。利用网格功能，可以比较轻松地实现在 Flash 界面中的机械制图，当然必须先要熟练掌握工具箱中的矢量绘图工具。

网格是显示或隐藏在所有场景中的绘图栅格，如图 11-8 所示。

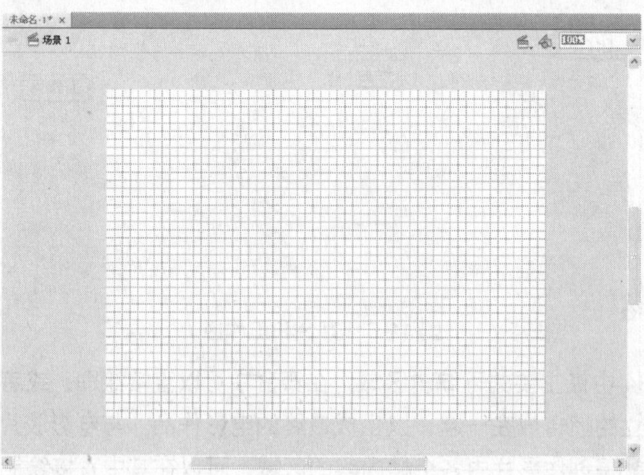

图 11-8　网格

显示或隐藏网格的方法是：选择菜单栏中的【视图】|【网格】|【显示网格】命令或者按快捷键 Ctrl+'。如果选择菜单栏中的【视图】|【贴紧】|【至网格】命令，则舞台中的实例在排版时可以吸附到网格所交叉的点上；选择菜单栏中的【视图】|【网格】|【编辑网格】命令，可以在打开的【网格】对话框中编辑网格间的尺寸等信息，如图 11-9 所示。

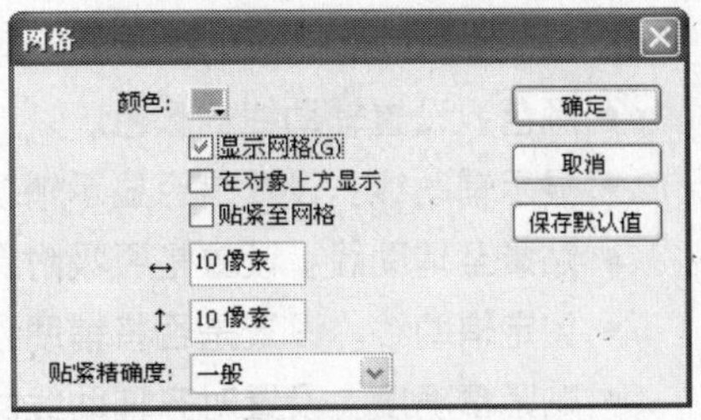

图 11-9　【网格】对话框

【网格】对话框中的各参数说明如下：

- 颜色：设置网格线的颜色。
- 显示网格：设置是否显示网格。
- 在对象上方显示：选择该复选框，则将网格显示在对象的上方。
- 贴紧至网格：设置是否吸附到网格。
- 左右、上下箭头：设置网格线的间距，单位为像素。
- 贴紧精确度：设置对齐网格线的精确度。

3．辅助线

辅助线也用于实例的定位。从标尺处开始向舞台中拖动鼠标，会拖出一条绿色（默认）的直线，这条直线就是辅助线，如图 11-10 所示。不同的实例之间可以以这条线作为对齐的标准。用户可以移动、锁定、隐藏和删除辅助线，也可以将对象与辅助线对齐，或者更改辅助线颜色和对齐容差。

图 11-10　辅助线

如果想显示或隐藏辅助线，可以选择菜单栏中的【视图】|【辅助线】|【显示辅助线】命令；如果想让实例与辅助线对齐，可以选择菜单栏中的【视图】|【贴紧】|【贴紧至辅助线】命令；当不再需要辅助线时，可以将其删除，方法是使用选择工具将辅助线拖到水平或垂直标尺外部即可。

选择菜单栏中的【视图】|【辅助线】|【编辑辅助线】命令，可以在打开的【辅助线】对话框中进行辅助线参数的设置，如辅助线的颜色、是否显示、对齐和锁定等，如图 11-11 所示。

【辅助线】对话框中的各参数说明如下：

- 颜色：设置辅助线的颜色。
- 显示辅助线：设置是否显示辅助线。
- 贴紧至辅助线：设置是否吸附到辅助线。
- 锁定辅助线：设置是否将辅助线锁定。
- 贴紧精确度：设置对齐辅助线的精确度。

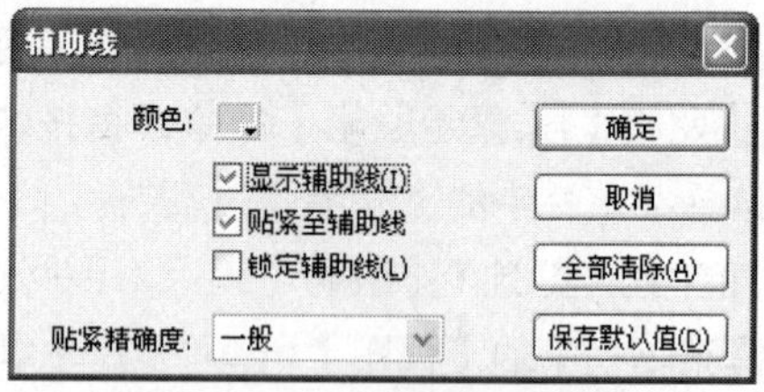

图 11-11　设置辅助线参数

11.2　常用面板

Flash 中包含了各种可以移动和任意组合的功能面板，下面介绍常用的几个面板。

11.2.1　【颜色】面板

选择菜单栏中的【窗口】|【颜色】命令，打开【颜色】面板，如图 11-12 所示。【颜色】面板主要用来对图形对象进行颜色设置。

如果已经在舞台中选定了对象，则在【颜色】面板中所做的颜色更改会被应用到该对象上。用户可以在 RGB、HSB 模式下选择颜色，或者使用十六进制模式直接输入颜色代码，还可以指定 Alpha 值定义颜色的透明度。另外，用户还可以从现有的调色板中选择颜色，对舞台实例应用渐变色，还有一个“亮度”调节控件可用来修改所有颜色模式下的颜色亮度。

将【颜色】面板中的【类型】设置为【线性】或者【放射状】时，【颜色】面板会变为渐变色设置模式。这时需要先定义好当前颜色，然后再拖动渐变定义栏下面的调节指针来调整颜色的渐变效果。通过单击渐变定义栏还可以添加更多的指针，从而创建更复杂的渐变效果，如图 11-13 所示。

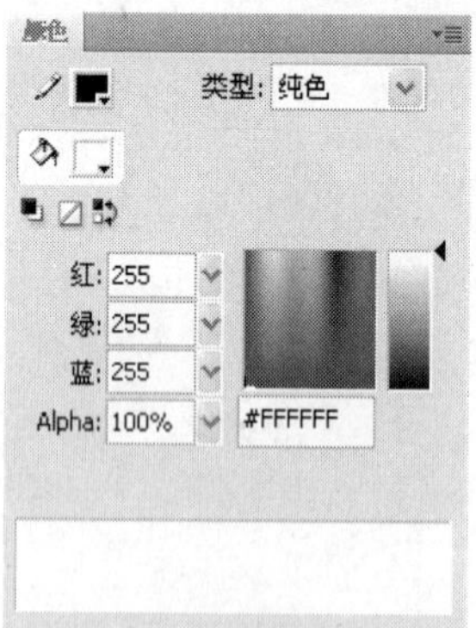

图 11-12　【颜色】面板

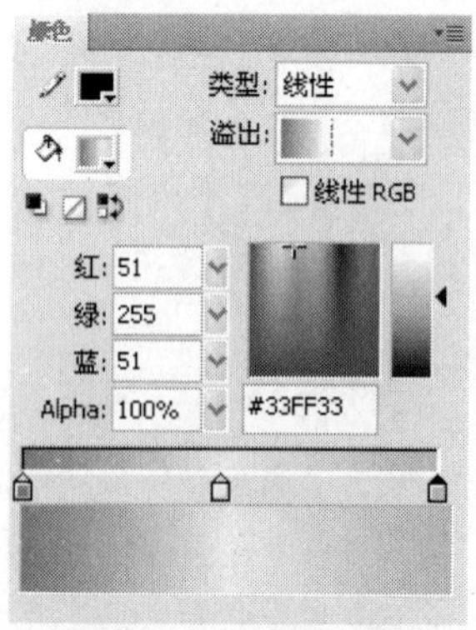

图 11-13　设置渐变色

> **提示：** 如果想删除添加的调节指针，则可以按住【Ctrl】键，当鼠标的指钟变为一个剪刀形状时，单击调节指针进行删除操作；或者选择要删除的指针，用鼠标拖动到渐变定义栏外的区域进行删除操作。

11.2.2　【样本】面板

为了便于管理图像中的颜色，每个 Flash 文件都包含一个颜色样本。选择菜单栏中的【窗口】|

【样本】命令，就可以打开【样本】面板，如图 11-14 所示。

【样本】面板分为上下两个部分：上部是纯色样表，下部是渐变色样表。这里先讨论纯色样表。默认纯色样表中的颜色称为“Web 安全色”。

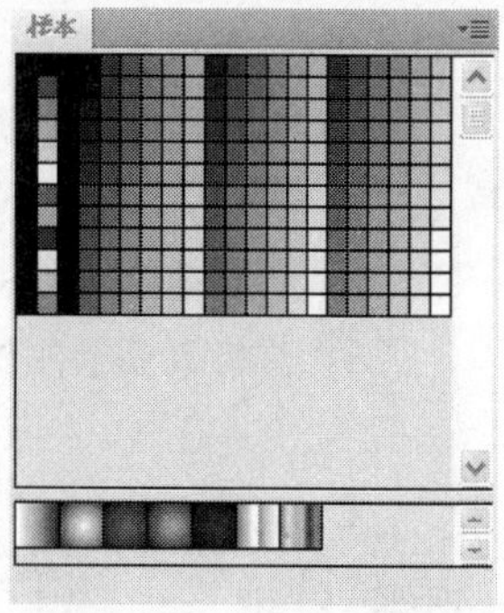

图 11-14　【样本】面板

1．Web 安全色

在 MAC 系统和 Windows 系统中查看同一张图片，会发现两张图片的颜色亮度有细微的差别，一般在 Windows 中会显得亮一些。

为了让图片在不同系统中的显示效果一致，国际上提出了“Web 安全色”概念。只要图片中使用的是“Web 安全色”，就能保证图像的浏览效果是一致的。“Web 安全色”共有 216 种，也就是默认情况下【样本】面板中的颜色。

2．添加颜色

01　打开【颜色】面板，选中【填充颜色】图标，并调制出一种颜色，如图 11-15 所示。

02　打开【样本】面板，将光标移到面板底部空白的区域，这时光标变成一个油漆桶，如图 11-16 所示。

03　单击，把在【颜色】面板中调好的颜色加到【样本】面板中，如图 11-17 所示。

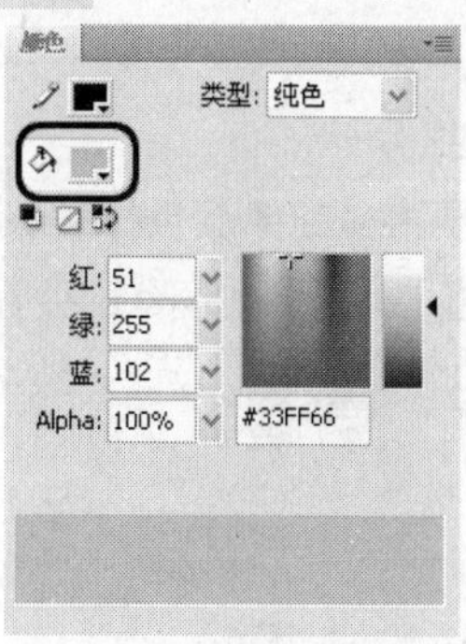

图 11-15　调制颜色

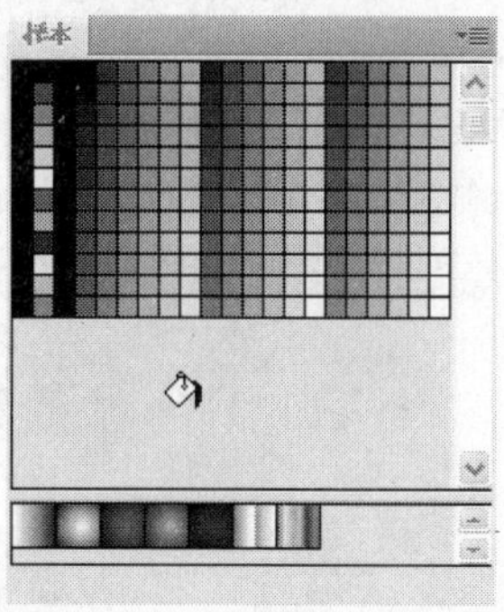

图 11-16　光标变成油漆桶

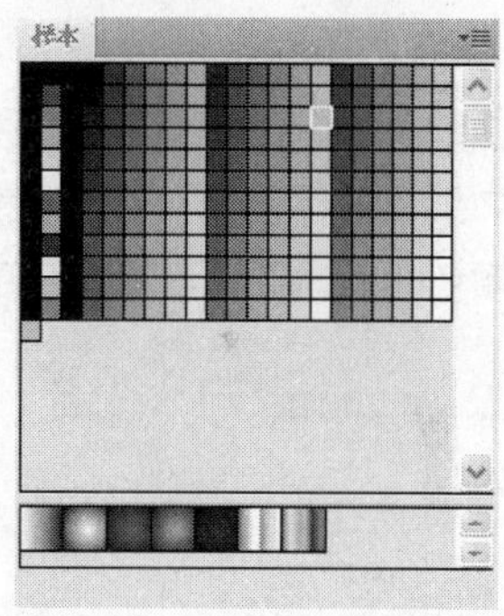

图 11-17　添加到颜色样表中

3．复制颜色

01　打开【样本】面板，单击用户要复制的颜色，然后单击面板右上角的按钮展开菜单。在弹出的下拉菜单中选择【直接复制样本】命令，如图 11-18 所示。

02　在面板中即复制出一个新的色块，如图 11-19 所示。

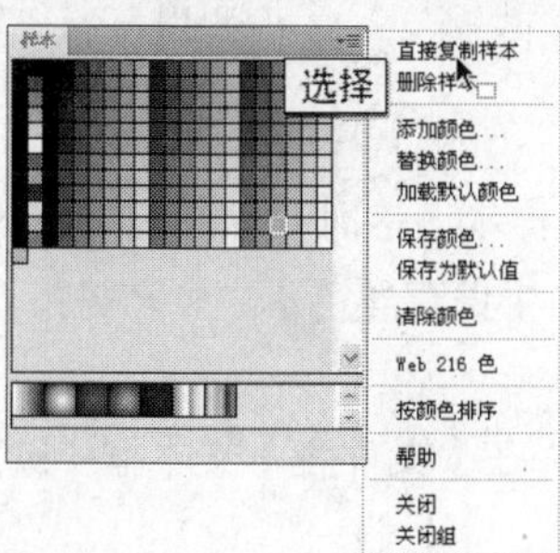

图 11-18　选择【直接复制样本】命令

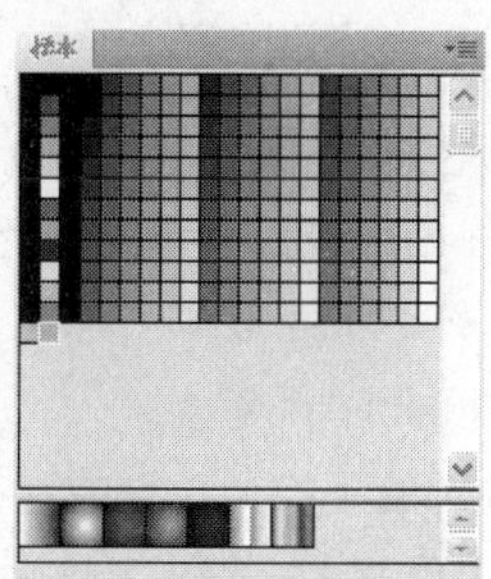

图 11-19　复制新色块

4．删除颜色

01 打开【样本】面板，选中要删除的色块，然后单击面板右上角的按钮，在弹出的下拉菜单中选择【删除样本】命令，如图 11-20 所示。

02 删除选中的色块。如果要删除所有的色块，可以选择【清除颜色】命令，如图 11-21 所示。

03 这样，面板中的色块都会被清除，如图 11-22 所示。

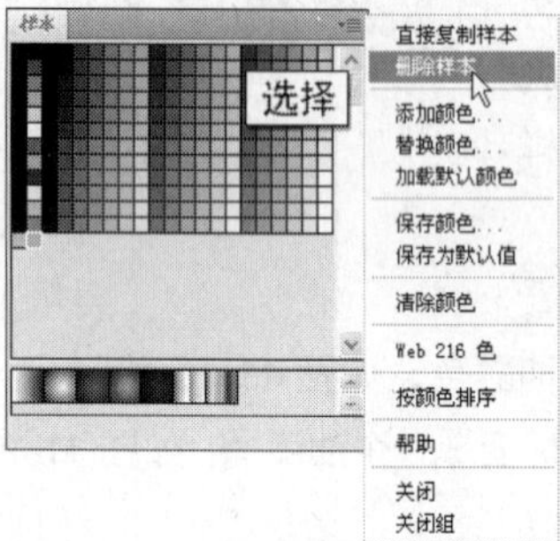

图 11-20 选择【删除样本】命令

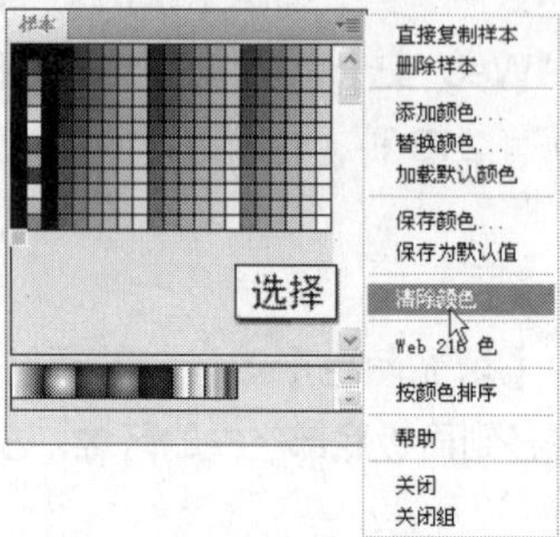

图 11-21 选择【清除颜色】命令

图 11-22 清除色块后的面板

5．保存为默认值

通过复制、删除等操作可以创建出一个自己的颜色样表，如图 11-23 所示。

如果希望在新建文件时，将当前颜色样表作为默认颜色样表，就需要将当前的颜色样表保存为默认颜色样表。要达到这个目的，只需选择面板菜单中的【保存为默认值】命令，如图 11-24 所示。

图 11-23 创建出的颜色样表

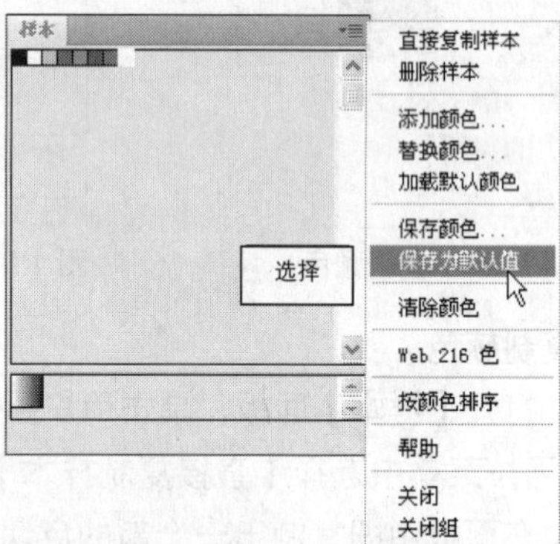

图 11-24 选择【保存为默认值】命令

6．导出颜色样本

有时我们并不想覆盖默认的颜色样表，只是需要保存样本，这时可以将它导出为一个文件。

01 在【样本】面板中，从右上角的面板菜单中选择【保存颜色】命令，将打开【导出色样】对话框，如图 11-25 所示。

02 在顶部的下拉列表框中选择合适的保存位置，并在【文件名】文本框中输入混色器的名称，然后单击【保存】按钮，将文件保存下来。

03 打开选择保存文件的位置，会看到一个新的扩展名为.clr 的文件。

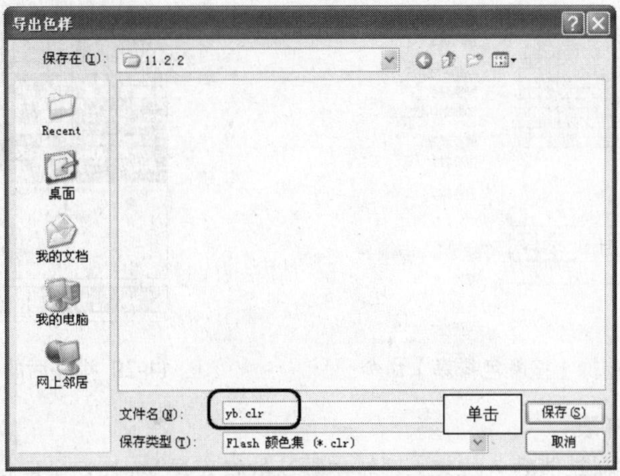

图 11-25　【导出色样】对话框

7. 导入颜色样本

如果希望使用自己创建的颜色样本文件，可以将其导入进来。

01 在【样本】面板中，从右上角的面板菜单中选择【替换颜色】命令，如图 11-26 所示。

02 这时将打开【导入色样】对话框，如图 11-27 所示。

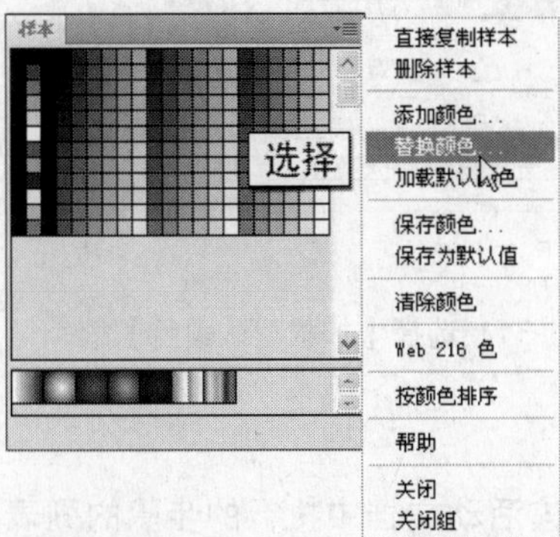

图 11-26　选择【替换颜色】命令

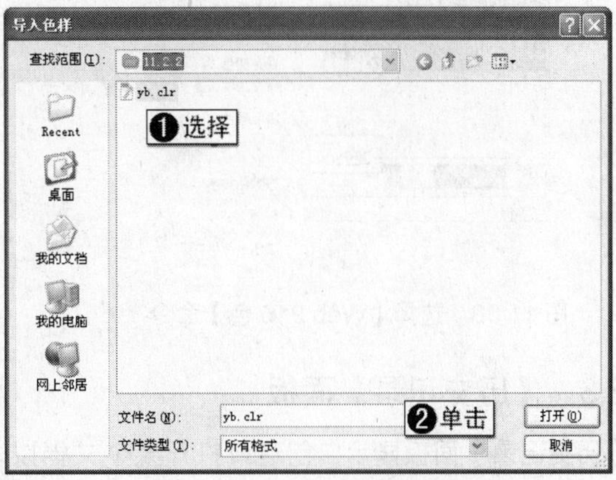

图 11-27　【导入色样】对话框

03 从中找到文件并选中，然后单击【打开】按钮将其导入。这时【样本】面板就会替换为文件中的颜色样表。

8. 颜色样表排序

要在默认的颜色样表中很快地定位某种颜色并不太容易。为了更快地定位颜色，用户可按照色相对样表中的颜色进行排序。

单击【样本】面板右上角的按钮，从弹出的下拉菜单中选择【按颜色排序】命令，如图 11-28 所示。

排序后的【样本】面板如图 11-29 所示。

这时颜色样本中同一色系的色块按照颜色亮度进行排列，这样在查找颜色时就比较方便。

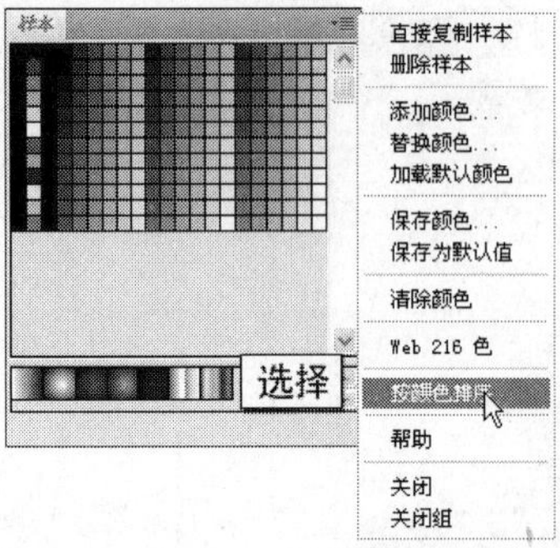

图 11-28　选择【按颜色排序】命令

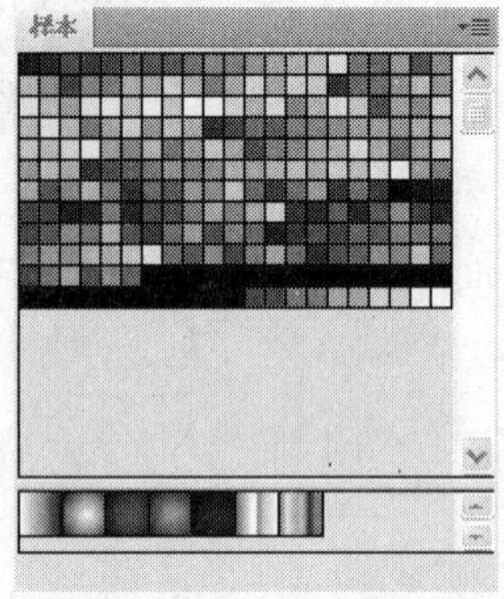

图 11-29 排序后的【样本】面板

9．加载默认颜色样表

有时我们可能会用到其他颜色样表，系统中默认的样表是 Web 安全色样表。要恢复 Web 安全色样表，可以从面板右上角的面板菜单中选择【Web 216 色】命令，如图 11-30 所示。

如果想重新恢复为默认的颜色样表，可以从面板右上角的面板菜单中选择【加载默认颜色】命令，用默认颜色样表替换当前颜色样表，如图 11-31 所示。

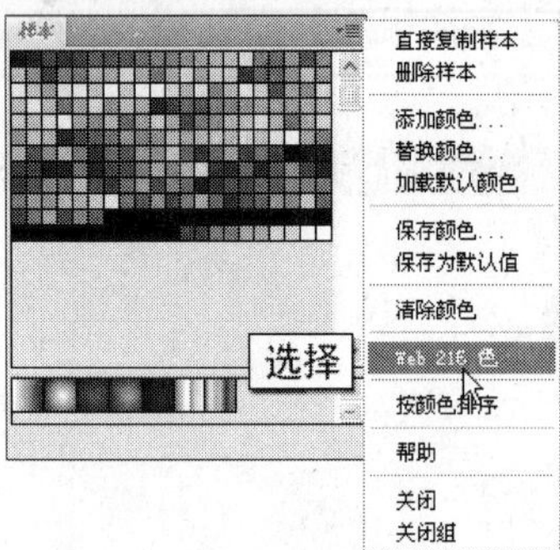

图 11-30　选择【Web 216 色】命令

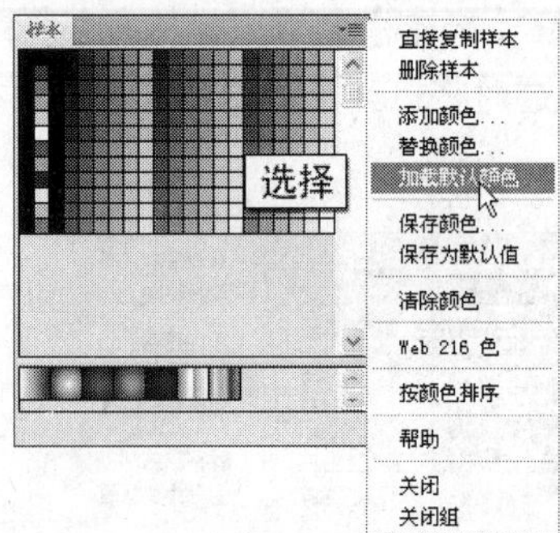

图 11-31　选择【加载默认颜色】命令

11.2.3　【历史记录】面板

【历史记录】面板显示自创建或打开某个文档以来，在该活动文档中执行的步骤的列表，如图 11-32 所示，列表中的数目最多为指定的最大步骤数。【历史记录】面板中的滑块最初指向执行的上一个步骤，如图 11-33 所示。(【历史记录】面板不显示在其他文档中执行的步骤。)

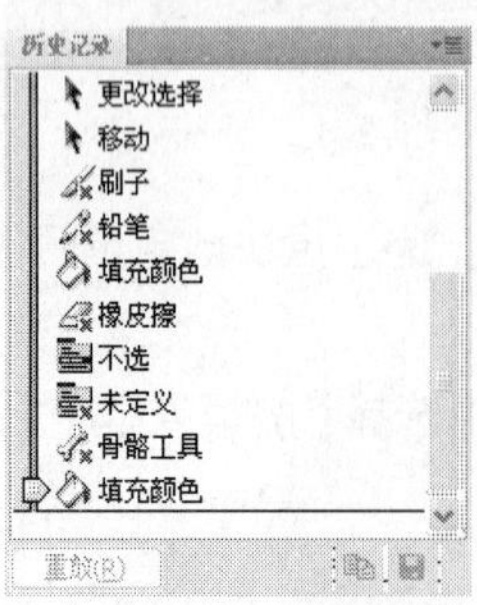

图 11-32　【历史记录】面板

图 11-33　撤销步骤后的滑块位置

> **注意：** 如果撤销了一个步骤或一系列步骤，然后又在文档中执行了某些新步骤，则无法再重做【历史记录】面板中的那些步骤，它们已从面板中消失。

11.3　场景

场景是设计者直接绘制帧中的图像或从外部导入图形之后，进行编辑处理形成单独的帧，再将单独的帧合成为动画的场所。它需要有固定的长、宽、分辨率和帧的播放速度等。

11.3.1　编辑场景

一个影片可以由多个场景组成，每一个场景都可以有一个完整的动画序列。当发布包含多个场景的 Flash 文档时，文档中的场景将按照它们在【场景】面板中列出的顺序进行回放。文档中的帧都是按场景顺序连续编号的。例如，文档包含两个场景，每个场景有 10 帧，则场景 2 中的帧的编号为 11~20。

选择【窗口】|【其他面板】|【场景】命令，打开【场景】面板，如图 11-34 所示。

选择【视图】|【转到】命令，在弹出的子菜单中选择要编辑的场景，如图 11-35 所示。或单击舞台右上方的【编辑场景】按钮，在弹出的下拉菜单中选择要编辑的场景。

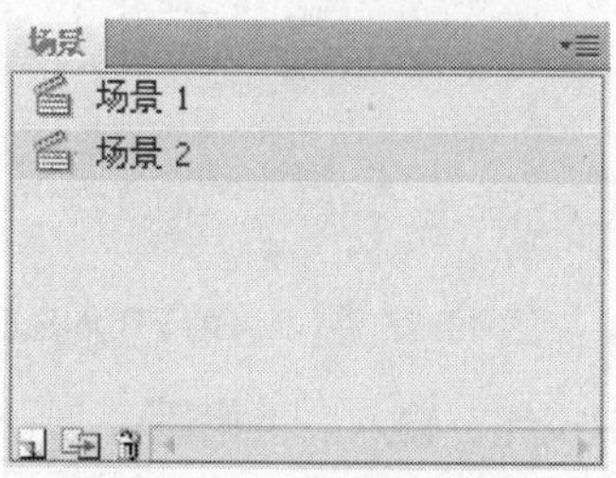

图 11-34　【场景】面板

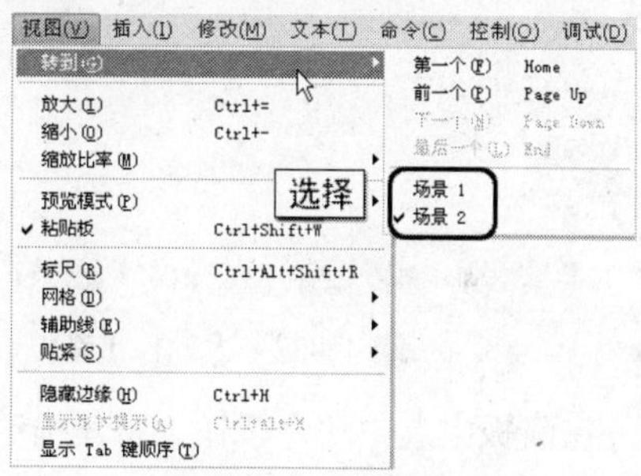

图 11-35　选择场景

11.3.2　改变场景背景

修改文档属性的背景颜色可以改变场景的背景，选择【修改】|【文档】命令，打开【文档属性】对话框，如图 11-36 所示。在该对话框中修改背景颜色，单击【确定】按钮即可。

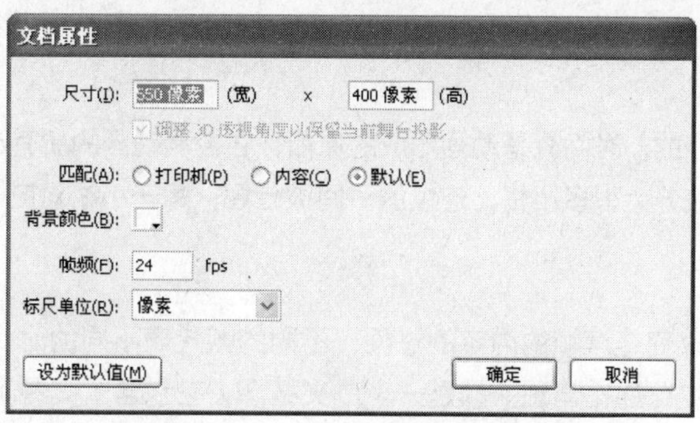

图 11-36　【文档属性】对话框

11.3.3　场景跳转

在默认情况下，影片将按照它们在 Flash 文档的【场景】面板中列出的顺序回放，但是需要创建复杂的交互动画时，必须通过一定的方法在各场景之间切换。创建场景跳转的具体操作步骤如下：

01　新建一个 Flash 文档。

02　创建两个场景，在每个场景中放置两张不同的图片。

03　选择【窗口】|【动作】命令，打开【动作】面板，在每个场景的第 1 帧添加 stop 命令，禁止自动按场景顺序播放，如图 11-37 所示。

04　选择【窗口】|【公用库】|【按钮】命令，打开【库-BUTTONS.FLA】面板，如图 11-38 所示。

图 11-37　【动作】面板

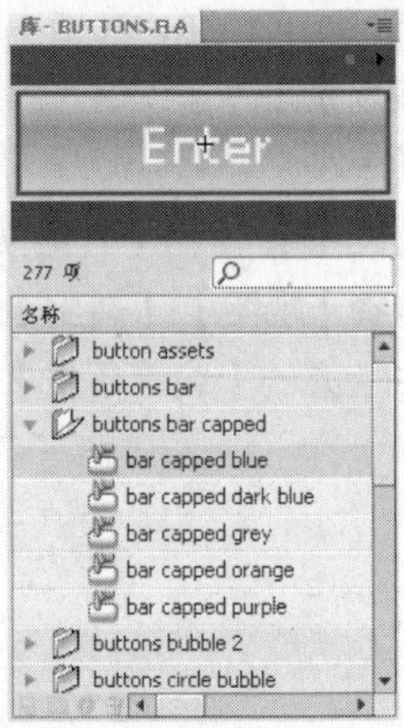

图 11-38　【库-BUTTONS.FLA】面板

05　在面板中选中一个按钮，将其拖动到舞台中，选中按钮，输入以下代码：

```
on (release)
{
   gotoAndStop("场景 2",1);

}
```

06　按【Ctrl+Enter】组合键测试影片效果，单击按钮即可跳转到第 2 个场景。

11.4　时间轴

动画是随着时间展开的，时间轴是动画形成的原因，它控制动画的所有动作，管理不同动画元素及其叠放次序。时间轴被分为很多小格，连续的时间被分解，每一小格对应一个 Flash 执行的状态。

11.4.1　帧和帧频

影片的制作原理是改变连续帧的内容的过程，不同的帧代表不同的时间，包括不同的对象，影片中的画面随着时间的变化逐个出现。帧是一个广义概念，它包含了 3 种类型，分别是空白关键帧（也可叫过渡帧）、关键帧和普通帧。

- 空白关键帧：以空心圆表示。空白关键帧是特殊的关键帧，它没有任何对象存在，用户可以在其上绘制图形。如果在空白关键帧中添加对象，它会自动转化为关键帧。一般新建图层的第 1 帧都为空白关键帧，如图 11-39 所示，一旦在其中绘制图形后，则变为关键帧，如图 11-40 所示。同样的道理，如果将某关键帧中的对象全部删除，则此关键帧会转化为空白关键帧。

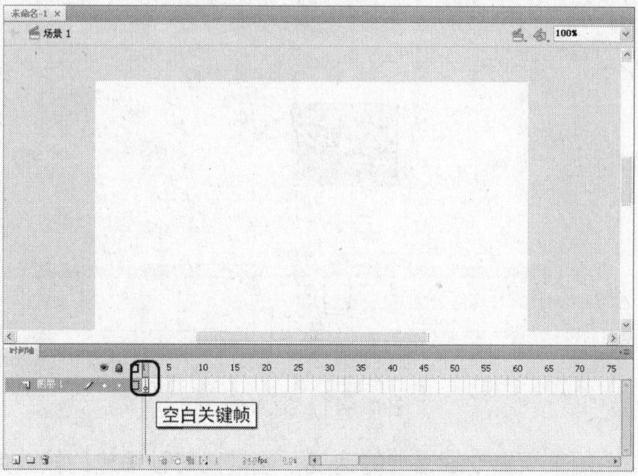

图 11-39　空白关键帧

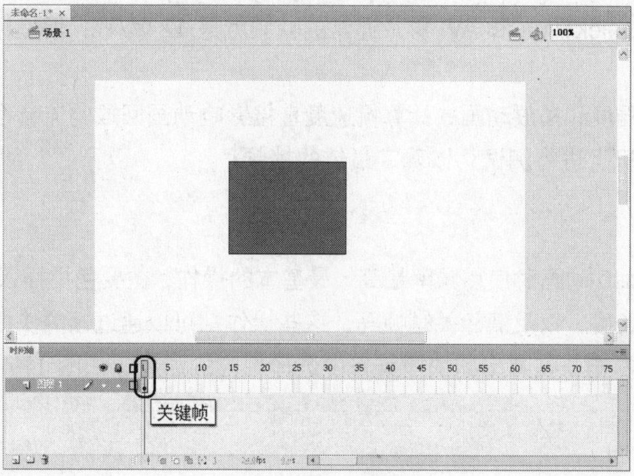

图 11-40　关键帧

- 关键帧：只有图形的位置、形状或属性不断变化才能显示出动画效果，关键帧就是定义这些变化的帧，也包括含有动作脚本的帧。关键帧在时间轴上以实心的圆点表示，所有参与动画的对象都必须而且只能插入在关键帧中，关键帧的内容可以编辑。在补间动画中，可以在动画的重要位置定义关键帧，Flash CS4 会自动创建关键帧之间的内容，所以关键帧使创建影片更为容易。另外，Flash 通过在两个关键帧之间绘制一个浅蓝色或浅绿色（代表形状补间）的箭头显示补间动画的过渡帧。通过在时间轴中拖动关键帧还可以更改补间动画的长度。由于 Flash 文档会保存每一个关键帧中的形状和过渡帧中的变化参数，所以如果要减小文件大小，应该尽可能地减少关键帧的使用，仅在实例变化显著的地方创建关键帧即可。

- 普通帧：只是简单地延续前一关键帧中的内容，并且前一关键帧和此帧之间所有的帧共享相同的对象，如果改变帧列上的任意帧中的对象，则帧列上其他所有帧上的对象都会随之改变，直到再插入下一个关键帧为止。图 11-41 所示为在第 25 帧插入帧。

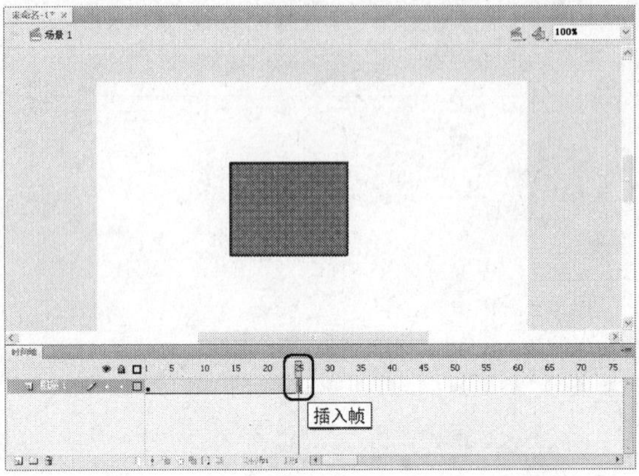

图 11-41　插入帧

帧频在 Flash 动画中用来衡量动画播放的速度，通常以每秒播放的帧数为单位（fps，帧/秒）。由于网络传输速率不同，每个 Flash 的帧频设置也可能不同，但在 Internet 上，12 帧/秒的帧频通常会得到最佳的效果，QuickTime 和 AVI 影片通常的帧频就是 12 帧/秒，但是标准的运动图像速率是 24 帧/秒，如电视机。

由于动画的复杂程度和播放动画的计算机速度直接影响动画回放的流畅程度，所以一部动画需要在各种配置的计算机上进行测试，以确定最佳的帧频。

11.4.2　编辑帧

编辑帧是制作 Flash 动画时使用频率最高、最基本的操作，主要包括插入、删除、复制、移动、翻转帧，改变动画的长度，以及清除关键帧等，这些操作都可以通过帧的快捷菜单实现。其基本方法是选中需要的帧并右击，在弹出的快捷菜单中选择相应的命令，如图 11-42 所示。

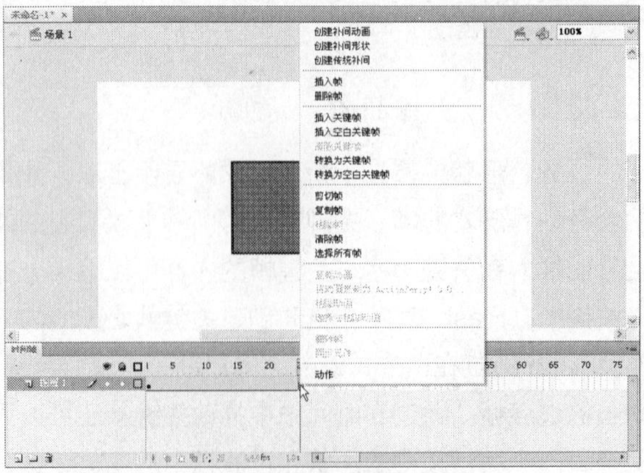

图 11-42　编辑帧

- 插入帧：将光标放置在要插入帧的位置右击，在弹出的快捷菜单中选择【插入帧】命令。
- 删除帧：要删除一个或多个帧，首先选取要删除的帧，然后右击，在弹出的快捷菜单中选择【删除帧】命令。
- 复制帧：复制帧的操作可以将帧对应舞台上的对象全部复制，再用【粘贴帧】命令把帧对应的对象全部粘贴到新帧对应的舞台中。基本方法是拖动鼠标选取要复制的帧或关键帧，右击，在弹出的快捷菜单中选择【复制帧】命令。在需要粘贴帧的地方选取一帧或多帧，右击，在弹出的快捷菜单中选择【粘贴帧】命令，将复制的帧粘贴上去或者覆盖选中的多个帧。
- 移动帧：在时间轴中选取一帧或多帧，按住鼠标左键直接将其拖到需要的位置。
- 翻转帧：拖动鼠标选取多个图层上的多个帧，即选取一段动画，右击，在弹出的快捷菜单中选择【翻转帧】命令，可以颠倒动画的播放顺序。
- 关键帧转换为空白关键帧：要把关键帧转换为空白关键帧，在该关键帧上右击，在弹出的快捷菜单中选择【转换为空白关键帧】命令，这时该帧中的内容会被其左边关键帧中的内容代替。

11.4.3　绘图纸

绘图纸（也称为洋葱皮）是一个帮助定位和编辑动画的辅助工具，对制作逐帧动画特别有用。通常情况下，在 Flash 舞台中一次只能显示动画序列的单个帧。为便于定位和编辑逐帧动画，可以在舞台上一次查看两个或更多帧。播放头下面的帧用全彩色显示，但其余帧是暗淡的，看起来就好像每个帧是画在一张半透明的绘图纸上，而且这些绘图纸相互层叠在一起。图 11-43 所示为使用绘图纸功能的效果。

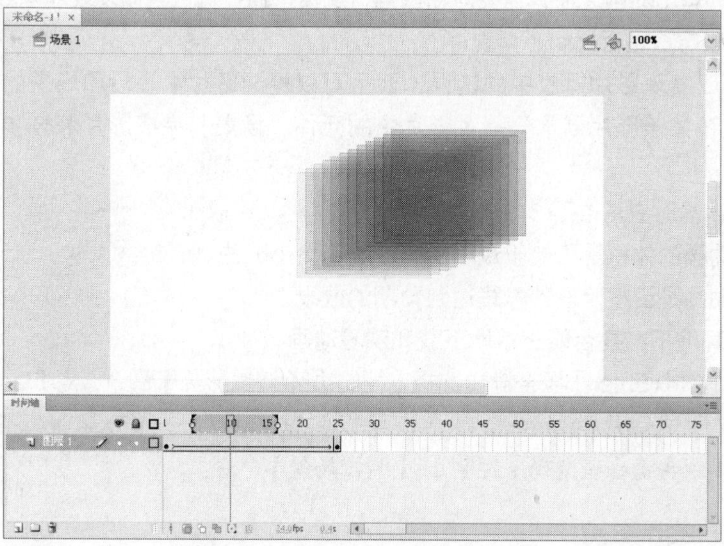

图 11-43　使用绘图纸功能的效果

- （绘图纸外观）：单击此按钮将显示播放头所在帧内容的同时显示其前后数帧的内容。播放头周围会出现方括号形状的标记，其中所包含的帧都会显示出来，这将有利于观察不同帧之间的图形变化过程。

- （绘图纸外观轮廓）：单击此按钮，场景中显示各帧内容的轮廓线，填充色消失，特别适合观察对象轮廓，另外可以节省系统资源，加快显示过程。
- （编辑多个帧）：单击此按钮，显示全部帧内容，并且可以实现多帧同时编辑。
- （修改绘图纸标记）：单击此按钮，在弹出的下拉菜单中包括以下选项。
  - 总是显示标记：不管绘图纸外观是否打开，都会在时间轴标题中显示绘图纸外观标记。
  - 锚定绘图纸：将绘图纸外观标记锁定在它们在时间轴标题中的当前位置。通常情况下，绘图纸外观范围是和当前帧指针及绘图纸外观标记相关的。通过锚定绘图纸外观标记，可以防止它们随当前帧指针移动。
  - 绘图纸 2：显示当前帧两边各 2 帧的内容。
  - 绘图纸 5：显示当前帧两边各 5 帧的内容。
  - 绘制全部：显示当前帧两边所有的内容。

11.5 测试与发布

Flash 的优化关系到影片的下载速度，特别是添加声音文件后需要压缩声音文件。另外，在设计过程中，应该从各个细节上注意是否影响到下载速度，在确定最终发布前一定要经过影片测试。

11.5.1 测试 Flash 影片

在正式发布和输出动画之前，需要对动画进行测试，通过测试可以发现动画效果是否与设计思路存在偏差，一些想法是否得到了体现等。

测试不仅可以发现影片播放中的错误，而且可以检测影片中片段和场景的转换是否流畅自然等。测试时应该按照影片剧本分别对影片中的元件、场景和完成影片等分步测试，这样有助于发现问题。

测试 Flash 动画时应从以下 3 个方面考虑：

（1）Flash 动画的体积是否处于最小状态、能否更小一些。

（2）Flash 动画是否按照设计思路达到预期的效果。

（3）在网络环境下，是否能正常地下载和观看动画。

用户可以按【Ctrl+Enter】组合键或选择【控制】|【测试影片】命令，对 Flash 动画进行测试。Flash 不仅可以测试影片的全部内容，也可以测试影片的一部分场景。测试场景可以按【Ctrl+Alt+Enter】组合键或者选择【控制】|【测试场景】命令。

11.5.2 发布 Flash 影片

当测试 Flash 影片运行无误后，即可将其发布为最终的 SWF 播放文件。默认情况下，选择【文件】|【发布】命令可以创建 Flash SWF 播放文件，并将 Flash 影片插入到浏览器窗口中的 HTML 文件中。

除了 SWF 格式外，也可以用其他文件格式发布 Flash 影片，如 GIF、JPEG、PNG 和 QuickTime

格式，以及在浏览器窗口中显示这些文件所需的 HTML 文件。这些其他文件格式可使尚未安装指定 Flash Player 的用户在浏览器中播放影片并交互。当用其他文件格式发布 Flash 文档（FLA 文件）时，每种文件格式的设置都会与该 FLA 文件一并存储。

另外，还可以用多种格式导出 FLA 文件，与用其他文件格式发布 FLA 文件类似，只是每种文件格式的设置不会与该 FLA 文件一并存储。

11.5.3　发布设置

使用【发布】命令可以创建 SWF 文件，并将其插入到浏览器窗口中的 HTML 文档中，也可以以其他文件格式发布 FLA 文件。

在发布 Flash 动画前应进行发布设置，选择【文件】|【发布设置】命令，打开【发布设置】对话框，系统默认的是【格式】选项卡，用于设置动画的发布格式，如图 11-44 所示。

1．发布 Flash

在【发布设置】对话框中切换到 Flash 选项卡，如图 11-45 所示。

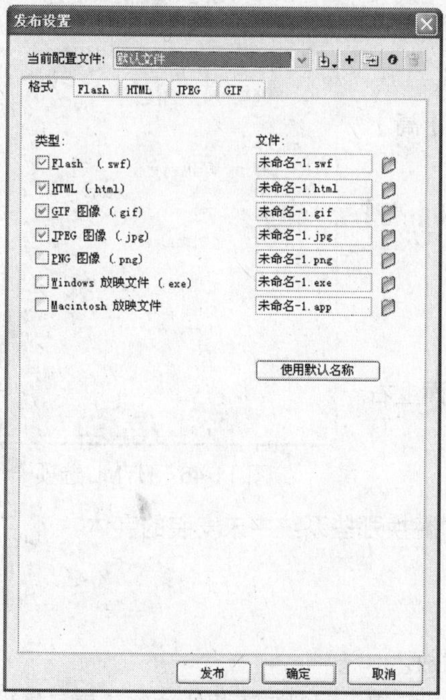

图 11-44　【发布设置】对话框

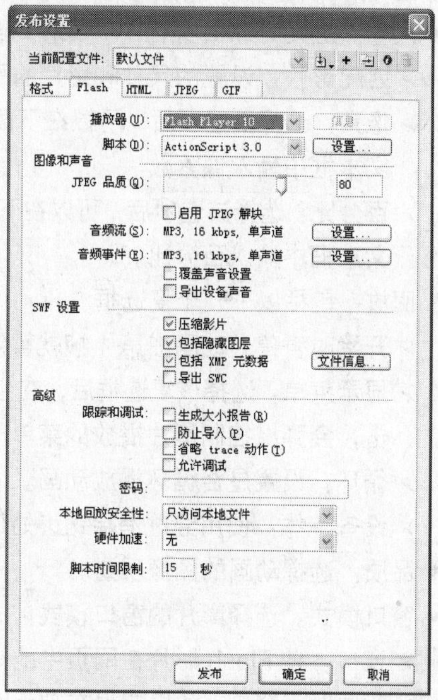

图 11-45　Flash 选项卡

Flash 选项卡中部分参数说明如下：

- 播放器：设置导出的 Flash 作品的版本。
- 脚本：选择导出的影片所使用的动作脚本的版本号。
- JPEG 品质：要控制位图压缩，可调整数值。图像品质越低，生成的文件就越小；图像品质越高，生成的文件就越大。
- 音频流/音频事件：设置作品中音频素材的压缩格式和参数。

- 压缩影片：可以压缩 Flash 影片，从而减小文件大小，缩短下载时间。
- 生成大小报告：在导出 Flash 作品的同时，将生成一个报告，按文件列出最终的 Flash 影片的数据量。
- 防止导入：可防止其他人导入 Flash 影片，并将它转换为 Flash 文档。
- 省略 trace 动作：使 Flash 忽略当前影片中的 trace 动作。选择此复选框后，来自 trace 动作的信息就不会显示在输出窗口中。
- 允许调试：激活调试器，并允许远程调试 Flash 影片。

2．发布 HTML

在 Flash 中如何缩放场景? 将【发布设置】对话框切换到 HTML 选项卡，如图 11-46 所示。

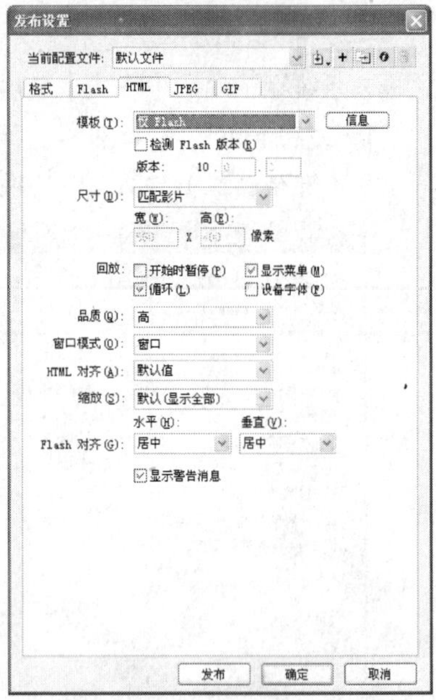

图 11-46　HTML 选项卡

HTML 选项卡中的部分参数说明如下：

- 模板：生成 HTML 文件时所用的模板，单击【信息】按钮可以查看关于模板的介绍。
- 尺寸：定义 HTML 文件中 Flash 动画的宽和高。
  - ➢ 匹配影片：设置的尺寸和影片的尺寸大小相同。
  - ➢ 像素：选择该选项后，可以在下面的【宽】和【高】文本框中输入像素数。
  - ➢ 百分比：选择该选项后，可以在下面的【宽】和【高】文本框中输入百分比。
- 回放：包括以下几个复选框。
  - ➢ 开始时暂停：动画在第 1 帧就暂停。
  - ➢ 显示菜单：选择该复选框后，在生成的动画页面上右击，会弹出控制影片播放的菜单。
  - ➢ 循环：设置是否循环播放动画。
  - ➢ 设备字体：使用经过消除锯齿处理的系统字体替换那些系统中未安装的字体。
- 品质：选择动画的图像质量。
- 窗口模式：选择影片的窗口模式。
  - ➢ 窗口：使 Flash 影片在网页中的矩形窗口内播放。
  - ➢ 不透明无窗口：如果要想在 Flash 影片背后移动元素，同时又不想让这些元素显露出来，就可以选择这个选项。
  - ➢ 透明无窗口：使网页的背景可以透过 Flash 影片的透明部分。
- HTML 对齐：用于确定影片在浏览器窗口中的位置。
  - ➢ 默认值：使用系统中默认的对齐方式。
  - ➢ 左对齐：将影片位于浏览器窗口的左边排列。
  - ➢ 右对齐：将影片位于浏览器窗口的右边排列。
  - ➢ 顶部：将影片位于浏览器窗口的顶端排列。

➢ 底部：将影片位于浏览器窗口的底部排列。

- 缩放：动画的缩放方式。

➢ 默认（显示全部）：按比例大小显示 Flash 影片。

➢ 无边框：使用原有比例显示影片，但是去除超出网页的部分。

➢ 精确匹配：使影片大小按照网页的大小进行显示。

➢ 无缩放：不按比例缩放影片。

- Flash 对齐：设置动画在页面中的排列位置。
- 显示警告信息：选择该复选框后，如果影片出现错误，则会弹出警告信息。

3．发布 GIF

将【发布设置】对话框切换到 GIF 选项卡，如图 11-47 所示。

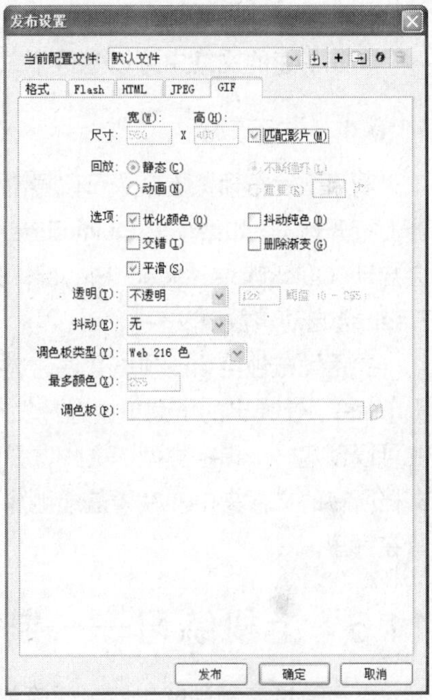

图 11-47　GIF 选项卡

GIF 选项卡中的部分参数说明如下：

- 尺寸：以像素为单位输入导出图像的宽度和高度值。
- 回放：确定 Flash 创建的是静止图像还是 GIF 动画。如果选择【动画】单选按钮，则可选择【不断循环】单选按钮或输入重复次数。
- 选项：指定导出的 GIF 文件的外观设置范围。

➢ 优化颜色：删除 GIF 动画颜色表中用不到的颜色。

➢ 抖动纯色：使用相近的颜色来替代调色板中没有的颜色。

➢ 交错：使 GIF 动画以模糊到清晰的方式进行显示。

➢ 删除渐变：删除影片中出现的渐变颜色，将其转化为渐变色的第一个颜色。

➢ 平滑：经过平滑处理可以产生高质量的位图图像。

- 透明：确定动画的透明背景如何转换为 GIF 图像。

➢ 不透明：转换之后的背景为不透明。

➢ 透明：转换之后的背景为透明。

➢ Alpha：可以设置透明度的数值，数值范围是 0～255。

- 抖动：改变颜色的质量。

➢ 无：没有抖动处理。

➢ 有序：将增加文件大小控制在最小范围之内的前提下提供良好的图像质量。

➢ 扩散：提供最好的图像质量，但会增加文件大小。

- 调色板类型：定义用于图像的调色板。

➢ Web 216 色：标准的网络安全色。

➢ 最合适：为 GIF 动画配置最精确颜色的调色板。

➢ 接近 Web 最适色：网络最佳色，将优化过的颜色转换为 Web 216 色的调色板。

> 自定义：自定义添加颜色创建调色板。

- 最多颜色：设置 GIF 图像中使用的最大颜色数。
- 调色板：定义使用于图像的调色板。

4．发布 JPEG

将【发布设置】对话框切换到 JPEG 选项卡，如图 11-48 所示。

JPEG 选项卡中的部分参数说明如下：

- 尺寸：以像素为单位输入导出图像的宽度和高度值。
- 品质：图像品质越低，生成的文件越小，反之越大。
- 渐进：选择此复选框，可以逐渐显示 JPEG 图像，在低速的网络中可以觉得下载速度很快。

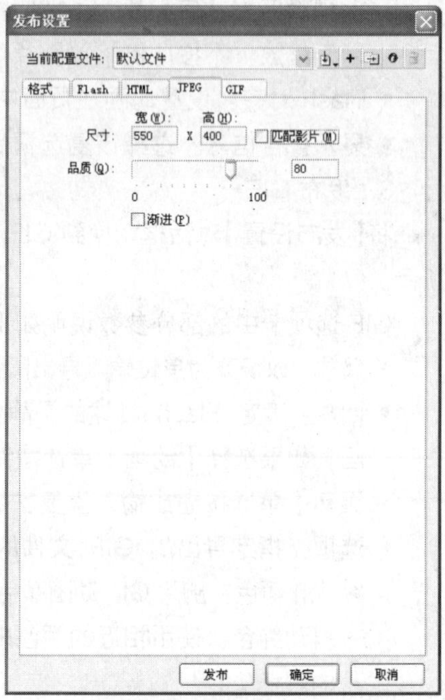

图 11-48　JPEG 选项卡

11.5.4　发布预览

利用【发布预览】命令可以导出文件，并在默认浏览器上打开预览。如果预览 QuickTime 视频，则【发布预览】会启动 QuickTime Video Player；如果预览放映文件，Flash 会启动该放映文件。

要用发布预览功能预览文件，选择【文件】|【发布预览】命令，在弹出的子菜单中选择发布预览的格式，Flash 就可以创建一个指定类型的文件，并将它放到 Flash 影片文档所在的文件夹中。在覆盖或删除之前，此文件会一直留在那里。

11.6　上机练习——制作网页动画

下面通过实例讲解如何制作简单的网页动画，制作完成后的效果如图 11-49 所示。

图 11-49　网页动画效果

制作网页动画的具体操作步骤如下：

01　启动 Flash CS4，在欢迎界面中选择【Flash 文件（ActionScript 2.0）】选项，如图 11-50 所示，新建文档。

02　新建文档后，按【Ctrl+R】组合键，在打开的【导入】对话框中选择随书光盘中的【原始文件 | Cha11 | 11.6 | bg.jpg】文件，单击【打开】按钮将其打开，如图 11-51 所示。

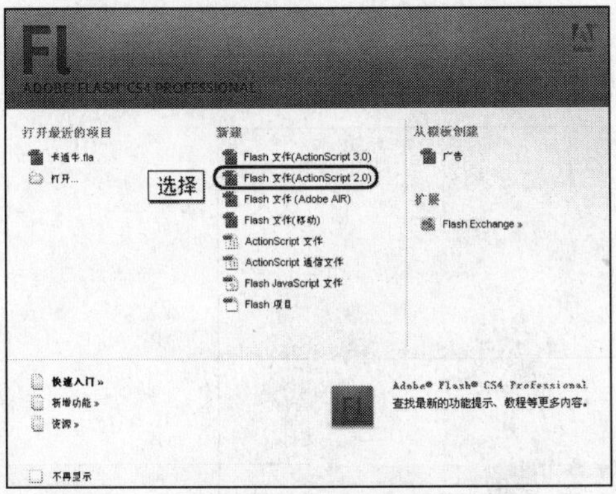

图 11-50　新建文档

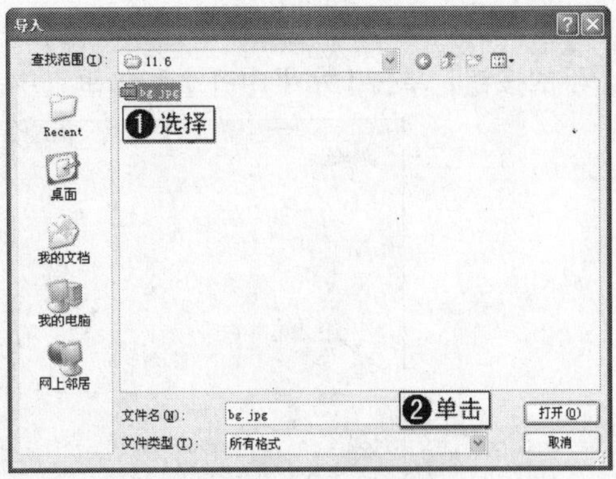

图 11-51　导入图像

03　在【属性】面板中可以查看图像大小，图像的【宽度】为 700、【高度】为 219，可以根据素材的大小设置文档，如图 11-52 所示。

图 11-52　查看图像大小

04　在舞台的空白处单击，在【属性】面板中单击【大小】右侧的【编辑】按钮，在打开的【文档属性】对话框中设置【尺寸】为 700×219，如图 11-53 所示，单击【确定】按钮。

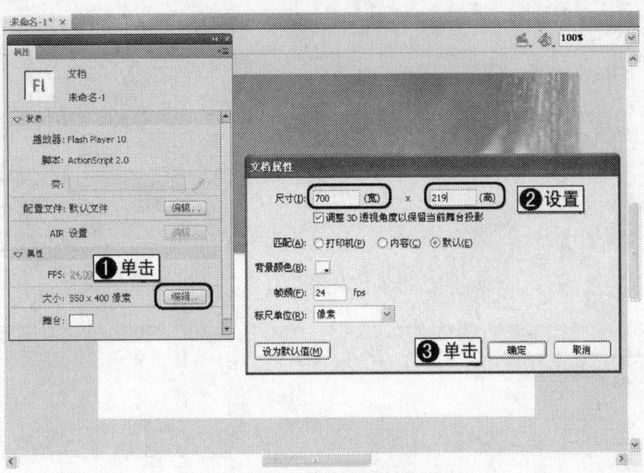

图 11-53　设置文档

05　选择工具箱中的选择工具，在舞台中选择素材图像，在【对齐】面板中单击【相对于舞台】下的按钮，单击【水平中齐】和【垂直中齐】按钮，如图 11-54 所示。

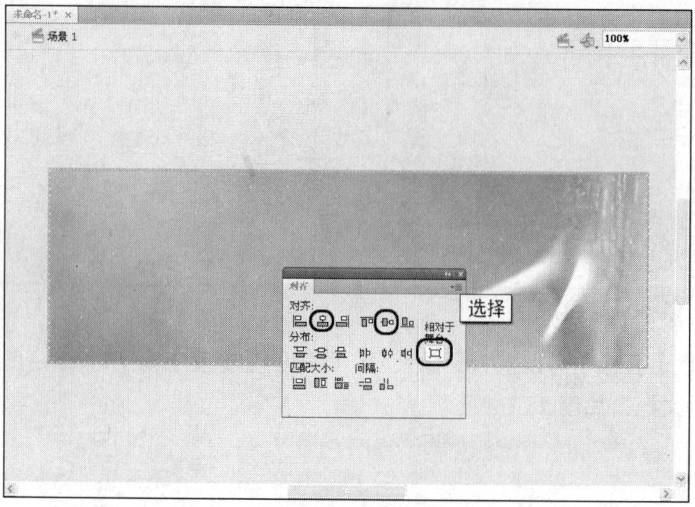

图 11-54　对齐图像

06　打开【时间轴】面板，单击【新建图层】按钮，新建【图层 2】，如图 11-55 所示。

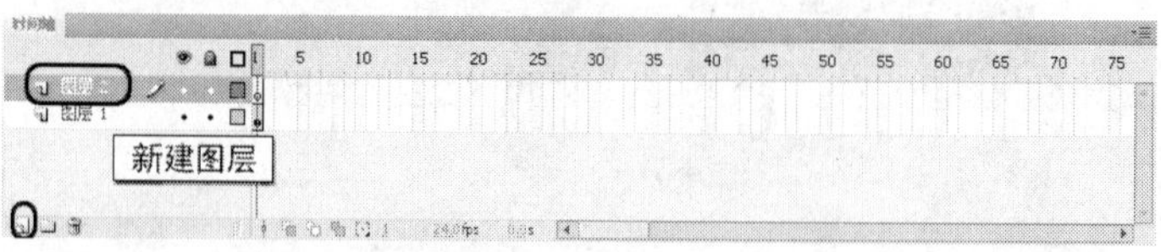

图 11-55　新建图层

07　选择【图层 2】，在工具箱中选择文本工具，在舞台中输入文字“绿色明亮了我们的眼睛，是为了让我们看清足下绿的生命”，如图 11-56 所示。

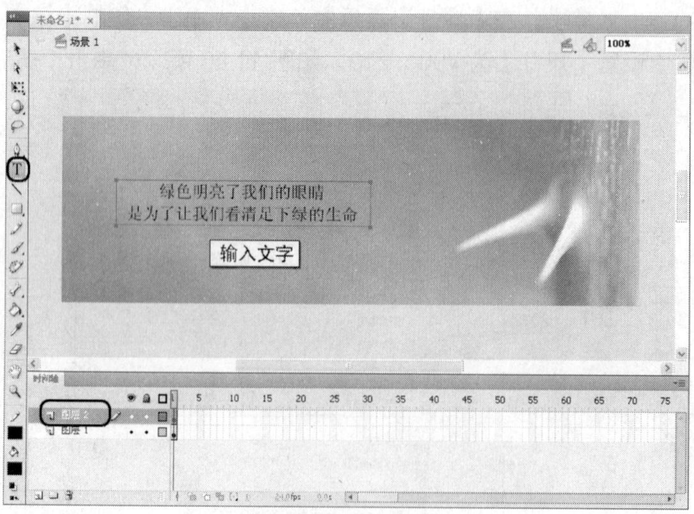

图 11-56　输入文字

08 在【属性】面板中，设置文字【字体】为【汉仪超粗黑简】，【大小】设置为 20 点，【颜色】设置为#FF9865，在【段落】选项组下，选择【居中对齐】按钮，设置【行距】为 5.0 点，如图 11-57 所示。

09 在【时间轴】面板中，选择【图层 1】，在第 100 帧位置插入关键帧，如图 11-58 所示。

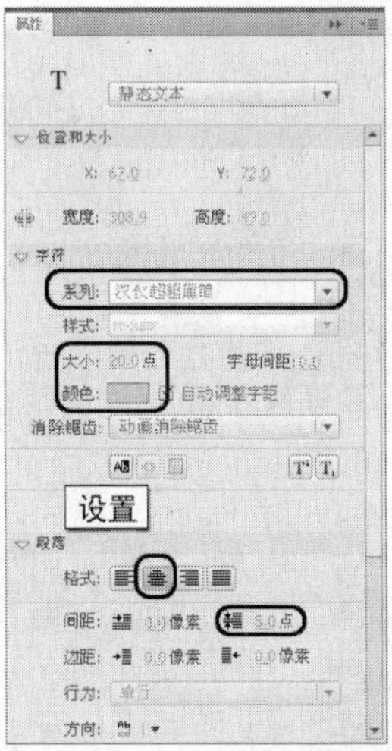

图 11-57　设置文字属性

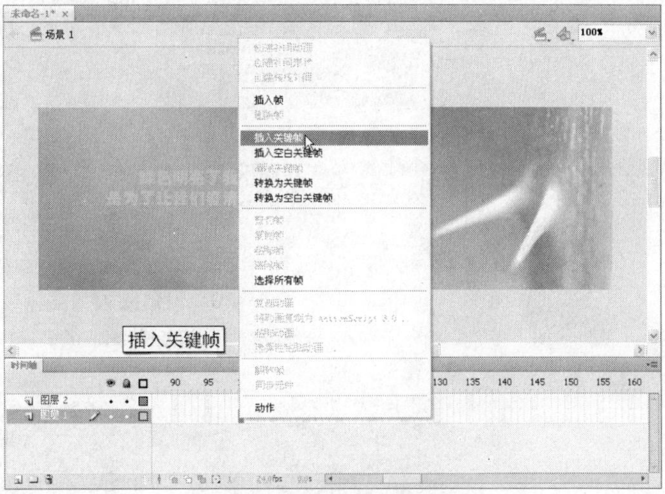

图 11-58　插入关键帧

10 选择【图层 2】，在第 25 帧位置插入关键帧，在第 1 帧位置右击，在弹出的快捷菜单中选择【创建传统补间】命令，创建补间动画，如图 11-59 所示。

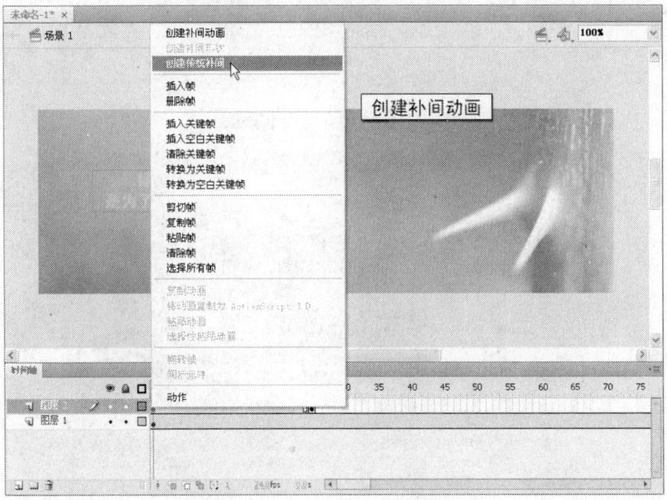

图 11-59　创建补间动画

11 选择第 25 帧，在舞台中选中文本，打开【变形】面板，设置【缩放宽度】为 0.0%，如图 11-60 所示。

12 在【图层 2】第 50 帧位置插入关键帧，并创建补间动画，打开【变形】面板，设置文本【缩放宽度】为 100.0%，如图 11-61 所示。

13 使用同样方法在第 75 帧、第 100 帧插入关键帧并创建补间动画，如图 11-62 所示。

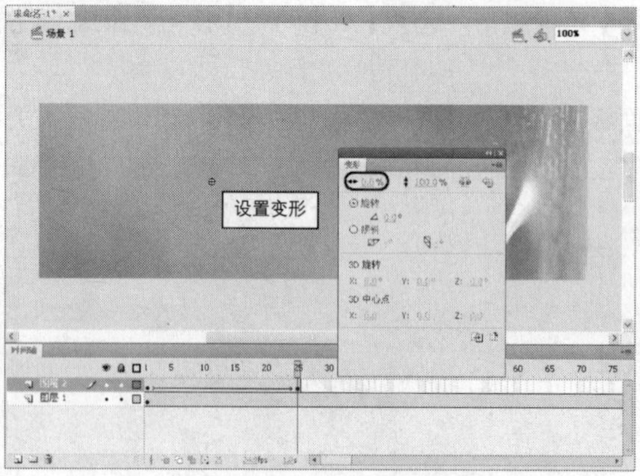

图 11-60 设置缩放宽度

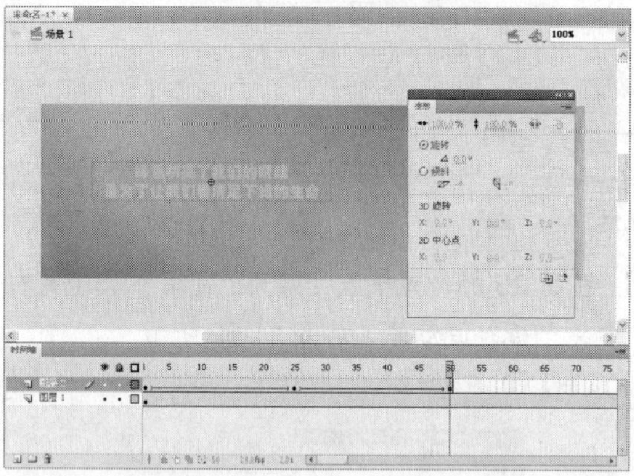

图 11-61 创建补间动画

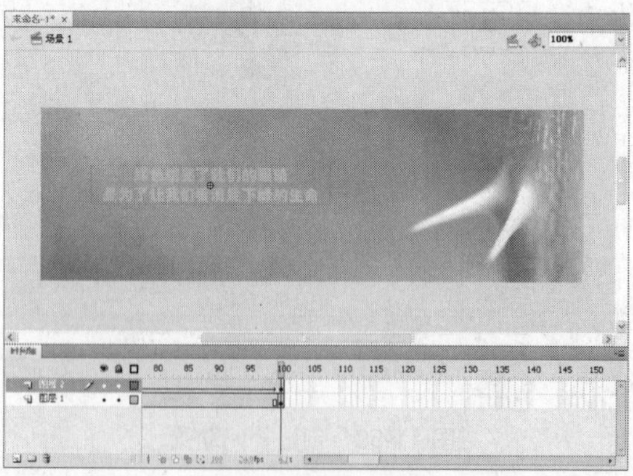

图 11-62 插入关键帧并创建补间动画

14 按【Ctrl+Enter】组合键，测试影片，如图 11-63 所示。

15 按【Ctrl+S】组合键保存场景，并导出影片。在菜单栏中选择【文件】|【发布设置】命令，在打开的【发布设置】对话框中的【格式】选项卡中选择【Windows 放映文件（.exe）】复选

框，如图 11-64 所示，依次单击【发布】、【确定】按钮。

图 11-63　测试影片

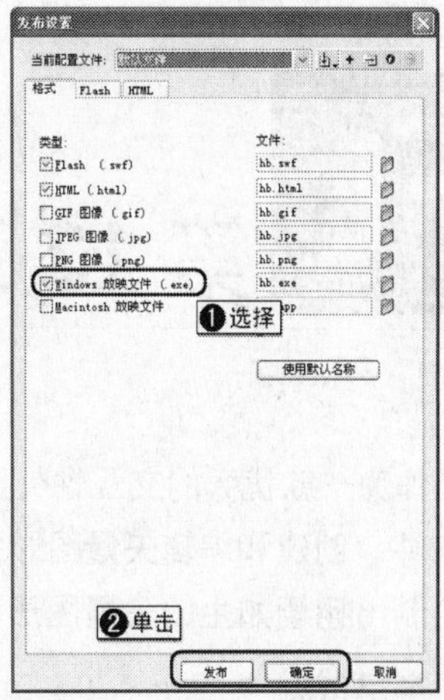

图 11-64　【发布设置】对话框

11.7　本章小结

通过对本章的学习，读者可以了解 Flash CS4 的工作界面和运行环境，以及动画的测试和发布，并根据自己的情况对现有的环境进行调整，以达到更好的使用 Flash CS4 的目的。掌握这些知识可以为后面章节的学习打下良好的基础。

11.8　习题

1．填空题

（1）________是动画形成的原因，它控制动画的所有动作，管理不同动画元素及其叠放次序。

（2）________是存储和组织在 Flash 中创建各种元件的地方，它还用于存储和组织导入的文件，包括________、________和________。

（3）使用________可以很容易地访问舞台或时间轴上当前选定项的最常用属性，从而简化文档的创建过程。

2．选择题

（1）只有图形的位置、形状或属性不断变化才能显示出动画效果，________就是定义这些变化的帧，也包括含有动作脚本的帧。

A. 关键帧　　B. 帧　　C. 空白关键帧

（2）测试影片的快捷键是________。

A. Ctrl+R　　B. Ctrl+Enter　　C. Ctrl+Shift+Enter

3．简答题

（1）怎样测试与发布 Flash 影片?

（2）如何实现场景的跳转?

（3）如何将当前颜色保存到【样本】面板中?

第 12 章　绘图工具的使用

作为一款优秀的交互性矢量动画制作软件，丰富的矢量绘图和编辑功能是必不可少的。在 Flash CS4 中，创建和编辑矢量图形主要是通过绘图工具箱提供的绘图工具实现的，利用它们可以很方便地绘制出栩栩如生的矢量图形。本章将逐一介绍 Flash CS4 中绘图工具的使用方法。

本章重点

- 绘图工具的使用
- 选择对象工具的使用
- 编辑工具的应用
- 修饰图形的多种方法

12.1　绘图工具

可以使用绘图工具箱来创建基本的矢量图形。熟练掌握 Flash CS4 的基本绘图方式和工具，是制作 Flash 动画的基础。

12.1.1　线条工具

线条工具的使用很简单，利用它可以绘制不同形式的直线，在工具箱中选择（线条工具），在舞台中单击确定直线的起点，然后拖动并释放鼠标左键，即可在起点与终点之间绘制一条直线，如图 12-1 所示。如果对绘制的线条不满意，可以在【属性】面板中设置样式、线宽及颜色，如图 12-2 所示。

图 12-1　绘制线条

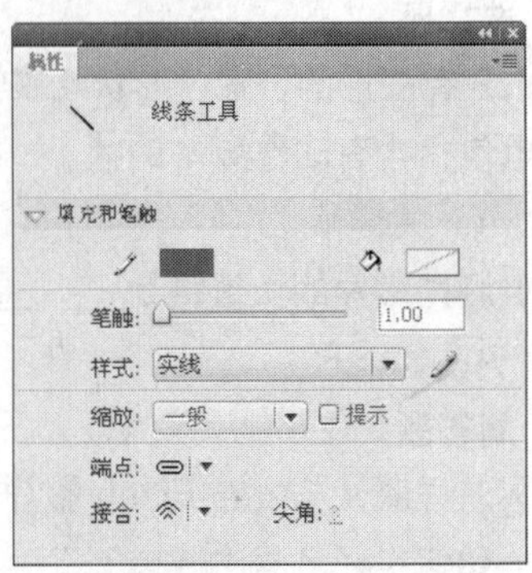

图 12-2　设置线条的属性

在使用 （线条工具）绘制直线的过程中，如果按下【Shift】键的同时拖动鼠标，可以绘制出垂直或水平的直线，或者 45° 斜线，这给绘制特殊直线提供了方便。按下【Ctrl】键可以暂时切换到选择工具，对舞台中的对象进行选取，当释放【Ctrl】键时，又会自动换回到线条工具。

12.1.2　椭圆工具和矩形工具

使用这两个工具可以绘制椭圆和矩形，而且绘制出来的形状既有笔触又有填充。

（椭圆工具）可用来绘制椭圆和正圆，用户不仅可以任意选择轮廓线的颜色、线宽和线型，还可以任意选择笔触颜色和圆的填充色。边界线只能使用单色，而填充区域则可以使用单色或渐变色。在工具箱中选择 （椭圆工具），在【属性】面板中进行相应的设置，如图 12-3 所示，在要开始绘制椭圆的左上角单击，按住鼠标向右下角拖动，绘制的椭圆如图 12-4 所示。

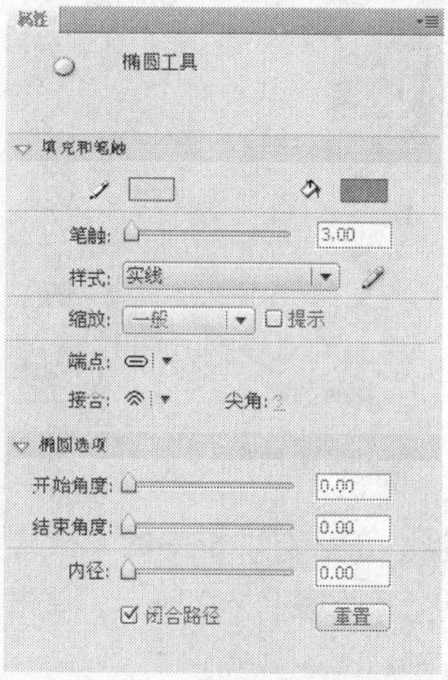

图 12-3　设置椭圆工具的参数

图 12-4　绘制椭圆

（矩形工具）的使用方法与椭圆工具基本相同，都可以在使用时设置其内部填充颜色。选择工具箱中的 （矩形工具），在【属性】面板中将进行相应的设置，如图 12-5 所示，在要绘制矩形的位置单击并拖动鼠标即可绘制矩形，如图 12-6 所示。

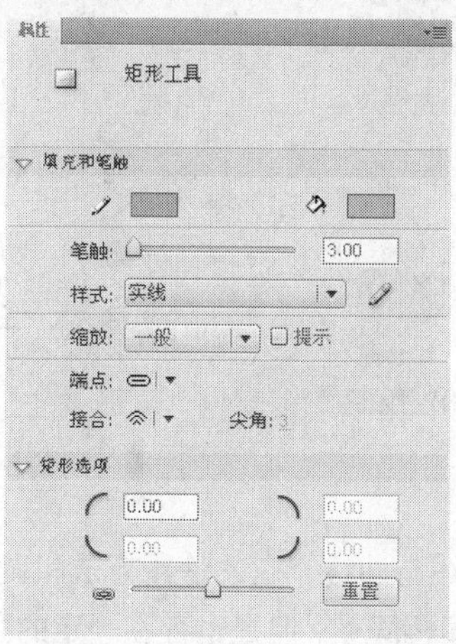

图 12-5　设置矩形工具的参数

图 12-6　绘制矩形

❓ **提示：** 在使用矩形工具绘制形状时，在拖动鼠标的过程中按键盘上的上、下方向键可以调整圆角的半径。

12.1.3 多角星形工具

选择工具箱中的 (多角星形工具)，在【属性】面板中进行相应的设置，如图 12-7 所示，单击并拖动鼠标即可绘制多边形，如图 12-8 所示。

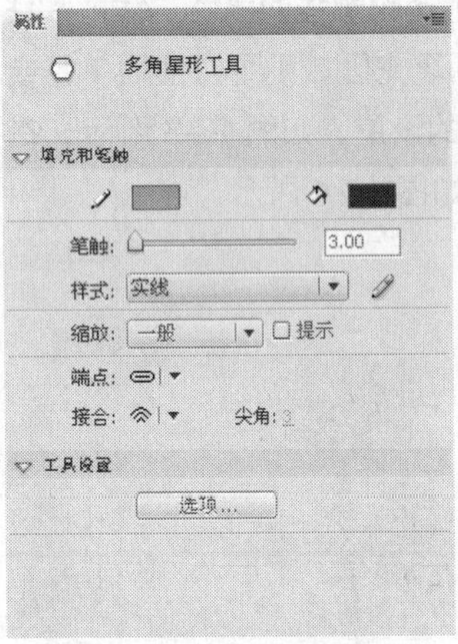

图 12-7 设置多角星形参数

图 12-8 绘制多角星形

在【属性】面板中单击【选项】按钮，打开【工具设置】对话框。在该对话框中的【样式】下拉列表中选择【星形】选项，还可以设置其边数及星形顶点角度的大小，如图 12-9 所示，单击【确定】按钮，在舞台中单击并拖动鼠标即可绘制星形，如图 12-10 所示。

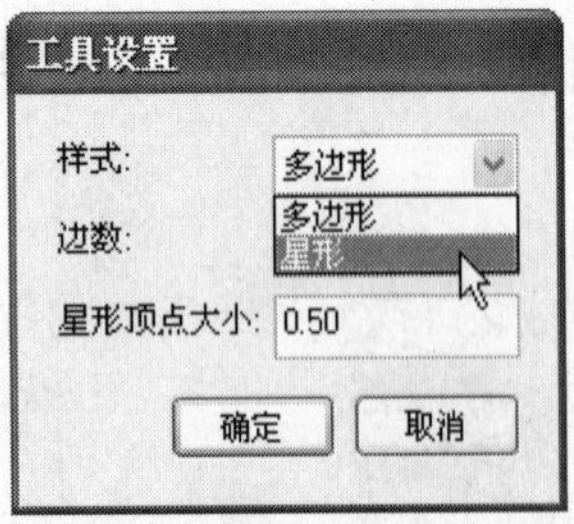

图 12-9 选择【星形】选项

图 12-10 绘制星形

12.1.4 铅笔工具

(铅笔工具) 用来绘制线条和形状，它可以自由地绘制直线与曲线，它的使用方法和真实铅笔的使用方法大致相同。铅笔工具和线条工具在使用方法上有许多相同点，但是也存在一定的区别，最明显的区别就是铅笔工具可以绘制出比较柔和的曲线，还可以绘制各种矢量线条，并且在绘制时更加灵活。

在工具箱中选择（铅笔工具），单击工具箱中的（铅笔模式）按钮，在弹出的菜单中可以设置铅笔的模式，包括【伸直】、【平滑】和【墨水】3 个选项，如图 12-11 所示。

- 【伸直】模式：使用此模式，在绘图过程中会将线条转换成接近形状的直线，绘制的图形趋向平直、规整，如图 12-12 所示。

图 12-11　铅笔模式

图 12-12　【伸直】模式下画的形状

- 【平滑】模式：使用此模式绘制线条，可以自动平滑曲线，减少抖动造成的误差，从而明显地减少线条中的“碎片”，达到一种平滑线条的效果，如图 12-13 所示。
- 【墨水】模式：使用此模式绘制的线条就是绘制过程中鼠标所经过的实际轨迹，此模式可以在最大程度上保持实际绘出的线条形状，而只做轻微的平滑处理，如图 12-14 所示。

图 12-13　【平滑】模式下画的形状

图 12-14　【墨水】模式下画的形状

12.1.5　刷子工具

（刷子工具）可以绘制出像毛笔作画的效果，也常被用于给对象着色。需要注意的是，刷子工具绘制出的是填充区域，它不具有边线，其封闭的线条可以使用颜料桶工具着色，可以通过工具箱中的填充颜色来改变刷子的颜色。

选择工具箱中的（刷子工具），单击工具箱中的（刷子模式）按钮，在弹出的菜单中可以设置刷子的模式，包括【标准绘画】、【颜料填充】、【后面绘画】、【颜料选择】和【内部绘画】5 个选项，如图 12-15 所示。

- 【标准绘画】模式：这是默认的绘制模式，可对同一层的线条和填充涂色。选择了此模式后，绘制后的颜色会覆盖在原有的图形上，如图 12-16 所示。

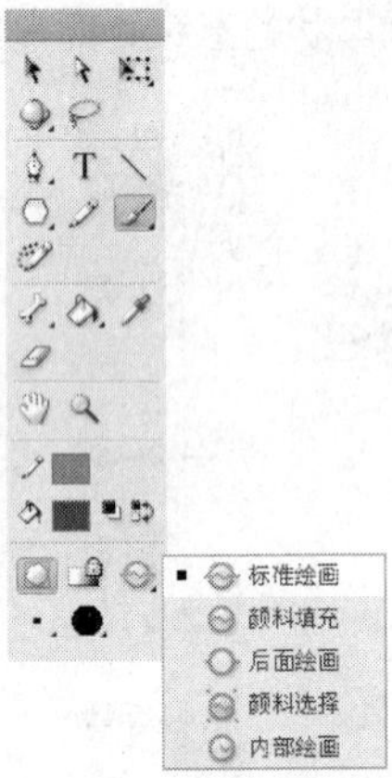

图 12-15　设置刷子的模式

图 12-16　【标准绘画】模式

- 【颜料填充】模式：只对填充区域和空白区域涂色，而笔触则不受到任何影响。选择了此模式后，所绘制的图形只将已有图形的填充区域覆盖掉，而笔触部分仍保留不被覆盖，如图 12-17 所示。
- 【后面绘画】模式：对舞台同一层的区域进行涂色，绘制出来的图形始终位于已有图形的下方，不影响当前图形的线条和填充，如图 12-18 所示。

图 12-17　【颜料填充】模式

图 12-18　【后面绘画】模式

- 【颜料选择】模式：只对选区内的图形产生作用，而选区之外的图形不会受到影响，选择着色的位置，按住鼠标不放并拖动，只有鼠标拖过的选择区域才会被填色，如图 12-19 所示。
- 【内部绘画】模式：绘制的区域限制在落笔时所在位置的填充区域中，但不对线条涂色。如果在空白区域中开始涂色，则该填充不会影响任何现有填充区域，如图 12-20 示。

图 12-19　【颜料选择】模式

图 12-20　【内部绘画】模式

12.1.6　钢笔工具

（钢笔工具）用于绘制路径，它可以创建直线或曲线段，然后调整直线段的角度和长度，以及曲线段的斜率，是比较灵活的形状创建工具。

选择工具箱中的（钢笔工具），在舞台上单击确定一个锚记点。在确定点的左右方向单击即可绘制一条直线，单击并按住鼠标左键拖动可以绘制一条曲线。直线路径或曲线路径结合处的锚记点被称为转角点，转角点以小方形显示，如图 12-21 所示。

将光标再向右移，在第 3 个点处按下鼠标并向右上拖动绘出一条曲线，可以用这种方法继续增加锚记点，如图 12-22 所示。

图 12-21　绘制直线

图 12-22　绘制曲线

12.2　选择对象工具

选择对象工具主要包括选择工具和部分选取工具，下面详细介绍它们的使用方法。

12.2.1　选择工具

作为一项重要的绘图工具，选择工具是工具箱中使用频率最高的工具之一。它的主要用途是对舞台中的对象进行选择和对一些线条进行修改。当某一图形对象被选中后，图像的边框由实变虚，表示图形被选中。

在工具箱中选择选择工具，此时在工具箱的最下面有一些附加选项，如图 12-23 所示。

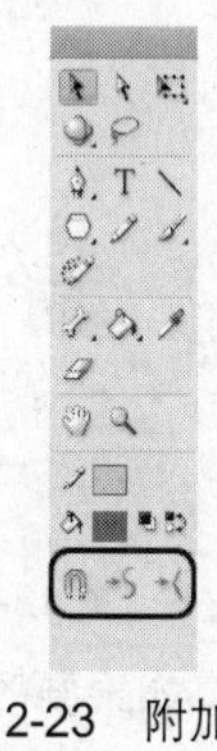

图 12-23　附加选项

- 🧲（贴紧至对象）：自动将两个元素定位，其中一个元素是定位的基准，另一个元素是被定位元素。
- +S（平滑）：能够柔化曲线并减少曲线整体方向上的凸起或不规则变化。它还可以减少曲线中的线段数目，生成平滑的轻微弯曲。
- +（（伸直）：对绘制的线条和曲线产生一定的拉直调整。

在舞台中使用选择工具选择或编辑对象时，有以下 7 种主要用法：

- 如果只想选择某一个对象，如线段、图形、对象组和文字，只需要使用选择工具指向该对象并单击。如果是图形，单击轮廓的某一条边并不能选中整个轮廓线，只有通过在某一轮廓线上双击才能将图形的整个轮廓线一起选中。如图 12-24 所示为单击轮廓的一条边后的效果，如图 12-25 所示为在一条边上双击后的效果。

图 12-24　单击轮廓的一条边后的效果

图 12-25　在一条边上双击后的效果

- 如果要选取多个对象，则可以按住 Shift 键分别单击不同的对象。如果是图形，选中轮廓线时必须双击。
- 如果要选取整个对象，只需将箭头指向该对象的任何部位双击即可。
- 如果要选取某一区域内的对象，将箭头移到该区域，按住鼠标左键并向该区域右下方拖动，这时将出现一个矩形框。一旦放开左键，这个矩形框内的对象都将被选中。如果被选区域包括某一互相连接的实体的一部分，被选中的实体将与原实体断开连接而成为独立的对象。
- 如果要移动图中的某一转角点，可以将箭头移到该转角点的区域，当箭头下方出现一个小直角样的转角标志，说明转角点已被选中。按住左键并拖动鼠标，该转角点将跟随鼠标移动，当转角点移动到指定位置后，释放左键即可。Flash 会通过调整线段的曲度来适应移动点的新位置。如图 12-26 和图 12-27 所示分别是移动转角点前后的效果。

图 12-26　移动转角点前的效果

图 12-27　移动转角点后的效果

- 如果要改变某一线段的曲线形状，可将箭头移向该线段，当箭头下方出现一个小弧样的曲线标志时，表示该线段已被选中，按住左键并拖动鼠标，该线段将随着鼠标的移动而改变形状，当形状达到要求时，释放左键完成相应的操作。如果在改变复杂线条的形状时遇到困难，可以把它处理得平滑，去除一些细节，这样就会使形状改变相对容易一些。提高缩放比率也可以使形状改变更方便且更准确。如图 12-28 和图 12-29 所示分别是移动线条前后的效果。

图 12-28　移动线条前的效果

图 12-29　移动线条后的效果

- 如果要增加一个转角点，可以将箭头移到任一线段上，当箭头下方出现一个小弧样的曲线标志时，按住 Ctrl 键拖动鼠标，到适当位置后释放鼠标，即可增加一个拐角点。

12.2.2　部分选取工具

部分选取工具可以选取并移动对象，除此之外，它还可以对图形进行变形等处理。当某一对象被部分选取工具选中后，它的图像轮廓线上将出现很多控制点，表示该对象已被选中，如图 12-30 所示。

选择其中一个控制点，此时光标右下角会出现一个空白的正方形，拖动该点，轮廓会随之改变，如图 12-31 所示。

图 12-30　选中对象

图 12-31　改变轮廓

部分选取工具靠近对象时，当光标右下角出现黑色实心方块时，按下鼠标左键就可以拖动对象了，如图 12-32 所示。

图 12-32　拖动对象

12.3　编辑工具

编辑工具主要包括颜料桶工具、墨水瓶工具、滴管工具、填充变形工具和橡皮擦工具，下面详细介绍它们的使用方法。

12.3.1　颜料桶工具

（颜料桶工具）是用来填充封闭区域的，它既能填充一个空白区域，又能改变已着色区域的颜色；可以使用纯色、渐变和位图填充，甚至可以用颜料桶工具对一个未完全封闭的区域进行填充。

在工具箱中选择（颜料桶工具），单击工具箱中的【空隙大小】按钮，在弹出的菜单中设置填充的属性，包括【不封闭空隙】、【封闭小空隙】、【封闭中等空隙】和【封闭大空隙】4 个选项，如图 12-33 所示。

- 不封闭空隙：在使用颜料桶填充颜色前，Flash 将不会自行封闭所选区域的任何空隙。也就是说，所选区域的所有未封闭的曲线内将不会被填充颜色。
- 封闭小空隙：在使用颜料桶填充颜色前，会自行封闭所选区域的小空隙。也就是说，如果所填充区域不是完全封闭的，但是空隙很小，则 Flash 会近似地将其判断为完全封闭而进行填充。
- 封闭中等空隙：在使用颜料桶填充颜色前，会自行封闭所选区域的中等空隙。也就是说，如果所填充区域不是完全封闭的，但是空隙大小中等，则 Flash 会近似地将其判断为完全封闭而进行填充。
- 封闭大空隙：在使用颜料桶填充颜色前，自行封闭所选区域的大空隙。也就是说，如果所填充区域不是完全封闭的，而且空隙尺寸比较大，则 Flash 会近似地将其判断为完全封闭而进行填充。

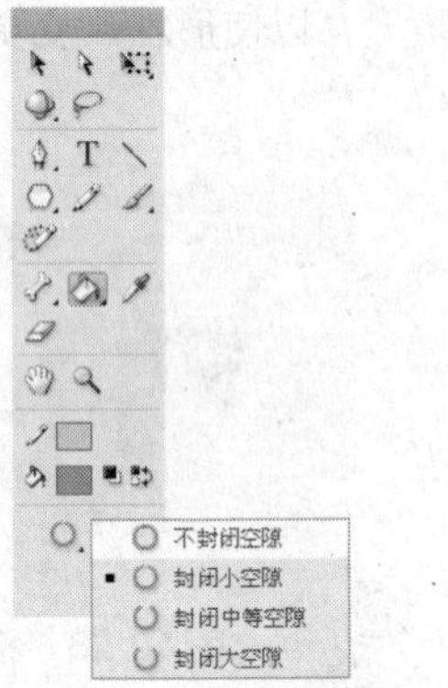

图 12-33　设置填充的属性

使用选择工具选中要填充的区域，如图 12-34 所示。选择工具箱中的（颜料桶工具），将鼠标指针移到舞台中，将发现它变成了一个颜料桶形状，在填充区域内部单击，或者在轮廓内单击，即可填充颜色，如图 12-35 所示。

图 12-34　选中要填充的区域

图 12-35　填充颜色

12.3.2　墨水瓶工具

（墨水瓶工具）用来在绘图中更改线条和轮廓线的颜色和样式。它不仅能够在选定图形的轮廓线上加上规定的线条，还可以改变一条线段的粗细、颜色和线型等，并且可以给打散后的文字和图形加上轮廓线。墨水瓶工具本身不能在工作区中绘制线条，只能对已有线条进行修改。

单击工具箱中的（墨水瓶工具）。一旦墨水瓶工具被选中，光标在工作区中将变成一个小墨水瓶的样式，如图 12-36 所示，可以对线条进行修改或者给无轮廓图形添加轮廓了。选中需要使用墨水瓶工具来添加轮廓的图形对象，单击，图形会慢慢显示出轮廓或更改轮廓的颜色，如图 12-37 所示为重新填充轮廓颜色的效果。

图 12-36 选择墨水瓶工具

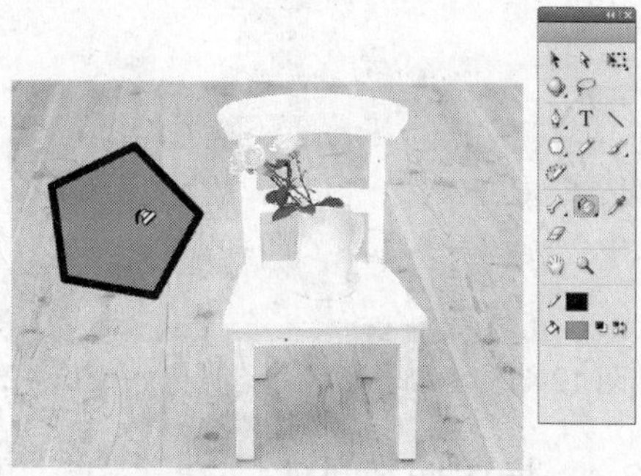

图 12-37 重新填充轮廓的效果

> **提示：** 如果墨水瓶工具的作用对象是矢量图形，则可以直接为其添加轮廓。如果将要作用的对象是文本或者位图，则需要先将其分离，然后才可以使用墨水瓶工具添加轮廓。

当选中墨水瓶工具时，Flash 界面中的【属性】面板上将出现与墨水瓶工具有关的属性，如图 12-38 所示。

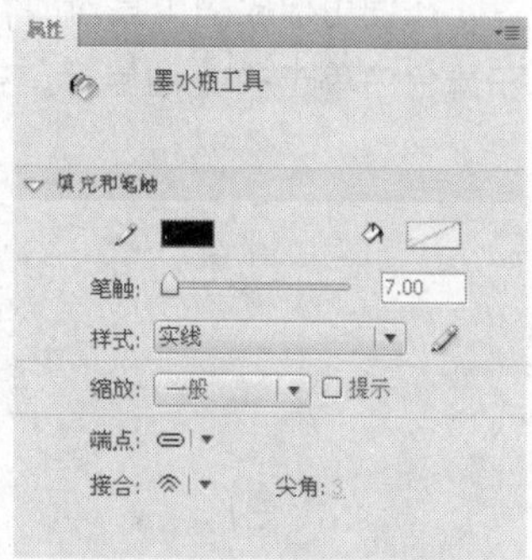

图 12-38 【属性】面板

12.3.3 滴管工具

（滴管工具）是吸取某种对象颜色的管状工具，使用滴管工具可以获取需要的颜色，另外还可以对位图进行属性采样。

选择工具箱中的（滴管工具），然后将鼠标移动到舞台上，在不同位置会出现不同的鼠标指针。当处于舞台空白位置时，鼠标指针为一个滴管形状，如图 12-39 所示。当处于图形轮廓和填充区域时，鼠标指针的滴管右侧分别带有一个小铅笔和小刷子，分别如图 12-40 和图 12-41 所示。

当使用滴管工具时，将滴管的光标先移动到需要采集色彩特征的区域上，然后在需要某种色彩的区域上单击，即可将滴管所在的那一点具有的颜色采集出来。当我们把鼠标放置到需要填充颜色的图形上时会滴管会变为填充工具，如图 12-42 所示；若将鼠标放置到轮廓上鼠标则变为墨水瓶工具，接着移动到目标对象上单击，刚才所采集的颜色就被填充到目标区域了，如图 12-43 所示。

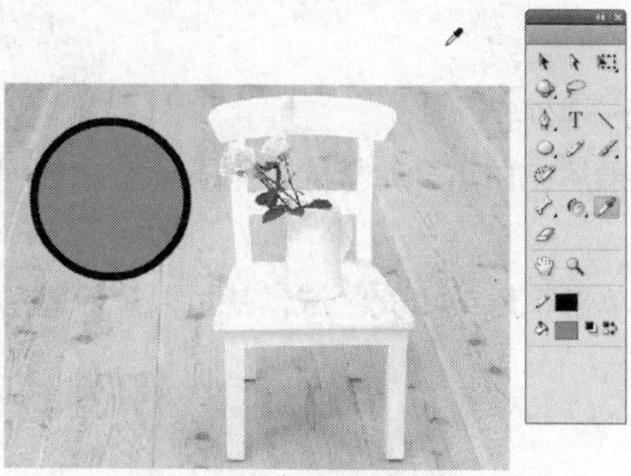

图 12-39 滴管形状

图 12-40 小铅笔形状

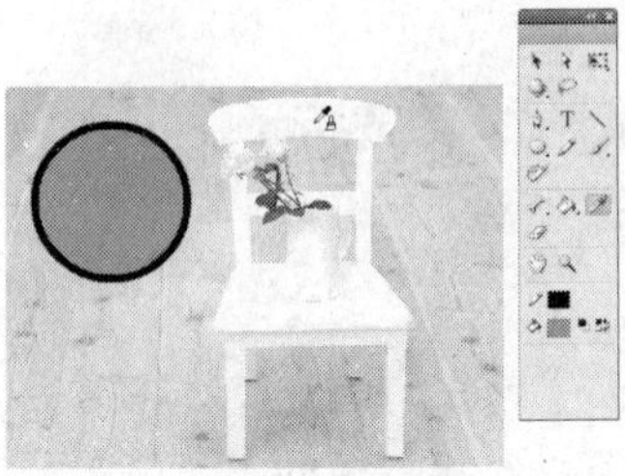

图 12-41　小刷子形状

图 12-42　颜料桶形状

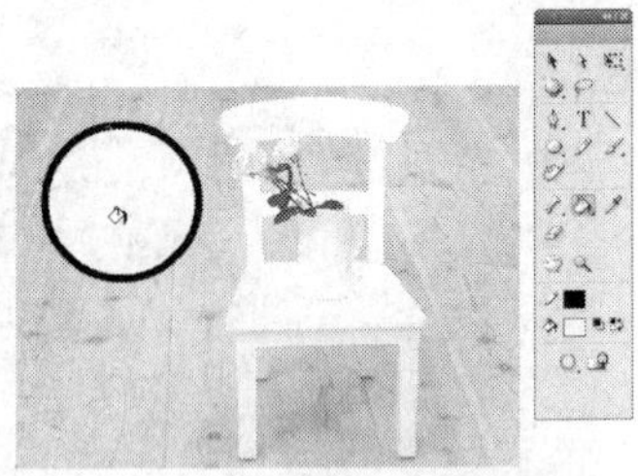

图 12-43　填充图形

12.3.4　橡皮擦工具

Flash 中的橡皮擦工具可以用来擦除图形的外轮廓和内部颜色。橡皮擦工具有多种擦除模式，例如可以设定为只擦除图形的外轮廓和侧部颜色，也可以定义只擦除图形对象的某一部分的内容。用户可以在实际操作时根据具体情况设置不同的擦除模式。

在使用橡皮擦工具时，在工具箱的选项设置区中，有一些相应的附加选项，如图 12-44 所示。在舞台中单击并拖动鼠标，擦除完毕后释放鼠标，如图 12-45 所示。

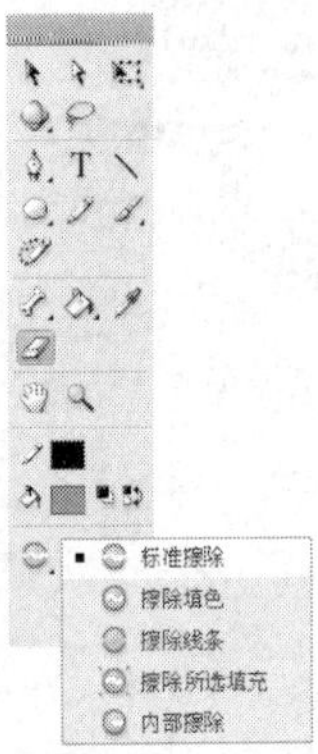

图 12-44　橡皮擦工具的附加选项

图 12-45　擦出完毕后的效果

- 橡皮擦模式：用于擦除区域，包括【标准擦除】、【擦除填色】、【擦除线条】、【擦除所选填充】和【内部擦除】5 个选项。
  - 标准擦除：擦除同一层上的笔触和填充区域。
  - 擦除填色：只擦除填充区域，不影响笔触。
  - 擦除线条：只擦除笔触，不影响填充区域。
  - 擦除所选填充：只擦除当前选定的填充区域，而不影响笔触。
  - 内部擦除：只擦除橡皮擦笔触开始处的填充。如果从空白点开始擦除，则不会擦除任何内容。在这种模式下使用橡皮擦并不影响笔触。
- 水龙头：可以直接清除所选取的区域，使用时只需单击笔触或填充区域，就可以擦除笔触或填充区域。
- 橡皮擦形状：设置橡皮擦的形状，以进行精确的擦除。

12.4　修饰图形

12.4.1　优化曲线

优化曲线是通过减少用于定义这些元素的曲线数量来改进曲线和填充轮廓，这能够减小 Flash 文件的尺寸。与使用【平滑】和【伸直】命令一样，它可以对同一元素进行多次优化。

选中要优化的对象，选择【修改】|【形状】|【优化】命令，打开【优化曲线】对话框，如图 12-46 所示。在该对话框中进行相应的设置，单击【确定】按钮即可。如果选择【显示总计消息】复选框，将显示提示窗口，指示平滑完成时优化的程度，如图 12-47 所示。

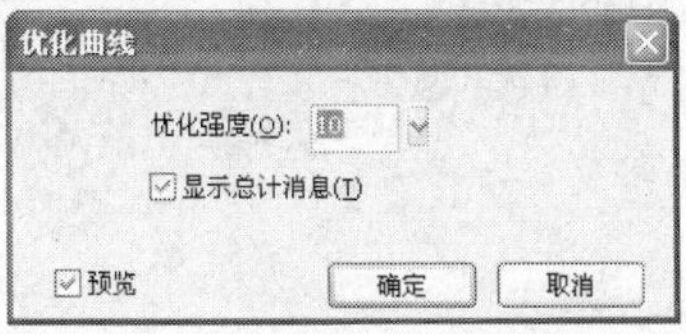

图 12-46　【优化曲线】对话框

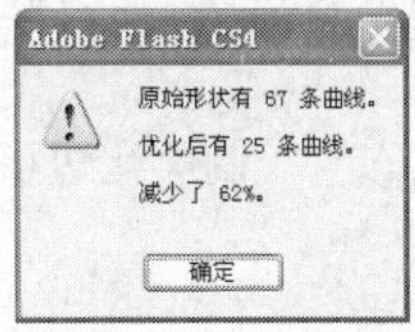

图 12-47　显示总计消息

【优化曲线】对话框中的各个参数说明如下：

- 优化强度：拖动滑快可以设置其优化程度。
- 显示总计消息：选择此复选框可以在平滑操作完成时显示一个指示优化程度的提示框。

12.4.2　将线条转换为填充

在工作区中选中一条线段，然后选择【修改】|【形状】|【将线条转换为填充】命令，就可以把该线段转化为填充区域。使用这个命令可以产生一些特殊的效果，例如，使用渐变色填充这个直线区域，那么就可以得到一条五彩缤纷的线段，如图 12-48 所示。将线段转化为填充区域会增大文件尺寸，但是它可以提高计算机的绘图速度。

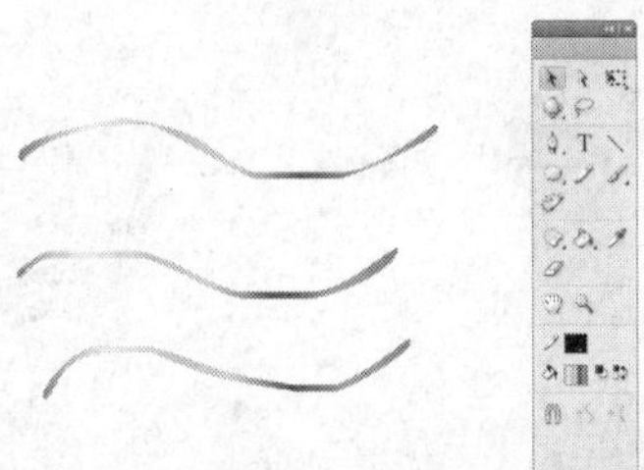

图 12-48　将线条转换为填充后填充的渐变色

12.4.3　扩展填充

通过扩展填充，可以扩展填充形状。具体的操作步骤如下：使用选择工具选择一个形状，然后选择【修改】|【形状】|【扩展填充】命令，打开如图 12-49 所示的对话框。

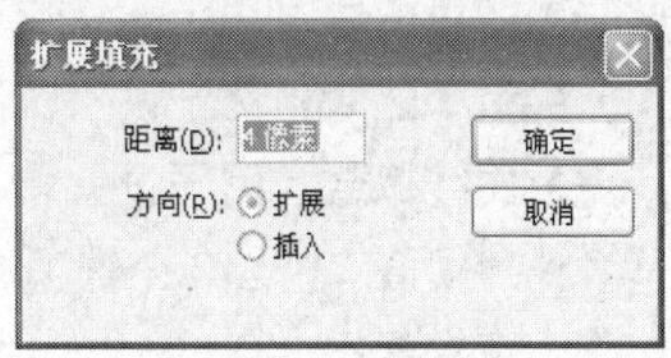

图 12-49　【扩展填充】对话框

【扩展填充】 对话框中的各个参数说明如下：

- 距离：用于指定扩充、插进的尺寸。
- 方向：如果希望扩充一个形状，选择【扩展】单选按钮；如果希望缩小形状，则选择【插入】单选按钮。

12.4.4　柔化填充边缘

柔化填充边缘可使选中的填充对象产生模糊的边缘效果，即使填充边缘产生自然过渡的效果。选中要设置的对象，选择【修改】|【形状】|【柔化填充边缘】命令，打开【柔化填充边缘】对话框，如图 12-50 所示。在该对话框中进行相应的设置，单击【确定】按钮即可。

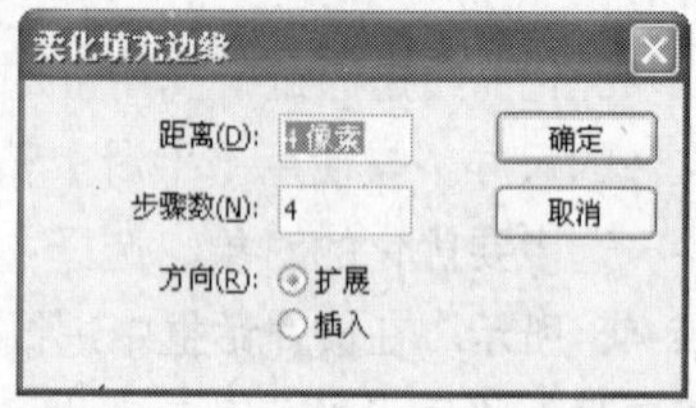

图 12-50　【柔化填充边缘】对话框

【柔化填充边缘】对话框中的各个参数说明如下：

- 距离：以像素为单位设置柔边的宽度。
- 步骤数：控制用于柔边的曲线数。使用的步骤数越多，效果就越平滑，增大步骤数会使文件变大，并降低绘画速度。
- 扩展或插入：控制柔化边缘时形状是放大还是缩小。

12.4.5　转换位图为矢量图

将位图转换为矢量图是为了对引入的位图进行进一步的编辑和修改，例如对图形做进一步的调整，改变图形的颜色等操作。转换位图为矢量图的具体操作步骤如下：

01　在舞台中选中要转换位图为矢量图的对象，如图 12-51 所示。

02　选择【修改】|【位图】|【转换位图为矢量图】命令，打开【转换位图为矢量图】对话框。在该对话框中进行相应的设置，如图 12-52 所示。

图 12-51　选中对象

图 12-52　【转换位图为矢量图】对话框

【转换位图为矢量图】对话框中的各个参数说明如下：

- 颜色阈值：用于设置位图转化为矢量色块时的色彩细节。参数设置得越大，位图越细致。
- 最小区域：用于设置位图转化为矢量图形的色块大小，取值越大，色块越大。
- 曲线拟合：用于设置转换过程中对色块的敏感程度。
- 角阈值：包含 3 个选项，【较多转角】：边缘细节较多；【较少转角】：缺少细节；【正常】：正常状态。

03　单击【确定】按钮，将位图转换为矢量图，如图 12-53 所示。

04　选择工具箱中的颜料桶工具，选择不同的色彩，改变图形的颜色，如图 12-54 所示。

图 12-53　转换为矢量图

图 12-54　改变图形的颜色

12.5　上机练习——绘制卡通牛

本例将使用前面学的工具绘制卡通牛的基本形状，并使用（颜料桶工具）对绘制的形状进行填充。绘制完成后的卡通猪效果如图 12-55 所示。绘制卡通牛的具体操作步骤如下：

图 12-55　卡通牛效果

01　启动 Flash CS4 软件，在欢迎界面中选择【新建】|【Flash 文件（ActionScript 2.0）】选项，新建一个文档。在【属性】面板中使用默认的文档大小，如图 12-56 所示。

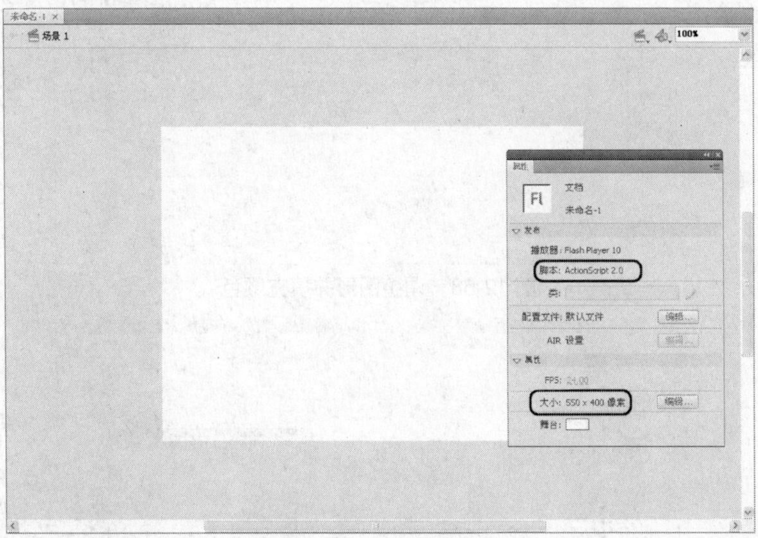

图 12-56　新建文档

02　在工具箱中选择（钢笔工具），在【属性】面板中将【笔触】设置为 2，然后在舞台中绘制图形，如图 12-57 所示。

03　在工具箱中选择（转换锚点工具），将点转换为锚点，并使用（部分选取工具）调整图形的形状，在工具箱中设置【填充颜色】为#FFEC95，使用（颜料桶工具）填充图形，如图 12-58 所示。

04　选中该图形及其轮廓，按 Ctrl+G 组合键组合图形，然后调整图形位置，如图 12-59 所示。

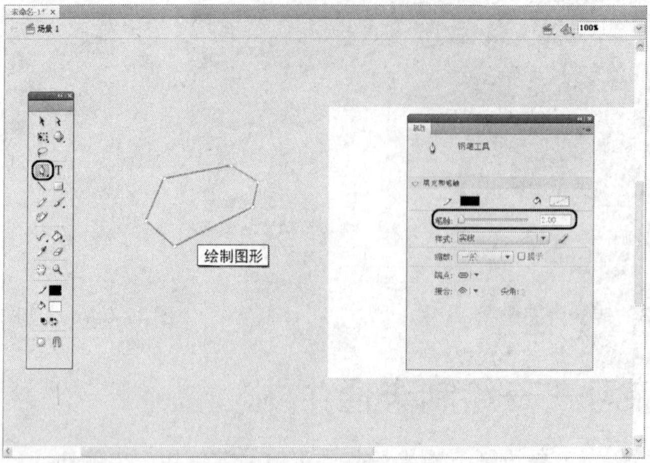

图 12-57　绘制图形

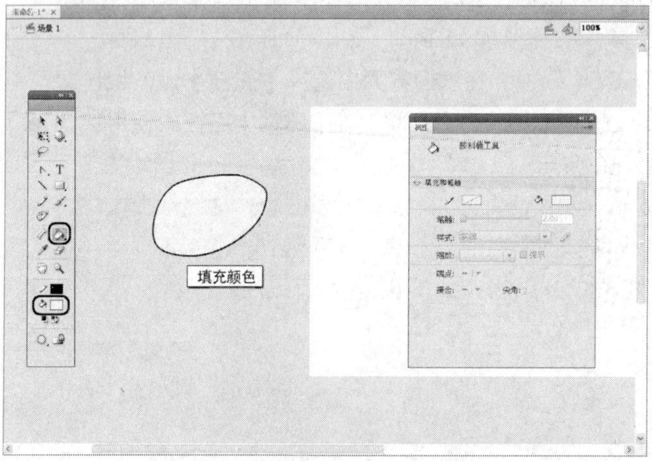

图 12-58　调整图形并填充颜色

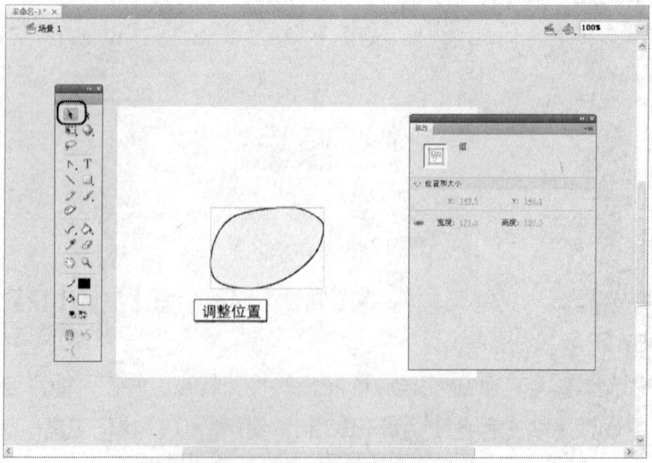

图 12-59　将舞台中的对象组合

05　在工具箱中选择（刷子工具），设置【填充颜色】为黑色，选择刷子大小，在舞台中绘制图形，如图 12-60 所示。

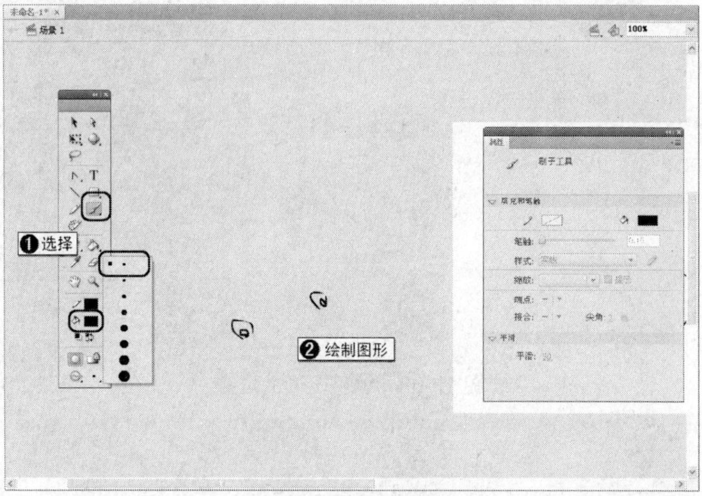

图 12-60　绘制图形

06　在工具箱中设置填充颜色为白色，使用（颜料桶工具）在舞台中填充图形，按【Ctrl+G】组合键组合图形，如图 12-61 所示。

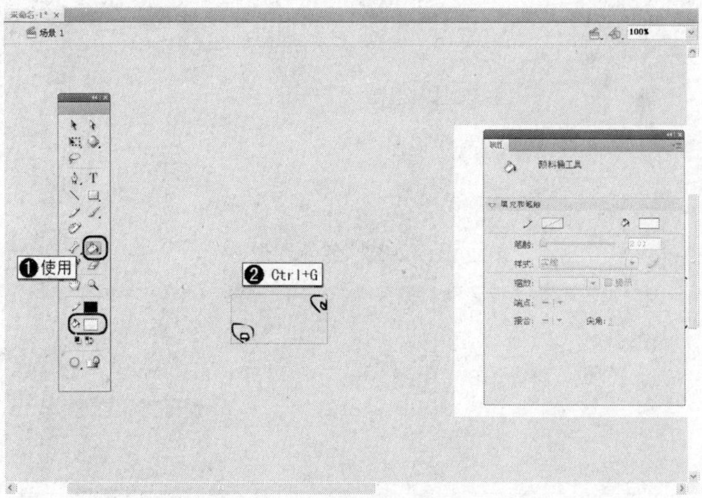

图 12-61　填充图形并组合图形

07　使用（选择工具）调整图形的位置，如图 12-62 所示。

08　在工具箱中选择（钢笔工具），在【属性】面板中将【笔触】设置为 2，然后在舞台中绘制图形，如图 12-63 所示。

09　在工具箱中选择（转换锚点工具），将点转换为锚点，并使用（部分选取工具）调整图形的形状，在工具箱中设置【填充颜色】为白色，使用（颜料桶工具）填充图形，如图 12-64 所示。

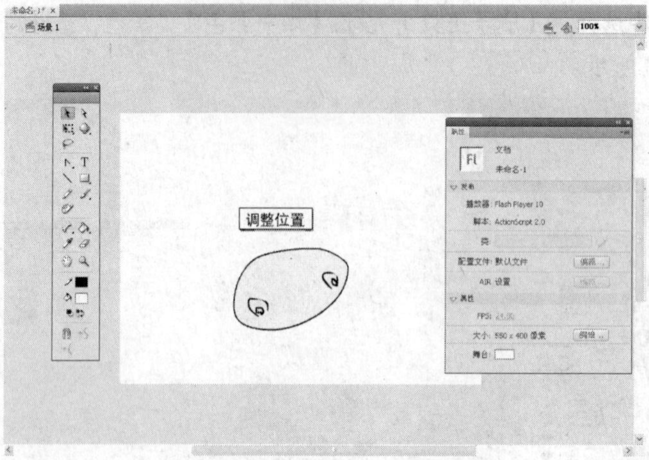

图 12-62　调整图形的位置

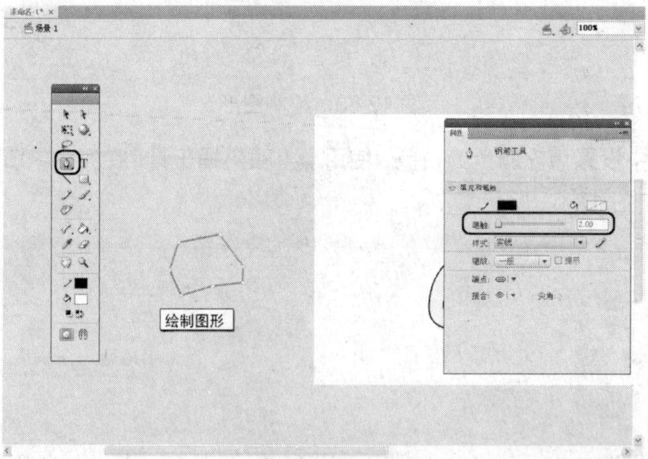

图 12-63　绘制图形

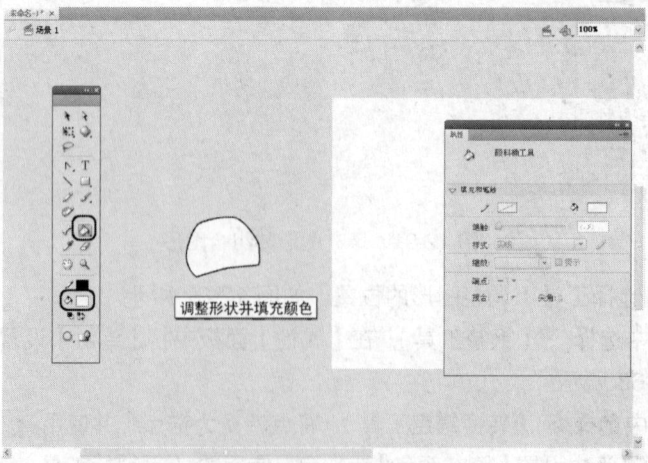

图 12-64　调整形状并填充图形

10 选中该图形及其轮廓，按【Ctrl+G】组合键组合图形，然后调整图形位置，如图 12-65 所示。

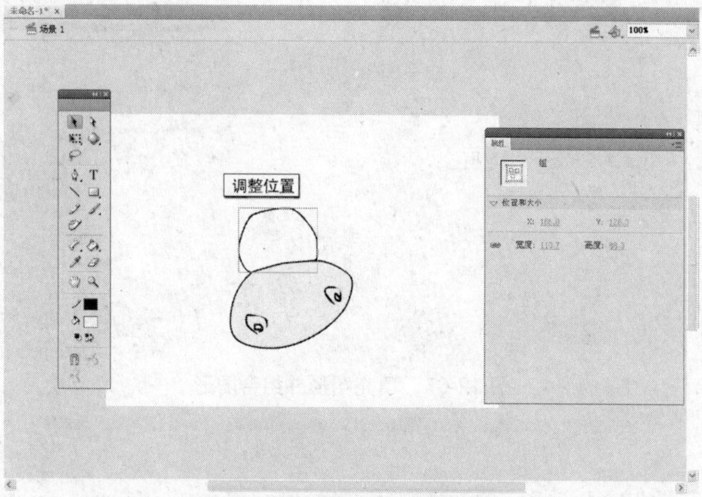

图 12-65　调整图形的位置

11 在工具箱中选择 （刷子工具），设置【填充颜色】为黑色，选择刷子大小，在舞台中绘制图形，如图 12-66 所示。

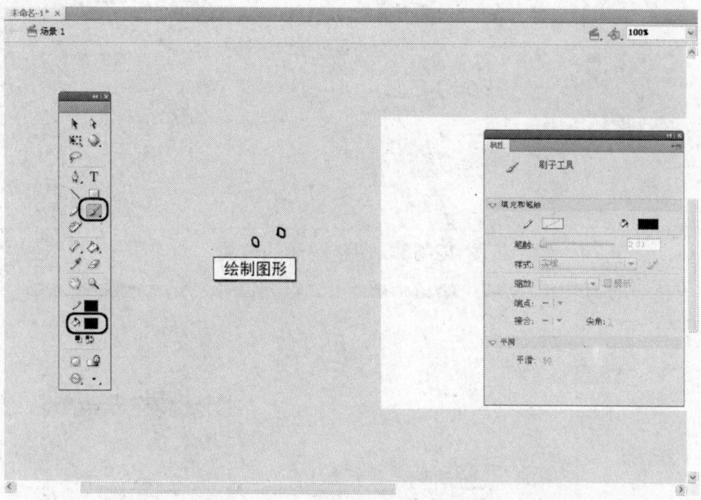

图 12-66　绘制图形

12 在工具箱中设置【填充颜色】为黑色，使用 （颜料桶工具）在舞台中填充图形，按【Ctrl+G】组合键组合图形，如图 12-67 所示。

13 使用 （选择工具）调整图形的位置，如图 12-68 所示。

14 使用上述方法在舞台中绘制牛角图形，将绘制后的图形组合并调整它们的位置，如图 12-69 所示。

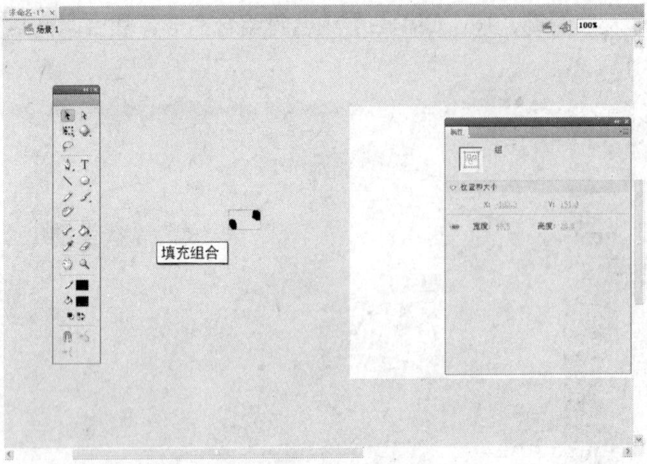

图 12-67　填充图形并组合图形

图 12-68　调整图形的位置

图 12-69　绘制图形

15　在工具箱中选择 （钢笔工具），在【属性】面板中将【笔触】设置为 2，然后在舞台中绘制图形，如图 12-70 所示。

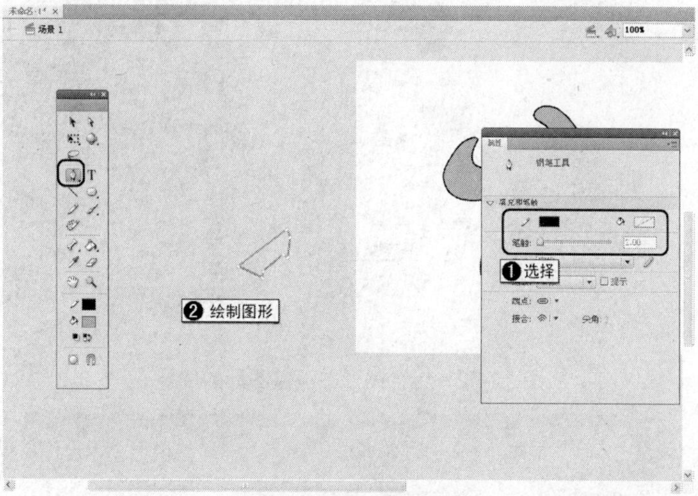

图 12-70　绘制图形

16　在工具箱中选择 （转换锚点工具），将点转换为锚点，并使用 （部分选取工具）调整图形的形状，在工具箱中设置【填充颜色】为白色，使用 （颜料桶工具）填充图形，如图 12-71 所示。

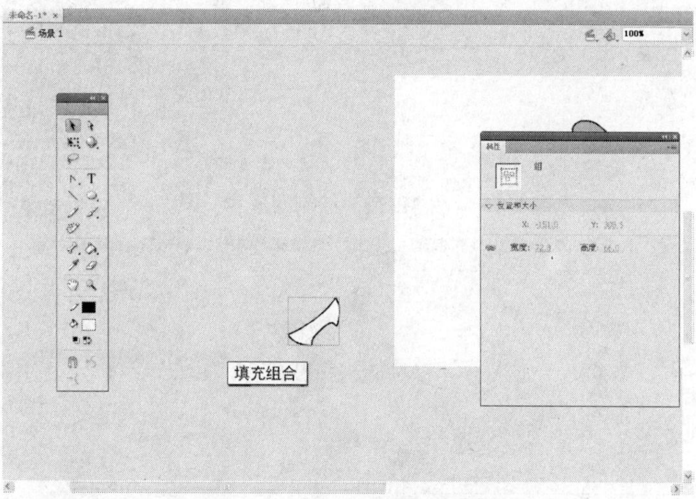

图 12-71　调整形状并填充图形

17　选中该图形及其轮廓，按【Ctrl+G】组合键组合图形，然后调整图形位置，如图 12-72 所示。

18　使用上述方法在舞台中绘制图形，将绘制后的图形组合并调整它们的位置，如图 12-73 所示。

19　为了使绘制的图形与舞台大小相符，再来调整文档的大小，在【属性】面板中将【大小】设置为“550×600 像素”，然后将舞台中的所有对象组合，并调整大小，如图 12-74 所示。

图 12-72　组合图形并调整图形的位置

图 12-73　绘制图形

图 12-74　设置文档大小并调整图像

20 至此，卡通牛绘制完成，将完成后的场景文件存储，并将效果导出。

12.6　本章小结

本章介绍了 Flash CS4 中的一些基本绘图工具的运用，主要包括线条、椭圆、铅笔、钢笔、刷子、选择、部分选取、任意变形、渐变变形和墨水瓶等工具，这些工具是制作 Flash 动画中常用到的基本工具，掌握它们对以后制作精美的动画有很大的用处。至于工具箱中的其他工具，以及这些工具的用法和使用技巧，还需要在实际的制作中不断体会。

12.7　习题

1．填空题

（1）________工具可以绘制出像毛笔作画的效果，也常被用于给对象着色，它包括________、________、________、________和________ 5 种模式。

（2）在使用铅笔工具时，使用________模式绘制线条，可以自动平滑曲线，减少抖动造成的误差，从而明显地减少线条中的“碎片”。

（3）________是为了对引入的位图进行进一步的编辑和修改，例如对图形做进一步的调整，改变图形的颜色等操作。

2．选择题

（1）________工具用来在绘图中更改线条和轮廓线的颜色和样式。

A. 颜料桶　　B. 墨水瓶　　C. 滴管

（2）________工具是用来填充封闭区域的，它既能填充一个空白区域，又能改变已着色区域的颜色。

A. 颜料桶　　B. 填充颜色　　C. 墨水瓶

3．简答题

怎样绘制正圆形?

第 13 章　元件、实例和素材文件的使用

元件是 Flash 中最重要也是最基本的元素，它在 Flash 中对文件的大小和交互能力起着重要的作用。

制作一个复杂的动画仅使用 Flash 软件自带的绘图工具是远远不够的，这时需要从外部导入创作时所需要的素材。Flash 还为大家提供了自建库和公用库，通过两个库的管理和使用，可以有效地利用已有的和自建的各种资源，这样既可以节省资源空间，又可以简化作品的创作流程。

本章重点

- 认识元件
- 认识实例
- 素材的导入
- 声音文件的导入
- 库的基本应用

13.1　元件

使用 Flash 制作动画影片的一般流程是先制作动画中所需的各种元件，然后在场景中引用元件实例，并对实例化的元件进行适当的组织和编排，最终完成影片的制作。合理地使用元件和库可以提高影片的制作和工作效率。

元件是 Flash 中一个比较重要而且使用非常频繁的概念，狭义的元件是指用户在 Flash 中所创建的图形、按钮或影片剪辑 3 种元件。元件可以包含从其他应用程序中导入的插图。元件一旦被创建，就会被自动添加到当前影片的库中，然后可以自始至终地在当前影片或其他影片中重复使用。用户创建的所有元件都会自动变为当前文件的库的一部分。

元件在 Flash 影片中是一种比较特殊的对象，它在 Flash 中只需创建一次，然后可以在整部电影中反复使用而不会显著增加文件的大小。元件可以是任何静态的图形，也可以是连续动画，甚至还能将动作脚本添加到元件中，以便对元件进行更复杂的控制。当用户创建元件后，元件都会自动成为影片库中的一部分。通常应将元件当作主控对象存于库中，将元件放入影片中时使用的是主控对象的实例，而不是主控对象本身，所以修改元件的实例并不会影响到元件本身。

13.1.1　使用元件的优点

在动画中使用元件最显著的优点如下：

- 在使用元件时，由于一个元件在浏览中仅需要下载一次，这样就可以加快影片的播放速度，避免了同一对象的重复下载。
- 使用元件可以简化影片的编辑。在影片编辑过程中，可以把需要多次使用的元素做成元件，当修改了元件以后，由同一元件生成的所有实例都会随之更新，而不必逐一对所有实例进行更改，这样就大大节省了创作时间，提高了工作效率。
- 制作运动类型的过渡动画效果时，必须将图形转换成元件，否则将失去透明度等属性，而且不能制作补间动画。
- 如果使用元件时，在影片中只会保存元件，而不管该影片中有多少个该元件的实例，它都是以附加信息保存的，即用文字性的信息说明实例的位置和其他属性，所以保存一个元件的几个实例比保存该元件内容的多个副本占用的存储空间小。

13.1.2　元件的类型

在 Flash 中可以制作的元件类型有 3 种：图形元件、按钮元件及影片剪辑元件。每种元件都有其在影片中所特有的作用和特性，如图 13-1 所示。

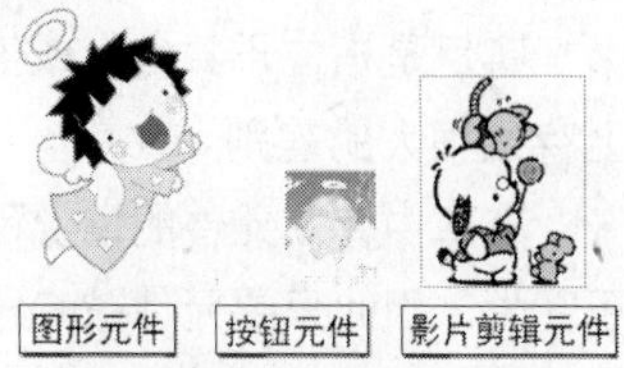

图 13-1　元件的种类

1．图形元件

图形元件是可以重复应用的静态的图片，并且图形元件也可以用到其他类型的元件当中，是 3 种 Flash 元件类型中最基本的类型。

2．按钮元件

按钮元件一般用来对影片中的鼠标事件做出响应，如单击、移开等。按钮元件是用来控制相应的鼠标事件的交互性特殊元件。它与平常在网页中出现的按钮一样，可以通过对它的设置来触发某些特殊效果，如控制影片的播放、停止等。

按钮元件是一种具有 4 个帧的影片剪辑。按钮元件的时间轴无法被播放，它只是根据鼠标事件的不同而做出简单的响应，并转到所指向的帧，如图 13-2 所示。

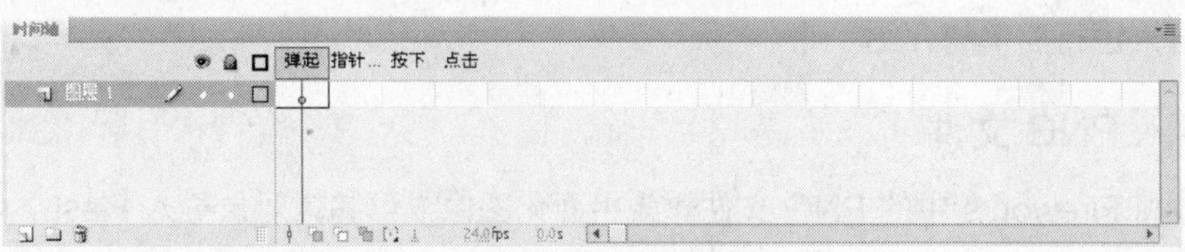

图 13-2　按钮的时间轴

- 弹起帧：鼠标不在按钮上时的状态，即按钮的原始状态。
- 指针经过帧：鼠标移动到按钮上时的按钮状态。
- 按下帧：单击按钮时的按钮状态。
- 点击帧：用于设置对鼠标动作做出反应的区域，这个区域在 Flash 影片播放的时候是不会显示的。

3．影片剪辑元件

影片剪辑是 Flash 中最具有交互性、用途最多、功能最强的部分。它基本上是一个小的独立电影，可以包含交互式控件、声音，甚至其他影片剪辑实例。可以将影片剪辑实例放在按钮元件的时间轴内，以创建动画按钮。不过，由于影片剪辑具有独立的时间轴，所以它们在 Flash 中是相互独立的。如果主场景中存在影片剪辑，即使主电影的时间轴已经停止，影片剪辑的时间轴仍可以继续播放，这里可以将影片剪辑设想为主电影中嵌套的小电影。

每个影片剪辑在时间轴的层次结构树中都有相应的位置。使用 loadMovie 动作加载到 Flash Player 中的影片也有独立的时间轴，并且它在显示列表中也有相应的位置。使用动作脚本可以在影片剪辑之间发送消息，以使它们彼此控制。例如，一段影片剪辑的时间轴中最后一帧上的动作可以指示开始播放另一段影片剪辑。

使用电影剪辑对象的动作和方法可以对影片剪辑进行拖动、加载等控制。要控制影片剪辑，必须通过使用目标路径（该路径指示影片剪辑在显示列表中的唯一位置）来指明它的位置。

13.2 实例

实例是指位于舞台上或嵌套在另一个元件内的元件副本。实例可以与元件在颜色、大小和功能上存在很大的差别。

在库中存在元件的情况下，选中元件并将其拖动到舞台中完成实例的创建。由于实例的创建源于元件，因此只要元件被修改编辑，那么所关联的实例也将被更新。应用各实例时需要注意，影片剪辑实例的创建和包含动画的图形实例的创建是不同的，电影片段是只需要一个帧就可以播放的动画，而且编辑环境中不能演示动画效果；而包含动画的图形实例，则必须在与其元件同样长的帧中放置，才能显示完整的动画。

13.3 导入素材

Flash 提供了强大的导入功能，几乎胜任了各种文件类型的导入，特别是对 Photoshop 图像格式的支持，使得 Flash 的素材的来源极大地拓宽，人们不再对那些精美的图片望而兴叹了。下面对素材文件的导入进行简单的介绍。

13.3.1 导入 PNG 文件

用户可以将 Fireworks 中的 PNG 文件作为平面化图像或可编辑对象导入 Flash。将 PNG 文件作为平面化图像导入时，整个文件（包括所有矢量插图）会栅格化或转换为位图图像。将 PNG 文件作为可编辑对象导入时，该文件中的矢量插图会保留为矢量格式。导入 PNG 文件的具体操作步骤如下：

01 选择【文件】|【导入】|【导入到舞台】命令，打开【导入】对话框。在该对话框中选择要导入的文件，该文件必须以.png 为后缀，如图 13-3 所示。

02 单击【打开】按钮，打开【导入 Fireworks 文档】对话框，如图 13-4 所示。

【导入 Fireworks 文档】对话框中的各个参数说明如下：

- 作为单个扁平化的位图导入：将 PNG 文件平面化为单独的位图图像，选择此复选框，则所有其他选项都会变成灰色。

- 导入：在其下拉列表中选择要导入的页面。

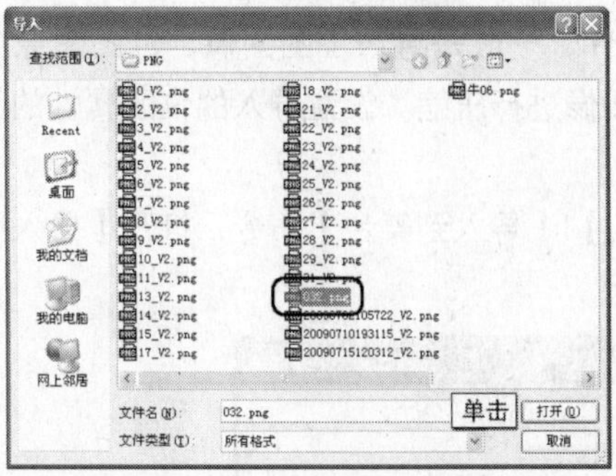

图 13-3　【导入】对话框

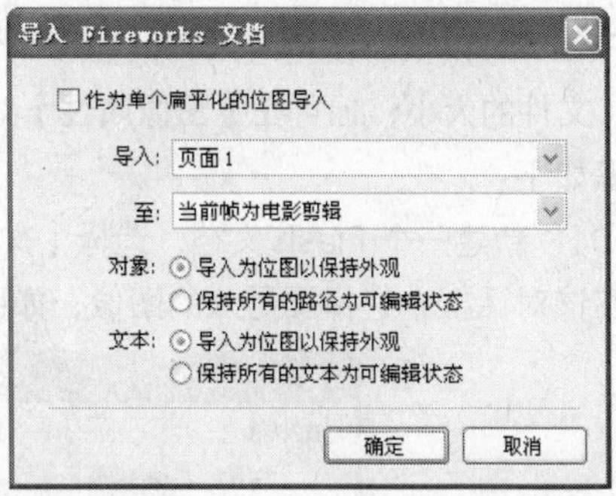

图 13-4　【导入 Fireworks 文档】对话框

- 至：在其下拉列表中包括以下两个选项。
  - 当前帧为电影剪辑：将 PNG 文件导入为影片剪辑，并且该影片剪辑元件内部的所有帧和层都不变。
  - 新层：将 PNG 文件导入到当前 Flash 文件中堆叠顺序顶部的单独新层中。Fireworks 层会被平面化为单独的一层，Fireworks 帧包含在该新层中。
- 对象：包括以下两个选项。
  - 导入为位图以保持外观：将 Fireworks 填充、笔触和效果保留在 Flash 中。
  - 保持所有的路径为可编辑状态：将所有对象保留为可编辑路径，某些 Fireworks 填充、笔触和效果将会在导入时丢失。
- 文本：包括两个选项，意义与对象的两个选项一样，只不过是针对文本对象的。

03　单击【确定】按钮，导入 PNG 文件，在【库】面板中添加了一个名为【Fireworks 对象】的文件夹，如图 13-5 所示。

图 13-5　导入 PNG 文件

> 提示：PNG 文件导入后，Flash CS4 会自动在【库】面板中创建一个名为【Fireworks 对象】的文件夹，里边放有一个该图片的影片剪辑元件。

13.3.2 设置导入的位图属性

Flash 可以很方便地导入其他程序制作的图像文件，一般是导入位图图像，位图图像会增加 Flash 文件的大小，但可在【图像属性】对话框中对图像进行压缩。设置导入的位图属性的具体操作步骤如下：

01 新建一个 Flash 文档，选择【文件】|【导入】|【导入到舞台】命令，打开【导入】对话框。在该对话框中选择要导入的图像，如图 13-6 所示。

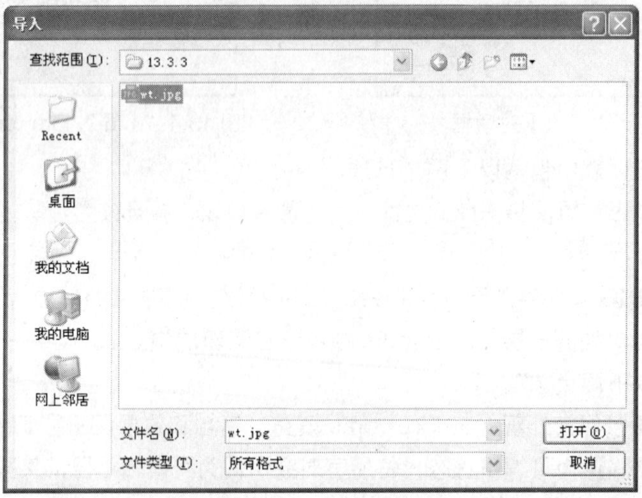

图 13-6 【导入】对话框

02 单击【打开】按钮，将其导入到舞台中，调整舞台大小与图像相吻合，如图 13-7 所示。

图 13-7 调整舞台大小与图像相吻合

03 选择【窗口】|【库】命令，打开【库】面板，在面板中选中位图并右击，在弹出的快捷菜单中选择【属性】命令，如图 13-8 所示。

04 打开【位图属性】对话框，在该对话框中进行相应的设置，如图 13-9 所示。

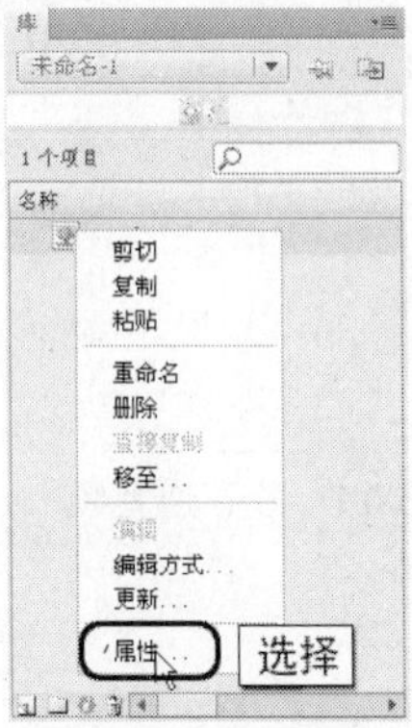

图 13-8　选择【属性】命令

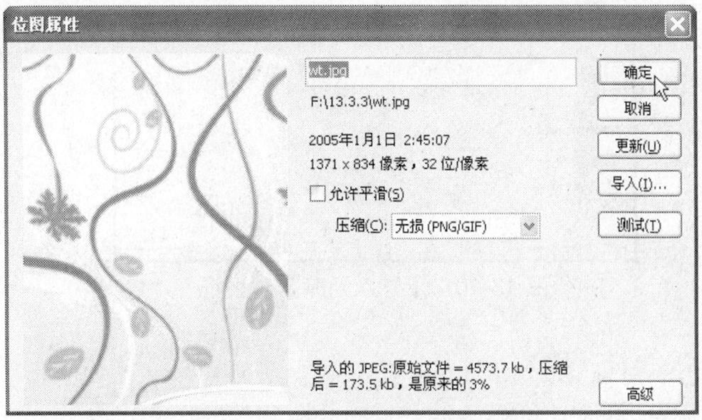

图 13-9　【位图属性】对话框

【位图属性】对话框中的部分参数说明如下：

- 允许平滑：平滑位图图像的边缘。
- 压缩：在下拉列表中包括【照片】和【无损】两个选项。
  - ➢ 照片（JPEG）：表示用 JPEG 格式输出图像。
  - ➢ 无损（PNG1G2F）：表示以压缩的格式输出文件，但无损任何图像的数据。
- 使用导入的 JPEG 数据：选择此单选按钮，使用文件默认的质量。也可以选择【自定义】单选按钮，然后直接在右侧文本框中输入数值。

05 单击【确定】按钮，返回到主场景。

13.4　在动画中加入声音

一个精彩的 Flash 动画作品仅仅有一些图形动画效果是不够的，用户可以给图形、按钮乃至整个动画配上合适的背景声音，这样能使整个作品更加精彩，起到画龙点睛的作用，给观众带来全方位的艺术享受。

Flash 中有多种使用声音的方法：既可以让声音独立于时间轴连续地播放，也可以使动画与音轨同步，可以为按钮添加声音以增加其交互性，还可以制作声音渐进渐出的效果，另外，还可以用 ActionScript 来控制声音的播放。导入声音的具体操作步骤如下：

01 选择【文件】|【导入】|【导入到库】命令，打开【导入到库】对话框。在该对话框中选择要导入的声音文件 song.mp3，如图 13-10 所示。

02 处理完毕后，声音文件就会被导入到库中，如果选中库中的一个声音，在预览窗口中就会看到声音的波形。当前导入的声音文件为单声道，所以有一条波形，如果导入的声音为双声道，则会出现两条波形，如图 13-11 所示为双声道音频。

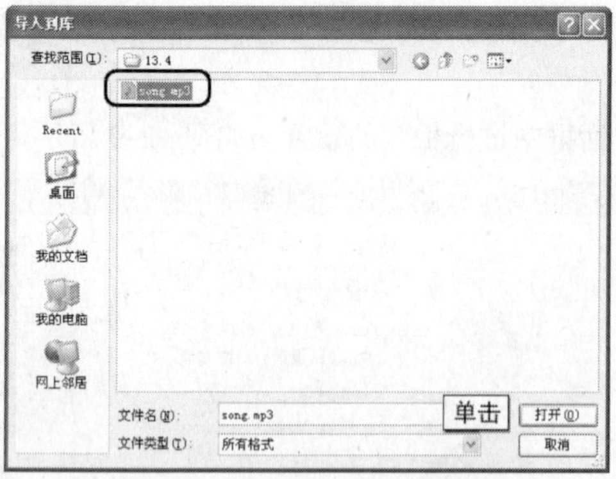

图 13-10 【导入到库】对话框

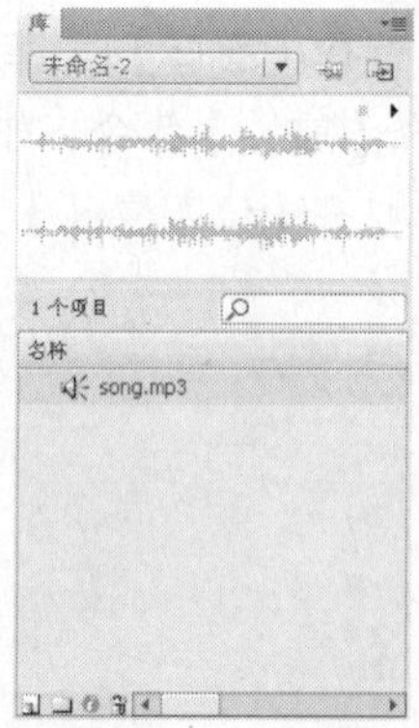

图 13-11 双声道音频

13.5 库

在前面的章节中曾经多次提到和用到 Flash CS4 的库，读者可能已经体会到，它是使用 Flash CS4 进行动画制作的一种非常有力的工具，使用库可以省去很多重复操作和其他一些不必要的麻烦。另外，使用库可以最大程度上减小动画文件的体积，充分利用库中包含的元素可以有效地控制文件的大小，便于文件的传输和下载。

13.5.1 元件库的基本操作

Flash 的【库】面板中包括了当前文件的标题栏、预览窗口、库文件列表及一些相关的库文件管理工具等，如图 13-12 所示。

【库】面板的最下方有 4 个按钮，可以通过这 4 个按钮对库中的文件进行管理。

- 新建元件：单击此按钮，会打开【创建新元件】对话框，可以设置新建元件的名称及新建元件的类型。
- 新建文件夹：在一些复杂的 Flash 文件中，库文件通常会十分繁多，管理起来十分不方便。因此需要使用创建新文件夹的功能，在库中创建一些文件夹，将同类的文件放入到相应的文件夹中，使今后元件的调用更灵活方便。
- 属性：用于查看和修改库元件的属性，单击此按钮，在打开的对话框中显示了元件的名称、类型等一系列的信息，如图 13-13 所示。

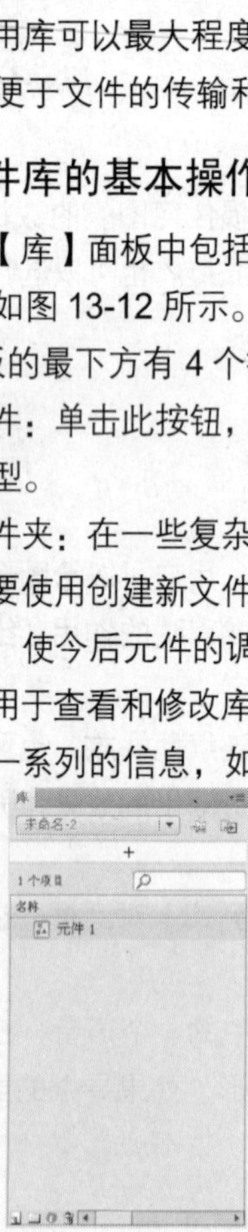

图 13-12 【库】面板

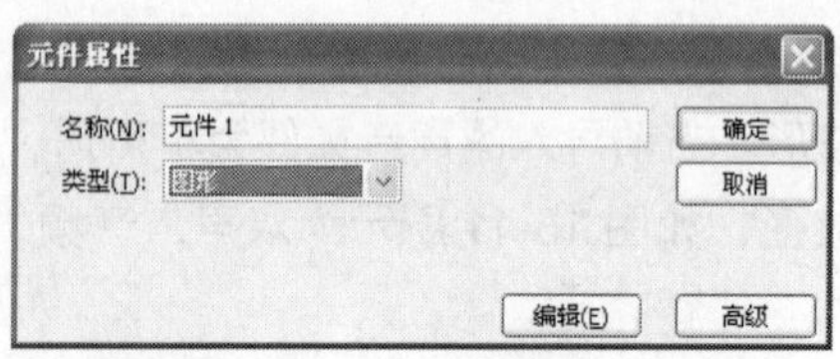

图 13-13 【元件属性】对话框

- 删除：用来删除库中多余的文件和文件夹。

13.5.2 专用库和公用库

1．专用库

通过选择菜单栏中的【窗口】|【库】命令或者使用快捷键 Ctrl+L 可以打开专用库的面板。在这个库中包含了当前编辑文件下的所有元件，如导入的位图、视频等，并且某个实例不论其在舞台中出现了多少次，它都只作为一个元件出现在库中。

2．公用库

选择【窗口】|【公用库】命令，可以在其子拉菜单中看到【按钮】、【类】和【声】3 个命令。

- 按钮库：选择【窗口】|【公用库】|【按钮】命令，将打开【库_BUTTONS.FLA】面板。其中包含多个文件夹，双击其中的某个文件夹将其打开，即可看到该文件夹中包含的多个按钮文件，单击选定其中的一个按钮，便可以在预览窗口中预览，单击窗口中右上角的【播放】按钮和【停止】按钮可以用来查看按钮效果，如图 13-14 所示。
- 类库：选择【窗口】|【公用库】|【类】命令，打开【库_CLASSES.FLA】面板，可以看见其中有 DataBindingClasses（数据绑定）、UtilsClasses（组件）及 Web ServiceClasses（网络服务）3 个选项，如图 13-15 所示。
- 声音库：选择【窗口】|【公用库】|【声音】命令，将打开【库_SOUNDS.FLA】库面板。其中包括了多个音乐文件，在预览窗口可以查看声音的波形，单击右上角的【播放】按钮可以播放声音，如图 13-16 所示。

图 13-14 按钮库

图 13-15 类库

图 13-16 声音库

> **提示：** 通过与专用库的对比，可看出在上面的 3 个库中，左下角的库管理工具都处于不能使用的状态，这是因为它们是固化在 Flash CS4 中的内置库，对这种库不能进行改变和相应的管理。对库中所带的各个文件有了详细的了解后，再进行动画制作时就可以得心应手，游刃有余了。

13.6 上机练习——制作按钮动画

下面通过实例讲述制作简单的按钮动画，效果如图 13-17 所示。

图 13-17 制作按钮动画的效果

制作按钮动画的具体操作步骤如下：

01 启动 Flash CS4 软件，在如图 13-18 所示的欢迎面板中选择【Flash 文件（ActionScript 2.0）】选项，新建文档。

02 新建文档后，按 Ctrl+F8 组合键，打开【创建新建元件】对话框，将【类型】设置为【按钮】，如图 13-19 所示，单击【确定】按钮。

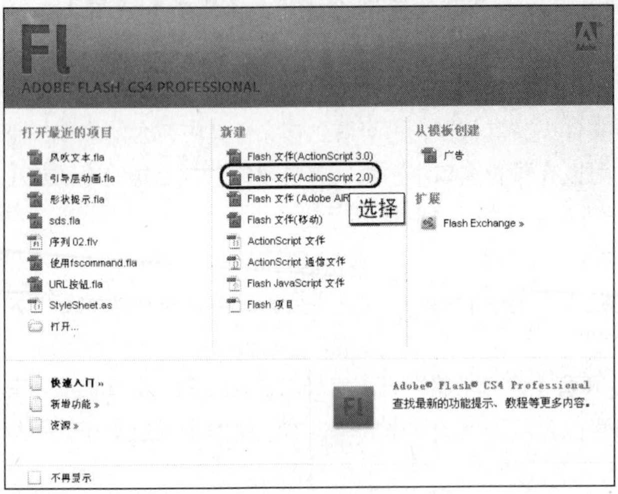

图 13-18 新建文档

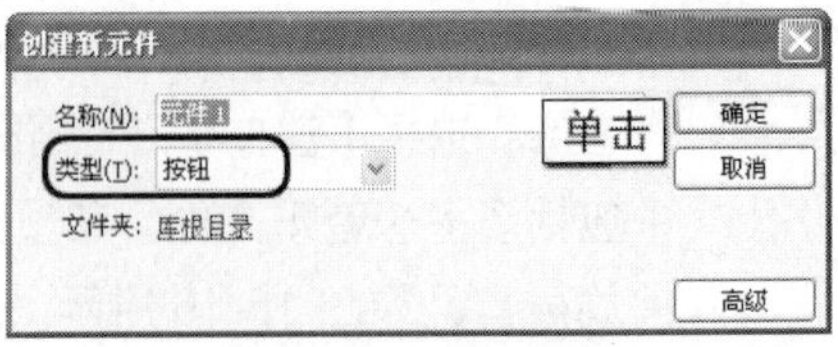

图 13-19 新建元件

03 在第一帧【弹起】上用椭圆工具画一个无笔触颜色，填充颜色为红到黑的放射性渐变的椭圆，如图 13-20 所示。

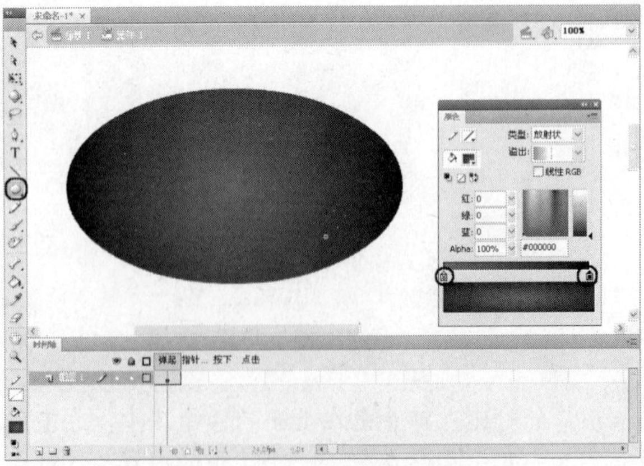

图 13-20 绘制红到黑渐变的椭圆

04 在【指针经过】上插入关键帧，改变椭圆的填充色为蓝到黑的渐变，如图 13-21 所示。

05 继续在【按下】上插入关键帧，依旧改变椭圆的渐变色为绿到黑的渐变，如图 13-22 所示。

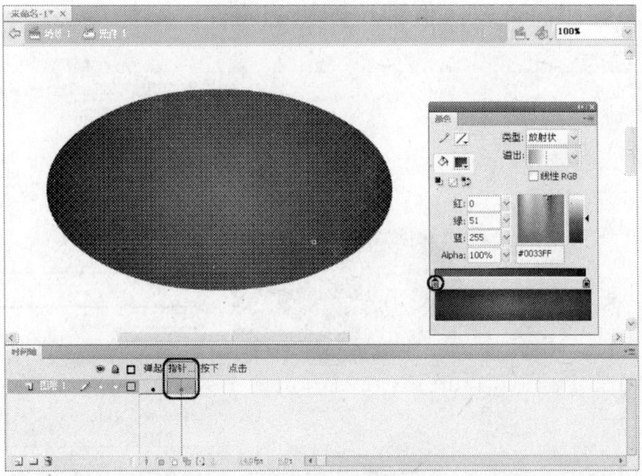

图 13-21　改变填充颜色为蓝到黑渐变

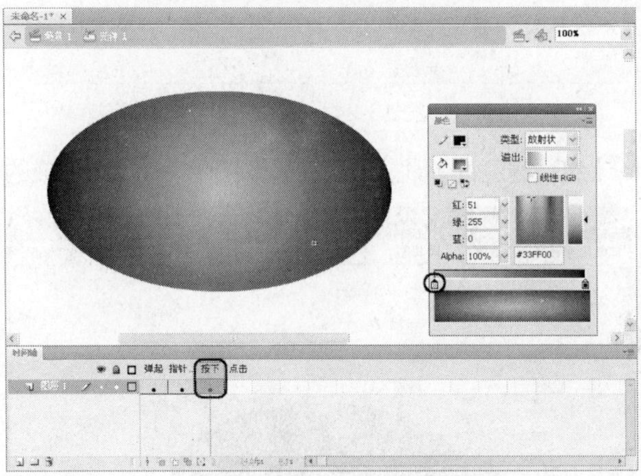

图 13-22　改变填充颜色为绿到黑的渐变

06 在【点击】上继续插入关键帧，改变椭圆的渐变色为紫到黑的渐变，如图 13-23 所示。

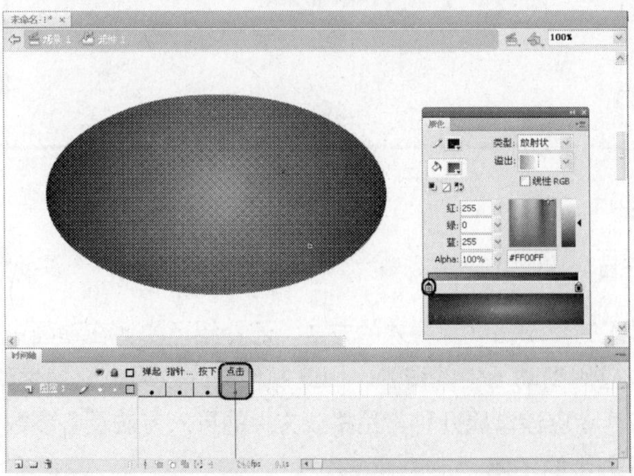

图 13-23　改变填充颜色为紫到黑的渐变

07 新建图层“图层 2”，在舞台中输入文本 START，如图 13-24 所示。

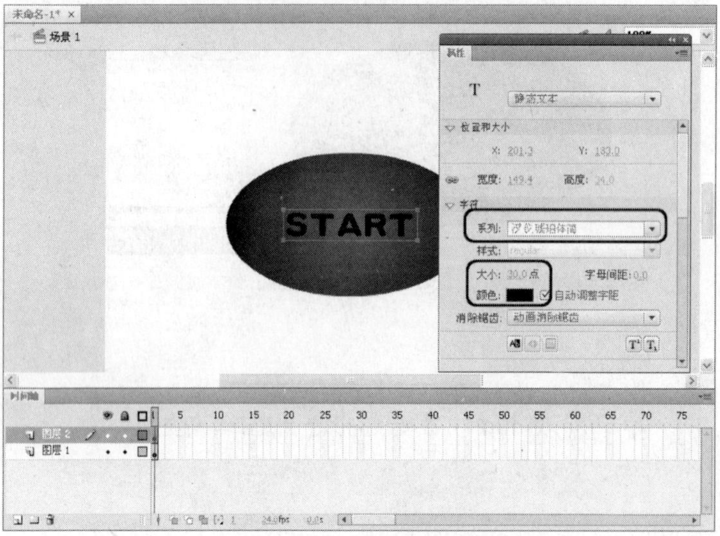

图 13-24 输入文字

08 按【Ctrl+Enter】组合键测试影片，如图 13-25 所示。最后将完成的场景存储，将影片输出。

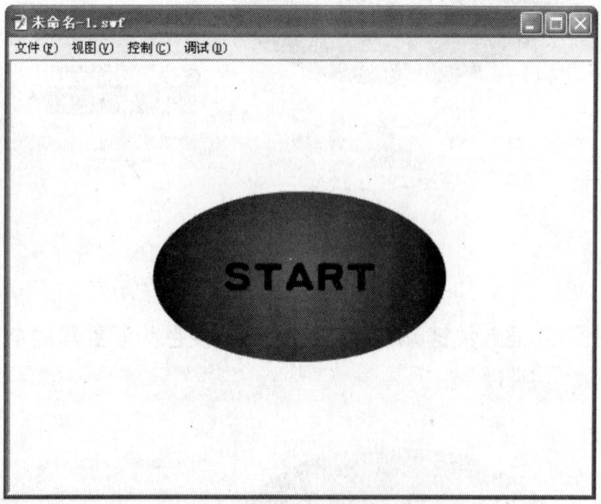

图 13-25 测试影片

13.7 本章小结

本章介绍了可以导入的资源格式及导入的方法，还介绍了如何在动画中插入声音。通过资源的导入，大大丰富了可以应用到动画中的资源，因此制作出的效果也更加生动了。

通过本章的学习，读者应该掌握几种常用格式文件的导入方法及各参数的设定情况，对声音和图像方面的知识有更进一步的了解。

13.8　习题

1．填空题

（1）将 PNG 文件作为平面化图像导入时，整个文件会________；将 PNG 文件作为可编辑对象导入时，该文件中的矢量插图会保留为________。

（2）将声音文件导入到库中，如果选中库中的一个声音，在预览窗口中就会看到声音的波形，如果导入的声音文件为________，则有两条波形；如果导入的声音为________，则只会出现一条波形。

2．选择题

对于________，可以用本地网络上任何其他可用元件来更新和替换正在创建的文档中的任何元件。

A．专用库　　B．运行时的共享资源　　C．创建期间的共享资源

3．简答题

（1）怎样导入外部素材?

（2）怎样为动画添加声音?

第 14 章　制作网页动画

Flash 作为一款著名的二维动画制作软件，其制作动画的功能是非常强大的。在 Flash 中，用户可以轻松地创建丰富多彩的动画效果，并且只需要通过更改时间轴每一帧中的内容，就可以在舞台中创作出移动对象、增加或减小对象大小、旋转、更改颜色、淡入淡出或更改对象形状的效果。本章主要讲述使用时间轴特效，创建逐帧动画、动作补间动画、形状补间动画和图层的应用等内容。

本章重点

- 逐帧动画概述
- 创建补间动画
- 形状补间动画
- 图层的应用

14.1　逐帧动画概述

在 Flash 中创建动画序列的基本方法有两种：逐帧动画和补间动画。逐帧动画也叫“帧帧动画”，顾名思义，它需要具体定义每一帧的内容，以完成动画的创建。补间动画包含了运动渐变动画和形状渐变动画两大类动画效果，也包含了引导动画和遮罩动画这两种特殊的动画效果。在补间动画中，用户只需要创建起始帧和结束帧的内容，而让 Flash 自动创建中间帧的内容。Flash 甚至可以通过更改起始帧和结束帧之间的对象大小、旋转方式、颜色和其他属性来创建运动的效果。

逐帧动画需要用户更改影片每一帧中的舞台内容。简单的逐帧动画并不需要用户定义过多的参数，只需要设置好每一帧，动画即可播放。

逐帧动画最适合于每一帧中的图像都在更改，而不仅仅是简单地在舞台中移动的复杂动画。逐帧动画增加文件大小的速度比补间动画快得多，所以逐帧动画的文件一般会比普通动画的文件大。在逐帧动画中，Flash 会保存每个完整帧的值，图 14-1 所示为逐帧动画制作的原理。

图 14-1　逐帧动画制作的原理

14.2　创建补间动画

由于逐帧动画需要详细制作每一帧的内容，因此既费时又费力，而且在逐帧动画中，Flash 需要保存每一帧的数据，而在补间动画中，Flash 只需保存帧之间不同的数据，使用补间动画还能尽量减小文件的大小。因此在制作动画时，应用最多的还要算补间动画。补间动画是一种比较有效的产生动画效果的方式。

Flash 能生成两种类型的补间动画，一种是动作补间，另一种是形状补间。动作补间需要在一个点定义实例的位置、大小及旋转角度等属性，然后才可以在其他的位置改变这些属性，从而由这些变化产生动画。

14.2.1　传统补间动画原理

利用传统补间动画方式可以制作出多种类型的动画效果，如位置移动、大小变化、旋转移动和逐渐消失等。只要能够熟练地掌握并运用这些简单的补间效果，就能通过对它们的相互组合而制作出样式更加丰富、效果更加吸引人的复杂动画。

使用传统补间，需要具备以下两个前提条件：

（1）起始关键帧与结束关键帧缺一不可。

（2）应用于传统补间的对象必须具有元件或者群组的属性。

为时间轴设置了补间效果后，【属性】面板将有所变化，如图 14-2 所示。

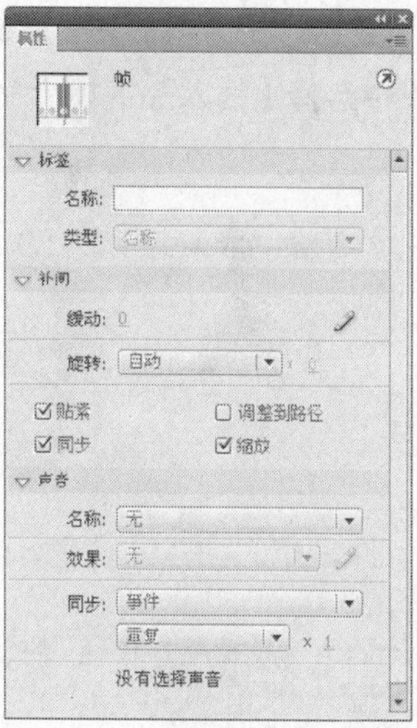

图 14-2　动作补间【属性】面板

【标签】区域：

- 【名称】：设置补间的名称。
- 【类型】：设置名称以什么类型出现，这里可以选择【名称】、【锚记】和【注释】。

【补间】区域：

- 【缓动】：应用于有速度变化的动画效果。当移动滑块在 0 值以上时，实现的是由快到慢的效果；当移动滑块在 0 值以下时，实现的是由慢到快的效果。
- 【旋转】：设置对象的旋转效果。
- 【贴紧】：使物体可以附着在引导线上。
- 【调整到路径】：在路径动画效果中，使对象能够沿着引导线的路径移动。
- 【同步】：设置元件动画的同步性。
- 【缩放】：应用于有大小变化的动画效果。

【声音】区域：

- 【名称】：如果该补间中添加了声音，这里显示声音的名称。

- 【效果】：从中可以选择声音的效果，如【左声道】、【右声道】、【向左淡出】、【向右淡出】、【淡入】和【淡出】等。

14.2.2 创建传统补间动画

下面通过一个实例来介绍传统补间动画的制作，效果如图 14-3 所示。

图 14-3　效果图

制作传统补间动画的具体操作步骤如下：

01 运行 Flash CS4 软件，在菜单栏中选择【文件】|【打开】命令，在打开的对话框中选择随书光盘中的【原始文件 | Cha14 | 14.2.2 | 熟睡中的小猫.fla】文件，如图 14-4 所示。

02 在【时间轴】面板中，按住 Ctrl 键依次选择 3 个图层的第 40 帧，右击，在弹出的快捷菜单中选择【插入关键帧】命令，如图 14-5 所示。

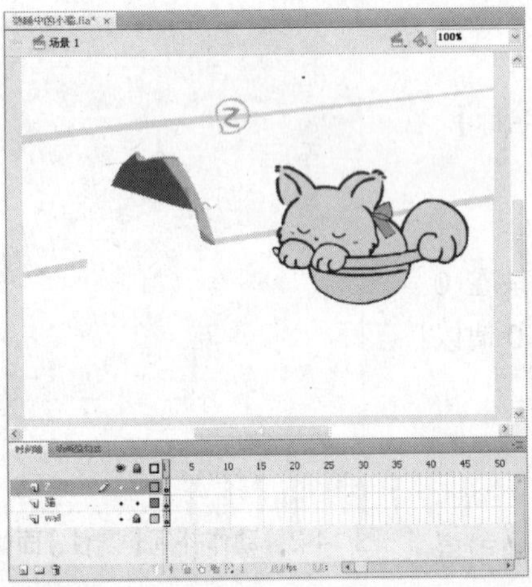

图 14-4　打开的素材文件

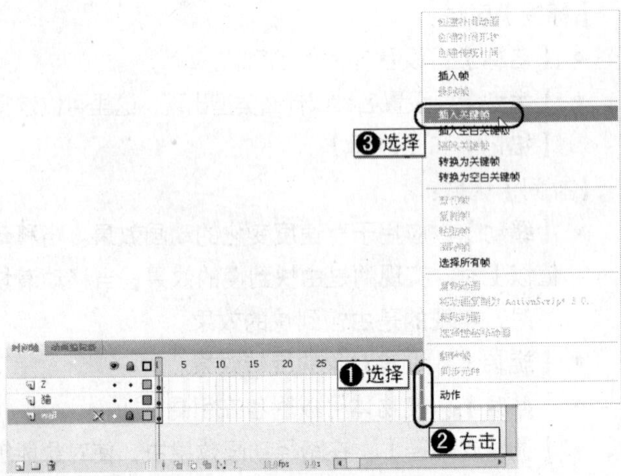

图 14-5　选择【插入关键帧】命令

03 在【时间轴】面板中选择【猫】图层，并选择第 1 帧，在工具箱中选择（任意变形工具），在舞台中选择并调整猫的中心，如图 14-6 所示。

04 旋转实例的角度，如图 14-7 所示。

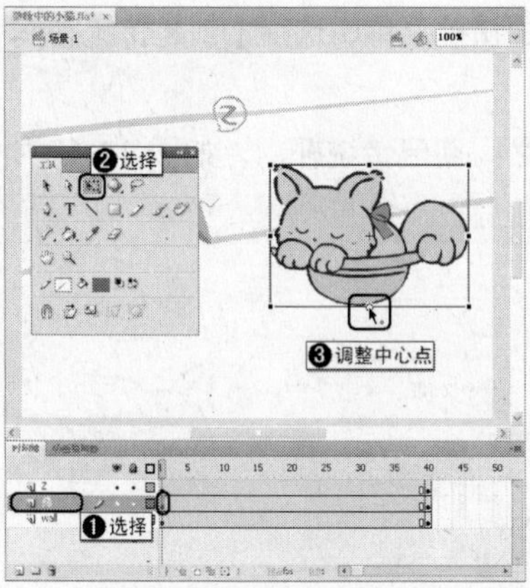

图 14-6　调整中心

图 14-7　旋转实例的角度

05　选择【猫】图层的第 40 帧，右击，在弹出的快捷菜单中选择【复制帧】命令，如图 14-8 所示。

06　在【猫】图层的第 20 帧，右击，在弹出的快捷菜单中选择【粘贴帧】命令，如图 14-9 所示。

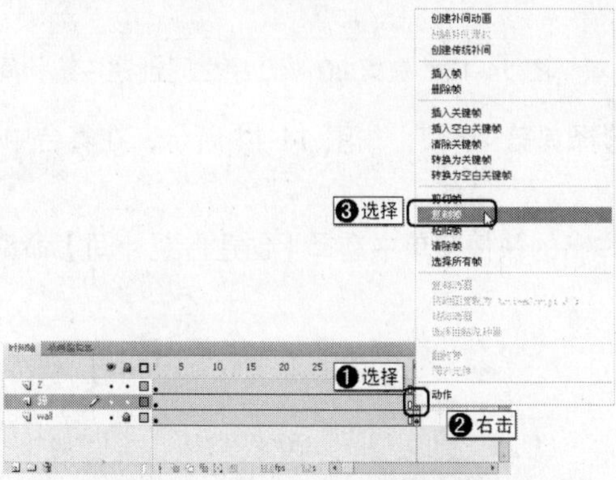

图 14-8　选择【复制帧】命令

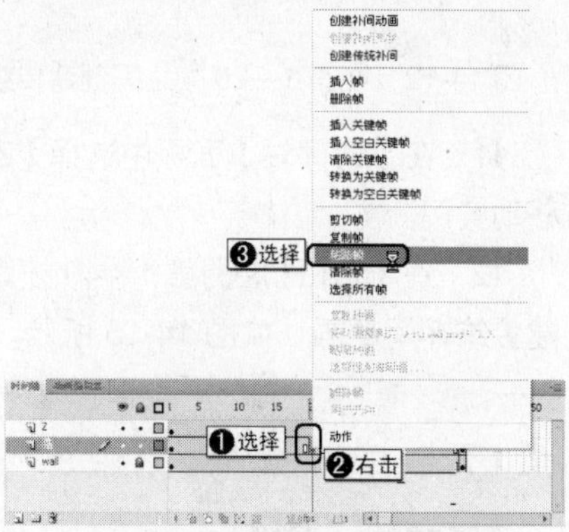

图 14-9　选择【粘贴帧】命令

07　粘贴帧后，实例在第 20 帧的效果如图 14-10 所示。

08　选择【猫】图层的第 40 帧，在舞台中旋转实例的角度，如图 14-11 所示。

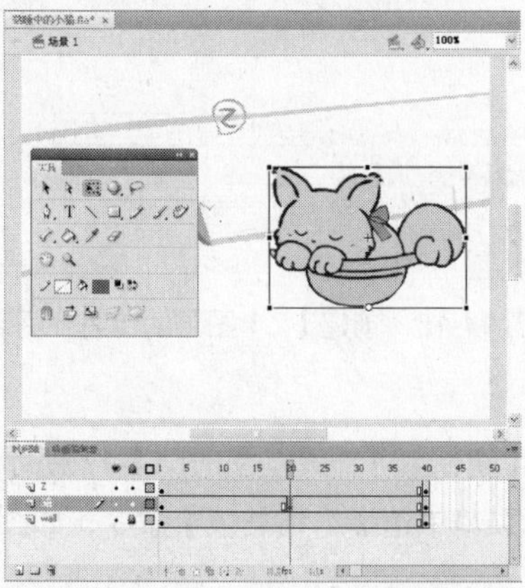

图 14-10　第 20 帧处的实例效果

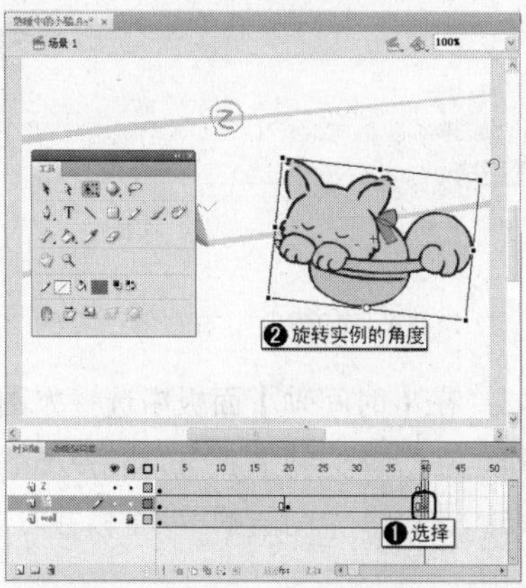

图 14-11　在第 40 帧调整实例的角度

09 在【猫】图层的第 1～20 帧之间右击，在弹出的快捷菜单中选择【创建传统补间】命令，如图 14-12 所示。

10 使用同样的方法在【猫】图层的第 20～40 帧之间创建传统补间，如图 14-13 所示。

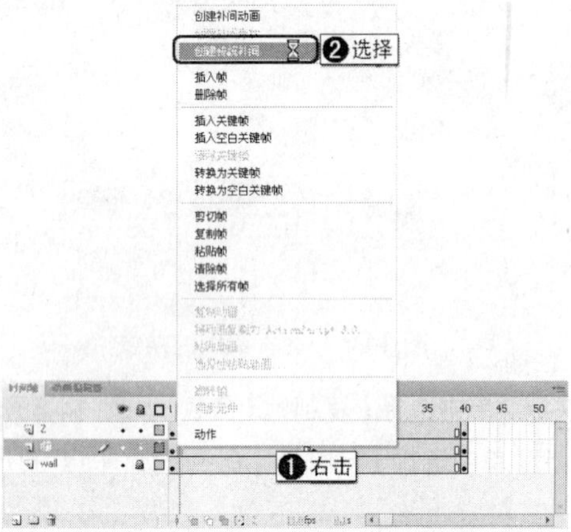

图 14-12 在第 1～20 帧之间创建传统补间

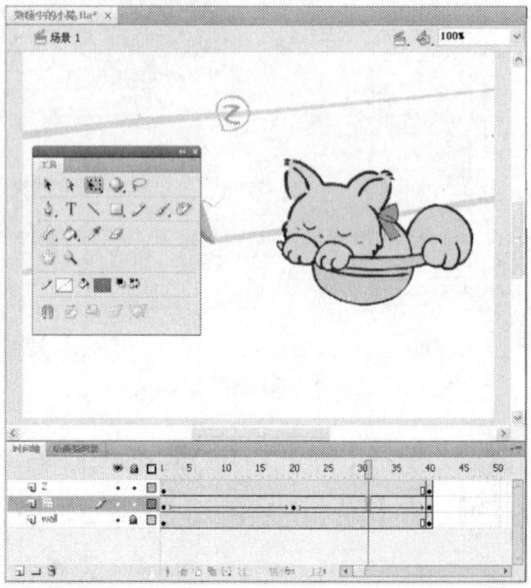

图 14-13 在第 20～40 帧之间创建传统补间

11 在【时间轴】面板中选择【Z】图层，并选择其第 40 帧，如图 14-14 所示，在舞台中向右移动实例。

12 在【Z】图层的第 1～40 帧之间右击，在弹出的快捷菜单中选择【创建传统补间】命令，创建传统补间动画，如图 14-15 所示。

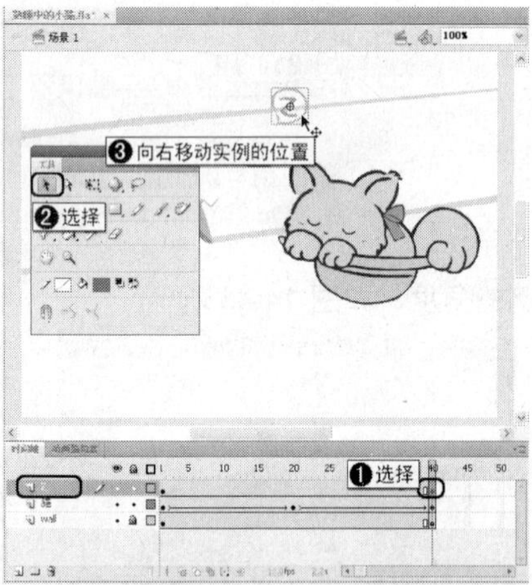

图 14-14 在舞台中向右移动实例

图 14-15 创建【Z】图层的传统补间动画

13 在【时间轴】面板中选择如图 14-16 所示的帧。

14 在选择的帧上右击，在弹出的快捷菜单中选择【复制帧】命令，如图 14-17 所示。

15 选择 3 个图层的第 41 帧并右击，在弹出的快捷菜单中选择【粘贴帧】命令，如图 14-18 所示。

16 在【时间轴】面板中选择粘贴的帧，如图 14-19 所示。

图 14-16 选择第 1 ~ 40 帧

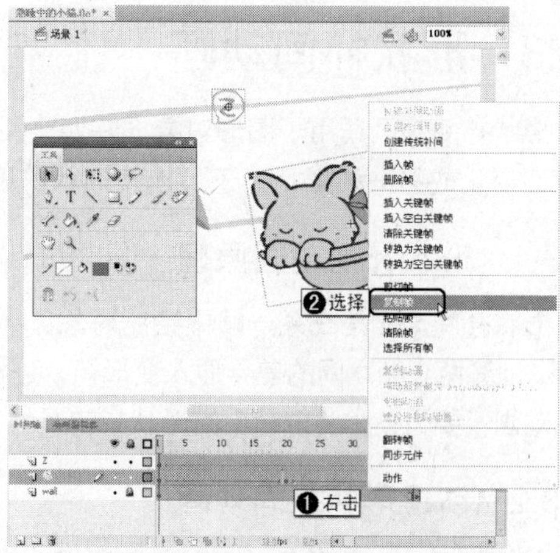

14-17 选择【复制帧】命令

图 14-18 选择【粘贴帧】命令

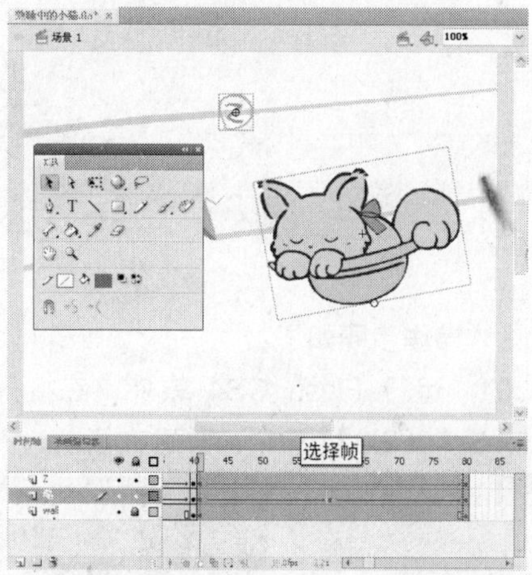

图 14-19 选择粘贴的帧

17 右击选择的帧，在弹出的快捷菜单中选择【翻转帧】命令，如图 14-20 所示。

18 这样，熟睡中的小猫效果就制作完成了，按【Ctrl+Enter】组合键测试影片，如图 14-21 所示。

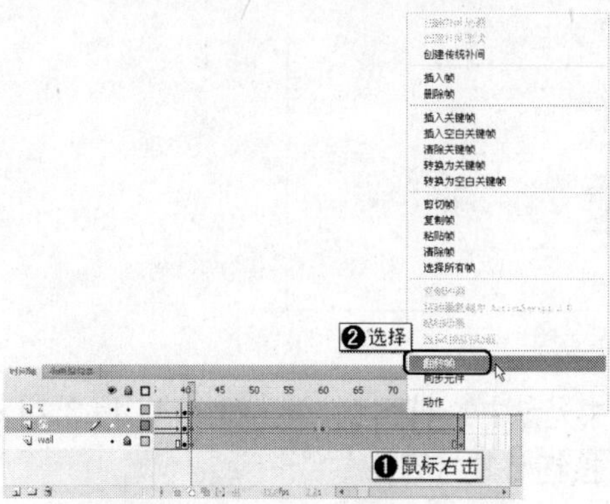

图 14-20 选择【翻转帧】命令

图 14-21 测试影片

14.3　形状补间动画

形状补间动画适用于图形对象。在两个关键帧之间可以制作出图形变形效果，让一种形状可以随时间变化成另一种形状；还可以使形状的位置、大小和颜色进行渐变。

14.3.1　形状补间动画原理

形状补间动画是在某一帧中绘制对象，再在另一帧中修改对象或者重新绘制其他对象，然后由 Flash 计算两个帧之间的差异插入变形帧，这样当连续播放时会出现形状补间的动画效果。对于形状补间动画，要为一个关键帧中的形状指定属性，然后在后续关键帧中修改形状或者绘制另一个形状。

14.3.2　创建形状补间动画

创建如图 14-22 所示的形状补间动画。

图 14-22　效果图

具体操作步骤如下：

01　运行 Flash CS4 软件，在打开的如图 14-23 所示的欢迎界面中，选择【Flash 文件（ActionScript 2.0）】选项，新建文档。

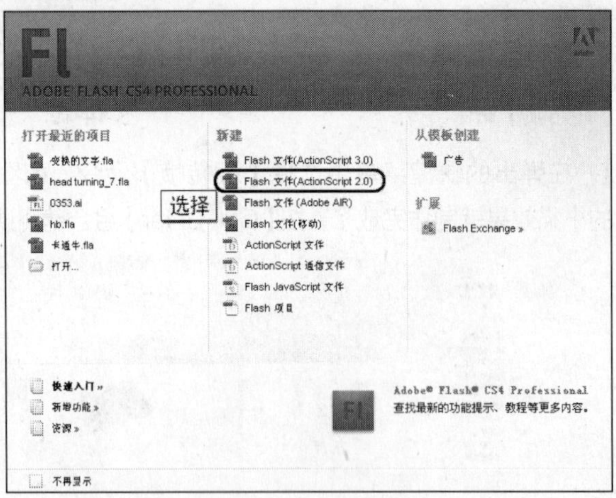

图 14-23　新建文档

02　按 Ctrl+R 组合键，在打开的对话框中选择随书光盘中的【原始文件 | Cha14 | 14.3.2 | images | sds.jpg】文件，如图 14-24 所示，单击【打开】按钮将其打开。

03　在【属性】面板中，单击【大小】右侧的【编辑】按钮，在打开的对话框中设置【尺寸】为 358 像素 × 358 像素，如图 14-25 所示，单击【确定】按钮。

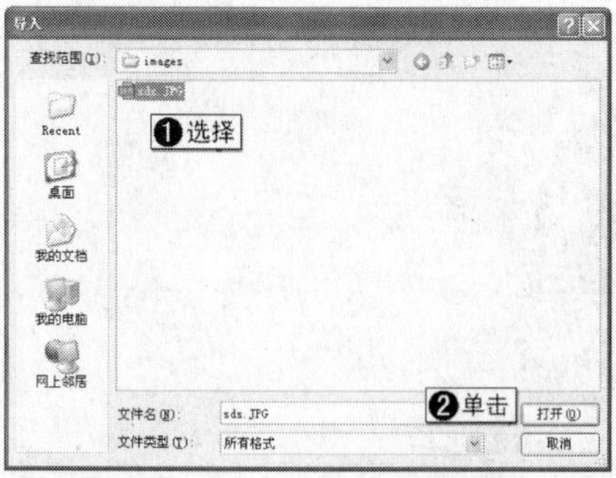

图 14-24　打开素材文件

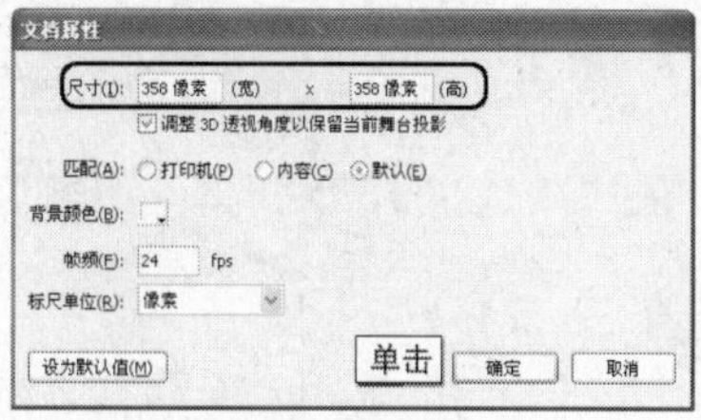

图 14-25　调整舞台大小

04 选中素材文件，将素材文件居中对齐于舞台，如图 14-26 所示。

图 14-26　将素材文件居中对齐于舞台

05 选中导入的图像，按 F8 键，打开【转换为元件】对话框，在【名称】文本框中输入名称，这里使用默认名称，在【类型】下拉列表框中选择【图形】选项，如图 14-27 所示，单击【确定】按钮，将素材文件转换为【图形】元件，如图 14-28 所示。

06 在【时间轴】面板中单击（新建图层）按钮，新建【图层 2】，选中【图层 2】的第 1 帧，在工具箱中选择（多角星形工具），在【属性】面板中设置填充颜色，如图 14-29 所示。

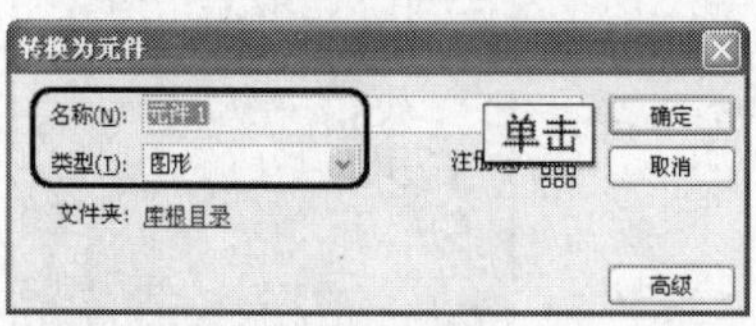

图 14-27　【转换为元件】对话框

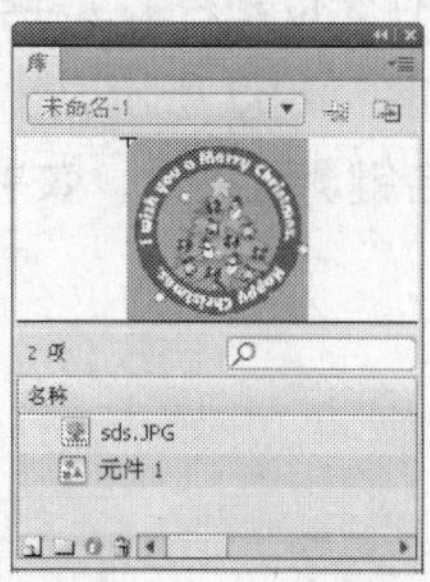

图 14-28　转换为图形元件

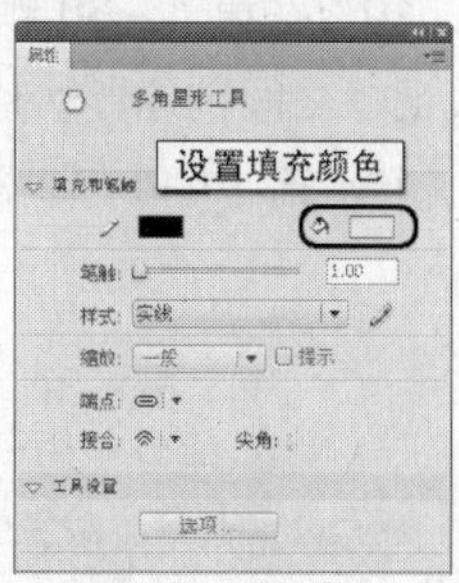

图 14-29　设置填充颜色

07 在【图层 2】的第一帧绘制 3 个位置不同、颜色不同的多角星形，颜色分别为#F3F806、#00CC99、#991DB3，如图 14-30 所示。

图 14-30　绘制多角星形

08　在【图层 1】中选中第 30 帧，右击，在弹出的快捷菜单中选择【插入帧】命令，选择【图层 2】中的第 30 帧，右击，选择【插入空白关键帧】命令。

09　选中【图层 2】中的第 30 帧，选择 T （文本工具），在 3 个多角星形的位置上分别输入文字“圣诞树”，设置字体为【幼圆】，字体大小为 50，字体颜色为#FFFF00，如图 14-31 所示，按 Ctrl+B 组合键将文字打散，如图 14-32 所示。

图 14-31　输入文字

图 14-32　打散文字

10　在第 1～30 帧之间的任意位置右击，在弹出的快捷菜单中选择【创建补间形状】命令，在关键帧之间创建形状补间，如图 14-33 所示。

11　按【Ctrl＋Enter】组合键测试影片，效果如图 14-34 所示。

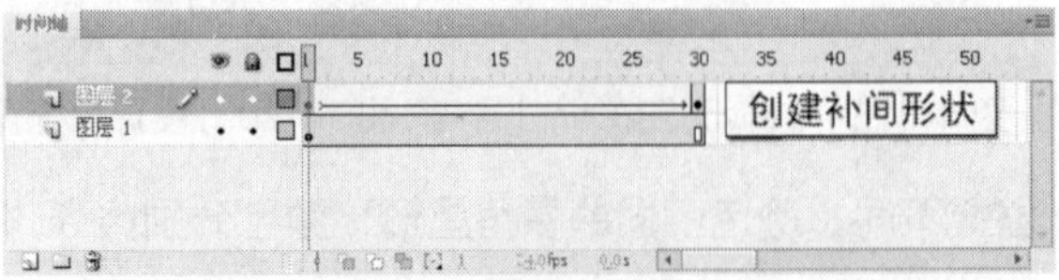

图 14-33　创建补间形状

图 14-34　测试影片

12　按【Ctrl+S】组合键，在打开的对话框中，选择一个存储路径，为文件命名，使用默认的保存类型，如图 14-35 所示，单击【保存】按钮。

13　在菜单栏中选择【文件】|【导出】|【导出影片】命令，在打开的对话框中，选择一个存储路径，为文件命名，使用默认的保存类型，如图 14-36 所示，单击【保存】按钮。

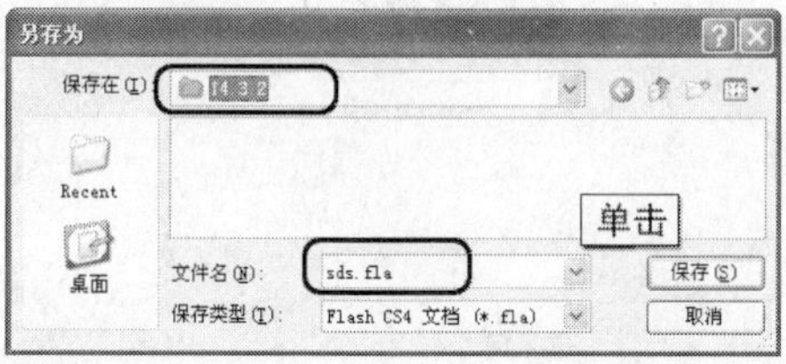

图 14-35　保存文件

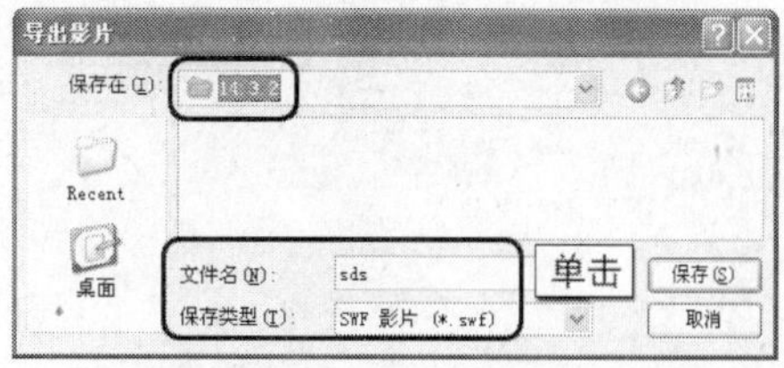

图 14-36　导出影片

14.3.3　使用形状提示

在 Flash CS4 中可以利用形状补间在两个外形之间产生很平稳的渐变，但有时这些渐变并不能达到预想的效果，这时可以应用“形状提示”引导补间向着预想中的方式进行渐变。形状提示是一系列由从 a～z 的字母标记的点，位于形状补间的起始帧与结束帧中，约束渐变前后点的变化，同名的外形提示点是相对应的。

创建形状提示动画，完成的效果如图 14-37 所示，具体操作步骤如下：

图 14-37　效果图

01　运行 Flash CS4 软件，在打开的如图 14-38 所示的欢迎界面中，选择【Flash 文件(ActionScript 2.0)】选项，新建文档。

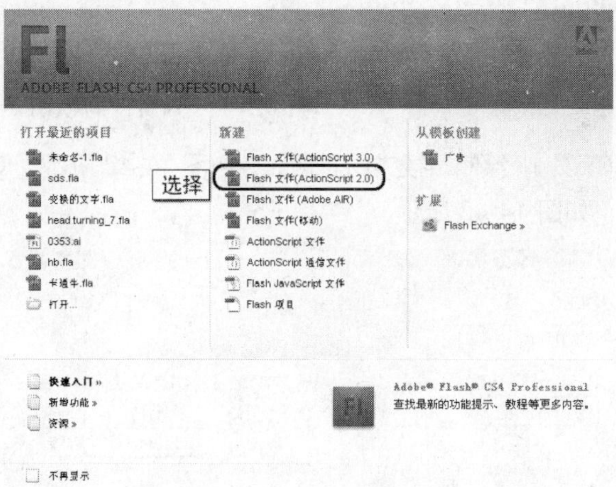

图 14-38　新建文档

02　选择工具箱中的(钢笔工具)，使用钢笔工具在舞台中绘制一个等腰三角形，如图 14-39 所示。

03　选择(颜料桶工具)，在【颜色】面板中设置填充颜色【类型】为【线性】，颜色由#339900 到#33FF00 的渐变，如图 14-40 所示，填充等腰三角形，将轮廓线删除，如图 14-41 所示。

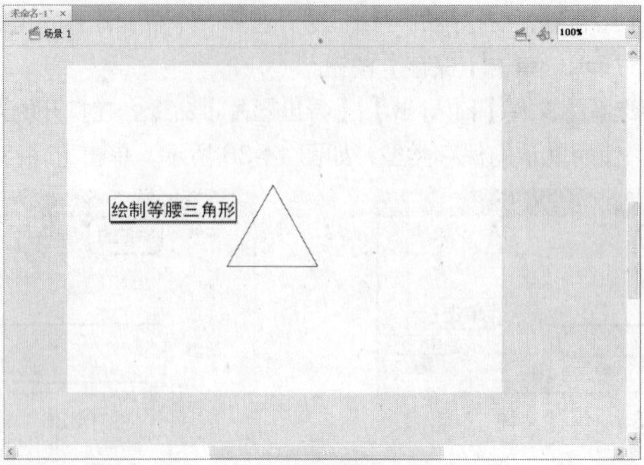

图 14-39　绘制等腰三角形

图 14-40　【颜色】面板

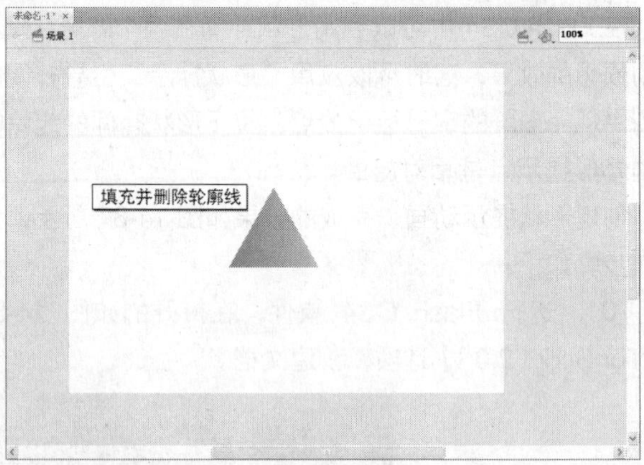

图 14-41　填充并删除轮廓线 1

04　使用（钢笔工具），绘制三棱锥的右侧面，如图 14-42 所示，使用（颜料桶工具）填充渐变色，删除轮廓线，如图 14-43 所示。

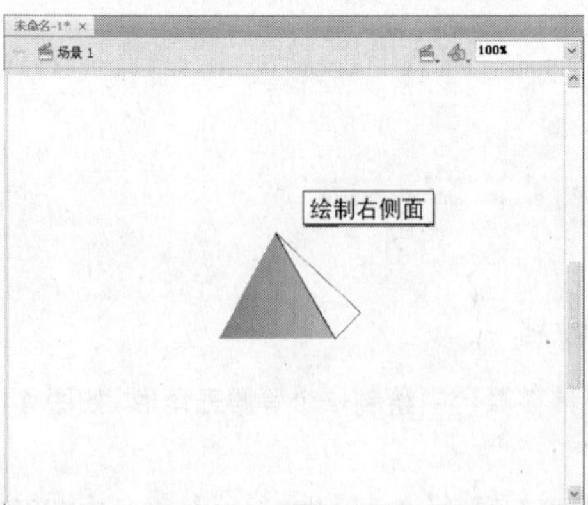

图 14-42　绘制三棱锥右侧面

图 14-43　填充并删除轮廓线 2

05 选中【时间轴】面板中的第 30 帧 1 按【F6】键插入关键帧，将舞台中三棱锥的右侧面删除，使用（钢笔工具）绘制三棱锥的左侧面，如图 14-44 所示，使用（颜料桶工具）填充渐变色，删除轮廓线，如图 14-45 所示。

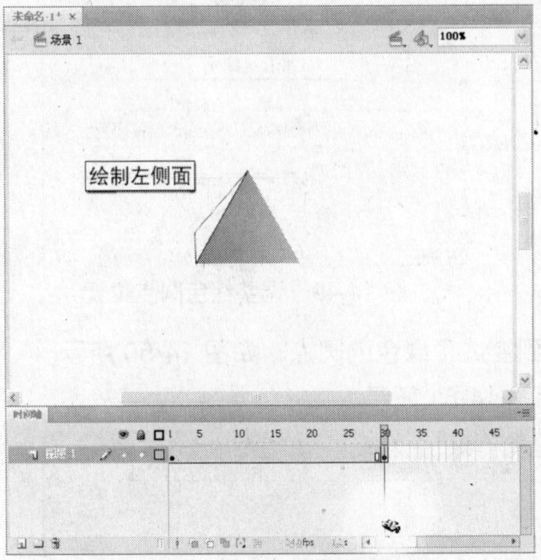

图 14-44　绘制三棱锥左侧面

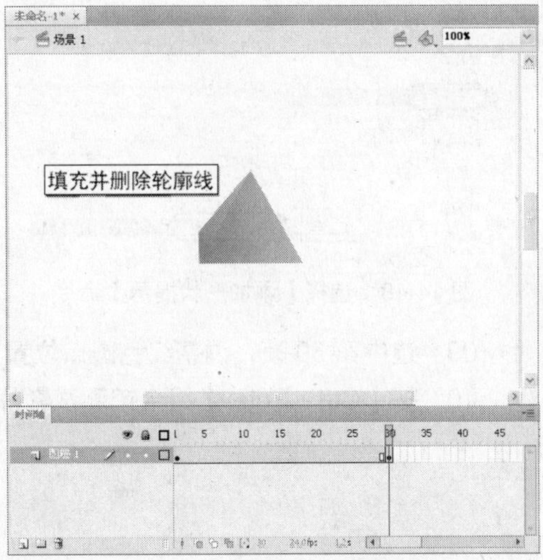

图 14-45　填充并删除轮廓线 3

06 选中时间轴的第 1 帧，右击，在弹出的快捷菜单中选择【创建补间形状】命令，如图 14-46 所示。

07 选中第 31 帧，按【F6】键插入关键帧，将舞台中的三棱锥的左侧面删除，如图 14-47 所示。

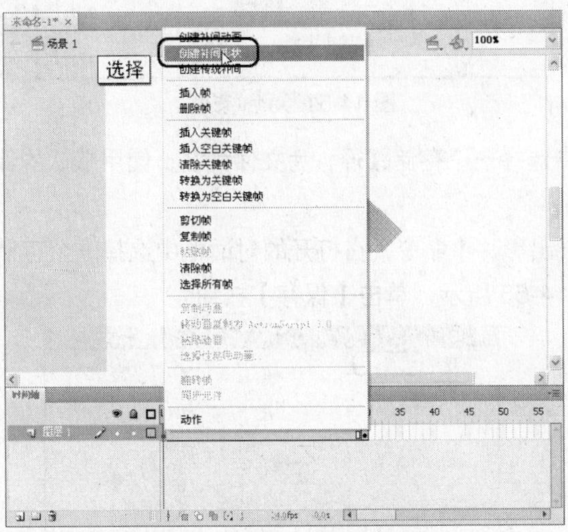

图 14-46　创建补间形状

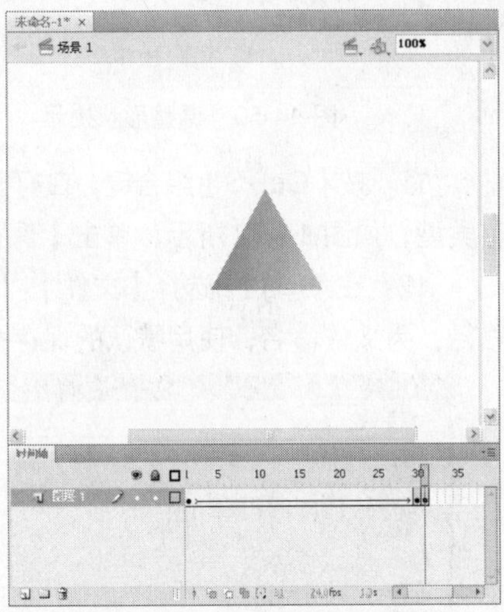

图 14-47　删除三棱锥左侧面

08 在【时间轴】面板中选择第 1 帧，在菜单栏中选择【修改】|【形状】|【添加形状提示】命令，如图 14-48 所示，即可看到添加的红色圆点，并调整其位置，如图 14-49 所示。

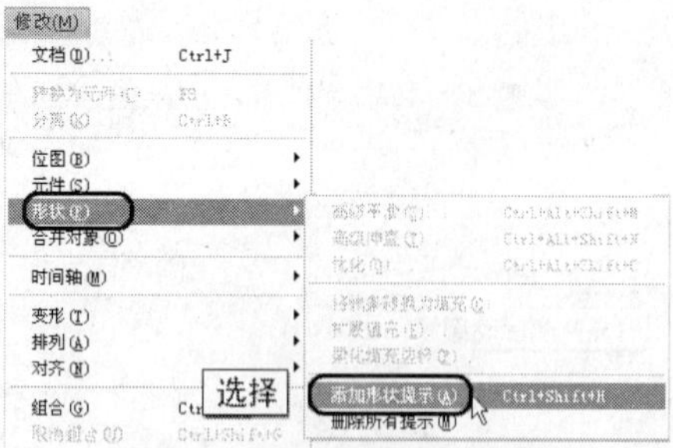

图 14-48 选择【添加形状提示】命令

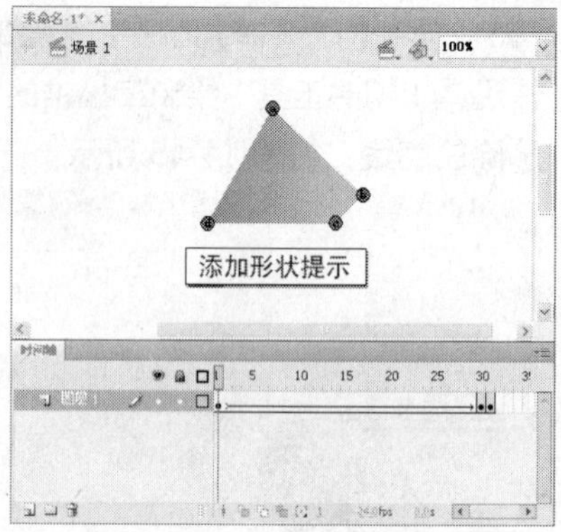

图 14-49 调整红色圆点位置

09 选中第 30 帧，调整红色圆点位置，可以看到变成了绿色的圆点，如图 14-50 所示。

10 按【Ctrl + Enter】组合键测试影片，效果如图 14-51 所示。

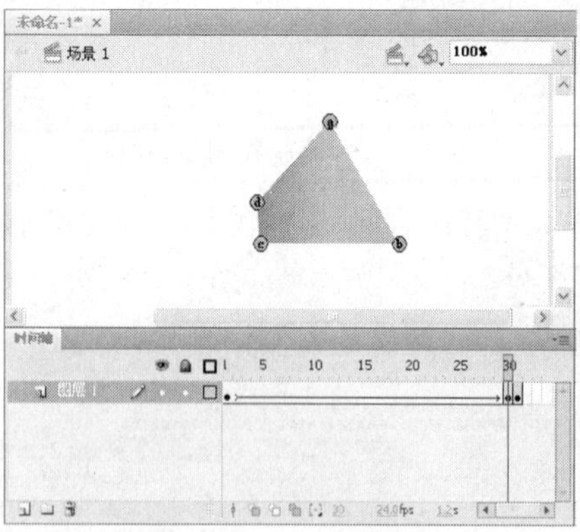

图 14-50 调整形状提示

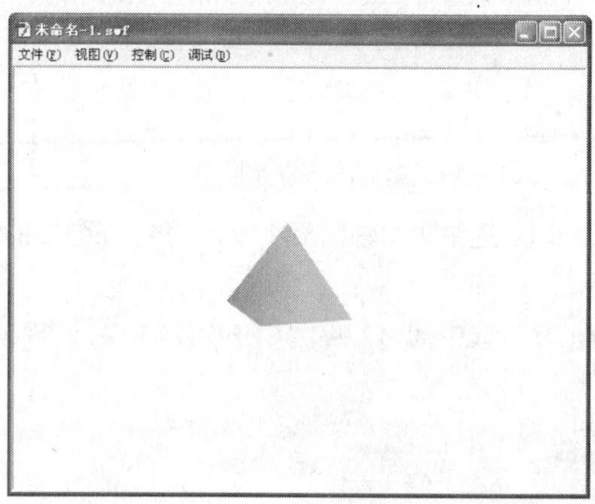

图 14-51 测试影片

11 按【Ctrl+S】组合键，在打开的对话框中选择一个存储路径，为文件命名，使用默认的保存类型，如图 14-52 所示，单击【保存】按钮。

12 在菜单栏中选择【文件】|【导出】|【导出影片】命令，在打开的对话框中选择一个存储路径，为文件命名，使用默认的保存类型，如图 14-53 所示，单击【保存】按钮。

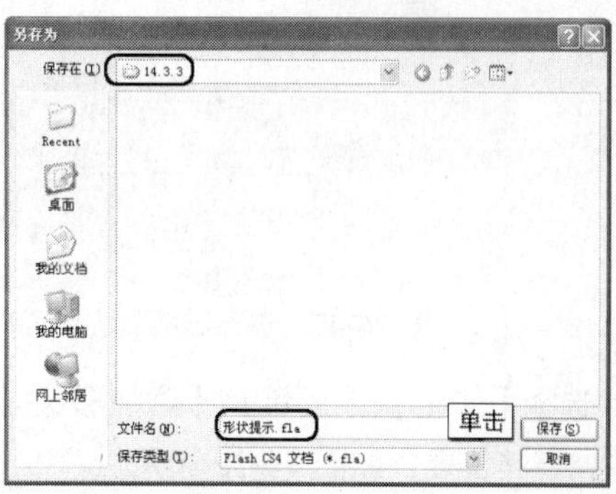

图 14-52 保存文件

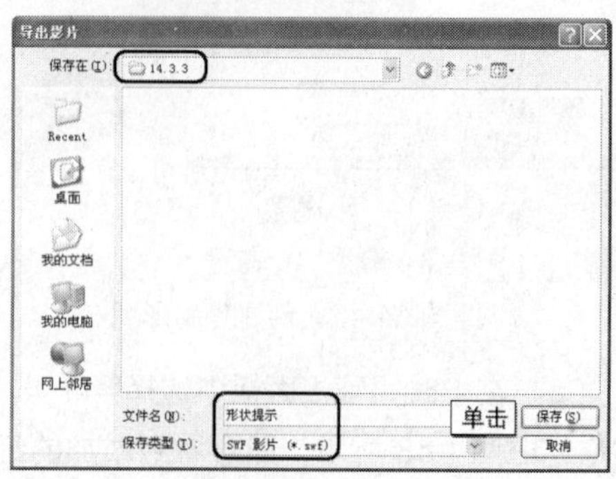

图 14-53 导出影片

14.4　图层的应用

Flash 动画的每个场景都是由许多图层及帧组成的。图层是 Flash 中的重点，每一个场景中可以包括多个图层，每个图层上又可以包括多个对象，众多的对象一层层地叠在一起就形成了动画。

14.4.1　创建引导层动画

为了在绘图时使对象对齐，可以创建引导层。引导层是 Flash 中一种特殊的图层，在影片中起辅助作用，它可以将其他图层上的对象与在引导层上创建的对象对齐。

创建如图 14-54 所示的引导层动画。

图 14-54　效果图

具体操作步骤如下：

01　运行 Flash CS4 软件，在打开的如图 14-55 所示的欢迎界面中，选择【Flash 文件(ActionScript 2.0)】选项，新建文档。

02　按 Ctrl+R 组合键，在打开的对话框中选择随书光盘中的【原始文件｜Cha14｜14.4.1｜背景.jpg】文件，如图 14-56 所示，单击【打开】按钮。

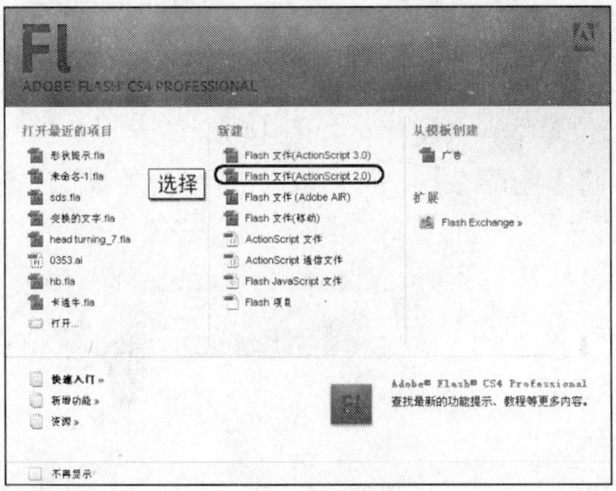

图 14-55　新建文档

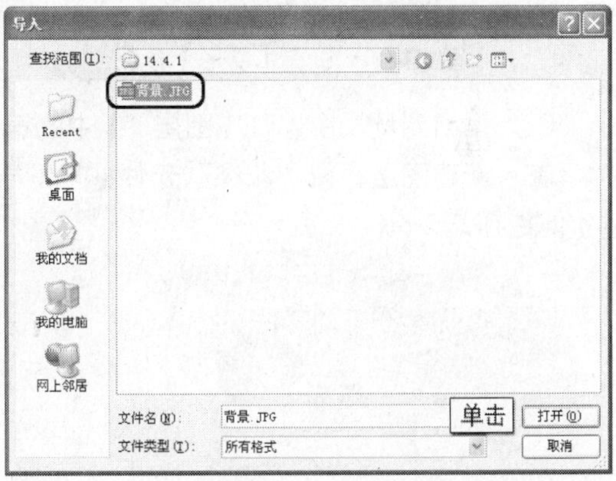

图 14-56　导入图像

03　设置舞台大小与导入图像大小相同，将导入到舞台的图像居中对齐于舞台，如图 14-57 所示。

04　按【Ctrl+F8】组合键新建元件，在打开的对话框中的【名称】文本框中输入元件的名称，将【类型】设置为【图形】，如图 14-58 示。

05　使用 (椭圆工具)绘制花蕊(外圆无轮廓，填充颜色为#FF6532、内圆轮廓色为#FF00CC，填充颜色为#FFCC32)，利用 (钢笔工具)绘制花瓣，填充颜色为#FF99CC，如图 14-59 所示。

图 14-57　将图像居中对齐于舞台

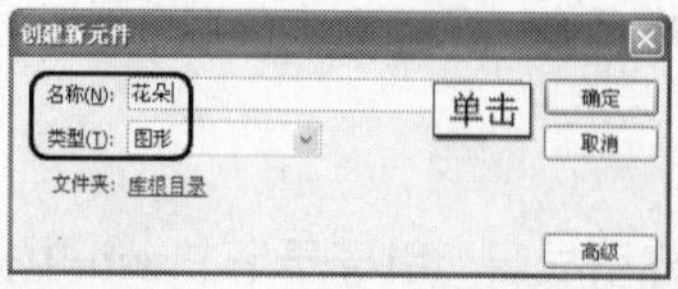

图 14-58　【创建新元件】对话框

图 14-59　绘制花蕊、花瓣

06　选中花瓣，使用（任意变形工具）将中心点移动到花蕊中心，按【Ctrl+T】组合键，打开【变形】面板，将【旋转】度数设置为 60.0°，如图 14-60 所示，单击【重置选区和变形】按钮，旋转花瓣，如图 14-61 所示。

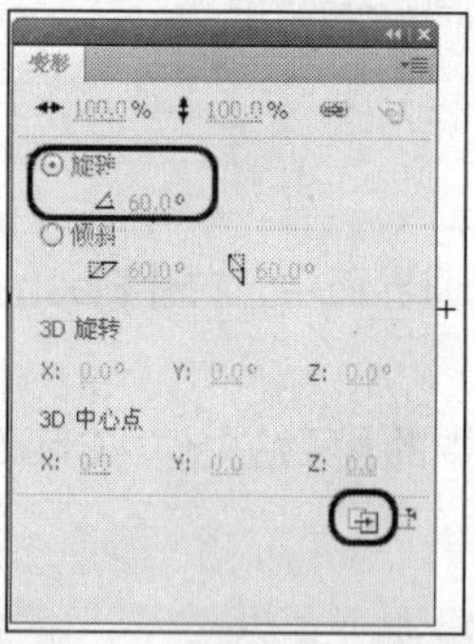

图 14-60　设置【变形】参数

图 14-61　绘制花朵

07　返回到场景中，在【图层 1】中的第 40 帧位置插入关键帧，如图 14-62 所示。

08　新建图层，将“花朵”元件拖至图层中，将【图层 2】中的第 40 帧转换为关键帧，如图 14-63 所示。

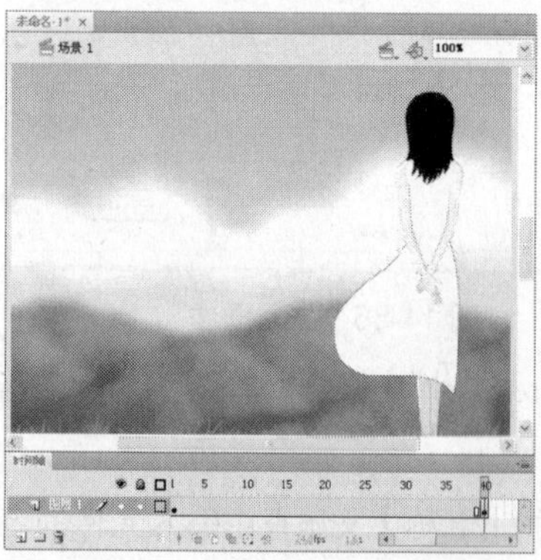

图 14-62　创建元件

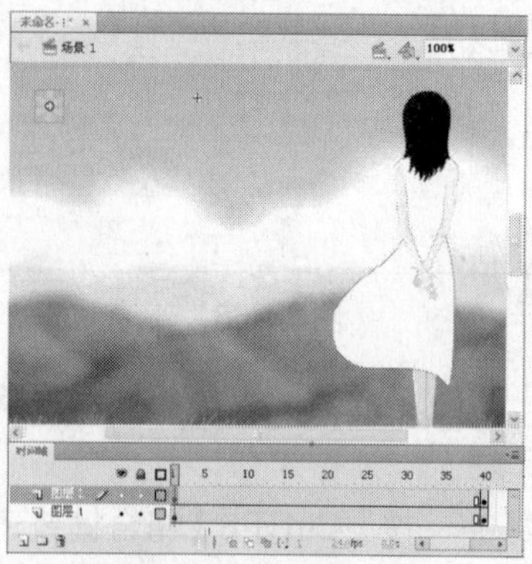

图 14-63　设置关键帧

09　选择【图层 2】中的第 40 帧，在舞台中移动花朵元件的位置，在【图层 2】中创建传统补间动画，如图 14-64 所示。

10 在【图层 2】上右击，在弹出的快捷菜单中选择【添加传统运动引导层】命令，创建引导层，如图 14-65 所示。

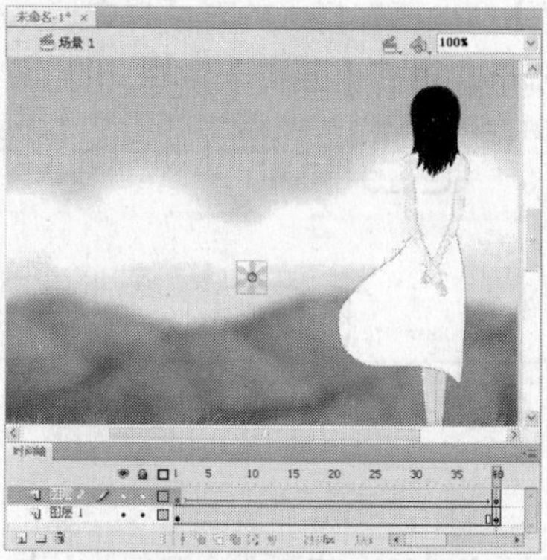

图 14-64　创建传统补间动画

图 14-65　创建引导层

11 选择【引导层】中的第 1 帧，使用铅笔工具在舞台中绘制路径，如图 14-66 所示。

12 选择【图层 2】中的第 40 帧，移动图形元件至路径的结束点，如图 14-67 所示。

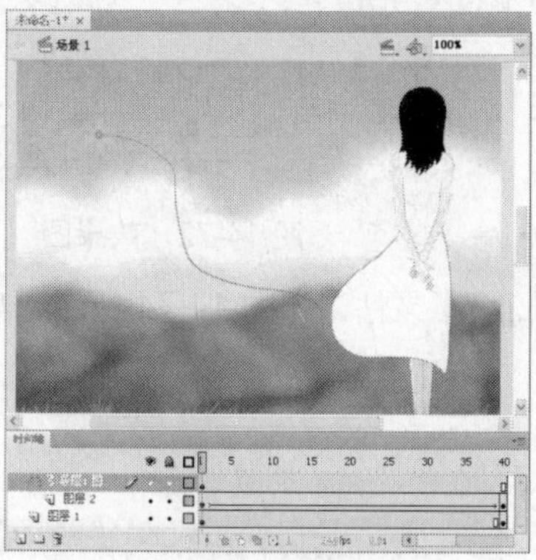

图 14-66　绘制路径

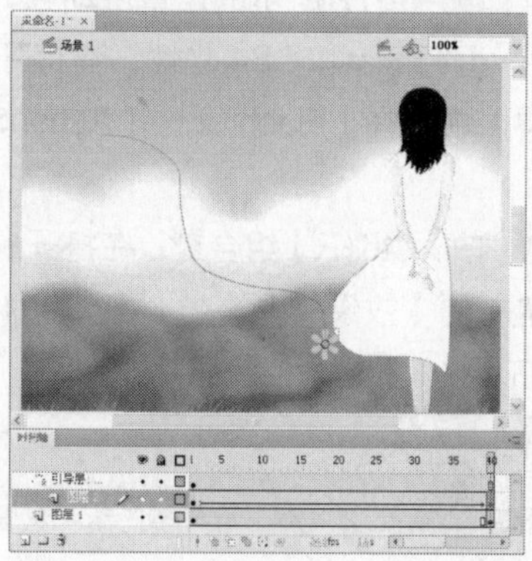

图 14-67　拖动图形元件至结束点

13 在【图层 1】中创建传统补间动画，如图 14-68 所示。

14 按【Ctrl + Enter】组合键测试影片，效果如图 14-69 所示。

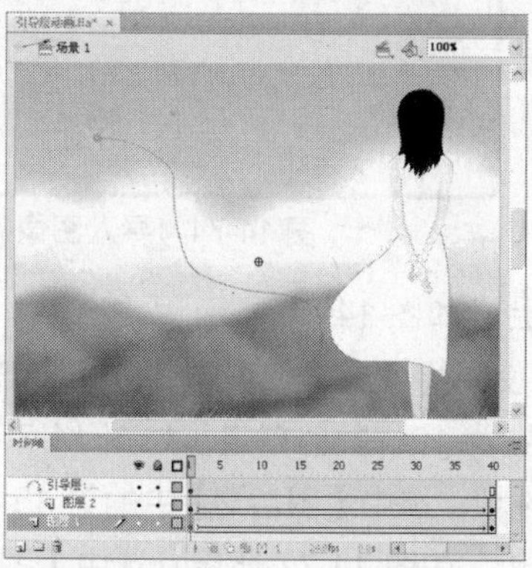

图 14-68　创建传统补间

图 14-69　测试影片

15 按【Ctrl+S】组合键，在打开的对话框中选择一个存储路径，为文件命名，使用默认的保存类型，如图 14-70 所示，单击【保存】按钮。

16 在菜单栏中选择【文件】|【导出】|【导出影片】命令，在打开的对话框中选择一个存储路径，为文件命名，使用默认的保存类型，如图 14-71 所示，单击【保存】按钮。

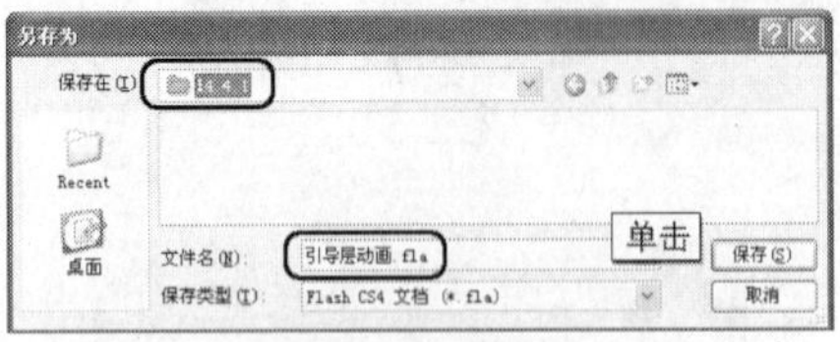

图 14-70 保存文件

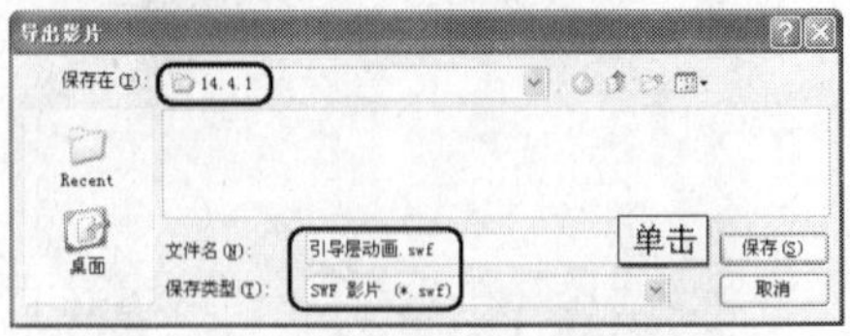

图 14-71 导出影片

14.4.2 创建遮罩层动画

遮罩层动画就是将某层作为遮罩，遮罩层下的一层是被遮罩层，而只有遮罩层上的填充色块下面的内容可以看见，色块本身是看不见的。遮罩层动画是 Flash 动画中很重要的动画类型，很多效果丰富的动画都是通过遮罩层实现的。

创建如图 14-72 所示的遮罩层动画，具体操作步骤如下：

图 14-72 效果图

01 运行 Flash CS4 软件，在打开如图 14-73 所示的欢迎界面中选择【Flash 文件（ActionScript 2.0）】，新建文档。

02 按【Ctrl+R】组合键，在打开的对话框中，选择随书光盘中的【效果 | 原始文件 | Cha14 | 14.4.2 | 背景.jpg】文件，如图 14-74 所示，单击【打开】按钮。

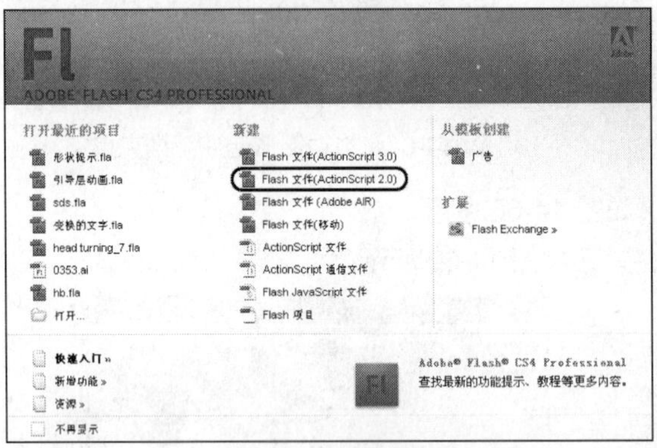

图 14-73 新建文档

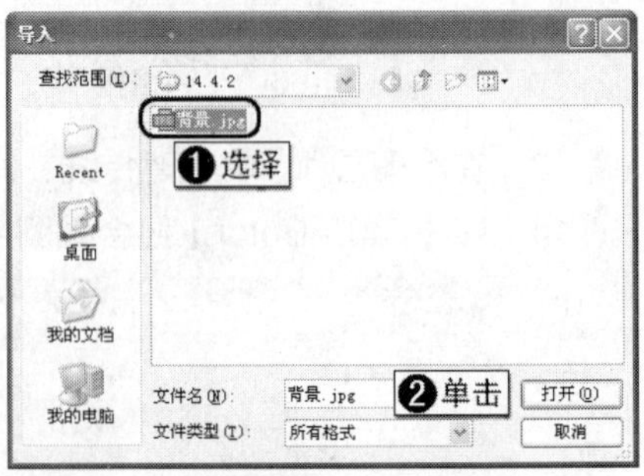

图 14-74 导入图像

03 调整舞台大小与图像相吻合，将图片居中于舞台，如图 14-75 所示。

04 新建【图层 2】，选中【图层 2】中的第 1 帧，使用 T（文本工具）输入 FLASH，字体设置为 Rosewood Std，【大小】为 100，【字母间距】设置为 10，颜色自定，如图 14-76 所示。

05 选中【图层 1】中的第 45 帧，按 F6 键插入关键帧，选中【图层 2】中的第 45 帧，插入帧，选中【图层 1】中的第 1 帧，将图像拖动到文字的左边，如图 14-77 所示，选中【图层 1】中的第 45 帧，将图像拖动到文字的右边，在【图层 1】中的第 1～45 帧之间的任意位置右击，在弹出的快捷菜单中选择【创建传统补间】命令，创建补间动画，如图 14-78 所示。

图 14-75　居中于舞台

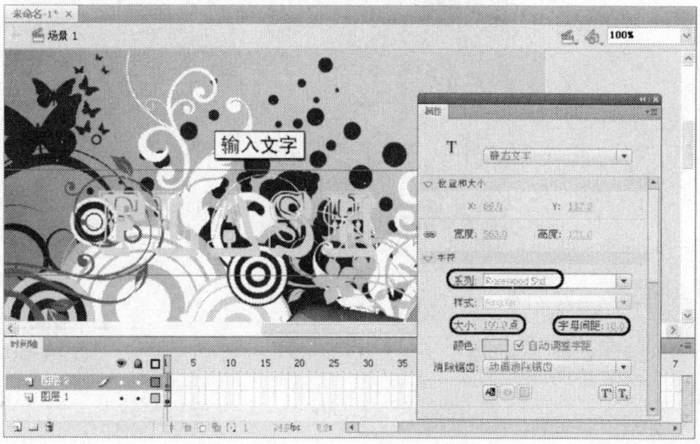

图 14-76　输入文本

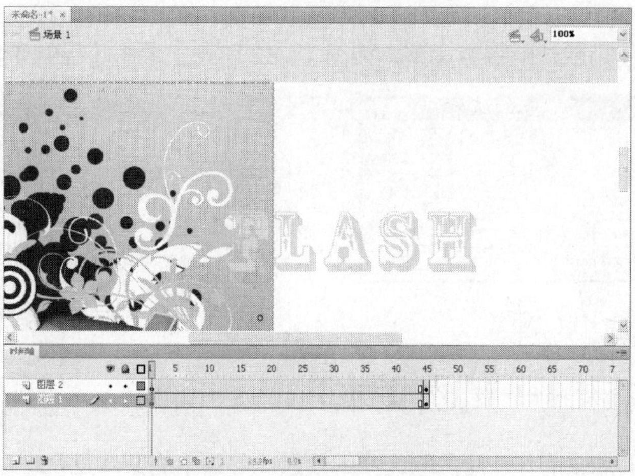

图 14-77　“图层 1”中的第 1 帧

图 14-78　创建补间

06　选择【时间轴】面板中的【图层 2】，右击，在弹出的快捷菜单中选择【遮罩层】命令，如图 14-79 所示，创建遮罩层动画。

07　按【Ctrl+Enter】组合键测试影片，效果如图 14-80 所示。

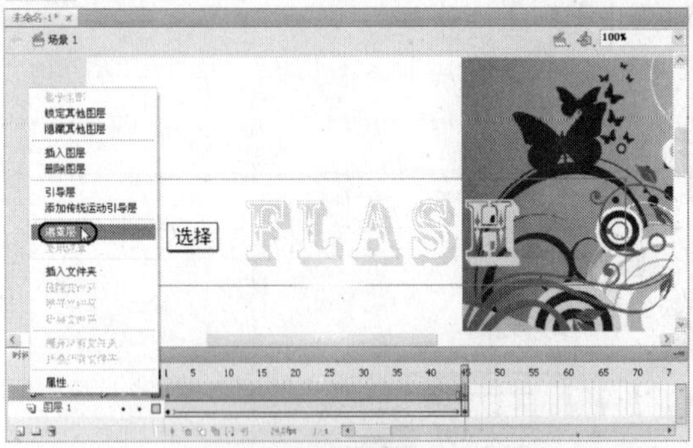

图 14-79　创建遮罩层动画

图 14-80　测试影片

08　按【Ctrl+S】组合键，在打开的对话框中选择一个存储路径，为文件命名，使用默认的保存类型，如图 14-81 所示，单击【保存】按钮。

09　在菜单栏中选择【文件】|【导出】|【导出影片】命令，在打开的对话框中选择一个存储路径，为文件命名，使用默认的保存类型，如图 14-82 所示，单击【保存】按钮。

图 14-81　保存文件

图 14-82　导出影片

14.5　上机练习——风吹文本

这里我们使用补间动画制作一个风吹文本的效果。动画中的文本逐个一边翻转，一边移动，最后消失，像被风吹走了一样，效果如图 14-83 所示。

01 运行 Flash CS4 软件，新建文档，按【Ctrl+R】组合键，在打开的对话框中选择随书光盘中的【效果 | 原始文件 | Cha14 | 14.5 | 背景.jpg】文件，如图 14-84 所示，单击【打开】按钮。

图 14-83 风吹文本

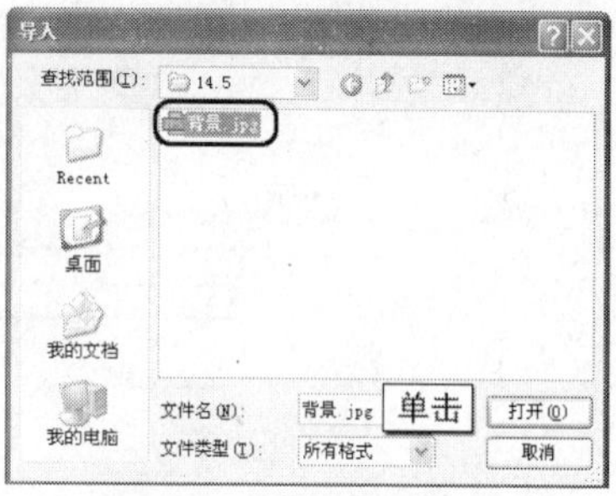

图 14-84 导入素材文件

02 在场景中选择导入的素材文件，在【属性】面板中查看图像的【宽度】和【高度】，如图 14-85 所示。

03 在舞台的空白处单击，在【属性】面板中单击【大小】右侧的【编辑】按钮，在打开的对话框中将【尺寸】设置为 1010 像素 × 623 像素，如图 14-86 所示，单击【确定】按钮。

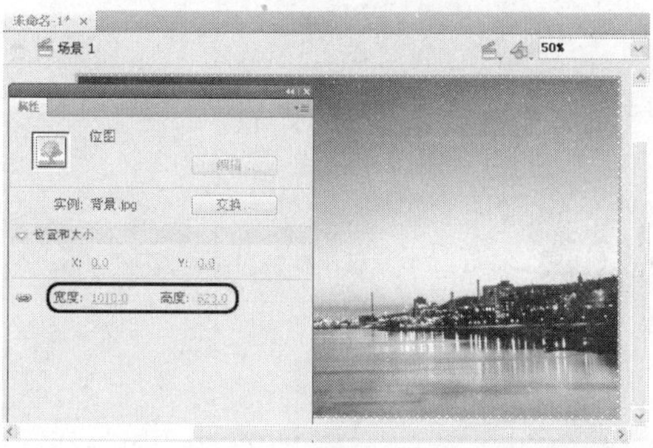

图 14-85 查看图像的大小

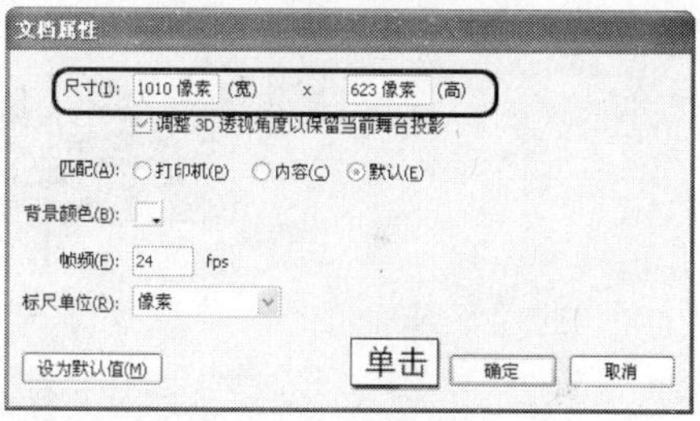

图 14-86 设置舞台的大小

04 在【对齐】面板中单击【相对于舞台】下的口按钮，单击【垂直对齐】和【水平对齐】按钮，将素材居中对齐于舞台，如图 14-87 所示。

图 14-87 将素材在舞台中居中

05 在工具箱中选择 T（文本工具），设置填充颜色为#00CC00，在舞台中创建文本，为文本设置一种合适的字体和大小，如图 14-88 所示。

图 14-88 创建文本

06 在舞台中选择创建的文本，按【Ctrl+B】组合键打散文本并右击，在弹出的快捷菜单中选择【分散到图层】命令，如图 14-89 所示。

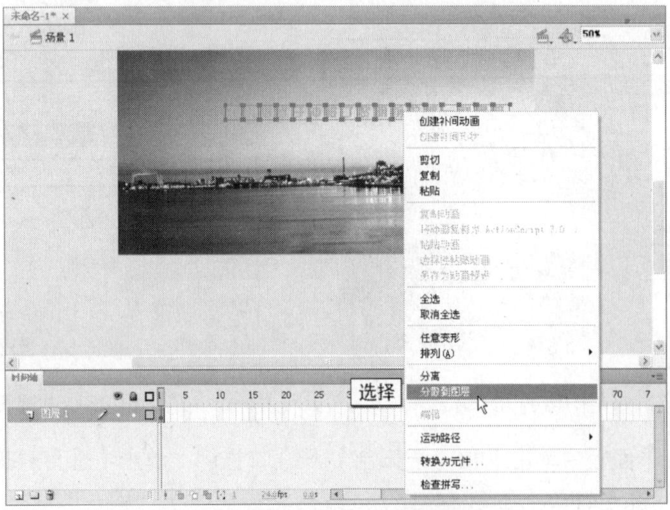

图 14-89 分离文本到图层

07 分散文本到图层后，在【时间轴】面板中将【图层 1】放置到最底端，如图 14-90 所示。

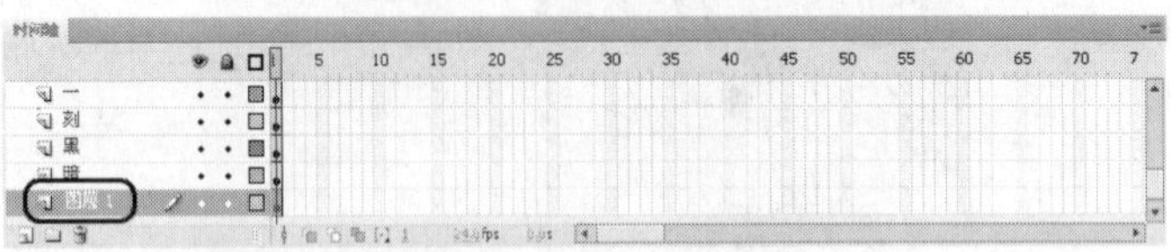

图 14-90 调整图层的位置

08 选择第一个文本图层，选择第 20 帧，按【F6】键插入关键帧，如图 14-91 所示，选择第 1 帧，在舞台中调整文本的位置，并使用任意变形工具对文字变形，如图 14-92 所示。

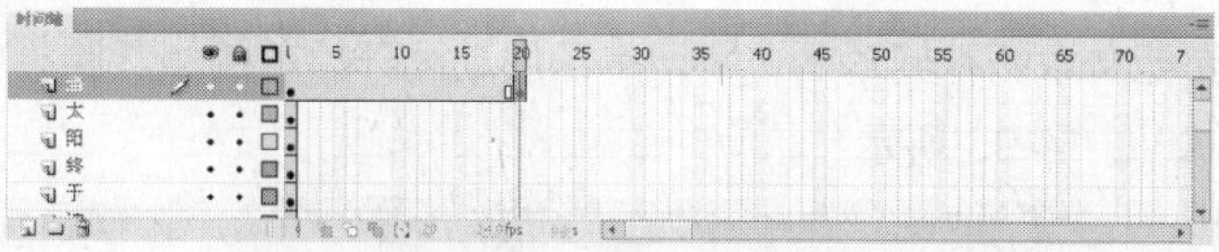

图 14-91 插入关键帧

图 14-92 调整文本

09 选中第 10 帧，按 F6 键插入关键帧，调整文本位置并对文字执行变形操作，如图 14-93 所示。在第一个文本图层中的第 1 ~ 10 帧及第 10 ~ 20 帧之间的任意位置右击，在弹出的快捷菜单中选择【创建传统补间】命令，创建补间动画，如图 14-94 所示。

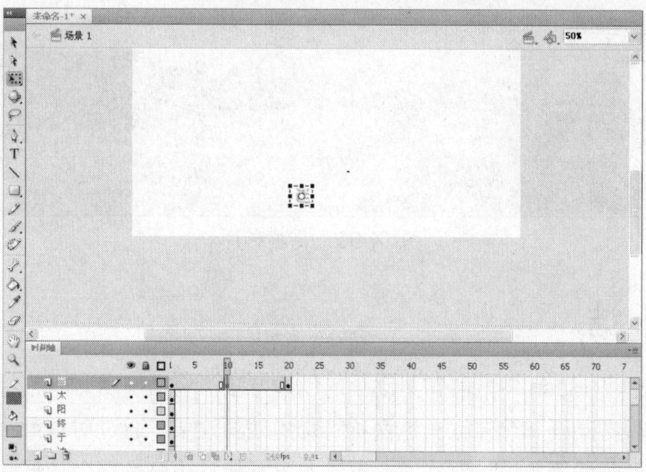

图 14-93 调整文本

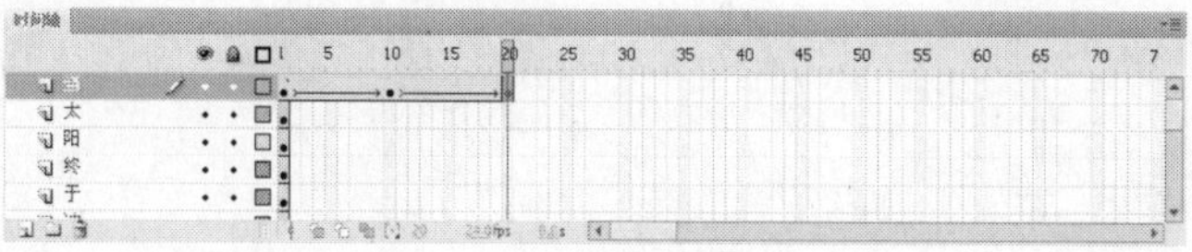

图 14-94 创建补间动画

10 再创建出其他文本的补间动画，将所有图层动画开始前的帧删除，并将所有图层的显示时间延长到 130 帧，如图 14-95 所示。

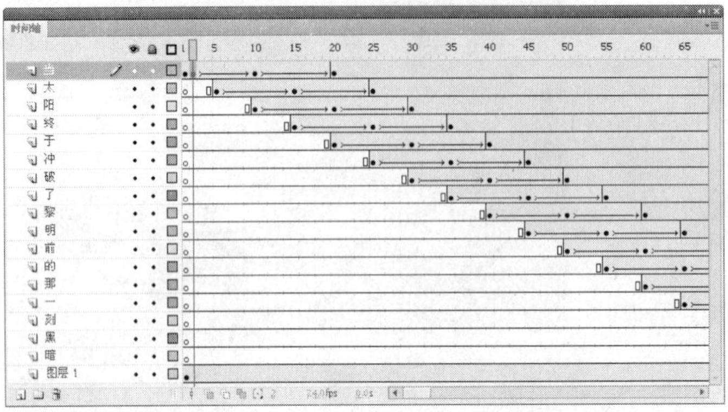

图 14-95 创建其他文本的动画

11 按【Ctrl+Enter】组合键测试影片，如图 14-96 所示，最后将完成的场景存储，将影片导出。

图 14-96 测试影片

14.6 本章小结

本章通过实例讲述了 Flash 中几种常见动画的创建方法，包括使用时间轴特效动画、逐帧动画和补间动画，也包含了引导动画和遮罩动画这两种特殊的动画效果。通过对本章的学习，相信大家已经可以独立进行 Flash 动画的简单设计制作了。不过本章所涉及的只是整个动画制作的基础部分，只有掌握并体会这些基础部分中的要领，才能将它们相互配合使用，创作出更好、更精彩的动画作品。

14.7 习题

1．填空题

（1）Flash 能生成两种类型的补间动画，一种是________，另一种是________。________需要在一个点定义实例的位置、大小及旋转角度等属性，然后才可以在其他的位置改变这些属性，从而由这些变化产生动画。

（2）在 Flash CS4 中可以利用________在两个外形之间产生很平稳的渐变，但有时这些渐变并不能达到预想的效果，这时可以应用________引导补间向预想中的方式进行渐变，它是一系列由________～________的字母标记的点。

（3）________是 Flash 中一种特殊的图层，在影片中起辅助作用，它可以将其他图层上的对象与在________上创建的对象对齐。

2．选择题

（1）对文本进行打散可以按________组合键。

A．Ctrl＋G　　B．Ctrl＋Shift+F　　C．Ctrl＋B

（2）________更改每一帧中的舞台内容，它最适合于复杂的动画，但会增加文件的大小。

A．逐帧动画　　B．动作补间动画　　C．遮罩层动画

（3）在创建逐帧动画时，需要将每个帧都定义为________。

A．关键帧　　B．空白关键帧　　C．翻转帧

3．简答与操作题

如何创建逐帧动画?

第 15 章　认识 Photoshop CS4

本章将主要介绍 Photoshop CS4 的基本概念，然后介绍一些 Photoshop 的基本操作，以及网页图片的处理。读者通过本章的学习，可以对 Photoshop CS4 有一个初步的认识，为后面章节的学习奠定坚实的基础。

本章重点

- 认识 Photoshop CS4
- 学会 Photoshop CS4 的基本操作
- 学会修改网页图片的色彩和内容

15.1　初识 Photoshop CS4

Photoshop 是 Adobe 公司的推出的图像处理软件，被人们称作图像处理大师。历经了近 20 年的发展，它已经成为目前应用最为广泛的图形图像软件之一。Photoshop CS4 是 Photoshop 的最新版本，它新增的许多创造性的功能，在很大程度上提升了工作效率。

Photoshop CS4 中的新增功能包括：新的【调整】面板、新的【蒙版】面板、高级复合增强功能、Camera Raw 中的本地化图像处理功能、与 Lightroom 的增强集成、使用 Bridge 加快的资源管理功能、经过改进且更加灵活的打印引擎、新的 3D 功能，以及使用 GPU 加速得以更加平滑的平移和缩放功能。

15.2　Photoshop CS4 的基本操作

Photoshop CS4 的基本操作包括新建空白文档、打开及保存文档等，下面介绍一下 Photoshop CS4 的基本操作。

15.2.1　新建文档

新建 Photoshop 空白文档的具体操作步骤如下：

01　在菜单栏中选择【文件】|【新建】命令，打开【新建】对话框。在该对话框中对新建空白文档的【宽度】、【高度】及【分辨率】进行设置，如图 15-1 所示。

02　设置完成后，单击【确定】按钮，新建“未标题-1”空白文档，如图 15-2 所示。

> **提示：**【Ctrl+N】为新建 Photoshop 空白文档的快捷键。

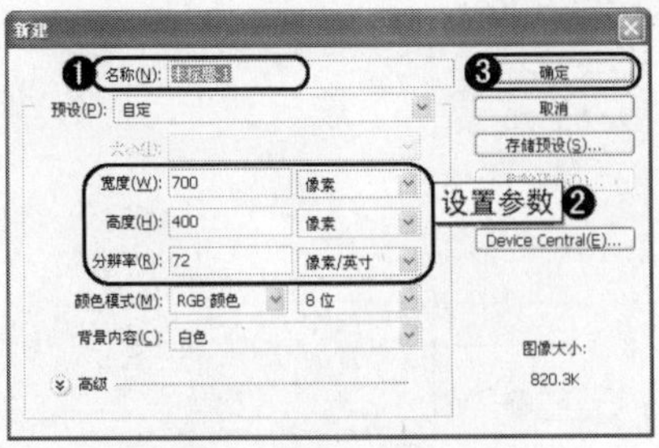

图 15-1　【新建】对话框

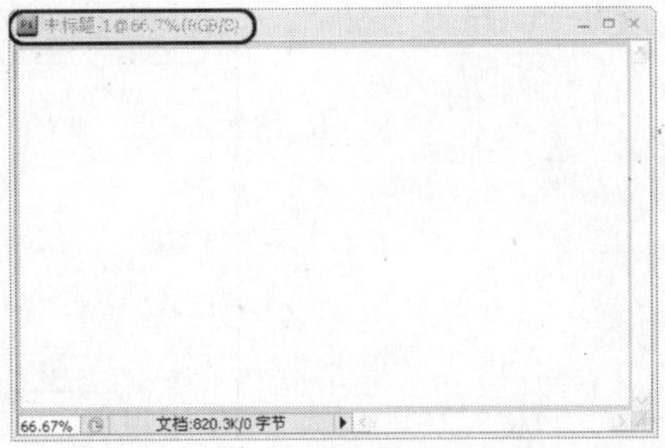

图 15-2　“未标题-1”空白文档

15.2.2　打开文档

打开文档的具体操作步骤如下：

01　在菜单栏中选择【文件】|【打开】命令，打开【打开】对话框。在该对话框中选择要打开的图像，在对话框下部可以对要打开的图片进行预览，如图 15-3 所示。

02　单击【打开】按钮或者直接双击图像打开图像，如图 15-4 所示。

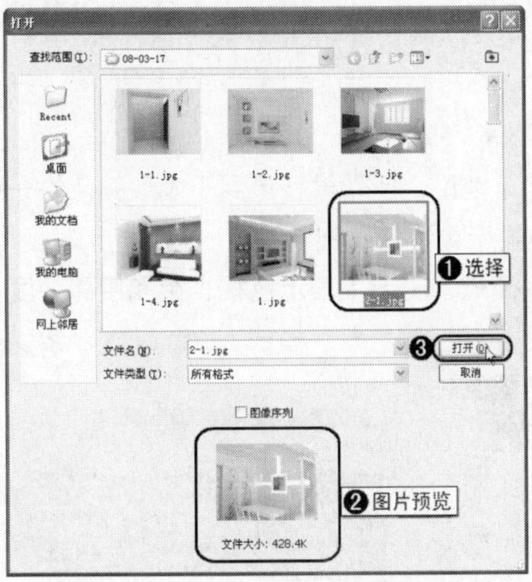

图 15-3　【打开】对话框

图 15-4　打开的图像

提示： 按住【Ctrl】键单击需要打开的文件，可以打开多个不相邻的文件，按住 Shift 键单击需要打开的文件，可以打开多个相邻的文件。

按【Ctrl+O】组合键为打开文档的快捷键，在工作区域内双击也可以打开【打开】对话框。

15.2.3　保存文档

保存文档的具体操作步骤如下：

01　对图像进行修改后，在菜单栏中选择【文件】|【存储】命令，可以直接将修改后图像保存。也可以选择【文件】|【存储为】命令，打开【存储为】对话框。在该对话框中可以更改保存路径、文件名以及文件格式，如图 15-5 所示。

图 15-5 【存储为】对话框

02 设置完成后，单击【保存】按钮保存图像。

提示：【Ctrl+S】为【存储】命令的快捷键，【Ctrl+Shift+S】为【存储为】命令的快捷键。

15.3 认识颜色模式

颜色模式决定显示和打印电子图像的色彩模型（简单地说，色彩模型是用于表现颜色的一种数学算法），即一幅电子图像用什么样的方式在计算机中显示或打印输出。

常见的颜色模式包括位图模式、灰度模式、双色调模式、HSB（表示色相、饱和度和亮度）模式、RGB（表示红、绿、蓝）模式、CMYK（表示青、洋红、黄、黑）模式、Lab 模式、索引颜色模式、多通道模式，以及 8 位/16 位模式，每种模式的图像描述、重现色彩的原理及所能显示的颜色数量是不同的。Photoshop 的颜色模式基于色彩模型，而色彩模型对于印刷中使用的图像非常有用，可以从以下模式中选取：RGB（红色、绿色、蓝色）、CMYK（青色、洋红、黄色、黑色）、Lab（基于 CIE L*a*b）和灰度。

选择【图像】|【模式】命令，打开其子菜单，如图 15-6 所示。其中包含了各种颜色模式命令，如常见的灰度模式、RGB 模式、CMYK 模式及 Lab 模式等，Photoshop 也包含了用于特殊颜色输出的索引色模式和双色调模式。

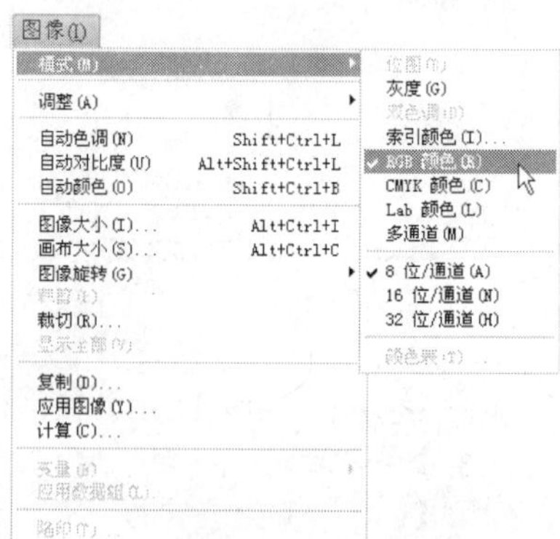

图 15-6 打开的子菜单

15.3.1 RGB 模式

Photoshop 的 RGB 颜色模式使用 RGB 模型，对于彩色图像中的每个 RGB（红色、绿色、蓝色）分量，为每个像素指定一个在 0（黑色）~255（白色）之间的强度值。例如，亮红色的 R 值为 246，G 值为 020，B 值为 50。

不同的图像中 RGB 的各个成分也不尽相同，可能有的图中 R（红色）成分多一些，有的 B（蓝色）成分多一些。在计算机中，RGB 的所谓“多少”就是指亮度，并使用整数来表示。通常情况下，RGB 各有 256 级亮度，用数字表示为从 0～255。

> **提示：** 虽然数字最高是 255，但 0 也是数值之一，因此共有 256 级。当这 3 种颜色分量的值都为中间值时，是中性灰色。

当所有分量的值均为 255 时，结果是纯白色，如图 15-7 所示。

当所有分量的值都为 0 时，结果是纯黑色，如图 15-8 所示。

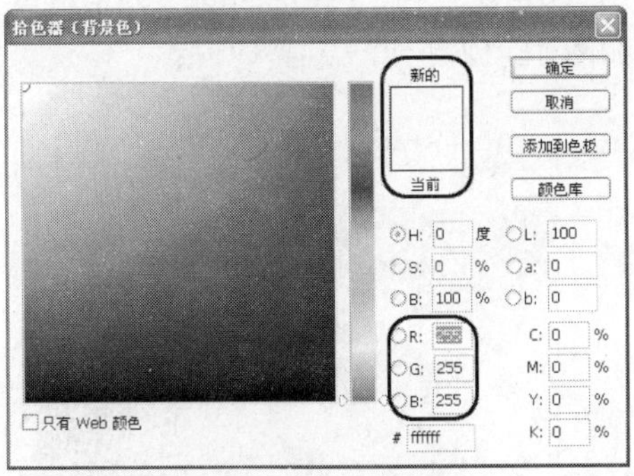

图 15-7　纯白色

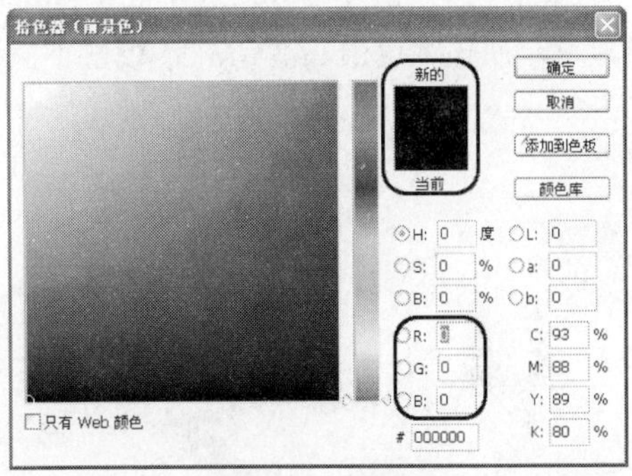

图 15-8　纯黑色

RGB 图像使用 3 种颜色或 3 个通道在屏幕上重现颜色，如图 15-9 所示。

这 3 个通道将每个像素转换为 24 位（8 位×3 通道）色信息。对于 24 位图像，可重现多达 1670 万种颜色；对于 48 位图像（每个通道 16 位），可重现更多的颜色。新建的 Photoshop 图像的默认模式为 RGB，计算机显示器、电视机和投影仪等均使用 RGB 模式显示颜色，这意味着在使用非 RGB 颜色模式（如 CMYK）时，Photoshop 会将 CMYK 图像插值处理为 RGB，以便在屏幕上显示。

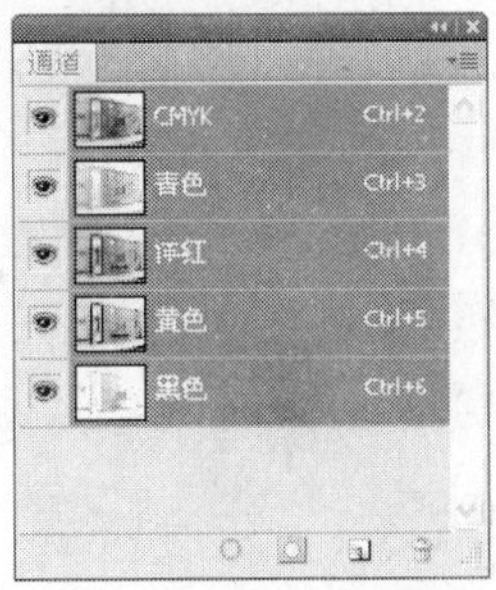

图 15-9　RGB 通道

15.3.2　CMYK 模式

CMYK 模式是一种基于印刷油墨的颜色模式，具有青色、洋红、黄色和黑色 4 个颜色通道，每个通道的颜色也是 8 位，即 256 种亮度级别，4 个通道组合使得每个像素具有 32 位的颜色容量。由于目前的制造工艺还不能造出高纯度的油墨，CMYK 相加的结果实际上是一种暗红色，因此还需要加入一种专门的黑墨来中和。黑色通道产生的效果如图 15-10 所示。

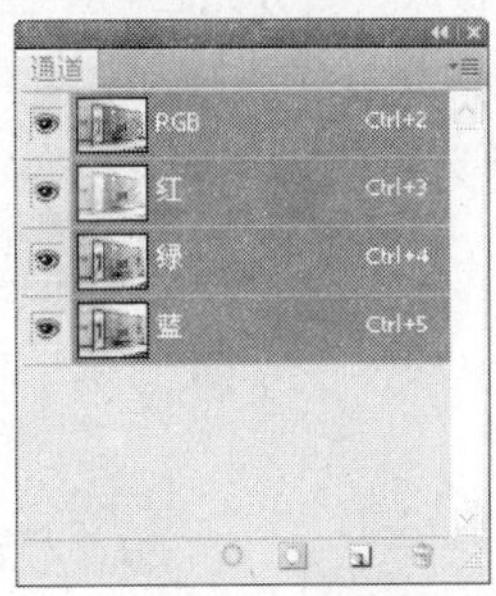

图 15-10　CMYK 通道

CMYK 模式以打印纸上的油墨的光线吸收特性为基础，当白光照射到半透明油墨上时，色谱中的一部分被吸收，而另一部分被反射回眼睛。理论上，青色（C）、洋红（M）和黄色（Y）混合将吸收所有的颜色并生成黑色，因此，CMYK 模式是一种减色模式，即为最亮（高光）颜色指定的印刷油墨颜色百分比较低，而为较暗（暗调）颜色指定的百分比较高。例如，亮红色可能包含 2%

青色、93%洋红、90%黄色和0%黑色。因为青色的互补色是红色(洋红和黄色混合即能产生红色),减少青色的百分含量,其互补色红色的成分也就越多,因此,CMYK 模式是靠减少一种通道颜色来加亮它的互补色的,这显然符合物理原理。

CMYK 通道的灰度图和 RGB 类似,RGB 灰度表示色光亮度,CMYK 灰度表示油墨浓度,但二者对灰度图中的明暗有着不同的定义。

RGB 通道灰度图较白表示亮度较高,较黑表示亮度较低,纯白表示亮度最高,纯黑表示亮度为零。RGB 模式下通道明暗的含义如图 15-11 所示。

CMYK 通道灰度图较白表示油墨含量较低,较黑表示油墨含量较高,纯白表示完全没有油墨,纯黑表示油墨浓度最高。CMYK 模式下通道明暗的含义如图 15-12 所示。

图 15-11　RGB 模式下通道明暗的含义

图 15-12　CMYK 模式下通道明暗的含义

在制作要用印刷色打印的图像时,应使用 CMYK 模式。将 RGB 图像转换为 CMYK 模式会产生分色,如果从 RGB 图像开始,则最好首先在 RGB 模式下编辑,然后在处理结束时转换为 CMYK 模式。在 RGB 模式下,可以选择【视图】|【校样设置】命令模拟 CMYK 模式转换后的效果,而无需真的更改图像的数据,也可以使用 CMYK 模式直接处理从高端系统扫描或导入的 CMYK 图像。

15.3.3　灰度模式

所谓灰度图像,就是指纯白、纯黑,以及两者中的一系列从黑到白的过渡色,大家平常所说的黑白照片、黑白电视实际上都应该称为灰度色才确切。灰度色中不包含任何色相,即不存在红色、黄色这样的颜色。灰度的通常表示方法是百分比,范围为 0%～100%。在 Photoshop 中只能输入整数,百分比越高颜色越偏黑,百分比越低颜色越偏白。灰度最高相当于最高的黑,就是纯黑,灰度为 100%时如图 15-13 所示。灰度最低相当于最低的黑,也就是没有黑色,那就是纯白,灰度为 0%时如图 15-14 所示。

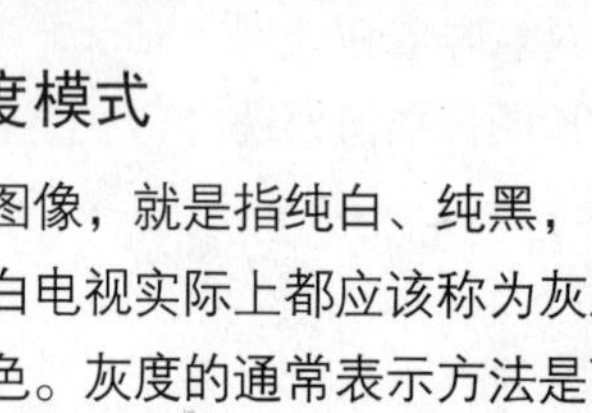

图 15-13　灰度为 100%

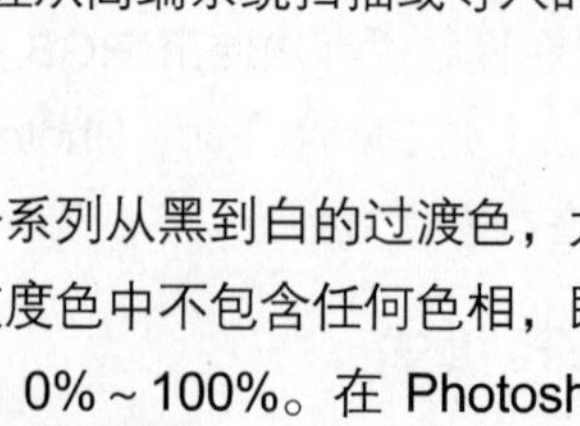

图 15-14　灰度为 0%

当灰度图像是从彩色图像模式转换而来时,灰度图像反映的是原彩色图像的亮度关系,即每个像素的灰阶对应着原像素的亮度，如图 15-15 所示。

在灰度图像模式下，只有一个描述亮度信息的通道，如图 15-16 所示。

图 15-15 RGB 图像与灰色图像

图 15-16 灰色通道

15.3.4 位图模式

在位图模式下，图像的颜色容量是 1 位，即每个像素的颜色只能在两种深度的颜色中选择，不是“黑”就是“白”，其相应的图像也就是由许多个小黑块和小白块组成。

选择【图像】|【模式】|【位图】命令，打开【位图】对话框，如图 15-17 所示。在该对话框中可以设定转换过程中的减色处理方法。

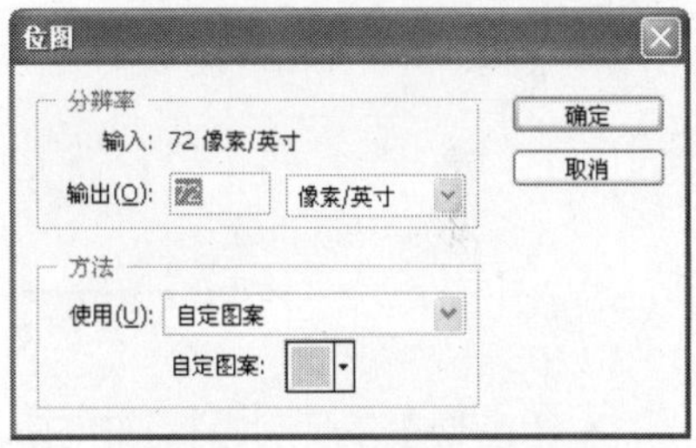

图 15-17 【位图】对话框

> **注意：**只有在灰度模式下图像才能转换为位图模式，其他颜色模式的图像必须先转换为灰度图像，然后才能转换为位图模式。

- 【分辨率】区域：用于在输出中设定转换后图像的分辨率。
- 【方法】区域：在转换的过程中，可以使用 5 种减色处理方法。【50%阈值】会将灰度级别大于 50%的像素全部转换为黑色，将灰度级别小于 50%的像素转换为白色；【图案仿色】会在图像中产生明显的较暗或较亮的区域；【扩散仿色】会产生一种颗粒效果；【半调网屏】是商业中经常使用的一种输出模式；【自定义图案】可以根据定义的图案来减色，使得转换更为灵活、自由。

在位图模式下，图像只有一个图层和一个通道，滤镜全部被禁用。

15.3.5 双色调模式

双色调模式可以弥补灰度图像的不足，灰度图像虽然拥有 256 种灰度级别，但是在印刷输出时，印刷机的每滴油墨最多只能表现出 50 种左右的灰度，这意味着如果只用一种黑色油墨打印灰度图像，图像将非常粗糙。

如果混合一种、两种或三种彩色油墨，因为每种油墨都能产生 50 种左右的灰度级别，所以理论上至少可以表现出 50×50 种灰度级别，这样打印出来的双色调、三色调或四色调图像就能表现得非常流畅了。这种靠几盒油墨混合打印的方法被称之为“套印”。

一般情况下，双色调套印应用较深的黑色油墨和较浅的灰色油墨进行印刷。黑色油墨用于表现阴影，灰色油墨用于表现中间色调和高光，但更多的情况是将一种黑色油墨与一种彩色油墨配合，用彩色油墨来表现高光区。利用这一技术能给灰度图像轻微上色。

由于双色调使用不同的彩色油墨重新生成不同的灰阶，因此在 Photoshop 中将双色调视为单通道、8 位的灰度图像。在双色调模式中，不能像在 RGB 模式、CMYK 模式和 Lab 模式中那样直接访问单个的图像通道，而是通过【双色调选项】对话框中的曲线来控制通道，如图 15-18 所示。

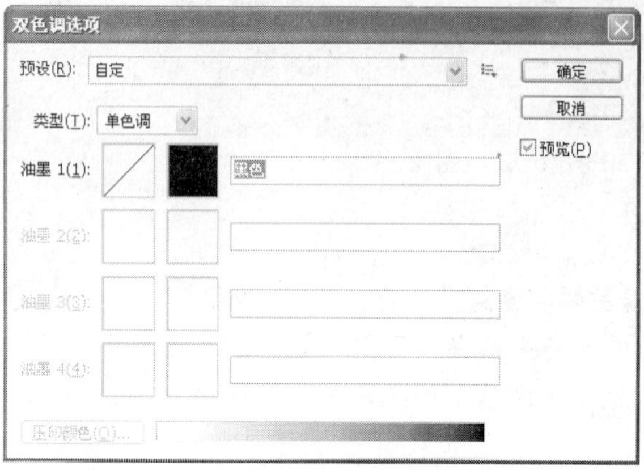

图 15-18 【双色调选项】对话框

- 【类型】下拉列表框：用于从单色调、双色调、三色调和四色调中选择一种套印类型。
- 【油墨】选项：选择了套印类型后，即可在各色通道中用曲线工具调节套印效果。

15.3.6 索引颜色模式

索引颜色模式用最多 256 种颜色生成 8 位图像文件。当图像转换为索引颜色模式时，Photoshop 将构建一个 256 种颜色查找表，用以存放索引图像中的颜色。如果原图像中的某种颜色没有出现在该表中，程序将选取最接近的一种或使用仿色来模拟该颜色。

索引颜色模式的优点是它的文件可以做得非常小，同时保持视觉品质不单一，非常适合用来做多媒体动画和 Web 页面。在索引颜色模式下只能进行有限的编辑，若要进一步进行编辑，则应临时转换为 RGB 模式。索引颜色文件可以存储为 Photoshop、BMP、GIF、Photoshop EPS、大型文档格式（PSB）、PCX、Photoshop PDF、Photoshop Raw、Photoshop 2.0、PICT、PNG、Targa 或 TIFF 等格式。

选择【图像】|【模式】|【索引颜色】命令，打开【索引颜色】对话框，如图 15-19 所示。

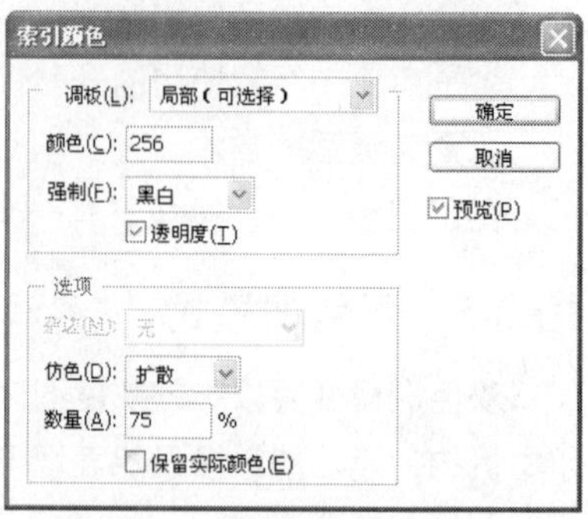

图 15-19 【索引颜色】对话框

- 【调板】下拉列表框：用于选择在转换为索引颜色时使用的调色板，例如需要制作 Web 网页，则可选择 Web 调色板。还可以设置强制选项，将某些颜色强制加入到颜色列表中，例如选择黑白，就可以将纯黑和纯白强制添加到颜色列表中。
- 【选项】区域：在【杂边】下拉列表框中，可指定用于消除图像锯齿边缘的背景色。

在索引颜色模式下，图像只有一个图层和个通道，滤镜全部被禁用。

15.3.7　Lab 模式

Lab 模式是在 1931 年国际照明委员会（CIE）制定的颜色度量国际标准模型的基础上建立的，1976 年，该模型经过重新修订后被命名为 CIE L*a*b。

Lab 模式与设备无关，无论使用何种设备（如显示器、打印机、计算机或扫描仪等）创建或输出图像，这种模式都能生成一致的颜色。

Lab 模式是 Photoshop 在不同颜色模式之间转换时使用的中间颜色模式。

Lab 模式将亮度通道从彩色通道中分离出来，成为了一个独立的通道。将图像转换为 Lab 模式，然后去掉色彩通道中的 a、b 通道而保留亮度通道，就能获得 100%逼真的图像亮度信息，得到 100%准确的黑白效果。

15.4　使用形状工具

使用形状工具可以方便地绘制出许多特定的形状，还可以通过形状的运算及自定义形状让形状更加丰富。形状工具是创意的基础和源泉，绘制形状的工具有矩形工具、圆角矩形工具、椭圆工具、多边形工具、直线工具及自定形状工具，如图 15-20 所示。

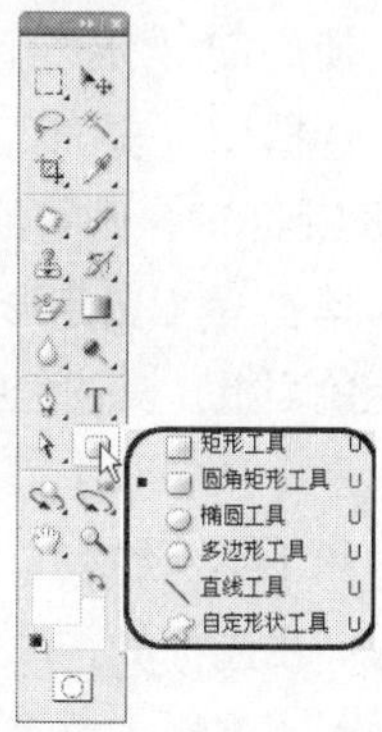

图 15-20　形状工具面板

15.4.1　绘制规则形状

在选择基本形状的绘制工具时，有 3 种模式可供选择，分别是形状图层、路径和填充像素，如图 15-21 所示。

形状图层是一种特殊的图层，它与分辨率无关，创建时会自动地生成新的图层，效果如图 15-22 所示。

图 15-21　绘制工具的 3 种模式

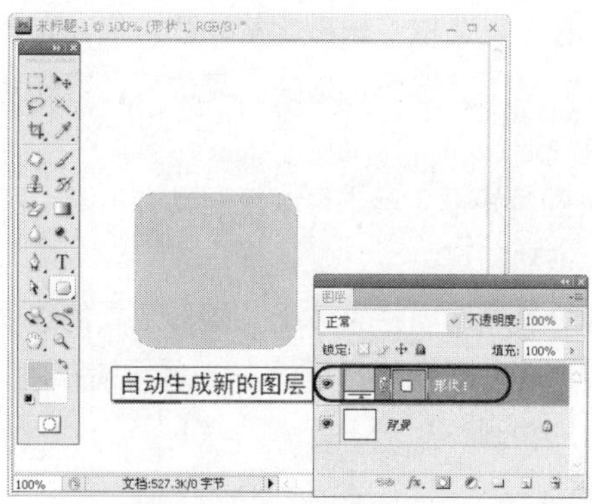

图 15-22　形状图层效果

形状图层模式的选项栏如图 15-23 所示。

图 15-23　形状图层模式的选项栏

【颜色】选项：单击选项中的色块，可以打开【拾色器】对话框，从中可以实现颜色的调整。也可以通过【前景色填充】命令（按【Alt+Delete】组合键）直接使其更改颜色。

【样式】选项：通过此选项可以给形状图层添加样式。也可以通过【样式】面板直接为其添加图层样式。

形状图层的形状可以通过修改路径的工具修改，例如钢笔工具等。选择【图层】|【栅格化】|【填充内容】命令，可以将形状图层转换为一般图层。一旦将形状图层栅格化，将无法再使其转换为形状图层，它也不再具有形状图层的特性。

填充像素模式就好比是一次性完成【建立选区】和【用前景色添充】这两个命令。

下面以形状图层模式为例介绍形状图形的绘制方法。

绘制矩形：

使用（矩形工具）可以很方便地绘制出矩形或正方形。

选择（矩形工具），然后在画布上单击并拖动光标，即可绘制出所需要的矩形，若在拖动时按住 Shift 键，则可绘制出正方形。

单击（自定形状工具）右侧的下三角按钮，弹出如图 15-24 所示的面板，其中包括【不受约束】、【方形】、【固定大小】、【比例】及【从中心】等选项。

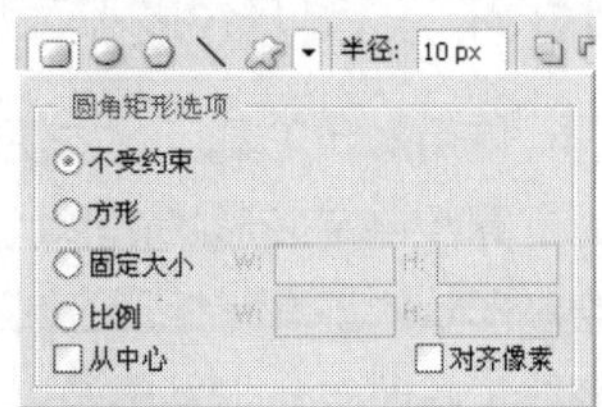

图 15-24　下拉列表效果

- 【不受约束】单选按钮：选择此单选按钮，矩形的形状完全由光标的拖动来决定。
- 【方形】单选按钮：选中此单选按钮，绘制的矩形为正方形。
- 【固定大小】单选按钮：选择此单选按钮，可以在 W 和 H 文本框中输入所需的宽度和高度的值，默认的单位为像素。
- 【比例】单选按钮：选择此单选按钮，可以在 W 和 H 参数框中输入所需的宽度和高度的整数比。
- 【从中心】复选框：选择此复选框，拖动矩形时，光标的起点则为矩形的中心。
- 【对齐像素】复选框：选择此复选框，可使矩形边缘自动地与像素边缘重合。

绘制圆角矩形：

使用（圆角矩形工具）可以绘制具有平滑边缘的矩形，其使用方法与矩形工具相同，只需用光标在画布上拖动即可。

圆角矩形工具的选项栏大体上与矩形工具的选项栏相同，只是多了【半径】文本框。

【半径】文本框：用于控制圆角矩形的平滑程度，输入的数值越大越平滑。输入 0 时为矩形，有一定数值时则为圆角矩形。

绘制椭圆：

使用（椭圆工具）可以绘制椭圆，按住【Shift】键可以绘制正圆。椭圆工具的选项栏的用法和前面介绍的选项栏基本相同，这里不再赘述。

绘制多边形：

使用（多边形工具）可以绘制出所需的正多边形。绘制时，光标的起点为多边形的中心，而终点则为多边形的一个顶点。

多边形工具的选项栏如图 15-25 所示。

图 15-25　多边形工具的选项栏

- 【边】文本框：用于输入所需绘制的多边形的边数。绘制的八边形如图 15-26 所示。
- 【多边形选项】面板中包括【半径】、【平滑拐角】、【星形】、【缩进边依据】和【平滑缩进】等选项，如图 15-27 所示。

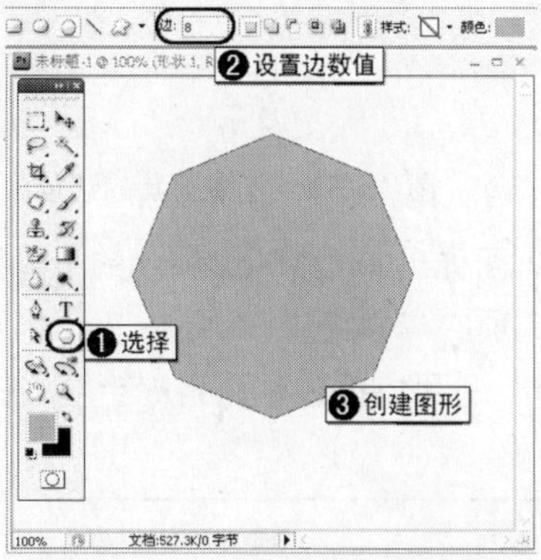

图 15-26　绘制八边形效果

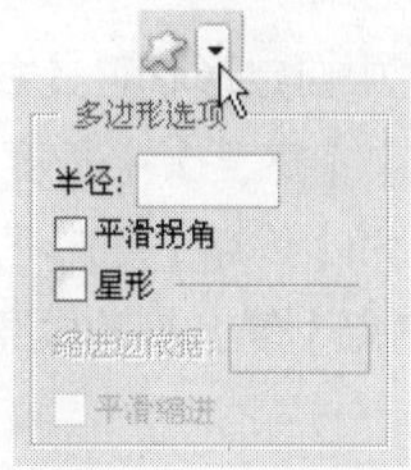

图 15-27　多边形选项

- 【半径】文本框：用于输入多边形的半径长度，单位为像素。
- 【平滑拐角】复选框：选择此复选框，可使多边形具有平滑的顶角。多边形的边数越多越接近圆形，平滑拐角的效果如图 15-28 所示。
- 【星形】复选框：选择此复选框，可使多边形的边向中心缩进呈星状。
- 【缩进边依据】文本框：用于设定边缩进的程度。50%缩进和 90%缩进的效果对比如图 15-29 所示。

图 15-28　选择【平滑拐角】复选框效果

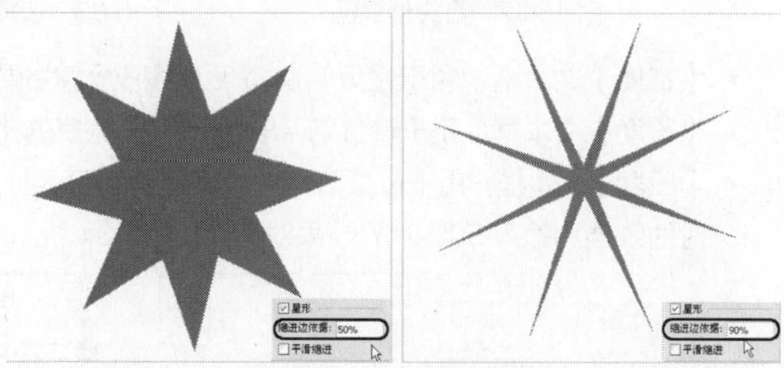

图 15-29　设置不同【缩进边依据】参数效果

- 【平滑缩进】复选框：只有选择【星形】复选框时此复选框才可选。选择【平滑缩进】复选框，可使多边形的边平滑地向中心缩进。平滑缩进效果如图 15-30 所示。

绘制直线：

使用 （直线工具）可以绘制直线或带箭头的线段。

使用方法是：光标拖动的起始点为线段起点，拖动的终点为线段的终点。按住 Shift 键可以将直线的方向控制在 0 度、45 度或 90 度方向。

╲直线工具的选项栏如图 15-31 所示，其中【粗细】文本框用于设定直线的宽度。

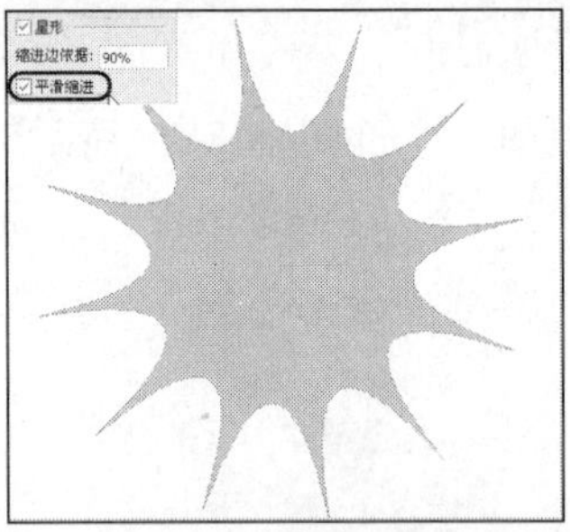

图 15-30　选择【平滑缩进】复选框的效果

图 15-31　直线工具的选项栏

单击选项栏中自定形状工具右边的下三角按钮，可弹出如图 15-32 所示的【箭头】面板，包括【起点】、【终点】、【宽度】、【长度】和【凹度】等选项。

- 【起点】和【终点】复选框：二者可选择一个，也可以都选，用于决定箭头在线段的哪一方，选中【终点】复选框的效果如图 15-33 所示。

图 15-32　箭头设置区

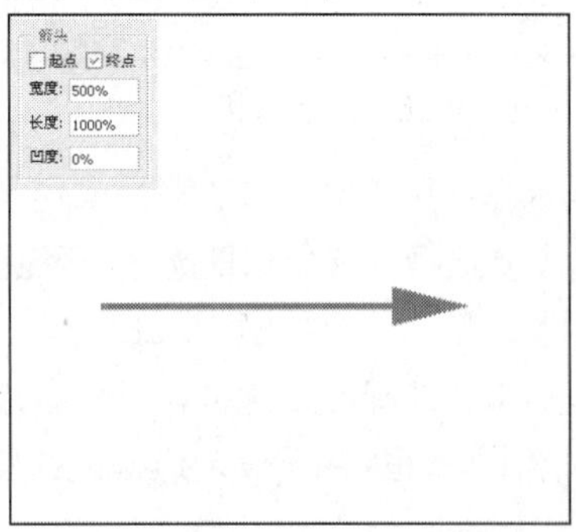

图 15-33　选择【终点】复选框绘制箭头

- 【宽度】文本框：用于设置箭头宽度和线段宽度的比值，可输入 10%~100%之间的数值。
- 【长度】文本框：用于设置箭头长度和线段宽度的比值，可输入 10%~5000%之间的数值。
- 【凹度】文本框：用于设置箭头中央凹陷的程度，可输入–50%~50%之间的数值。输入 20%时的效果和输入 50%时的效果对比如图 15-34 所示。

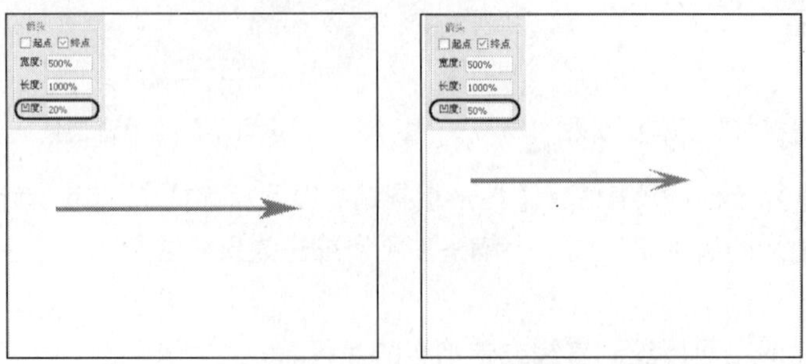

图 15-34　设置不同【凹度】参数绘制箭头效果

15.4.2 绘制不规则形状

使用 （自定形状工具）可以绘制出一些不规则的图形或是自定义的图形。

自定形状工具的选项栏如图 15-35 所示。

图 15-35 自定形状工具的选项栏

【形状】选项用于选择所需绘制的形状。单击【形状】选项右侧的下三角按钮，在弹出的面板中单击右上侧的 按钮，可以弹出一个如图 15-36 所示的下拉菜单。选择【载入形状】命令，可以载入文件，其文件类型为*.CSH。

单击选项栏中部的 （自定形状工具）右侧的下三角按钮，会弹出如图 15-37 所示的面板，在该面板中可以对图形的绘制方式进行设置。

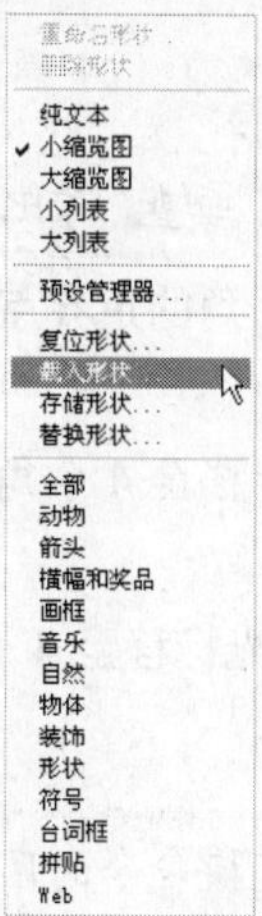

图 15-36 下拉菜单

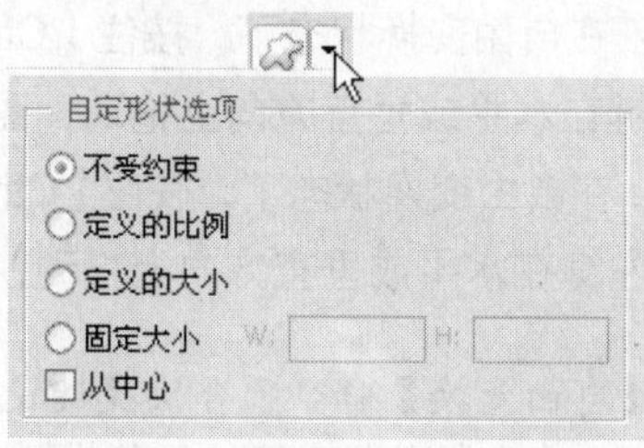

图 15-37 【自定形状选项】面板

15.5 对图像进行修饰处理

用户可以通过 Photoshop 所提供的命令和工具对不完美的图像进行修饰，使之符合工作的要求或审美情趣，这些工具包括图章工具、修补工具、修复工具、红眼工具、模糊工具、锐化工具、涂抹工具、加深工具、减淡工具及海绵工具等。

15.5.1 变换图形

在设计工作中，有很多图片或图像的大小和形状不符合要求，这时可以利用变换命令对图像进行调整。

1. 利用【自由变换】命令对图形进行变换

进入自由变换状态：选择要变换的图层，选择【编辑】|【自由变换】命令或按快捷键 Ctrl+T，图形的周围会出现具有 8 个控制点。在自由变状态下，可以完成对图形的【缩放】、【旋转】、【扭曲】、

【斜切】和【透视】等操作。

- 【缩放】：在自由变换状态下，将光标移至控制点上，此时光标会变为形状，拖动鼠标可以实现对图像的水平、垂直缩放。

如果要对图形等比缩放，则可将光标移到 4 个角的控制点上，然后按住【Shift】键拖动鼠标即可。

如果要以中心等比缩放，可将光标移到 4 个角的控制点上，然后按住【Shift+Alt】组合键拖动鼠标即可。变换完毕后，在图像上双击、按【Enter】键或者在选项栏中单击按钮，均可应用变换效果。

> **注意：** 在设计工作中，对人物、动物和产品等对象只能使用等比缩放。

- 【旋转】：在自由变换状态下，将光标移至定界点附近，此时光标会变为形状，拖动鼠标即可对图像进行旋转。

如果旋转时按住 Shift 键，可以每次按 15 度旋转。

> **注意：** 在 Photoshop 中，Shift 键是一个锁键，它可以锁定为水平、垂直、等比例和 15 度等。

- 【扭曲】：在自由变换状态下，按住【Ctrl】键将光标移至 4 个角的定界点上，按住鼠标左键在任意方向上拖动可以扭曲图形。
- 【斜切】：在自由变换状态下，按住【Ctrl+Shift】组合键将光标移至 4 个角的控制点上，按住鼠标左键在水平或垂直方向上拖动，图形将出现斜切效果。
- 【透视】：在自由变换状态下，按住【Ctrl+Shift+Alt】组合键将光标移至 4 个角的控制点上，按住鼠标左键在水平或垂直方向上拖动，图形将出现透视效果。

> **注意：**【自由变换】命令配合快捷键使用和单独使用某一种变换命令的区别在于：【自由变换】命令可用于在一个连续的操作中应用变换（旋转、缩放、斜切、扭曲和透视等），不必选取其他命令，只需在键盘上按住一个键即可在变换类型之间进行切换。而快捷菜单中的变换则需要不断地用右键进行切换。

也可以利用快捷菜单实现变换效果。在自由变换状态下，在图像中右击，弹出如图 15-38 所示的快捷菜单。

在该菜单中，可以完成【自由变换】、【缩放】、【旋转】、【扭曲】、【斜切】、【透视】、【旋转 180 度】、【顺时针旋转 90 度】、【逆时针旋转 90 度】、【水平翻转】和【垂直翻转】等操作。

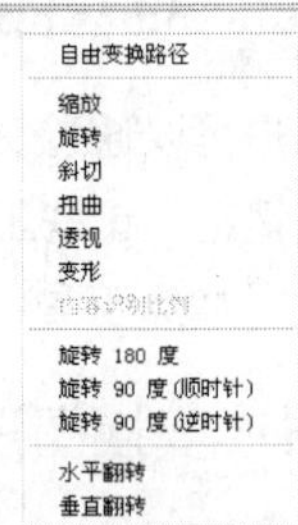

图 15-38　弹出的快捷菜单

2．利用选项栏做精确变换

自由变换状态下的选项栏如图 15-39 所示。

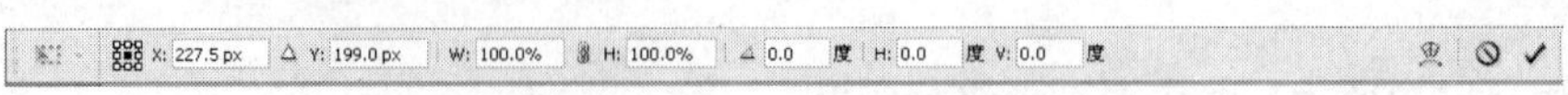

图 15-39　自由变换状态下的选项栏

上的方块可更改参考点，在选项栏的 X 和 Y 文本框中，输入参考点的新位置的值。在 Photoshop 中，单击【相关定位】按钮，可以相对于当前位置指定新位置；W 和 H 分别表示水平和垂直缩放比例，在文本框中可以输入 0%~100%的数值进行精确的缩放；单击按钮，可以保持长宽比不变；在文本框中，可以指定旋转角度；H 和 V 分别表示水平斜切和垂直斜切的角度；表示在自由变换和变形模式之间进行切换；表示应用变换；表示取消变换，按 Esc 键也可以取消变换。

3．利用菜单中的【变换】命令对图形进行变换

选择要变换的图形或图层，然后选择【编辑】|【变换】命令，会弹出如图 15-40 所示的子菜单，从中同样可以完成所有的变换操作，但是每次只能完成一种变换，如图 15-41 所示为将对象旋转 15 度的效果。

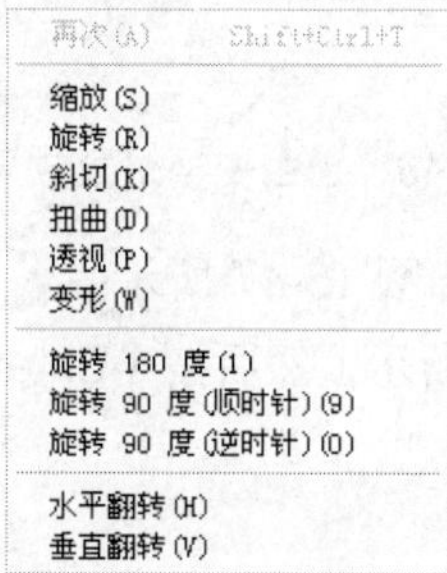

图 15-40　弹出的命令菜单

图 15-41　旋转对象效果

如果想再次执行上次的变换命令，可以使用【Ctrl+Shift+T】组合键实现。再次旋转 15 度后的效果如图 15-42 所示。

如果要再次使用上次的变换效果并同时复制图像的话，可以使用【Ctrl+Shift+Alt+T】组合键实现，效果如图 15-43 所示。

图 15-42　再次旋转对象效果

图 15-43　复制并变换对象效果

15.5.2　变形效果应用

（1）打开如图 15-44 所示的一幅图片。

（2）在【图层】面板中复制【背景】图层，并将【背景】图层填充为【白色】，效果如图 15-45 所示。

（3）在【图层】面板中确定【背景副本】图层处于编辑状态，按 Ctrl+T 组合键对图像进行自由变换，在选项栏中将 W 和 H 值都设置为 60%，效果如图 15-46 所示。

图 15-44　打开的图片效果

图 15-45　复制并填充图层效果

图 15-46　自由变换对象效果

（4）在图像中右击，在弹出的快捷菜单中选择【变形】命令，如图 15-47 所示。

（5）在其选项栏中将【变形】设置为【扇形】，效果如图 15-48 所示，然后按【Enter】键确定该操作。

图 15-47　选择【变形】命令

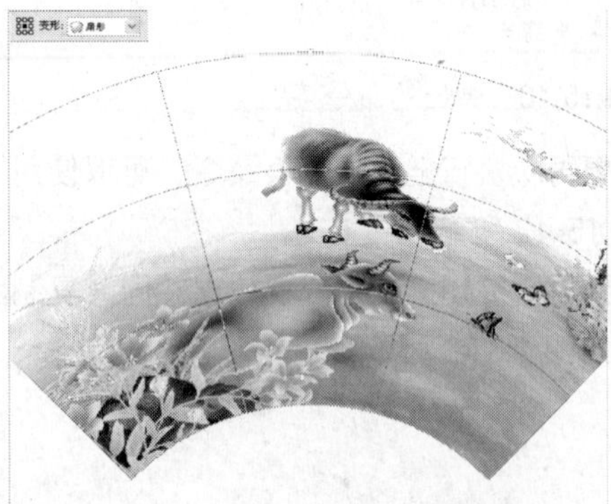

图 15-48　设置【变形】后的效果

本例是通过应用 Photoshop 中自带的变形样式来制作的，也可以根据自己的需要利用调节、添加和删除节点的方法调整对象。

15.5.3　图章工具

图章工具包括仿制图章和图案图章两个工具，它们的基本功能都是复制图像，但复制的方式不同。

1．仿制图章工具

仿制图章工具是一种复制图像的工具，利用它可以对一些图像进行修复。

仿制图章工具的选项栏如图 15-49 所示。其中包括：【画笔】、【模式】、【不透明度】、【流量】、【对齐】和【样本】等参数。

图 15-49　仿制图章工具的选项栏

【画笔】、【模式】、【不透明度】和【流量】等参数的设置方法已在前面介绍过了，这里不再赘述。

【对齐】复选框：选择此复选框，不管停笔后再画多少次，最终都可以将整个取样图像复制完毕并且有完整的边缘。使用这种功能可以在修复图像时随时调整仿制图章参数，它常用于多种画笔复制同一个图像。如果取消选择此复选框，则每次停笔再画时，都将使用取样点的像素对图像进行修复。

> **提示：**对修复图像取样时，最好是在放大的视图中进行，应尽量在要修复的区域附近取样，并且要考虑到图像的整体性。

2．图案图章工具

使用图案图章工具可以利用图案进行绘画，可以从图案库中选择图案或者自己创建图案。

图案图章工具的选项栏如图 15-50 所示。其中包括：【画笔】、【模式】、【不透明度】、【流量】和【印象派效果】等参数。

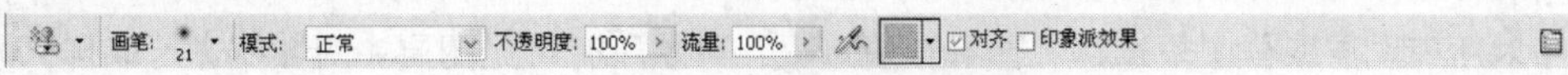

图 15-50　图案图章工具选项栏

【画笔】、【模式】、【不透明度】和【流量】的用途及使用方法同仿制图章工具，这里不再赘述。

【图案】设置框：在这里可以选择所要复制的图案。单击右侧的按钮，会出现【图案】列表框，里面存储着所有的预设图案。单击【图案】列表框右上角的按钮，会弹出如图 15-51 所示的下拉菜单，其用法同【画笔】面板下拉菜单，在这里可以选择不同种类的图案。

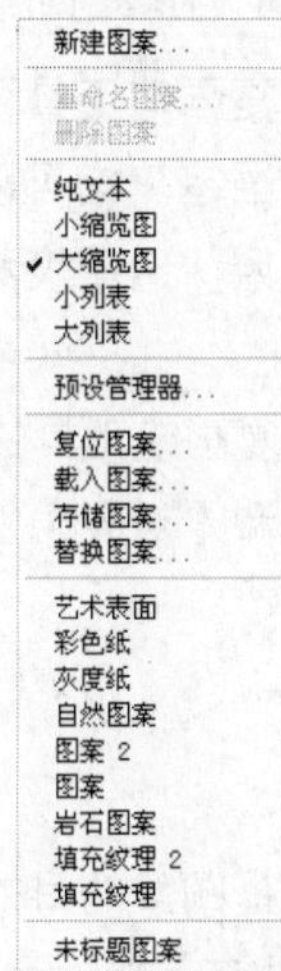

图 15-51　弹出的下拉菜单

【印象派效果】复选框：选择此复选框，复制出来的图像会有一种印象派绘画的效果。

图案图章工具的使用方法：选择所需的图案，在选项栏中设置各属性，然后在图像中单击或拖动鼠标。

15.5.4　污点修复画笔工具

利用污点修复画笔工具可以快速移去照片中的污点和其他不理想的部分。污点修复画笔工具的工作方式与修复画笔工具类似：它使用图像或图案中的样本像素进行绘画，并将样本像素的纹理、光照、透明度和阴影与所修复的像素相匹配。

与修复画笔工具不同，污点修复画笔工具不要求用户指定样本点，它将自动从所修饰区域的周围取样。

选择污点修复画笔工具后，其选项栏如图 15-52 所示。

- 【画笔】选项：单击该选项中的按钮，可以在打开的如图 15-53 所示的面板中对画笔进行设置。
- 【模式】下拉列表框：用来设置修复图像时使用的混合模式，包括【正常】、【替换】和【正片叠底】等选项。选择【替换】选项，可保留画笔描边的边缘处的杂色、胶片颗粒和纹理。

图 15-52　污点修复画笔工具的选项栏

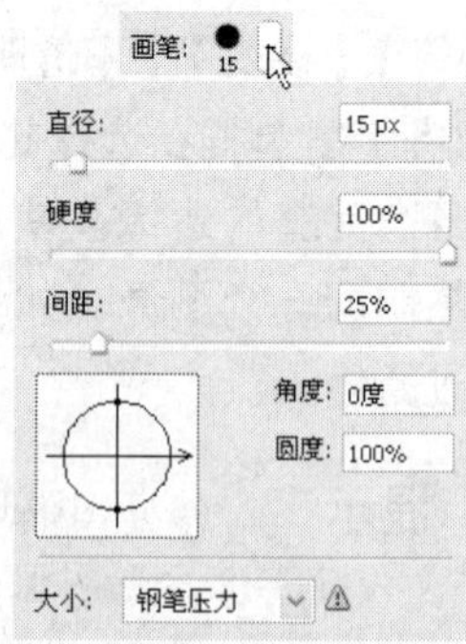

图 15-53　弹出的面板

- 【类型】选项组：用来设置修复的方法。选择【近似匹配】单选按钮可使用选区边缘周围的像素来查找要用作选定区域修补的图像区域；选择【创建纹理】单选按钮，可使用选区中的所有像素创建一个用于修复该区域的纹理。
- 【对所有图层取样】复选框：选择该复选框，可从所有可见图层中对数据进行取样；取消该复选框的选择，则只从当前图层中进行取样。

15.5.5　修复画笔工具

修复画笔工具可用于校正瑕疵，使它们消失在周围的图像环境中。与仿制图章工具一样，使用修复画笔工具可以利用图像或图案中的样本像素来绘画，但是修复画笔工具可将样本像素的纹理、光照、透明度和阴影等与源像素进行匹配，从而使修复后的像素不留痕迹地融入图像的其余部分。

修复画笔工具的选项栏如图 15-54 所示，其中包括：【画笔】选项、【模式】下拉列表框、【源】选项组和【对齐】复选框等。

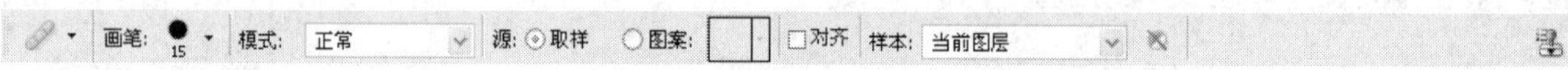

图 15-54　修复画笔工具的选项栏

选择图案的目的是为了使用图案的纹理来修复图像。

【画笔】选项和【对齐】复选框的使用方法与图章工具相同，这里不再赘述。

- 【模式】下拉列表：其中包括【替换】、【正常】、【复合】、【滤色】、【变暗】、【变亮】、【颜色】和【亮度】等选项，这些模式的作用在后面将进行详细的讲解。
- 【源】选项组：可以选择【取样】或者【图案】单选按钮。按住【Alt】键定义取样点，然后才能使用【源】选项组。选择【图案】单选按钮后，要先选择一个具体的图案，然后使用才会有效果。

15.5.6　修补工具

修补工具可以说是对修复画笔工具的一个补充。修复画笔工具使用画笔来进行图像的修复，而修补工具则是通过选区来进行图像修复的。像修复画笔工具一样，修补工具会将样本像素的纹理、光照和阴影等与源像素进行匹配，还可以使用修补工具来仿制图像的隔离区域。

修补工具的选项栏如图 15-55 所示，其中包括：【修补】选项组、【透明】复选框和【使用图案】选项等。

图 15-55　修补工具的选项栏

在【修补】选项组中，可以选择【源】或者【目标】单选按钮，打开需要修补的图像。

- 【源】单选按钮：先用修补工具选择需要修饰的图像区域。
- 【目标】单选按钮：先用修补工具选择用来修饰的图像选区。
- 【透明】复选框：选择此复选框，可对选区内的图像进行模糊处理，可以除去选区内细小的噪声划痕。先用修补工具选择所要处理的区域，然后在其选项栏上选中【透明】复选框，区域内的图像就会自动地消除细小的划痕等。
- 【使用图案】选项：用来指定图案的修饰选区。

> **提示：** 利用修补工具修复图像时，先用修补工具选择所要处理的区域，创建的选区与方法和工具无关，只要有选区即可。然后在其选项栏上选择用来修饰的图案，单击想要使用的图案，系统就会自动地用选择的图案进行修饰。

> **注意：** 无论是用仿制图章工具、修复画笔工具还是修补工具修复图像的边缘时，都应该结合选区来完成。

15.5.7　红眼工具

红眼工具可移去用闪光灯拍摄的人物照片中的红眼，也可以移去用闪光灯拍摄的动物照片中的白色或绿色反光。

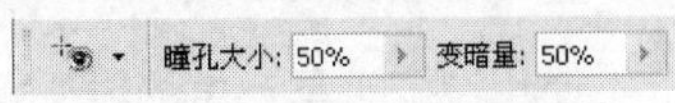

图 15-56　红眼工具的选项栏

红眼工具的选项栏如图 15-56 所示。

- 【瞳孔大小】文本框：设置瞳孔（眼睛暗色的中心）的大小。
- 【变暗量】文本框：设置瞳孔的暗度。

红眼是由于相机闪光灯在主体视网膜上反光引起的。在光线暗淡的房间里照相时，由于主体的虹膜张开得很宽，因此将会更加频繁地看到红眼。为了避免红跟，应使用相机的红眼消除功能，或者最好使用可安装在相机上远离相机镜头位置的独立闪光装置。

15.5.8　模糊工具

使用（模糊工具）可以柔化图像中的硬边缘或区域，从而减少细节。模糊工具的主要作用是进行像素之间的对比，例如在进行立体包装时，可以用它来实现“近实后虚”的效果。不使用和使用模糊工具的对比效果如图 15-57 所示。

图 15-57　使用模糊工具前后对比效果

模糊工具的选项栏如图 15-58 所示，其中包括：【画笔】选项、【模式】下拉列表框、【强度】文本框及【用于所有图层】复选框等。

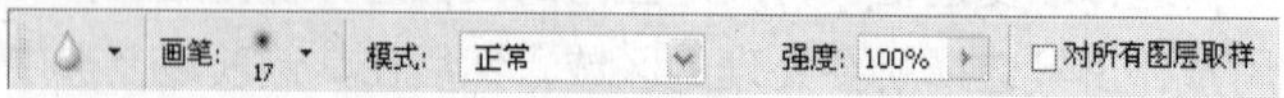

图 15-58　模糊工具的选项栏

- 【面笔】选项：用于选择画笔的形状。
- 【模式】下拉列表框：用于选择色彩的混合方式。
- 【强度】文本框：用于设置画笔的强度。
- 【用于所有图层】复选框：选择此复选框，可以使模糊工具作用于所有图层的可见部分。

15.5.9　锐化工具

使用锐化工具可以聚焦软边缘，以提高清晰度或聚焦的程度，即增大像素之间的对比度。未使用锐化工具和使用锐化工具的对比效果如图 15-59 所示。

锐化工具的选项栏与模糊工具完全相同，这里不再赘述。

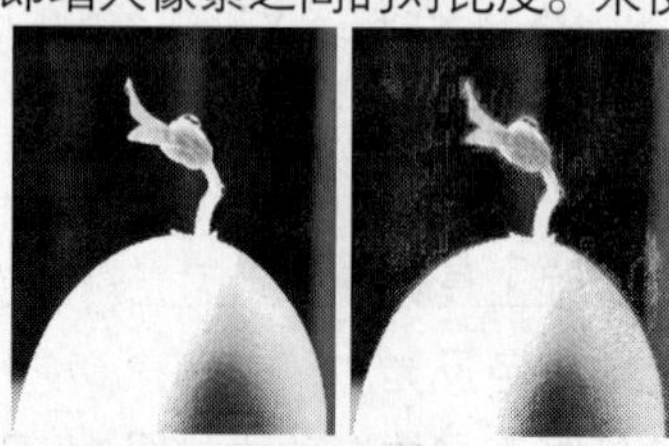

图 15-59　使用锐化工具前后对比效果

15.5.10　涂抹工具

使用涂抹工具产生的效果好像是用干画笔在未干的油墨上擦过一样，也就是说，笔角周围的像素将随着笔触一起移动。

涂抹工具的选项栏如图 15-60 所示，其中包括：【画笔】选项、【模式】下拉列表框、【强度文本框、【用于所有图层】复选框和【手指绘画】复选框等。

【画笔】选项、【模式】下拉列表框、【强度】文本框和【用于所有图层】复选框等的使用方法在前面已有介绍，这里不再赘述。

【手指绘画】复选框：选择此复选框，可以设定涂痕的色彩，就好像用蘸上色彩的手指在未干的油墨上绘画一样。

图 15-60　涂抹工具的选项栏

15.5.11　减淡工具和加深工具

减淡工具和加深工具的选项栏相同，包括【画笔】选项、【范围】下拉列表框，以及【曝光度】

文本框等。

有关【画笔】选项的内容在前面已有介绍，这里不再赘述。

- 【范围】下拉列表框中包括以下选项：
  - 【阴影】：选中后只作用于图像的阴影区域。
  - 【中间调】：选中后只作用于图像的中间调区域。
  - 【高光】：选中后只作用于图像的高光区域。

使用减淡工具和加深工具进行特殊色调区域选择是手工处理所望尘莫及的。

使用减淡工具处理后的效果如图 15-61 左所示。

使用加深工具处理后的效果如图 15-61 右所示。

图 15-61　使用减淡和加深工具处理后的效果

> **注意：** 在使用减淡工具时，如果同时按住 Alt 键，可暂时切换为加深工具。同样，在使用加深工具时，如果同时按住【Alt】键，则可暂时切换为减淡工具。

- 【曝光度】文本框：用于设置图像的曝光强度。建议使用时先把【曝光度】的值设置得小一些，一般来说设置为 15%比较合适。

15.5.12　海绵工具

使用海绵工具可以精确地更改区域的色彩饱和度。在灰度模式下，该工具通过使灰阶远离或靠近中间灰色来增加或降低对比度。

海面工具的选项栏如图 15-62 所示，其中包括【画笔】选项、【模式】下拉列表框和【流量】文本框等。

图 15-62　海绵工具的选项栏

【画笔】选项和【流量】文本框在前面已经介绍过了，这里不再赘述。

在【模式】下拉列表框中，选择【降低饱和度】选项可以降低色彩饱和度，选择【饱和】选项可以提高色彩饱和度。

如果图像为灰度模式，选择【降低饱和度】选项可使图像趋向于 50%的灰度，选择【饱和】选项可使图像趋向于黑白两色。

15.6　上机练习

15.6.1　处理网页图片色彩

随着网络的快速发展，人们常常在网络上搜索素材及一些文字资料。而这些从网络上搜索来的图片往往失去了原本的亮丽色彩，本例将介绍如何处理网页图片的色彩。如图 15-63 所示为对图片处理前后的对比效果图。

图 15-63　效果图对比

处理网页图片色彩的具体操作步骤如下：

01　打开随书光盘中的【原始文件 | Cha15.6 | 处理网页图片色彩.jpg】文件，如图 15-64 所示。

02　选择【图像】|【调整】|【亮度/对比度】命令，在打开的【亮度/对比度】对话框中选择【使用旧版】复选项，设置【亮度】和【对比度】的值分别为 18、24，如图 15-65 所示。设置完成后单击【确定按钮】，效果如图 15-66 所示。

03　选择【图像】|【调整】|【色阶】命令，在打开的【色阶】对话框中，在【输入色阶】区域中设置【阴影】和【中间值】的值分别为 53、1.54，如图 15-67 所示。设置完成后单击【确定】按钮。

图 15-64　打开的素材文件

图 15-65　设置【亮度】、【对比度】参数

图 15-66　设置【亮度】、【对比度】后的效果

图 15-67　设置【色阶】参数

04　选择【图像】|【调整】|【曲线】命令，在打开的【曲线】对话框中，设置【输出】和【输入】的值分别为 136、117，如图 15-68 所示。设置完成后单击【确定】按钮，图片色彩效果如图 15-69 所示。

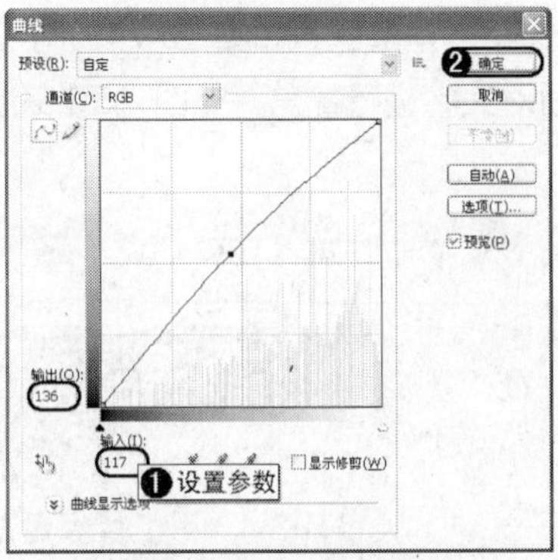

图 15-68 设置【曲线】参数

图 15-69 设置【曲线】参数后的效果

05 选择【图像】|【调整】|【替换颜色】命令，在打开的【替换颜色】对话框中，设置【颜色容差】的值为 40，然后使用 （添加到取样）工具，在图片中的叶子上进行单击，设置【替换】区域下方的【色相】、【饱和度】和【明度】的值分别为 23、41、-34，如图 12-70 所示。设置完成后单击【确定】按钮，图片效果如图 15-71 所示。

06 至此，就完成了对网页图片的色彩处理。对修改后的图片进行保存就可以了。

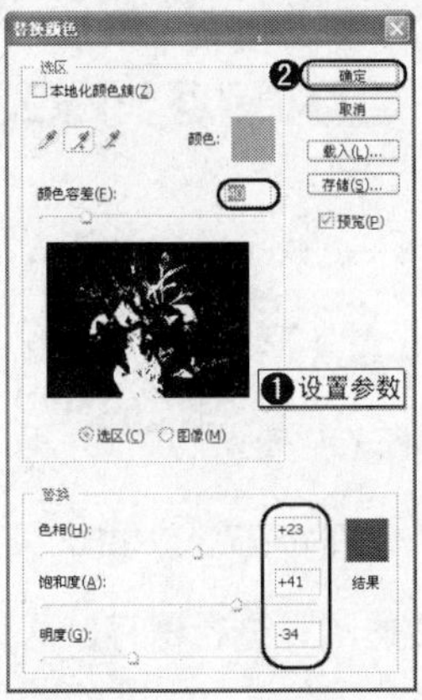

图 15-70 设置【替换颜色】参数

图 15-71 设置【替换颜色】参数后效果

15.6.2 编辑网页中图片内容

本例将介绍如何对网页中的图片进行编辑，删除网络中所包含的文字。对此效果如图 15-72 所示。

编辑网页中图片内容的具体操作步骤如下：

01 打开随书光盘中的【原始文件 | 素材 | Cha15.6 | 编辑网页图片内容.jpg】文件，如图 15-73 所示。

图 15-72 对比效果图

图 15-73 打开的素材文件

02 在工具箱中选择 （矩形选框工具），对图片中的文字创建选区，如图 15-74 所示。然后在工具箱中选择 （修补工具），向左移动选区，系统将自动对文字进行覆盖，如图 15-75 所示。完成后按 Ctrl+D 组合键取消选择。

图 15-74 创建矩形选区

图 15-75 去除文字

03 选择【编辑】|【调整】|【色阶】命令，打开【色阶】对话框，设置【阴影】和【中间值】的值分别为 48、1.00，如图 15-76 所示。设置完成后单击【确定】按钮，效果如图 15-77 所示。

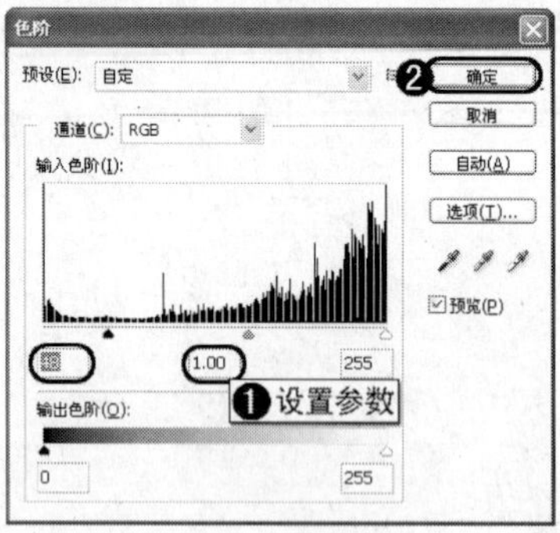

图 15-76 设置参数

图 15-77 效果图

04 至此，就完成了对网页中图片内容的编辑。对修改后的图片进行保存就可以了。

15.7 本章小节

本章主要讲解了 Photoshop CS4 的基本操作、色彩模式，并介绍了多种修复图像的方法，通过本章的学习大家大家对 Photoshop CS4 有一个初步的认识，为后面学习 Photoshop CS4 奠定了基础。

15.8 习题

1．填空题

（1）________是一种特殊的图层，它与分辨率无关，创建时会自动地生成新的图层。

（2）图章工具包括________和________两个工具，它们的基本功能都是复制图像，但复制的方式不同。

（3）使用锐化工具可以________边缘，以提高________或聚焦的程度，即增大像素之间的对比度。

2．选择题

（1）________的工具有矩形工具、圆角矩形工具、椭圆工具、多边形工具、直线工具及自定形状工具。

A. 绘制图形　　B. 创建图形　　C. 绘制形状

（2）修复画笔工具可用于________，使它们消失在周围的图像环境中。与仿制图章工具一样。

A. 校正形状　　B. 校正色调　　C. 校正瑕疵

（3）使用________产生的效果好像是用干画笔在未干的油墨上擦过一样，也就是说，笔角周围的像素将随着笔触一起移动。

A. 减淡工具　　B. 锐化工具　　C. 涂抹工具

3．简答题

（1）打开与保存文档的方法有哪几种?

（2）请简洁叙述 RGB 模式与 CMYK 模式。

第 16 章　选区的创建及通道的使用

本章将主要介绍 Photoshop CS4 中文字和路径的创建与编辑，并对网页切片输出简单介绍。通过本章的学习，使你对 Photoshop CS4 有个完善的认识。

本章重点

- 文字的创建与编辑
- 认识路径
- 了解网页切片的输出

16.1　利用工具创建选区

如果要在图像上创建选区，可以使用工具箱中的选框工具、套索工具和魔棒工具等。

16.1.1　选框工具组

Photoshop CS4 的选框工具包括 （矩形选框工具）、 （椭圆选框工具）、 （单行选框工具）和 （单列选框工具），如图 16-1 所示。

1．矩形选框工具

使用矩形选框工具的具体操作步骤如下：

01　在菜单栏中选择【文件】|【打开】命令，打开【打开】对话框。在该对话框中选择一个图像文件，并将其打开，如图 16-2 所示。

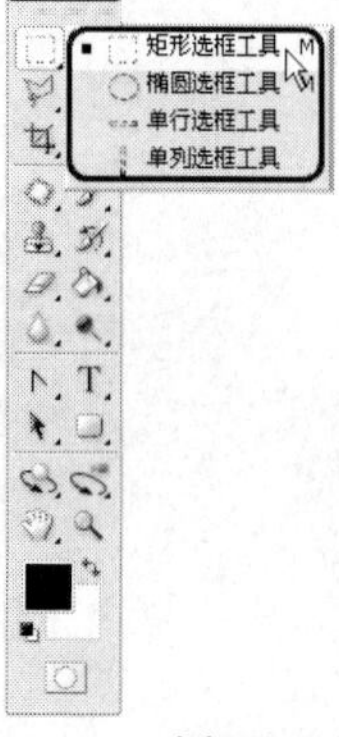

图 16-1　选框工具组

图 16-2　打开素材

02　在工具箱中选择 （矩形选框工具），在图像上按住鼠标左键，并拖动到适当的位置释放鼠标即可创建矩形选区，如图 16-3 所示。

图 16-3　创建矩形选区

> 提示：在创建选区时按住【Shift】键可以绘制正方形的选区，如果在选取范围之后，按住 Shift 键可以选择其他区域并添加到选区，如图 16-4 所示。在创建选区时按住【Alt】键可以绘制以中心为起点的矩形选区，如果在选取范围之后，按住【Alt】键可以缩减已选取的区域，如图 16-5 所示。

图 16-4　添加选区

图 16-5　缩减选区

03　在控制栏中设置不同的选项，会有不同的选取功能，如图 16-6 所示。

图 16-6　创建选区效果

2．椭圆选框工具

椭圆选框工具的使用方法与矩形选框工具相同，在此不再进行详细介绍。

3．单行选框工具

单行选框工具可以在图像中选取单行像素，具体操作步骤如下：

01 打开一个图像文件，在工具箱中选择（矩形选框工具）并按住鼠标左键，打开选框工具组，选择（单行选框工具），如图 16-7 所示。

图 16-7 选择工具

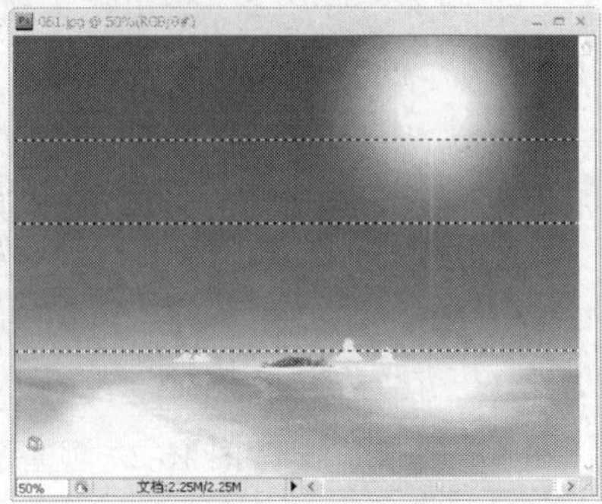

图 16-8 设置选区

02 在图像中单击，选取单行像素，如图 16-8 所示。

4．单列选框工具

单列选框工具的使用方法与单行选框工具相同，在此不再进行详细介绍。

16.1.2 套索工具组

利用套索工具可以选取不规则图形，在 Photoshop 中套索工具包含 3 种，分别是（套索工具）、（多边形套索工具）和（磁性套索工具），如图 16-9 所示。

1．套索工具

使用套索工具的具体操作步骤如下：

01 打开一个图像文件，如图 16-10 所示。

图 16-9 套索工具组

图 16-10 打开素材

02 选择工具箱中的（套索工具），在图像上按住鼠标左键并拖动，拖动的路径即绘制的曲线，如图 16-11 所示。

03 回到起点释放鼠标，如果重合点没有回到起始点，Photoshop 会自动关闭未完成的选取区域，勾选出套索选区范围，如图 16-12 所示。

图 16-11　选择套索工具并进行拖动

图 16-12　拖动后的效果

2．多边形套索工具

使用多边形套索工具可以在图像中选取不规则的多边形选区。使用多边形套索工具的具体操作步骤如下：

01　打开一个图像文件，如图 16-13 所示。

图 16-13　打开素材

02　选择工具箱中的（多边形套索工具），在图像上单击并拖动，拖动过程中可以单击更改路径方向，如图 16-14 所示。

03　将光标移动到起点处，在指针旁出现小圆圈后单击，Photoshop 会自动将亮点链接成直线，如图 16-15 所示。

图 16-14　选取对象

图 16-15　选取后的效果

3．磁性套索工具

磁性套索工具是 Photoshop 提供的具有选取复杂功能的套索工具。此工具常用于图像与背景反差较大、形状较复杂的图片。使用磁性套索工具的具体操作步骤如下：

01 打开一个图像文件，如图 16-16 所示。

02 选择工具箱中的 （磁性套索工具），在图像上单击作为起点，顺着需要选取的图形边缘移动鼠标，与多边形套索工具相似，回到起点，在指针右下角出现一个小圆圈，如图 16-17 所示。

图 16-16 打开素材

图 16-17 选取对象

03 双击封闭选择区域，即可创建选区，如图 16-18 所示。

图 16-18 选择后的效果

16.1.3 魔棒工具

魔棒工具主要用于颜色相同或相近区域的选取，无需跟踪图形的轮廓。使用魔棒工具的具体步骤如下：

01 打开一个图像文件，如图 16-19 所示。

02 在工具箱中选择 （魔棒工具），显示魔棒工具的选项栏，根据需要进行设置，如图 16-20 所示。

03 将光标放置在图像上单击即可建立选区，如图 16-21 所示。

图 16-19　打开素材

图 16-20　选取图像

图 16-21　选取后的效果

16.1.4　编辑选区

选区创建完成后，可以对选区进行编辑，使选区更符合需要。下面介绍如何对选区进行编辑。

1．移动选区

移动选区的具体操作步骤如下：

01　打开一个图像文件，如图 16-22 所示。

图 16-22　打开素材

02　使用任意选取工具，在图像任意位置创建选区，然后将指针放在选区边界内，指针将发生变化，说明可以移动选区，如图 16-23 所示。

03　拖动选区位置，使用方向键可以以 1 个像素的增量移动选区，按住 Shift 键使用方向键将以 10 个像素的增量移动选区，按住 Shift 键使用鼠标可以沿直线拖动选区。将选区移动至适当位置，如图 16-24 所示。

图 16-23　设置选区

图 16-24　移动选区

2．选取图像中未选取的部分

选取图像中未选择的部分的具体操作步骤如下：

01　打开一个图像文件，如图 16-25 所示。

02　使用任意选取工具，在图像中选取不需要选取的部分，如图 16-26 所示。

03　在菜单栏中选择【选择】|【反向】命令，将选区反选，如图 16-27 所示。

图 16-25　打开素材

图 16-26　创建选区

图 16-27　选择【反向】命令后的效果

3．按特定数量的像素扩展或收缩选区

按特定数量的像素扩展或收缩选区的具体操作步骤如下：

01　打开一个图像文件，如图 16-28 所示。

02　使用任意选取工具，在图像中创建选区，在菜单栏中选择【选择】|【修改】|【扩展】命令，如图 16-29 所示。

图 16-28　打开素材

图 16-29　选择【扩展】命令

03　打开【扩展选区】对话框，在【扩展量】文本框中根据需要输入像素值，如图 16-30 所示，单击【确定】按钮。

> **提示：** 对于【扩展量】和【收缩量】，要求输入一个 1～100 之间的整数。

04　选区边框按指定数量的像素扩大，选区边框中沿画布边缘分布的任何部分不受影响，如图 16-31 所示。

图 16-30　设置【扩展选区】参数

图 16-31　扩展后的效果

使用【选择】|【修改】|【收缩】命令可以使选区边框按指定数量的像素缩小。

4．在选区边界周围创建一个选区

在选区边界周围创建一个选区的具体操作步骤如下：

01　打开一个图像文件，如图 16-32 所示。

02　使用任意选取工具，在图像中创建选区，在菜单栏中选择【选择】|【修改】|【边界】命令，如图 16-33 所示。

图 16-32　打开素材

图 16-33　选择【边界】命令及创建的边界选区

03　打开【边界选区】对话框，在【宽度】文本框中根据需要输入像素值，如图 16-34 所示，单击【确定】按钮。

> **提示**：对于【宽度】，要求输入一个 1 ~ 200 之间的整数。

04　新选区将为原始选定区域创建框架，此框架位于原始选区边界的中间，如图 16-35 所示。

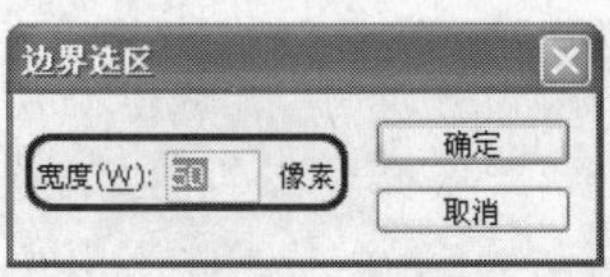

图 16-34　设置【边界选区】参数

图 16-35　修改边界后的效果图

5．调整选区边缘

调整选区边缘的具体操作步骤如下：

01　打开一个图像文件，如图 16-36 所示。

02　使用任意选取工具，在图像中创建选区。创建选区后，可以在菜单栏中选择【选择】|【调整边缘】命令，如图 16-37 所示，打开【调整边缘】对话框。

图 16-36　打开素材

图 16-37　选择【调整边缘】命令

03　在打开的对话框中，可以通过调整【半径】、【对比度】、【平滑】、【羽化】和【收缩/扩展】的数值对选区边框进行设置，单击选区视图图标可更改视图模式。单击【说明】可查看与每一种模式相关的信息，如图 16-38 所示。

图 16-38　设置参数

> **提示：** 对于其选定对象的颜色与背景不同的图像，请尝试增加【半径】，应用【对比度】以锐化边缘，然后调整【收缩/扩展】滑块。对于灰度图像或其选定对象的颜色与背景非常类似的图像，请先尝试平滑处理，然后使用【羽化】选项和【收缩/扩展】。

04　设置完成后，单击【确定】按钮完成选区边缘的调整。

6．变换选区

变换选区的具体操作步骤如下：

图 16-39　打开素材

01　打开一个图像文件，如图 16-39 所示。

02　使用任意选取工具，在图像中创建选区。创建选区后，在菜单栏中选择【选择】|【变换选区】命令，如图 16-40 所示。

03　在场景中可以通过控制点对选区进行调整，还可以旋转选区，如图 16-41 所示。

04　调整完成后，按 Enter 键确定变换选区。

图 16-40　选择【变换选区】命令

图 16-41　最终效果

16.2　使用通道

下面对通道进行讲解。

16.2.1　通道的原理与工作方法

通道是 Photoshop 中最重要、也是最为核心的功能之一，它用来保存选区和图像的颜色信息。当我们打开一个图像时，【通道】面板中会自动创建该图像的颜色信息通道，如图 16-42、图 16-43 所示。我们在图像窗口中看到的彩色图像是复合通道的图像，它是由所有颜色通道组合的结果，观察如图 16-43 所示的【通道】面板可以看到，此时所有的颜色通道都处于激活状态。

图 16-42　打开的图像

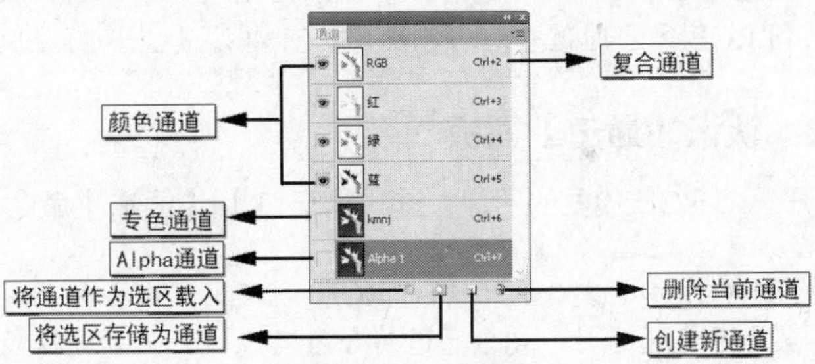

图 16-43　【通道】面板

单击一个颜色通道即可选择该通道，图像窗口中会显示所选通道的灰度图像，如图 16-44 所示。按住 Shift 键单击其他通道，可以选择多个通道，此时窗口中将显示所选颜色通道的复合信息，如图 16-45 所示。

图 16-44　选择【绿】通道

图 16-45　选择【红】、【绿】通道

通道是灰度图像，我们可以像处理图像那样使用绘画工具和滤镜对它们进行编辑。编辑复合通道时将影响所有的颜色通道，如图 16-46 所示，编辑一个颜色通道时，会影响该通道及复合通道，但不会影响其他颜色通道，如图 16-47 所示。

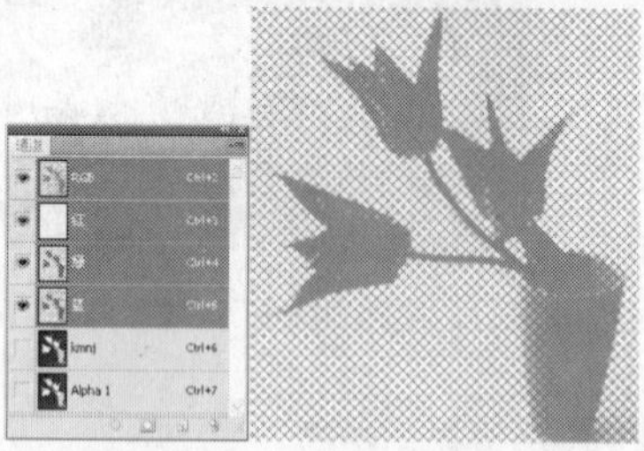

图 16-46　编辑复合通道

图 16-47　编辑一个通道

颜色通道用来保存图像的颜色信息，因此，编辑颜色通道时将影响图像的颜色和外观效果。Alpba 通道用来保存选区，因此，编辑 Alpha 通道时只影响选区，不会影响图像。编辑完颜色通道或者 Alpha 通道后，如果要返回到彩色图像状态，可单击复合通道，此时，所有的颜色通道将重新被激活。

提示： 按【Ctrl+数字】组合键可以快速选择通道，以 RGB 模式图像为例，按【Ctrl+3】组合键可以选择红色通道、按【Ctrl+4】组合键可以选择绿色通道、按【Ctrl+5】组合键可以选择蓝色通道，如果图像包含多个 Alpha 通道，则增加相应的数字便可以将它们选择。如果要回到 RGB 复合通道查看彩色图像，可以按【Ctrl+2】组合键。

16.2.2　认识【通道】面板

打开一个 RGB 模式的图像，选择【窗口】|【通道】命令，打开【通道】面板。

提示： 由于复合通道（即 RGB 通道）是由各原色通道组成的，因此在选中隐藏面板中的某个原色通道时，复合通道将会自动隐藏。如果选择显示复合通道的话，那么组成它的原色通道将自动显示。

- 查看与隐藏通道：单击![]图标可以使通道在显示和隐藏之间切换，用于查看某一颜色在图像中的分布情况。例如在 RGB 模式下的图像，如果选择显示 RGB 通道，则【红】通道、【绿】通道和【蓝】通道都自动显示，如图 16-48 所示。但选择其中任意原色通道，其他通道则会自动隐藏，如图 16-49 所示。

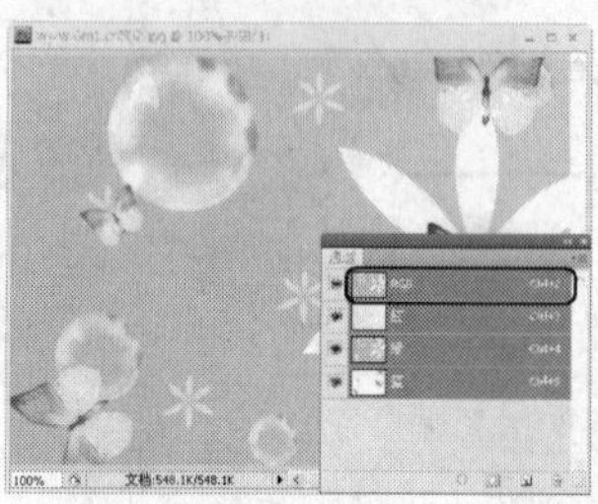

图 16-48　选择 RGB 通道

图 16-49　选择【绿】通道

- 通道缩览图调整：单击【通道】面板右上角的黑下三角按钮，从弹出的菜单中选择【面板选项】命令，打开【通道面板选项】对话框，从中可以设定通道缩览图的大小，以便对缩览图进行观察，如图 16-50 所示。

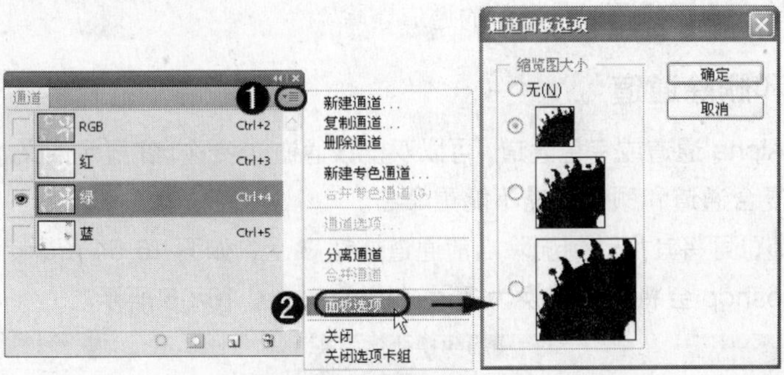

图 16-50　【通道面板选项】对话框

> 提示：若选择某一通道的快捷键（【红】通道【Ctrl+3】；【绿】通道：【Ctrl+4】；【蓝】通道：【Ctrl+5】；复合通道：【Ctrl+2】），此时打开的通道将成为当前通道。在面板中按住【Shift】键并且单击某个通道，可以选择或者取消选择多个通道。

- 通道的名称：它能帮助用户很快识别各种通道的颜色信息。各原色通道和复合通道的名称是不能改变的，Alpha 通道的名称可以通过双击通道名称进行修改。
- 新建通道：单击图标可以创建新的 Alpha 通道，按住【Alt】键并单击图标可以设置新建的 Alpha 通道的参数，如图 16-51 所示。如果按住【Ctrl】键并单击该图标，则可以创建新的专色通道，如图 16-52 所示。

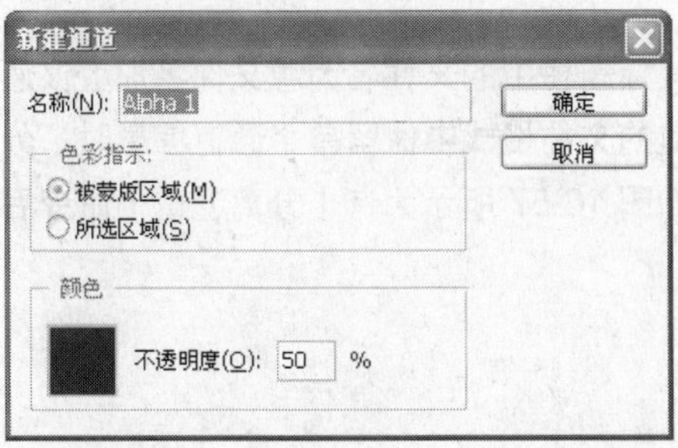

图 16-51　【新建通道】对话框

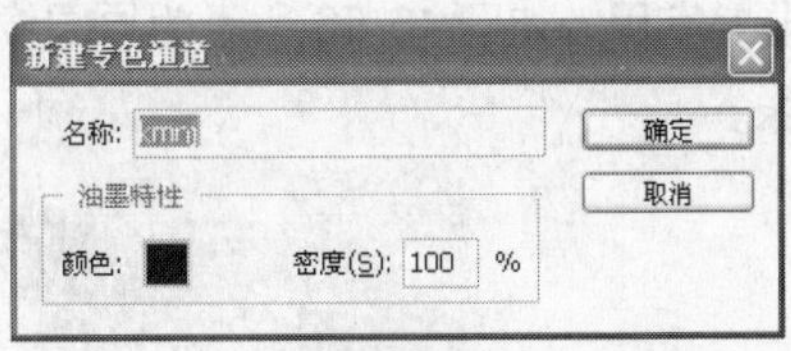

图 16-52　【新建专色通道】对话框

> 提示：将颜色通道删除后会改变图像的色彩模式。例如原色彩为 RGB 模式时，删除其中的【红】通道，剩余的通道为洋红和黄色通道，那么色彩模式将变化为多通道模式。

- 通过新建图标所创建的通道均为 Alpha 通道，颜色通道无法用颜色图标创建。
- 将通道作为选区载入：选择某一通道，在【通道】面板中单击图标，则可将通道中的颜色比较淡的部分当作选区加载到图像中。

> 提示：这个功能也可以通过按住【Ctrl】键并在面板中单击该通道来实现。

- 将选区存储为通道：如果当前图像中存在选区，那么可以通过单击图标把当前的选区存储为新的通道，以便修改和以后使用。在按住【Alt】键的同时单击该图标，可以新建一个通道并且为该通道设置参数。
- 删除通道：单击图标可以将当前的通道删除。

16.2.3 重命名和删除通道

如果要重命名 Alpha 通道或专色通道，可以双击该通道的名称，在显示的文本框中输入新名称，如图 16-53 所示。复合通道和颜色通道不能重命名。

如果要删除通道，可将其拖动到删除当前通道按钮上，如图 16-54 所示。如果删除的是一个颜色通道，则 Photoshop 会将图像转换为多通道模式，如图 16-55 所示。

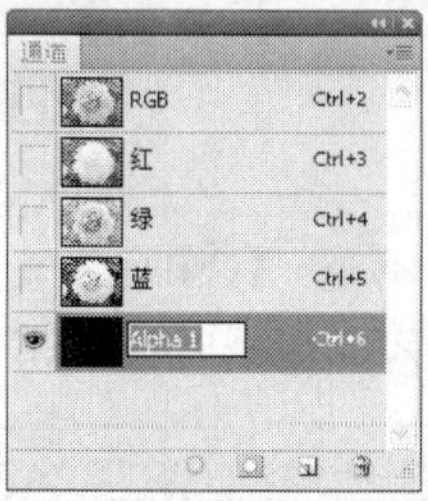

图 16-53　重命名通道

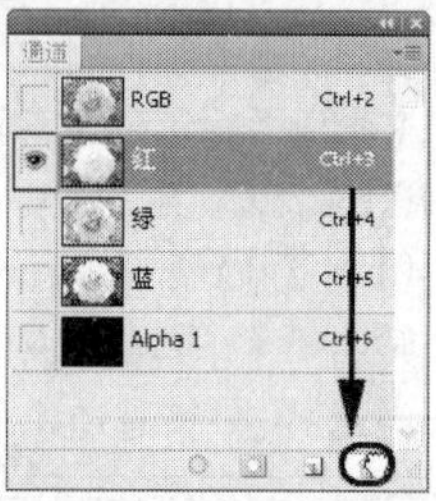

图 16-54　删除颜色通道

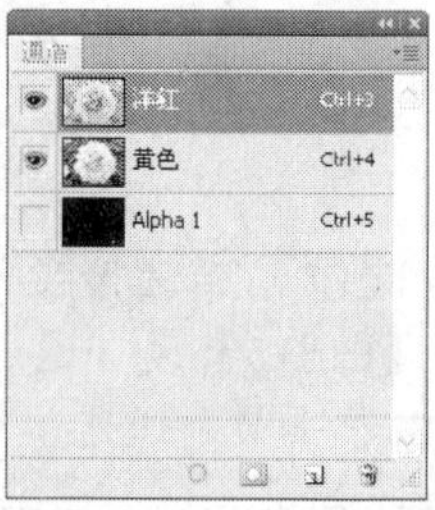

图 16-55　删除通道后的效果

> **提示：** 多通道模式不支持图层，因此，图像中所有的可见图层都会拼合为一个图层。删除 Alpha 通道、专色通道或快速蒙版时，不会拼合图像。

16.2.4 分离和合并通道

分离通道后会得到 3 个通道，它们都是灰色的。其标题栏中的文件名为源文件名加上该通道名称的缩写，而原文件则被关闭。当需要在不能保留通道的文件格式中保留单个通道信息时，分离通道就非常有用。如图 16-56 所示为原图像及其通道，如图 16-57 所示为选【分离通道】命令后得到的图像。

图 16-56　原始图像

图 16-57　分离后的效果

> 提示：【分离通道】命令只能用来分离拼合后的图像，分层的图像不能进行分离通道的操作。

在 Photoshop 中，我们可以将多个灰度图像合并为一个图像的通道，进而创建彩色的图像。用来合并的图像必须是灰度模式、具有相同的像素尺寸，而且还要处于打开的状态。

打开 3 个灰度模式的文件，如图 16-58、图 16-59 和图 16-60 所示。

图 16-58　灰度模式 01

图 16-59　灰度模式 02

图 16-60　灰度模式 03

选择【通道】面板菜单中的【合并通道】命令，打开【合并通道】对话框。在【模式】下拉列表中选择【RGB 颜色】选项，如图 16-61 所示。单击【确定】按钮，打开【合并 RGB 通道】对话框，指定【红色】、【绿色】和【蓝色】通道使用的图像文件，如图 16-62 所示。

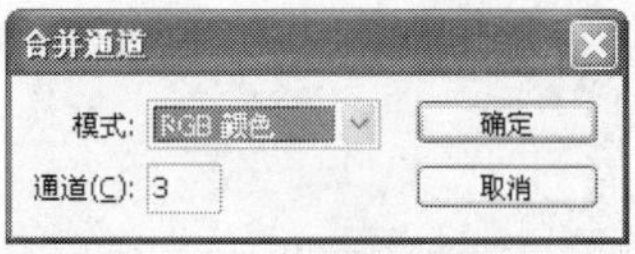

图 16-61　【合并通道】对话框

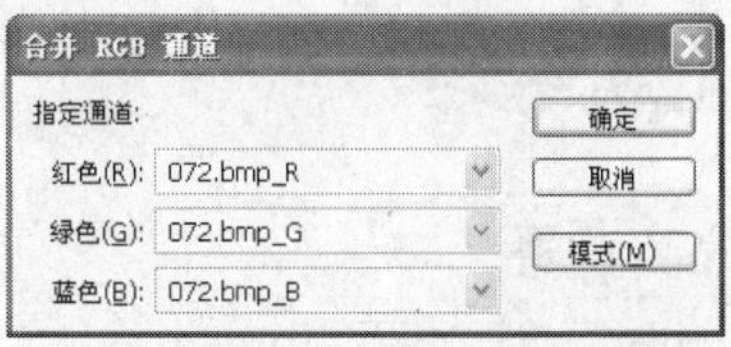

图 16-62　【合并 RGB 通道】对话框

> 提示：如果打开了 4 个灰度图像，则可以在【模式】下拉列表中选择【CMYK 颜色】选项，将它们合并为一个 CMYK 图像。

单击【确定】按钮，将它们合并为一个 RGB 图像，如图 16-63 所示。在【合并 RGB 通道】对话框中，为各个通道指定不同的文件，合成后的图像效果也不相同，如图 16-64 和图 16-65 所示。

图 16-63 最终效果

图 16-64 最终效果

图 16-65 最终效果

16.2.5 载入通道中的选区

Alpha 通道、颜色通道和专色通道都包含选区，在【通道】面板中选择要载入选区的通道，然后单击将通道作为选区载入按钮，即可载入通道中的选区，如图 16-66 所示。按住 Ctrl 键单击通道的缩览图可以直接载入通道中的选区，这种方法的好处在于不必选择通道就可以载入选区，因此，也就不必为了载入选区而在通道间切换，如图 16-67 所示。

图 16-66 单击按钮载入通道选区

图 16-67 配合 Ctrl 键载入通道选区

16.3 上机练习

16.3.1 分离背景

本例学习将人物从背景中分离出来，用到的工具和命令包括（磁性套索工具）、通道等，人物与背景的分离涉及到许多工具及命令的使用，下面以一个实例进行讲解。其效果如图 16-68 所示。

图 16-68 分离背景效果图

分离背景的具体操作步骤如下：

01 启动 Photoshop CS4 软件，在 Photoshop 窗口中的空白处双击，打开【打开】对话框。在该对话框中选择随书光盘中的【原始文件 | Cha16 | 分离背景素材 01.jpg 和背景素材 02.jpg】文件，然后单击【打开】按钮，打开如图 16-69 和图 16-70 所示的素材文件。

图 16-69　打开【分离背景素材 01】素材文件

图 16-70　打开【分离背景素材 02】素材文件

02　在工具箱中选择 (磁性套索工具)，沿人物边缘勾勒选区，如图 16-71 所示。

03　选择【通道】面板，在该面板的底端单击 （将选区储存为通道）按钮，将该选区储存为 Alpha1，如图 16-72 所示。

图 16-71　勾勒人物边缘

图 16-72　储存选区

04　在工具箱中选择 （多边形套索工具），在选项栏中单击 （与选区交叉）按钮，在图像中选择人物的发梢部分，然后再按下键盘上的【Shift】键，选取另一部分，其效果如图 16-63 所示。

图 16-73　选择发梢部分

05 在【通道】面板中选择【红】通道，按下键盘上的【Ctrl+C】组合键复制选区，再选择 Alpha1，按 Ctrl+V 组合键粘贴选区，如图 16-74 所示。

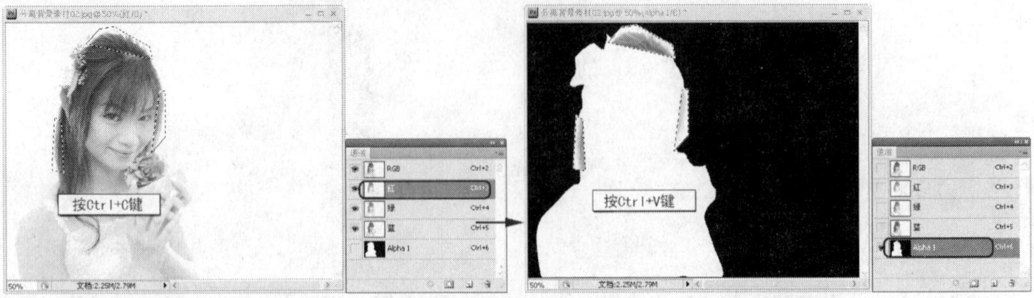

图 16-74　将【红】通道中的选区复制到 Alpha1 中

06 确定 Alpha1 仍处于选择状态，然后选择菜单栏中的【图像】|【调整】|【反相】命令（或者按【Ctrl+I】组合键），效果如图 16-75 所示。

07 按【Ctrl+L】组合键，打开【色阶】对话框，在该对话框中将【通道】定义为 Alpha1，然后调整【输入色阶】区域下的滑块，使头发部位变得更白，背景变得更黑一些，调整后的效果如图 16-76 所示。

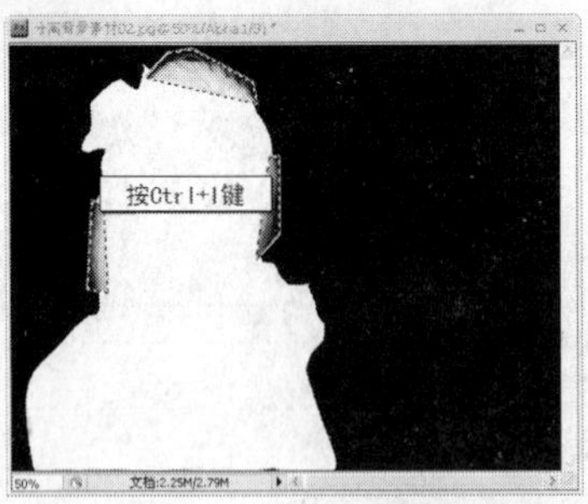

图 16-75　选择【反相】命令

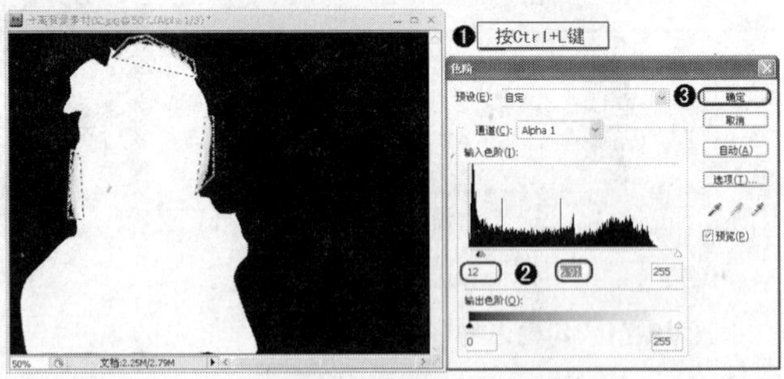

图 16-76　调整【色阶】参数

08 选择【图像】|【调整】|【亮度/对比度】命令，在打开的【亮度/对比度】对话框中将【对比度】设置为 25，然后单击【确定】按钮，效果如图 16-77 所示。

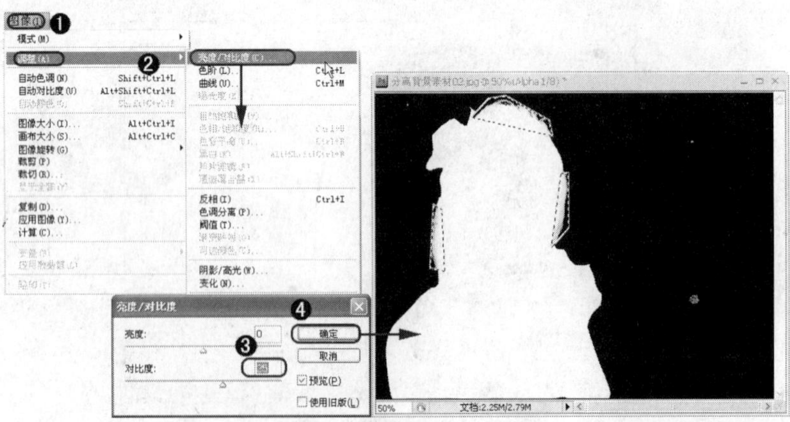

图 16-77　调整图像的对比度

09　按【Ctrl+D】组合键，取消选区，发现部分选区线的地方呈灰白色，在工具箱中选择 (橡皮擦工具)，确定当前的背景色为黑色，在橡皮擦工具的选项栏中将【画笔】大小定义为 38，然后使用橡皮擦工具将背景中的灰白色区域填黑，如图 16-78 所示。

10　定义当前的输入法为英文状态，按下【D】键，将前景色和背景色设置为默认值，再在工具箱中选择 (橡皮擦工具)，在橡皮擦工具的选项栏中将【画笔】大小定义为 38，然后使用橡皮擦工具将少女脸部内的黑线擦掉，如图 16-79 所示。

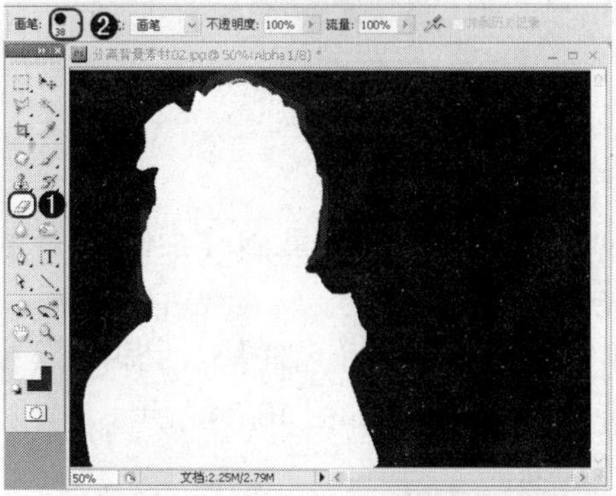

图 16-78　擦去背景中的灰白色区域

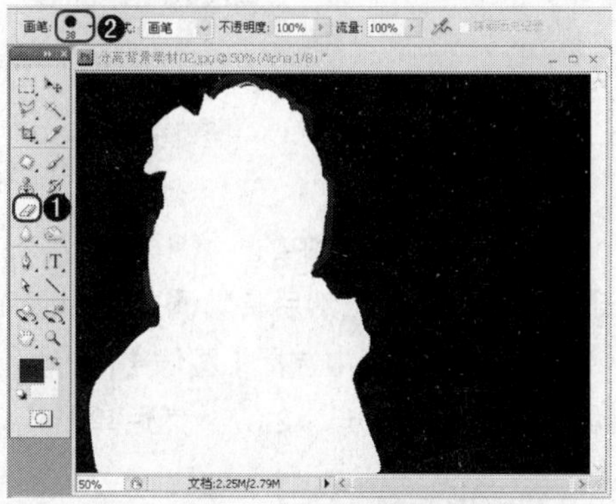

图 16-79　擦除脸部的黑线

技巧：使用橡皮擦工具时笔刷大小可以根据实际情况进行调整，擦去范围较大的部分，可将画笔调大一些，若擦除发梢处的细微部分可将画笔调小一些。

11　打开【通道】面板，单击该面板下面的 (将通道作为选区载入)按钮，将通道转化为选区，如图 16-80 所示。

12　回到【图层】面板，选中图层，然后按【Ctrl+J】组合键，复制选区到新图层，复制后的新图层以【图层 1】命名，如图 16-81 所示。

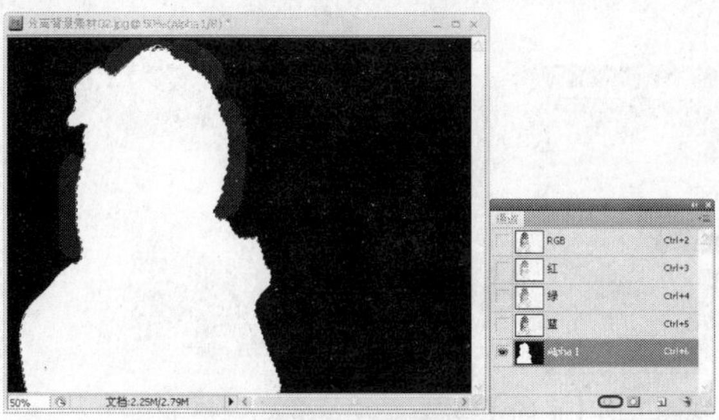

图 16-80　将 Alpha1 载入选区

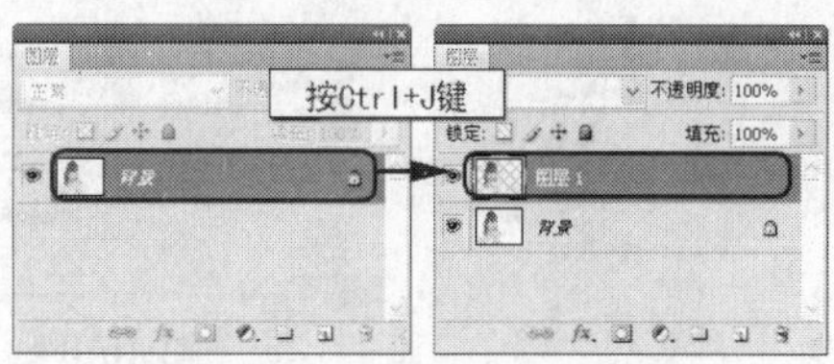

图 16-81　复制选区到新图层

13　选择【图层】面板中的【背景】图层，将其拖动至该面板下方的 按钮中，将【背景】图层删除，将人物从背景图层中选取出来，完成后的效果如图 16-82 所示。

图 16-82　删除【背景】图层

14　选择工具箱中的（移动工具），将【图层 1】拖动至【分离背景.jpg】文件中，系统会自动生成新的图层，然后将其调整至如图 16-83 所示的位置。

15　在菜单栏中选择【图像】|【调整】|【色阶】命令，在打开的【色阶】对话框中将【输入色阶】的值设置为 55、2.07，然后单击【确定】按钮，完成后的效果如图 16-84 所示。

图 16-83　将人物图层拖动至背景图像中

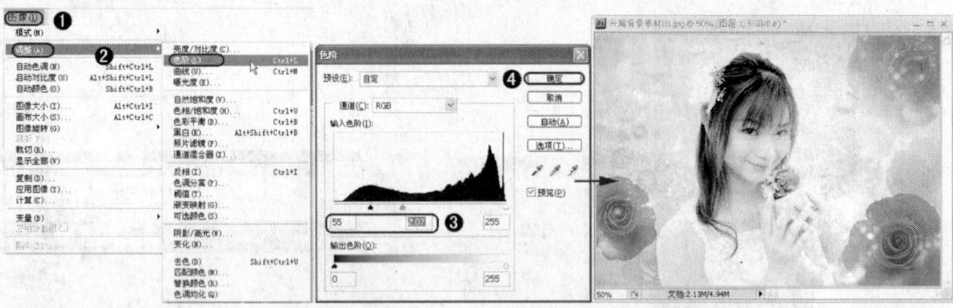

图 16-84　调整人物图层的【色阶】参数

16　在工具箱中选择（模糊工具），将选项栏中的【画笔】大小定义为 53，然后在图像中涂抹人物图像的边缘，使人物与背景相融合，完成后的效果如图 16-85 所示。

17　选择工具箱中的（横排文字工具），在选项栏中将【字体】设置为【汉仪雪君体简】，将【字体大小】设置为【120 点】，将【锯齿】设置为【锐利】，将【字体颜色】设置为蓝色，然后在图像中输入“微笑的玫瑰”5 个字，如图 16-86 所示。

图 16-85　模糊边缘

图 16-86　创建文字图层

18 在【图层】面板中，双击文字图层，打开【图层样式】对话框，选择【描边】复选框，将颜色值设置为黄色，如图 16-87 所示。

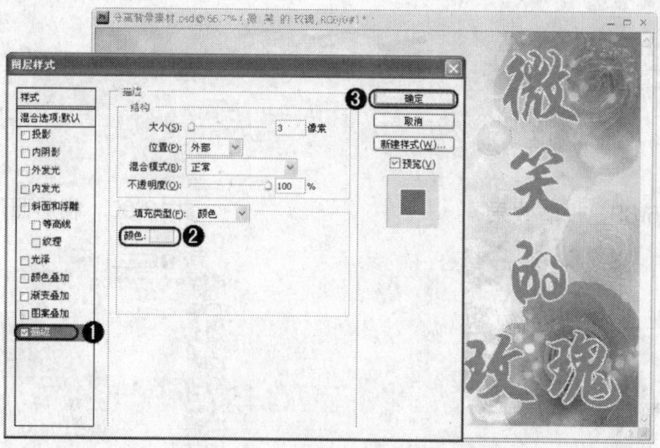

图 16-87　设置【描边】参数

19 继续选择【渐变叠加】复选框，打开【渐变叠加】对话框，选择如图 16-88 所示的渐变类型，将【角度】值设置为 100 度，【缩放】的值设置为 90%，为文字图层添加渐变颜色，完成后的效果如图 16-88 所示。

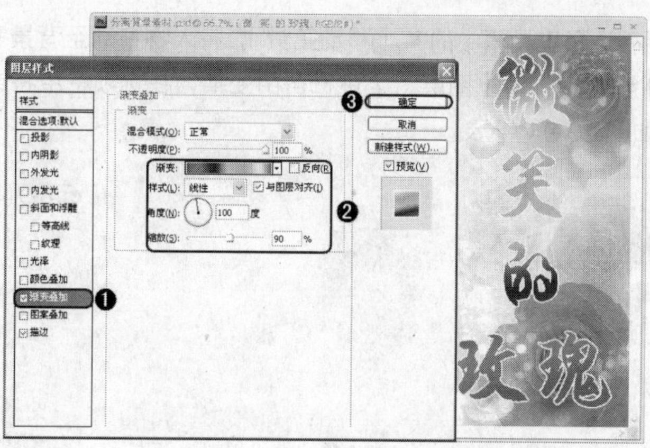

图 16-88　设置【渐变叠加】参数

16.3.2 相册效果

本例通过介绍相册效果的制作来介绍其他常用工具。在本例中将使用到的工具主要包括（多边形套索工具）和（直排文字工具）等。其效果如图 16-89 所示。

制作相册效果的具体操作步骤如下：

01 启动 Photoshop CS4 软件，在 Photoshop 窗口中的空白处双击，打开【打开】对话框。在该对话框中选择随书光盘中的【原始文件 | Cha16 |相册照片背景.jpg 和相册照片.jpg】文件，然后单击【打开】按钮，打开如图 16-90 和图 16-91 所示的素材文件。

02 在工具箱中选择（多边形套索工具），在多边形套索工具的选项栏中将【羽化】值设置为 15，然后在相册照片素材中，勾选人物区域，如图 16-92 所示。

图 16-89 相册效果

图 16-90 相册照片背景素材

图 16-91 相册照片素材

图 16-92 勾选人物区域

03 勾选完成后，选择工具箱中的（移动工具），将人物拖动至背景素材中，如图 16-93 所示。然后按【Ctrl+T】组合键，对【图层 1】进行自由变换，在选项栏中将锁定的【宽度】和【高度】值设置为 110，如图 16-94 所示。

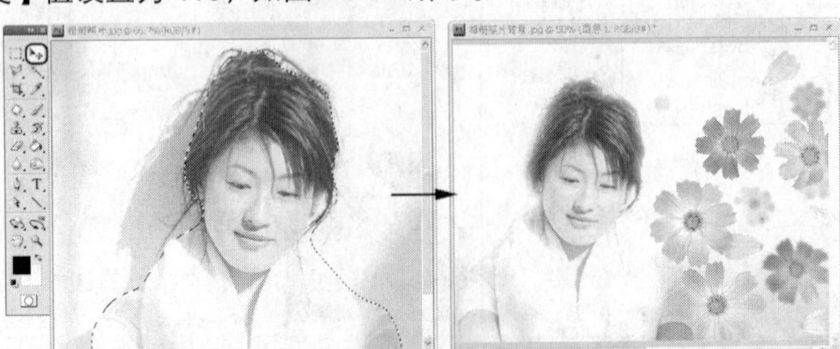

图 16-93 拖动人物至背景素材中

图 16-94 调整人物图层的大小

04　在【图层】面板中，单击【图层】面板底端的 （创建新图层）按钮，在“图层 1”的上方创建一个新图层，在菜单栏中选择【编辑】|【描边】命令，在打开的【描边】对话框中将【描边】区域下的【宽度】值设置为 3，将颜色设置为红色，在【位置】选项组中选择【内部】单选按钮，如图 16-95 所示，设置完成后单击【确定】按钮。

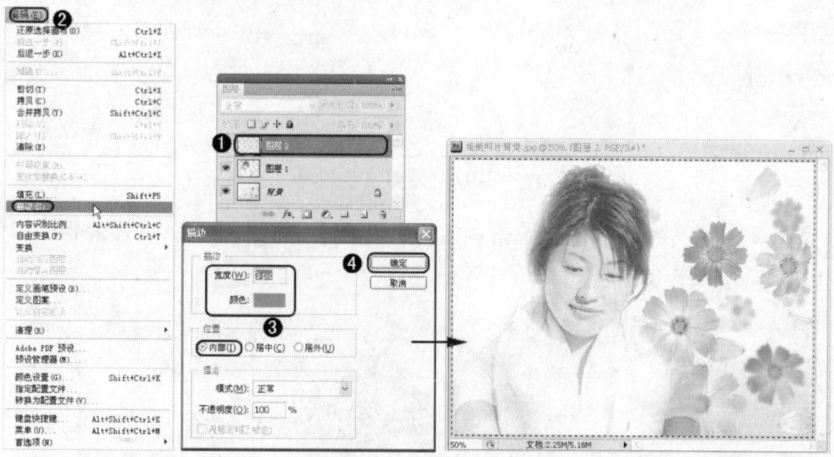

图 16-95　设置【描边】参数

05　在工具箱中选择 （直排文字）工具，在选项栏中将【字体】设置为【华文彩云】，将【字号】设置为 48，将【文本颜色】设置为红色，然后输入“花样年华”，如图 16-96 所示。

图 16-96　输入文字

06　单击【图层】面板下方的 （添加图层样式）按钮，在弹出的菜单中选择【投影】命令，在打开的【投影】对话框中，将【混合模式】后的颜色框中的 R、G、B 值设置为 243、233、0，将【角度】值设置为 120 度，将【距离】值设置为 2 像素，然后单击【确定】按钮，完成后的效果如图 16-97 所示。

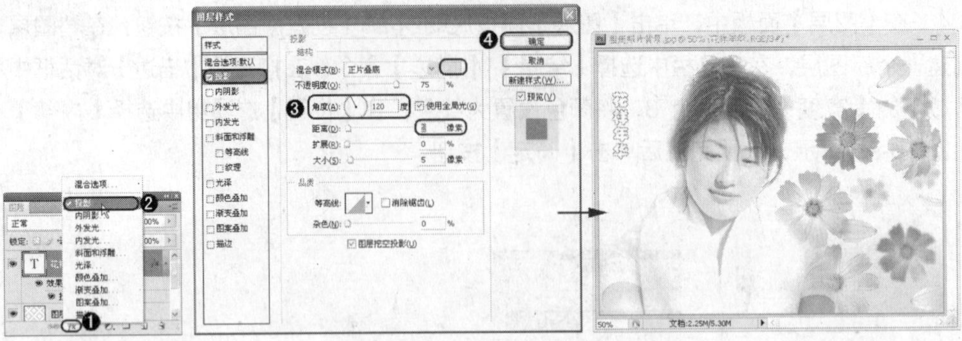

图 16-97　设置文字投影

07　在直排文字工具的选项栏中单击按钮，打开【字符】面板，在该面板中取消【仿粗体】按钮的选择，效果如图 16-98 所示。

图 16-98　调整字符

08　按【Ctrl+Shift+E】组合键将【图层】面板中的可见图层合并，然后选择菜单栏中的【文件】|【保存】命令，在打开的对话框中选择正确的路径进行保存。

16.4　本章小结

本章通过实例讲述了 Photoshop CS4 中使用工具创建选区的方法，包括使用选框工具组、套索工具组创建选区的方法，还介绍了编辑选区和通道的使用方法。通过本章的学习，相信大家对 Photoshop CS4 有了更进一步的认识。

16.5　习题

1．填空题

（1）在创建选区时按住 Shift 键可以绘制________的选区，如果在选取范围之后，按住【Shift】键可以将选择其他区域并添加到选区。

（2）________是 Photoshop 中最重要、也是最为核心的功能之一，它用来保存选区和图像的________。

（3）多通道模式不支持图层，因此，图像中所有的可见图层都会拼合为一个图层。当进行删除 Alpha 通道、专色通道或快速蒙版时，________图像。

2．选择题

（1）在编辑选区时，对于【扩展量】和【收缩量】，要求输入一个________之间的整数。

A．1～100　　B．2～200　　C．1～99

（2）当复合通道（即 RGB 通道）是由各原色通道组成的，在选中隐藏面板中的某个原色通道时，复合通道将会________。

A．自动显现　　B．自动隐藏　　C．自动创建

（3）Alpha 通道、颜色通道和专色通道都包含选区，在【通道】面板中选择要载入选区的通道，单击将________按钮，即可载入通道中的选区。

A．通道载入　　B．将通道作为选区载入　　C．将选区作为通道载入

3．简答题

（1）简述魔棒工具的使用方法。

（2）简述通道的原理与工作方法。

第 17 章　使用文字、路径和切片

本章将主要介绍 Photoshop CS4 中使用不同的工具对图像进行选区，并对通道进行了相应的介绍。通过本章的学习，使用户进一步对 Photoshop CS4 认识。

本章重点

- 学会多种选区工具的应用
- 认识通道

17.1　文字

文字是人们传达信息的主要方式，在设计工作中显得尤为重要。文字的不同大小、颜色及不同的字体传达给人们的信息也不相同，所以，大家要熟练地掌握关于文字的输入与设定的方法。

17.1.1　文字工具选项栏

在输入文字以前，需要在工具选项栏或者【字符】面板中设置字符的属性，包括字体、字体大小及文字颜色等，如图 17-1 所示为文字工具的工具选项栏。

图 17-1　文字工具的工具选项栏

- （更改文本方向）：如果当前选择的文字是横排文字，单击该按钮，可将其转换为直排文字；如果是直排文字，则可将其转换为横排文字。
- 设置字体：在该选项的下拉列表中可以为文字选择一种字体，如图 17-2 所示。如果在计算机上安装了同种字体的一个以上的副本，则字体名称后面会显示一个缩写标志，例如，T1 表示 Typel 字体，TT 表示 TrueType 字体，OT 表示 OpetlType 字体。
- 设置字体样式：该选项用来为字符设置样式，包括 Regular（规则的）、Italic（斜体）、Bold（粗体）和 Bold Itallc（粗斜体）等，如图 17-3 所示。该选项只对部分英文字体有效，如图 17-4 所示为各种字体样式的效果。
- 设置字体大小：在该选项的下拉列表中可以选择字体的字号，也可以直接输入数值来进行设置。

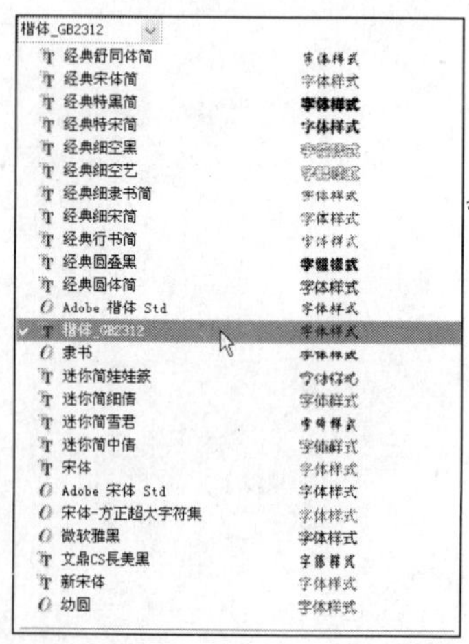

图 17-2　设置字体

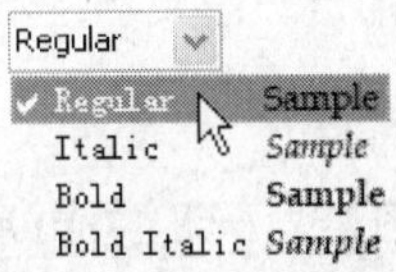

图 17-3　字体样式

图 17-4　字体样式效果

- 设置清除锯齿的方法：Photoshop 中的文字是使用 PostScript 信息从数学上定义的直线或曲线来表示的，如果没有设置消除锯齿，文字的边缘便会产生硬边和锯齿。在该选项中可以为文字消除锯齿，选择一种方法，如图 17-5 所示。Photoshop 可以通过部分填充边缘像素来产生边缘平滑的文字，这样，文字边缘就会混合到背景中，效果如图 17-6 所示。
- 设置文本对齐：可根据输入文字时光标的位置来设置文本的对齐方式，包括（左对齐文本）按钮、（居中对齐文本）按钮和（右对齐文本）按钮，如图 17-7 所示。

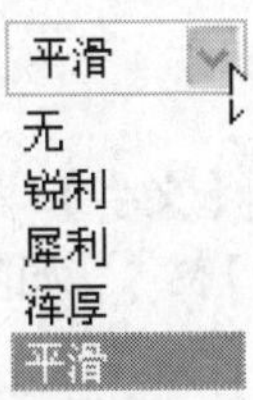

图 17-5　消除锯齿的方法列表

图 17-6　效果

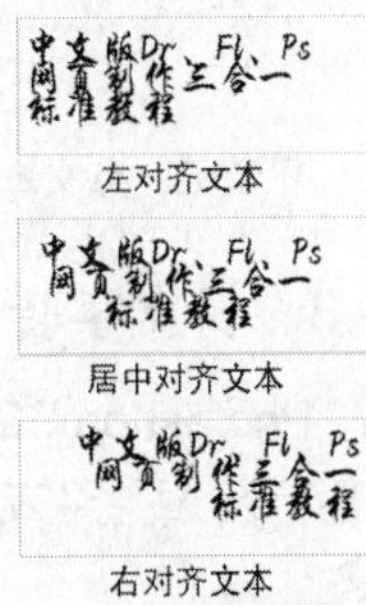

图 17-7　设置文本对齐方式

- 设置文本颜色：单击该选项中的颜色块，可在打开的拾色器中设置文字的颜色。
- （创建文字变形）按钮：单击该按钮，可在打开的【变形文字】对话框中为文本设置变形样式，以创建变形文字。
- （切换字符和段落面板）按钮：单击该按钮，可以显示或隐藏【字符】和【段落】面板。
- （取消所有当前编辑）按钮：单击该按钮，可取消当前文本的输入操作，也可以按下 Esc 键取消输入。
- （提交所有当前编辑）按钮：单击该按钮，可以确认文本的输入操作，也可以按下 Ctrl+Enter 组合键，或者单击工具箱中的其他工具确认输入操作。

17.1.2　创建文字

输入文字的工具有（横排文字工具）、（直排文字工具）、（横排文字蒙版工具）和（直排文字蒙版工具）4 种，后两种工具主要用来建立文字选区。

利用文字输入工具可以输入两种类型的文字：点文本和段落文本。

点文本用于较少文字的场合，例如标题、产品及书籍的名称等。输入时，选择文字工具，在画布中单击输入即可，它不会自动换行，如图 17-8 所示。

段落文本主要用于报纸杂志、产品说明及企业宣传册等。输入时，选择文字工具在画布中单击并拖动鼠标，生成文本框，然后在其中输入文字即可，它会自动换行形成一段文字，如图 17-9 所示。

> **提示：**当创建文字时，在【图层】面板中会添加一个新的文字图层，如图 17-10 所示。在 Photoshop 中，还可以创建文字形状的选框，但因为【多通道】、【位图】或【索引颜色】模式不支持图层，所以不会为这些模式中的图像创建文字图层，在这些图像模式中，文字显示在背景上。

图 17-8　点文本

图 17-9　段落文本

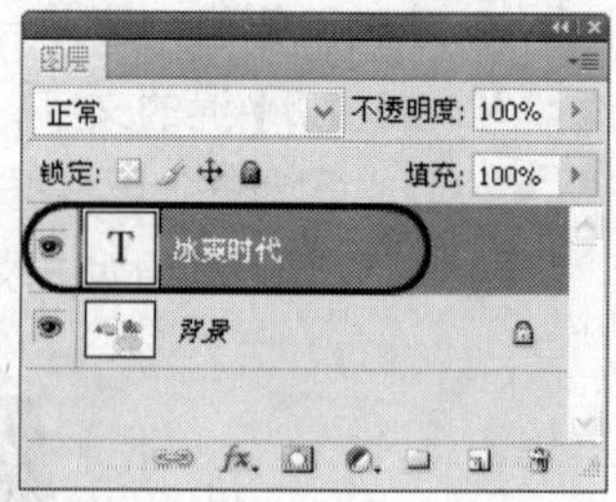

图 17-10　【图层】面板

17.1.3　将文字转化为形状

在 Photoshop CS4 中还可以将文字转化为形状后进行处理。选择【图层】|【文字】|【转化为形状】命令，或者在相应的图层上右击，在弹出的快捷菜单中选择【转化为形状】命令，如图 17-11 所示。

> **提示：**文字转化为形状后，就成为了形状图层，不再具有文字的属性，但是可以使用调整形状的方法对其进行处理（关于对形状的调整方法，后面将进行详细的讲解）。

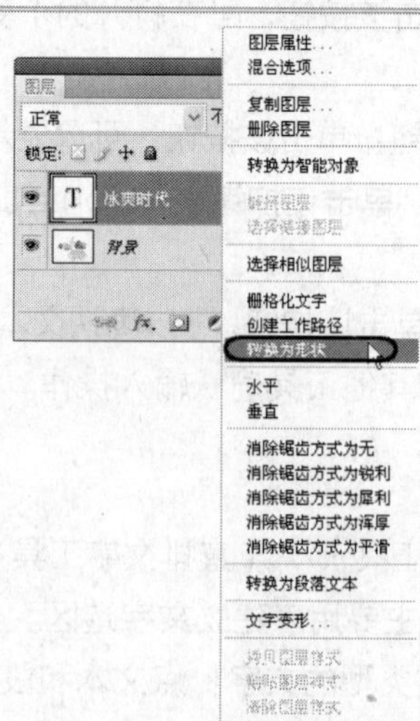

图 17-11　转化形状图层

17.1.4 将文字转化为工作路径

在 Photoshop CS4 中，可以使用 （横排文字蒙版工具）和 （直排文字蒙版工具）来创建文字形状的选区，文字选区出现在当前图层中，而不生成新的图层，并且可以像任何其他的选区一样被移动、复制、填充或描边。

创建文字形状的选区的方法如下：

选择 （横排文字蒙版工具）或 （直排文字蒙版工具），在图层上单击或拖动，输入文字时，当前图层上会出现一个红色的蒙版，如图 17-12 所示。

文字提交后，当前图层上的图像中就会出现文字选框，如图 17-13 所示。

图 17-12 输入文本

图 17-13 出现文字选框

> **提示：** 在输入状态未提交之前，可以更改文字的所有属性，但提交成为选区后，就不再具有文字的任何属性，只能用修改选区的方法对其进行修改。

17.1.5 栅格化文字

文字图层是一种特殊的图层。要想对文字进行进一步的处理，可以对文字进行栅格化处理，即先将文字转换成一般的图像再进行处理。

对文字进行栅格化处理的方法如下：

使用 （移动工具）选择文字图层，然后选择【图层】|【栅格化】|【文字】命令即可。栅格化处理前后的效果对比如图 17-14 所示。

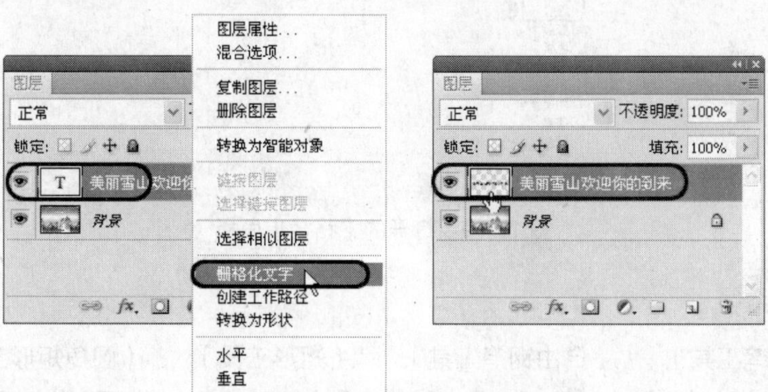

图 17-14 栅格化处理前后的效果对比

> **提示：**文字图层栅格化处理以后，就成为了一般图形，不再具有文字的属性。文字图层成为普通图层后，可以对其直接应用【滤镜】效果。

17.2 使用路径

路径是由线条及其包围的区域所组成的矢量轮廓，它包括有起点和终点的开放式路径，如图17-15所示，以及没有起点和终点的闭合式路径两种，如图17-16所示，此外它还是选择图像和精确绘制图像的重要媒介。利用路径选择图像和精确绘制图像的效果如图17-17和图17-18所示。

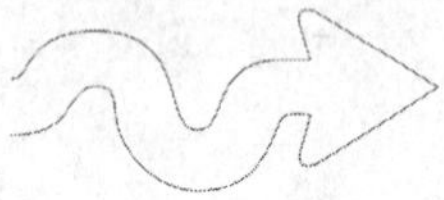

图17-15 开放式路径

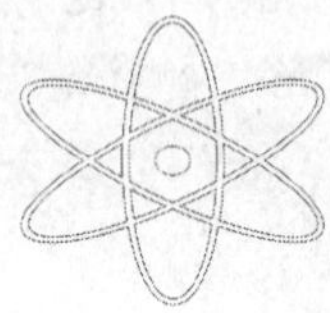

图17-16 闭合式路径

图17-17 利用路径选择图像

图17-18 精确绘制图像

17.2.1 认识【路径】面板

使用【路径】面板可以对路径快速、方便地进行管理。【路径】面板可以说是集编辑路径和渲染路径的功能于一身，在这个面板中，可以完成从路径到选区和从自由选区到路径的转换，还可以给路径添加一些效果，使得路径看起来不那么单调。选择【窗口】|【路径】命令，打开的【路径】面板如图17-19所示。

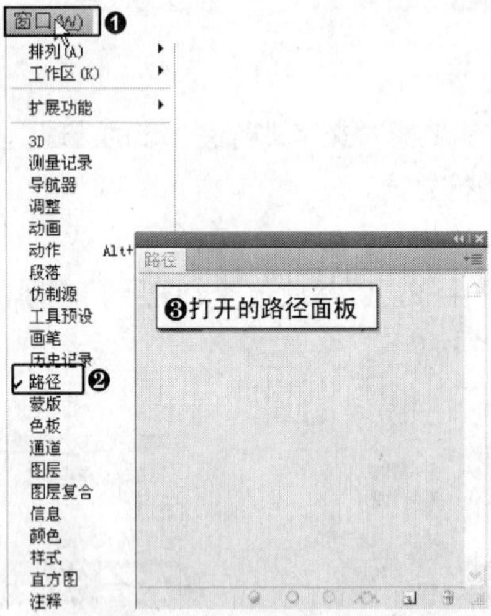

图17-19 打开的【路径】面板

17.2.2 创建路径

使用（钢笔工具）、（自由钢笔工具）、（矩形工具）、（圆角矩形工具）、（椭圆工具）、（多边形工具）、（直线工具）和（自定形状工具）等都可以创建路径，如图17-20所示，不过前提是在工具选项栏中按下（路径）按钮。

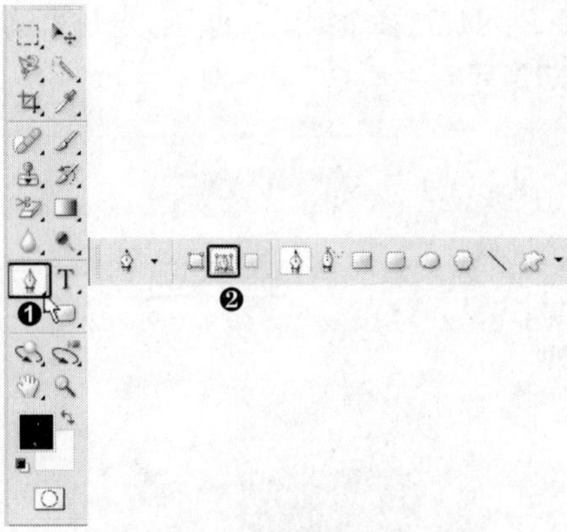

图 17-20　创建路径的工具

17.2.3　编辑路径

1. 使用路径选择工具

使用（路径选择工具）可以选择整个路径，也可以移动路径。如果选择工具选项栏中的【显示定界框】复选框，则被选择的路径会显示出定界框，如图 17-21 所示，拖动定界框上的控制点可以对路径进行变换操作。

若要实现对路径的精确移动，可以用方向键配合 Shift 键每次移动 10 个像素。若再按下 Alt 键，则每相距 10 个像素复制一次，如图 17-22 所示。

2. 使用直接选择工具

（直接选择工具）主要是用来选择锚点和方向点的。被选中的锚点显示为实心方形，没有选中的锚点显示为空心的方形，如图 17-23 所示。

图 17-21　调整定界框

图 17-22　移动复制

图 17-23　选中的锚点显示

在路径外单击则可隐藏锚点，如图 17-24 所示。在锚点上单击可以选择这个锚点，并且可以在锚点两侧出现控制柄，如图 17-25 所示。

如果配合使用【Shift】键，则可加选多个锚点。也可以通过框选来选择多个锚点，如图 17-26 所示，选择后的锚点如图 17-27 所示。

图 17-24　在路径外单击

图 17-25　在锚点上单击

图 17-26　框选锚点

锚点被选中后，可将光标放置在锚点上，通过拖动鼠标来移动锚点。当方向线出现时，可以用直接选择工具移动控制点的位置，改变方向线的长短来影响路径的形状，改变方向线的状态会影响路径的形状，如图 17-28 所示。这时按住【Alt】键可暂时切换为路径选择工具。

3．添加或删除锚点

使用（添加锚点工具）在路径上单击可以添加锚点，使用（删除锚点工具）在锚点上单击可以删除锚点；也可以在钢笔工具状态下，在工具选项栏中选择【自动添加 / 删除】复选框，如图 17-29 所示。此时在路径上单击即可添加锚点，在锚点上单击即可删除锚点。

图 17-27　选择后的锚点

图 17-28　移动控制点、方向线

图 17-29　选择【自动添加/删除】复选框

4．改变锚点性质

使用（转换点工具）可以使锚点在角点、平滑点和转角之间进行转换。

- 角点转换成平滑点：使用（转换点工具）在锚点上单击并分别拖动控制柄，即可转换成平滑点，如图 17-30 所示。
- 平滑点转换成角点：使用（转换点工具）直接对锚点单击即可，如图 17-31 所示。

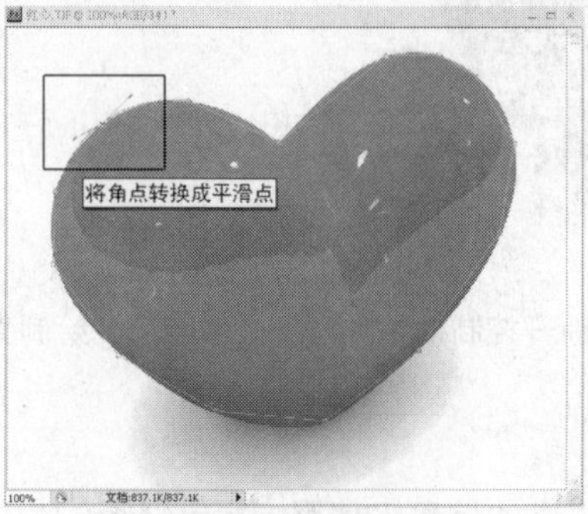

图 17-30　转换为平滑点

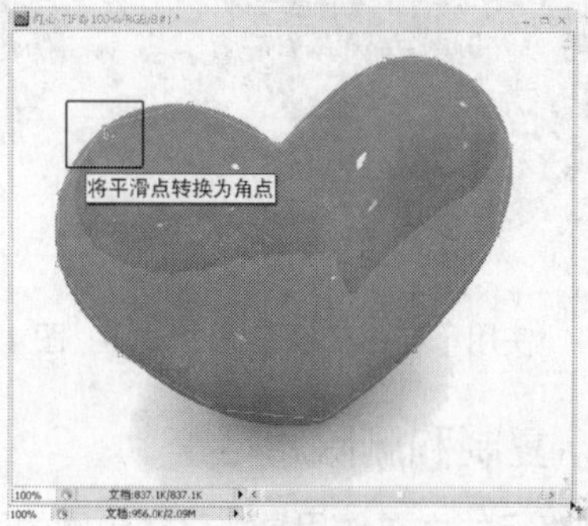

图 17-31　将平滑点转换成角点

- 平滑点转换成转角点：使用（转换点工具）单击方向点并拖动，更改控制点的位置或方向线的长短即可，如图 17-32 所示。

5．删除路径

选中路径后按【Delete】键，或者在右键菜单中选择【删除路径】命令即可，如图 17-33 所示。

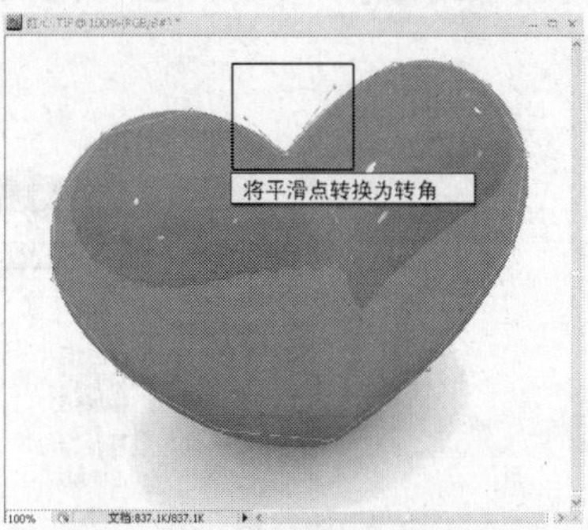

图 17-32　平滑点转换成角点

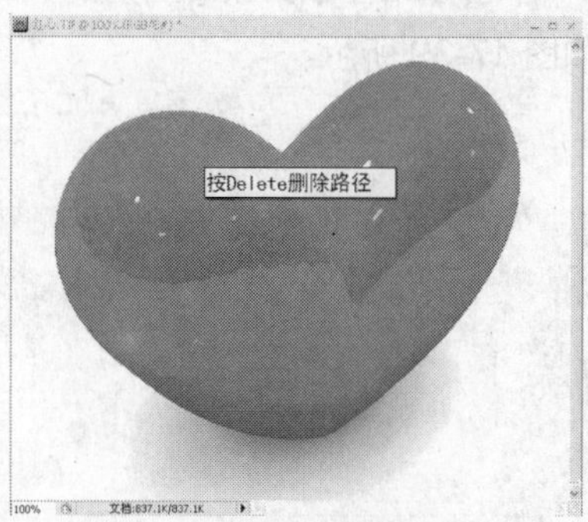

图 17-33　删除路径

6．使用【自由变换】命令

当锚点被选择后，可以使用【自由变换】命令对路径进行缩放及旋转等操作，如图 17-34 所示。

> **提示：** 在钢笔工具状态下，使用快捷键对路径编辑时要先按下快捷键，然后再进行操作，操作完毕后要先松开鼠标左键再松开快捷键，这样才不会发生误操作。

在实际工作中，对路径的编辑一般都是通过快捷键完成的。在钢笔工具状态下，按下【Ctrl】键可以切换为（直接选择工具），按下【Alt】键可以切换为（转换点工具）。在没按任何键的情况下在锚点上单击，可以删除锚点，在路径上单击可以添加锚点。在钢笔工具状态下，绘制过程中按下 Alt 键单击锚点，可以使控制柄断开，如图 17-35 所示，在后边可以绘制直线，如图 17-36 所示；拖动控制柄可以使控制柄断开，然后可以对锚点两侧的路径段进行单独操作。

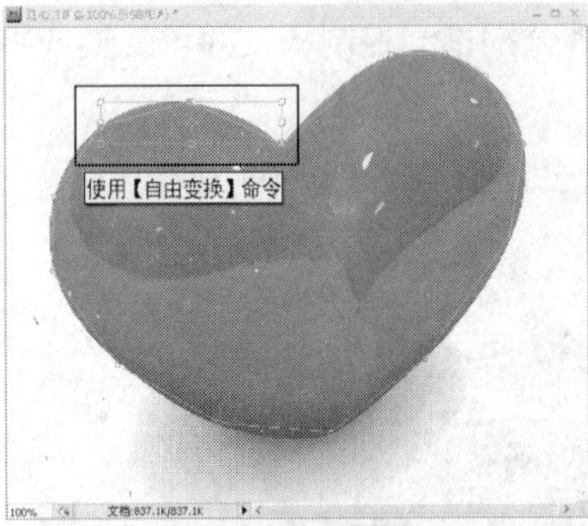

图 17-34　使用【自由变换】命令

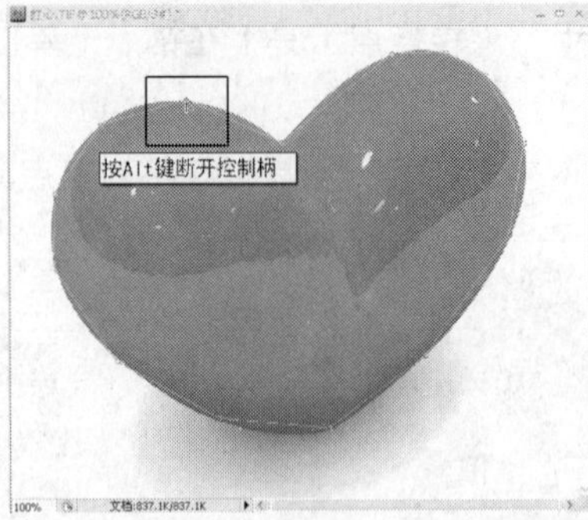

图 17-35　按 Alt 键断开控制柄

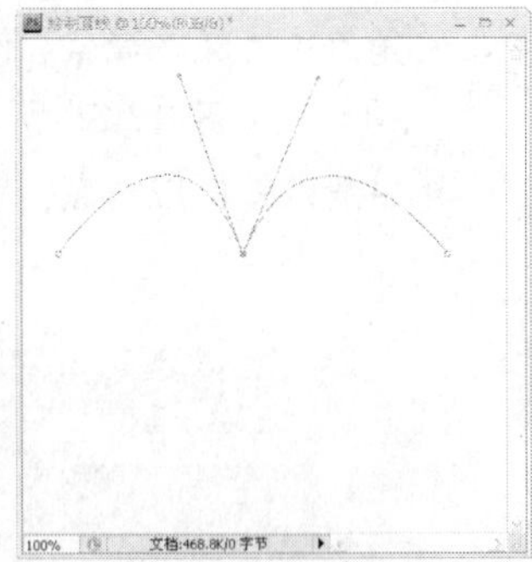

图 17-36　绘制直线

17.2.4　复制和删除路径

复制路径的主要作用是将路径包围的图像作为其他程序的信息来使用。复制路径的具体操作步骤如下：

01　打开一张图片，如图 17-37 所示。

02　在工具箱中选择（钢笔工具），单击工具选项栏中的（路径）按钮，然后在场景中对图像创建路径，如图 17-38 所示。

03　单击【路径】面板右上角的黑三角按钮，选择【存储路径】命令后再选择【复制路径】命令，如图 17-39 所示。

图 17-37　打开的图片

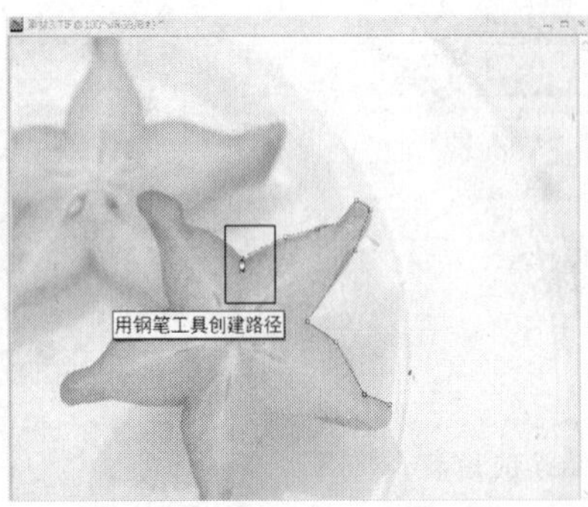

图 17-38　创建路径

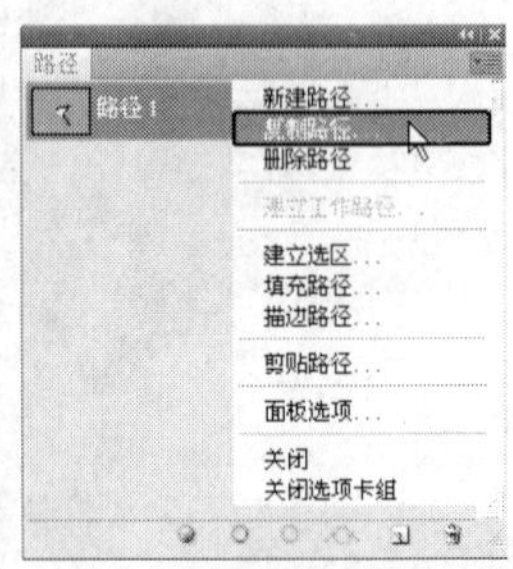

图 17-39　选择【复制路径】命令

> **提示：** 单击【路径】面板右上角的黑三角按钮，弹出面板菜单，从中可以实现【存储路径】、【复制路径】、【删除路径】、【建立选区】、【填充路径】、【描边路径】及【面板选项】等操作。

04　最后将该文件存储为 TIFF 格式即可。

使用（直接选择工具）可以直接选择路径，按 Delete 键直接将选择的路径删除。

17.3　网页切片输出

切片就是将一幅大图像分割为一些小的图像切片，然后在网页中通过没有间距和宽度的表格重新将这些小的图像没有缝隙地拼接起来，成为一幅完整的图像。这样做可以减小图像大小，减少网页的下载时间。

17.3.1　创建切片

创建切片使用的是切片工具，而且切片只能是矩形，不能是其他形状。当然，也可以创建多边形的切片，但是这种切片实际上是由矩形拼凑而成的。创建切片的具体操作步骤如下：

01　打开一张图片，如图 17-40 所示。

02　选择工具箱中的 ✂（切片工具），设置好选项栏中的参数，然后将该工具移到图像窗口上，对图像进行切片，形成的切片会被分成数块，并且切片将会依据切割的位置自动的进行编号，如图 17-41 所示。

图 17-40　打开的图片

图 17-41　进行切割后的图片

03　也可以将这张切片分为 6 部分。首先在切片部位右击，在弹出的快捷菜单中选择【切片划分】命令，则会打开【划分】对话框，在该对话框中设置【水平划分为】的值为 3、【垂直划分为】的值为 2，如图 17-42 所示，单击【确定】按钮。效果如图 17-43 所示。

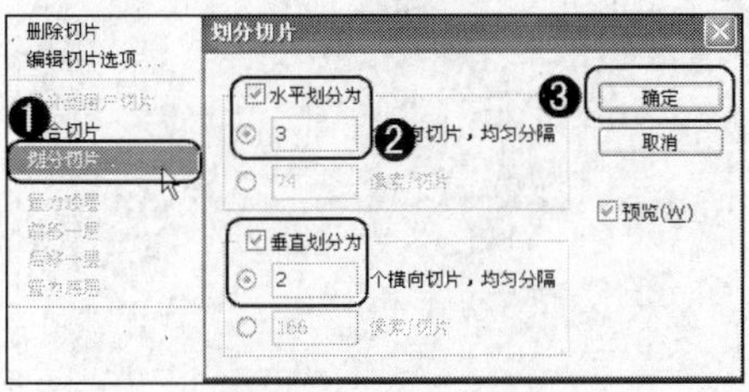

图 17-42　划分切片

图 17-43　效果图

17.3.2 编辑切片

制作完切片之后，我们可以更进一步地编辑切割的图像。

1．改变切割位置与切割大小

图像被切割之后仍然可以改变其位置与大小，选择（切片选择工具），在切片部位进行拖拉可以改变切割位置，或是拖拉切片边缘的变形控制点可以改变切割的大小，如图 17-44 和图 17-45 所示。

图 17-44　改变切割的位置

图 17-45　改变切割的大小

2．改变切割图像的前后顺序

如果连续使用（切片工具）多次切割图像时，图像上会出现多个可以编辑切片，此时我们可以改变切片前后顺序，以改变切割图像的数目。使用（切片选择工具）选取要改变顺序的切片，接着在选项栏中选择要改变的顺序按扭即可，如图 17-46 所示。

3．将未被切割的部分转换为切割

使用（切片选择工具）先选取需要转换的图片，然后单击选项栏中的提升按钮，如图 17-47 所示，效果如图 17-48 所示。

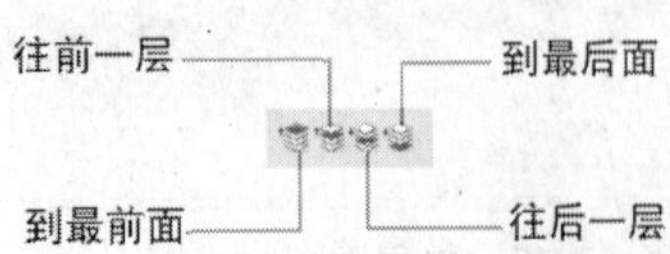

图 17-46　改变切割图片的前后顺序

图 17-47　转换切片

图 17-48　效果

4．删除图像切片

使用✂（切片选择工具）选取切片，接着按下 Delete 按键即可将其移除，而原本自动产生的未被切割的部分随着移除，或者执行【视图】|【清楚切片】命令，即可将图像的切片完全移除。

5．锁定图像切片

如果不希望切片位置变动的话，执行【视图】|【锁定图片】命令，即可将图像的切片完全锁住。

17.3.3　优化和输出切片

最后我们来输出切片，执行【文件】|【存储为 Web 和设备所用格式】命令，在打开的对话框中可以分别对各切片进行最佳化设定，设定完成后单击【确定】按钮即可输出所有的切片，如图 17-49 所示。

图 17-49　输出切片

17.4 上机练习

17.4.1 制作火焰字

本例将介绍火焰字的制作方法，主要通过旋转画布、为对象添加【风】效果，然后模糊对象并添加【波纹】效果，最后更改其模式，并调整曲线。制作完成后的效果如图 17-50 所示。

制作火焰字的具体操作步骤如下：

01 启动 Photoshop CS4 软件，按【Ctrl+N】组合键打开【新建】对话框，设置【宽度】和【高度】值分别为 800 像素、400 像素，设置【分辨率】值为 72 像素/英寸，如图 17-51 所示，设置完成后单击【确定】按钮。

图 17-50 火焰字效果

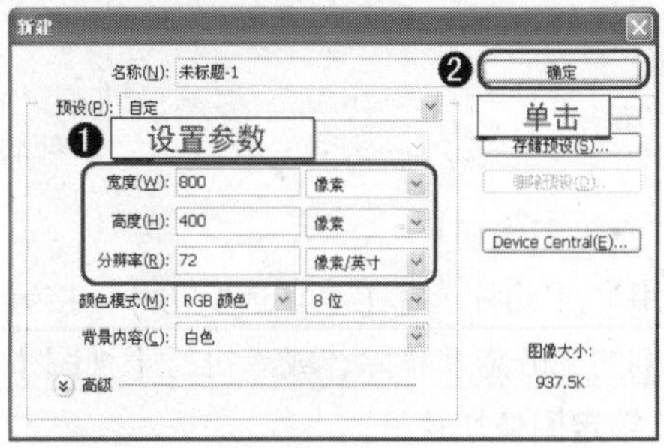

图 17-51 新建文档

02 将【背景】图层填充为黑色，效果如图 17-52 所示。

03 在工具箱中选择 T（横排文字工具），在工具选项栏中设置【字体】为【隶书】，设置【字体大小】值为 180 点，然后在场景中输入“疯狂导购”，将字体颜色设置为白色，效果如图 17-53 所示。

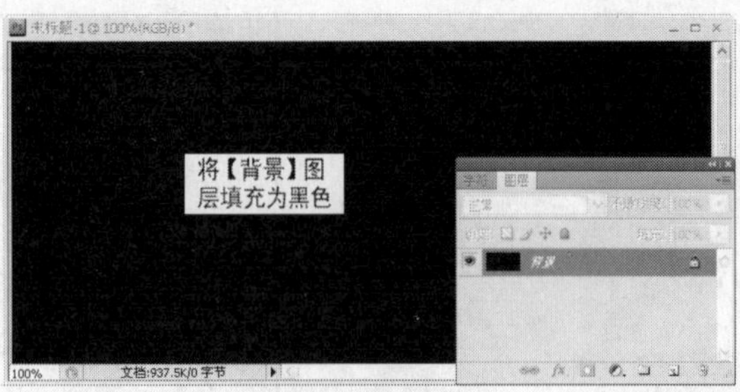

图 17-52 为背景图层填充颜色

图 17-53 输入文本效果

04 在菜单栏中选择【图像】|【图像旋转】|【90 度（顺时针）】命令，将图像顺时针旋转 90 度，效果如图 17-54 所示。

05　在【图层】面板中右击【疯狂导购】图层，在弹出的快捷菜单中选择【栅格化文字】命令，如图 17-55 所示。

图 17-54　顺时针旋转画布

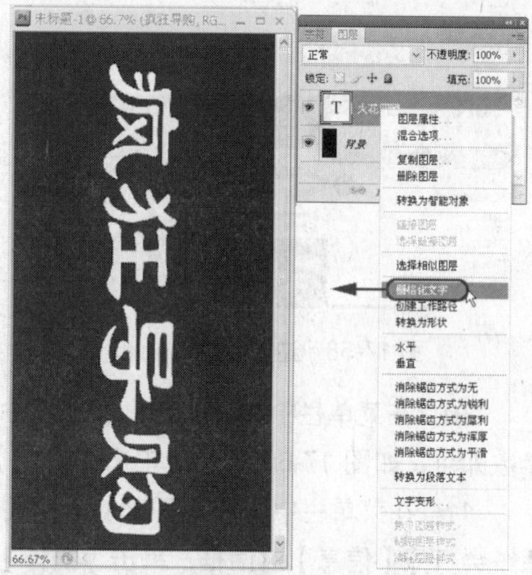

图 17-55　栅格化文字

06　在菜单栏中选择【滤镜】|【风格化】|【风】命令，在打开的【风】对话框中将【方向】定义为【从左】，如图 17-56 所示，设置完成后单击【确定】按钮。

07　此时效果不太明显，按【Ctrl+F】组合键再次执行【风】命令，效果如图 17-57 所示。

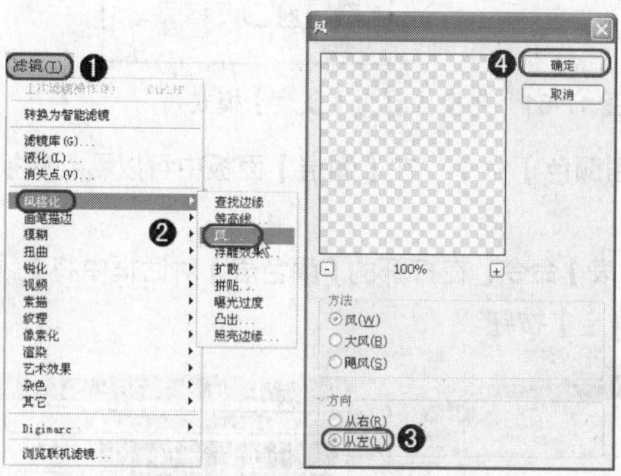

图 17-56　执行【风】命令

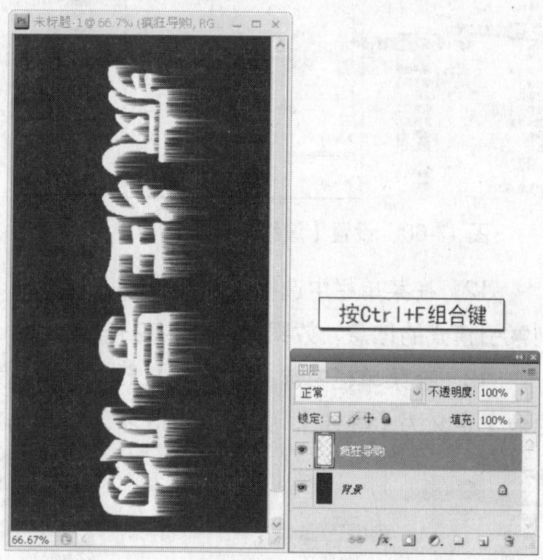

图 17-57　执行【风】命令后的效果

08　再在菜单栏中选择【图像】|【图像旋转】|【90 度（逆时针）】命令，将其逆时针旋转 90 度，效果如图 17-58 所示。

09　在菜单栏中选择【滤镜】|【模糊】|【高斯模糊】命令，在打开的【高斯模糊】对话框中将【半径】的值设置为 1.7，如图 17-59 所示，设置完成后单击【确定】按钮。

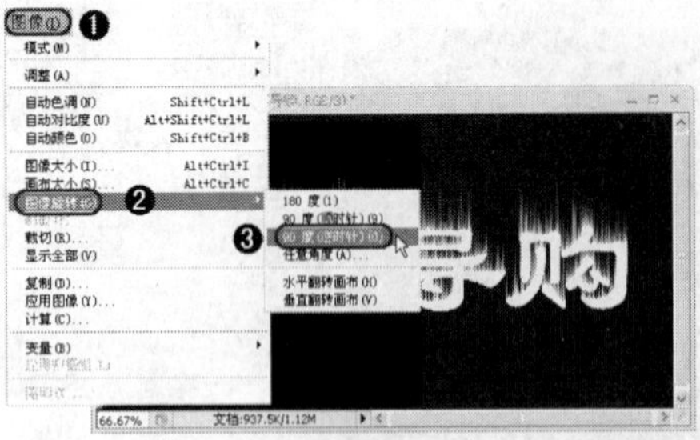

图 17-58　逆时针旋转画布

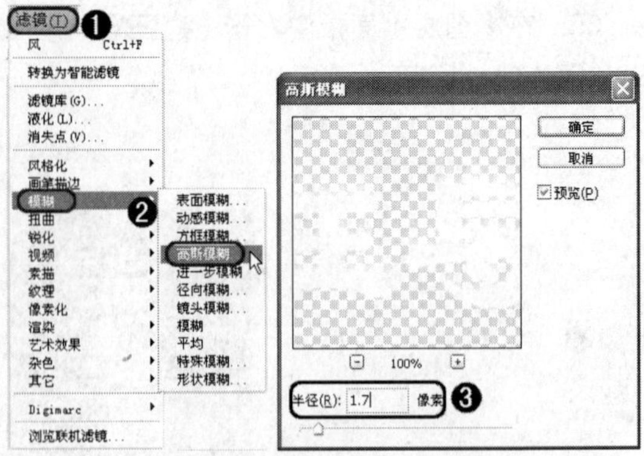

图 17-59　设置【高斯模糊】参数

10　在菜单栏中选择【滤镜】|【扭曲】|【波纹】命令，在打开的【波纹】对话框中使用默认参数即可，如图 17-60 所示，单击【确定】按钮。

11　在菜单栏中选择【图像】|【模式】|【灰度】命令，在打开的对话框中单击【拼合】按钮，系统会打开【信息】对话框，单击【扔掉】按钮，在【通道】面板中可以看到转换到灰度模式的信息，如图 17-61 所示。

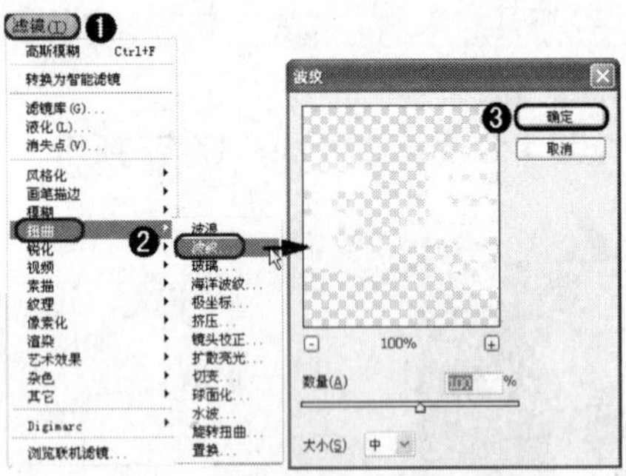

图 17-60　设置【波纹】参数

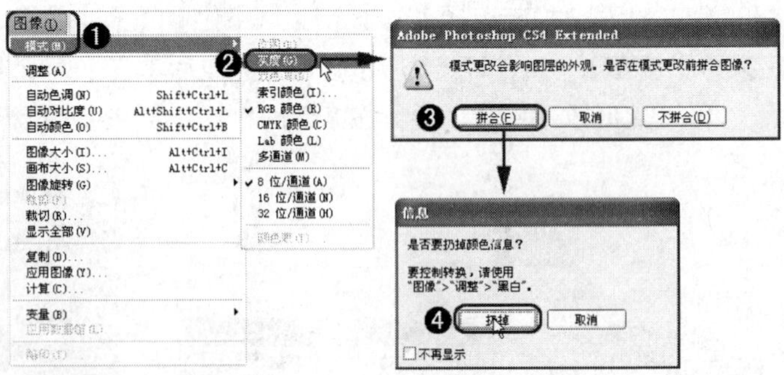

图 17-61　将模式改为【灰度】模式

12　在菜单栏中选择【图像】|【模式】|【索引颜色】命令，在【图层】面板中可以看到转换到索引模式的信息，效果如图 17-62 所示。

13　在菜单栏中选择【图像】|【模式】|【颜色表】命令，在打开的【颜色表】对话框中将【颜色表】定义为【黑体】，如图 17-63 所示，单击【确定】按钮。

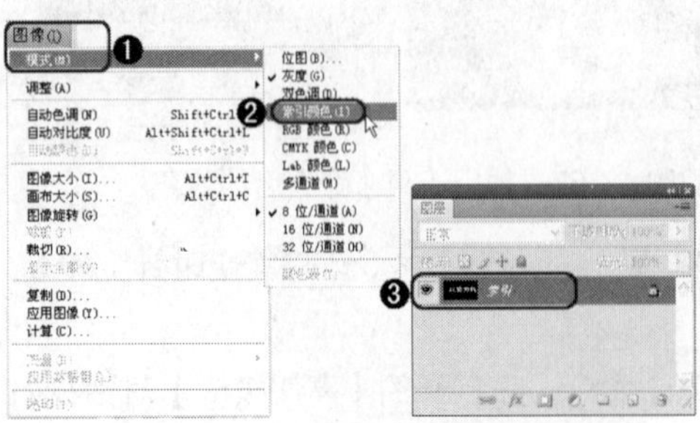

图 17-62　将模式改为【索引】模式

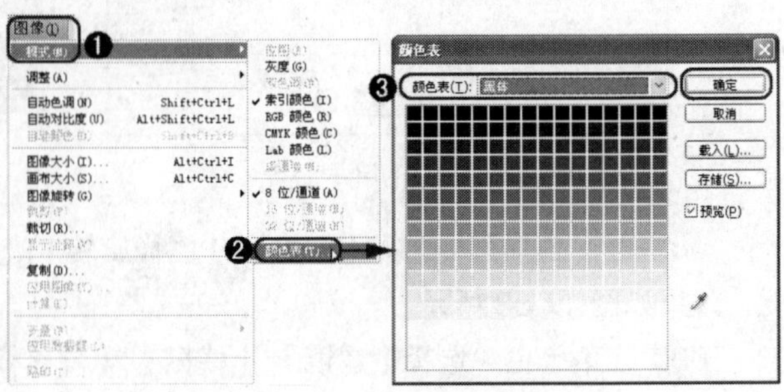

图 17-63　设置【颜色表】效果

14　再在菜单栏中选择【图像】|【模式】|【RGB 颜色】命令，效果如图 17-64 所示。

15　按 Ctrl+M 组合键打开【曲线】对话框，在该对话框中调整曲线的形状，调整完成后单击【确定】按钮，效果如图 17-65 所示。

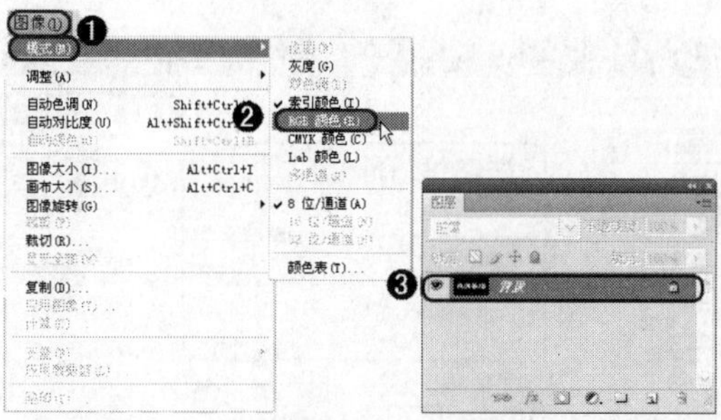

图 17-64　将模式改为 RGB 模式

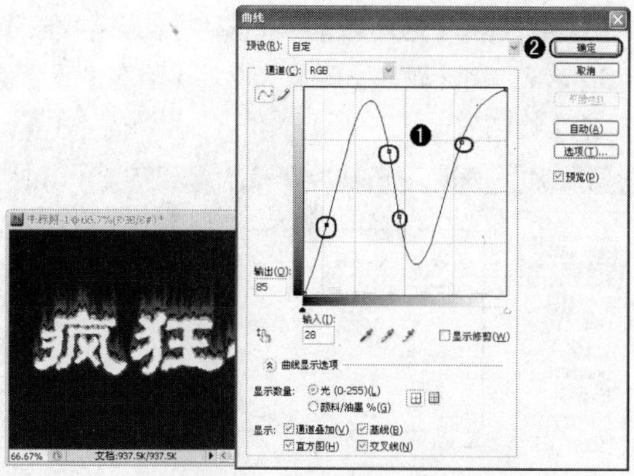

图 17-65　调整【曲线】效果

16　至此，火焰字效果就制作完成了，将制作完成后的场景文件进行保存。

17.4.2　凝胶按钮

本例为大家介绍凝胶按钮的制作，其制作方法主要运用T（横排文字工具）、路径工具和【图层样式】对话框来绘制凝胶按钮，其最终效果如图 17-66 所示。

图 17-66　凝胶按钮的效果

下面就为大家介绍一个漂亮的凝胶树叶按钮的制作，具体操作步骤如下：

01　在菜单栏中选择【文件】|【新建】命令，在打开的对话框中将【宽度】设置为 30 厘米，将【高度】设置为 25 厘米，如图 17-67 所示。

02　在工具箱中选择（自定义形状工具），在工具选项栏中将【形状】定义为叶子，将【颜色】设置为绿色，如图 17-68 所示。

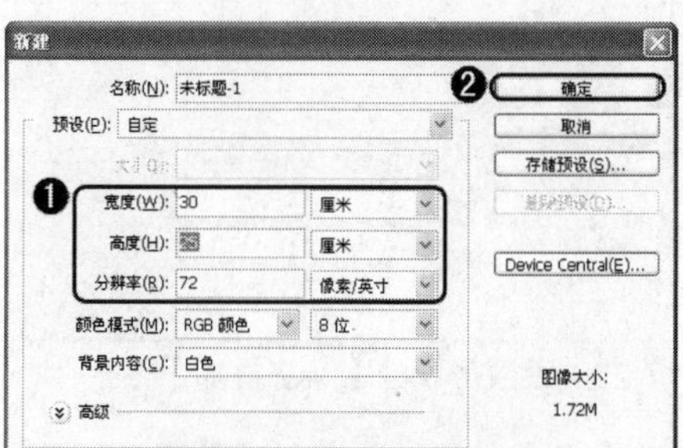

图 17-67　创建一个场景文件

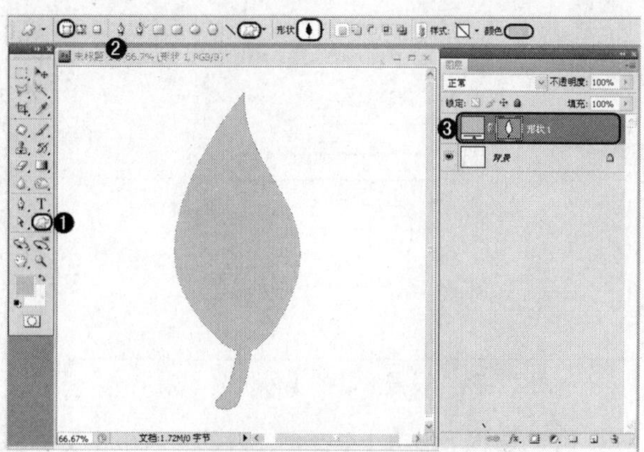

图 17-68　创建形状

03　在【图层】面板中双击叶子图层，在打开的对话框中选择【投影】选项，将【混合模式】定义为【正片叠底】，将颜色设置为黑色，将【不透明度】设置为75%，将【距离】设置为6，【扩展】设置为0，【大小】设置为32，如图17-69所示。

04　选择【内阴影】复选框，将【混合模式】定义为【叠加】，将颜色的RGB参数设置为205、246、227，将【距离】设置为21，【阻塞】设置为0，【大小】设置为59，如图17-70所示，单击【确定】按钮。

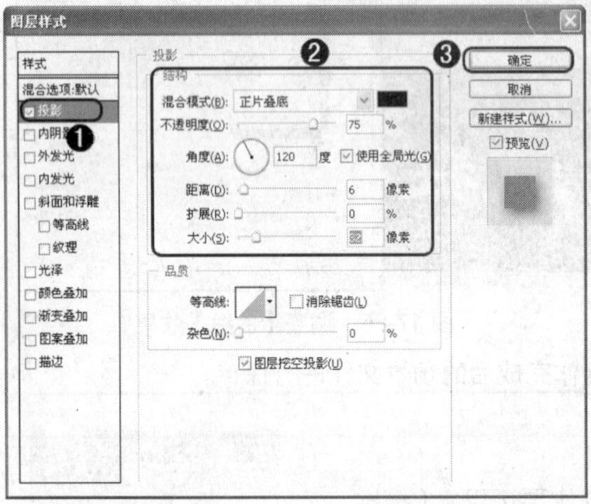

图17-69　设置形状的【投影】效果

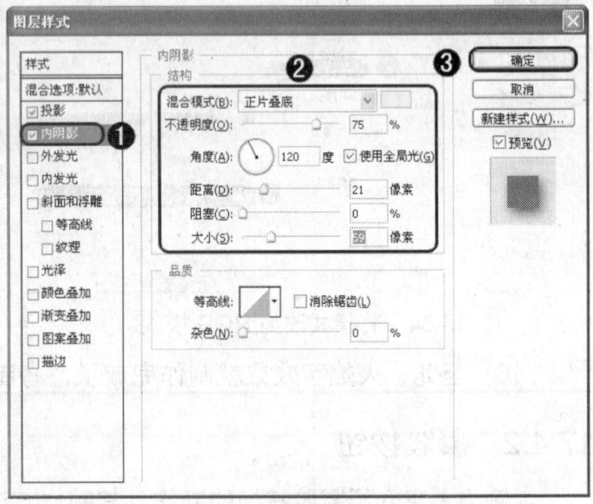

图17-70　设置形状的【外阴影】效果

05　选择【外发光】复选框，将【混合模式】定义为【正常】，将【不透明度】设置为75%，将发光的颜色设置为浅绿色，将【大小】设置为35，如图17-71所示。

06　选择【渐变叠加】复选框，将【不透明度】设置为40%，其他的选项使用默认设置，如图17-72所示。

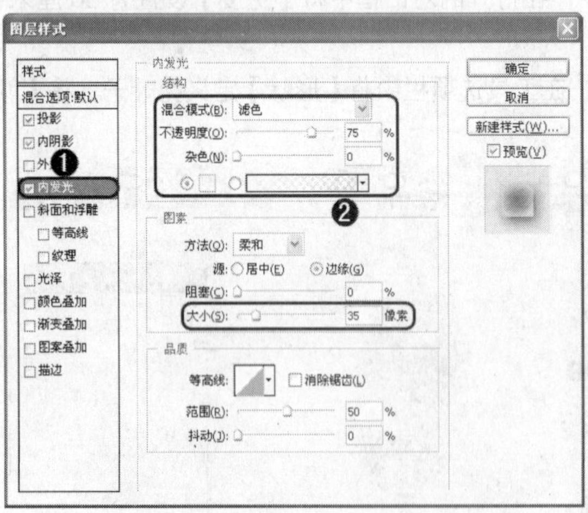

图17-71　设置形状的【外发光】效果

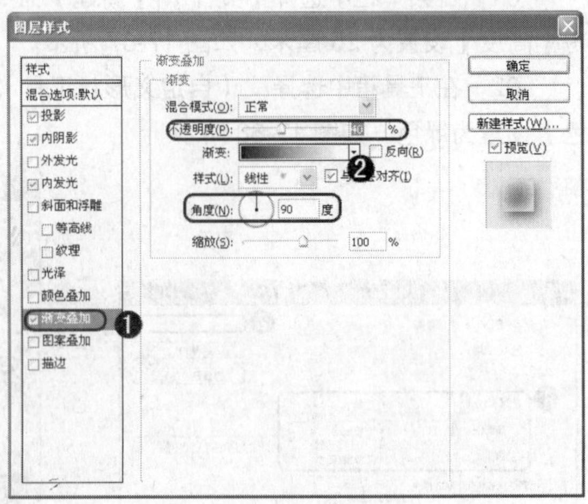

图17-72　设置形状的【渐变叠加】效果

07　选择【描边】复选框，将其颜色也定义为浅绿色，将【大小】设置为2，如图17-73所示，单击【确定】按钮。

08 完成形状的效果制作后，按【Ctrl+T】组合键打开自由变换控制框，在场景中旋转叶子的角度，如图 17-74 所示。

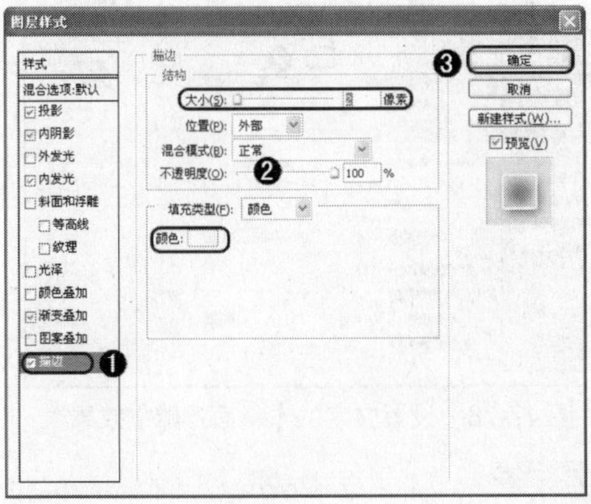

图 17-73 设置形状的【描边】效果

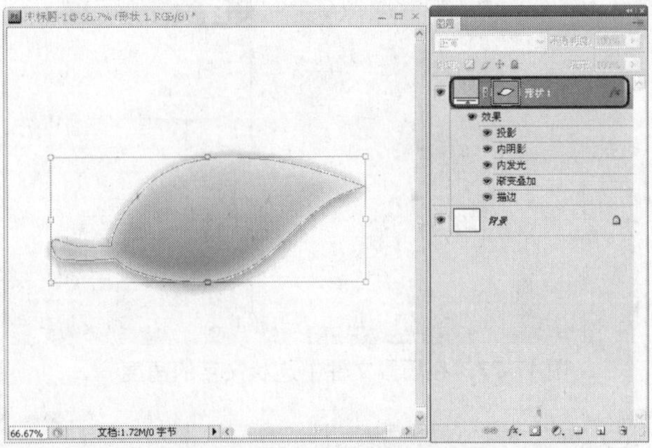

图 17-74 旋转叶子的角度

09 选择 T（横排文字工具），在场景文件中创建文字“相伴一生”，在工具选项栏中将字体设置为【汉仪娃娃篆简】，将大小设置为【100 点】，将颜色设置为黄色，如图 17-75 所示。

10 选中文字，在工具选项栏中单击 ⟨创建文字变形⟩ 按钮，在打开的对话框中将【样式】定义为【拱形】，选择【水平】单选按钮，将【弯曲】设置为 22，【水平扭曲】设置为 – 39，【垂直扭曲】设置为 – 11，如图 17-76 所示，单击【确定】按钮。

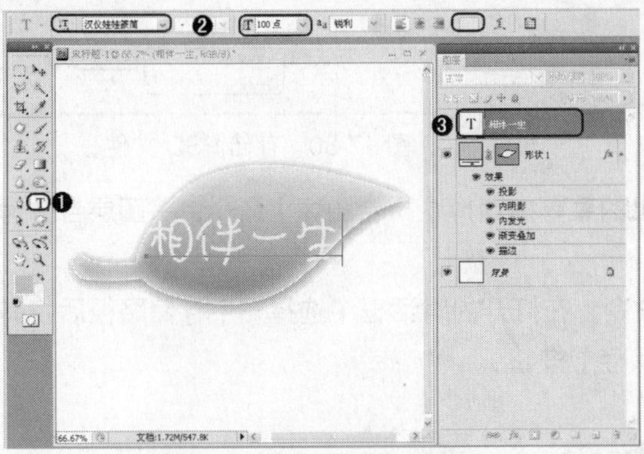

图 17-75 创建文字图层

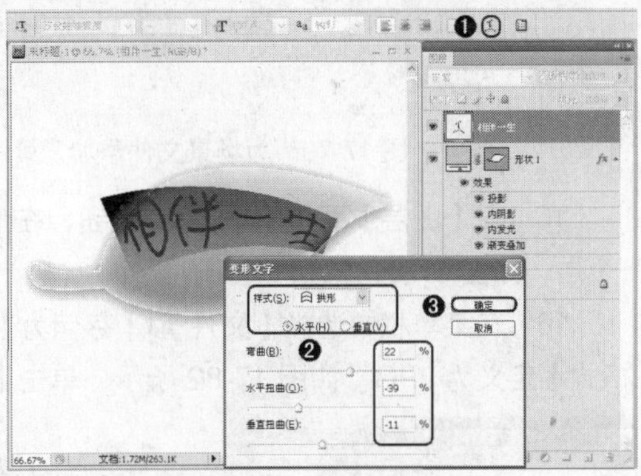

图 17-76 设置文字的样式

11 在场景中按【Ctrl+T】组合键打开自由变换控制框，在场景中旋转其角度，如图 17-77 所示。

12 双击文字层，在打开的对话框中选择【斜面和浮雕】复选框，在“结构”选项组中将【方向】定义为下，单击【确定】按钮，如图 17-78 所示。

13 打开随书光盘中的【CDROM | 素材 | Cha17 |凝胶效果背景.psd】文件，并将其拖拽到场景文件中，在场景文件中按【Ctrl+T】组合键打开自由变换控制框，在场景文件中调整背景的大小，使其符合场景文件即可，如图 17-79 所示。

14 在菜单栏中选择【文件】|【存储】命令，在打开的对话框中选状一个存储路径，将其命名后将其【格式】定义为 PSD，如图 17-80 所示，单击【保存】按钮。

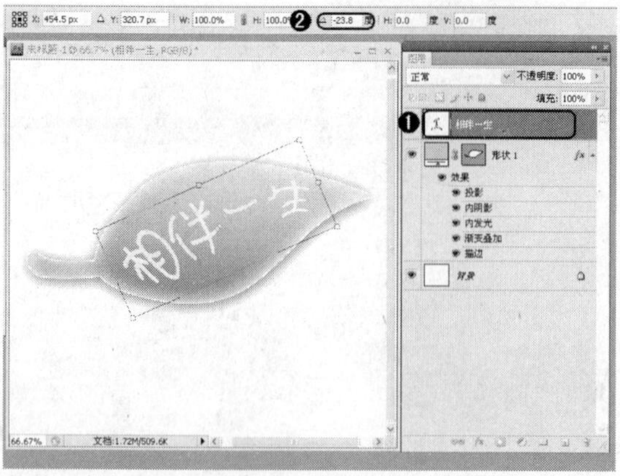

图 17-77　在场景文件中选状文字的角度

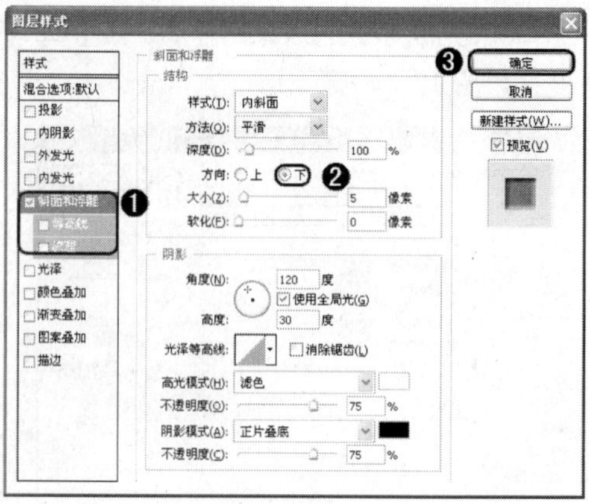

图 17-78　设置文字的【斜面浮雕】效果

图 17-79　为场景文件添加背景

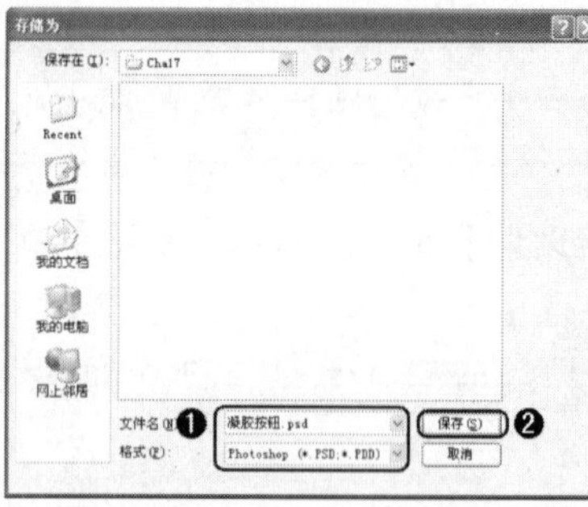

图 17-80　存储 PSD 文件

15　在【图层】面板中单击三按钮，在弹出的菜单中选择【拼合图像】命令，将图层合并为一个层，如图 17-81 所示。

16　在菜单栏中选择【文件】|【存储为】命令，在打开的对话框中选择一个存储路径后将其【格式】定义为 JPG，如图 17-82 所示，单击【保存】按钮。

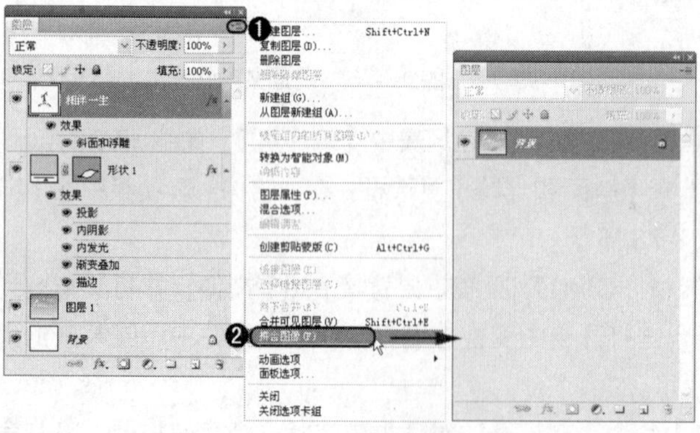

图 17-81　合并图层

图 17-82　存储合层后的效果

17.5 本章小结

本章主要讲述了 Photoshop CS4 中文字、路径和网页切片工具的使用，通过本章的学习，可以学会使用网页切片工具处理网页素材，再配合其他制作网页的软件就可以制作出更好的网页。

17.6 习题

1．填空题

（1）________的工具有横排文字工具、直排文字工具、横排文字蒙版工具和直排文字蒙版工具 4 种，后两种工具主要用来建立________。

（2）【路径】面板可以说是集________路径和________路径的功能于一身，在这个面板中，可以完成从路径到选区和从自由选区到路径的转换，还可以给路径添加一些效果，使得路径看起来不那么单调。

（3）在钢笔工具状态下，使用快捷键对路径编辑时要先________，然后再进行操作，操作完毕后要先松开鼠标左键再松开快捷键，这样才不会发生误操作。

2．选择题

（1）________是一种特殊的图层。要想对文字进行进一步的处理，可以对文字进行栅格化处理，即先将文字转换成一般的图像再进行处理。

A．文字图层　　B．图像图层　　C．图形图层

（2）使用【路径】面板可以对路径快速、方便地进行________。

A．管理　　B．使用　　C．编辑

（3）直接选择工具主要是用来选择________。被选中的锚点显示为实心方形，没有选中的锚点显示为空心的方形

A．方向点　　B．锚点　　C．锚点与方向点

3．简答题

（1）请简述在图像中如何创建切片。

（2）在编辑切片时如何改变切割的位置和切割的大小?

第18章 项目练习——使用Photoshop制作网站主页

一个简洁美观的网站封面可以明确地表达网站的主旨，并给访客留下良好的第一印象。本章将介绍如何使用 Photoshop 来设置网站主页。

本章重点

- 主页的设计
- 切割主页
- 给主页添加链接

18.1 主页的设计

某些网站由于内容较多、图片较大等问题，打开时间相对缓慢，因此可能导致大量浏览者在等待的过程中便放弃了继续打开网页的念头，对于商业网站来说，必定会造成一定的损失，而一个简单的网站封面便可以解决这个问题。网站封面仅是一张带有链接的图片，占据极少的资源，而精美的网站封面可以完美地表达网站所包含的主要信息，吸引浏览者浏览网站内容。

下面介绍一个简单的网站封面的制作，具体操作步骤如下：

01 启动 Photoshop CS4，按快捷键 Ctrl+N，打开【新建】对话框，在【名称】文本框中输入【封面】，设置【宽度】为 1600 像素，【高度】为 1200 像素，如图 18-1 所示。

02 在菜单栏中选择【文件】|【打开】命令，打开【打开】对话框。在该对话框中选择随书光盘中的【原始文件|Cha18|01.jpg、02.jpg、03.jpg、bg.jpg、logo.jpg】文件，如图 18-2 所示。

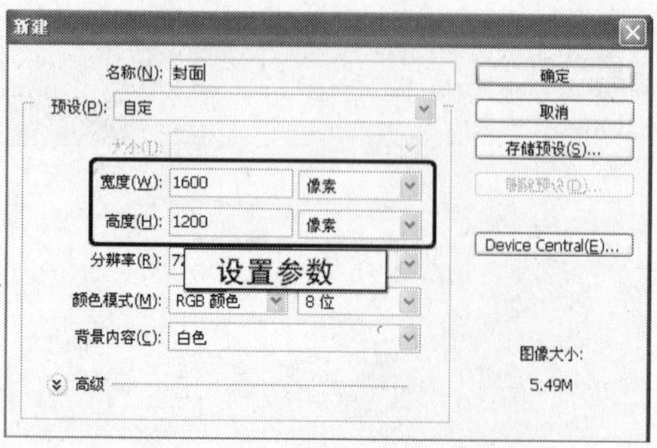

图 18-1 【新建】对话框

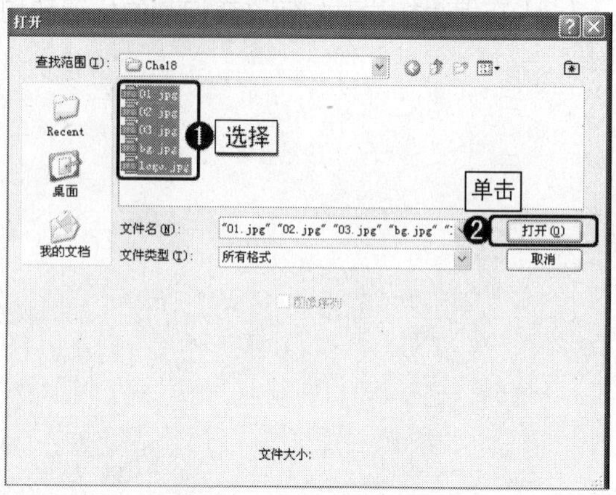

图 18-2 【打开】对话框

03 单击【打开】按钮，打开素材图像。选择图像 bg.jpg，将图层拖至【封面】中，如图 18-3 所示。

04 选择图像 01.jpg，在工具箱中选择魔棒工具，选择图层中白色背景部分，按【Ctrl+Shift+I】组合键反选选区，如图 18-4 所示。

图 18-3 复制图层

图 18-4 选择区域

05 在工具箱中选择移动工具，将选区拖至【封面】中，如图 18-5 所示。

06 使用同样的方法将 02.jpg、03.jpg、logo.jpg 中的素材图像拖至【封面】中，如图 18-6 所示。

图 18-5 复制选区

图 18-6 添加素材图像

07 在工具箱中选择横排文字工具，在场景中输入文字"前沿科技"，设置【字体】为【汉仪长美黑简】，【字体大小】设置为 72 点，字体颜色设置为#f6d744，如图 18-7 所示。

08 继续输入文字 3G，设置【字体】为 Charlemagne Std，【字体大小】设置为 150 点，如图 18-8 所示。

图 18-7　输入文字

图 18-8　输入文字

09　打开【样式】面板，单击面板右上角的下拉三角按钮，在弹出的下拉菜单中选择【文字效果】命令，在打开的对话框中单击【追加】按钮，如图 18-9 所示。

10　为文字 3G 添加【拉丝金属】样式，如图 18-10 所示。

图 18-9　追加文字样式

图 18-10　为文字添加样式

11　使用T（横排文字工具）继续输入文字“就在你身边”，设置【字体】为【汉仪大隶书简】，设置【字体大小】为 100 点，并为文字添加【喷溅蜡纸】样式，如图 18-11 所示。

12　最后输入文字“进入官网”，设置【字体】为【宋体】，设置【字体大小】为【72 点】，在【样式】面板中追加【文字效果 2】，为文字添加【凸起咖啡色斑】样式，如图 18-12 所示。

图 18-11　输入文字

图 18-12　输入文字

13　至此，网站封面制作完成，在菜单栏中选择【文件】|【存储为】命令，保存场景和效果。

18.2　切割主页

下面介绍如何切割封面，具体操作步骤如下：

01　在 Photoshop CS4 中打开制作完成的封面，如图 18-13 所示。

图 18-13　打开封面

02　在工具箱中选择切片工具，对图片进行切割，如图 18-14 所示。

03　在菜单栏中选择【文件】|【存储为】命令，将图片保存，如图 18-15 所示。

图 18-14　切割图片

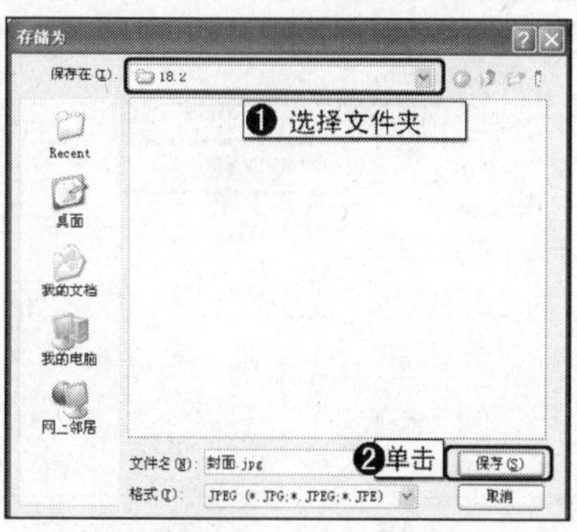

图 18-15　保存图片

18.3 给主页添加链接

下面介绍如何为封面添加链接，具体操作步骤如下：

01 打开切割完成后的封面，如图 18-16 所示。

02 在工具箱中选择切片选择工具，在切片 01 上右击，在弹出的快捷菜单中选择【编辑切片选项】命令，如图 18-17 所示。

图 18-16 打开封面

图 18-17 选择【编辑切片选项】命令

03 打开【切片选项】对话框，在 URL 文本框中输入要进行链接的网址，在此输入 http//:www.baidu.com，如图 18-18 所示。

04 单击【确定】按钮添加链接，使用同样的方法为切片 07 添加链接。

05 在菜单栏中选择【文件】|【存储为 Web 和设备所用格式】命令，打开【存储为 Web 和设备所用格式】对话框，如图 18-19 所示。

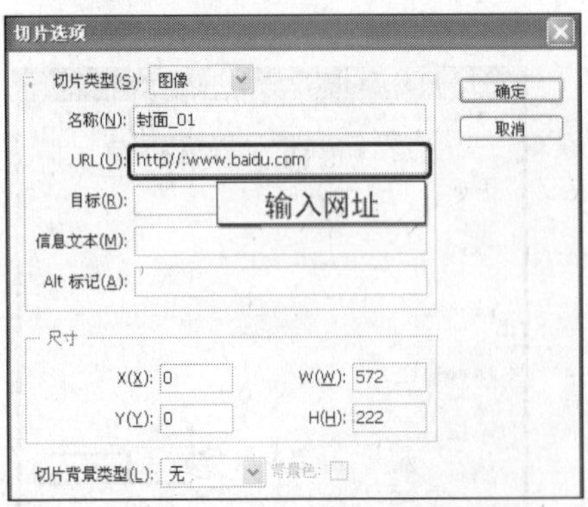

图 18-18 【切片选项】对话框

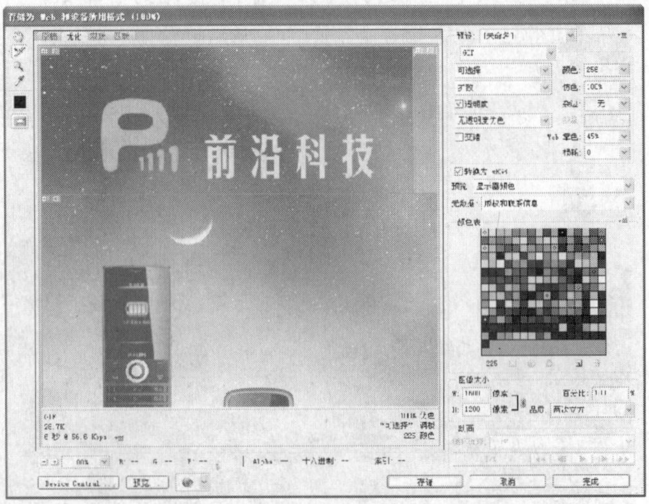

图 18-19 【存储为 Web 和设备所用格式】对话框

06　单击【存储】按钮，选择存储路径，设置【保存类型】为【HTML 和图像（*.html）】，如图 18-20 所示，单击【保存】按钮。

图 18-20　【将优化结果存储为】对话框

第 19 章　项目练习——制作 Flash 广告动画

Flash 用作商业宣传，可以通过目的性极强的传递，将产品信息随 Flash 不知不觉地传递给消费群体，对消费群体的影响潜移默化，不容易产生反感。比起传统的广告和公关宣传，Flash 广告动画有着信息传递效率高、消费群体接受度高及宣传效果好的显著优势。

本章将介绍如何使用 Flash CS4 来制作一个广告动画。动画的最终效果如图 19-1 所示。

图 19-1　广告动画效果

本章重点

- Flash 在广告中的应用
- 元件的制作
- 创建补间动画

19.1　文档和元件的制作

制作动画首先要为动画制作一个合适大小的舞台，并在该舞台中创建构思好的动画，具体操作步骤如下：

01　启动 Flash CS4 软件，在欢迎界面中选择【Flash 文件（ActionScript 2.0）】选项，如图 19-2 所示，新建文档。

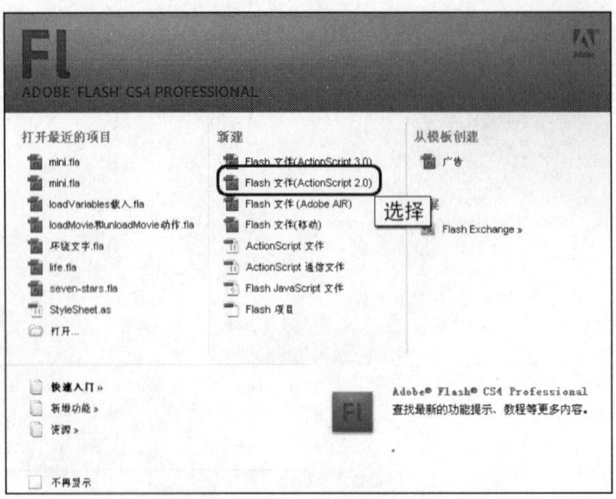

图 19-2　新建文档

02 选择【窗口】|【属性】命令，打开【属性】面板，单击【配置文件】右侧的【编辑】按钮，打开【文档属性】对话框，设置【尺寸】为【300 像素×300 像素】，如图 19-3 所示。

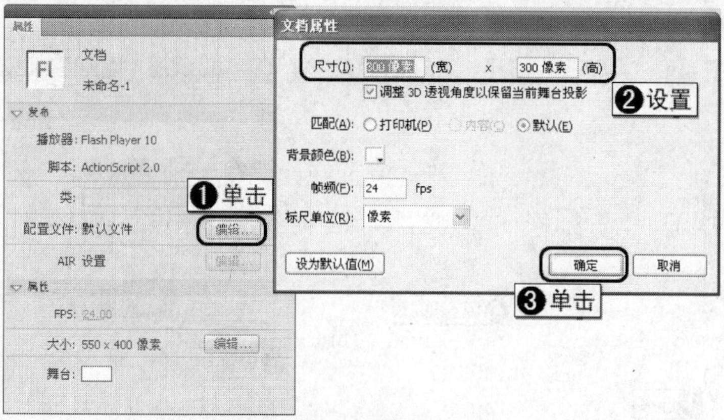

图 19-3 设置舞台大小

03 单击【确定】按钮，更改舞台大小。在菜单栏中选择【文件】|【导入到库】命令，打开【导入到库】对话框，选择需要导入的素材文件，如图 19-4 所示，单击【打开】按钮。

04 按【Ctrl+F8】组合键，打开【创建新元件】对话框，将【名称】命名为 lights，【类型】设置为【图形】，如图 19-5 所示。

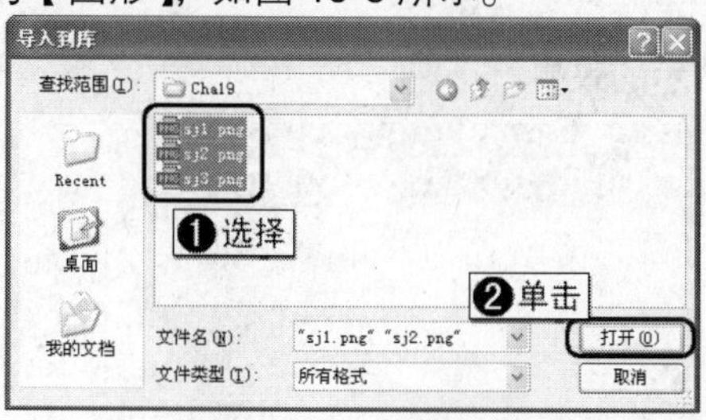

图 19-4 导入素材到库

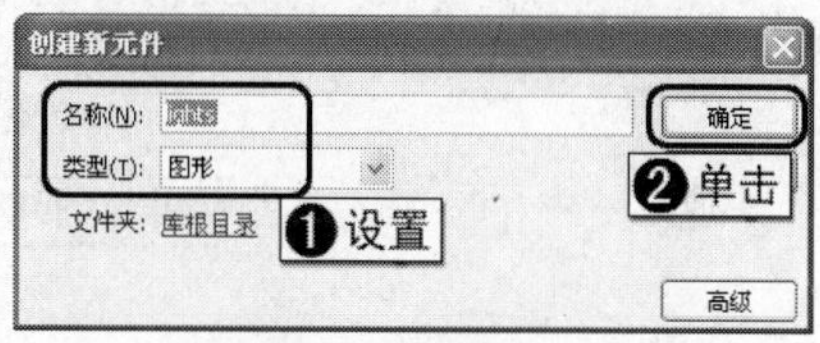

图 19-5 创建新元件

05 使用（钢笔工具），在舞台中创建如图 19-6 所示的形状作为发光的光束。

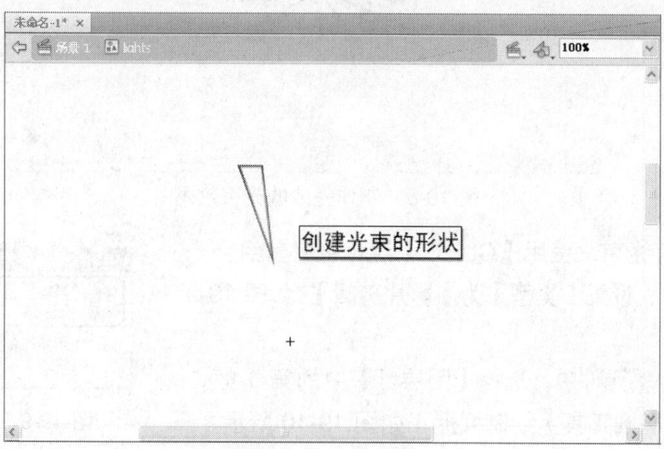

图 19-6 创建光束的形状

06 在【颜色】面板中选择填充，设置【类型】为【放射状】，设置渐变的两个色块均为白色，并设置最右侧色块的 Alpha 为 50%，调整色块的位置，使用（颜料桶工具）在形状上单击填充透明渐变，如图 19-7 所示。

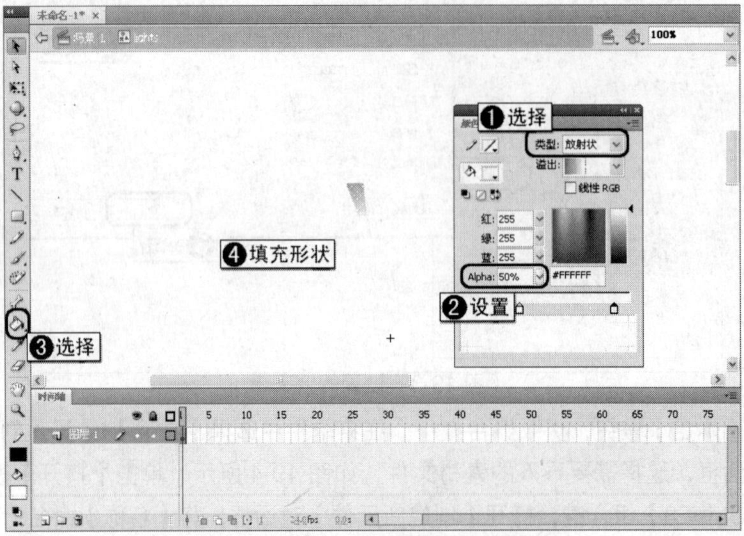

图 19-7　填充透明渐变

07 对光束进行复制并调整，形成如图 19-8 所示的效果。

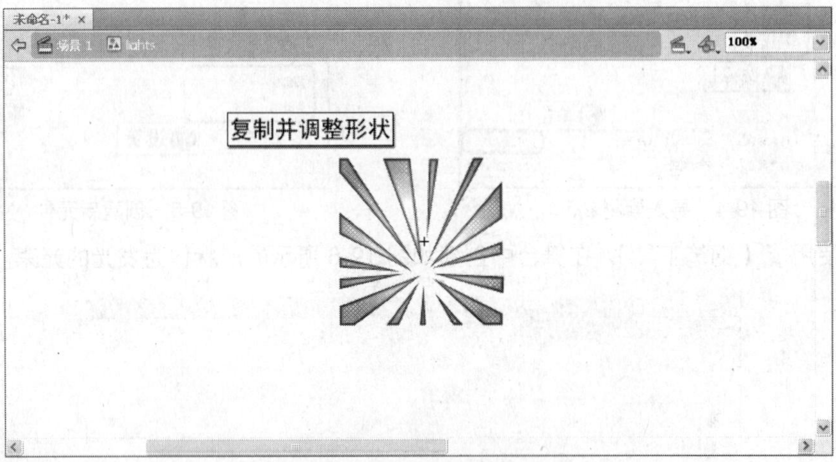

图 19-8　制作完成的光束效果

08 选中所有光束，使用【Ctrl+G】组合键将其组合。再来新建元件 star1，设置【类型】为【影片剪辑】，如图 19-9 所示。

09 在影片剪辑元件中，选择【图层 1】中的第 1 帧，在舞台中使用（椭圆工具）绘制圆形，如图 19-10 所示。

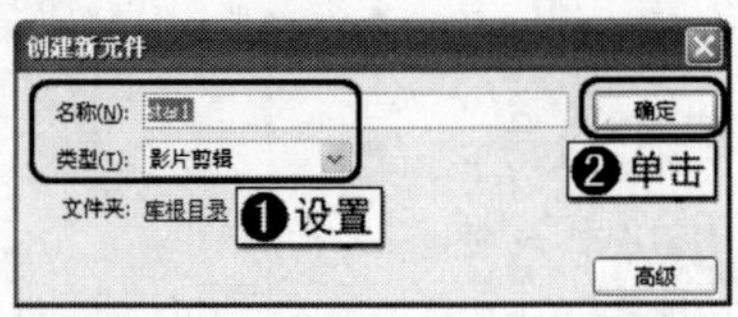

图 19-9　新建影片剪辑元件

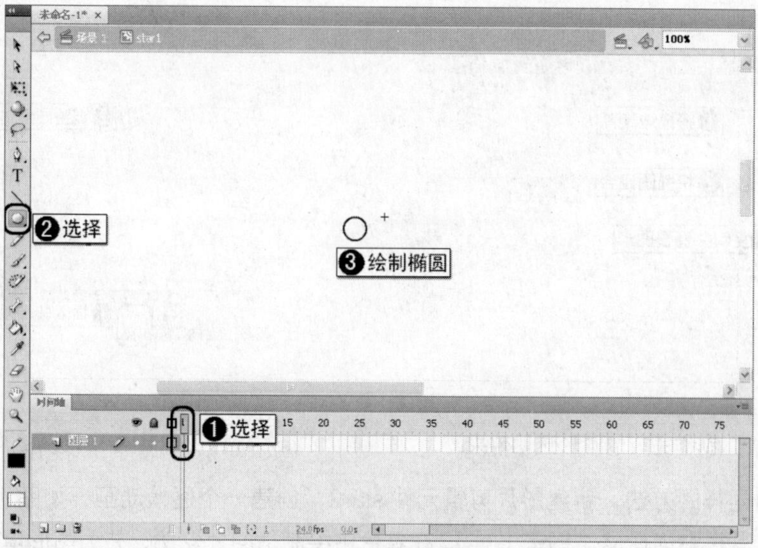

图 19-10　绘制圆形

10　打开【颜色】面板，设置【类型】为【放射状】，设置渐变的两个色块均为白色，并设置最右侧色块的 Alpha 为 0%，调整色块的位置，使用 （颜料桶工具）在形状上单击，填充透明渐变，如图 19-11 所示。

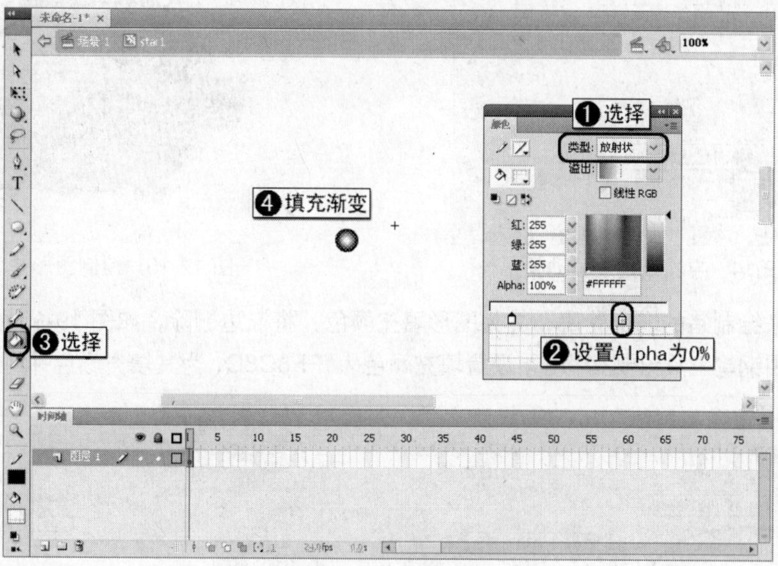

图 19-11　填充透明渐变

11　将圆形描边删除，选择圆形，使用【Ctrl+G】组合键将其组合。复制圆形，并对复制后的圆形进行调整，形成如图 19-12 所示的效果。

12　选择【图层 1】中的第 2 帧、第 3 帧，按 F6 键插入关键帧，对舞台中的圆形进行调整，创建一个逐帧动画，如图 19-13 所示。

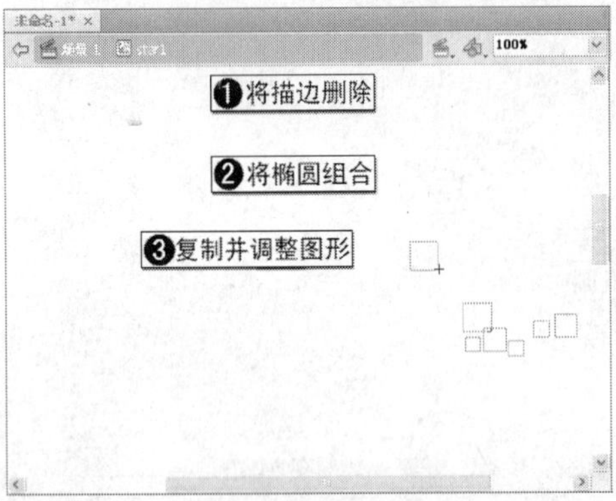

图 19-12　制作完成的圆形透明效果

图 19-13　创建逐帧动画

13　使用同样的方法，新建影片剪辑元件 star2，创建一个逐帧动画，如图 19-14 所示。

14　在工具栏中选择 (钢笔工具)，在舞台中绘制猪的外轮廓，并为图形填充黑色，将描边删除，如图 19-15 所示。

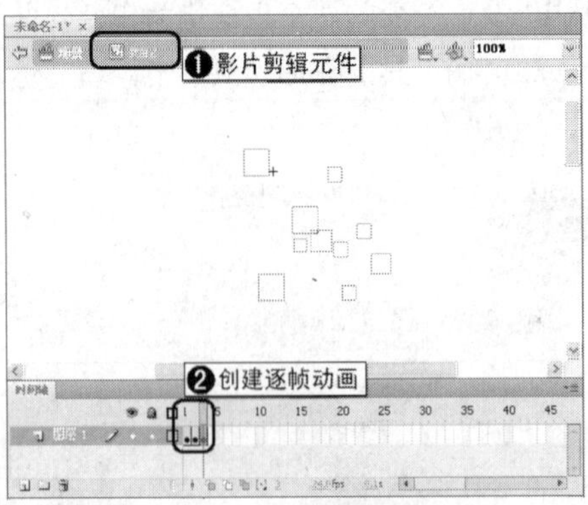

图 19-14　再次创建逐帧动画

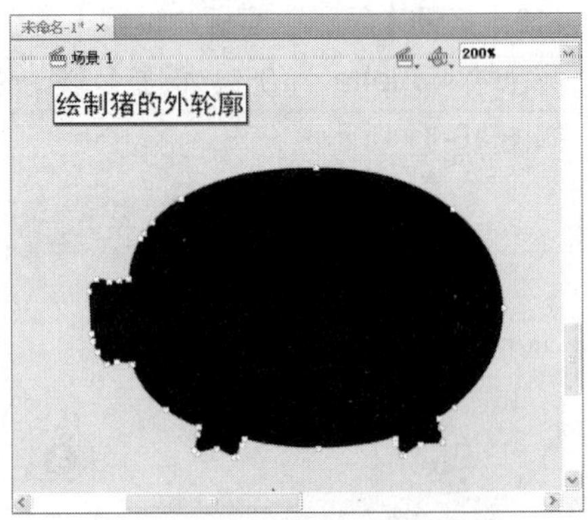

图 19-15　绘制图形并填充颜色

15　再来绘制猪的内部轮廓，并为图形填充颜色，将描边删除，如图 19-16 所示。

16　使用钢笔工具绘制猪鼻子，设置填充颜色为#FF8C8C，为其填充颜色并将设置描边为无，如图 19-17 所示。

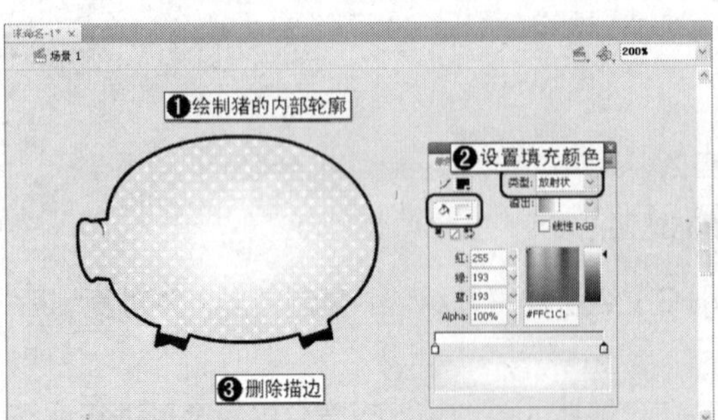

图 19-16　绘制图形并填充颜色

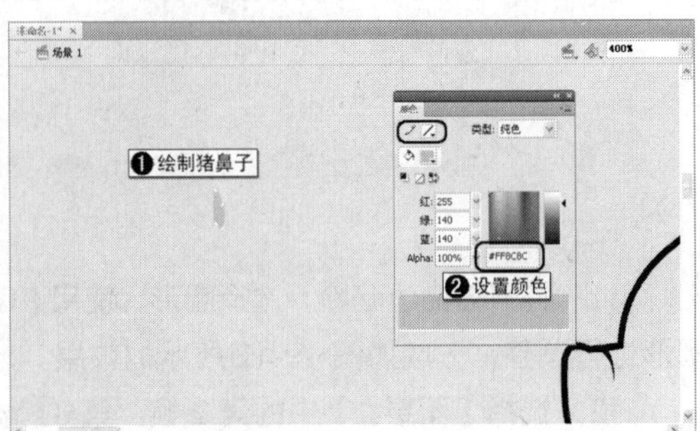

图 19-17　绘制猪鼻子

17　使用钢笔工具绘制猪脚，并分别填充黑色与白色，将描边删除，如图 19-18 所示。

18　使用（椭圆工具），按住【Shift】键在舞台中绘制一个正圆，在【颜色】面板中设置【类型】为【放射状】，设置渐变的左侧色块颜色为 FD6F6F，右侧色块颜色为 FE6D6D，并设置最右侧色块的 Alpha 为 0%，调整色块的位置，使用（颜料桶工具）在形状上单击，填充透明渐变，将描边删除，如图 19-19 所示。

图 19-18　绘制猪脚

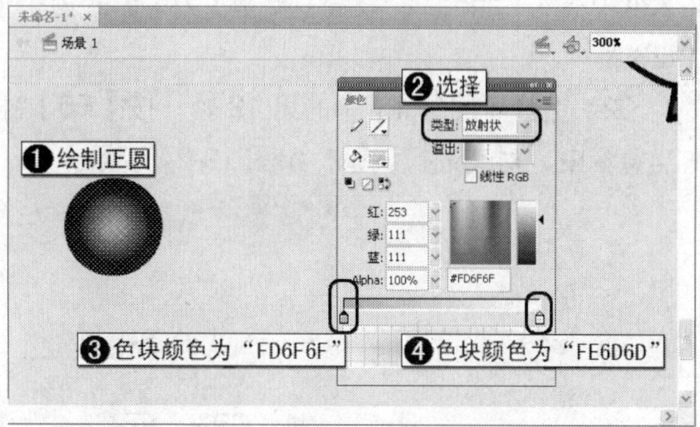

图 19-19　绘制图形并填充颜色

19　使用【Ctrl+G】组合键将正圆组合，并调整其位置。使用同样的方法绘制猪的眼睛并将其组合，调整位置，如图 19-20 所示。

20　使用如上所述的方法，对卡通猪其他部分进行绘制，绘制完成后的卡通猪如图 19-21 所示。

图 19-20　绘制猪的眼睛

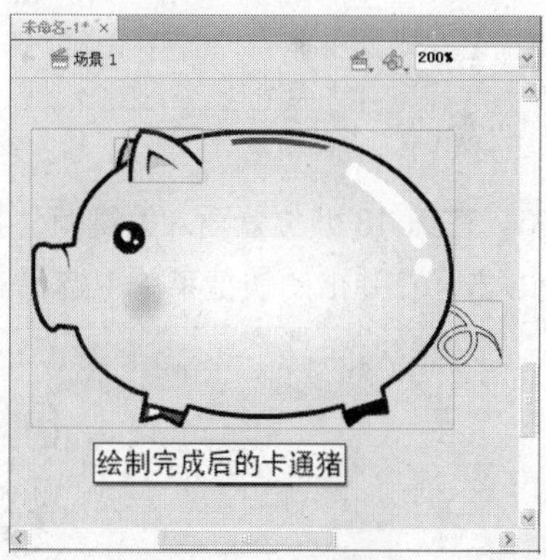

图 19-21　卡通猪效果

21　将绘制完成后的卡通猪转换为元件，输入【名称】为 pig，设置【类型】为【图形】，如图 19-22 所示。

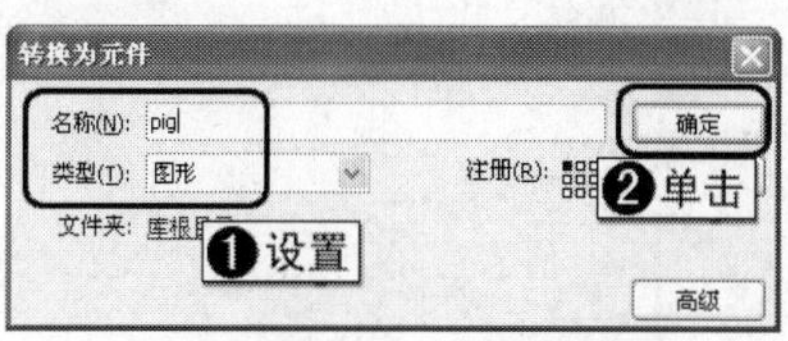

图 19-22　卡通猪效果

19.2 组合动画

下面介绍通过创建补间动画，将场景中的元件组合生成动画，具体操作步骤如下：

01 按【Ctrl+F8】组合键，创建新元件，在【名称】文本框中输入 handset，设置【类型】为【影片剪辑】，如图 19-23 所示。

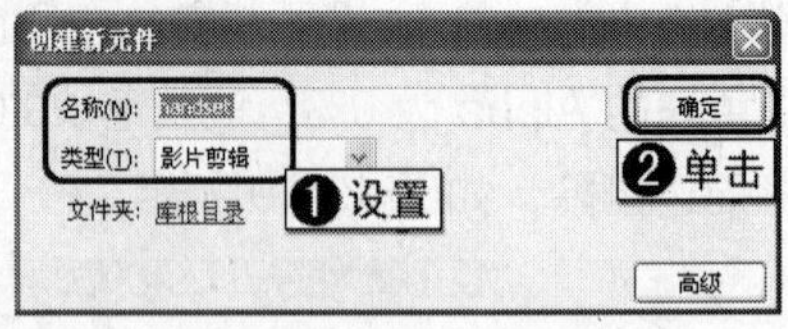

图 19-23 创建新元件

02 选择【图层 1】中的第 12 帧，按【F6】键插入关键帧，打开【库】面板，将"元件 1"拖至舞台中，对其进行调整，如图 19-24 所示。

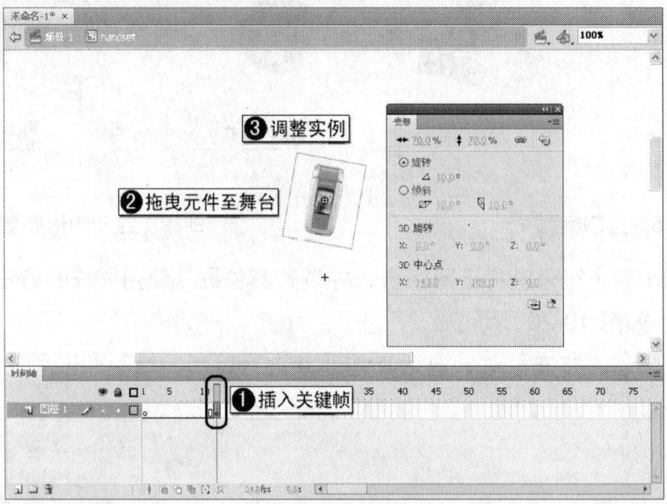

图 19-24 插入关键帧

03 在第 18 帧位置插入关键帧，将"元件 1"在舞台中向下移动，在第 12～18 帧之间任意一帧上右击，在弹出的快捷菜单中选择【创建传统补间】命令，如图 19-25 所示。

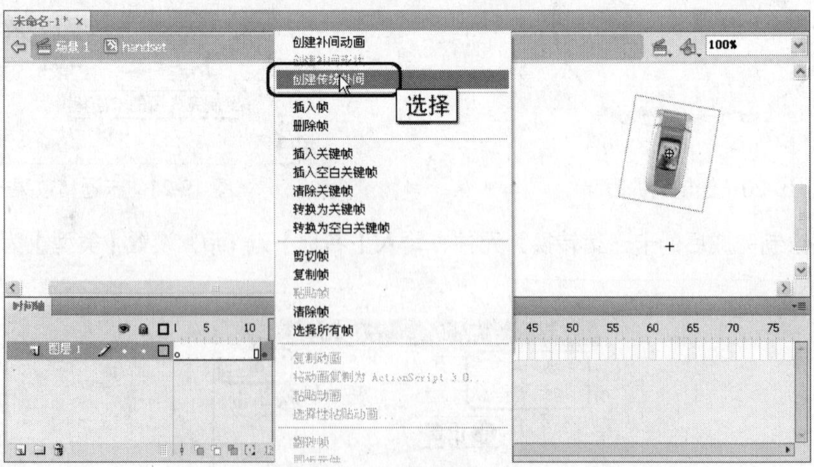

图 19-25 创建传统补间

04 在【图层 1】中的第 35 帧位置插入关键帧，如图 19-26 所示。

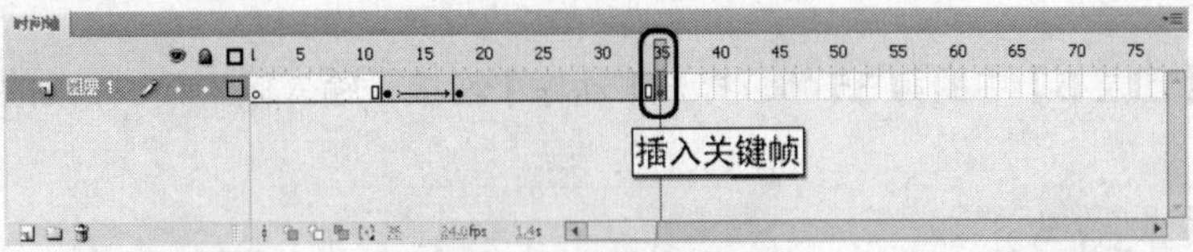

图 19-26 插入关键帧

05 单击【新建图层】按钮，新建【图层 2】，在第 20 帧位置插入关键帧，将“元件 2”拖至舞台中，对其进行调整，如图 19-27 所示。

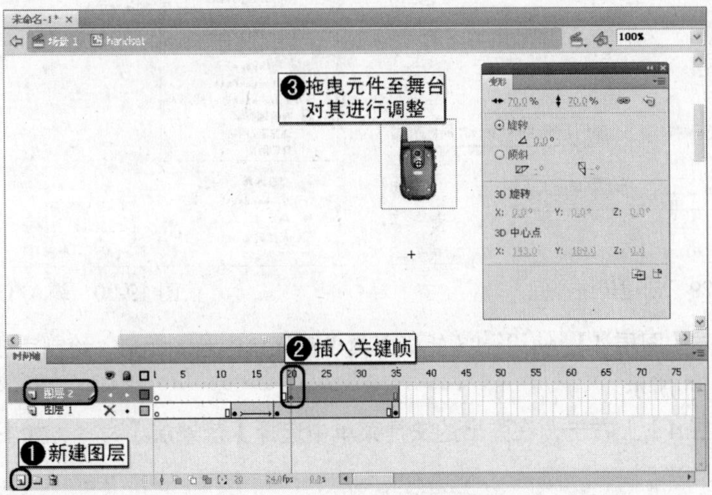

图 19-27 插入关键帧

06 在第 26 帧位置插入关键帧，将“元件 2”在舞台中向下移动，在第 20～26 帧之间创建传统补间，如图 19-28 所示。

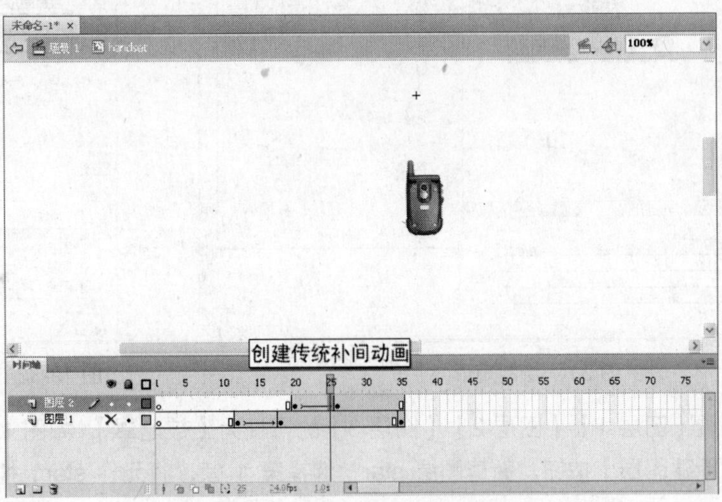

图 19-28 创建传统补间

07　新建图层【图层 3】，使用同样的方法在第 29～35 帧之间创建传统补间动画，如图 19-29 所示。

08　选择【图层 3】中的第 35 帧，打开【动作】面板，输入以下代码，如图 19-30 所示。

```
stop();
```

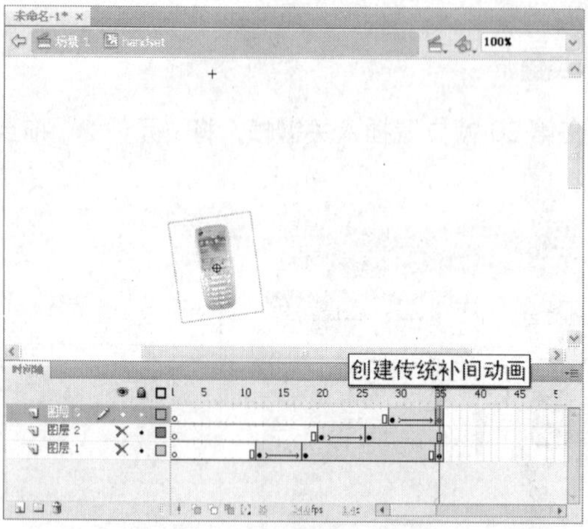

图 19-29　创建传统补间

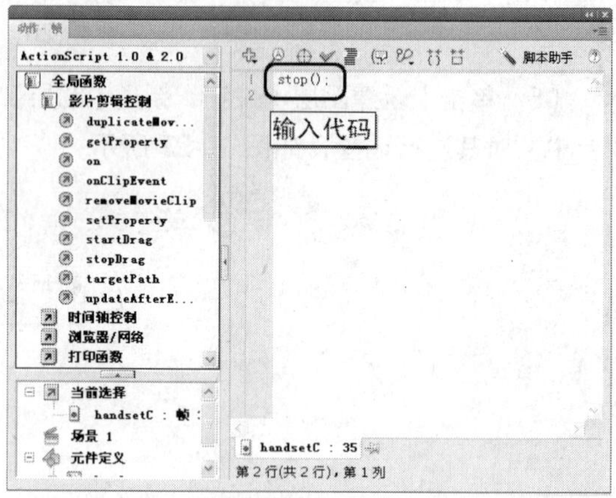

图 19-30　输入代码

09　新建图层【图层 4】，使用（矩形工具）在舞台中绘制矩形，绘制完成后对矩形形状进行调整，如图 19-31 所示。

10　在【图层 4】上右击，在弹出的快捷菜单中选择【遮罩层】命令，如图 19-32 所示。

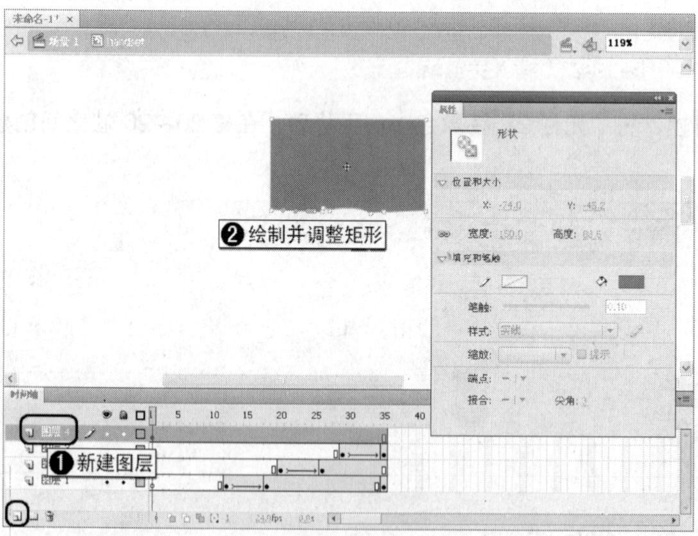

图 19-31　绘制矩形

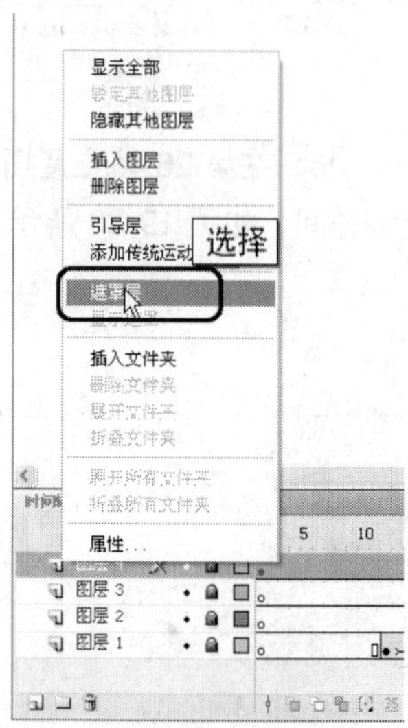

图 19-32　设置为遮罩层

11　分别设置【图层 1】、【图层 2】、【图层 3】的属性为【被遮罩】，如图 19-33 所示。

12　单击【新建图层】按钮，新建图层 star，选择第 1 帧，将元件 star1 拖至舞台中，如图 19-34 所示。

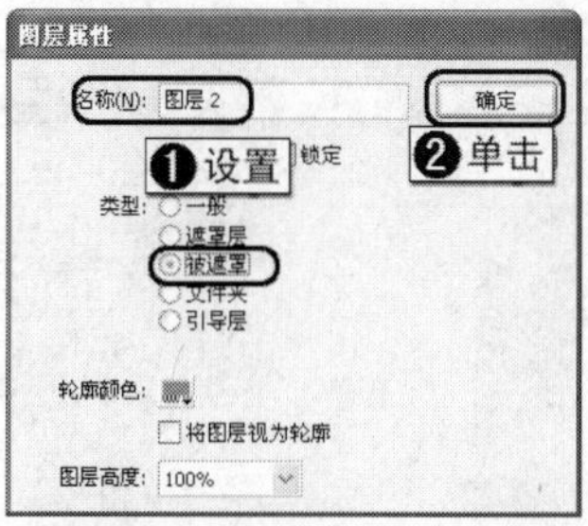

图 19-33　设置为被遮罩

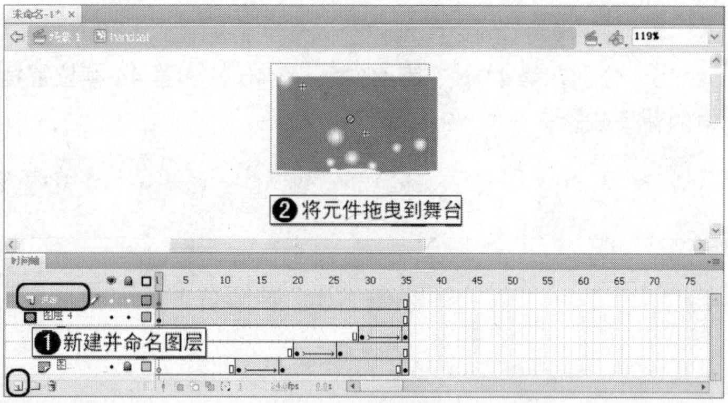

图 19-34　新建图层

13　在第 5 帧位置插入关键帧，在第 1～5 帧之间创建传统补间，如图 19-35 所示。

14　返回场景，使用【Ctrl+F8】组合键，新建影片剪辑元件 MC，如图 19-36 所示。

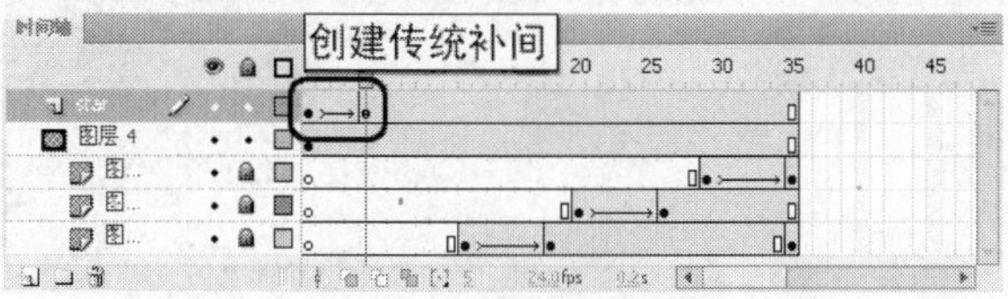

图 19-35　创建传统补间

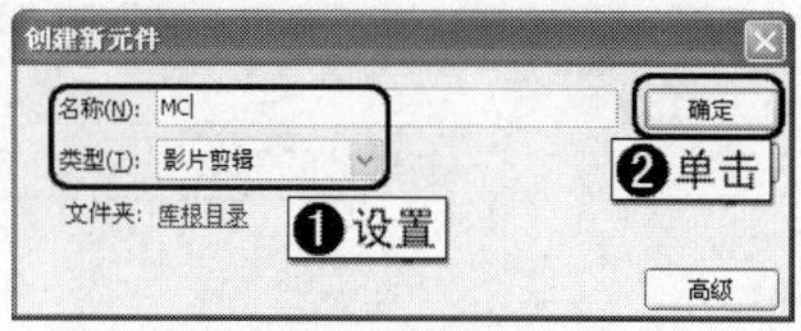

图 19-36　新建元件

15　将【图层 1】重命名为 backdrop，选择第 1 帧，使用（矩形工具）在舞台中绘制矩形，如图 19-37 所示。

16　在 backdrop 中的第 5 帧插入关键帧，设置【类型】为【放射状】，设置渐变的左侧色块颜色为白色，右侧色块颜色为 FE6767，调整色块的位置，使用（颜料桶工具）在形状上单击，填充透明渐变，如图 19-38 所示。

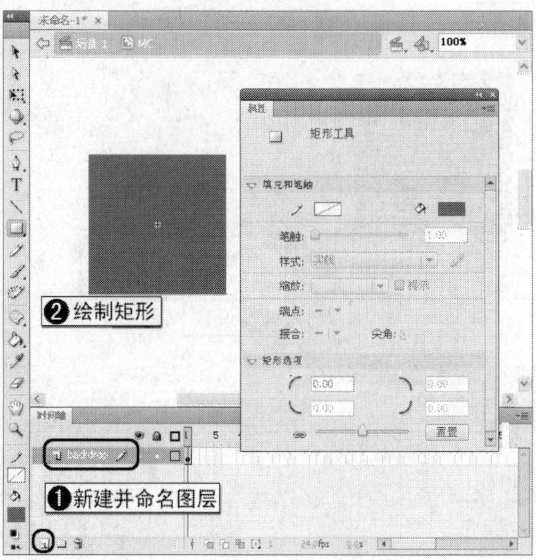

图 19-37　绘制矩形

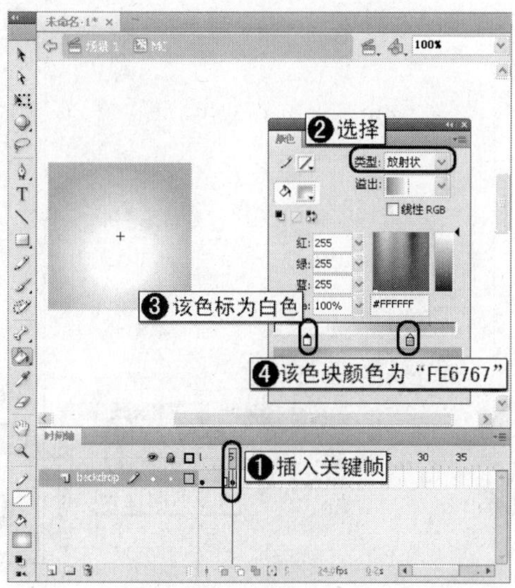

图 19-38　填充颜色渐变

17 在第 1 ~ 5 帧之间创建补间形状，如图 19-39 所示。

18 分别在第 41 帧、第 42 帧、第 43 帧和第 44 帧位置插入关键帧，将第 41 帧和第 43 帧舞台中的背景删除，如图 19-40 所示。

图 19-39 创建补间形状

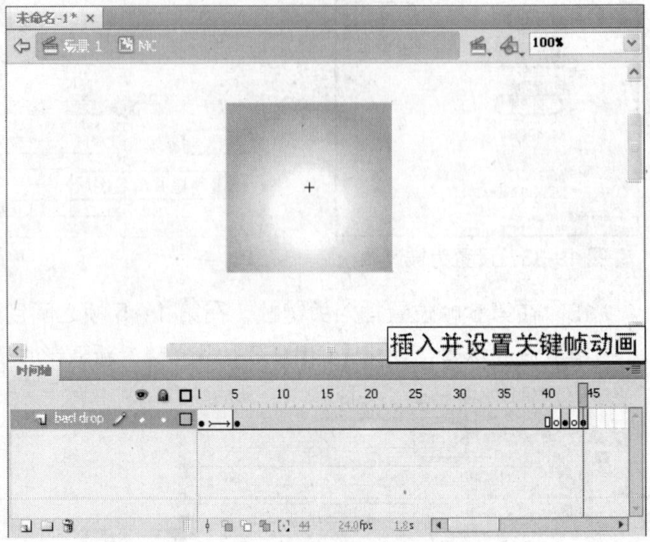

图 19-40 插入关键帧

19 将图层时间延长至 120 帧，如图 19-41 所示。

20 新建图层 light，选择图层中的第 1 帧，将元件 lights 拖至舞台中，打开【属性】面板，在【色彩效果】下选择【样式】为 Alpha，设置 Alpha 为 0，如图 19-42 所示。

图 19-41 插入帧

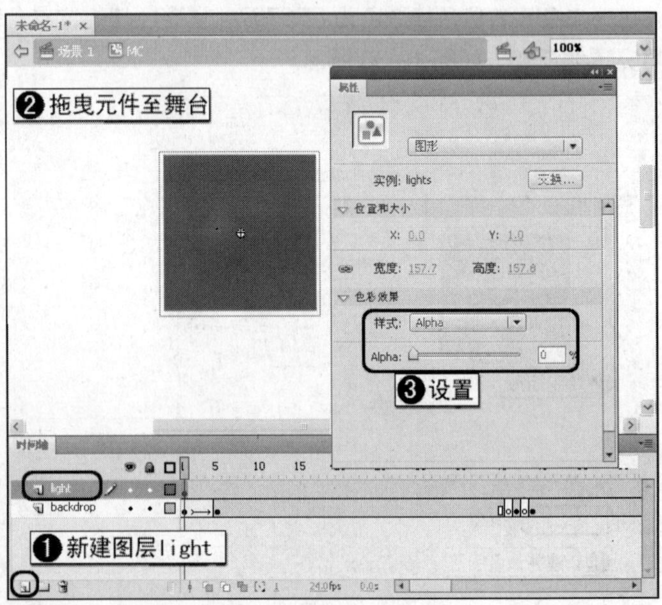

图 19-42 新建图层

21　在第 5 帧插入关键帧，设置 Alpha 为 100，在第 1～5 帧之间创建传统补间，如图 19-43 所示。

图 19-43　创建传统补间

22　在第 35 帧、第 40 帧插入关键帧，设置第 40 帧上元件 Alpha 为 0，在第 35～40 帧之间创建传统补间，如图 19-44 所示。

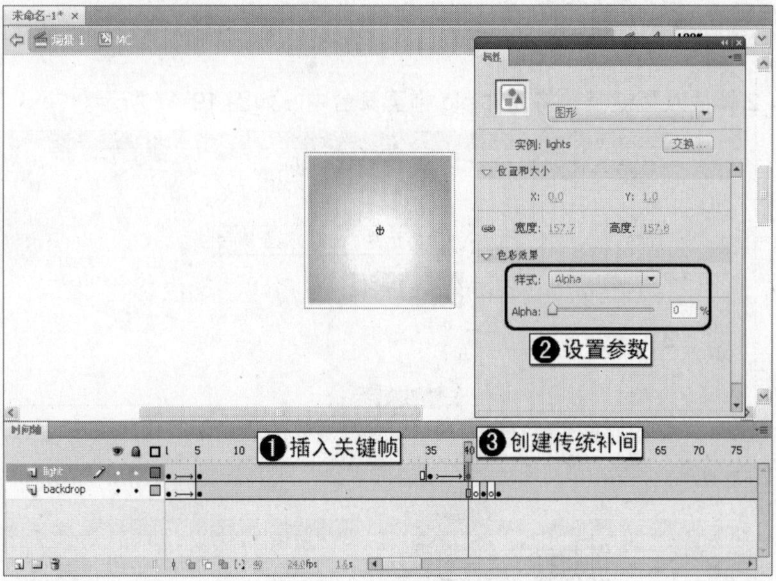

图 19-44　创建传统补间

23　在第 45 帧插入关键帧，设置元件 Alpha 为 100，如图 19-45 所示。

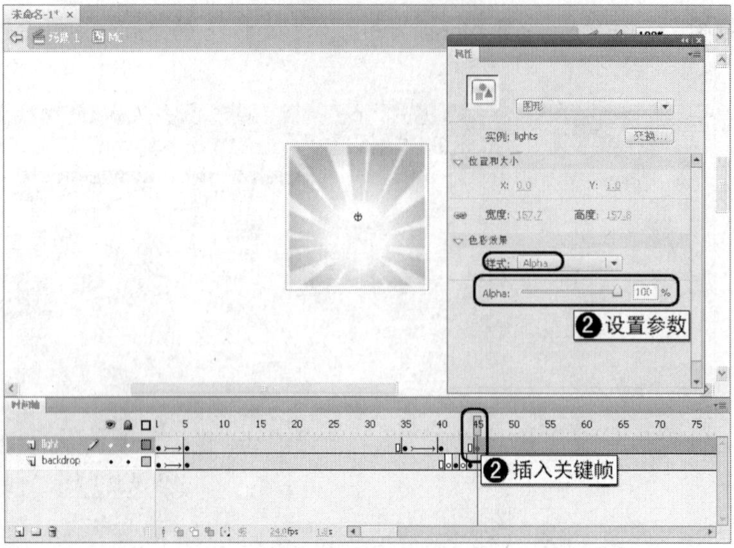

图 19-45　插入关键帧

24 新建图层 pig，如图 19-46 所示。

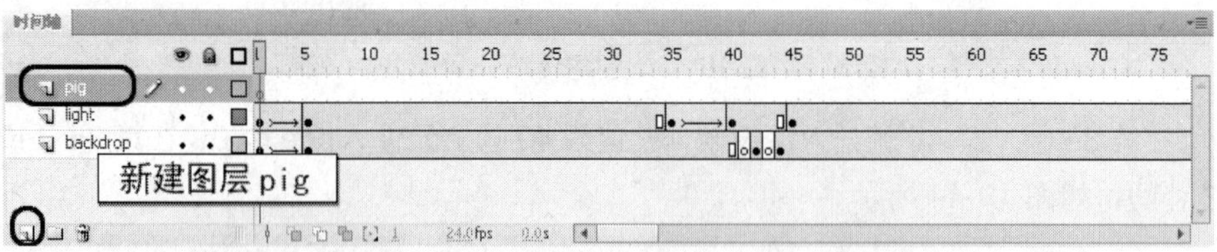

图 19-46　新建图层

25 在第 2 帧插入关键帧，将元件 pig 拖至舞台中，如图 19-47 所示。

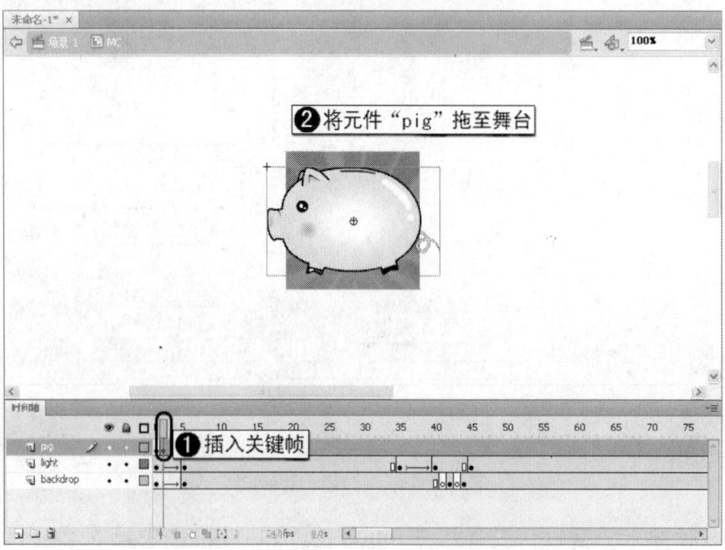

图 19-47　插入关键帧

26 分别在第 3 ~ 8 帧插入关键帧，对元件大小和位置进行调整，如图 19-48 所示。

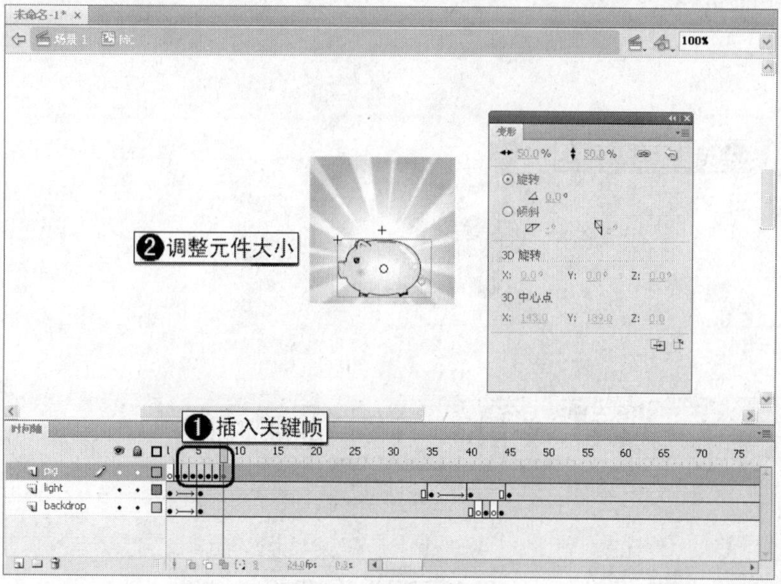

图 19-48 创建逐帧动画

27 分别在第 36 ~ 40 帧插入关键帧，调整元件大小，创建逐帧动画，如图 19-49 所示。

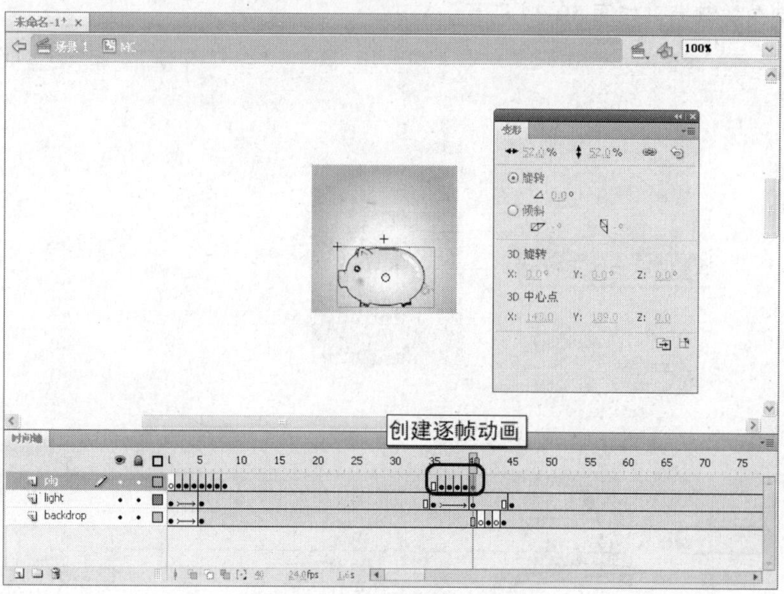

图 19-49 创建逐帧动画

28 将第 41 帧转换为空白关键帧，在第 70 帧插入关键帧，将元件 pig、“元件 2”、“元件 3”拖至舞台中，调整它们的大小和位置，如图 19-50 所示。

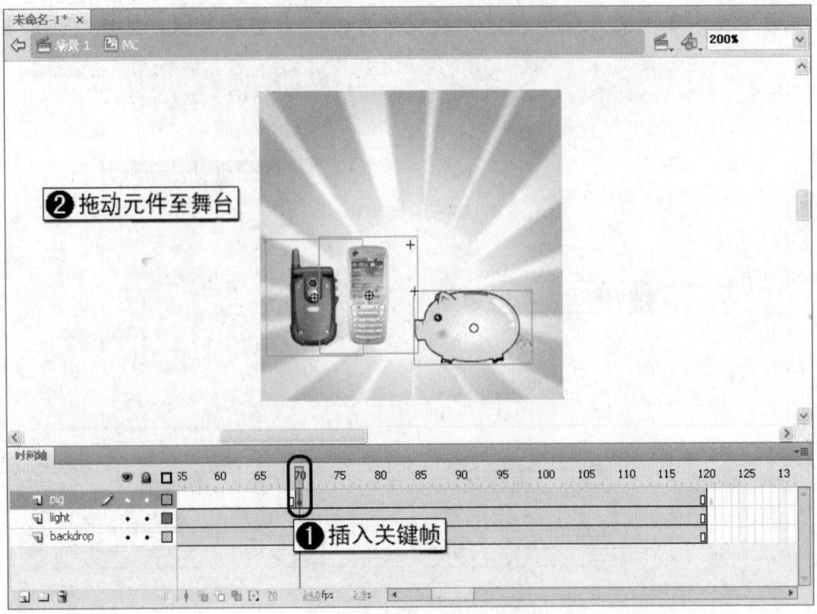

图 19-50 插入关键帧

29 新建图层 handset，选择第 1 帧，将元件 handset 拖至舞台中，将图层 handset 中的第 36 帧转换为空白关键帧，如图 19-51 所示。

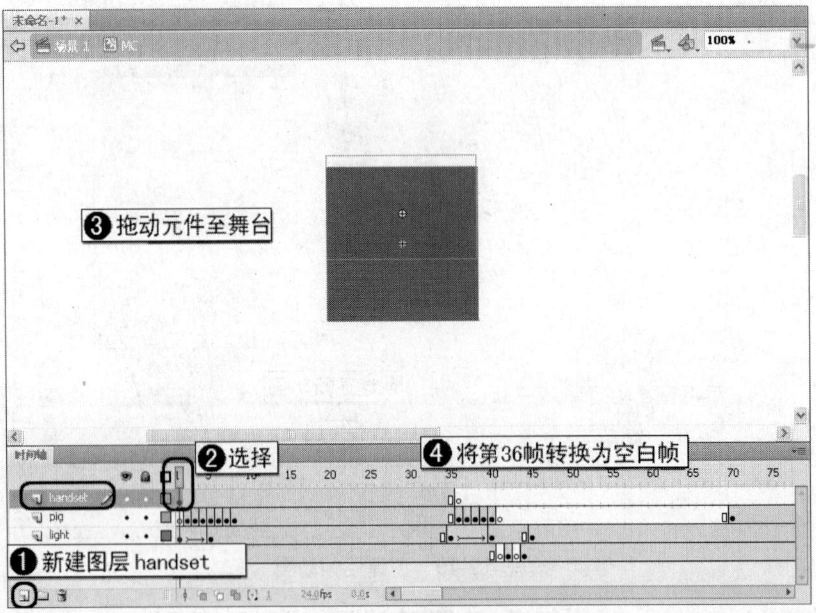

图 19-51 图层 handset

30 新建图层 flash，在第 45 帧插入关键帧，将元件 star2 拖至舞台中，如图 19-52 所示。

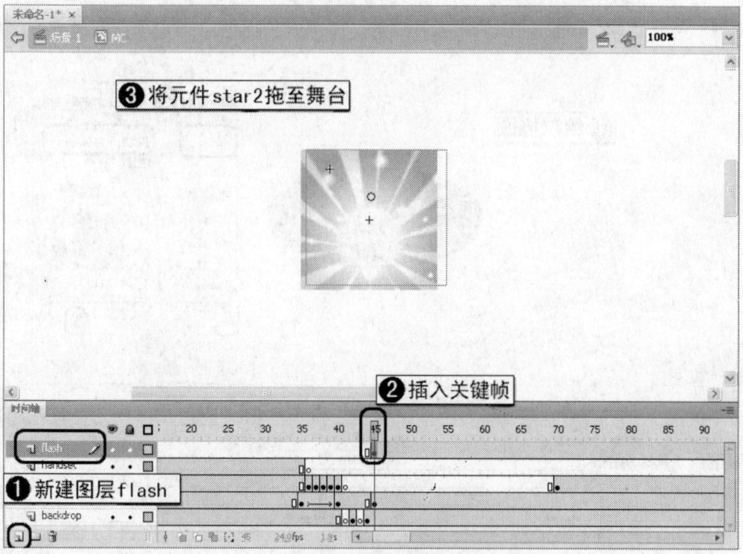

图 19-52　图层 flash

31　新建图层 text，在第 45 插入关键帧，在舞台中创建文本，如图 19-53 所示。

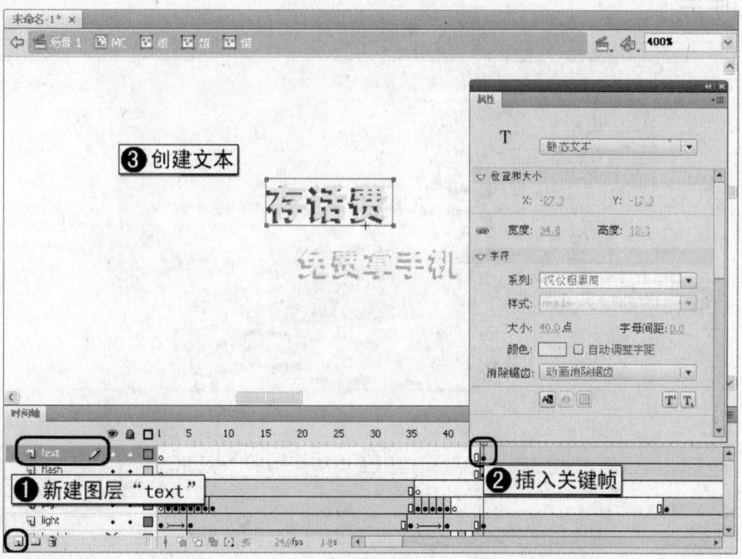

图 19-53　创建文本动画

32　在文字后方绘制椭圆，在【颜色】面板设置【类型】为【放射状】，设置描边为无，设置渐变的左侧色块颜色为 FD0606，右侧色块颜色为 FE1212，并设置最右侧色块的 Alpha 为 0%，调整色块的位置，使用（颜料桶工具）在形状上单击，填充透明渐变，如图 19-54 所示。

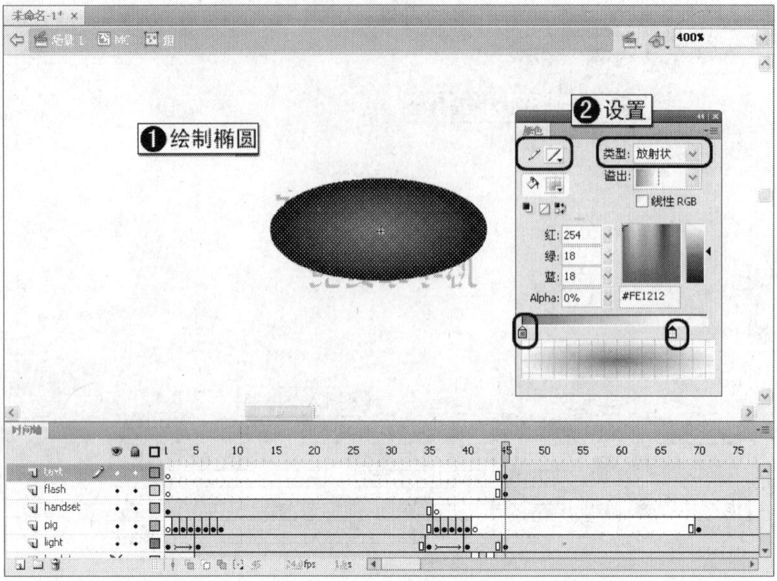

图 19-54　绘制椭圆

33　将椭圆与文本组合，分别在第 46 ~ 49 帧插入关键帧，调整组的大小和位置，创建逐帧动画，如图 19-55 所示。

图 19-55　创建逐帧动画

34　在第 69 帧插入关键帧，调整组的位置和大小，如图 19-56 所示。

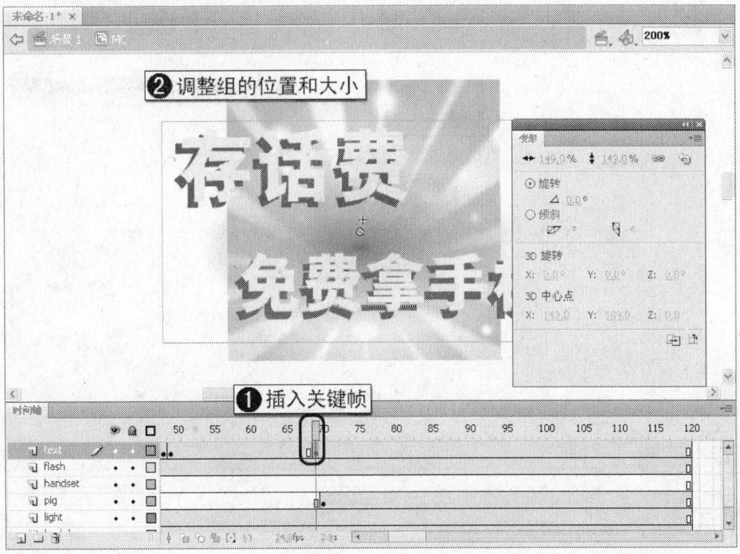

图 19-56 插入关键帧

35 使用同样的方法创建文本，在第 70～74 帧插入关键帧，创建逐帧动画，如图 19-57 所示。

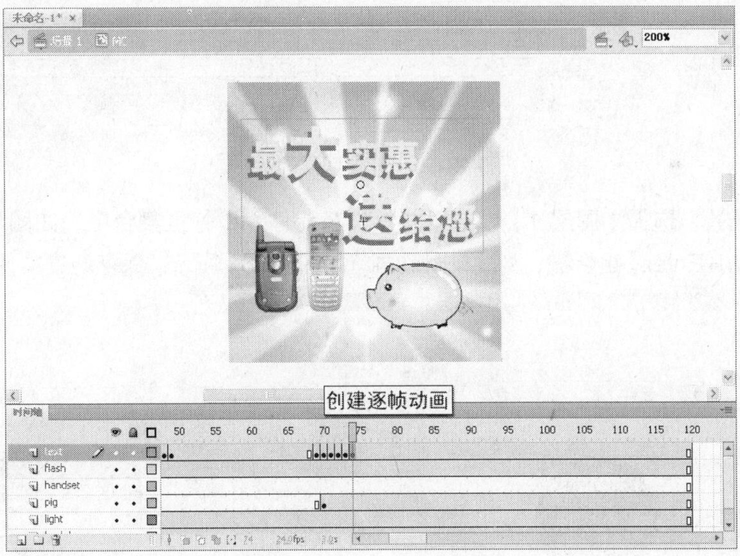

图 19-57 创建逐帧动画

36 新建图层 mask，选择第 1 帧，在舞台中绘制正圆，如图 19-58 所示。

37 设置图层 mask 为【遮罩层】，设置其他图层属性为【被遮罩】，如图 19-59 所示。

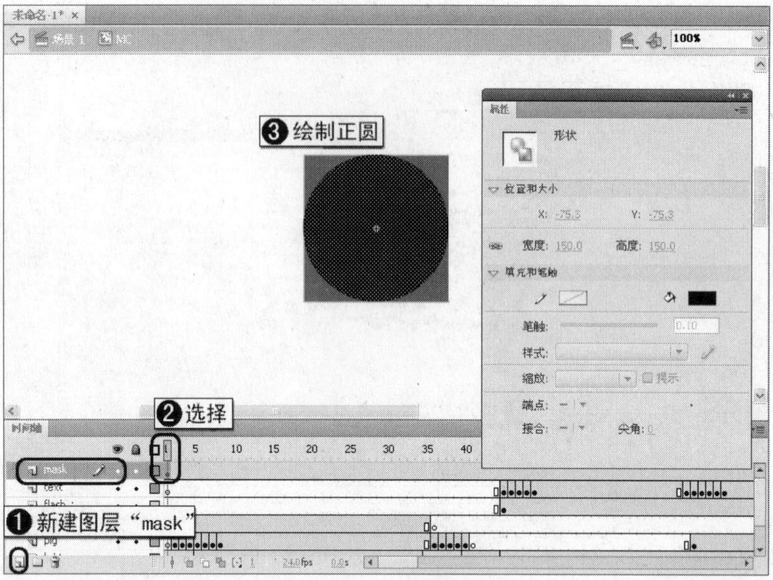

图 19-58　绘制正圆

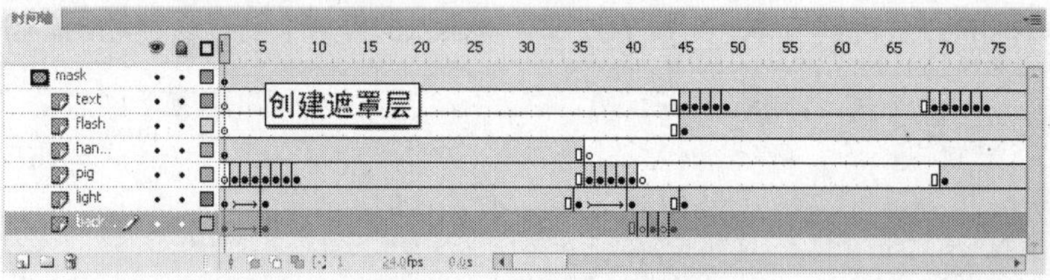

图 19-59　设置图层属性

38　返回场景，选择【图层 1】中的第 1 帧，将元件 MC 拖至舞台中，如图 19-60 所示。

39　按【Ctrl+Enter】组合键，测试场景动画，如图 19-61 所示。保存场景文件并将影片导出。

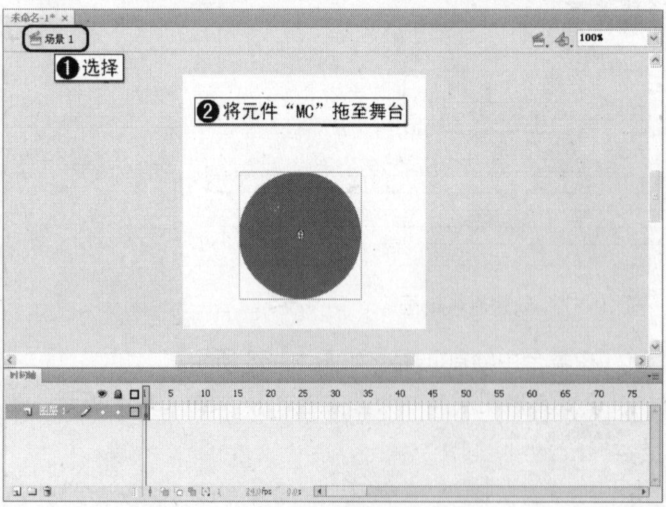

图 19-60　返回场景

图 19-61　测试动画

19.3　发布动画

将完成的动画发布是制作 Flash 动画的最终目的，下面将介绍动画的发布。

在菜单栏中选择【文件】|【发布设置】命令，在打开的【发布设置】对话框中选择【格式】选项卡，选择【Windows 放映文件 (.exe)】复选框，如图 19-62 所示，依次单击【发布】和【确定】按钮。

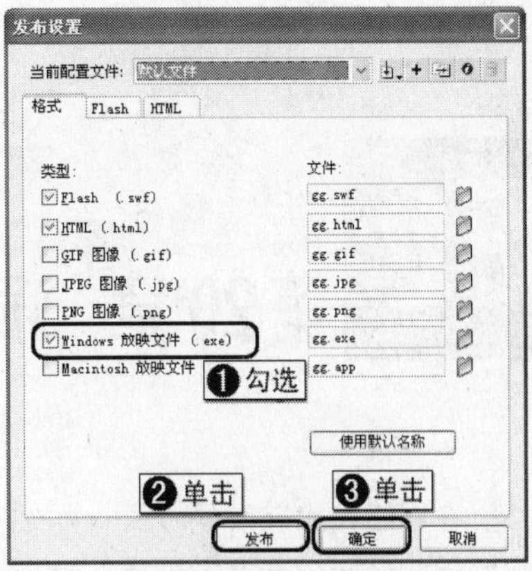

图 19-62　发布设置

第20章 项目练习——制作某公司网站页面

在网络技术普及的今天，网站在各领域的作用也日益凸显。要制作一个完整的网站，首先要了解制作网站的目的及网站所能提供给浏览者的内容，其次要体现出行业特点。本章将从实际应用出发，介绍公司网站的制作，帮助读者增长实际网页制作的经验。

本章重点

- 掌握网页模板的制作
- 熟悉制作网站的相关页面
- 掌握模板文件的更新

20.1 制作网页模板

由于网站二级栏目页面大部分相同，因此可以采用模板制作。使用模板创建网页最大的好处就是，当修改模板时使用该模板创建的所有网页可以一次自动更新，大大提高了网页的维护效率。

制作网页模板的具体操作步骤如下：

01 运行 Dreamweaver CS4 软件，在欢迎界面中选择【新建】|HTML 命令，新建网页文档。在【属性】面板中单击【页面属性】按钮，打开【页面属性】对话框，将【左边距】和【上边距】都设置为 0，如图 20-1 所示，单击【确定】按钮。

02 在页面上方，将【标题】设置为“前沿工作室”，如图 20-2 所示。

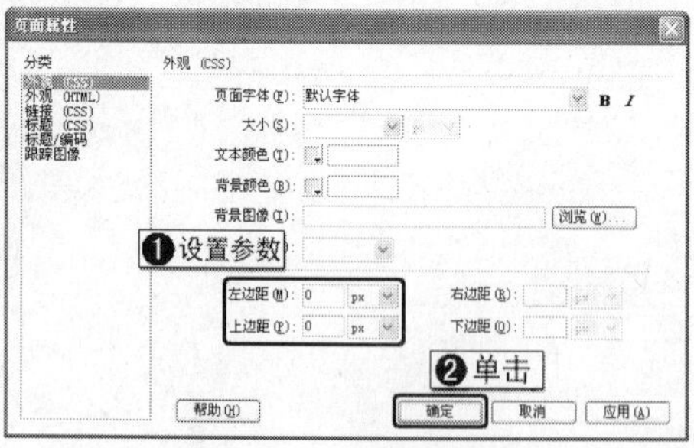

图 20-1 设置边距

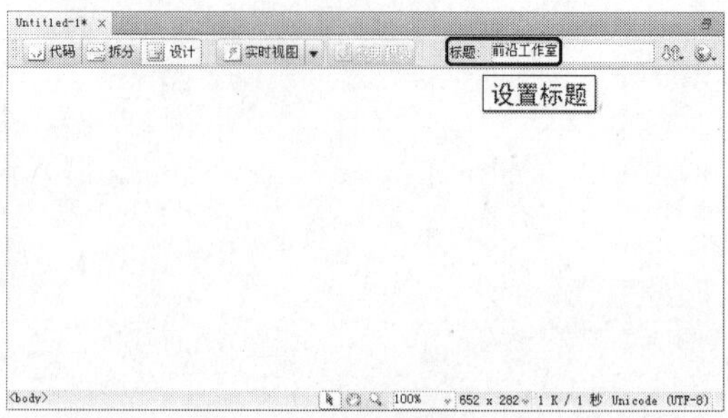

图 20-2 设置标题

03 在菜单栏中选择【文件】|【保存】命令，打开【另存为】对话框，保存网页文档为 index.html，如图 20-3 所示，单击【保存】按钮。

04 在【常用】面板中单击【表格】按钮，打开【表格】对话框，将【行数】、【列】分别设置为 7 和 6，将【表格宽度】设置为 675 像素，其他参数为 0，单击【确定】按钮，如图 20-4 所示。

图 20-3　保存网页文档

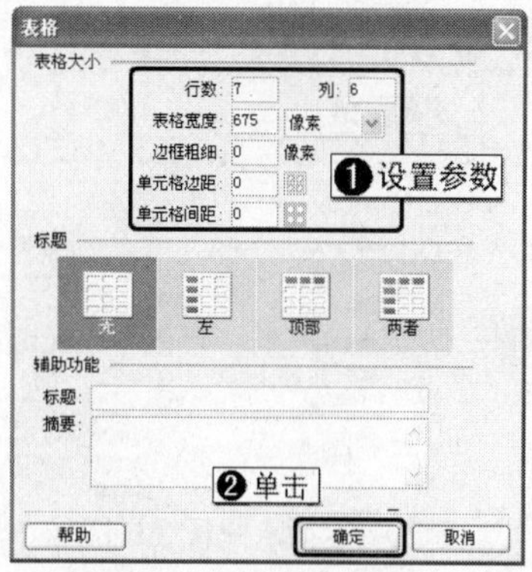

图 20-4　设置表格参数

05　选择插入的表格，在【属性】面板中将【对齐】设置为【居中对齐】，如图 20-5 所示。

06　将光标放置在第 1 行第 1 列单元格中，在【常用】面板中单击【鼠标经过图像】按钮，打开【插入鼠标经过图像】对话框，如图 20-6 所示。

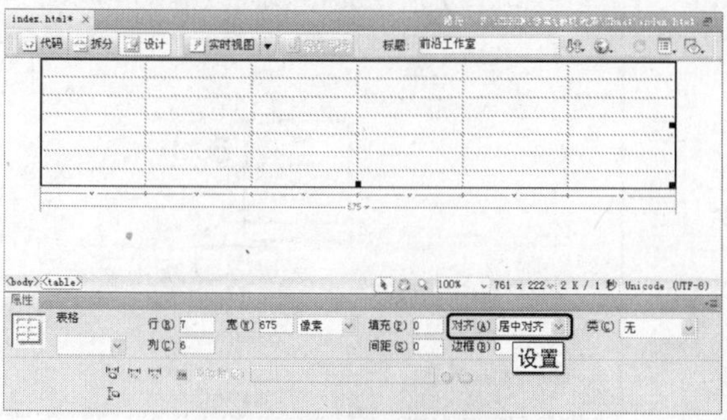

图 20-5　设置对齐方式

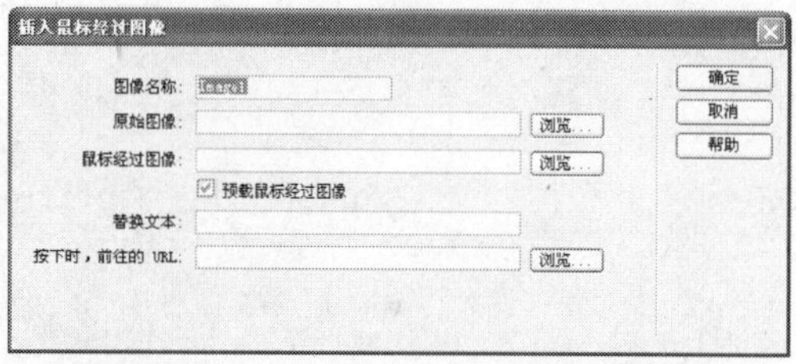

图 20-6　【插入鼠标经过图像】对话框

07　单击【原始图像】右侧的【浏览】按钮，打开【原始图像】对话框，选择 images 文件夹中的 home-page.jpg 文件，如图 20-7 所示，单击【确定】按钮。

08　使用同样的方法设置【鼠标经过图像】为 home-page-over.jpg 文件，如图 20-8 所示。

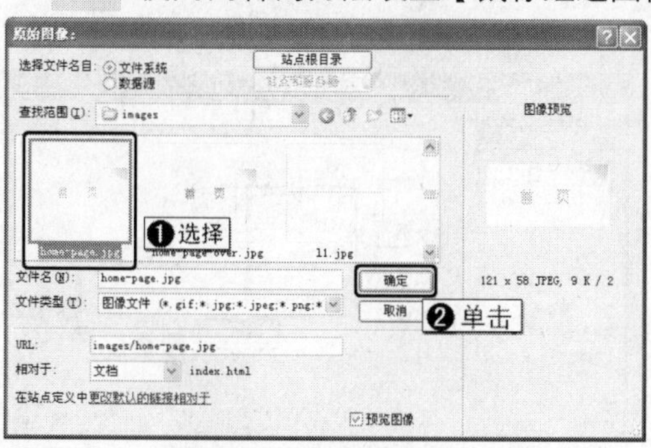

图 20-7　选择图像文件

图 20-8　设置鼠标经过图像

09　单击【确定】按钮，插入鼠标经过图像，如图 20-9 所示。

10　使用同样的方法插入其他几个鼠标经过图像，插入完成后如图 20-10 所示。

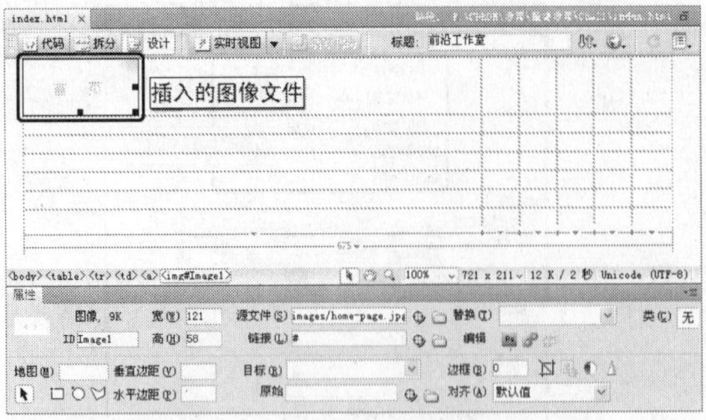

图 20-9　插入鼠标经过图像

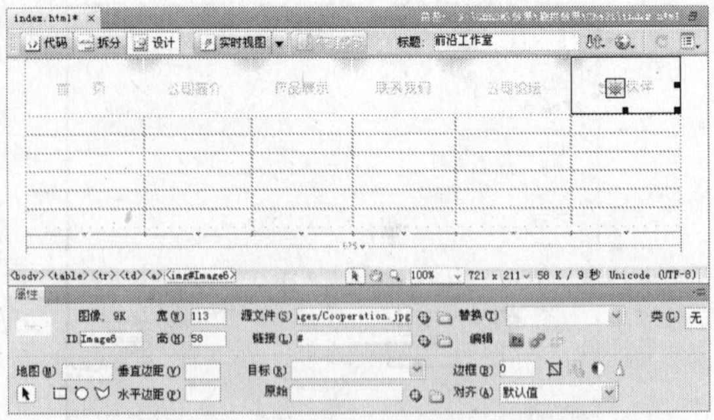

图 20-10　插入其他鼠标经过图像

11　选择表格第 2 行全部的单元格，在【属性】面板中单击【合并单元格】按钮，将选择的单元格合并，如图 20-11 所示。

12　将光标插入至刚合并的单元格中，在【常用】面板中单击【图像】按钮，打开【选择图像源文件】对话框，选择 images 文件夹下的 11.jpg 文件，如图 20-12 所示，单击【确定】按钮。

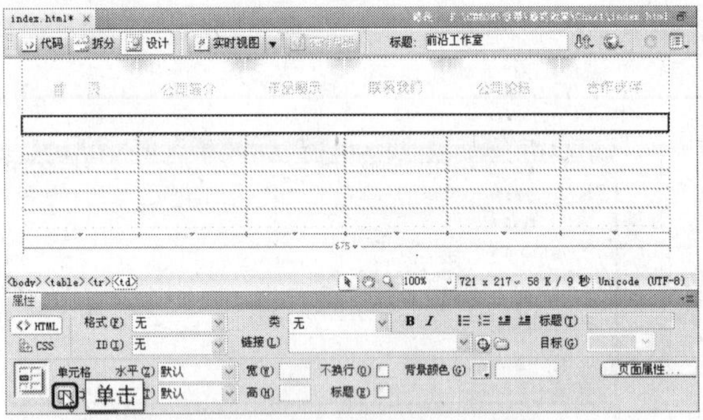

图 20-11　合并单元格 1

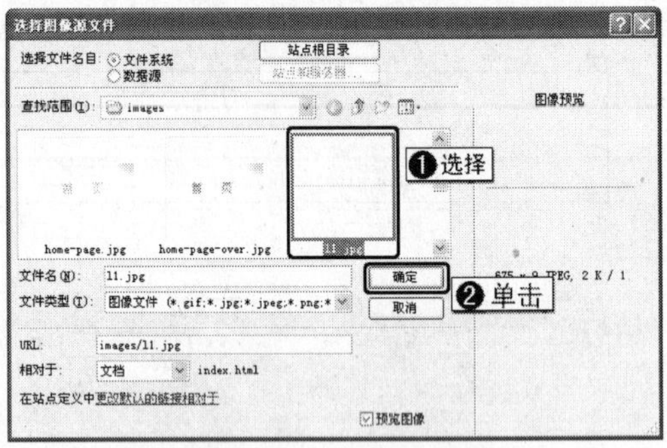

图 20-12　选择图像文件

13　选择表格第 3 行中左侧的两个单元格，在【属性】面板中单击【合并单元格】按钮，如图 20-13 所示。

14　将光标放置在该单元格中，单击【常用】面板中的【图像】按钮，打开【选择图像源文件】对话框，选择 logo.jpg 文件，如图 20-14 所示。

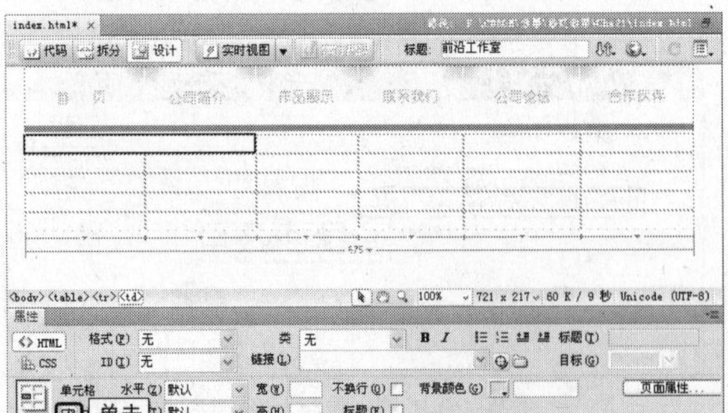

图 20-13　合并单元格 2

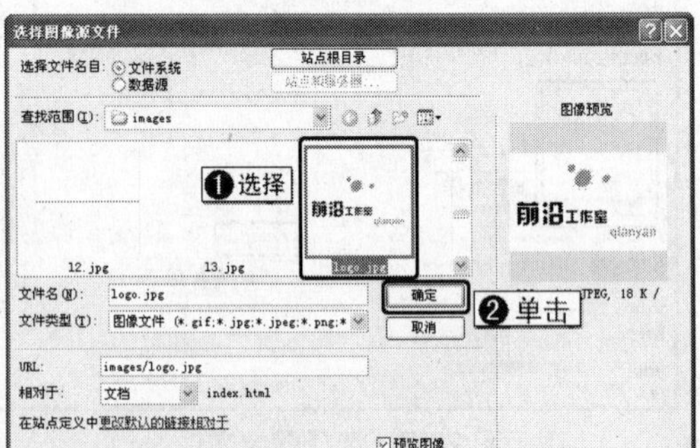

图 20-14　选择图像文件

15　单击【确定】按钮插入图像文件，如图 20-15 所示。

16 选择表格左侧第 4、5 行共 4 个单元格，在【属性】面板中将【背景颜色】设置为#EBEBEB，如图 20-16 所示。

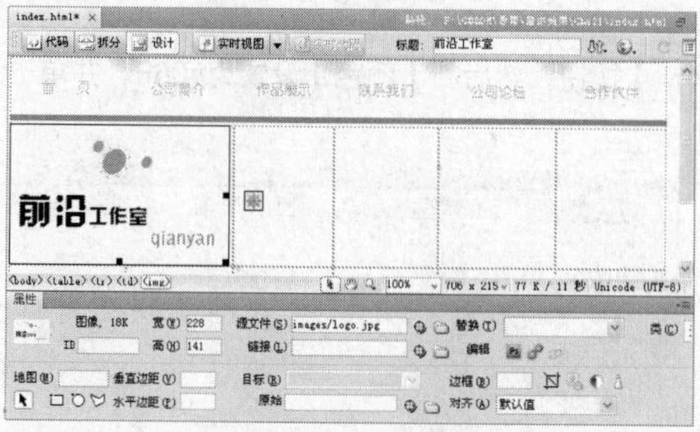

图 20-15 插入图像

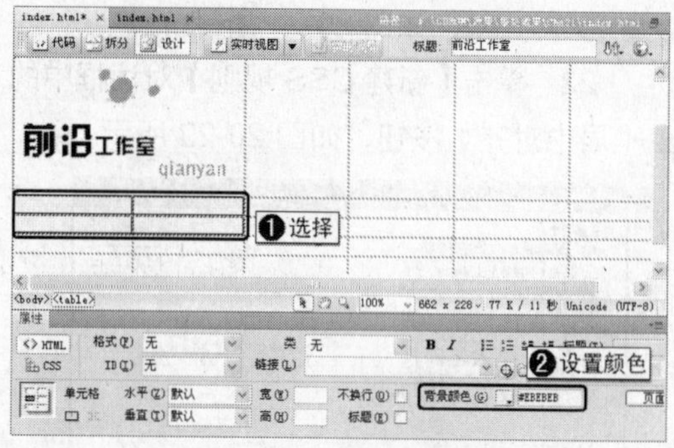

图 20-16 设置背景颜色

17 选择上方的两个单元格，在【属性】面板中单击【合并单元格】按钮，如图 20-17 所示。

18 将光标放置在单元格中，在【常用】面板中单击【表格】按钮，打开【表格】对话框，将【行数】、【列】、【表格宽度】、【单元格间距】分别设置为 8、1、220 和 3，其他参数为 0，如图 20-18 所示。

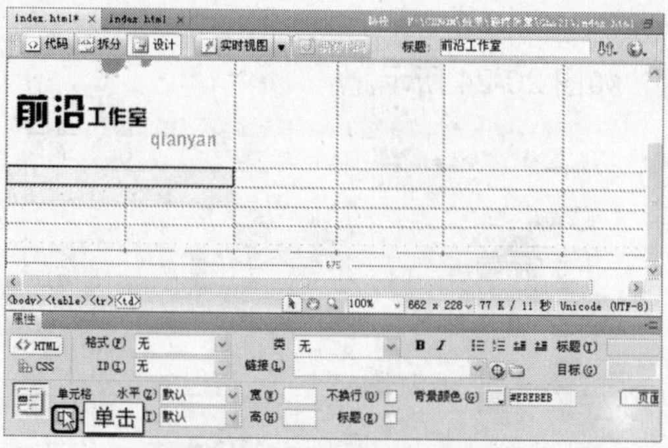

图 20-17 合并单元格 3

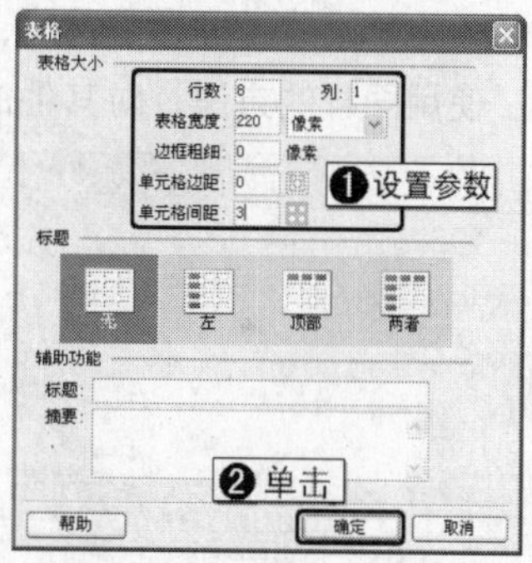

图 20-18 设置表格参数

19 单击【确定】按钮插入表格，在【属性】面板中将【水平】设置为【居中对齐】，如图 20-19 所示。

20 在表格的第 1 行单元格中插入光标，在其中输入文字“业务范围:”，在【属性】面板中将其【格式】设置为【标题 3】，如图 20-20 所示。

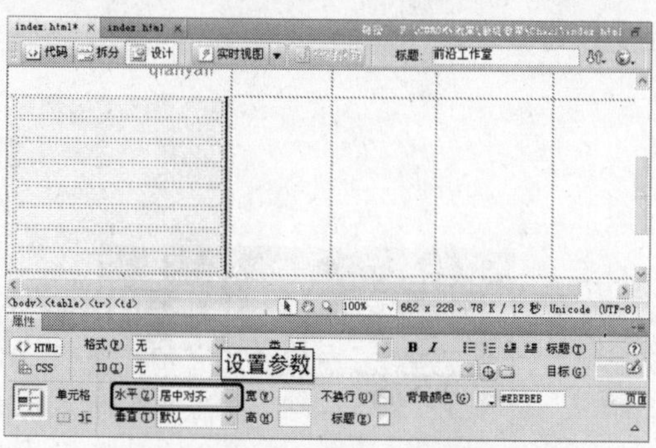

图 20-19 设置水平对齐方式

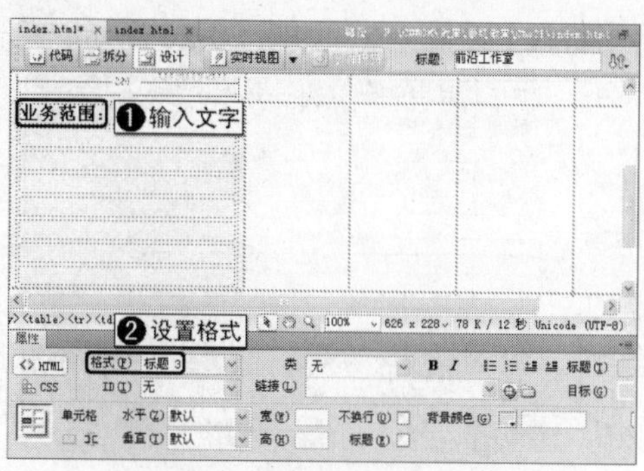

图 20-20 输入并设置文字格式

21 然后在下方的单元格中输入其他的文字，选择输入的文字，在【属性】面板中将【目标规则】设置为【<新 CSS 规则>】，然后将【大小】设置为 14，这时打开【新建 CSS 规则】对话框，设置名称为.yw，如图 20-21 所示。

22 单击【新建 CSS 规则】对话框中的【确定】按钮，然后将【颜色】设置为#06F，并单击 ☰（居中对齐）按钮，如图 20-22 所示。

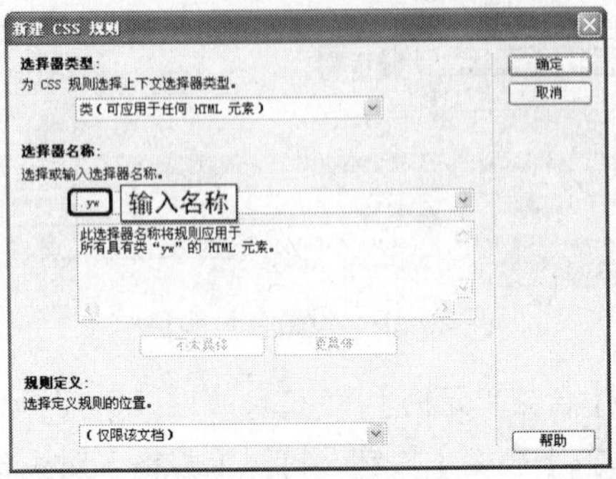

图 20-21　设置 CSS

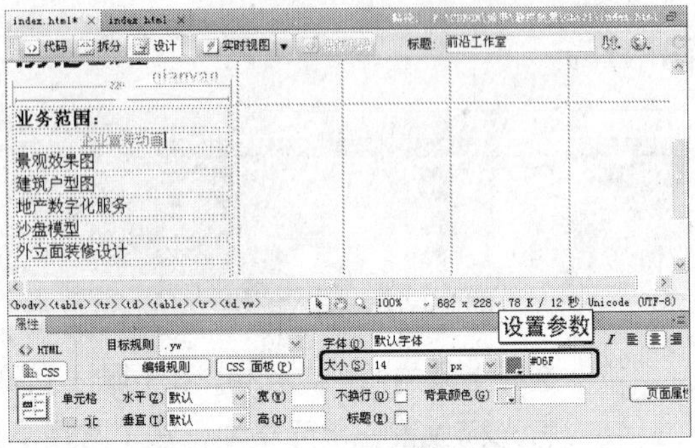

图 20-22　设置文字参数

23 可以在【属性】面板的 HTML 项下，在【链接】文本框中输入链接地址，为其设置链接。这里输入#，为其设置了一个空链接，如图 20-23 所示。

24 使用同样的方法，对其他的文字进行设置，如图 20-24 所示。

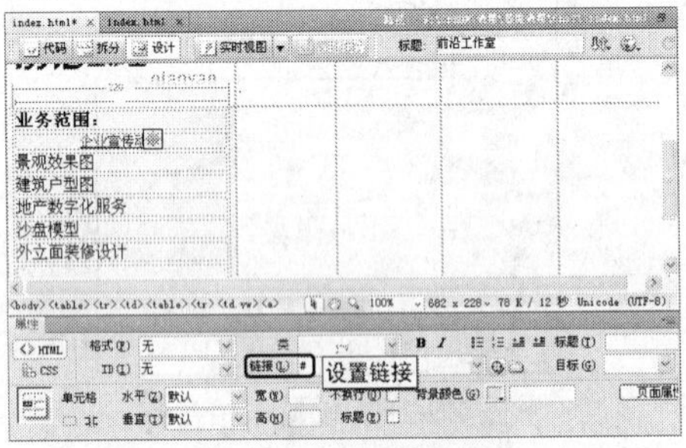

图 20-23　设置链接

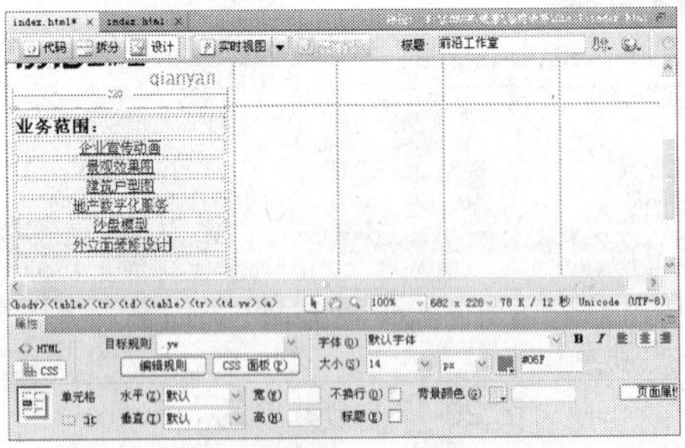

图 20-24　设置其他文字的链接

25 再将如图 20-25 所示的单元格进行合并，然后将光标插入该单元格中，右击，在弹出的快捷菜单中选择【表格】|【拆分单元格】命令，打开【拆分单元格】对话框，选择【行】单选按钮，将【行数】设置为 2，如图 20-26 所示，单击【确定】按钮。

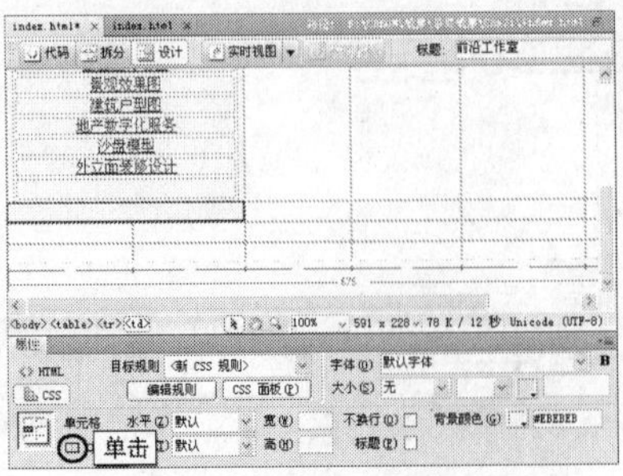

图 20-25　选择并合并单元格

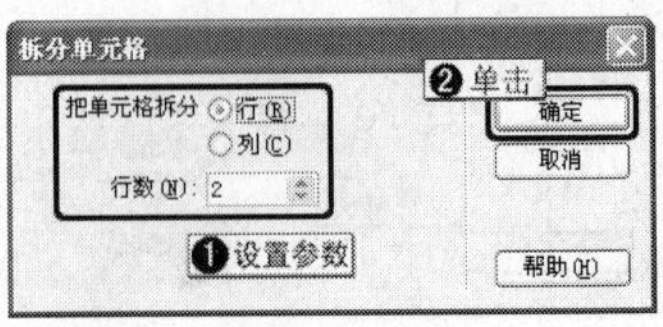

图 20-26　设置拆分单元格参数

26 将光标放置在刚刚拆分的单元格中，插入一个 2 行 1 列的表格，设置【表格宽度】为 220 像素，【单元格间距】为 3，如图 20-27 所示。并将其【对齐】设置为【默认】。

27 在表格的第 1 行中输入文字“招聘信息:”，在【属性】面板中将【格式】设置为【标题 3】，如图 20-28 所示。

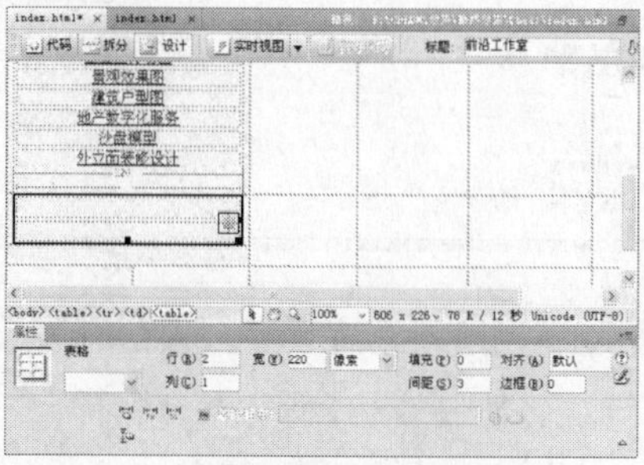

图 20-27　插入表格

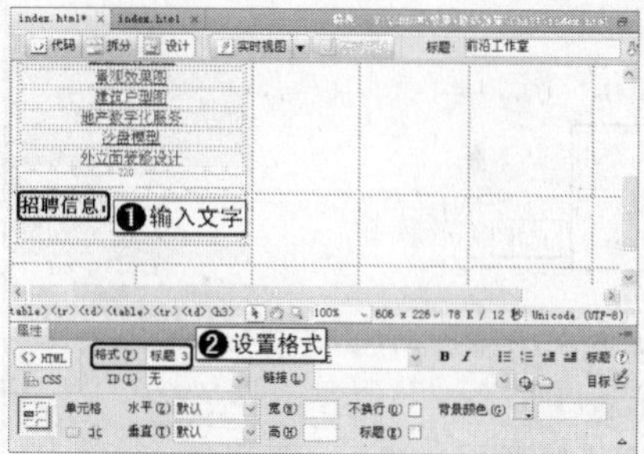

图 20-28　输入文字并设置格式

28 再在下方的单元格中输入文字，选择输入的文字，在【属性】面板中将【目标规则】设置为【<新 CSS 规则>】，然后将【大小】设置为 12，这时打开【新建 CSS 规则】对话框，将名称命名为.zx，如图 20-29 所示。

29 单击【确定】按钮设置完成，如图 20-30 所示。

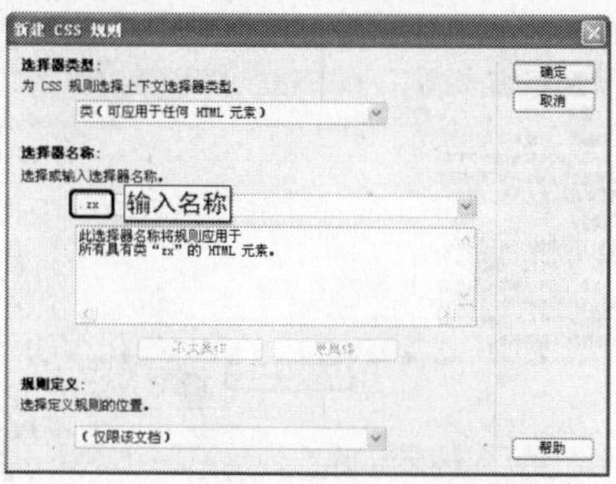

图 20-29　设置 CSS

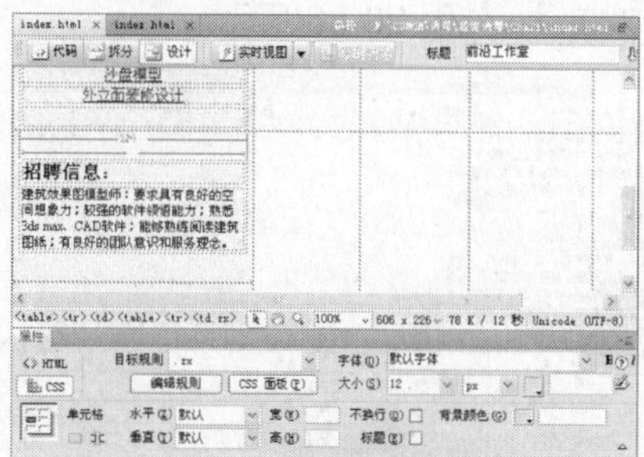

图 20-30　设置完成的文字效果

30 按照以上方法，在下方的单元格中插入一个 2 行 1 列的表格并输入文字，如图 20-31 所示。

31 选择页面中大表格的倒数第 2 行的单元格，在【属性】面板中单击【合并单元格】按钮，将选择的单元格合并，如图 20-32 所示。

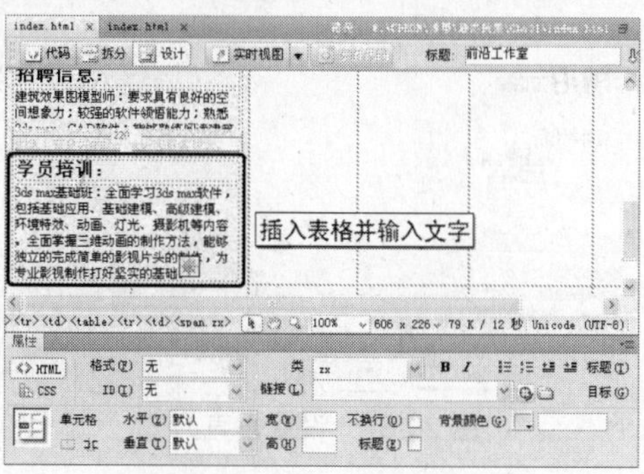

图 20-31　插入表格并输入文字

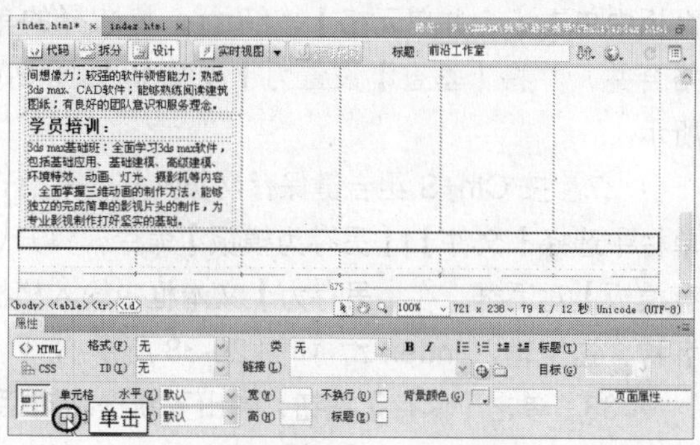

图 20-32　合并单元格 4

32 将光标插入该单元格中，在【常用】面板中单击【图像】按钮，打开【选择图像源文件】对话框，选择 images 文件夹下的 12.jpg 文件，如图 20-33 所示。

33 单击【确定】按钮，将图像插入到单元格中，如图 20-34 所示。

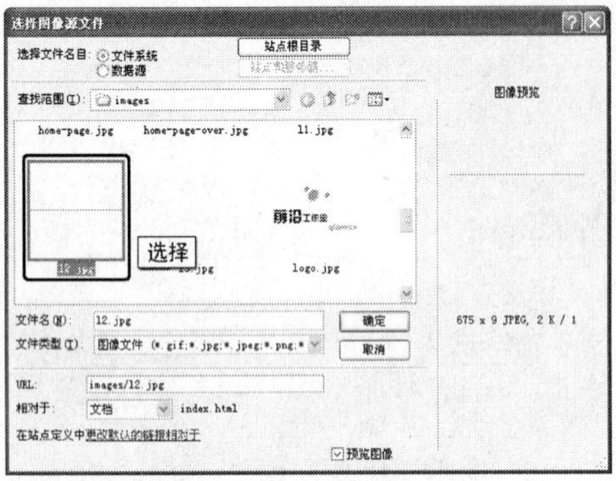

图 20-33 选择图像文件

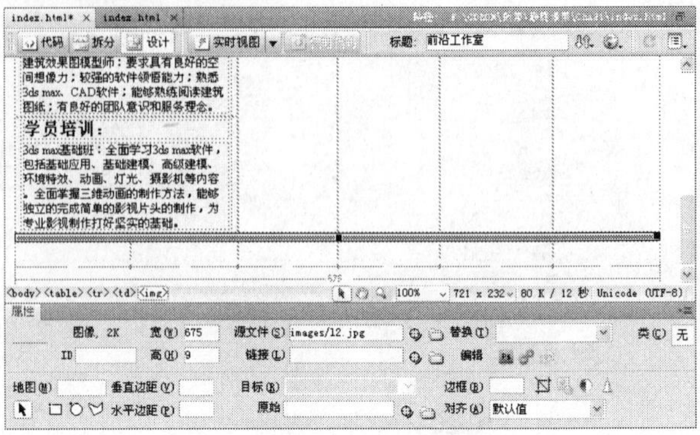

图 20-34 插入图像

34 选择表格中最后一行的所有单元格，在【属性】面板中单击【合并单元格】按钮，将选择的单元格合并，如图 20-35 所示。

35 在该单元格中插入光标，然后在其中输入文字，并在【属性】面板中将【水平】设置为【居中对齐】，如图 20-36 所示。

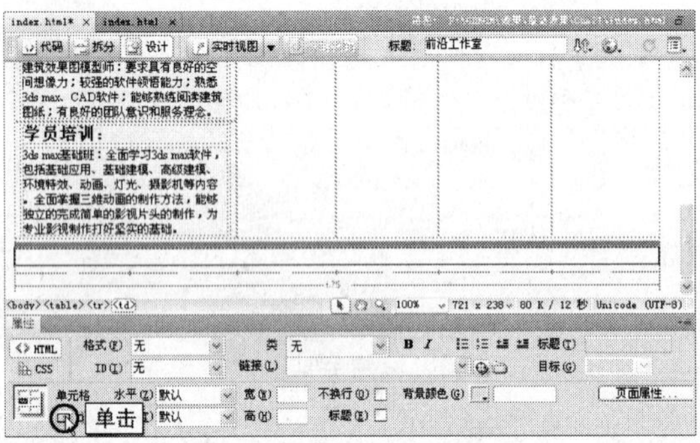

图 20-35 合并单元格 5

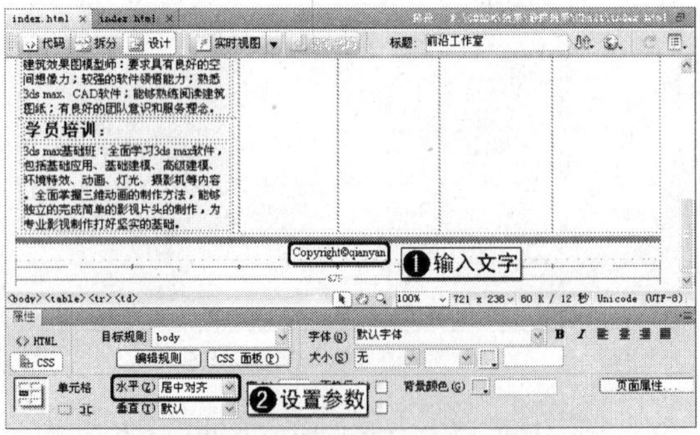

图 20-36 输入并设置文字格式

36 选择页面右侧的多个单元格，在【属性】面板中单击【合并单元格】按钮，将选择的单元格合并，并将【垂直】设置为【顶端】，如图 20-37 所示。

37 按 Ctrl+S 组合键保存网页文档，然后在菜单栏中选择【文件】|【另存为模板】命令，打开【另存模板】对话框，在【另存为】文本框中输入模板的名称，这里输入 index-z，如图 20-38 所示。

38 单击【保存】按钮，弹出更新提示对话框，如图 20-39 所示，单击【是】按钮。

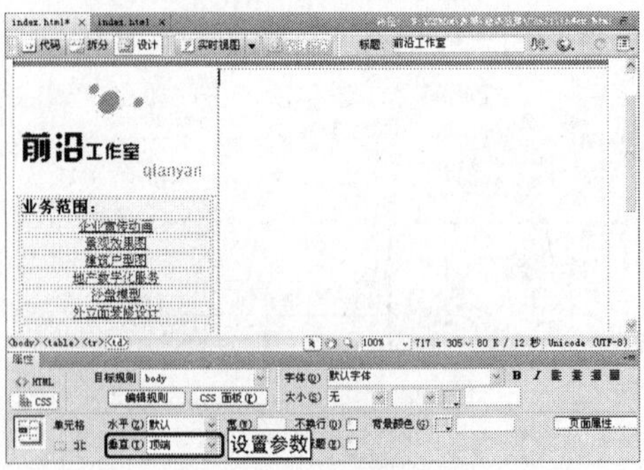

图 20-37 设置垂直方式

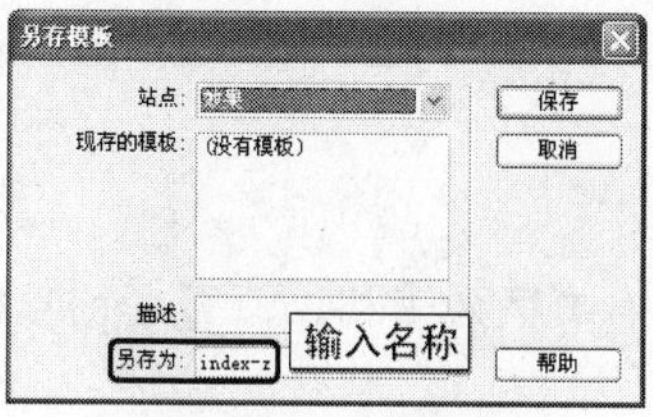

图 20-38　保存模板

图 20-39　单击【是】按钮

39　将光标放置在右侧单元格中，在菜单栏中选择【插入】|【模板对象】|【可编辑区域】命令，如图 20-40 所示。

40　打开【新建可编辑区域】对话框，在【名称】文本框中输入可编辑区域名称，如图 20-41 所示。

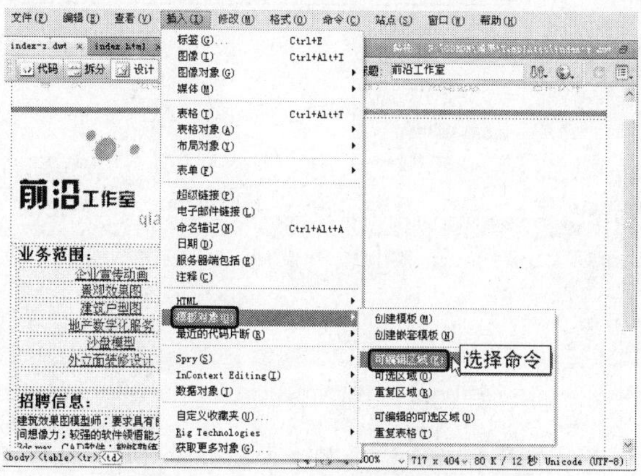

图 20-40　选择【可编辑区域】命令

图 20-41　输入名称

41　单击【确定】按钮，插入可编辑区域，如图 20-42 所示。

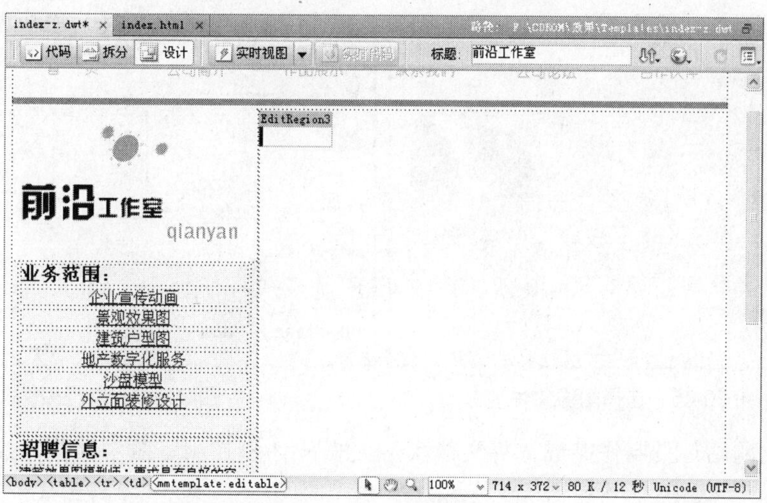

图 20-42　插入可编辑区域

42　至此网页模板制作完成，将模板保存即可。

20.2 制作网站首页

下面介绍网站首页的制作，具体操作步骤如下：

01 打开网页文档 index.html，在页面右下单元格中插入表格，设置表格参数如图 20-43 所示。

02 单击【确定】按钮，插入表格，如图 20-44 所示。

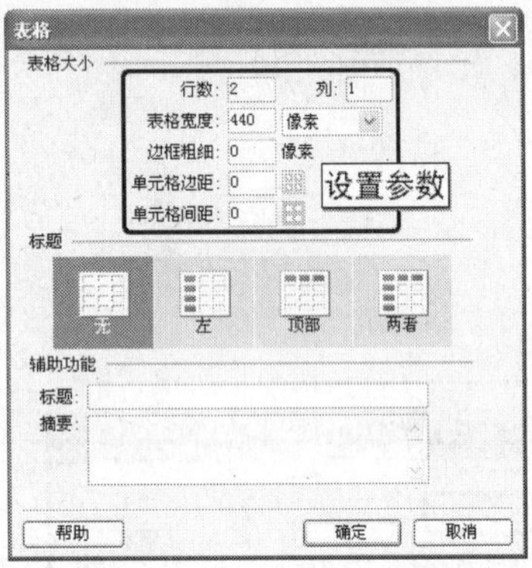

图 20-43 设置表格参数

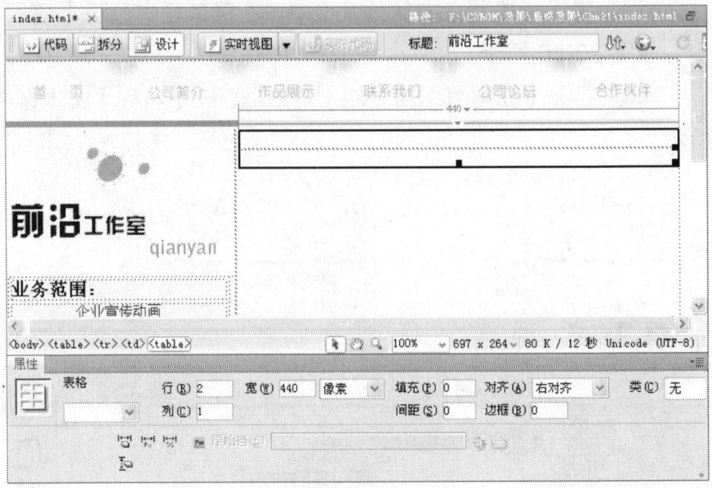

图 20-44 插入表格

03 将光标放在第 1 行单元格中，在菜单栏中选择【插入】|【图像】命令，打开【选择图像源文件】对话框。在该对话框中选择要插入的图像，如图 20-45 所示。

04 单击【确定】按钮插入图像，在第 2 行单元格中插入图像 h1.jpg，如图 20-46 所示。

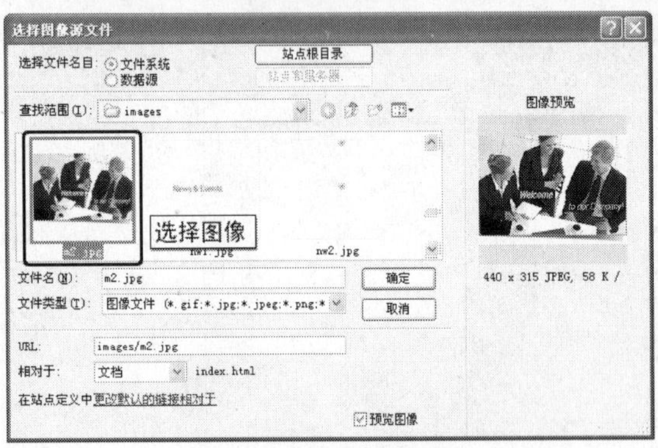

图 20-45 选择图像文件

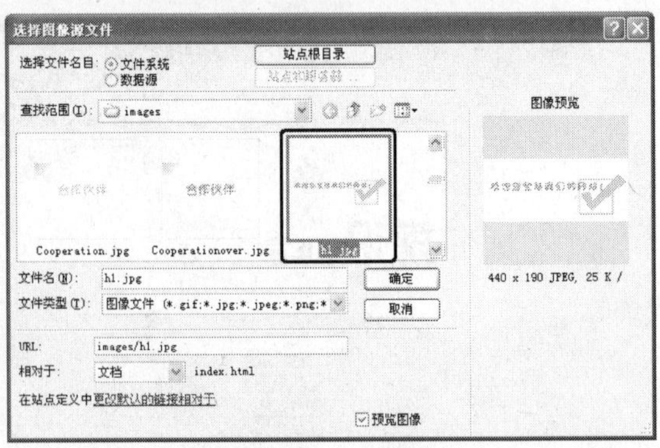

图 20-46 选择图像文件

05 至此网站首页制作完成，将文档保存，按 F12 键在浏览器中预览，效果如图 20-47 所示。

图 20-47　预览效果

20.3　制作公司简介页面

下面制作公司简介页面，具体操作步骤如下：

01　在菜单栏中选择【文件】|【新建】命令，打开【新建文档】对话框。在该对话框中选择【模板中的页】|【效果】|index-z 选项，如图 20-48 所示。

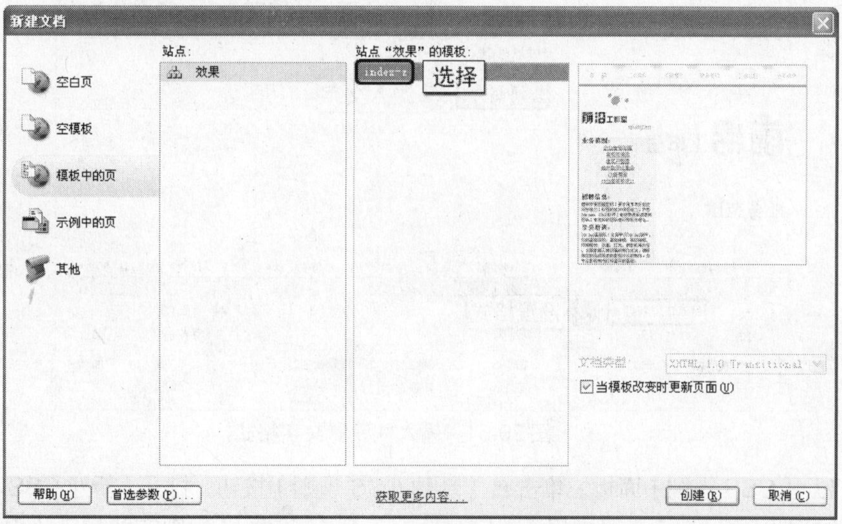

图 20-48　【新建文档】对话框

02　单击【创建】按钮，创建模板网页。在菜单栏中选择【文件】|【保存】命令，打开【另存为】对话框，将网页保存，如图 20-49 所示。

03 在可编辑区域中插入表格，设置表格参数如图 20-50 所示。

图 20-49 保存网页

图 20-50 设置表格参数

04 在表格第 1 行单元格中输入文字“公司简介:”，将【格式】设置为【标题 3】，如图 20-51 所示。

图 20-51 输入并设置文字格式

05 打开【CSS 规则】面板，单击 （新建 CSS 规则）按钮，打开【新建 CSS 规则】对话框，设置【选择器类型】为【类可应用于任何 HTML 元素】，设置【(规则定义)】为【仅限该文档】，为选择器命名，如图 20-52 所示。

06 单击【确定】按钮，打开 CSS 规则定义对话框。在该对话框中设置 CSS 属性，如图 20-53 所示。

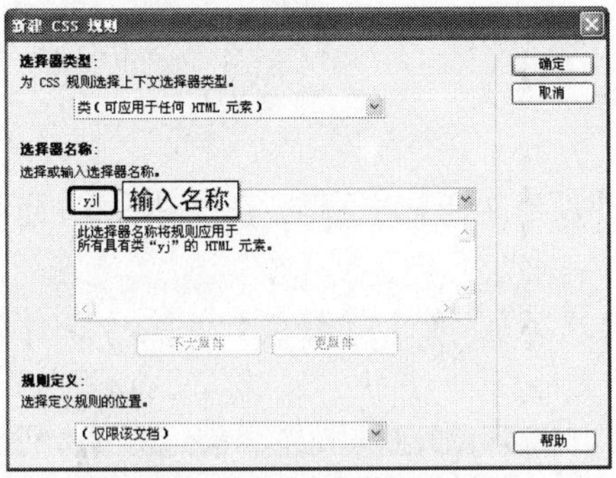

图 20-52　新建 CSS 规则

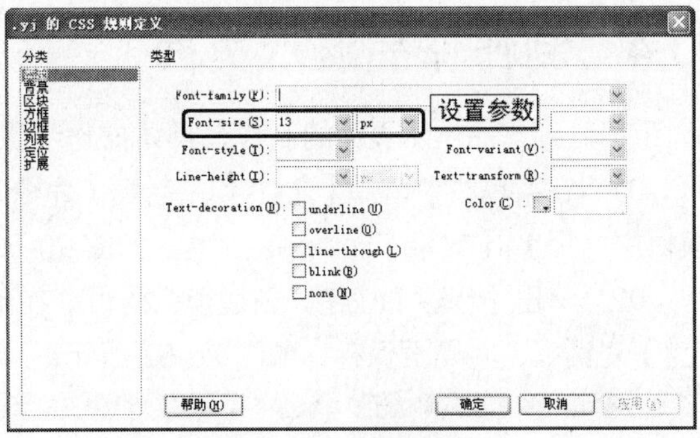

图 20-53　设置参数

07　单击【确定】按钮。在插入表格的第 2 行单元格中输入公司简介，将【目标规则】设置为.yj，如图 20-54 所示。

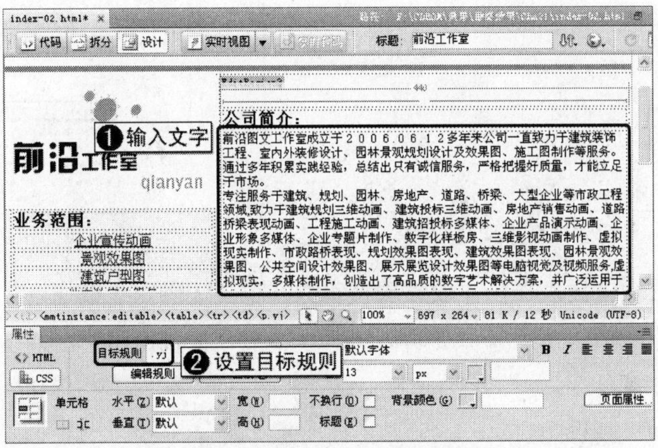

图 20-54　输入文字并套用规则

08　至此公司简介页面制作完成，将文档保存，按【F12】键在浏览器中进行预览，效果如图 20-55 所示。

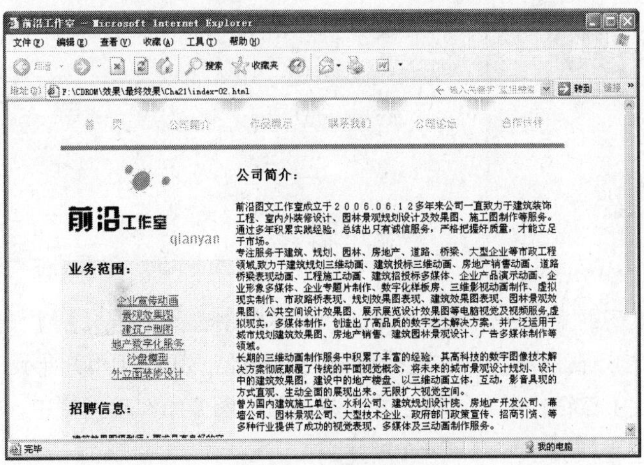

图 20-55　预览效果

20.4 制作作品展示页面

下面介绍作品展示页面的制作，具体操作步骤如下：

01 在菜单栏中选择【文件】|【新建】命令，打开【新建文档】对话框。在该对话框中选择【模板中的页】|【效果】|index-z 选项，如图 20-56 所示。

02 单击【创建】按钮，创建模板网页。在菜单栏中选择【文件】|【保存】命令，打开【另存为】对话框，将网页保存，如图 20-57 所示。

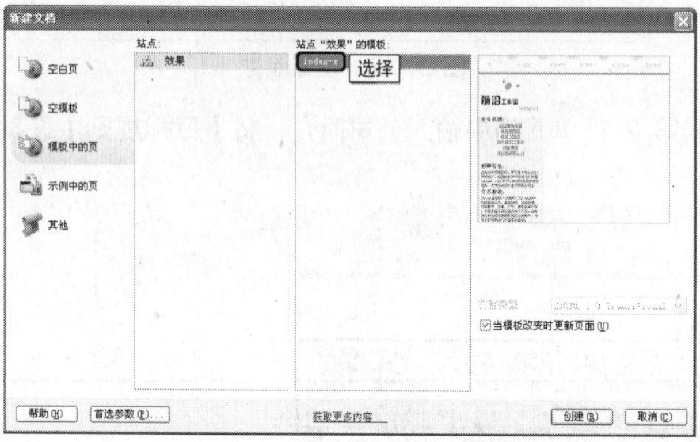

图 20-56 【新建文档】对话框

图 20-57 保存网页

03 在可编辑区域中插入表格，设置表格参数，单击【确定】按钮，如图 20-58 所示。

04 选择插入的表格，在【属性】面板中设置【对齐】为【居中对齐】，如图 20-59 所示。

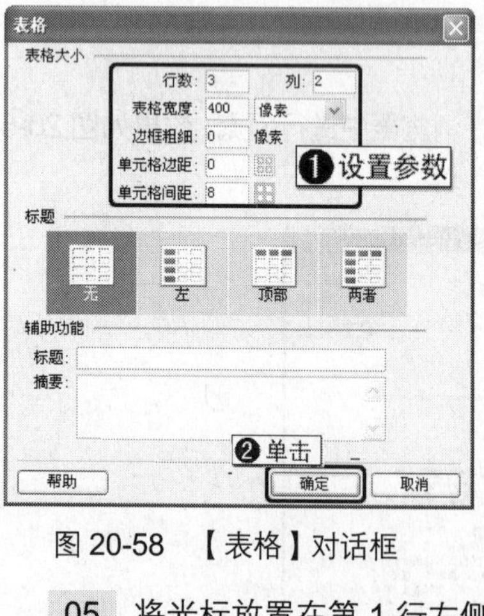

图 20-58 【表格】对话框

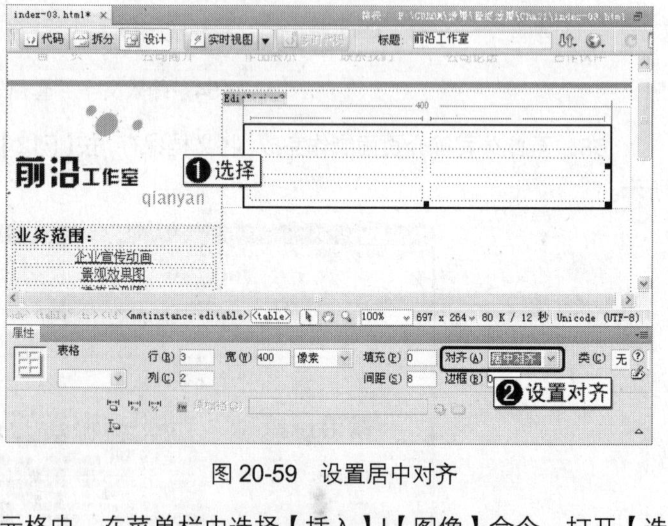

图 20-59 设置居中对齐

05 将光标放置在第 1 行左侧单元格中，在菜单栏中选择【插入】|【图像】命令，打开【选择图像源文件】对话框。在该对话框中选择要插入的图像，如图 20-60 所示。

06 单击【确定】按钮，插入图像。将光标放置在图像所在单元格中，打开【属性】面板，设置【水平】为【居中对齐】，如图 20-61 所示。

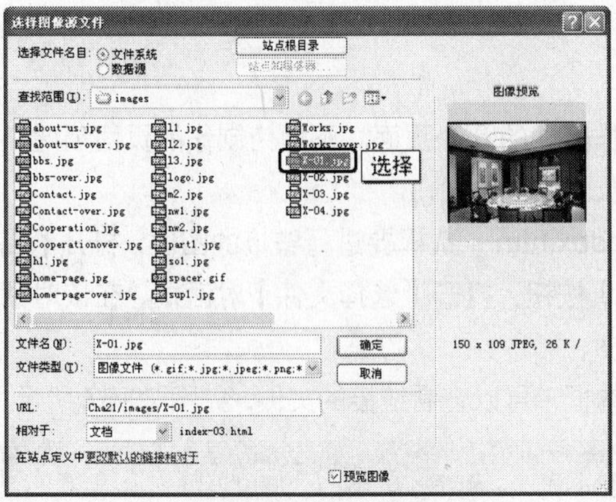

图 20-60　选择图像文件

图 20-61　设置单元格属性

07　使用同样的方法在其他单元格中插入图像，如图 20-62 所示。

08　在第 3 行右侧单元格中输入文字“更多效果图”，并设置其【目标规则】为.zx，如图 20-63 所示。

图 20-62　插入图像

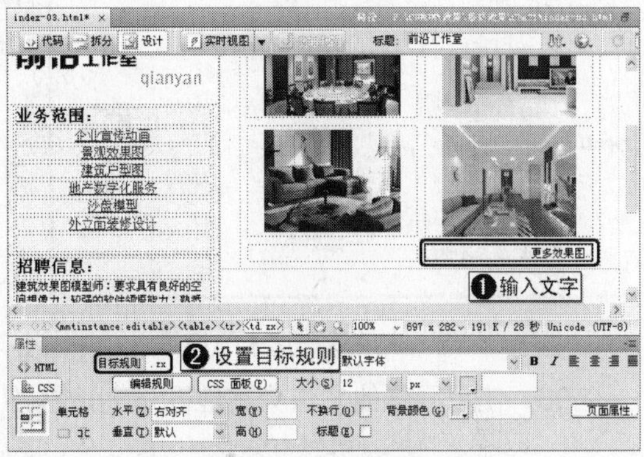

图 20-63　输入文字

09　选择文字“更多效果图”，并为文字创建空链接，如图 20-64 所示。

10　至此作品展示页面制作完成，将文档保存，按【F12】键在浏览器中预览，效果如图 20-65 所示。

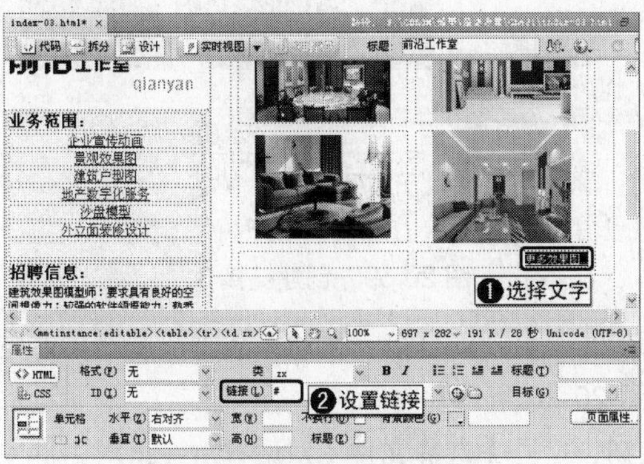

图 20-64　为文字创建空链接

图 20-65　预览效果

20.5 链接页面

页面的制作就讲到这里，读者可利用所学知识制作其他的几个页面。下面为制作的页面创建链接，具体操作步骤如下：

01 首先为网站首页创建链接，打开网页文档 index.html，选择要进行链接的图像，打开【属性】面板，单击【链接】文本框右侧的（浏览文件）按钮，打开【选择文件】对话框。在该对话框中选择要链接的文件，如图 20-66 所示。

02 单击【确定】按钮完成链接，在【链接】文本框中可以查看链接的文件，如图 20-67 所示。

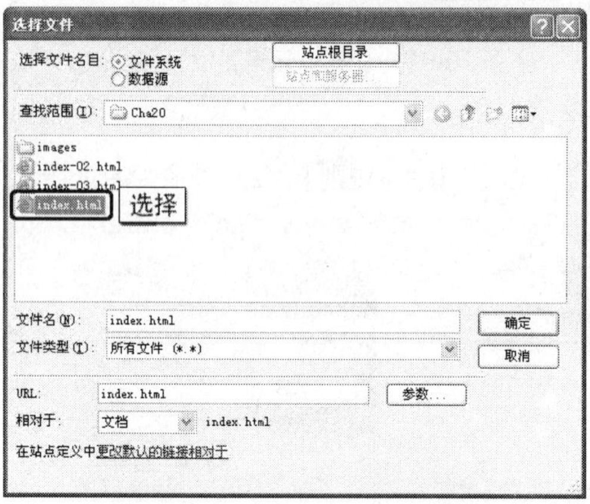

图 20-66 【选择文件】对话框

图 20-67 创建链接 1

03 使用同样的方法为其他图像创建链接，创建完成后效果如图 20-68 和图 20-69 所示。

图 20-68 创建链接 2

图 20-69 创建链接 3

04 下面为其他网站页面创建链接，可以直接在模板中创建链接，再对模板进行更新。首先打开模板 index-z.dwt，选中要创建链接的图片，如图 20-70 所示。

05 在【属性】面板中单击（浏览文件）按钮，打开【选择文件】对话框。在该对话框中选择要链接的文件，如图 20-71 所示。

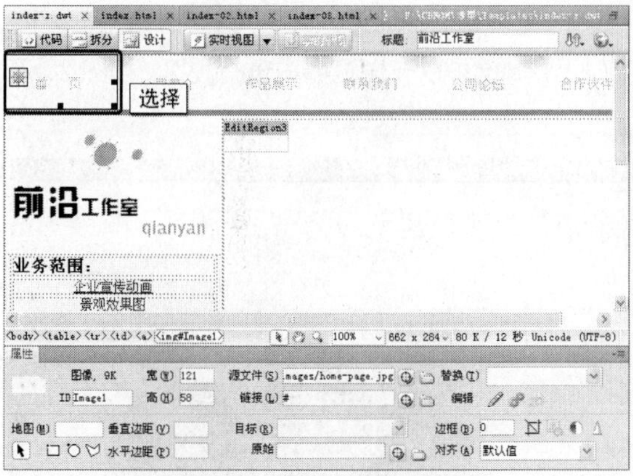

图 20-70　打开模板文件

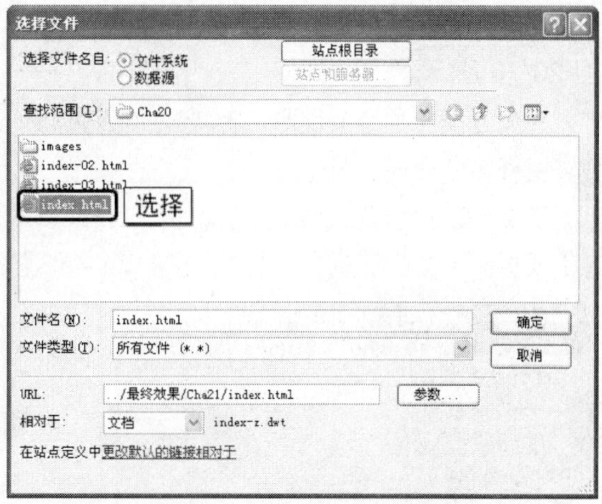

图 20-71　【选择文件】对话框

06　单击【确定】按钮完成链接，如图 20-72 所示。

07　使用同样的方法为其他图像创建链接，如图 20-73 和图 20-74 所示。

08　按【Ctrl+S】组合键将模板保存，打开【更新模板文件】对话框，如图 20-75 所示。

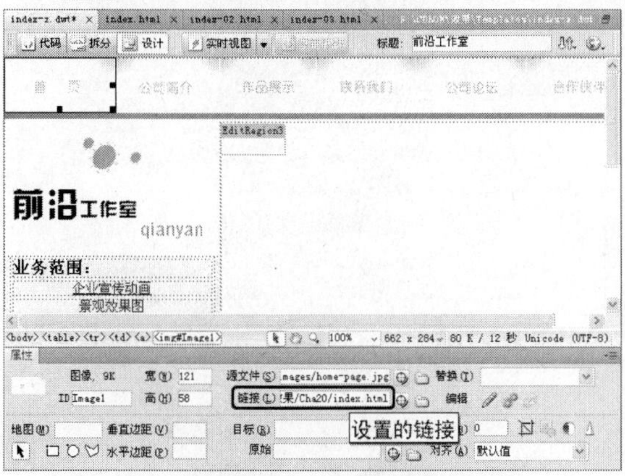

图 20-72　创建链接 4

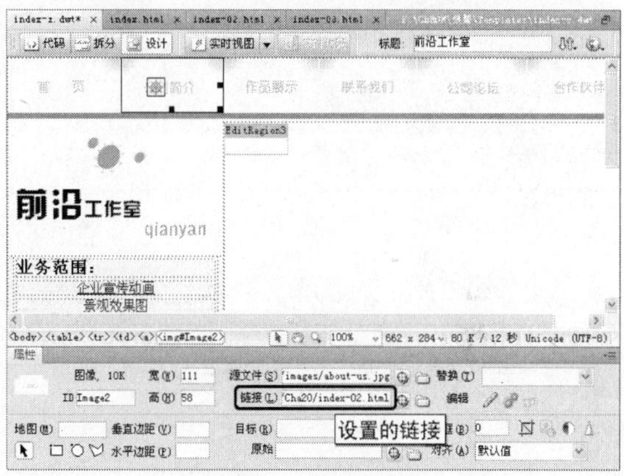

图 20-73　创建链接 5

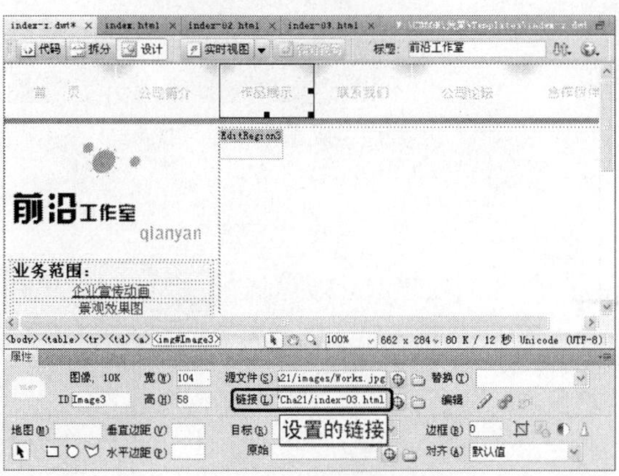

图 20-74　创建链接 6

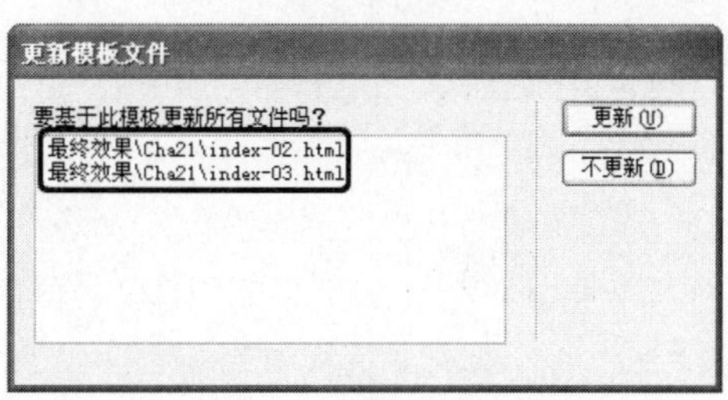

图 20-75　【更新模板文件】对话框

09 单击【更新】按钮，打开【更新页面】对话框。在该对话框中可以查看更新状态，如图 20-76 所示。

至此所有页面链接创建完成，将网站首页保存，按【F12】键可以在浏览器中进行预览，如图 20-77 所示。

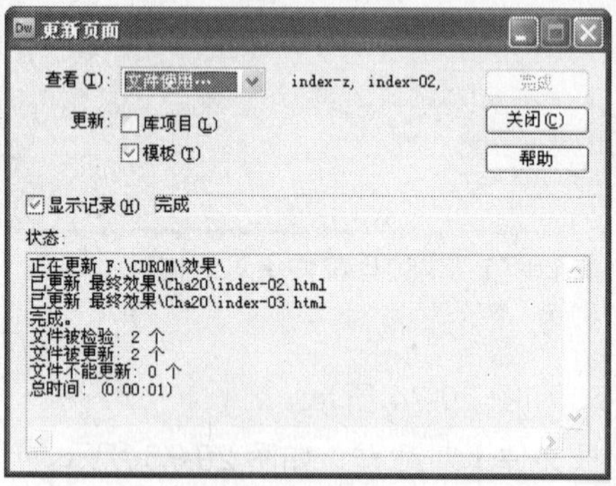

图 20-76 【更新页面】对话框

图 20-77 预览效果

第 21 章　课 程 设 计

本章提供 3 个课程设计，并针对这 3 个课程设计选题，为读者提供详细的视频演示，从而指导读者完成课程设计，巩固所学知识。

课程 1　制作论坛页面

在 Dreamweaver CS4 中制作如图 21-1 所示的论坛页面效果。

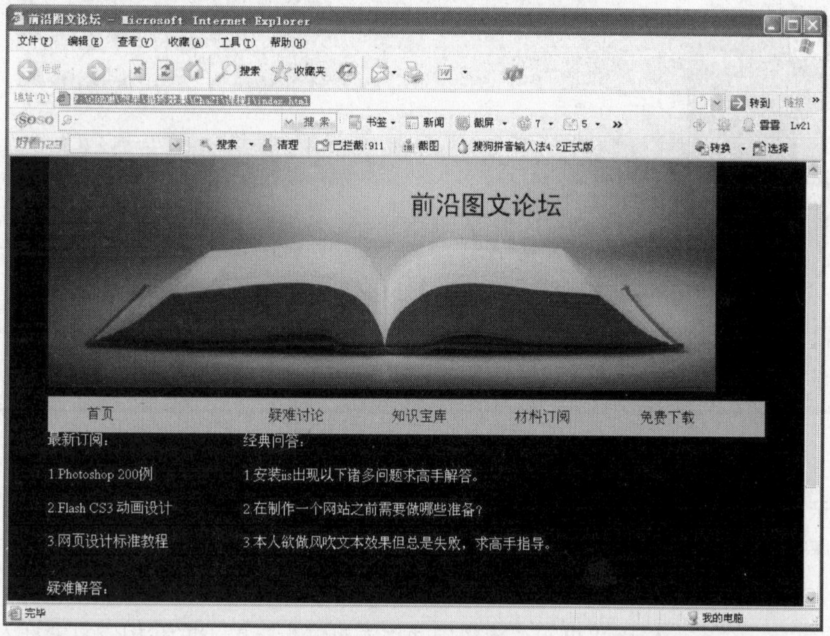

图 21-1　论坛页面效果

操作提示：

本例主要通过使用表格工具来布局网页，然后通过在表格中插入图像、输入文字，完成论坛页面的制作。具体操作步骤如下：

01　在菜单栏中选择【插入】|【表格】命令，在文档中插入表格，并对表格进行设置。

02　在表格中插入图像、输入文字，并为部分文字和图像添加链接。

素材文件	原始文件 | Cha21 | 课程 1 | bg1.jpg、top.jpg
最终效果	最终效果 | Cha21 | 课程 1 | index.html

课程 2　设计博客类网站

在 Dreamweaver CS4 中制作博客类网站，如图 21-2 所示。

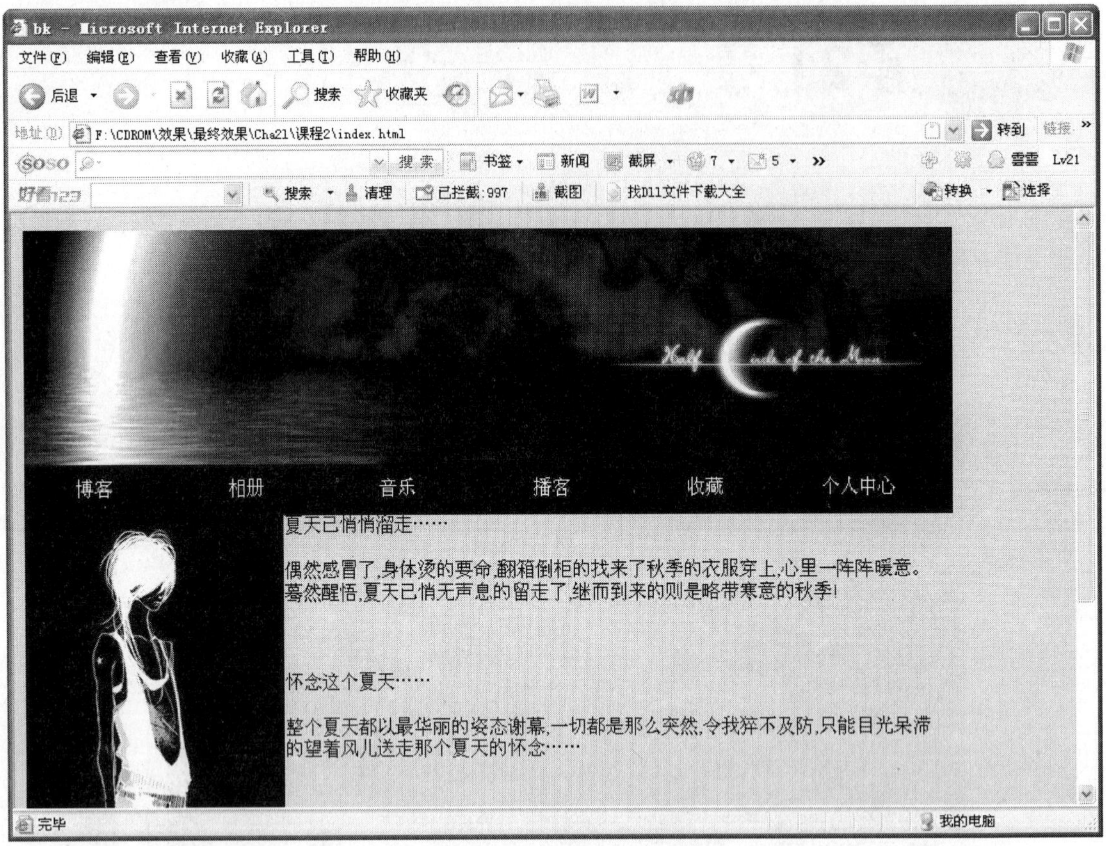

图 21-2　博客类网站

操作提示：

该例主要通过对库和模板的应用，方便快捷地制作同类型网站，具体操作步骤如下：

01　首先制作一个库项目。

02　再创建一个空白模板网页，在模板中使用表格进行布局，并在相应位置插入库项目。最后插入可编辑区域，将模板保存。

03　基于制作的模板创建网页，在可编辑区域中根据不同的需要插入内容。

素材文件	CDROM | 效果 | 原始文件 | Cha21 | 课程 2 | pic.jpg、top.jpg
最终效果	CDROM | 效果 | 最终效果 | Cha21 | 课程 2 | index.html

课程 3　制作留言本

在 Dreamweaver CS4 中制作留言本，如图 21-3 所示。

操作提示：

本例将使用表单工具制作留言本，具体制作步骤如下：

01　在制作好的网页框架中插入表单。

02　在表单中插入表格，在表格中插入表单对象，并输入相对应的文字内容。

素材文件	原始文件 | Cha21 | 课程 3 | title.jpg，b01~05.jpg，index.html
最终效果	原始文件 | Cha21 | 课程 3 | index.html

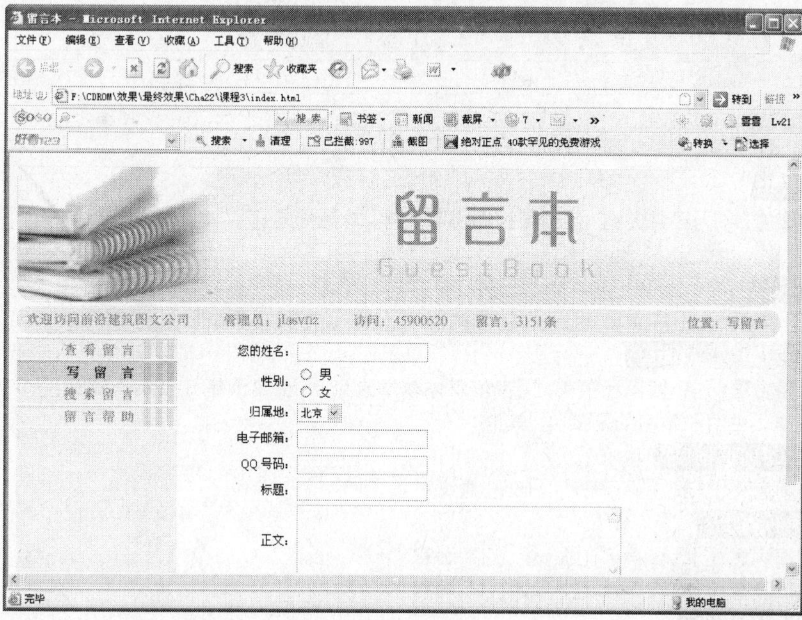

图 21-3　留言本

读 者 意 见 反 馈 表

亲爱的读者：

感谢您对中国铁道出版社的支持，您的建议是我们不断改进工作的信息来源，您的需求是我们不断开拓创新的基础。为了更好地服务读者，出版更多的精品图书，希望您能在百忙之中抽出时间填写这份意见反馈表发给我们。随书纸制表格请在填好后剪下寄到：北京市宣武区右安门西街8号中国铁道出版社计算机图书中心917室 于先军 收（邮编：100054）。或者采用传真（010-63549458）方式发送。此外，读者也可以直接通过电子邮件把意见反馈给我们，E-mail地址是：yuxianjun@tqbooks.net。我们将选出意见中肯的热心读者，赠送本社的其他图书作为奖励。同时，我们将充分考虑您的意见和建议，并尽可能地给您满意的答复。谢谢！

所购书名：______________________

个人资料：

姓名：__________ 性别：________ 年龄：________ 文化程度：____________

职业：______________ 电话：____________ E-mail：____________

通信地址：______________________________ 邮编：__________

您是如何得知本书的：

□书店宣传 □网络宣传 □展会促销 □出版社图书目录 □老师指定 □杂志、报纸等的介绍 □别人推荐

□其他（请指明）______________________

您从何处得到本书的：

□书店 □邮购 □商场、超市等卖场 □图书销售的网站 □培训学校 □其他

影响您购买本书的因素（可多选）：

□内容实用 □价格合理 □装帧设计精美 □带多媒体教学光盘 □优惠促销 □书评广告 □出版社知名度

□作者名气 □工作、生活和学习的需要 □其他

您对本书封面设计的满意程度：

□很满意 □比较满意 □一般 □不满意 □改进建议

您对本书的总体满意程度：

从文字的角度 □很满意 □比较满意 □一般 □不满意

从技术的角度 □很满意 □比较满意 □一般 □不满意

您希望书中图的比例是多少：

□少量的图片辅以大量的文字 □图文比例相当 □大量的图片辅以少量的文字

您希望本书的定价是多少：

本书最令您满意的是：

1.

2.

您在使用本书时遇到哪些困难：

1.

2.

您希望本书在哪些方面进行改进：

1.

2.

您需要购买哪些方面的图书？对我社现有图书有什么好的建议？

您更喜欢阅读哪些类型和层次的计算机书籍（可多选）？

□入门类 □精通类 □综合类 □问答类 □图解类 □查询手册类 □实例教程类

您在学习计算机的过程中有什么困难？

您的其他要求：